高等院校精品课程系列规划教材·高等数学

U0689327

概率论与数理统计

黄龙生 吴志松 主编

ZHEJIANG UNIVERSITY PRESS
浙江大学出版社

图书在版编目(CIP)数据

概率论与数理统计 / 黄龙生,吴志松主编. —杭州：
浙江大学出版社,2012.7(2022.1 重印)

ISBN 978-7-308-09957-8

Ⅰ.①概… Ⅱ.①黄… ②吴… Ⅲ.①概率论—高等
学校—教材 ②数理统计—高等学校—教材 Ⅳ.①O21

中国版本图书馆 CIP 数据核字(2012)第 088341 号

概率论与数理统计

黄龙生　吴志松　主编

责任编辑	王　波	
出版发行	浙江大学出版社	
	（杭州市天目山路 148 号　邮政编码 310007）	
	（网址：http://www.zjupress.com）	
排　　版	杭州星云光电图文制作有限公司	
印　　刷	浙江新华数码印务有限公司	
开　　本	787mm×1092mm　1/16	
印　　张	24.5	
字　　数	675 千	
版 印 次	2012 年 7 月第 1 版　2022 年 1 月第 5 次印刷	
书　　号	ISBN 978-7-308-09957-8	
定　　价	59.00 元	

前　言

　　《概率论与数理统计》是研究随机现象及其统计规律性的一门学科。

　　本教材分三大部分:前六章为概率论,后六章为数理统计,另外安排了十二个实验。本教材用"引例"(日常生产生活中的问题)的方式导入新的概念,突出概率论与数理统计的思想和方法,力求通俗易懂;对专业术语给出了相应的英语译文,为学生阅读外文资料提供便利;在内容的讲述中,借助图形的直观性,帮助学生理解概率论与数理统计的基本思想和方法,提高学生的解题能力;在例题和习题的选取上注重应用性和趣味性,以达到提高学生分析解决实际问题的能力。在教材的编写中,以定义的形式给出主要概念,以定理的形式给出主要结论,帮助学生抓住重点。每章的前几节是基本内容,后面是加深及扩展内容,通过每章后面内容的教学,巩固和深化基础知识。常用分布集中在第五章,有利于学生掌握常用分布,同时,学习常用分布的过程也是对概率论的基本概念和方法的复习过程。为了提高学生的动手能力,本书基于 Excel 环境安排了 12 个实验,实验内容的先后次序与概率论与数理统计的基本内容一致。

　　本教材可作为高校统计学、信息与计算科学及数学与应用数学专业的教材或参考书,也可供相关科技工作者参考。

　　由于编者水平有限,书中不妥之处在所难免,恳请读者批评指正。

编者

2012 年 5 月

目　录

第一章　随机事件及其概率 ———————————————————————— 1

§1.1　随机事件　/1

§1.1.1　随机现象　/1

§1.1.2　随机试验　/2

§1.1.3　样本空间　/2

§1.1.4　随机事件　/3

§1.2　随机事件间的关系与运算　/3

§1.2.1　包含关系　/3

§1.2.2　相等关系　/3

§1.2.3　互不相容(互斥)事件　/4

§1.2.4　事件的并(和)　/4

§1.2.5　事件的交(积)　/4

§1.2.6　差事件　/5

§1.2.7　对立事件　/5

§1.2.8　事件的运算律　/5

§1.3　随机事件的概率　/6

§1.3.1　概率的统计定义　/6

§1.3.2　概率的公理化定义　/7

§1.3.3　概率的性质　/7

§1.4　古典概型　/8

§1.4.1　古典概率的概念　/8

§1.4.2　计数原理　/10

§1.4.3　利用排列组合计算古典概率　/10

§1.5　几何概型与主观概率　/13

§1.5.1　几何概型　/13

§1.5.2　蒙特卡罗(Monte-Carlo)法　/13

§1.5.3　主观概率　/14

§1.6　条件概率与乘法公式　/14

§1.6.1　条件概率的概念　/14

§1.6.2　条件概率的性质　/16

§1.6.3　乘法公式　/17

§1.7　全概率公式和贝叶斯公式　/18

§1.7.1 全概率公式 /19

§1.7.2 贝叶斯(Bayes)公式 /20

§1.8 随机事件的独立性 /22

§1.8.1 两个事件的独立性 /22

§1.8.2 三个事件的独立性 /24

§1.8.3 多个事件的相互独立 /24

§1.8.4 试验的独立性 /25

§1.8.5 n 重伯努利试验 /26

§1.9 系统的可靠性 /27

§1.9.1 串联系统的可靠性 /27

§1.9.2 并联系统的可靠性 /27

习题一 /28

第二章 随机变量及其分布 ——————————————— 31

§2.1 随机变量 /31

§2.1.1 随机变量的概念 /31

§2.1.2 随机变量的分类 /32

§2.1.3 分布函数 /32

§2.1.4 分布函数的性质 /33

§2.2 离散型随机变量及其分布 /33

§2.2.1 概率分布 /33

§2.2.2 概率分布的性质 /34

§2.3 连续型随机变量及其分布 /35

§2.3.1 连续型随机变量的密度函数 /35

§2.3.2 密度函数的性质 /36

§2.4 随机变量函数的分布 /38

§2.4.1 离散型随机变量函数的分布 /39

§2.4.2 连续型随机变量函数的分布 /40

习题二 /43

第三章 多维随机变量及其分布 ——————————————— 46

§3.1 多维随机变量及其联合分布 /46

§3.1.1 多维随机变量的概念 /46

§3.1.2 联合分布函数 /46

§3.1.3 边缘分布函数 /47

§3.2 二维离散型随机变量 /48

§3.2.1 二维离散型随机变量 /48

§3.2.2 二维离散型随机变量边缘分布律 /49

§3.3 二维连续型随机变量 /50

§3.3.1 二维连续型随机变量 /50

§3.3.2 二维连续型随机变量边缘概率密度 /51

§3.4 随机变量的独立性 /52

§3.5 二维随机变量函数的分布 /55

§3.5.1 二维离散型随机变量函数的分布 /55

§3.5.2 连续型随机变量函数的分布 /56

§3.5.3 连续型随机向量的变换法 /59

§3.6 条件分布 /60

§3.6.1 离散型随机变量的条件分布律 /60

§3.6.2 连续型随机变量的条件概率密度 /62

§3.6.3 连续型的全概率公式和贝叶斯公式 /64

习题三 /65

第四章 随机变量的数字特征 ———————————————————— 68

§4.1 随机变量的数学期望 /68

§4.1.1 离散型随机变量的数学期望 /68

§4.1.2 连续型随机变量的数学期望 /69

§4.1.3 随机变量函数的数学期望 /70

§4.1.4 数学期望的性质 /71

§4.2 随机变量的方差 /73

§4.2.1 方差的概念 /73

§4.2.2 方差的性质 /75

§4.2.3 契比雪夫(Chebyshev)不等式 /75

§4.3 协方差与相关系数 /76

§4.3.1 协方差 /76

§4.3.2 相关系数 /78

§4.4 矩与分位数 /81

§4.4.1 矩 /81

§4.4.2 分位数 /83

§4.5 随机变量的形态特征数 /83

§4.5.1 变异系数 /83

§4.5.2 偏度系数 /84

§4.5.3 峰度系数 /84

§4.6 条件数学期望 /85

§4.6.1 条件数学期望 /85

§4.6.2 重期望 /86

习题四 /88

第五章 常用分布 ———————————————————————————— 90

§5.1 两点分布与二项分布 /90

§5.1.1 两点分布 /90

§5.1.2　二项分布　/90

§5.1.3　二项分布与0-1分布之间的关系　/91

§5.1.4　二项分布的数学期望和方差　/91

§5.2　泊松分布　/92

§5.2.1　泊松分布　/92

§5.2.2　泊松定理　/93

§5.2.3　泊松分布的数字特征　/94

§5.3　几何分布　/95

§5.3.1　几何分布　/95

§5.3.2　几何分布的数字特征　/95

§5.4　超几何分布　/96

§5.4.1　超几何分布　/96

§5.4.2　超几何分布的数字特征　/96

§5.5　负二项分布　/97

§5.6　均匀分布　/97

§5.6.1　均匀分布　/97

§5.6.2　均匀分布的数字特征　/98

§5.7　指数分布　/98

§5.7.1　指数分布　/98

§5.7.2　指数分布的数字特征　/99

§5.8　正态分布　/100

§5.8.1　正态分布　/100

§5.8.2　正态分布与标准正态分布的关系　/101

§5.8.3　正态分布的数字特征　/103

§5.9　伽玛分布　/104

§5.9.1　伽玛函数　/104

§5.9.2　伽玛分布　/104

§5.9.3　伽玛分布的数字特征　/104

§5.9.4　伽玛分布的两个特例　/105

§5.10　贝塔分布　/105

§5.10.1　贝塔函数　/105

§5.10.2　贝塔分布　/105

§5.10.3　贝塔分布的数字特征　/106

§5.11　常用多维分布　/106

§5.11.1　多项分布　/106

§5.11.2　多维均匀分布　/107

§5.11.3　二维正态分布　/108

§5.11.4　二维指数分布　/111

习题五　/111

第六章 极限理论 ——————————————————————— **114**

§6.1 随机变量序列的收敛性 /114

§6.1.1 以概率1收敛 /114

§6.1.2 依概率收敛 /114

§6.1.3 依分布收敛 /115

§6.1.4 三种收敛的关系 /115

§6.2 特征函数 /117

§6.2.1 特征函数 /117

§6.2.2 特征函数的计算 /117

§6.2.3 特征函数的性质 /118

§6.2.4 特征函数唯一决定分布函数 /119

§6.2.5 分布函数的再生性 /120

§6.3 大数定律 /121

§6.3.1 大数定律 /121

§6.3.2 契比雪夫大数定律 /121

§6.3.3 伯努利大数定律 /122

§6.3.4 辛钦大数定律 /122

§6.3.5 马尔可夫大数定律 /123

§6.4 中心极限定理 /124

§6.4.1 中心极限定理 /124

§6.4.2 独立同分布的中心极限定理 /124

§6.4.3 独立不同分布的中心极限定理 /127

习题六 /128

第七章 数理统计基础 ——————————————————————— **130**

§7.1 数理统计的基本概念 /130

§7.1.1 总体与个体 /130

§7.1.2 样本 /131

§7.1.3 统计量与常用统计量 /133

§7.2 数理统计中常用的三大分布 /135

§7.2.1 卡方分布 /135

§7.2.2 t 分布 /136

§7.2.3 F 分布 /137

§7.3 正态总体下的抽样分布 /139

§7.4 两个正态总体下的抽样分布 /142

§7.5 数据整理 /145

§7.5.1 频率分布表与直方图 /145

§7.5.2 茎叶图 /146

§7.5.3　条形图　/147

§7.5.4　五数概括与箱线图　/147

§7.6　经验分布函数　/149

§7.7　次序统计量　/150

§7.7.1　次序统计量的概念　/150

§7.7.2　次序统计量的分布　/152

§7.7.3　多个次序统计量的联合分布　/153

§7.7.4　极差　/154

习题七　/154

第八章　参数估计 —————————————————————————————— 156

§8.1　参数估计的概念　/156

§8.1.1　点估计的概念　/156

§8.1.2　区间估计的概念　/156

§8.1.3　单侧置信区间　/158

§8.2　矩估计法　/159

§8.3　最大似然估计法　/161

§8.4　点估计优劣的评价标准　/164

§8.4.1　无偏性　/165

§8.4.2　有效性　/166

§8.4.3　一致性　/168

§8.4.4　均方误差　/169

§8.5　正态总体参数的置信区间　/169

§8.5.1　总体方差已知情况下均值的置信区间　/169

§8.5.2　总体方差未知情况下均值的置信区间　/170

§8.5.3　正态总体方差与标准差的置信区间　/172

§8.6　两个正态总体参数的置信区间　/173

§8.6.1　两个正态总体均值差的置信区间　/173

§8.6.2　两个正态总体方差比的置信区间　/174

§8.7　样本容量的确定　/175

§8.7.1　正态总体方差已知时样本容量的确定　/176

§8.7.2　正态总体方差未知时样本容量的确定　/176

§8.8　最小方差无偏估计　/177

§8.8.1　费希尔(Fisher)信息量　/177

§8.8.2　最小方差无偏估计　/179

§8.9　充分统计量　/183

§8.9.1　充分性的概念　/183

§8.9.2　因子分解定理　/184

§8.9.3　Rao-Blackwell 定理　/187

§8.10　贝叶斯估计　/190

　　§8.10.1　统计推断的基础　/190

　　§8.10.2　贝叶斯公式的密度函数形式　/191

　　§8.10.3　贝叶斯估计　/191

　　§8.10.4　共轭先验分布　/193

习题八　/193

第九章　假设检验　　　　　　　　　　　　　　　　　　　　　　196

§9.1　假设检验的基本概念　/196

　　§9.1.1　假设检验的概念　/196

　　§9.1.2　两类错误　/198

　　§9.1.3　假设检验的基本步骤　/199

　　§9.1.4　假设检验的三种基本形式　/200

§9.2　假设检验问题的 P 值　/200

§9.3　正态总体均值的假设检验　/202

　　§9.3.1　方差已知时的 Z 检验　/203

　　§9.3.2　方差未知时的 T 检验　/203

　　§9.3.3　正态总体均值检验问题小结　/205

§9.4　正态总体方差的假设检验　/205

　　§9.4.1　均值未知时的卡方检验　/205

　　§9.4.2　均值已知时的卡方检验　/206

　　§9.4.3　正态总体方差检验问题小结　/207

§9.5　两个正态总体均值的假设检验　/207

　　§9.5.1　方差已知时的 Z 检验　/207

　　§9.5.2　方差未知但相等时的 T 检验　/208

　　§9.5.3　配对样本的 T 检验　/209

　　§9.5.4　方差未知且不等时的 T 检验　/210

　　§9.5.5　两个正态总体均值的假设检验问题小结　/210

§9.6　两个正态总体方差的假设检验　/211

　　§9.6.1　两个正态总体方差的 F 检验　/211

　　§9.6.2　两个正态总体方差的假设检验问题小结　/212

§9.7　正态性检验　/212

　　§9.7.1　正态概率纸　/212

　　§9.7.2　构造正态概率纸的原理　/212

　　§9.7.3　正态概率纸检验法　/213

　　§9.7.4　正态概率纸参数估计法　/213

习题九　/215

第十章　非正态总体假设检验　　　　　　　　　　　　　　　　　218

§10.1　总体分布的拟合检验　/218

§10.2 独立性的列联表检验 /221

§10.3 指数分布参数的假设检验 /223

§10.4 比例的假设检验 /223

§10.5 大样本检验 /224

§10.6 置信区间与假设检验之间的关系 /225

　　§10.6.1 由置信区间解决假设检验问题 /225

　　§10.6.2 由假设检验问题求置信区间 /226

§10.7 施行特征函数与样本容量的确定 /226

　　§10.7.1 施行特征函数 /227

　　§10.7.2 单侧 Z 检验法的 OC 函数与样本容量的确定 /227

　　§10.7.3 双侧 Z 检验法的 OC 函数与样本容量的确定 /228

习题十 /229

第十一章 方差分析 ———————————————————————— 230

§11.1 单因素方差分析 /230

　　§11.1.1 基本假定条件 /230

　　§11.1.2 统计假设 /231

　　§11.1.3 平方和分解 /231

　　§11.1.4 方差分析 /232

§11.2 无交互作用双因素方差分析 /235

　　§11.2.1 无交互作用双因素方差分析模型 /235

　　§11.2.2 平方和分解 /236

　　§11.2.3 方差分析 /237

§11.3 有交互作用双因素方差分析 /241

§11.4 多重比较 /245

　　§11.4.1 参数的点估计 /245

　　§11.4.2 参数的区间估计 /246

　　§11.4.3 效应差的置信区间 /246

　　§11.4.4 多重比较问题 /246

　　§11.4.5 重复数相等场合的 T 法 /247

　　§11.4.6 重复数不相等场合的 S 法 /249

§11.5 方差齐性检验 /251

　　§11.5.1 Hartley 检验 /251

　　§11.5.2 Bartlett 检验 /253

　　§11.5.3 修正的 Bartlett 检验 /253

习题十一 /255

第十二章 回归分析 ———————————————————————— 258

§12.1 一元线性回归方程 /258

§12.1.1　相关分析与回归分析　/258

§12.1.2　总体回归函数　/259

§12.1.3　样本回归函数　/260

§12.1.4　回归系数的最小二乘估计（Least squares estimates ）　/261

§12.2　一元线性回归方程的显著性检验　/263

§12.2.1　平方和分解　/263

§12.2.2　F 检验　/264

§12.2.3　t 检验　/265

§12.2.4　相关系数检验　/266

§12.3　估计与预测　/267

§12.3.1　均值 $E(Y_0)$ 的点估计　/267

§12.3.2　均值 $E(Y_0)$ 的区间估计　/268

§12.3.3　随机变量 Y_0 的预测区间　/269

§12.4　可线性化的一元非线性回归　/271

§12.4.1　模型的确定　/271

§12.4.2　系数的估计　/273

§12.5　多元线性回归分析　/274

§12.5.1　参数估计　/275

§12.5.2　平方和分解与假设检验　/277

习题十二　/280

基于 Excel 的概率统计实验 — **282**

实验一　Excel 中的统计分析工具　/282

实验二　几个常用分布　/284

实验三　正态分布　/289

实验四　数理统计中常用的三大分布　/293

实验五　描述性统计　/299

实验六　单个正态总体参数的区间估计　/306

实验七　两个正态总体参数的区间估计　/311

实验八　单个正态总体参数的假设检验　/317

实验九　两个正态总体参数的假设检验　/322

实验十　非参数检验　/333

实验十一　方差分析　/338

实验十二　回归分析　/349

附表 — **/358**

参考文献 — **/377**

第一章　随机事件及其概率

概率论与数理统计是研究和揭示随机现象统计规律性的一门数学学科.概率论与数理统计的理论和方法,在工业、农业、军事、天文、医学、金融、保险、试验设计等人类活动的各个领域中发挥着越来越重要的作用.在理论联系实际方面,可以说概率论与数理统计是当今世界上发展最迅速且最活跃的数学分支之一.概率论是研究随机现象中数量规律的数学分支,是数理统计的理论基础.

§1.1　随机事件

§1.1.1　随机现象

在自然界和人类社会活动中,人们所观察到的现象大致可分为必然现象和随机现象两类.

定义 1-1　在一定条件下必然出现的现象,即只有一个结果,因而可以事先准确预知的现象,称为**必然现象**或**确定性现象**.

例如:

◆ 每天早晨太阳从东方升起;

◆ 同性电荷相互排斥,异性电荷相互吸引;

◆ 在自然状态,水从高处流向低处等.

定义 1-2　在一定条件下,人们不能事先准确预知其结果的现象,即在一定条件下可能出现也可能不出现的现象,称为**随机现象**(Random phenomenon).

随机现象在日常生活中也是广泛存在的.例如:

◆ 向上抛一枚硬币,落地后可能正面朝上也可能反面朝上,就是说,"正面朝上"这个结果可能出现也可能不出现;

◆ 掷一枚骰子,可能出现 1、2、3、4、5、6 点,至于将掷出哪一点,也是不能事先准确预知的;

◆ 在股市交易中,某只股票的价格受到国家金融政策、上市公司业绩、股民的炒作行为及其他国家股市的涨跌等许多不确定因素影响,下一个交易日该股票的股价可能上升也可能下跌,而且这只股票的最高价和最低价也不能事先确定;

◆ 在射击比赛中,运动员用同一支步枪向一个靶子射击,打出的环数可能不同;

◆ 在某一条生产线上,使用相同的工艺生产出来的产品,寿命也可能有较大差异等.

虽然随机现象在相同条件下可能的结果不止一个,且不能事先准确预知将出现什么样的结果,但是经过长期的、反复的观察和试验,人们逐渐发现了所谓结果"不能事先准确预知"只是对一次或几次观察或试验而言,在相同条件下进行大量重复观察或试验时,其结果就会呈现某种规律性,这就是所谓的统计规律性.

在概率论与数理统计中蕴含着一种不同于确定性数学研究中经常运用的思想方法和世界

观. 在随机现象的研究中,我们不能将复杂的随机现象简化为确定性的现象,而是承认在所研究的系统中确实存在一些我们不能掌握或根本不知道的因素,因而系统中会有随机现象发生. 面对这样的客观现实,从概率论与数理统计的观点出发,我们的态度是:既不无视随机性的存在,简单地就已经掌握的片面情况乱作决定,也不盲目地惧怕不确定性,因而踌躇不前;而是找出实际情况中随机现象的规律,并基于对它们的认识,做出尽可能好的决策.

§1.1.2 随机试验

为了研究随机现象的数量规律性,需要对随机现象进行一些重复观察或试验.

在这里,我们把试验作为一个含义广泛的术语,它可以是各种各样的科学试验,也可以是对自然现象或社会现象所进行的观察. 例如:

◆ 在一批笔记本电脑中任意抽取一台,检测它的寿命;
◆ 向上抛一枚硬币三次,观察其落地后出现正面的次数;
◆ 记录某市火车站售票处一天内售出的车票数.

定义 1-3 具有下述三个特点的试验称为**随机试验**(Random experiment),简称为试验,用大写英文字母 E 表示.

(1) 可重复性:试验可以在相同的条件下重复进行.

(2) 可观察性:每次试验的可能结果不止一个,但事先可以明确知道试验的所有可能结果.

(3) 不确定性:进行一次试验之前不能确定会出现哪一个结果.

本书中所提到的试验均指随机试验.

§1.1.3 样本空间

由于随机试验具有可观察性,因此,虽然事先不能确定试验将出现哪一个结果,但试验的所有可能的基本结果所构成的集合是已知的.

定义 1-4 将随机试验 E 的每个可能的基本结果称为一个**样本点**(Sampling point),全体样本点组成的集合称为 E 的**样本空间**(Sampling space),记为 $\Omega = \{\omega\}$,其中 ω 表示试验的样本点.

例 1-1 设 E_1:向上抛掷一枚硬币,观察其落地后正面朝上还是反面朝上,则 $\Omega_1 = \{$正面,反面$\}$;

E_2:将一枚硬币连续向上抛掷两次,依次观察其落地后正面朝上还是反面朝上,则 $\Omega_2 = \{$正正,正反,反正,反反$\}$;

E_3:将一枚硬币连续向上抛掷两次,观察其反面朝上的次数,则 $\Omega_3 = \{0,1,2\}$;

E_4:记录某市火车站售票处一天内售出的车票数,则 $\Omega_4 = \{0,1,2,\cdots\}$;

E_5:在某型号电脑中任取一台检测其使用寿命,则 $\Omega_5 = \{t \mid t \geqslant 0\}$;

E_6:记录证券交易所内某只股票一天内的最低价 x(元)和最高价 y(元),则

$$\Omega_6 = \{(x,y) \mid 0 < x \leqslant y\}.$$

从例 1-1 不难看出,样本空间可以是有限集、可列集、不可列集,甚至是二维空间中的某一平面区域.

写出试验的样本空间是描述随机现象的基础. 值得注意的是:即使是相同的试验,由于研究目的不同,其样本空间也可能不同,如例 1-1 中的 Ω_2 和 Ω_3. 也就是说,样本空间的样本点取决于随机试验及其研究目的.

§1.1.4　随机事件

定义 1-5　随机试验 E 的样本空间 Ω 的子集称为 E 的**随机事件**(Random event),简称事件(Event).常用大写英文字母 A,B,C 等表示事件.

◆ 任何一个样本点 ω 构成的单点集 $\{\omega\}$,称为**基本事件**(Basic events).

◆ 任何事件可看成是由基本事件复合而成的.

◆ 在概率论中,事件 A 发生,是指当且仅当 A 所包含的某一样本点发生.

例如在掷一枚骰子的试验中,"出现偶数点"是一个事件,这个事件就是样本空间 $\Omega=\{1,2,3,4,5,6\}$ 的一个子集 $A=\{2,4,6\}$;它也可看成是由基本事件"出现 2 点","出现 4 点","出现 6 点"复合而成的,而且一旦出现这三个基本事件中的一个,我们就可说"出现偶数点"这个事件发生了.

◆ 样本空间 Ω,称为**必然事件**(Certain event).因为 Ω 本身也是 Ω 的一个子集,故也是事件,在每次试验中必然会出现 Ω 中的某一样本点,所以在任何一次试验中 Ω 必然会发生,故称其为必然事件.

◆ 空集 $\varnothing$,称为**不可能事件**(Impossible event).空集 $\varnothing$ 也是 Ω 的子集,故也是事件.因为空集不包含任何样本点,所以在任何一次试验中 $\varnothing$ 都不可能发生,所以称其为不可能事件.

必然事件和不可能事件已经失去了"不确定性",本已不属于随机事件,但是为了讨论问题的方便,还是将它们作为两个极端情形的随机事件.

§1.2　随机事件间的关系与运算

因为样本空间 Ω 就是全体样本点(基本事件)所组成的集合,随机事件是 Ω 的子集,所以事件间的关系和运算也可按集合间的关系和运算来处理.为了简化以后的概率计算,下面的讨论总是假定在同一个样本空间 Ω 中进行.

§1.2.1　包含关系

定义 1-6　若事件 A 发生必然导致事件 B 发生,则称事件 B **包含**(Inclusion relation)事件 A,或事件 A 包含于事件 B,记为 $B\supset A$ 或 $A\subset B$,如图 1-1 所示.

◆ $A\subset B$,也就是事件 A 中的每一个样本点都是事件 B 的样本点.

◆ 对于任意事件 A,必有 $\varnothing\subset A\subset\Omega$.

例如,掷一枚骰子,$A=$"出现 6 点",$B=$"出现偶数点",则 $A\subset B$.

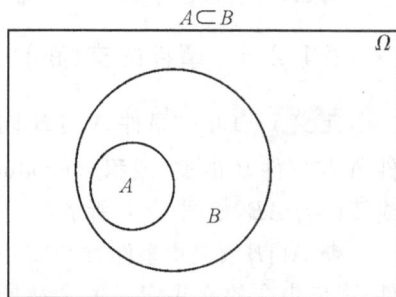

图 1-1　包含关系维恩(Venn)图

§1.2.2　相等关系

定义 1-7　若事件 A 发生必然导致事件 B 发生,同时事件 B 发生必然导致事件 A 发生,则称事件 A 与 B **相等**(Equivalent relation),记为 $A=B$.

◆ $A=B$,也就是事件 A 中的样本点与事件 B 的样本点完全相同,即 $A\subset B$ 和 $B\subset A$ 同时成立.

§1.2.3 互不相容(互斥)事件

定义 1-8 若事件 A 与 B 不可能同时发生,则称事件 A 与事件 B **互不相容**(或互斥)(Incompatible events),如图 1-2 所示.

◆ 事件 A 与事件 B 互斥,即 $A \cap B = \varnothing$,事件 A 与 B 没有相同的样本点.

◆ 任意两个不同的基本事件是互不相容的.

◆ 若事件 $A_1, A_2, \cdots, A_n, \cdots$ 满足当 $i \neq j$ ($i, j = 1, 2, \cdots$)时,$A_i A_j = \varnothing$,即事件组中任意两个不同事件都互不相容,则称事件 $A_1, A_2, \cdots, A_n, \cdots$ 两两互不相容.

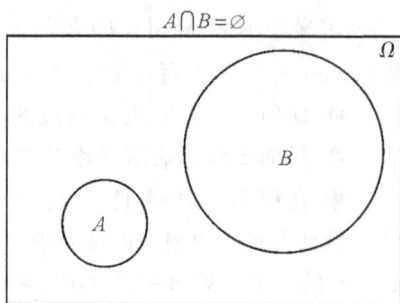

图 1-2 互斥关系维恩(Venn)图

§1.2.4 事件的并(和)

定义 1-9 "事件 A 与 B 中至少有一个发生"这一事件称为事件 A 与事件 B 的**并**(或和)(Union of events),记为 $A \cup B$,如图 1-3 所示.

◆ $A \cup B$ 就是由事件 A 和 B 的所有样本点(相同的只计入一次)所组成的新事件,即 $A \cup B = \{\omega | \omega \in A \text{ 或 } \omega \in B\}$.

◆ "事件 $A_1, A_2, \cdots, A_n$ 中至少有一个发生"这一事件称为事件 $A_1, A_2, \cdots, A_n$ 的并(和),记为 $A_1 \cup A_2 \cup \cdots \cup A_n$,也可简记为 $\bigcup_{i=1}^{n} A_i$.

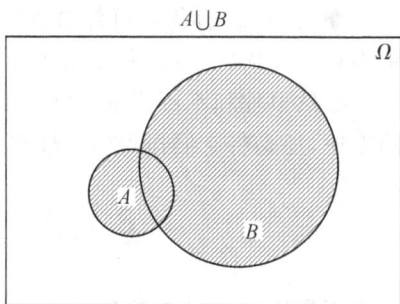

图 1-3 并运算维恩(Venn)图

◆ "可列个事件 $A_1, A_2, \cdots, A_n, \cdots$ 中至少有一个发生"这一事件称为事件 $A_1, A_2, \cdots, A_n, \cdots$ 的可列并(和),记为 $\bigcup_{i=1}^{\infty} A_i$.

例如,掷一枚骰子,A="出现偶数点",B="出现点数不超过 4",则 $A \cup B = \{1, 2, 3, 4, 6\}$.

§1.2.5 事件的交(积)

定义 1-10 "事件 A 与 B 同时发生"这一事件称为事件 A 与事件 B 的**交**(或积)(Product of events),记为 $A \cap B$,或简记为 AB,如图 1-4 所示.

◆ $A \cap B$ 就是由事件 A 与 B 中公共的样本点组成的新事件,这与集合的交集定义完全相同,即 $A \cap B = \{\omega | \omega \in A \text{ 且 } \omega \in B\}$.

◆ "事件 $A_1, A_2, \cdots, A_n$ 同时发生"这一事件称为事件 $A_1, A_2, \cdots, A_n$ 的交(积),记为 $A_1 \cap A_2 \cap \cdots \cap A_n$ 或 $A_1 A_2 \cdots A_n$,也可简记为 $\bigcap_{i=1}^{n} A_i$.

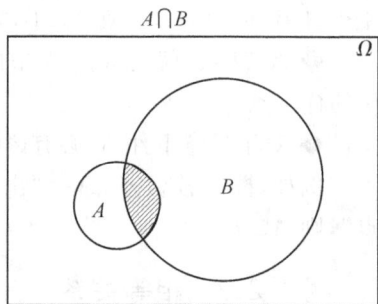

图 1-4 交运算维恩(Venn)图

◆ "可列个事件 $A_1, A_2, \cdots, A_n, \cdots$ 同时发生"这一事件称为事件 $A_1, A_2, \cdots, A_n, \cdots$ 的可列交(积),记为 $\bigcap_{i=1}^{\infty} A_i$.

例如,掷一枚骰子,A="出现偶数点",B="出现点数不超过 4",则 $A \cap B = \{2, 4\}$.

§1.2.6 差事件

定义 1-11 "事件 A 发生但 B 不发生"这一事件称为事件 A 与事件 B 的**差事件**(Difference of events),记为 $A-B$,如图 1-5 所示.

◆ $A-B$ 是由事件 A 中不属于 B 的样本点所组成的新事件,即 $A-B=\{\omega|\omega\in A\text{ 且 }\omega\notin B\}$.

例如,掷一枚骰子,$A=$ "出现偶数点",$B=$ "出现点数不超过 4",则 $A-B=\{6\}$.

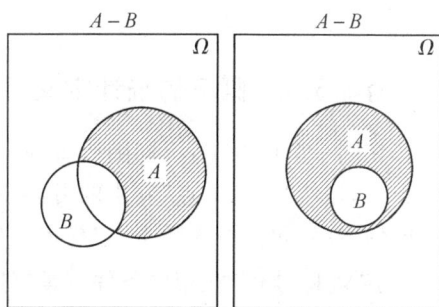

图 1-5 差运算维恩(Venn)图

§1.2.7 对立事件

定义 1-12 "事件 A 不发生"这一事件称为事件 A 的**对立事件**(Opposite events),记为 $\overline{A}$,如图 1-6 所示.

◆ $\overline{A}$ 就是由所有 Ω 中不属于事件 A 的样本点所组成的新事件.

对立事件也可采用如下定义:若事件 A 与 B 满足 $A\cap B=\varnothing$,$A\cup B=\Omega$,则称事件 A 与事件 B 互为对立事件,记为 $\overline{A}=B$,$\overline{B}=A$.

◆ $\overline{A}=\Omega-A$,$\overline{\Omega}=\varnothing$,$\overline{\varnothing}=\Omega$.

◆ $A\cap\overline{A}=\varnothing$,$A\cup\overline{A}=\Omega$,$\overline{\overline{A}}=A$.

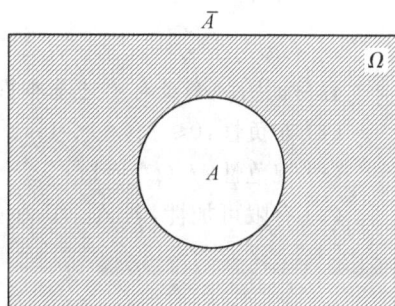

图 1-6 对立事件维恩(Venn)图

§1.2.8 事件的运算律

与集合运算一样,事件的运算也满足下列运算规律.

(1) 交换律:$A\cup B=B\cup A$,$A\cap B=B\cap A$.

(2) 结合律:$(A\cup B)\cup C=A\cup(B\cup C)$,$(A\cap B)\cap C=A\cap(B\cap C)$.

(3) 分配律:$(A\cup B)\cap C=(A\cap C)\cup(B\cap C)$,$(A\cap B)\cup C=(A\cup C)\cap(B\cup C)$.

(4) 对偶律(De Morgan 公式):$\overline{A\cup B}=\overline{A}\cap\overline{B}$,$\overline{A\cap B}=\overline{A}\cup\overline{B}$.

(5) 若 $A\subset B$,则 $A\cup B=B$,$A\cap B=A$.

(6) 事件 A 与 B 的差:$A-B=A\cap\overline{B}$.

上述运算律对有限个或可列个事件的情况也同样成立.

例 1-2 若 A,B,C 为某试验中的三个事件,则

(1) 事件"A 发生而 B 与 C 都不发生"可表示为 $A\overline{B}\overline{C}$ 或 $A-B-C$ 或 $A-(B\cup C)$;

(2) 事件"A 与 B 发生而 C 不发生"可表示为 $AB\overline{C}$ 或 $AB-C$ 或 $AB-ABC$;

(3) 三个事件都发生,可表示为 ABC;

(4) 三个事件都不发生,可表示为 $\overline{A}\,\overline{B}\,\overline{C}$ 或 $\overline{A\cup B\cup C}$ 或 $\Omega-(A\cup B\cup C)$;

(5) 三个事件中恰好有一个发生,可表示为 $A\overline{B}\,\overline{C}\cup\overline{A}B\,\overline{C}\cup\overline{A}\,\overline{B}C$;

(6) 三个事件中恰好有两个发生,可表示为 $AB\overline{C}\cup A\overline{B}C\cup\overline{A}BC$;

(7) 三个事件中至少有一个发生,可表示为

$A\cup B\cup C$ 或 $A\overline{B}\,\overline{C}\cup\overline{A}B\,\overline{C}\cup\overline{A}\,\overline{B}C\cup AB\overline{C}\cup A\overline{B}C\cup\overline{A}BC\cup ABC$;

(8) 三个事件中至少有一个不发生,可表示为 $\overline{A}\cup\overline{B}\cup\overline{C}$ 或 $\overline{ABC}$.

§1.3 随机事件的概率

§1.3.1 概率的统计定义

在同一个试验中,不同随机事件发生的可能性也可能不同.例如,在前一节所举的掷骰子的例子中,显然"出现 6 点"发生的可能性小于"出现偶数点".为了度量事件在一次试验中发生的可能性大小,我们引入频率,它描述了事件发生的频繁程度.

定义 1-13 在相同条件下重复进行 n 次试验,在 n 次试验中,事件 A 出现的次数 n_A 称为事件 A 发生的**频数**,比值 $\dfrac{n_A}{n}$ 称为事件 A 发生的**频率**(Frequency),记为 $f_n(A)$,即

$$f_n(A) = \frac{n_A}{n}.$$

容易证明频率具有下述基本性质.

(1) 非负性:$0 \leqslant f_n(A) \leqslant 1$;

(2) 规范性:$f_n(\Omega) = 1$;

(3) 有限可加性:若 $A_1, A_2, \cdots, A_n$ 是两两互不相容的事件,则

$$f_n\left(\bigcup_{i=1}^{n} A_i\right) = \sum_{i=1}^{n} f_n(A_i).$$

由频率的定义易知,当事件 A 的频率较大时,就意味着事件 A 在一次试验中发生的可能性较大.因而,直观的想法是用频率来表示事件 A 在一次试验中发生的可能性的大小,然而这样是否可行,还需要实践来检验.

历史上有不少人做过大量试验.例如抛掷一枚均匀的硬币,有过如表 1-1 所示的记录.

表 1-1 抛掷一枚硬币出现正面频率

试验者	抛掷次数	出现正面次数	频率
德摩根	2048	1061	0.5181
蒲丰	4040	2048	0.5069
K.皮尔逊	12000	6019	0.5016
K.皮尔逊	24000	12012	0.5005
罗曼诺夫斯基	80640	39699	0.4923

从上表可以看出,随着试验次数的增多,频率呈现一定的稳定性.即随着试验次数的增多,出现正面的频率总是在 0.5 附近摆动,而逐渐稳定于 0.5.

又如,有人统计了大量不同类型英文文献中的字母使用情况,发现字母 E 使用的频率稳定在 0.1268 附近,远超过其他字母,而使用最少的英文字母 Z 的频率则稳定在 0.0006 附近.在进行更深入的研究之后,人们还发现各个字母被使用的频率相当稳定.

人们通过大量的试验发现,事件发生的频率具有稳定性.即当重复试验的次数 n 很大时,每个事件 A 发生的频率 $f_n(A)$ 都会稳定到某一常数附近.由频率的稳定性,可引入概率的统计定义.

定义 1-14 在相同条件下重复进行 n 次试验,若事件 A 发生的频率随着试验次数 n 的增大而稳定到某个常数 p $(0 \leqslant p \leqslant 1)$,则称数值 p 为事件 A 的**概率**(Probability),记作 $P(A) = p$.

§1.3.2　概率的公理化定义

概率的统计定义只是一个模糊定义,因而存在严重不足之处,不能作为严格的数学定义.

历史上还出现过概率的古典定义、几何定义及主观定义,这些定义只能适应某一类随机现象,因而不能作为概率的一般定义.

19 世纪末以来,数学的各个分支广泛流行着一股公理化潮流,即把最基本的事实假定为公理,其他结论均由公理经过演绎导出.1933 年,苏联数学家柯尔莫哥洛夫(Kolmogorov)提出了概率的公理化定义,使概率论成为一门严谨的数学分支,对概率论的迅速发展起到了积极的作用.下面给出建立在严密的逻辑基础上的概率公理化定义.

定义 1-15　设 Ω 是随机试验 E 的样本空间,对于 E 的每一个事件 A,将其对应于一个实数 $P(A)$,如果 $P(A)$ 满足下列三个条件,则称 $P(A)$ 为事件 A 的**概率**(Probability).

(1) 非负性:对任意事件 A,有 $P(A)\geqslant 0$;

(2) 规范性:$P(\Omega)=1$;

(3) 可列可加性:若 $A_1,A_2,\cdots,A_n,\cdots$ 是两两互不相容的事件,则

$$P\left(\bigcup_{n=1}^{\infty} A_n\right) = \sum_{n=1}^{\infty} P(A_n).$$

§1.3.3　概率的性质

利用概率定义的三条公理,我们可以推出概率的另外一些重要性质.

性质 1-1　$P(\varnothing)=0.$

证明　因 $\varnothing=\varnothing\cup\varnothing\cup\cdots\cup\varnothing\cup\cdots$,由概率的可列可加性得

$$P(\varnothing)=P(\varnothing)+P(\varnothing)+\cdots+P(\varnothing)+\cdots,$$

由概率的非负性得 $P(\varnothing)=0.$

性质 1-2　(有限可加性)若 $A_1,A_2,\cdots,A_n$ 是两两互不相容的事件,则

$$P\left(\bigcup_{k=1}^{n} A_k\right) = \sum_{k=1}^{n} P(A_k).$$

证明　因为

$$\bigcup_{k=1}^{n} A_k=A_1\cup A_2\cup\cdots\cup A_n\cup\varnothing\cup\varnothing\cup\cdots,$$

再利用概率的可列可加性和性质 1-1 有

$$P\left(\bigcup_{k=1}^{n} A_k\right) = P(A_1)+P(A_2)+\cdots+P(A_n)+P(\varnothing)+\cdots$$

$$= P(A_1)+P(A_2)+\cdots+P(A_n) = \sum_{k=1}^{n} P(A_k).$$

性质 1-3　对任何事件 A,有 $P(\overline{A})=1-P(A).$

证明　因为 $A\cup\overline{A}=\Omega,A\overline{A}=\varnothing$,所以由规范性及有限可加性有

$$1=P(\Omega)=P(A\cup\overline{A})=P(A)+P(\overline{A}).$$

故

$$P(\overline{A})=1-P(A).$$

性质 1-4　对任意两个事件 A,B,有 $P(A-B)=P(A)-P(AB).$

证明　因为 $A=(A-B)\cup AB$,且 $(A-B)AB=\varnothing$,由有限可加性有

$$P(A) = P(A-B) + P(AB),$$

移项即得

$$P(A-B) = P(A) - P(AB).$$

◆ 若 $A \supset B$，则 $AB = B$，于是有

$$P(A-B) = P(A) - P(AB) = P(A) - P(B).$$

再由非负性知 $P(A-B) \geqslant 0$，即 $P(A) \geqslant P(B)$.

性质 1-5 对任意事件 A，有 $0 \leqslant P(A) \leqslant 1$.

证明 因对任意事件 A，有 $\varnothing \subset A \subset \Omega$，利用性质 1-1、性质 1-4 和规范性即证.

性质 1-6 （加法公式）对任意两个事件 A, B，有

$$P(A \cup B) = P(A) + P(B) - P(AB).$$

证明 因为 $A \cup B = A \cup (B-A)$，且 $A(B-AB) = \varnothing$，$AB \subset B$，所以由有限可加性和性质 1-4 有

$$P(A \cup B) = P(A) + P(B-AB) = P(A) + P(B) - P(AB).$$

此式可推广到多个事件的并的情况.

◆ $P(A \cup B \cup C) = P(A) + P(B) + P(C) - P(AB) - P(AC) - P(BC) + P(ABC).$

事实上，

$$
\begin{aligned}
P(A \cup B \cup C) &= P[(A \cup B) \cup C] = P(A \cup B) + P(C) - P[(A \cup B)C] \\
&= P(A) + P(B) - P(AB) + P(C) - [P(AC) + P(BC) - P(ABC)] \\
&= P(A) + P(B) + P(C) - P(AB) - P(AC) - P(BC) + P(ABC).
\end{aligned}
$$

◆ 对任意 n 个事件 $A_1, A_2, \cdots, A_n$，用数学归纳法可以证明如下公式

$$P\left(\bigcup_{i=1}^{n} A_i\right) = \sum_{i=1}^{n} P(A_i) - \sum_{1 \leqslant j < i \leqslant n} P(A_i A_j) + \cdots + (-1)^{n-1} P(A_1 A_2 \cdots A_n).$$

例 1-3 设 $P(A) = P(B) = \dfrac{1}{2}$，证明 $P(AB) = P(\overline{A}\,\overline{B})$.

证明 因为 $\overline{A}\,\overline{B} = \overline{A \cup B}$，故利用性质 1-3 和加法公式有

$$
\begin{aligned}
P(\overline{A}\,\overline{B}) &= P(\overline{A \cup B}) = 1 - P(A \cup B) = 1 - [P(A) + P(B) - P(AB)] \\
&= 1 - P(A) - P(B) + P(AB) = P(AB).
\end{aligned}
$$

例 1-4 设 $P(A) = \dfrac{1}{4}$，$P(B) = \dfrac{1}{2}$，就下列三种情况求 $P(B-A)$.

(1) A 与 B 互不相容；　(2) $A \subset B$；　(3) $P(AB) = \dfrac{1}{8}$.

解 (1) 由于 A 与 B 互不相容，即 $AB = \varnothing$，所以 $P(B-A) = P(B) - P(AB) = P(B) = \dfrac{1}{2}$.

(2) $A \subset B$，则有 $P(B-A) = P(B) - P(A) = \dfrac{1}{4}$.

(3) 由性质 1-4，则有 $P(B-A) = P(B) - P(AB) = \dfrac{3}{8}$.

§1.4　古典概型

§1.4.1　古典概率的概念

概率论起源于赌博游戏，因此最先涉及的求概率问题都满足"各个可能结果具有等可能性"

这一假设.例如,在游戏中使用的硬币是均匀的,以保证出现正面和反面的可能性相同;游戏中使用的骰子是均匀的正方体,使得掷出 $1\sim6$ 各个点数的可能性相同,从而保证游戏的公平性.

定义 1-16 具有以下两条性质的随机试验模型称为**古典概型**.

(1) 有限性:样本空间只含有有限多个基本事件(即样本点);

(2) 等可能性:每个基本事件出现的可能性相同.

由于古典概型在产品质量抽样检查等实际问题中有着重要的应用,且它是一类最简单的随机试验,对它的讨论和研究有助于直观地理解概率论中的许多基本概念,因此在概率论中,古典概型占有相当重要的地位.

定理 1-1 如果古典概型的样本空间 Ω 包含 n_Ω 个基本事件,当某个随机事件 A 所包含的基本事件个数为 n_A 时,则事件 A 发生的概率为

$$P(A)=\frac{n_A}{n_\Omega}=\frac{A\text{ 包含的基本事件数}}{\Omega\text{ 中的基本事件总数}}.$$

证明 设 $\Omega=\{\omega_i\mid i=1,2,\cdots,n_\Omega\}$,又记每个基本事件 $A_i=\{\omega_i\}$ $(i=1,2,\cdots,n_\Omega)$,由古典概型的等可能性易知 $P(A_i)=\dfrac{1}{n_\Omega}$;又设 $A=\bigcup\limits_{i=1}^{n_A}A_{k_i}$,则 $P(A)=P\left(\bigcup\limits_{i=1}^{n_A}A_{k_i}\right)=\sum\limits_{i=1}^{n_A}P(A_{k_i})=\dfrac{n_A}{n_\Omega}.$

以上确定事件概率的方法称为**古典方法**,曾是概率论发展初期的主要方法,故所求的概率又称为**古典概率**(Classical probability).

例 1-5 同时抛掷 2 枚均匀的骰子,求掷出的 2 个数字之和为奇数的概率.

解 用一对数字 (x,y) 来表示样本空间的每个基本事件,其中 x 和 y 分别表示第一个和第二个骰子掷出的点数.因而有 $\Omega=\{(x,y)\mid1\leqslant x\leqslant6,1\leqslant y\leqslant6\}$,故 $n_\Omega=36$.

令 A 记为"2 个数字的和为奇数"的事件,则

$$A=\{x+y=3\}\bigcup\{x+y=5\}\bigcup\{x+y=7\}\bigcup\{x+y=9\}\bigcup\{x+y=11\},$$

即 $n_A=2+4+6+4+2=18$,由古典概率定义有 $P(A)=\dfrac{18}{36}=\dfrac{1}{2}$.

例 1-6 在 $1\sim2000$ 的整数中随机地取一个数,问取到的整数既不能被 6 整除,又不能被 8 整除的概率是多少?

解 设 $A=\{$取到的数能被 6 整除$\}$,$B=\{$取到的数能被 8 整除$\}$.由于 $333<\dfrac{2000}{6}<334$,$\dfrac{2000}{8}=250$,故得

$$P(A)=\frac{333}{2000},\quad P(B)=\frac{250}{2000}.$$

又由于一个数同时能被 6 与 8 整除,就相当于能被 24 整除,因此由 $83<\dfrac{2000}{24}<84$ 得

$$P(AB)=\frac{83}{2000}.$$

因而所求的概率为

$$P(\overline{A}\,\overline{B})=P(\overline{A\bigcup B})=1-P(A\bigcup B)=1-P(A)-P(B)+P(AB)$$

$$=1-\frac{333}{2000}-\frac{250}{2000}+\frac{83}{2000}=\frac{3}{4}.$$

由古典概率的计算公式知:求某一事件的概率,只要数一数样本空间中基本事件总数和该事件中所包含的基本事件个数即可,这样概率的计算就转化为计数问题.可计数过程有时也相当复杂,为此有必要简述一下加法原理、乘法原理和排列组合的相关内容.

§1.4.2 计数原理

(1)加法原理:若完成某件事有 m 类不同方式,第一类方式有 n_1 种完成方法,第二类方式有 n_2 种完成方法,…,第 m 类方式有 n_m 种完成方法,则完成这件事共有 $n_1+n_2+\cdots+n_m$ 种方法.

(2)乘法原理:若完成某件事必须经过 m 个不同步骤,第一个步骤有 n_1 种完成方法,第二个步骤有 n_2 种完成方法,…,第 m 个步骤有 n_m 种完成方法,则完成这件事共有 $n_1\times n_2\times\cdots\times n_m$ 种方法.

(3)排列:从 n 个不同元素中任意取出 r $(1\leqslant r\leqslant n)$ 个元素,按照一定的顺序排成一列,称为从 n 个不同元素中取 r 个元素的排列.这时既要考虑取出的元素,又要顾及取出的顺序.

排列数:从 n 个不同元素中取 r $(1\leqslant r\leqslant n)$ 个元素的所有排列的个数,称为从 n 个不同元素中取 r 个元素的排列数,记为 A_n^r.

排列数 A_n^r 的计算如下.

①有放回地选取:每次选取都有 n 种可能,由乘法原理知 $A_n^r=n^r$.

②不放回地选取:第一次选取有 n 种可能,第二次有 $n-1$ 种可能,…,第 r 次有 $n-r+1$ 种可能,由乘法原理知 $A_n^r=n(n-1)(n-2)\cdots(n-r+1)$.

特别地,当 $r=n$ 时,称为全排列,此时 $A_n^n=n!$.

(4)组合:从 n 个不同元素中任意取出 r $(1\leqslant r\leqslant n)$ 个元素并成一组,称为从 n 个不同元素中取 r 个元素的组合.这时只考虑取出的元素,不管取出元素的先后次序.

组合数:从 n 个不同元素中取 r $(1\leqslant r\leqslant n)$ 个元素的所有组合的个数,称为从 n 个不同元素中取 r 个元素的组合数,记为 C_n^r.

组合数有如下性质:
$$C_n^r=C_n^{n-r};\quad C_n^{r-1}+C_n^r=C_{n+1}^r.$$

由乘法原理知,排列数与组合数的关系为 $A_n^r=C_n^r\cdot r!$.于是,有
$$C_n^r=\frac{A_n^r}{r!}=\frac{n(n-1)\cdots(n-r+1)}{r!}=\frac{n!}{r!\,(n-r)!}.$$

§1.4.3 利用排列组合计算古典概率

例 1-7 从 52 张扑克牌(没有大小王)中任意抽取 5 张,求:

(1)拿到"四条"(即其中 4 张牌的点数相同)的概率;

(2)拿到"同花顺"(即同花色的 5 张牌点数按自然数顺序排列)的概率;

(3)拿到"同花"(即同花色的 5 张牌点数不按自然数顺序排列)的概率;

(4)拿到"三条加一对"(即 5 张牌中有 3 张点数相同,另 2 张的点数也相同)的概率.

解 从 52 张牌中任取 5 张,有 C_{52}^5 种不同取法,故基本事件总数为 C_{52}^5.

(1)记 A 为拿到"四条",它可分两个步骤进行,首先从 13 张"同花"牌中取出一张的点数作为"四条"的点数,有 13 种取法.此时已取走了 4 张同一牌点的扑克,余下的一张从剩下的 48 张牌中任取,有 48 种取法,由乘法原理知 A 中包含的基本事件数为 13×48.因此 $P(A)=\dfrac{13\times48}{C_{52}^5}$.

(2)记 B 为拿到"同花顺",分两个步骤进行.首先选定一种花色,有 4 种取法,然后在同一

花色的 13 张牌中选取顺子,有 $\{A,2,3,4,5\}$,$\{2,3,4,5,6\}$,…,$\{10,J,Q,K,A\}$,共 10 种取法. 故 $P(B)=\dfrac{4\times 10}{C_{52}^5}$.

(3) 记 C 为拿到一般"同花". 首先选定一种花色,共有 4 种取法;然后从同一花色的 13 张牌中任选 5 张,有 C_{13}^5 种取法,排除同花顺的 10 种取法,得到 $P(C)=\dfrac{4(C_{13}^5-10)}{C_{52}^5}$.

(4) 记 D 为拿到"三条加一对". 选"三条"分两个步骤进行,首先从 13 种牌点中任取 1 种作"三条"的点数,有 13 种取法,再从该点数的 4 张牌中任取 3 张,有 C_4^3 种取法,由乘法原理知:选"三条"共有 $13\times C_4^3$ 种取法. 同理,选"一对"共有 $12\times C_4^2$ 种取法. 因此 $P(D)=\dfrac{13\times 12 C_4^3 C_4^2}{C_{52}^5}$.

例 1-8　某机构发售 1 万张即开型福利彩票,其中有 5 张是一等奖,假如你买了 10 张奖券,问你能中一等奖的概率有多大?

解　记 $A=\{$能中一等奖$\}$,$A_i=\{$能中 i $(1\leqslant i\leqslant 5)$ 个一等奖$\}$,显然,$A=A_1\cup A_2\cup\cdots\cup A_5$. 直接计算 $P(A)$ 比较麻烦,但 $\overline{A}=\{$没有中一等奖$\}$,$P(\overline{A})$ 的计算则比较简单. 由古典概率计算公式有 $P(\overline{A})=\dfrac{C_{9995}^{10}}{C_{10000}^{10}}$,于是

$$P(A)=1-P(\overline{A})=1-\frac{C_{9995}^{10}}{C_{10000}^{10}}\approx 0.00499.$$

例 1-9　用 $0,1,2,3,4,5$ 这六个数字排成三位数,求:

(1) 没有相同数字的三位数的概率;

(2) 没有相同数字的三位偶数的概率.

解　设 $A=\{$没有相同数字的三位数$\}$,$B=\{$没有相同数字的三位偶数$\}$,则基本事件总数 $n_\Omega=5\times 6\times 6=180$.

(1) 事件 A 包含的基本事件数为 $n_A=5\times 5\times 4$,所以 $P(A)=\dfrac{5\times 5\times 4}{5\times 6\times 6}=\dfrac{5}{9}$.

(2) 事件 B 包含的基本事件数为 $n_B=4\times 4\times 2+5\times 4=52$,所以 $P(B)=\dfrac{52}{5\times 6\times 6}=\dfrac{13}{45}$.

例 1-10　(分房问题)设有 n 个人,每个人都等可能地被分配到 N 个房间中的任一间 $(n\leqslant N)$,求下列事件的概率:

(1) $A_1=\{$某指定的 n 间房中各住 1 个人$\}$;

(2) $A_2=\{$每个人住不同房间$\}$;

(3) $A_3=\{$某指定的房间中住 k 个人$\}$.

解　因为每一个人都有 N 个房间可供选择,所以由乘法原理知:安排 n 个人住 N 个房间的方法一共有 N^n 种.

(1) 安排某指定的 n 间房中各住 1 个人的方法数,就相当于对这 n 个人进行全排列,共有 $n!$ 种. 于是,$P(A_1)=\dfrac{n!}{N^n}$.

(2) 事件 A_2 分两个步骤进行,首先从 N 个房间中指定 n 个房间,有 C_N^n 种方法,再将 n 个人安排到已经选定的这 n 个房间,由题(1)知有 $n!$ 种方法,根据乘法原理 A_2 中包含的基本事件总数为 $n!C_N^n$,即

$$P(A_2)=\frac{n!C_N^n}{N^n}=\frac{A_N^n}{N^n}.$$

(3) 事件 A_3 可分两个步骤进行,首先从 n 个人中选 k 个人入住指定的房间,有 C_n^k 种方法;再将剩下的 $n-k$ 个人安排到余下的 $N-1$ 个房间中的任意一间,有 $(N-1)^{n-k}$ 种方法. 于是 A_3 中包含的基本事件总数为 $C_n^k(N-1)^{n-k}$,即

$$P(A_3)=\frac{C_n^k(N-1)^{n-k}}{N^n}=C_n^k\left(\frac{1}{N}\right)^k\left(1-\frac{1}{N}\right)^{n-k}.$$

例 1-11 (生日问题)求任意 n ($n\leqslant365$)个人中至少有两人同一天生日的概率.

解 令 $A=\{n$ 个人中至少有两人同一天生日$\}$的事件,与例 1-8 类似,直接计算 $P(A)$ 非常麻烦,我们先计算 $P(\overline{A})$. 因 $\overline{A}=\{n$ 个人中没有人同一天生日$\}$,若把一年 365 天中的每一天看成一个房间,某人在某一天生日看成是将某人分进某一房间,这样 $\overline{A}$ 可理解为将 n 个人分配到不同的房间. 这样,由例 1-10 知

$$P(\overline{A})=\frac{n!C_{365}^n}{365^n}=\frac{A_{365}^n}{365^n}.$$

于是,

$$P(A)=1-P(\overline{A})=1-\frac{A_{365}^n}{365^n}.$$

具体计算结果如下.

n	15	20	25	30	40	50	55
P	0.25	0.41	0.57	0.71	0.89	0.97	0.99

可知,只要人数 $n\geqslant55$,则有两人生日相同的概率已相当接近于 1.

例 1-12 (抽签的公平性)口袋中有 a 只黑球,b 只白球. 从袋中不放回地一只一只取球,直到袋中的球取完为止,求第 k 次($1\leqslant k\leqslant a+b$)取到黑球的概率.

解法 1 设 $A_k=\{$第 k 次取到黑球$\}$. 球被编上了不同的号码,是可分辨的. 从袋中依次取出 $a+b$ 个不同球的试验结果可以看成是对 $a+b$ 个不同球的一个排列,因而基本事件总数为 $(a+b)!$.

A_k 可分两个步骤实现,首先从袋中 a 个黑球中任取一个放在第 k 个位置上,有 a 种取法. 再将剩下的 $a+b-1$ 个球放在其余的位置上任意排列,有 $(a+b-1)!$ 种方法,因此,由乘法原理知 A_k 中包含的基本事件数为 $a(a+b-1)!$. 于是

$$P(A_k)=\frac{a(a+b-1)!}{(a+b)!}=\frac{a}{a+b}.$$

解法 2 若同色球是不可分辨的. 这时基本事件取决于在 $a+b$ 个位置中哪 a 个位置是放黑球的. 显然,基本事件总数为 C_{a+b}^a. 要实现事件 A_k,即第 k 个位置上必须放上一个黑球,于是,只要在余下的 $a+b-1$ 个位置中选 $a-1$ 个位置来放剩下的黑球即可,即 A_k 中包含的基本事件数为 C_{a+b-1}^{a-1}. 于是

$$P(A_k)=\frac{C_{a+b-1}^{a-1}}{C_{a+b}^a}=\frac{a}{a+b}.$$

上述两种解法说明取到黑球的概率与取球的先后顺序没有关系,这也证明了抽签的公平性.

§1.5 几何概型与主观概率

§1.5.1 几何概型

在前面计算概率的例题中,我们利用了古典概型的有限性和等可能性.然而客观世界是非常复杂和多变的,还有许多随机现象具有等可能性,但试验结果却有无穷多种可能.这无穷多个等可能发生的结果可以用直线上的一条线段、平面上的一个区域或者空间中的一个立体来表示.这类试验一般可以通过计算线段的长度、平面图形的面积或空间立体的体积,来求出事件发生的概率.我们将具有这样性质的试验模型称为**几何概型**(Geometric probability).

设随机试验的所有可能结果可以表示为 R^n 中的某一区域 Ω,基本事件就是区域 Ω 中的一个点,并且在这个区域内等可能出现.设事件 A 可以用 Ω 中的子区域 A 来表示,用 S_A 和 S_Ω 分别表示区域 A 和 Ω 的度量(即线段的长度、平面的面积、立体的体积等),则事件 A 发生的概率为

$$P(A) = \frac{A \text{ 的度量}}{\Omega \text{ 的度量}} = \frac{S_A}{S_\Omega}.$$

下面我们利用这个公式来计算日常生活中一些事件发生的概率.

例 1-13 某城市某地铁站每隔 10 分钟有一列车通过,一位外地乘客对列车通过该站的时刻完全不知情,求他等待列车的时间不超过 3 分钟的概率.

解 令 $A=\{$等待的时间不超过 3 分钟$\}$ 的事件,我们可以认为这位外地乘客到某地铁站的时间处于两辆列车到达时刻之间,而且处在这 10 分钟之内的任意时刻,即在这 10 分钟内的每一时刻到站的机会都是相等的.因而这个问题可看成是几何概型,可以用数轴上区间 $[0,10]$ 来表示样本空间.要使等车的时间不超过 3 分钟,只有当他到站的时间正好处于区间 $[7,10]$ 之内才有可能.于是,利用几何概型的概率计算公式有

$$P(A) = \frac{3}{10} = 0.3.$$

例 1-14 (会面问题)甲、乙两人都要在次日上午 6—7 点之间到达某处,每人都只在该处停留 10 分钟,试求他们能够在该处会面的概率.

解 设 6 点为计算时刻的 0 时,x,y 分别表示甲、乙两人到达某处的时刻(以分钟为单位),如图 1-7 所示,则可设样本空间

$$\Omega = \{(x,y) \mid 0 \leqslant x \leqslant 60, 0 \leqslant y \leqslant 60\}.$$

而两人会面的充要条件是 $|x-y| \leqslant 10$.

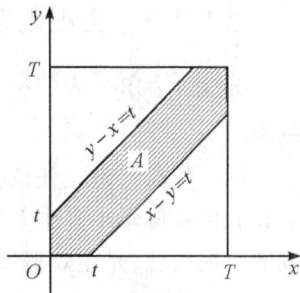

图 1-7 会面问题示意图

若 $A=\{$两人能在该处会面$\}$ 的事件,则有

$$A = \{(x,y) \mid (x,y) \in \Omega, |x-y| \leqslant 10\},$$

$$P(A) = \frac{A \text{ 的面积}}{\Omega \text{ 的面积}} = \frac{60^2 - (60-10)^2}{60^2} = 1 - \left(\frac{5}{6}\right)^2 = \frac{11}{36}.$$

§1.5.2 蒙特卡罗(Monte-Carlo)法

例 1-15 (Buffon 投针问题)1777 年法国科学家蒲丰提出了下列著名问题:平面上画着一些平行线,它们之间的距离都等于 a,向此平面任投一长度为 l $(l < a)$ 的针,试求此针与任一平行线相交的概率,并由此估计圆周率 π 的值.

解 以 x 表示针的中点与最近一条平行线间的距离,又以 φ 表示针与此直线间的交角.

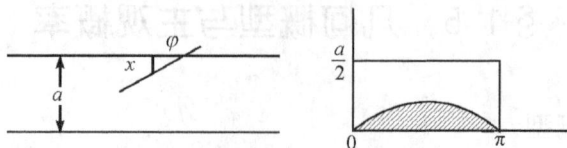

图 1-8 蒲丰投针问题示意图

(1)易知样本空间满足 $0 \leqslant x \leqslant \dfrac{a}{2}$,$0 \leqslant \varphi \leqslant \pi$,它是平面上一个矩形.

(2)针与平行线相交的充要条件是 $x \leqslant \dfrac{l}{2}\sin\varphi$,满足这个不等式的区域为图中的阴影部分.

(3)故所求的概率为 $p = \dfrac{\dfrac{1}{2}\displaystyle\int_0^\pi l\sin\varphi \mathrm{d}\varphi}{\dfrac{1}{2}a\pi} = \dfrac{2l}{\pi a}$.

(4)设向此平面共投针 N 次,其中有 n 次针与平行线相交,由概率的统计定义可知,当试验的次数 N 很大时,则有

$$p = \frac{2l}{a\pi} \approx \frac{n}{N},$$

由此得到圆周率 π 的估计值为 $\pi \approx \dfrac{2lN}{an}$.

定义 1-17 在某个随机试验中,事件 A 的概率 $P(A)$ 是关于某个未知数 θ 的函数,即 $P(A) = f(\theta)$.若在 N 次试验中(N 很大),事件 A 发生了 n_A 次,则可由 $f(\theta) = \dfrac{n_A}{N}$ 得到 θ 的估计值,此种得到未知数 θ 估计值的方法称为**蒙特卡罗**(Monte-Carlo)**法**.

§1.5.3 主观概率

定义 1-18 人们根据经验对某个事件发生的可能性大小所给出的个人信念,常称作**主观概率**.

如一位高三班主任认为某学生考上大学的概率为 0.96,这里的 0.96 就是他根据多年的教学经验以及该学生高中 3 年的学习情况、几次高考模拟考试成绩和在全年级中的排名等综合而成的个人信念,是主观概率.

一位脑外科大夫认为下一个脑外科手术成功的概率为 0.6,这是他根据多年的手术经验和该手术的难易程度等因素综合而成的个人信念,也是主观概率.

§1.6 条件概率与乘法公式

§1.6.1 条件概率的概念

在实际问题中,我们常常会遇到这样的问题:在得到某个信息 A 以后(即在已知事件 A 发生的条件下),求事件 B 发生的概率.这时,因为是在已知 A 发生的条件下求 B 的概率,所以称为在事件 A 发生的条件下事件 B 发生的条件概率,记为 $P(B|A)$.条件概率是概率论中一个非常重要的概念,同时条件概率也有广泛的实际应用.

引 例 若某厂生产的 50 件产品中有一等品 20 件、二等品 20 件,剩下的 10 件为不合格品. 现从这批产品中随机抽取一件,求:

(1) 抽到一等品的概率;

(2) 若已知抽到的产品是合格品,求该产品是一等品的概率.

解 记 $A=\{$抽到合格品$\}$,$B=\{$抽到一等品$\}$.

(1) 由于 50 件产品中有一等品 20 件,利用古典概率计算公式有 $P(B)=\dfrac{20}{50}=0.4$.

(2) 现在计算已知事件 A 发生的条件下,事件 B 发生的概率.

事件 A 发生以后,给人们带来新的信息:因为抽出的产品是合格品,所以这些产品不可能是从 10 件不合格品中抽出来的,于是可能的基本结果仅限于合格品中的 40 个. 这意味着事件 A 的发生改变了样本空间,从含有 50 个样本点的原样本空间 Ω 缩减为含有 40 个样本点的新样本空间 $\Omega_A=A$. 这时在事件 A 发生的条件下,事件 B 发生的概率为 $P(B|A)=\dfrac{20}{40}=0.5$.

继续分析引例,条件概率 $P(B|A)=\dfrac{20}{40}$ 中的分母 40 是事件 A 中所含样本点数 k_A,分子则是交事件 AB 中所含样本点数 k_{AB},若分母与分子同时除以原样本空间 Ω 中的样本点总数 n ($n=50$),则有

$$P(B|A)=\frac{20}{40}=\frac{\frac{20}{50}}{\frac{40}{50}}=\frac{\frac{k_{AB}}{n}}{\frac{k_A}{n}}=\frac{P(AB)}{P(A)}.$$

这表明条件概率可用无条件概率之商来表示. 下面我们给出条件概率的定义.

定义 1-19 设 A,B 为随机试验 E 的两个事件,且 $P(A)>0$,称

$$P(B|A)=\frac{P(AB)}{P(A)}$$

为在事件 A 发生的条件下事件 B 发生的**条件概率**(Conditional probability).

◆ 条件概率 $P(B|A)$ 是指在事件 A 发生的条件下,另一事件 B 发生的概率.

◆ $P(A|\Omega)=\dfrac{P(A\Omega)}{P(\Omega)}=P(A)$,即无条件概率也可看成条件概率.

例 1-16 某厂有甲、乙两个车间生产同一种型号的产品,结果如下.

	合 格 品 数	次 品 数	总 数
甲车间产品数	54	6	60
乙车间产品数	32	8	40
总 数	86	14	100

从这 100 件产品中任取一件,设 A 表示取到合格品,B 表示取到甲车间产品,求 $P(A)$,$P(B)$,$P(AB)$,$P(A|B)$.

解 由定义得

$$P(A)=\frac{86}{100}=0.86, \quad P(B)=\frac{60}{100}=0.6, \quad P(AB)=\frac{54}{100}=0.54.$$

而求 $P(A|B)$ 实质上是求在事件 B 发生的条件下 A 发生的概率(即甲车间生产的合格品率),由于甲车间产品有 60 件,而其中合格品有 54 件,所以 $P(A|B)=\dfrac{54}{60}=0.9$.

例 1-17 设 100 件产品中有 5 件次品,从中任取两次,每次取一件,做不放回抽样. 设 $A=\{$第一次抽到合格品$\}$,$B=\{$第二次抽到次品$\}$,求 $P(B|A)$.

解法 1 在 A 已发生的条件下，产品数变为 99 件，其中次品数仍为 5 件，所以

$$P(B|A) = \frac{5}{99}.$$

解法 2 易知 $P(A) = \frac{95}{100}$. 从 100 件产品中连续抽取 2 件（抽取后不放回），其样本空间 Ω 有 100×99 个样本点，使 AB 发生的样本点基本事件数为 95×5. 于是 $P(AB) = \frac{95 \times 5}{100 \times 99}$.

故有

$$P(B|A) = \frac{P(AB)}{P(A)} = \frac{5}{99}.$$

例 1-18 n 个人排成一排，已知甲排在乙的前面，求甲乙相邻的概率.

解法 1 设 $A = \{$甲排在乙前面$\}$，$B = \{$甲乙两人相邻$\}$. 由于 n 个人排成一排共有 $n!$ 种排法，其中不是甲排在乙前，就是乙排在甲前，利用对称性易知，这两种排法的情况数相等，于是甲排在乙前的排法有 $\frac{n!}{2}$ 种. 甲乙相邻且甲排在乙前时可将甲乙看成 1 个人，与其余 $n-2$ 个人再进行排列，共有 $(n-1)!$ 种排法. 利用古典概率的计算公式有

$$P(A) = \frac{\frac{n!}{2}}{n!} = \frac{1}{2}, \quad P(AB) = \frac{(n-1)!}{n!} = \frac{1}{n}.$$

再由条件概率的定义得

$$P(B|A) = \frac{P(AB)}{P(A)} = \frac{2}{n}.$$

解法 2 设 $A = \{$甲排在乙前面$\}$，$B = \{$甲乙两人相邻$\}$. 事件 A 发生后，样本空间 Ω_A 的样本点缩小了. 由前面解法知，甲排在乙前面的排法一共有 $\frac{n!}{2}$ 种，即新的样本空间中基本事件总数为 $\frac{n!}{2}$. 又甲乙相邻且甲排在乙前的排法有 $(n-1)!$ 种，于是利用古典概率的计算公式有

$$P(B|A) = \frac{(n-1)!}{\frac{n!}{2}} = \frac{2}{n}.$$

从例 1-18 可以看出，在条件概率的计算中，如果涉及的试验是古典概型，有时根据所给的前提条件，直接在被限制的新样本空间中根据古典概率计算公式计算，会更简便.

例 1-19 设某家庭中有 3 个小孩，在已知至少有一个女孩的条件下，求这个家庭中至少有一个男孩的概率（假定该小孩是男还是女是等可能的）.

解 设事件 A 表示"3 个小孩中至少有一个女孩"，B 表示"3 个小孩中至少有一个男孩"，则所求概率为条件概率 $P(B|A)$.

因为在"3 个小孩中至少有一个女孩"的条件下，新的样本空间为 $\Omega_A = \{($女，男，男$)$，$($男，女，男$)$，$($男，男，女$)$，$($女，女，男$)$，$($女，男，女$)$，$($男，女，女$)$ $($女，女，女$)\}$，所以易知 $n=7$，$k=6$. 故由古典概率计算公式可得 $P(B|A) = \frac{6}{7}$.

§1.6.2 条件概率的性质

由概率的公理化定义和条件概率的定义，容易证明条件概率也满足概率的三条基本性质，即

(1) 非负性：$P(B|A) \geqslant 0$；

(2) 规范性：$P(\Omega|A) = 1$；

（3）可列可加性：若事件 $B_1,B_2,\cdots,B_n,\cdots$ 两两互不相容，则有

$$P(\bigcup_{n=1}^{\infty} B_n \mid A) = \sum_{n=1}^{\infty} P(B_n \mid A).$$

与概率的性质类似，条件概率还具有下列性质：

（1）$P(\varnothing \mid A)=0$；

（2）有限可加性：若事件 $B_1,B_2,\cdots,B_n$ 两两互不相容，则有

$$P(\bigcup_{k=1}^{n} B_k \mid A) = \sum_{k=1}^{n} P(B_k \mid A);$$

（3）$P(\overline{B} \mid A)=1-P(B \mid A)$；

（4）若 B_1,B_2 是两个事件，且 $B_1 \subset B_2$，则 $P((B_2-B_1) \mid A)=P(B_2 \mid A)-P(B_1 \mid A)$；

（5）若 B_1,B_2 是两个事件，则 $P(B_1 \bigcup B_2 \mid A)=P(B_1 \mid A)+P(B_2 \mid A)-P(B_1 B_2 \mid A)$.

§1.6.3　乘法公式

由条件概率的定义有 $P(B \mid A)=\dfrac{P(AB)}{P(A)}$，上式两边同乘 $P(A)$（$P(A)>0$）可得

$$P(AB)=P(A)P(B \mid A).$$

同理，当 $P(B)>0$ 时，有

$$P(AB)=P(B)P(A \mid B).$$

上面的两个等式被称为乘法公式，利用它们可简便地计算出两个事件同时发生的概率．乘法公式可以推广到有限个事件的情形．

定理 1-2　（乘法定理）设 A_k　（$k=1,2,\cdots,n$）是 n（$n\geqslant 2$）个事件，若 $P(\bigcap_{k=1}^{n-1} A_k)>0$，则有

$$P(\bigcap_{k=1}^{n} A_k)=P(A_1)P(A_2 \mid A_1)P(A_3 \mid A_1 A_2)\cdots P(A_n \mid A_1 A_2 \cdots A_{n-1}),$$

此式称为**乘法公式**（Multiplication formula）.

证明　因为 $P(A_1)\geqslant P(A_1 A_2)\geqslant \cdots \geqslant P(A_1 A_2 \cdots A_{n-1})>0$，所以等式右边定义的条件概率都有意义．反复利用两个事件的乘法公式有

$$P(\bigcap_{k=1}^{n} A_k)=P(A_1 A_2 \cdots A_n)=P(A_1 A_2 \cdots A_{n-1})P(A_n \mid A_1 A_2 \cdots A_{n-1})$$
$$=P(A_1 A_2 \cdots A_{n-2})P(A_{n-1} \mid A_1 A_2 \cdots A_{n-2})P(A_n \mid A_1 A_2 \cdots A_{n-1})$$
$$=\cdots=P(A_1)P(A_2 \mid A_1)P(A_3 \mid A_1 A_2)\cdots P(A_n \mid A_1 A_2 \cdots A_{n-1}).$$

例 1-20　一个盒子中有 6 只白球、4 只黑球，从中不放回地每次任取 1 只，连取 3 次，求第三次才取得白球的概率.

解　设事件 $A_i=\{$第 i 次取得白球$\}$（$i=1,2,3$），则第三次才取得白球的概率为

$$P(\overline{A_1}\ \overline{A_2} A_3)=P(\overline{A_1})P(\overline{A_2} \mid \overline{A_1})P(A_3 \mid \overline{A_1}\ \overline{A_2})=\frac{4}{10}\times\frac{3}{9}\times\frac{6}{8}=\frac{1}{10}.$$

例 1-21　将 6 个球（3 个红球，3 个白球）随机地放入 3 个盒子，每个盒子放 2 个．求每盒正好放入 1 个红球、1 个白球的概率.

解　设 $A_i=\{$第 i 个盒子中有 1 个红球、1 个白球$\}$（$i=1,2,3$），则

$$P(A_1 A_2 A_3)=P(A_1)P(A_2 \mid A_1)P(A_3 \mid A_1 A_2)=\frac{C_3^1 C_3^1}{C_6^2}\cdot\frac{C_2^1 C_2^1}{C_4^2}\cdot\frac{1}{C_2^2}=\frac{2}{5}.$$

例 1-22　（波利亚罐模型）设罐中有 b 个黑球和 r 个红球，每次随机取出一个球，将原球

放回,并加入与抽出的球同色的球 c 个,再取第二个球,这样重复进行,求 n 次取球中有 k 次取出红球、$n-k$ 次取出黑球的概率.

解 设 $B=$"前 k 次取出红球,后面 $n-k$ 次取出黑球",$A_i=$"第 i 次取出的是红球",$\overline{A_i}=$"第 i 次取出的是黑球",则 $B=A_1A_2\cdots A_k\overline{A_{k+1}}\cdots\overline{A_n}$,而

$$P(A_1)=\frac{r}{b+r},\quad P(A_2\,|\,A_1)=\frac{r+c}{b+r+c},\quad P(A_3\,|\,A_1A_2)=\frac{r+2c}{b+r+2c},\cdots,$$

$$P(A_k\,|\,A_1A_2\cdots A_{k-1})=\frac{r+(k-1)c}{b+r+(k-1)c},$$

$$P(\overline{A_{k+1}}\,|\,A_1A_2\cdots A_k)=\frac{b}{b+r+kc},$$

$$P(\overline{A_{k+2}}\,|\,A_1A_2\cdots A_k\overline{A_{k+1}})=\frac{b+c}{b+r+(k+1)c},\cdots,$$

$$P(\overline{A_n}\,|\,A_1A_2\cdots A_k\overline{A_{k+1}}\cdots\overline{A_{n-1}})=\frac{b+(n-k-1)c}{b+r+(n-1)c}.$$

所以利用乘法公式有

$$P(B)=P(A_1)P(A_2\,|\,A_1)P(A_3\,|\,A_1A_2)\cdots P(A_n\,|\,A_1A_2\cdots A_{n-1})$$

$$=\frac{r}{b+r}\cdots\frac{r+(k-1)c}{b+r+(k-1)c}\frac{b}{b+r+kc}\cdots\frac{b+(n-k-1)c}{b+r+(n-1)c}.$$

注意到上面答案只与红球和黑球出现的次数有关,而与球出现的顺序无关,故所求事件的概率为 $C_n^k P(B)$.

波利亚罐模型常被用作描述传染病的数学模型,是一个应用范围非常广的摸球模型.当 $c=0$ 时,是有放回地取球;当 $c=-1$ 时,则是不放回地取球.因函数

$$f(x)=\frac{x}{b+x}=1-\frac{b}{b+x}\quad(x>0,b>0)$$

为增函数,故由例 1-22 的计算易知,

$$P(A_1)<P(A_2\,|\,A_1)<P(A_3\,|\,A_1A_2)<\cdots<P(A_k\,|\,A_1A_2\cdots A_{k-1}).$$

上式说明当红球越来越多时,红球被抽到的可能性也就越来越大,这就像某种传染病流行时的情况,如果不及时控制,则波及的范围也会越大.

§1.7 全概率公式和贝叶斯公式

将复杂问题适当地分解为若干个简单问题而逐一解决,是人们常用的工作方法.对于复杂事件概率的计算也是如此,将复杂事件划分成若干个互不相容的简单事件,然后利用条件概率和乘法公式将这些简单事件的概率分别算出,最后利用加法公式把这些简单事件的概率相加,即可求出复杂事件的概率.下面我们来看一个例子.

引 例 袋中有 5 个红球、4 个白球.每次从中任取 2 个球(取后不放回),问第二次取到 1 个红球、1 个白球的概率.

分析 题中对第一次取的球没有任何要求.如果知道第一次取了哪些球,则第二次取到 1 个红球、1 个白球的概率就容易计算了.为此,我们要考虑第一次取球的所有可能情形.

解 设 $A_i=\{$第一次取到 i 个红球$\}$ $(i=0,1,2)$,显然 A_i 两两互斥,且 $A_0\cup A_1\cup A_2=\Omega$.令 $B=\{$第二次取到 1 个红球、1 个白球$\}$,于是我们有

$$P(B)=P(B\Omega)=P[B(A_0\cup A_1\cup A_2)]$$

$$= P(BA_0) + P(BA_1) + P(BA_2)$$
$$= P(A_0)P(B|A_0) + P(A_1)P(B|A_1) + P(A_2)P(B|A_2)$$
$$= \frac{C_4^2}{C_9^2} \cdot \frac{C_5^1 C_2^1}{C_7^2} + \frac{C_4^1 C_5^1}{C_9^2} \cdot \frac{C_4^1 C_3^1}{C_7^2} + \frac{C_5^2}{C_9^2} \cdot \frac{C_3^1 C_4^1}{C_7^2} = \frac{5}{9}.$$

把上述计算方法总结成一个公式,即全概率公式.

§1.7.1 全概率公式

全概率公式是概率论中的一个非常重要且实用的公式.为了给出全概率公式,先介绍样本空间划分的概念.

定义 1-20 设 Ω 为随机试验 E 的样本空间,$A_1, A_2, \cdots, A_n$ 为 E 的一组事件.如果

(1) $A_i A_j = \varnothing$ $(i \neq j, \quad i, j = 1, 2, \cdots, n)$;

(2) $\bigcup_{i=1}^{n} A_i = \Omega$;

则称事件组 $A_1, A_2, \cdots, A_n$ 为样本空间 Ω 的一个划分.

定理 1-3 设 Ω 为随机试验 E 的样本空间,$A_1, A_2, \cdots, A_n$ 为 Ω 的一个划分,且 $P(A_i) > 0$ $(i = 1, 2, \cdots, n)$,则对任一事件 B,有

$$P(B) = \sum_{i=1}^{n} P(A_i)P(B|A_i),$$

此式称为**全概率公式**(Complete probability formula).

证明 因为 $B = B\Omega = B(A_1 \cup A_2 \cup \cdots \cup A_n) = BA_1 \cup BA_2 \cup \cdots \cup BA_n$,由假设
$$(BA_i)(BA_j) \subset A_i A_j = \varnothing \quad (i \neq j),$$

利用加法公式和乘法公式得

$$P(B) = \sum_{i=1}^{n} P(BA_i) = \sum_{i=1}^{n} P(A_i)P(B|A_i).$$

例 1-23 某工厂的 1、2、3 车间生产同一种产品,产量依次占总产量的 30%、30%、40%,而产品合格率分别为 85%、90%、95%.现从该厂产品中随机抽取一件,试求该产品是合格品的概率.

解 设 $A_i = \{$取到 i 车间的产品$\}$ $(i = 1, 2, 3)$,$B = \{$取到合格品$\}$.则样本空间 $\Omega = \{$取到 1 车间、2 车间、3 车间的产品$\}$,即 A_1, A_2, A_3 为 Ω 的一个划分.由题意知 $P(A_1) = 0.3$,$P(A_2) = 0.3$,$P(A_3) = 0.4$,$P(B|A_1) = 0.85$,$P(B|A_2) = 0.9$,$P(B|A_3) = 0.95$,于是由全概率公式有

$$P(B) = \sum_{i=1}^{3} P(A_i)P(B|A_i) = 0.3 \times 0.85 + 0.3 \times 0.9 + 0.4 \times 0.95 = 0.905.$$

例 1-24 某工厂生产的产品以 100 个为一批.进行抽样检查时,只从每批中抽取 10 个来检查,如果发现其中有次品,则认为这批产品是不合格的.假定每一批产品中的次品最多不超过 4 个,并且其中恰有 i $(i = 0, 1, 2, 3, 4)$ 个次品的概率如下.

一批产品中有次品数	0	1	2	3	4
概　率	0.1	0.2	0.4	0.2	0.1

求各批产品通过检查的概率.

解 设事件 $B_i = \{$一批产品中有 i 个次品$\}$ $(i = 0, 1, 2, 3, 4)$;$A = \{$这批产品通过检查$\}$,即抽样检查的 10 个产品都是合格品.则

$$P(B_0)=0.1,\quad P(B_1)=0.2,\quad P(B_2)=0.4,\quad P(B_3)=0.2,\quad P(B_4)=0.1,$$

$$P(A|B_0)=1,\quad P(A|B_1)=\frac{C_{99}^{10}}{C_{100}^{10}}=0.900,\quad P(A|B_2)=\frac{C_{98}^{10}}{C_{100}^{10}}=0.809,$$

$$P(A|B_3)=\frac{C_{97}^{10}}{C_{100}^{10}}=0.727,\quad P(A|B_4)=\frac{C_{96}^{10}}{C_{100}^{10}}=0.652.$$

按全概率公式,即得所求的概率为 $\quad P(A)=\sum_{i=0}^{4}P(B_i)P(A|B_i)=0.8142.$

例 1-25 (敏感性问题调查)对敏感性问题的调查方案,关键是要使被调查者愿意作出真实回答,又能保守个人秘密.有一个调查方案如下:在没有旁观者的情况下,请你从口袋中摸出一个球,若取得红色球,则请你回答问题 A;若取得白色球,则请你回答问题 B.

问题 A:你的生日是否在 7 月 1 日之前?

问题 B:你是否看过黄色书刊或黄色影像?

你对问题的回答是: □是; □否.

现有 n 张有效答卷,其中 k 张回答"是",且已知口袋中红色球的比例为 π,求学生中阅读黄色书刊和观看黄色影像的比例 p.

解 设 $Y=\{$回答"是"$\}$,$R=\{$取到红色球$\}$,则 $P(R)=\pi$,$P(Y)=\dfrac{k}{n}$,$p=P(Y|\overline{R})$,且由实际可假设 $P(Y|R)=0.5$,因此由 $P(Y)=P(R)P(Y|R)+P(\overline{R})P(Y|\overline{R})$ 可得

$$\frac{k}{n}=\pi\cdot0.5+(1-\pi)p,$$

$$p=\frac{\dfrac{k}{n}-0.5\pi}{1-\pi}.$$

如口袋中有红色球 20 个、白色球 30 个,有效答卷 1583 张,其中 389 张回答"是",则算得

$$p=\frac{\dfrac{k}{n}-0.5\pi}{1-\pi}=\frac{\dfrac{389}{1583}-0.5\times0.4}{0.6}=0.0762.$$

§1.7.2 贝叶斯(Bayes)公式

引 例 有三个形状相同的箱子,在第一个箱中有 2 个正品,1 个次品;在第二个箱中有 3 个正品,1 个次品;在第三个箱中有 2 个正品,2 个次品.现从任何一个箱子中任取 1 件产品,

(1) 求取得正品的概率;

(2) 若已知取得 1 个正品,求这个正品是从第一个箱中取出的概率.

解 设 $A_i=\{$第 i 个箱子中的产品$\}$ $(i=1,2,3)$,$B=\{$取得正品$\}$.

(1) 由全概率公式可知,取得正品的概率为

$$P(B)=P(A_1)P(B|A_1)+P(A_2)P(B|A_2)+P(A_3)P(B|A_3)$$

$$=\frac{1}{3}\times\frac{2}{3}+\frac{1}{3}\times\frac{3}{4}+\frac{1}{3}\times\frac{2}{4}=\frac{23}{36}.$$

(2) 若已知取得一个正品,则这个正品是从第一个箱中取出的概率为

$$P(A_1|B)=\frac{P(A_1B)}{P(B)}=\frac{P(A_1)P(B|A_1)}{P(B)}=\frac{\dfrac{1}{3}\times\dfrac{2}{3}}{\dfrac{23}{36}}=\frac{8}{23}.$$

利用全概率公式,可通过综合分析某事件发生的不同原因及其可能性,而求得该事件发生的概率.贝叶斯公式则是考虑与之相反的问题,即某事件已经发生,要考察引发该事件的各种原因的可能性大小,因此贝叶斯公式是决策中具有重要作用的公式.

定理 1-4 (贝叶斯公式)设 Ω 为随机试验 E 的样本空间,$A_1,A_2,\cdots,A_n$ 为 Ω 的一个划分,B 为 E 的事件,且 $P(A_i)>0$ $(i=1,2,\cdots,n)$,$P(B)>0$,则

$$P(A_i|B) = \frac{P(A_i)P(B|A_i)}{\sum_{j=1}^{n} P(A_j)P(B|A_j)} \quad (i=1,2,\cdots,n),$$

此式称为**贝叶斯公式**(Bayes formula).

证明 由条件概率的定义、乘法公式和全概率公式可得

$$P(A_i|B) = \frac{P(A_iB)}{P(B)} = \frac{P(A_i)P(B|A_i)}{\sum_{j=1}^{n} P(A_j)P(B|A_j)} \quad (i=1,2,\cdots,n).$$

在公式中,如果把 A_i 看成是造成结果 B 发生的各种原因(或条件),则贝叶斯公式的实际含义是:要找出各个原因(或条件)A_i 出现后导致结果 B 发生的可能性大小.$P(A_i)$ 和 $P(A_i|B)$ 分别称为原因的先验概率和后验概率.$P(A_i)$ 是在没有进一步信息(不知道事件 B 是否发生)的情况下各事件发生的概率.当获得新的信息(知道 B 发生)后,人们对各事件发生的概率 $P(A_i|B)$ 有了新的估计,贝叶斯公式从数量上刻画了这种变化.

贝叶斯公式以及由此发展起来的一整套理论与方法,在概率统计中被称为"贝叶斯"学派,在自然科学及国民经济等许多领域中有着广泛应用.

下面以疾病诊断为例,介绍贝叶斯决策的基本思想.由病历统计可得到某地区在指定时间内患感冒(A_1)、结核(A_2)及风湿(A_3)等疾病的概率,这就是先验概率 $P(A_i)$ $(i=1,2,3,\cdots,n)$.再根据病理学及病历资料,可以确定患有上述疾病的患者出现"发烧"(B)症状的概率 $P(B|A_i)$ $(i=1,2,\cdots,n)$.于是,利用贝叶斯公式,可很快地算出各种病因 A_i 的后验概率 $P(A_i|B)$.

这样,当医生面对一个有 B(发烧)症状的病人时,他就可以根据已经算出的 $P(A_i|B)$ $(1\leqslant i\leqslant n)$,选择其中概率较大者对疾病做出判断.

例 1-26 根据对以往考试结果的统计分析,努力学习的学生中有 98% 的人考试及格,不努力学习的学生中有 98% 的人考试不及格.据调查了解,学生中有 90% 的人是努力学习的,求考试及格的学生不努力学习的概率.

解 设 $A=\{$被调查的学生努力学习$\}$,$B=\{$被调查的学生考试及格$\}$,则 $\overline{A}=\{$被调查的学生不努力学习$\}$,$\overline{B}=\{$被调查的学生考试不及格$\}$.由题意有

$$P(A)=0.9, \quad P(B|A)=0.98, \quad P(\overline{B}|\overline{A})=0.98,$$

于是,

$$P(\overline{A})=1-P(A)=0.1, \quad P(B|\overline{A})=1-P(\overline{B}|\overline{A})=0.02.$$

因 A 和 $\overline{A}$ 为样本空间 Ω 的一个划分,故由贝叶斯公式有

$$P(\overline{A}|B) = \frac{P(\overline{A})P(B|\overline{A})}{P(A)P(B|A)+P(\overline{A})P(B|\overline{A})} = \frac{0.1\times0.02}{0.9\times0.98+0.1\times0.02} \approx 0.0023.$$

例 1-27 据调查一地区居民中某重大疾病的发病率为 0.0003,有一种非常有效的检验法可检查出该疾病,具体数据如下:95% 的患病者检验结果为阳性,96% 的未患病者检验结果为阴性.今有一人检查结果为"阳性",问他确实患有这种重大疾病的可能性有多大?

解 记 $A=\{$居民患某重大疾病$\}$,$B=\{$检查呈阳性$\}$,由题意有

$$P(A) = 0.0003, \quad P(B|A) = 0.95, \quad P(\overline{B}|\overline{A}) = 0.96.$$

因所求概率为 $P(A|B)$，故由贝叶斯公式得

$$P(A|B) = \frac{P(A)P(B|A)}{P(A)P(B|A) + P(\overline{A})P(B|\overline{A})}$$

$$= \frac{0.0003 \times 0.95}{0.0003 \times 0.95 + (1-0.0003) \times (1-0.96)} \approx 0.00708.$$

这表明在检查结果呈阳性的人中，真患重病的人只有 0.708%，还不到 1%. 为什么检验法的准确率非常高，失误的概率也很小，可检验结果却非常值得怀疑呢？事实上，由于在人群中未患这种病的人占 99.7%，因此检验为阳性者中还是未患这种病的人居多. 在实际生活中，一般是先用一些简单易行的辅助方法进行排查，排除大量明显不是患者的人，当医生怀疑某人有可能是患病者时，才建议用这种检验法. 这时在被怀疑的对象中，患这种重大疾病的概率已大幅度提高了，比如 $P(A) = 0.3$，再用贝叶斯公式计算，可得 $P(A|B) \approx 0.91$，这样就大大提高了检验法的准确率.

例 1-28　某计算机制造商所用的显示器分别由甲、乙、丙三个厂家提供，所占份额分别为 $25\%, 15\%, 60\%$，次品率依次为 $2\%, 3\%, 1\%$. 若三家工厂的产品在仓库里是均匀混合的，并且没有区分标志，现从仓库里随机地抽取一台显示器，如果取到的是次品，你认为是哪家工厂生产的？

解　用 A_1, A_2, A_3 分别表示显示器取自甲厂、乙厂、丙厂，那么显然 A_1, A_2, A_3 为样本空间 Ω 的一个划分，若 $B = \{$取到的显示器是次品$\}$，则由贝叶斯公式得

$$P(A_1|B) = \frac{P(A_1)P(B|A_1)}{\sum_{i=1}^{3} P(A_i)P(B|A_i)} = \frac{25\% \times 2\%}{25\% \times 2\% + 15\% \times 3\% + 60\% \times 1\%} = \frac{10}{31},$$

$$P(A_2|B) = \frac{P(A_2)P(B|A_2)}{\sum_{i=1}^{3} P(A_i)P(B|A_i)} = \frac{15\% \times 3\%}{25\% \times 2\% + 15\% \times 3\% + 60\% \times 1\%} = \frac{9}{31},$$

$$P(A_3|B) = \frac{P(A_3)P(B|A_3)}{\sum_{i=1}^{3} P(A_i)P(B|A_i)} = \frac{60\% \times 1\%}{25\% \times 2\% + 15\% \times 3\% + 60\% \times 1\%} = \frac{12}{31}.$$

因为 $P(A_3|B) > P(A_1|B) > P(A_2|B)$，所以我们认为取到的次品是丙厂生产的.

§1.8　随机事件的独立性

在一个随机试验中，各个事件之间一般会有些联系，即一个事件的发生会影响另一个事件的发生，但它们也有可能互不影响. 若事件之间互不影响，则说他们独立. 独立性是概率论中一个独特又非常重要的概念.

§1.8.1　两个事件的独立性

引例　一个袋子中装有 6 只黑球、4 只白球，采用有放回的方式摸球，求：

(1) 第一次摸到黑球的条件下，第二次摸到黑球的概率；

(2) 第二次摸到黑球的概率.

解　设 $A = \{$第一次摸到黑球$\}$，$B = \{$第二次摸黑球$\}$，则

(1) $P(A)=\dfrac{6}{10}$，$P(AB)=\dfrac{6^2}{10^2}$，所以 $P(B|A)=\dfrac{\dfrac{6^2}{10^2}}{\dfrac{6}{10}}=\dfrac{6}{10}$；

(2) $P(B)=P(A)P(B|A)+P(\overline{A})P(B|\overline{A})=\dfrac{6}{10}\times\dfrac{6}{10}+\dfrac{4}{10}\times\dfrac{6}{10}=\dfrac{6}{10}$.

注意到 $P(B|A)=P(B)$，即事件 A 发生与否对事件 B 发生的概率没有影响. 从直观上看，这是很自然的，因为我们采用的是有放回的摸球方式，第二次摸球时袋中球的构成与第一次摸球时完全相同，因此第一次摸球的结果当然不会影响第二次摸球，在这种场合下我们说事件 A 与事件 B 相互独立.

若对事件 A,B，有 $P(A)=P(A|B)$ 且 $P(A)=P(A|\overline{B})$，则事件 B 是否发生都不会影响 A 发生的概率.

将 $P(A)=P(A|B)$ 代入乘法公式即得 $P(AB)=P(A)P(B)$. 于是，我们可以得到如下两个事件独立的定义.

定义 1-21　若事件 A,B 满足 $P(AB)=P(A)P(B)$，则称事件 A 与 B **相互独立**（Mutual independence），简称 A 与 B **独立**（Independence）.

注意："两个事件相互独立"与"两个事件互不相容"是两个不同的概念.

"独立"是用概率表达式 $P(AB)=P(A)P(B)$ 来判别的，而"互不相容"则是用事件表达式 $AB=\varnothing$ 来判定的.

定理 1-5　当 $P(A)>0,P(B)>0$ 时，若 A,B 相互独立，则 A,B 相容；若 A,B 互不相容，则 A,B 不相互独立.

证明　(1) 若 A,B 相互独立，则 $P(AB)=P(A)P(B)\neq0$，即 A,B 是相容的.

(2) 若 A,B 互不相容，则 $AB=\varnothing$，$P(AB)=0$. 因此 $0=P(AB)\neq P(A)P(B)>0$，即 A,B 是不相互独立的.

　◆　零概率事件与任何事件都是互相独立的.

　◆　概率为 1 的事件与任何事件都是互相独立的.

　◆　$\varnothing$ 与 Ω 既相互独立又互不相容.

定理 1-6　设 A,B 是两个事件，且 $P(A)>0$，则 A,B 相互独立的充分必要条件是
$$P(B|A)=P(B).$$

定理 1-7　若事件 A,B 相互独立，则事件 A 与 $\overline{B}$，$\overline{A}$ 与 B，$\overline{A}$ 与 $\overline{B}$ 也独立.

证明　只证 A 与 $\overline{B}$ 独立（其余两对类似可证）.

$P(A\overline{B})=P(A)-P(AB)=P(A)-P(A)P(B)=P(A)[1-P(B)]=P(A)P(\overline{B})$.

因此，A 与 $\overline{B}$ 相互独立.

用上述类似方法可证：若四对事件 A 与 B，A 与 $\overline{B}$，$\overline{A}$ 与 B，$\overline{A}$ 与 $\overline{B}$ 中，只要有一对相互独立，则其余三对也相互独立.

在实际问题中，我们一般不用定义来判断两事件 A,B 是否相互独立，而是根据事件的实际意义去判断事件的独立性. 一般地，若由实际情况分析，两事件 A,B 之间没有关联或关联很微弱，就认为它们相互独立，即可用定义中的公式来计算积事件的概率.

例 1-29　一台自动报警器由雷达和计算机两部分组成，两部分中如有任何一个出现故障，报警器就失灵. 若使用一年后，雷达出故障的概率为 0.2，计算机出故障的概率为 0.1，求这个报警器使用一年后失灵的概率.

解 因为雷达和计算机是两个不同的系统,故它们是否出故障是不会相互影响的,于是雷达与计算机的工作情况是相互独立的.

设 $A=\{$雷达出故障$\}$,$B=\{$计算机出故障$\}$,则由题意有 $P(A)=0.2,P(B)=0.1$,所求事件的概率为

$$P(A \cup B)=P(A)+P(B)-P(AB)$$
$$=P(A)+P(B)-P(A)P(B)=0.2+0.1-0.2 \times 0.1=0.28.$$

§1.8.2 三个事件的独立性

定义 1-22 对事件 A,B,C,如果满足下列 3 个等式,

$$P(AB)=P(A)P(B), \quad P(AC)=P(A)P(C), \quad P(BC)=P(B)P(C),$$

则称 A,B,C **两两独立**(Independence between them).

定义 1-23 对事件 A,B,C,如果满足下列 4 个等式

$$P(AB)=P(A)P(B), \quad P(AC)=P(A)P(C),$$
$$P(BC)=P(B)P(C), \quad P(ABC)=P(A)P(B)P(C),$$

则称事件 A,B,C **相互独立**(Independence each other).

由定义易知:三个事件相互独立一定是两两独立的,但两两独立未必是相互独立.例如将一个均匀正四面体的第一个面涂成红色,第二面涂成黄色,第三面涂成蓝色,第四面则同时涂上红、黄、蓝三种颜色.若用 A,B,C 分别表示掷一次正四面体,底面出现红色、黄色和蓝色的事件,则由古典概率的定义易知

$$P(A)=P(B)=P(C)=\frac{2}{4}=\frac{1}{2},$$

$$P(AB)=P(AC)=P(BC)=P(ABC)=\frac{1}{4}.$$

于是,由定义知 A,B,C 两两独立.但因为 $P(ABC) \neq P(A)P(B)P(C)$,所以 A,B,C 不相互独立.

§1.8.3 多个事件的相互独立

定义 1-24 设 $A_1,A_2,\cdots,A_n$ 是 n $(n \geqslant 2)$个事件,若其中任意两个事件都相互独立,则称 $A_1,A_2,\cdots,A_n$ **两两独立**(Independence between them).

定义 1-25 设 $A_1,A_2,\cdots,A_n$ 是 n $(n \geqslant 2)$个事件,若对任意 k $(2 \leqslant k \leqslant n)$个事件 $A_{i_1},A_{i_2},\cdots,A_{i_k}$ $(1 \leqslant i_1 < i_2 < \cdots < i_k \leqslant n)$都有

$$P(A_{i_1}A_{i_2}\cdots A_{i_k})=P(A_{i_1})P(A_{i_2})\cdots P(A_{i_k}),$$

则称事件 $A_1,A_2,\cdots,A_n$ **相互独立**(Independence each other).

由上述定义和定理知,若 n 个事件相互独立,则其中任意 k $(2 \leqslant k < n)$个事件也相互独立,并且将 n 个相互独立事件中的任一部分换为其对立事件,所得的 n 个事件仍为相互独立事件.

当 n 个事件 $A_1,A_2,\cdots,A_n$ 相互独立时,乘法公式和加法公式非常简单,即

$$P(A_1A_2\cdots A_n)=P(A_1)P(A_2)\cdots P(A_n),$$
$$P(A_1 \cup A_2 \cup \cdots \cup A_n)=1-P(\overline{A_1 \cup A_2 \cup \cdots \cup A_n})=1-P(\overline{A_1}\,\overline{A_2}\cdots \overline{A_n})$$
$$=1-P(\overline{A_1})P(\overline{A_2})\cdots P(\overline{A_n})=1-\prod_{i=1}^{n}[1-P(A_i)].$$

例 1-30　现有 3 批不同的水稻种子,发芽率分别为 0.9,0.8 和 0.7.若从这三批种子中各随机地抽取一粒,求下列事件的概率:

(1) 三粒种子都能发芽的概率;

(2) 至少有一粒种子能发芽的概率;

(3) 只有一粒种子能发芽的概率.

解　令 $A_i = \{$取自第 i 批的种子能发芽$\}$($i=1,2,3$),依题意有 $P(A_1)=0.9$,$P(A_2)=0.8$,$P(A_3)=0.7$.则所求概率分别为:

(1) $P(A_1 A_2 A_3) = P(A_1)P(A_2)P(A_3) = 0.9 \times 0.8 \times 0.7 = 0.504$;

(2) $P(A_1 \bigcup A_2 \bigcup A_3) = 1 - P(\overline{A_1 \bigcup A_2 \bigcup A_3}) = 1 - P(\overline{A_1}\ \overline{A_2}\ \overline{A_3}) = 1 - P(\overline{A_1})P(\overline{A_2})P(\overline{A_3})$
$$= 1 - (1-0.9) \times (1-0.8) \times (1-0.7) = 0.994;$$

(3) $P(A_1 \overline{A_2}\ \overline{A_3} \bigcup \overline{A_1} A_2 \overline{A_3} \bigcup \overline{A_1}\ \overline{A_2} A_3)$
$$= P(A_1)P(\overline{A_2})P(\overline{A_3}) + P(\overline{A_1})P(A_2)P(\overline{A_3}) + P(\overline{A_1})P(\overline{A_2})P(A_3)$$
$$= 0.9 \times 0.2 \times 0.3 + 0.1 \times 0.8 \times 0.3 + 0.1 \times 0.2 \times 0.7 = 0.092.$$

例 1-31　已知每个人血清中含肝炎病毒的概率为 0.4%,且他们是否含有此病毒是相互独立的.若混合 100 个人的血清,试求混合后血清中含病毒的概率.

解　令 $A_i = \{$第 i 个人血清中含肝炎病毒$\}$($i=1,2,\cdots,100$),因事件 $A_1,A_2,\cdots,A_{100}$ 相互独立,故所求概率为

$$P(A_1 \bigcup A_2 \bigcup \cdots \bigcup A_{100}) = 1 - P(\overline{A_1})P(\overline{A_2})\cdots P(\overline{A_{100}}) = 1 - (1-0.004)^{100} \approx 0.33.$$

该例表明,小概率事件有时会产生大效应,在实际工作中对此要有足够的重视.

§1.8.4　试验的独立性

试验相互独立,就是某试验的结果对其他各试验的可能结果的发生概率没有影响.我们可以利用事件的独立性来定义两个或多个试验的独立性.

定义 1-26　设 E_1 和 E_2 是两个随机试验,如果 E_1 中的任何一个事件与 E_2 中的任何一个事件都相互独立,则称这两个试验**相互独立**.

如掷一枚硬币 E_1 和掷一颗骰子 E_2 就是两个独立试验.

定义 1-27　对 n 个试验 $E_1,E_2,\cdots,E_n$,如果 E_1 中的任一事件,E_2 中的任一事件,$\cdots$,E_n 中的任一事件都相互独立,则称这 n 个试验相互独立.如果这 n 个独立试验完全相同,则其为**n 重独立重复试验**.

例如买 n 次体育彩票,检验某厂家生产的 n 件产品等都是 n 重独立重复试验.

例 1-32　某彩票每周开奖一次,每次提供十万分之一的中大奖机会,若你每周买一张彩票,尽管坚持了 10 年(每年 52 周),但从未中过一次大奖的概率是多少?

解　因为一年 52 周,10 年就是 520 周,于是你有 520 次抽奖机会.

设 $A_i = \{$你在第 i 次抽奖中没有中大奖$\}$($i=1,2,\cdots,520$),依题意有

$$P(\overline{A_i}) = 10^{-5}, \quad P(A_i) = 1 - P(\overline{A_i}) = 1 - 10^{-5}.$$

又每周彩票开奖都是在做独立重复试验,故 $A_1,A_2,\cdots,A_{520}$ 相互独立,利用乘法公式得,10 年从未中大奖的概率为

$$P(A_1 A_2 \cdots A_{520}) = (1 - 10^{-5})^{520} \approx 0.9948.$$

这个概率很大,这说明 10 年从未中过一次大奖是很正常的事情.

小概率原则 设随机试验中某一事件 A 出现的概率为 $p>0$,则不论 p 如何小,当我们不断独立地重复做该试验时,A 迟早会出现的概率为 1.

证明 记 $A_k=\{$事件 A 在第 k 次试验中发生$\}$ $(k=1,2,\cdots)$,则 $P(A_k)=p$.因为是独立重复试验,所以事件 $A_1,A_2,\cdots,A_n,\cdots$ 相互独立,在前 n 次试验中,A 至少出现一次的概率为

$$P(A_1\bigcup A_2\bigcup\cdots\bigcup A_n)=1-P(\overline{A_1})P(\overline{A_2})\cdots P(\overline{A_n})=1-(1-p)^n.$$

当 n 趋于无穷大时,右边的极限为 1.

小概率事件在一次试验中不太可能发生,但在不断重复该试验时,它必定迟早会发生.小概率原则在数理统计中有至关重要的作用.

§1.8.5 n 重伯努利试验

引例 将一枚均匀的骰子连续抛掷 3 次,考察点 6 出现的次数及相应的概率.

解 设 $A_i=\{$第 i 次抛掷中出现点 6$\}$ $(i=1,2,3)$,3 次抛掷中出现 k 次点 6 记为 $P_3(k)$,则

$$P_3(0)=P(\overline{A_1}\,\overline{A_2}\,\overline{A_3})=\left(\frac{5}{6}\right)^3=C_3^0\left(\frac{1}{6}\right)^0\cdot\left(\frac{5}{6}\right)^3=0.578704,$$

$$P_3(1)=P(A_1\overline{A_2}\,\overline{A_3}\bigcup\overline{A_1}A_2\overline{A_3}\bigcup\overline{A_1}\,\overline{A_2}A_3)=C_3^1\left(\frac{1}{6}\right)^1\cdot\left(\frac{5}{6}\right)^2=0.347222,$$

$$P_3(2)=P(A_1A_2\overline{A_3}\bigcup A_1\overline{A_2}A_3\bigcup\overline{A_1}A_2A_3)=C_3^2\left(\frac{1}{6}\right)^2\cdot\left(\frac{5}{6}\right)^1=0.069444,$$

$$P_3(3)=P(A_1A_2A_3)=\left(\frac{1}{6}\right)^3=C_3^3\left(\frac{1}{6}\right)^3\cdot\left(\frac{5}{6}\right)^0=0.004630.$$

定义 1-28 如果试验 E 只有两个事件 A 和 $\overline{A}$,它们发生的概率分别为

$$P(A)=p\ (0<p<1),\quad P(\overline{A})=1-p,$$

则称试验 E 为**伯努利(Bernoulli)试验**. n 重独立重复试验称为 **n 重伯努利试验**.

n 重伯努利试验是一种很重要的随机模型,有广泛的应用,是研究最多的模型之一.

定理 1-8 (伯努利定理)在 n 重伯努利试验中,若每次试验中事件 A 发生的概率为 p $(0<p<1)$,则在这 n 次试验中事件 A 恰好出现 k $(0\leqslant k\leqslant n)$ 次的概率为

$$P_n(k)=C_n^kp^kq^{n-k},\quad q=1-p\ (k=0,1,2,\cdots,n).$$

证明 设 $A_i=\{$第 i 次试验中事件 A 发生$\}$ $(1\leqslant i\leqslant n)$,$B_k=\{n$ 次试验中事件 A 恰好出现 k 次$\}$ $(0\leqslant k\leqslant n)$,则

$$B_k=A_1A_2\cdots A_k\overline{A_{k+1}}\cdots\overline{A_n}\bigcup\cdots\bigcup\overline{A_1}\,\overline{A_2}\cdots\overline{A_{n-k}}A_{n-k+1}\cdots A_n,$$

由于

$$P(A_1A_2\cdots A_k\overline{A_{k+1}}\cdots\overline{A_n})=P(A_1)P(A_2)\cdots P(A_k)P(\overline{A_{k+1}})\cdots P(\overline{A_n})$$
$$=p^k(1-p)^{n-k}.$$

在 n 次试验中,事件 A 恰好出现 k 次,即在 n 个位置中选择 k 个位置让事件 A 发生,有 C_n^k 种不同的组合方式,B_k 包含了 C_n^k 个事件,且任一事件发生的概率相等,都是 $p^k(1-p)^{n-k}$,故由概率的有限可加性有

$$P_n(k)=C_n^kp^kq^{n-k},\quad q=1-p\ (k=0,1,2,\cdots,n).$$

例 1-33 若某人投篮球的命中率为 0.8,现在连续投篮 5 次,求他至少投中 3 次的概率.

解 令 $A=\{$某人一次投篮命中$\}$,$B=\{5$ 次投篮至少投中 3 次$\}$,因为投篮只有投中、投不中两种结果.由题意知,5 次连续投篮可看成 5 重伯努利试验.又 $p=P(A)=0.8$,$q=1-0.8=0.2$ $(n=5)$,利用伯努利定理,有

$$P(B) = P_5(3) + P_5(4) + P_5(5) = C_5^3 0.8^3 \cdot 0.2^2 + C_5^4 0.8^4 \cdot 0.2 + C_5^5 0.8^5 = 0.94208.$$

§1.9　系统的可靠性

独立性的作用在系统的可靠性分析中体现得最为完美. 假设某系统由若干个元件联结而成, 而每个元件可能正常工作, 也可能失效. 我们称元件能正常工作的概率为该元件的可靠性, 而系统的可靠性是该系统能正常工作的概率.

§1.9.1　串联系统的可靠性

定义 1-29　由若干个元件联结而成的系统, 只要有一个元件失效, 该系统就失效, 这样的系统称为串联系统, 如图 1-9 所示.

设构成串联系统的各元件是否能正常工作是相互独立的. 记 $A_i = \{$第 i 个元件正常工作$\}$, $P(A_i) = p_i$ $(i = 1, 2, \cdots, n)$. 由于假设 $A_1, A_2, \cdots, A_n$ 相互独立, 因此串联系统的可靠性为

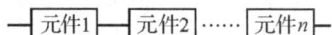

图 1-9　串联系统示意图

$$p_{串} = P(A_1 A_2 \cdots A_n) = P(A_1)P(A_2)\cdots P(A_n) = \prod_{i=1}^{n} p_i.$$

§1.9.2　并联系统的可靠性

定义 1-30　由若干个元件联结而成的系统, 只要有一个元件能正常工作, 该系统就能正常工作, 这样的系统称为**并联系统**, 如图 1-10 所示.

设构成并联系统的各元件是否能正常工作是相互独立的. 记 $A_i = \{$第 i 个元件正常工作$\}$, $P(A_i) = p_i$ $(i = 1, 2, \cdots, n)$. 由于假设 $A_1, A_2, \cdots, A_n$ 相互独立, 因此并联系统的可靠性为

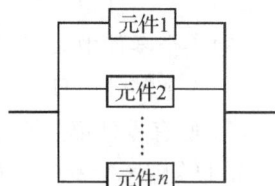

图 1-10　并联系统示意图

$$p_{并} = p(A_1 \bigcup A_2 \bigcup \cdots \bigcup A_n) = 1 - p(\overline{A_1}\,\overline{A_2}\cdots\overline{A_n})$$

$$= 1 - p(\overline{A_1})P(\overline{A_2})\cdots P(\overline{A_n}) = 1 - \prod_{i=1}^{n}(1 - p_i).$$

例 1-34　设由 5 个元件组成的系统如图 1-11 所示, 元件的可靠性为 p_i $(i = 1, 2, 3, 4, 5)$, 求系统的可靠性.

解　记 $A_i = \{$第 i 个元件正常工作$\}$ $(i = 1, 2, 3, 4, 5)$.

(1) 若元件 5 正常工作, 则系统如图 1-12 所示, 它的可靠性为

$$[1 - (1 - p_1)(1 - p_2)][1 - (1 - p_3)(1 - p_4)].$$

(2) 若元件 5 失效, 则系统如图 1-13 所示, 它的可靠性为

$$1 - (1 - p_1 p_3)(1 - p_2 p_4).$$

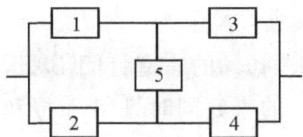

图 1-11　系统示意图

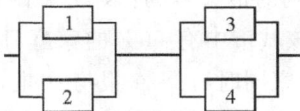

图 1-12　元件 5 正常工作时的系统示意图

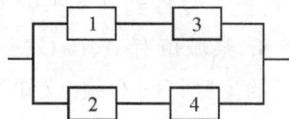

图 1-13　元件 5 失效时的系统示意图

(3) 由全概率公式知, 原系统的可靠性为

$$p_5[1 - (1 - p_1)(1 - p_2)][1 - (1 - p_3)(1 - p_4)] + (1 - p_5)[1 - (1 - p_1 p_3)(1 - p_2 p_4)].$$

习题一

1. 写出下列随机试验的样本空间.

(1) 同时抛两枚骰子,记录它们的点数之和;

(2) 上午 8—12 点进入某超市的顾客人数;

(3) 某人练习投篮直到投中为止;

(4) 记录某班一次数学期末考试的平均分数(以百分制记分);

(5) 测量通过某路口的汽车速度;

(6) 在单位圆内任取一点,记录该点的坐标.

2. 某电视台招聘主持人,现有 5 名符合条件的人来应聘,其中有 3 名女士(编号 1,2,3)和 2 名男士(编号 4,5),请写出下列随机试验的样本空间.

(1) 招聘 2 名女主持人;

(2) 招聘男、女主持人各一名;

(3) 招聘 2 名主持人.

3. 一位工人生产了 4 个零件,设事件 $A_i=\{$他生产的第 i 个零件是合格品$\}$（$i=1,2,3,4$）,试用它们表示下列事件.

(1) 4 个零件全是合格品;

(2) 4 个零件中只有一个零件是合格品;

(3) 4 个零件中只有两个零件是合格品;

(4) 4 个零件中只有一个零件是不合格品;

(5) 所有零件都是不合格品.

4. 已知 $P(\overline{A})=0.3,P(A\overline{B})=0.4,P(B)=0.5$,求:

(1) $P(AB)$;   (2) $P(B-A)$;   (3) $P(A\cup B)$;   (4) $P(\overline{A}\,\overline{B})$.

5. 某足球队在第一场比赛中获胜的概率是 $\frac{1}{2}$,在第二场比赛中获胜的概率是 $\frac{1}{3}$,如果在两场比赛中都获胜的概率是 $\frac{1}{6}$,则在这两场比赛中至少有一场获胜的概率是多少?

6. 某人外出旅游两天,据天气预报,第一天下雨的概率为 0.6,第二天下雨的概率为 0.3,两天都下雨的概率为 0.1,试求下列事件的概率.

(1) $A=\{$第一天下雨,第二天不下雨$\}$;

(2) $B=\{$至少有一天下雨$\}$;

(3) $C=\{$两天都不下雨$\}$;

(4) $D=\{$至少有一天不下雨$\}$.

7. 某城市有 N 辆汽车,车牌号从 1 到 N,某人去该市旅游,把遇到的 n 辆车子的车牌号抄下(可能重复抄到某些车牌号),求抄到的最大号码正好为 k 的概率($1\leqslant k\leqslant N$).

8. 某城市有 A、B、C 三种报纸,该城市中有 60% 的家庭订阅 A 报,40% 的家庭订阅 B 报,30% 的家庭订阅 C 报.又知 20% 的家庭同时订阅 A 报与 B 报,有 10% 的家庭同时订阅 A 报和 C 报,有 20% 的家庭同时订阅 B 报和 C 报,有 5% 的家庭三种报都订阅.求该城市中一种报都没订阅的家庭比例.

9. 一批产品总数为 1000 件,其中有 10 件为不合格品,现从中随机抽取 20 件,问其中有不合格品的概率是多少?

10. 从 5 双不同的鞋子中任取 4 只,求这 4 只鞋子中至少有两只配成一双的概率.

11. 把 r 个不同的球随机地放入 n ($n \geqslant r$)个箱子,假如每个箱子至少能放 r 个球,每个球落入每个箱子的可能性相同,求下列事件的概率.

(1) 事件 A＝{指定的 r 个箱子中各有一球};

(2) 事件 B＝{恰有 r 个箱子各有一球};

(3) 事件 C＝{至少有一个箱子不少于两个球}.

12. 在一个均匀陀螺的圆周上均匀地刻上$[0,4]$上的实数,旋转陀螺,求陀螺停下后,圆周与桌面的接触点位于$[0.5,1]$上的概率.

13. 已知 $P(A)=0.3$,$P(B)=0.4$,$P(A|B)=0.5$,试求 $P(B|A \cup B)$,$P(\overline{A} \cup \overline{B} | A \cup B)$.

14. 在一个研究高血压和吸烟之间关系的试验中,收集了 180 个人的数据,如下表所示.

	不吸烟者	中度吸烟者	重度吸烟者
高血压	21	36	30
非高血压	48	26	19

如果从这些人中随机抽取一个人,求:

(1) 假定这个人是重度吸烟者,则此人是高血压者的概率;

(2) 假定这个人是非高血压者,则此人是非吸烟者的概率.

15. 假设一批产品中一、二、三等品各占 60%,30%,10%. 从中任取一件,结果不是三等品,求取到的是一等品的概率.

16. 一名医生正确地诊断一种特殊疾病的概率是 0.7. 假设这名医生做了一个错误的诊断,这名病人实施法律诉讼的概率是 0.9. 求这名医生做出错误诊断并且该病人进行法律诉讼的概率.

17. 设某光学仪器厂制造的透镜第一次落下时打破的概率为 $1/2$;若第一次落下未打破,第二次落下打破的概率为 $7/10$;若前两次落下未打破,第三次落下打破的概率为 $9/10$.试求透镜落下三次而未打破的概率.

18. 有甲、乙两个罐子,甲罐中有 2 颗白球和 1 颗黑球,乙罐中有 1 颗白球和 2 颗黑球,若从甲罐中随机取一颗球放入乙罐中,然后从乙罐中取出一颗球,求此球为白球的概率.

19. 8 支步枪中有 5 支已校准,3 支未校准.一名射手用校准过的枪射击时,中靶的概率为 0.8;用未校准的枪射击时,中靶的概率为 0.3.现从 8 支枪中任取一支进行射击,结果中靶,求所用的枪是校准过的概率.

20. 某电子元件生产商运送给供应商 20 批元件,每批 10 个元件.假设这些元件的所有批次中,60%没有不合格元件,30%有 1 个不合格元件,10%有 2 个不合格元件.随机地选取一批元件,从这批元件中随机地选 2 个做测试都为合格元件.问这批元件中分别有 0,1,2 个不合格元件的概率各是多少?

21. 某厂卡车运送防"非典"用品下乡,顶层装 10 个纸箱,其中 5 箱民用口罩、2 箱医用口罩、3 箱消毒棉花.到目的地时发现丢失 1 箱,不知丢失哪一箱.现从剩下 9 箱中任意打开 2 箱,结果都是民用口罩,求丢失的一箱也是民用口罩的概率.

22. 甲、乙两人对弈,每一盘棋甲获胜的概率都是 0.6,在"五盘三胜"制的比赛中,求甲取得胜利(甲胜三盘就结束比赛)的概率.

23. 证明:若三个事件 A,B,C 相互独立,则 $A \cup B$,AB 及 $A-B$ 分别都与 C 独立.

24. 设有高射炮若干架,每架击中飞机的概率均为 0.6.

(1) 现用两架高射炮同时打一架敌机,问击中敌机的概率是多少?

（2）欲以 99％的概率击中敌机,问最少需要多少架高射炮?

25. 一辆有 6 个轮胎的旧重型货车要去边远山区送货,经检测前两个轮胎损坏的概率都是 0.1,后四个轮胎损坏的概率都是 0.2,那么此车在途中发生轮胎损坏的概率是多少?

26. 加工某一零件共需经过四道工序,设第一、二、三、四道工序的次品率分别是 2％,3％,5％,3％,假定各道工序是互不影响的,求加工出来的零件的次品率.

27. 一条自动生产线上产品的次品率为 4％,求解以下两个问题:

（1）从中任取 10 件,求至少有两件次品的概率;

（2）一次取 1 件,无放回地抽取,求当取到第二件次品时,之前已取到 8 件正品的概率.

28. 一个医生知道某种疾病患者自然痊愈率为 0.25.为试验一种新药是否有效,把它给 10 个病人服用,且规定若 10 个病人中至少有 4 个治好则认为这种药有效,反之则认为无效.求:

（1）虽然新药有效,且把痊愈率提高到 0.35,但通过实验却被否定的概率;

（2）新药完全无效,但通过实验却被认为有效的概率.

第二章 随机变量及其分布

在第一章中,我们介绍了随机事件及其概率,建立了随机试验的数学模型.为了更方便地从数量方面研究随机现象的统计规律,本章将进一步引入随机变量的概念,通过引入随机变量的概念,搭起随机现象与其他数学分支的桥梁,使概率论成为一门真正的数学学科.

§2.1 随机变量

§2.1.1 随机变量的概念

很多随机试验的样本空间的样本点是与实数对应的,而有一些结果虽然不能直接与实数对应,但是我们可以将其用数量标识.

例 2-1 投掷一枚硬币,只有两种可能的结果:正面朝上或反面朝上.若记 $\omega_1=\{$正面朝上$\}$, $\omega_2=\{$反面朝上$\}$,则其样本空间为 $\Omega=\{\omega_1,\omega_2\}$,定义函数

$$X(\omega)=\begin{cases} 1, & \omega=\omega_1 \\ 0, & \omega=\omega_2 \end{cases}.$$

这样,每个样本点就与实数"正面朝上的个数"对应了.下面给出随机变量的一般定义.

定义 2-1 设随机试验 E 的样本空间是 Ω,如果对每一样本点 $\omega\in\Omega$ 都有唯一的一个实数 $X(\omega)$ 与之对应,得到一个从样本空间 Ω 到实数域 **R** 上的映射 $X=X(\omega)$,这样的映射称为定义在 Ω 上的一个**随机变量**(Random variable).

随机变量通常用大写字母 $X(\omega)$, $Y(\omega)$, $Z(\omega)$ 等表示,简写为 X,Y,Z;随机变量所取的值一般用小写字母 x,y,z 等表示.

随机变量作为样本点的函数,有以下两个基本特点.

◆ **变异性**:对于不同的试验结果,它可能取不同的值,因此是变量而不是常量.

◆ **随机性**:由于试验究竟出现哪种结果是随机的,因此在试验之前只知道随机变量的取值范围,该变量究竟取何值是不能事先确定的.从直观上讲,随机变量就是取值具有随机性的变量.

例 2-2 掷一颗骰子,令 X 表示出现的点数,则 X 就是一个随机变量.它的所有可能取值为 $1,2,3,4,5,6$.

◆ $\{X\leqslant 3\}$ 表示掷出的点数不超过 3 这一随机事件.

◆ $\{X>2\}$ 表示掷出的点数大于 2 这一随机事件.

例 2-3 上午 8:00—9:00 在某路口观察,令 X 为该时间间隔内通过的汽车数,则 X 就是一个随机变量,它的取值为 $0,1,\cdots$.

◆ $\{X<1000\}$ 表示通过的汽车数小于 1000 辆这一随机事件.

◆ $\{X\geqslant 500\}$ 表示通过的汽车数大于等于 500 辆这一随机事件.

例 2-4 一个公交车站每隔 10 分钟有一辆公共汽车通过,一位乘客在任一随机时刻到达该站,则该乘客等车时间 X 为一随机变量,它的取值为 $0 \leqslant X \leqslant 10$.

◆ $\{X \leqslant 5\}$ 表示等车时间不超过 5 分钟这一随机事件.

◆ $\{2 \leqslant X \leqslant 8\}$ 表示等车时间超过 2 分钟而不超过 8 分钟这一随机事件.

在同一样本空间上可以定义不同的随机变量.

例 2-5 掷一颗骰子,可以定义多个不同的随机变量,例如定义

$$Y = \begin{cases} 1, & x > 2 \\ 0, & x \leqslant 2 \end{cases}, \quad Z = \begin{cases} 1, & x = 6 \\ 0, & x \neq 6 \end{cases}$$

等等.

随机变量概念的产生是概率论发展史上的重大事件,通过它我们能够利用已有的高等数学工具来研究随机现象的统计规律.

§2.1.2 随机变量的分类

随机变量的取值各种各样,有的只能取有限个数值,有的则可以取可列无数个数值,还有的是在某个区间内取值,因此根据随机变量的取值情况将其分为两大类:离散型和非离散型.

定义 2-2 若随机变量 X 只可能取有限个值或可列无限个值(即取值能够一一列举出来),则称 X 为**离散型随机变量**(Discrete random variable),否则称为**非离散型随机变量**.若随机变量 X 的可能取值充满数轴上的一个区间,则随机变量 X 称为**连续型随机变量**(Continuous random variable).

非离散型随机变量的情况比较复杂,其中最常见、最重要的一类是连续型随机变量,其值域可为有限区间或无限区间.

如例 2-2,例 2-3,例 2-5 中的随机变量为离散型的,而例 2-4 中的随机变量是连续型的.今后我们只研究离散型和连续型两种随机变量.

§2.1.3 分布函数

定义 2-3 设 X 是样本空间 Ω 上的随机变量,x 为任意实数,则函数

$$F(x) = P\{X \leqslant x\}$$

称为随机变量 X 的**分布函数**(Distribution function),记作 $F(x)$.

例 2-6 抛掷均匀硬币,令

$$X = \begin{cases} 1, & \text{出现正面} \\ 0, & \text{出现反面} \end{cases},$$

求 X 的分布函数 $F(x)$.

解 $P\{X=1\} = P\{X=0\} = \dfrac{1}{2}$,

(1) 当 $x < 0$ 时,$\{X \leqslant x < 0\} = \varnothing$,$F(x) = P\{X \leqslant x < 0\} = 0$;

(2) 当 $0 \leqslant x < 1$ 时,$F(x) = P\{X \leqslant x\} = P\{X=0\} = \dfrac{1}{2}$;

(3) 当 $x \geqslant 1$ 时,$F(x) = P\{X \leqslant x\} = P\{X=0\} + P\{X=1\} = 1$;

(4) 从而可得随机变量 X 的分布函数为

$$F(x) = \begin{cases} 0, & x < 0 \\ \dfrac{1}{2}, & 0 \leqslant x < 1. \\ 1, & x \geqslant 1 \end{cases}$$

例 2-7 向半径为 0.5 米的圆形靶子射击,假设击中靶上任何同心圆的概率与该同心圆的面积成正比,且每次射击必中靶. 令 X 表示弹着点到靶心的距离,求 X 的分布函数 $F(x)$.

解 (1)当 $x < 0$ 时,$\{X \leqslant x\}$ 是不可能事件,故 $F(x) = P(X \leqslant x) = 0$;

(2)当 $0 \leqslant x < 0.5$ 时,由几何概率定义有 $F(x) = P\{X \leqslant x\} = \dfrac{\pi x^2}{\pi (0.5)^2} = 4x^2$;

(3)当 $x \geqslant 0.5$ 时,事件 $\{X \leqslant x\}$ 为必然事件,故 $F(x) = P\{X \leqslant x\} = 1$.

从而随机变量 X 的分布函数为

$$F(x) = \begin{cases} 0, & x < 0 \\ 4x^2, & 0 \leqslant x < 0.5. \\ 1, & x \geqslant 0.5 \end{cases}$$

§2.1.4 分布函数的性质

下面不加证明地介绍随机变量 X 的分布函数 $F(x)$ 的几个性质.

(1) 单调性:$F(x)$ 是单调不减函数,即当 $x_1 < x_2$ 时,有 $F(x_1) \leqslant F(x_2)$.

(2) 有界性:对任意实数 x,有 $0 \leqslant F(x) \leqslant 1$,且

$$F(-\infty) = \lim_{x \to -\infty} F(x) = 0, \quad F(+\infty) = \lim_{x \to +\infty} F(x) = 1.$$

(3) 右连续性:$F(x)$ 是右连续的函数,即对任意实数 x,有 $F(x+0) = F(x)$.

(4) 对任意实数 x_1, x_2 $(x_1 < x_2)$,有

$$P\{x_1 < X \leqslant x_2\} = P\{X \leqslant x_2\} - P\{X \leqslant x_1\} = F(x_2) - F(x_1).$$

由此可见,只要给定分布函数就能算出各种事件的概率. 因此,引进分布函数之后,许多概率论问题便简化或归结为函数的运算,这样就能利用微积分等数学工具来进行处理,这是引进随机变量的好处之一.

§2.2 离散型随机变量及其分布

对于离散型随机变量,我们不仅想知道它能取哪些值,而且还想知道它取这些值的概率有多大.

§2.2.1 概率分布

定义 2-4 设离散型随机变量 X 的一切可能取值为 $x_1, x_2, \cdots, x_n, \cdots$,又已知 X 取值 x_i 的概率为 p_i $(i = 1, 2, \cdots)$,即 $P\{X = x_i\} = p_i$ $(i = 1, 2, \cdots)$.

上述这组概率称为离散型随机变量 X 的**概率分布**(Probability distribution)或**分布律**(Law of distribution),也称**概率函数**.

◆ 离散型随机变量 X 的概率分布也可用如下表格来表示.

X	x_1	x_2	$\cdots$	x_i	$\cdots$
P	p_1	p_2	$\cdots$	p_i	$\cdots$

◆ 离散型随机变量的分布律还可以用如图 2-1 所示图形来表示.

§2.2.2 概率分布的性质

离散型随机变量的概率分布满足以下两个基本性质.

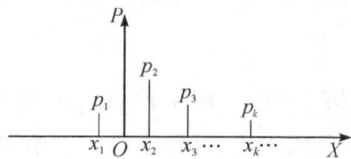

图 2-1 离散型随机变量的概率分布图

(1) 非负性:$p_i \geqslant 0$ $(i=1,2,\cdots)$;

(2) 规范性:$\sum\limits_{i=1}^{\infty} p_i = 1$.

反之,满足非负性和规范性的数组 p_i $(i=1,2,\cdots)$ 一定是某个离散型随机变量的概率分布.

例 2-8 袋中有 5 只分别编号为 1,2,3,4,5 的球,从袋中同时随机地抽取 3 只,以 X 表示取出的球中的最大号码,试求随机变量 X 的分布律.

解 由题意知,X 只能取值 3,4,5.事件 $\{X=3\}$ 即取到编号为 1,2,3 的三只球,因此

$$P\{X=3\} = \frac{1}{C_5^3} = 0.1,$$

同理有

$$P\{X=4\} = \frac{C_3^2}{C_5^3} = 0.3, \quad P\{X=5\} = \frac{C_4^2}{C_5^3} = 0.6.$$

即 X 的概率分布如下.

X	3	4	5
P	0.1	0.3	0.6

例 2-9 设随机变量 X 的概率分布如下.

X	1	2	3
P	a	$7a^2$	$a+a^2$

试确定常数 a 的值,并求分布函数 $F(x)$.

解 由概率分布的非负性知 $a>0$,再利用概率分布的规范性可得

$$a + 7a^2 + (a+a^2) = 8a^2 + 2a = 1,$$

从中解得 $a = \dfrac{1}{4}$.进一步地有

$$F(1) = P\{X=1\} = \frac{1}{4}, \quad F(2) = P\{X=1\} + P\{X=2\} = \frac{11}{16},$$

$$F(3) = P\{X=1\} + P\{X=2\} + P\{X=3\} = 1.$$

故所求的分布函数为

$$F(x) = \begin{cases} 0, & x<1 \\ \dfrac{1}{4}, & 1 \leqslant x < 2 \\ \dfrac{11}{16}, & 2 \leqslant x < 3 \\ 1, & x \geqslant 3 \end{cases}.$$

例 2-10 设随机变量 X 具有分布律 $P\{X=k\} = ak$ $(k=1,2,3,4,5)$.

（1）确定常数 a；（2）计算 $P\left\{\dfrac{1}{2}<X<\dfrac{5}{2}\right\}$ 和 $P\{1\leqslant X\leqslant 2\}$．

解　（1）由分布律的性质，得

$$\sum_{k=1}^{5}P\{X=k\}=\sum_{k=1}^{5}ak=a\,\frac{5\times 6}{2}=1,$$

从而 $a=\dfrac{1}{15}$．

（2）$P\left\{\dfrac{1}{2}<X<\dfrac{5}{2}\right\}=P\{X=1\}+P\{X=2\}=\dfrac{1}{15}+\dfrac{2}{15}=\dfrac{1}{5},$

$P\{1\leqslant X\leqslant 2\}=P\{X=1\}+P\{X=2\}=\dfrac{1}{15}+\dfrac{2}{15}=\dfrac{1}{5}.$

例 2-11　设随机变量 X 的分布函数为

$$F(x)=\begin{cases}0, & x<-1\\ 0.2, & -1\leqslant x<2\\ 0.7, & 2\leqslant x<4\\ 1, & x\geqslant 4\end{cases}.$$

（1）求 $P\{X\leqslant 3\}$，$P\left\{\dfrac{1}{2}<X\leqslant 3\right\}$ 及 $P\{X\geqslant 2\}$；

（2）求 X 的分布律．

解　（1）$P\{X\leqslant 3\}=F(3)=0.7,$

$P\left\{\dfrac{1}{2}<X\leqslant 3\right\}=F(3)-F\left(\dfrac{1}{2}\right)=0.7-0.2=0.5,$

$P\{X\geqslant 2\}=1-P\{X<2\}=1-F(2-0)=1-0.2=0.8.$

（2）由于 $P\{X=X_0\}=F(x_0)-F(x_0-0)$，可得

$P\{X=-1\}=0.2-0=0.2,\quad P\{X=2\}=0.7-0.2=0.5,\quad P\{X=4\}=1-0.7=0.3,$

故 X 的分布律如下．

X	-1	2	4
P	0.2	0.5	0.3

§2.3　连续型随机变量及其分布

由于连续型随机变量的值为有限区间或无限区间，因此不可能像离散型随机变量一样将其所有可能取值一一列出．分布函数尽管能描述随机变量的概率分布，但是用起来不太方便，希望有一种比分布函数更能直观地描述连续型随机变量的方式，为此引入概率密度的概念．

§2.3.1　连续型随机变量的密度函数

定义 2-5　设随机变量 X 的分布函数为 $F(x)$，若存在非负可积函数 $p(x)$，使得对于任意实数 x，有

$$F(x)=\int_{-\infty}^{x}p(t)\mathrm{d}t,$$

则称 X 为连续型随机变量，称 $p(x)$ 为 X 的**分布密度函数**（Distribution density function）或**概率密度函数**（Probability density function），简称**概率密度**（Probability density）或**密度函数**

(Density function).

如图 2-2 所示,连续型随机变量的分布函数 $F(x)$ 的值就是密度函数曲线 $y = p(t)$ 从 $-\infty$ 到 x 与 t 轴所围成的面积.

若 $p(x)$ 是连续型随机变量 X 的概率密度函数,则对任意固定的 x 及任意的 $\Delta x > 0$,有

$$p(x) = \lim_{\Delta x \to 0} \frac{1}{\Delta x} \int_x^{x+\Delta x} p(t) \mathrm{d}t = \lim_{\Delta x \to 0} \frac{P\{x < X \leqslant x + \Delta x\}}{\Delta x}.$$

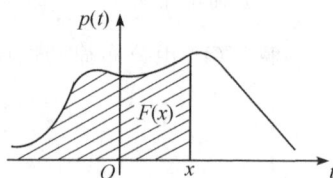

图 2-2　密度函数与分布函数的关系

从这里我们看到概率密度的定义与物理学中的线密度的定义相似,这就是称 $p(x)$ 为概率密度的原因. 要注意的是,$p(x)$ 不是 X 取 x 值的概率,而是 X 在 x 点附近概率分布的密集程度的度量. $p(x)$ 值的大小能反映出 X 在 x 附近取值的概率大小. 因此,对于连续型随机变量,概率密度能很直观地描述它的分布.

§2.3.2　密度函数的性质

连续型随机变量的概率密度 $p(x)$ 具有以下性质,如图 2-3 所示.

(1) 非负性:$p(x) \geqslant 0$.

(2) 规范性:$\int_{-\infty}^{+\infty} p(x)\mathrm{d}x = 1$.

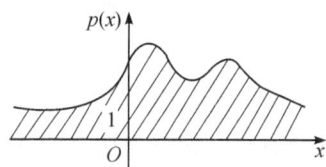

图 2-3　密度函数非负性与规范性

反之,一个满足非负性和规范性的函数 $p(x)$,一定可以作为某个连续型随机变量的概率密度.

(3) 若 $p(x)$ 在 x 点连续,则 $F'(x) = p(x)$.

(4) 对任意的实数 a,b $(a < b)$,有 $P\{a < x \leqslant b\} = F(b) - F(a) = \int_a^b p(x)\mathrm{d}x$.

性质(4)的几何意义如图 2-4 所示,概率 $P\{a < X \leqslant b\}$ 的值等于在区间 $[a,b]$ 上以曲线 $p(x)$ 为曲边的曲边梯形的面积.

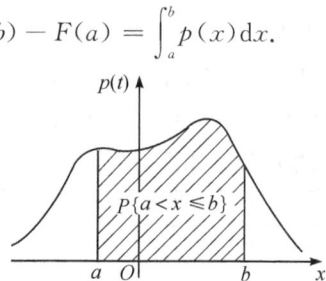

图 2-4　$P\{a < X \leqslant b\}$ 的几何意义

(5) 对于连续型随机变量 X 取任一指定实数值 a 的概率均为 0,即 $P\{X = a\} = 0$.

事实上,若 X 的分布函数为 $F(x)$,则对任意 $\varepsilon > 0$,有

$$0 \leqslant P\{X = a\} \leqslant P\{a - \varepsilon < x \leqslant a\} = F(a) - F(a - \varepsilon).$$

在上述不等式中令 $\varepsilon \to 0$,并注意到 X 为连续型随机变量,其分布函数 $F(x)$ 是连续的,故 $P\{X = a\} = 0$.

因此,对于连续型随机变量 X 有

$$P\{a < X < b\} = P\{a < X \leqslant b\} = P\{a \leqslant X \leqslant b\} = P\{a \leqslant X < b\}.$$

上述事实告诉我们,概率等于零的事件不一定是不可能事件;同样地,概率为 1 的事件也未必是必然事件.

例 2-12　设连续型随机变量 X 的分布函数为

$$F(x) = \begin{cases} 0, & x < -a \\ A + B\arcsin \dfrac{x}{a}, & -a \leqslant x < a. \\ 1, & x \geqslant a \end{cases}$$

试求：(1) 参数 A,B；(2) X 的概率密度 $p(x)$；(3) $P\left\{-\dfrac{a}{2}<X<\dfrac{\sqrt{2}a}{2}\right\}$.

解　(1) 因为 X 是连续型随机变量，故其分布函数 $F(x)$ 也是连续函数，从而在任意点连续，故有 $F(-a-0)=F(-a)$，$F(a-0)=F(a)$，即有

$$
\begin{cases}
A-\dfrac{\pi}{2}B=0 \\[2mm]
A+\dfrac{\pi}{2}B=1
\end{cases},
$$

求解此二元一次方程组，可得 $A=\dfrac{1}{2}$，$B=\dfrac{1}{\pi}$.

(2) 因为 X 是连续型随机变量，故概率密度是分布函数的导数，从而有

$$
p(x)=F'(x)=\begin{cases}
\dfrac{1}{\pi}\dfrac{1}{\sqrt{a^2-x^2}}, & |x|\leqslant a \\[3mm]
0, & |x|>a
\end{cases}.
$$

(3) $P\left\{-\dfrac{a}{2}<X<\dfrac{\sqrt{2}a}{2}\right\}=\displaystyle\int_{-\frac{a}{2}}^{\frac{\sqrt{2}a}{2}}p(x)\mathrm{d}x=\int_{-\frac{a}{2}}^{\frac{\sqrt{2}a}{2}}\frac{1}{\pi}\frac{1}{\sqrt{a^2-x^2}}\mathrm{d}x=\dfrac{5}{12}$，

或者　　　　$P\left\{-\dfrac{a}{2}<X<\dfrac{\sqrt{2}a}{2}\right\}=F\left(\dfrac{\sqrt{2}a}{2}\right)-F\left(-\dfrac{a}{2}\right)=\dfrac{5}{12}$.

例 2 - 13　设随机变量 X 的密度函数为

$$
p(x)=\begin{cases}
2x, & 0\leqslant x<\dfrac{1}{2} \\[2mm]
6-6x, & \dfrac{1}{2}\leqslant x\leqslant 1 \\[2mm]
0, & \text{其他}
\end{cases},
$$

求 X 的分布函数 $F(x)$.

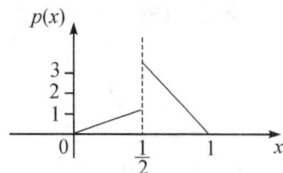

图 2 - 5　密度函数曲线图

解　$p(x)$ 的图形如图 2 - 5 所示.

(1) 当 $x<0$ 时，$F(x)=\displaystyle\int_{-\infty}^{x}0\mathrm{d}t=0$.

(2) 如图 2 - 6 所示，当 $0\leqslant x<\dfrac{1}{2}$ 时，

$$
F(x)=\int_{-\infty}^{0}0\mathrm{d}t+\int_{0}^{x}2t\mathrm{d}t=x^2.
$$

(3) 如图 2 - 7 所示，当 $\dfrac{1}{2}\leqslant x\leqslant 1$ 时，

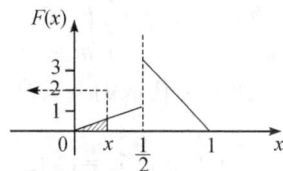

图 2 - 6　分布函数示意图

$$
F(x)=\int_{-\infty}^{0}0\mathrm{d}t+\int_{0}^{\frac{1}{2}}2t\mathrm{d}t+\int_{\frac{1}{2}}^{x}(6-6t)\mathrm{d}t=6x-3x^2-2.
$$

(4) 如图 2 - 8 所示，当 $x>1$ 时，$F(x)=\displaystyle\int_{-\infty}^{0}0\mathrm{d}t+\int_{0}^{\frac{1}{2}}2t\mathrm{d}t+\int_{\frac{1}{2}}^{1}(6-6t)\mathrm{d}t+\int_{1}^{x}0\mathrm{d}t=1$.

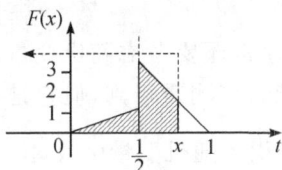

图 2 - 7　分布函数示意图

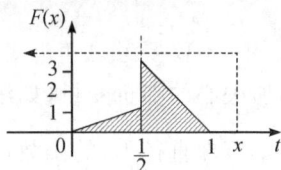

图 2 - 8　分布函数示意图

从而得 X 的分布函数 $F(x)$ 为

$$F(x) = \begin{cases} 0, & x < 0 \\ x^2, & 0 \leqslant x < \dfrac{1}{2} \\ 6x - 3x^2 - 2, & \dfrac{1}{2} \leqslant x \leqslant 1 \\ 1, & x > 1 \end{cases}.$$

$F(x)$ 的图形如图 2-9 所示.

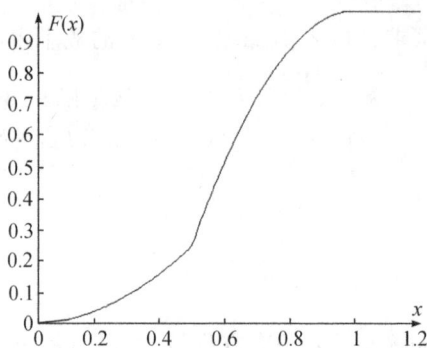

图 2-9 分布函数曲线图

例 2-14 设随机变量 X 的密度函数为

$$p(x) = \begin{cases} Ax(x+1), & 0 \leqslant x \leqslant 1 \\ 0, & \text{其他} \end{cases}.$$

(1) 确定常数 A;

(2) 计算概率 $P\left\{-1 < X < \dfrac{1}{2}\right\}$.

解 由密度函数性质,得

(1) $1 = \displaystyle\int_{-\infty}^{+\infty} p(x)\mathrm{d}x = \int_0^1 Ax(x+1)\mathrm{d}x = \dfrac{5}{6}A$,从而 $A = \dfrac{6}{5}$.

(2) $P\left\{-1 < X < \dfrac{1}{2}\right\} = \displaystyle\int_{-1}^{\frac{1}{2}} p(x)\mathrm{d}x = \int_{-1}^0 0\mathrm{d}x + \int_0^{\frac{1}{2}} \dfrac{6}{5}x(x+1)\mathrm{d}x = \dfrac{1}{5}$.

例 2-15 某批晶体管的使用寿命 X(以小时计)具有密度函数

$$p(x) = \begin{cases} \dfrac{100}{x^2}, & x \geqslant 100 \\ 0, & x < 100 \end{cases}.$$

任取其中 5 只,求:

(1) 使用最初 150 小时内,无一晶体管损坏的概率;

(2) 使用最初 150 小时内,至多有一只晶体管损坏的概率.

解 任一晶体管使用寿命超过 150 小时的概率为

$$p = P\{X > 150\} = \int_{150}^{+\infty} p(x)\mathrm{d}x = \int_{150}^{+\infty} \dfrac{100}{x^2}\mathrm{d}x = -\dfrac{100}{x}\Big|_{150}^{+\infty} = \dfrac{2}{3}.$$

设 Y 为任取的 5 只晶体管中使用寿命超过 150 小时的晶体管数,则 $Y \sim B\left(5, \dfrac{2}{3}\right)$. 故有

(1) $P\{Y = 5\} = C_5^5 \left(\dfrac{2}{3}\right)^5 \cdot \left(\dfrac{1}{3}\right)^0 = 0.1317$;

(2) $P\{Y \geqslant 4\} = P(Y = 4) + P(Y = 5) = C_5^4 \left(\dfrac{2}{3}\right)^4 \cdot \dfrac{1}{3} + C_5^5 \left(\dfrac{2}{3}\right)^5 \cdot \left(\dfrac{1}{3}\right)^0 = 0.4609$.

§2.4 随机变量函数的分布

在实际问题中,不仅要考虑随机变量及其分布,而且通常还要考虑随机变量的函数. 例如,在一些试验中,所关心的随机变量(如滚珠的体积 V)不能直接测量得到,但它是某个能直接测量的随机变量(如滚珠直径 D)的函数 $\left(V = \dfrac{1}{6}\pi D^3\right)$. 为此,引入随机变量函数这一概念.

定义 2-6 设 X 是随机变量,$g(x)$ 是一实值连续函数,则 $Y = g(X)$ 称为**随机变量 X 的**

函数.

可以证明 Y 也是一个随机变量.本节将讨论:当随机变量 X 的分布已知时,求随机变量 $Y=g(X)$ 的概率分布方法.下面分不同的情形进行讨论.

§2.4.1　离散型随机变量函数的分布

设 X 为离散型随机变量,其概率分布如下.

X	x_1	x_2	$\cdots$	x_i	$\cdots$
$P\{X=x_i\}$	p_1	p_2	$\cdots$	p_i	$\cdots$

则随机变量 $Y=g(X)$ 也是离散型随机变量,其可能取值为 $y_i=g(x_i)$ $(i=1,2,\cdots)$.

(1) 如 $g(x_i)$ 各不相等,则随机变量 Y 的概率分布如下.

Y	y_1	y_2	$\cdots$	y_i	$\cdots$
$P\{Y=y_i\}$	p_1	p_2	$\cdots$	p_i	$\cdots$

(2) 如 $g(x_i)$ 有若干个函数值相等,即存在 $x_i \neq x_j$,有 $g(x_i)=g(x_j)=y^*$,那么必须把相应的概率 p_i 相加后合并成一项.即有

$$P\{Y=y^*\} = \sum_{g(x_i)=y^*} P\{X=x_i\}.$$

例 2-16　X 是离散型随机变量,其概率分布如下.

X	-2	0	2
P	0.12	0.33	0.55

试求如下的分布律:(1) $Y=-2X+3$;(2) $Z=X^2$.

解法 1　可如下列表求解.

X	-2	0	2
$Y=-2X+3$	7	3	-1
$Z=X^2$	4	0	4
P	0.12	0.33	0.55

从而得到:

(1) Y 的概率分布如下.

Y	-1	3	7
P	0.55	0.33	0.12

(2) Z 的概率分布如下.

Z	0	4
P	0.33	0.67

解法 2　(1) 因 X 可能的取值是 $-2,0,2$,故 Y 可能的取值是 $7,3,-1$.而

$$P\{Y=7\}=P\{-2X+3=7\}=P\{X=-2\}=0.12,$$
$$P\{Y=3\}=P\{-2X+3=3\}=P\{X=0\}=0.33,$$
$$P\{Y=-1\}=P\{-2X+3=-1\}=P\{X=2\}=0.55.$$

即 Y 的概率分布如下.

Y	-1	3	7
P	0.55	0.33	0.12

(2) Z 的可能取值为 $0,4$,由

$$P\{Z=0\}=P\{X^2=0\}=P\{X=0\}=0.33,$$

$$P\{Z=4\}=P\{X^2=4\}=P\{X=-2\}+P\{X=2\}=0.12+0.55=0.67,$$

得 Z 的概率分布如下.

Z	0	4
P	0.33	0.67

例 2-17 设随机变量 X 的分布律为 $P\{X=k\}=\dfrac{1}{2^k}$ $(k=1,2,\cdots)$,求随机变量 $Y=\cos\left(\dfrac{\pi}{2}X\right)$ 的分布律.

解 因为 $Y=\cos\left(\dfrac{\pi}{2}X\right)$ 的所有可能取值为 $-1,0,1$.且

$$P\{Y=-1\}=\left(\frac{1}{2}\right)^2+\left(\frac{1}{2}\right)^6+\left(\frac{1}{2}\right)^{10}+\cdots=\frac{1}{4\left(1-\frac{1}{16}\right)}=\frac{4}{15},$$

$$P\{Y=0\}=\left(\frac{1}{2}\right)^1+\left(\frac{1}{2}\right)^3+\left(\frac{1}{2}\right)^5+\cdots=\frac{1}{2\left(1-\frac{1}{4}\right)}=\frac{10}{15},$$

$$P\{Y=1\}=\left(\frac{1}{2}\right)^4+\left(\frac{1}{2}\right)^8+\left(\frac{1}{2}\right)^{12}+\cdots=\frac{1}{16\left(1-\frac{1}{16}\right)}=\frac{1}{15}.$$

故 $Y=\cos\left(\dfrac{\pi}{2}X\right)$ 的分布律如下.

Y	-1	0	1
P	$\dfrac{4}{15}$	$\dfrac{10}{15}$	$\dfrac{1}{15}$

§2.4.2 连续型随机变量函数的分布

一般地,连续型随机变量的函数不一定都是连续型随机变量,在此只讨论连续型随机变量的函数还是连续型随机变量的情形.下面通过具体的例子来导出解决此类问题的一般方法.

例 2-18 设随机变量 X 的概率密度为

$$p_X(x)=\begin{cases}2x^3\mathrm{e}^{-x^2}, & x>0 \\ 0, & x\leqslant 0\end{cases}.$$

试求 $Y=X^2$ 的概率密度.

解 当 $y\leqslant 0$ 时,$p_Y(y)=0$;当 $y>0$,则

$$F_Y(y)=P\{Y\leqslant y\}=P\{X^2\leqslant y\}=P\{-\sqrt{y}\leqslant X\leqslant\sqrt{y}\}$$

$$=P\{0<X\leqslant\sqrt{y}\}=\int_0^{\sqrt{y}}2x^3\mathrm{e}^{-x^2}\mathrm{d}x.$$

上式两边对 y 求导数,由变上限积分求导公式有

$$p_Y(y)=F_Y{}'(y)=2(\sqrt{y})^3\mathrm{e}^{-(\sqrt{y})^2}\frac{1}{2\sqrt{y}}=y\mathrm{e}^{-y},$$

所以 $Y=X^2$ 的概率密度函数为

$$p_Y(y)=\begin{cases}0, & y\leqslant 0 \\ y\mathrm{e}^{-y}, & y>0\end{cases}.$$

求 $Y=g(X)$ 的分布函数与密度函数的一般步骤如下.

（1）由随机变量 X 的值域，确定随机变量函数 Y 的值域.

（2）对任意一个实数 y，将 $F_Y(y) = P\{Y \leqslant y\} = P\{g(X) \leqslant y\}$ 通过事件的恒等变换表示为 $P\{X \in S_y\} = \int_{S_y} p_X(x)\mathrm{d}x$，求出相应 $F_Y(y)$ （$y \in \mathbf{R}$）. 其中 $S_y = \{x \mid g(x) \leqslant y\}$ 是一个或若干个区间的并集.

（3）对得到的分布函数 $F_Y(y)$ 两边关于 y 求导，即可得密度函数 $p_Y(y)$.

上述推导随机变量函数分布的步骤具有普遍意义，我们称之为"分布函数法"，它的关键是设法从 $g(x) \leqslant y$ 解出 x. 除此方法外，对于函数 $y = g(x)$ 为严格单调函数的情形，用定理 2-1 可直接求出随机变量函数的概率密度.

例 2-19　设随机变量 X 的概率密度为

$$p(x) = \begin{cases} \dfrac{2x}{\pi^2}, & 0 < x < \pi, \\ 0, & \text{其他} \end{cases}$$

求 $Y = \sin X$ 的概率密度.

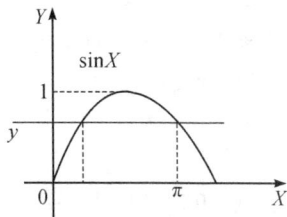

图 2-10　$Y = \sin X$ 函数曲线图

解　当 $0 < y < 1$ 时，如图 2-10 所示，$Y = \sin X$ 的分布函数为

$$F_Y(y) = P\{Y \leqslant y\} = P\{\sin X \leqslant y\} = P\{0 \leqslant X \leqslant \arcsin y\} + P\{\pi - \arcsin y \leqslant X \leqslant \pi\}$$

$$= \int_0^{\arcsin y} \frac{2x}{\pi^2}\mathrm{d}x + \int_{\pi - \arcsin y}^{\pi} \frac{2x}{\pi^2}\mathrm{d}x = \left(\frac{\arcsin y}{\pi}\right)^2 + 1 - \left(\frac{\pi - \arcsin y}{\pi}\right)^2,$$

所以 $Y = \sin X$ 的概率密度为

$$p_Y(y) = \frac{\mathrm{d}F_Y(y)}{\mathrm{d}y} = \begin{cases} \dfrac{2}{\pi\sqrt{1-y^2}}, & 0 < y < 1 \\ 0, & \text{其他} \end{cases}.$$

定理 2-1　设连续型随机变量 X 的概率密度为 $p_X(x)$，又设 $y = g(x)$ 是处处可导的严格单调函数，则 $Y = g(X)$ 也是一个连续型随机变量，其概率密度为

$$p_Y(y) = \begin{cases} p_X[h(y)]\,|h'(y)|, & \alpha < y < \beta \\ 0, & \text{其他} \end{cases}$$

其中 $h(y)$ 是 $g(x)$ 的反函数，α,β 分别是 $y = g(x)$ 的最小值和最大值.

证明　不妨设 $y = g(x)$ 为严格单调上升函数，这时它的反函数 $h(y)$ 也是严格单调上升函数，于是

$$F_Y(y) = P\{Y \leqslant y\} = P\{g(X) \leqslant y\} = P\{X \leqslant h(y)\}$$

$$= \int_{-\infty}^{h(y)} p_X(x)\mathrm{d}x, \quad g(-\infty) < y < g(+\infty).$$

由此得 Y 的概率密度函数为

$$p_Y(y) = \begin{cases} p_X[h(y)] \cdot h'(y), & g(-\infty) < y < g(+\infty) \\ 0, & \text{其他} \end{cases}.$$

同理可证当 $y = g(x)$ 为严格单调下降函数时，有

$$p_Y(y) = \begin{cases} -p_X[h(y)] \cdot h'(y), & g(+\infty) < y < g(-\infty) \\ 0, & \text{其他} \end{cases}.$$

因此，$Y = g(X)$ 的概率密度为

$$p_Y(y) = \begin{cases} p_X[h(y)]|h'(y)|, & \alpha < y < \beta \\ 0, & 其他 \end{cases}.$$

其中 $h(y)$ 是 $g(x)$ 的反函数，α, β 分别是 $y = g(x)$ 的最小值和最大值.

例 2 - 20 设随机变量 X 具有概率密度

$$p_X(x) = \begin{cases} \dfrac{x}{8}, & 0 < x < 4 \\ 0, & 其他 \end{cases},$$

求随机变量 $Y = 2X + 8$ 的概率密度.

解法 1 应用定理 2-1 求 $Y = 2X + 8$ 的密度函数 $p_Y(y)$.

因为 $y = g(x) = 2x + 8$，所以其反函数为

$$x = h(y) = \frac{y-8}{2}, \quad h'(y) = \frac{1}{2},$$

$$\alpha = \min\{g(x) = 2x + 8 \mid 0 < x < 4\} = 8, \quad \beta = \max\{g(x) = 2x + 8 \mid 0 < x < 4\} = 16.$$

于是，随机变量 $Y = 2X + 8$ 的概率密度为

$$p_Y(y) = \begin{cases} p_X[h(y)]|h'(y)|, & \alpha < y < \beta \\ 0, & 其他 \end{cases}$$

$$= \begin{cases} \dfrac{(y-8)/2}{8} \cdot \dfrac{1}{2}, & 8 < y < 16 \\ 0, & 其他 \end{cases} = \begin{cases} \dfrac{y-8}{32}, & 8 < y < 16 \\ 0, & 其他 \end{cases}.$$

解法 2 先用 X 的概率密度函数表达 $Y = 2X + 8$ 的分布函数 $F_Y(y)$.

$$F_Y(y) = P\{Y \leqslant y\} = P\{2X + 8 \leqslant y\} = P\left\{X \leqslant \frac{y-8}{2}\right\} = \int_{-\infty}^{\frac{y-8}{2}} p_X(x)\mathrm{d}x.$$

于是得 $Y = 2X + 8$ 的概率密度为

$$p_Y(y) = p_X\left(\frac{y-8}{2}\right)\left(\frac{y-8}{2}\right)' = \begin{cases} \dfrac{1}{8} \cdot \left(\dfrac{y-8}{2}\right) \cdot \dfrac{1}{2}, & 0 < \dfrac{y-8}{2} < 4 \\ 0, & 其他 \end{cases}$$

$$= \begin{cases} \dfrac{y-8}{32}, & 8 < y < 16 \\ 0, & 其他 \end{cases}.$$

解法 3 先用 X 的分布函数来表达 $Y = 2X + 8$ 的分布函数 $F_Y(y)$.

$$F_Y(y) = P\{Y \leqslant y\} = P\{2X + 8 \leqslant y\} = P\left\{X \leqslant \frac{y-8}{2}\right\} = F_X\left(\frac{y-8}{2}\right).$$

于是得 $Y = 2X + 8$ 的概率密度为

$$p_Y(y) = \frac{\mathrm{d}F_Y(y)}{\mathrm{d}y} = \frac{\mathrm{d}F_X(u)}{\mathrm{d}u} \cdot \frac{\mathrm{d}u}{\mathrm{d}y} = p_X\left(\frac{y-8}{2}\right)\left(\frac{y-8}{2}\right)'$$

$$= \begin{cases} \dfrac{1}{8} \cdot \left(\dfrac{y-8}{2}\right) \cdot \dfrac{1}{2}, & 0 < \dfrac{y-8}{2} < 4 \\ 0, & 其他 \end{cases} = \begin{cases} \dfrac{y-8}{32}, & 8 < y < 16 \\ 0, & 其他 \end{cases}.$$

其中 $u = \dfrac{y-8}{2}$.

解法 4 先求 $Y = 2X + 8$ 的分布函数 $F_Y(y)$ 具体表达式.

$$F_Y(y) = P\{Y \leqslant y\} = P\{2X + 8 \leqslant y\} = P\{X \leqslant \frac{y-8}{2}\} = \int_{-\infty}^{\frac{y-8}{2}} p_X(x)\mathrm{d}x,$$

由于 $0<\dfrac{y-8}{2}<4 \Leftrightarrow 8<y<16$，所以

$$
F_Y(y)=\begin{cases}
\displaystyle\int_{-\infty}^{\frac{y-8}{2}}0\,\mathrm{d}x, & y\leqslant 8\\[2mm]
\displaystyle\int_{-\infty}^{0}0\,\mathrm{d}x+\int_{0}^{\frac{y-8}{2}}\frac{x}{8}\,\mathrm{d}x, & 8<y<16\\[2mm]
\displaystyle\int_{-\infty}^{0}0\,\mathrm{d}x+\int_{0}^{4}\frac{x}{8}\,\mathrm{d}x+\int_{4}^{\frac{y-8}{2}}0\,\mathrm{d}x, & y\geqslant 16
\end{cases}
$$

$$
=\begin{cases}
0, & y\leqslant 8\\[2mm]
\dfrac{(y-8)^2}{64}, & 8<y<16.\\[2mm]
1, & y\geqslant 16
\end{cases}
$$

于是得 $Y=2X+8$ 的概率密度为

$$
p_Y(y)=F_Y'(y)=\begin{cases}
\dfrac{y-8}{32}, & 8<y<16\\[2mm]
0, & 其他
\end{cases}.
$$

习题二

1. 用随机变量描述掷一颗骰子两次出现的点数之和，写出它的分布律.

2. 设随机变量 X 的分布律为 $P\{X=k\}=\dfrac{a}{2k+2}$ $(k=1,2,3,4,5)$，试求常数 a 以及 $P\{X\leqslant 4\}$.

3. 一个口袋有 8 个红色球，2 个黄色球.

(1) 每次从中任取一个不放回，求首次取出红色球的取球次数 X 的分布律；

(2) 如果取出的是黄色球则不放回，而另外放入一个红色球，求首次取出红色球的取球次数 X 的分布律.

4. 独立重复地进行种子发芽试验，设每次试验成功的概率为 0.9，将试验进行到出现一次成功为止，以 X 表示所需的试验次数，求 X 的分布律，并计算 X 取偶数的概率.

5. 设随机变量 X 的分布律为

X	0	1	2	3	4
P	0.1	0.2	0.3	0.3	0.1

求：(1) X 的分布函数 $F(x)$；(2) $P\{1<X\leqslant 4\}$.

6. 一本 500 页的书中总共有 500 个印刷错误，若每一个印刷错误等可能地出现在任一页中，求在某指定页至少有一个印刷错误的概率.（利用泊松定理近似计算）

7. 某一大型超市装有 5 台同类型的紧急供电设备，设每台设备是否被使用相互独立.经调查得知任一时刻每台设备被使用的概率为 0.1，问在同一时刻，

(1) 恰好有 2 台设备被使用的概率是多少？

(2) 至少有 1 台设备被使用的概率是多少？

(3) 至多有 3 台设备被使用的概率是多少？

8. 某一消防队在长度为 t 的时间间隔内收到的紧急求助的次数 X 服从参数为 $\dfrac{t}{3}$ 的泊松分布，而且与时间间隔的起点无关（时间以小时计）.

(1) 求某一天上午 8 时至中午 12 时未收到紧急求助的概率；

(2) 求某一天下午 2 时至下午 5 时至少收到 1 次紧急求助的概率.

9. 设随机变量 X 服从泊松分布,且知 $P\{X=1\}=P\{X=2\}$,求 $P\{X=4\}$.

10. 有一繁忙的汽车站,每天有大量汽车通过,设一辆汽车在一天的某段时间内出事故的概率为 0.0001. 在某天的该时间段内有 1000 辆汽车通过,问出事故的车辆数不小于 2 的概率是多少?(利用泊松定理计算)

11. 设电话交换台每分钟接到的呼唤次数 X 服从参数 $\lambda=3$ 的泊松分布.

(1) 求在一分钟内接到超过 7 次呼唤的概率;

(2) 若一分钟内一次呼唤需要占用一条线路.求该交换台至少要设置多少条线路才能以不低于 90% 的概率使用户得到及时服务.

12. (柯西分布)设连续型随机变量 X 的分布函数为

$$F(x)=A+B\arctan x \quad (-\infty<x<+\infty).$$

试求:(1) 常数 A,B;(2) 求概率 $P\{-1<X<1\}$;(3) X 的密度函数.

13. 设连续型随机变量 X 的分布函数为

$$F(x)=\begin{cases} 0, & x<0 \\ A\sin x, & 0\leqslant x<\dfrac{\pi}{2} \\ 1, & x\geqslant\dfrac{\pi}{2} \end{cases}.$$

试求:(1) 常数 A;(2) X 的概率密度;(3) $P\{|x|<\dfrac{\pi}{6}\}$.

14. 学生完成一道作业题的时间 X 是一个随机变量,单位为小时,其密度函数为

$$p(x)=\begin{cases} kx^2+x, & 0<x<\dfrac{1}{2} \\ 0, & \text{其他} \end{cases}.$$

试求:(1) 常数 k;(2) X 的分布函数;(3) 在 20 分钟内完成一道作业的概率;(4) 在 10 分钟以上完成一道作业的概率.

15. 服从拉普拉斯分布的随机变量 X 的密度函数为 $f(x)=k\mathrm{e}^{-|x|}$,求常数 k 及分布函数 $F(x)$.

16. 设 $f(x),g(x)$ 都是概率密度函数,求证:$h(x)=\alpha f(x)+(1-\alpha)g(x)$ $(0\leqslant\alpha\leqslant1)$ 也是一个概率密度函数.

17. 已知随机变量 X 服从 $\lambda=1$ 上的指数分布,求一元二次方程 $4y^2+4Xy+X+2=0$ 有实根的概率.

18. 假设某元件使用寿命 X(单位:小时)服从参数为 $\lambda=0.002$ 的指数分布,试求:

(1) 该元件在 100 小时内需要维修的概率;

(2) 该元件能正常使用 600 小时以上的概率.

19. 设 $X\sim N(4,2^2)$,查表计算 $P\{X\leqslant6\}$,$P\{|X-5|\leqslant2\}$,$P\{X\geqslant5\}$,$P\{|x|\leqslant2\}$.

20. 设 $X\sim N(2,2^2)$,试求:

(1) 确定常数 c 使得 $P\{X>c\}=P\{X\leqslant c\}$;(2) 寻找最小的 d 使得 $P\{X<d\}\geqslant0.99$ 成立.

21. 测量某零件长度的误差 X 是随机变量,已知 $X\sim N(3,4)$.

(1) 求误差不超过 3 的概率;

(2) 求误差的绝对值不超过 3 的概率;

(3) 如果测量两次,求至少有一次误差的绝对值不超过 3 的概率.

22. 一般认为各种考试成绩服从正态分布,假定在一次公务员资格考试中,只有 5% 的考生能通过考试,而考生的成绩 X 近似服从 $N(60,100)$,问至少要多少分才可能通过这次资格考试?

23. 设 X 是离散型随机变量,其分布律如下.

X	-1	0	1	2	3
P	0.3	$3a$	a	0.1	0.2

求:(1) 常数 a;(2) $Y=2X+3$ 的分布律;(3) $Z=X^2$ 的分布律.

24. 设 $X\sim N(0,\sigma^2)$,求 $Y=X^2$ 的分布.

25. 设随机变量 X 服从参数为 λ 的指数分布,试求 $Y=\mathrm{e}^X$ 的概率密度函数.

26. 设随机变量 X 的概率密度为

$$p(x)=\begin{cases} \mathrm{e}^{-x}, & x>0 \\ 0, & x\leqslant 0 \end{cases},$$

试求如下 Y 的概率密度函数:(1) $Y=2X+3$;(2) $Y=X^2$.

第三章 多维随机变量及其分布

随机变量是研究随机现象及其规律性的有力工具.在第二章中,我们研究了单一的随机变量,但在实际问题中,某些随机试验的结果需要同时用两个或两个以上的随机变量来描述和表达.例如研究市场供给模型时,需要同时考虑商品供给量、消费者收入和市场价格等多个指标,这些随机变量之间会存在某种联系,需要把它们作为一个整体(即向量)来研究.为此我们在本章中引入多维随机变量的概念.由于二维随机变量与更高维随机变量没有本质上的差异,为了叙述方便,本章着重讨论二维随机变量,其结果可以平行推广到更高维随机变量的情形.在学习时要多与前一章相关内容进行比较,认真分析其中的异同点,这样可以达到事半功倍的效果.

§3.1 多维随机变量及其联合分布

§3.1.1 多维随机变量的概念

定义 3-1 若 $X_1, X_2, \cdots, X_n$ 是定义在同一个样本空间 Ω 上的 n 个随机变量,则称$(X_1, X_2, \cdots, X_n)$为 Ω 上的一个 **n 维随机变量**,或称 **n 维随机向量**.

第二章讨论的随机变量可称为一维随机变量.

定义 3-2 设 Ω 为随机试验 E 的样本空间,$X=X(\omega),Y=Y(\omega)$是定义在 Ω 上的随机变量,则称有序数组(X,Y)为**二维随机变量**(Two-dimension random variable)或**二维随机向量**(Two-dimension random vector),称(X,Y)的取值规律为**二维分布**(Two-dimension distribution).

§3.1.2 联合分布函数

设 $X_1, X_2, \cdots, X_n$ 是 n 个随机变量,并且对任意 n 个实数 $x_1, x_2, \cdots, x_n$,则$\{X_1 \leqslant x_1, X_2 \leqslant x_2, \cdots, X_n \leqslant x_n\}$是一个随机事件且有确定的概率.

定义 3-3 对于任意 n 个实数 $x_1, x_2, \cdots, x_n$,将 n 个事件$\{X_1 \leqslant x_1\}, \{X_2 \leqslant x_2\}, \cdots, \{X_n \leqslant x_n\}$同时发生的概率

$$F(x_1, x_2, \cdots, x_n) = P\{X_1 \leqslant x_1, X_2 \leqslant x_2, \cdots, X_n \leqslant x_n\}$$

称为 n 维随机变量$(X_1, X_2, \cdots, X_n)$的**联合分布函数**(Unity distribution function).

定义 3-4 设(X,Y)是二维随机变量,对于任意实数 x,y,称二元函数 $F(x,y)=P\{X \leqslant x, Y \leqslant y\}$为二维随机变量$(X,Y)$的**分布函数**(Distribution function),或称为(X,Y)的**联合分布函数**(Unity distribution function).

对于二维随机变量(X,Y),联合分布函数 $F(x,y)=P\{X \leqslant x, Y \leqslant y\}$表示事件$\{\omega | X(\omega) \leqslant x, Y(\omega) \leqslant y\}$的概率.从几何上讲,$F(x,y)$就是二维随机变量$(X,Y)$落在 xOy 平面上,以(x,y)为顶点的左下方(包括边界)的无穷区域内的概率,如图 3-1 中的阴影部分.

定理 3-1　任何二维联合分布函数 $F(x,y)$ 都具有以下四条基本性质.

（1）单调性：$F(x,y)$ 对 x 或 y 都是单调不减函数，即

当 $x_1<x_2$ 时，有 $F(x_1,y)\leqslant F(x_2,y)$；

当 $y_1<y_2$ 时，有 $F(x,y_1)\leqslant F(x,y_2)$.

（2）有界性：对任意的 x 和 y，有 $0\leqslant F(x,y)\leqslant 1$，并且

$$F(x,-\infty)=\lim_{y\to-\infty}F(x,y)=0,$$

$$F(-\infty,y)=\lim_{x\to-\infty}F(x,y)=0,$$

$$F(-\infty,-\infty)=\lim_{(x,y)\to(-\infty,-\infty)}F(x,y)=0,$$

$$F(+\infty,+\infty)=\lim_{(x,y)\to(+\infty,+\infty)}F(x,y)=1.$$

（3）右连续性：$F(x,y)$ 分别对 x,y 右连续，即

$$F(x+0,y)=\lim_{\varepsilon\to0^+}F(x+\varepsilon,y)=F(x,y),$$

$$F(x,y+0)=\lim_{\varepsilon\to0^+}F(x,y+\varepsilon)=F(x,y).$$

（4）非负性：对于任意的实数 $x_1<x_2,y_1<y_2$，有

$P\{x_1<X\leqslant x_2,y_1<Y\leqslant y_2\}$

$\quad=F(x_2,y_2)-F(x_2,y_1)-F(x_1,y_2)+F(x_1,y_1),$

如图 3-2 所示的阴影部分.

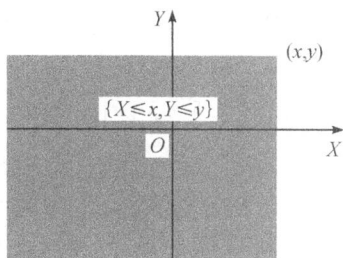

图 3-1 联合分布函数随机
变量取值区域

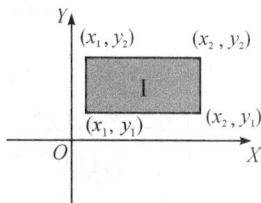

图 3-2　非负性示意图

可以证明，具有上述四条性质的二元函数 $F(x,y)$ 必为某个二维随机变量的联合分布函数.

§3.1.3　边缘分布函数

二维随机变量 (X,Y) 中的每一个分量 X 和 Y 都是随机变量，因此都有各自的分布.

定义 3-5　设 (X,Y) 是定义在样本空间 Ω 上的随机变量，$F(x,y)$ 为其联合分布函数，则 X 的分布函数 $F_X(x)$ 称为 $F(x,y)$ 关于 X 的**边缘分布函数**；Y 的分布函数 $F_Y(y)$ 称为 $F(x,y)$ 关于 Y 的**边缘分布函数**. 边缘分布函数简称为**边缘分布**（Marginal distribution）.

定理 3-2　设 $F(x,y)$ 为随机变量 (X,Y) 的联合分布函数，$F_X(x)$ 是 $F(x,y)$ 关于 X 的边缘分布函数，$F_Y(y)$ 是 $F(x,y)$ 关于 Y 的边缘分布函数，则

$$F_X(x)=F(x,+\infty)=\lim_{y\to+\infty}F(x,y),\quad F_Y(y)=F(+\infty,y)=\lim_{x\to+\infty}F(x,y).$$

证明　注意到事件 $\{Y<+\infty\}$ 为必然事件 Ω，由分布函数定义有

$$F_X(x)=P\{X\leqslant x\}=P\{(X\leqslant x)\bigcap\Omega\}=P\{X\leqslant x,Y<+\infty\}=\lim_{y\to+\infty}F(x,y)=F(x,+\infty),$$

类似地可证 $F_Y(y)=F(+\infty,y)$.

例 3-1　设 (X,Y) 的联合分布函数

$$F(x,y)=\begin{cases}1-\mathrm{e}^{-0.5x}-\mathrm{e}^{-0.5y}-\mathrm{e}^{-0.5(x+y)}, & x>0,y>0\\ 0, & \text{其他}\end{cases},$$

求 (X,Y) 分别关于 X 和 Y 的边缘分布函数 $F_X(x)$ 和 $F_Y(y)$.

解　(X,Y) 关于 X 的边缘分布函数为

$$F_X(x)=F(x,+\infty)=\lim_{y\to+\infty}F(x,y)$$

$$=\begin{cases}\lim\limits_{y\to+\infty}[1-\mathrm{e}^{-0.5x}-\mathrm{e}^{-0.5y}-\mathrm{e}^{-0.5(x+y)}], & x>0\\ 0, & x\leqslant0\end{cases}=\begin{cases}1-\mathrm{e}^{-0.5x}, & x>0\\ 0, & x\leqslant0\end{cases}.$$

(X,Y)关于 Y 的边缘分布函数为

$$F_Y(y) = F(+\infty, y) = \lim_{x \to +\infty} F(x,y)$$

$$= \begin{cases} \lim\limits_{x \to +\infty} \left[1 - e^{-0.5x} - e^{-0.5y} - e^{-0.5(x+y)}\right], & y > 0 \\ 0, & y \leqslant 0 \end{cases} = \begin{cases} 1 - e^{-0.5y}, & y > 0 \\ 0, & y \leqslant 0 \end{cases}.$$

§3.2 二维离散型随机变量

§3.2.1 二维离散型随机变量

定义 3-6 如果二维随机变量 (X,Y) 的所有可能取值为有限或无限可列个数对,则称 (X,Y) 为**二维离散型随机变量**(Two-dimension discrete random variable).

显然,当且仅当 X 和 Y 均为离散型随机变量时,(X,Y) 为二维离散型随机变量.

定义 3-7 设二维离散型随机变量 (X,Y) 的所有可能取值为 (x_i, y_j) $(i,j=1,2,\cdots)$,则

$$P\{X=x_i, Y=y_j\} = p_{ij} \quad (i,j=1,2,\cdots)$$

称为二维离散型随机变量 (X,Y) 的**联合概率分布**(联合分布律),简称为**概率分布**(Probability distribution)(分布律).

(X,Y) 的概率分布也可以用如下表格来表示.

X＼Y	y_1	y_2	$\cdots$	y_j	$\cdots$
x_1	p_{11}	p_{12}	$\cdots$	p_{1j}	$\cdots$
x_2	p_{21}	p_{22}	$\cdots$	p_{2j}	$\cdots$
$\vdots$	$\vdots$	$\vdots$		$\vdots$	
x_i	p_{i1}	p_{i2}	$\cdots$	p_{ij}	$\cdots$
$\vdots$	$\vdots$	$\vdots$		$\vdots$	

定理 3-3 设二维离散型随机变量 (X,Y) 的概率分布为 p_{ij} $(i,j=1,2,\cdots,n,\cdots)$,则

(1) 非负性:$p_{ij} \geqslant 0$;

(2) 规范性:$\sum\limits_{i=1}^{\infty} \sum\limits_{j=1}^{\infty} p_{ij} = 1$;

(3) 设 G 是一平面区域,则

$$P\{(X,Y) \in G\} = \sum_{(x_i, y_j) \in G} p_{ij},$$

即随机点 (X,Y) 落在区域 G 上的概率是 (X,Y) 在 G 上取值所对应的概率之和;

(4) (X,Y) 的联合分布函数为

$$F(x,y) = P\{X \leqslant x, Y \leqslant y\} = \sum_{x_i \leqslant x} \sum_{y_j \leqslant y} p_{ij} \quad (-\infty < x, y < +\infty).$$

例 3-2 1 个口袋中有大小、形状相同的 4 个黑球、2 个白球,从袋中不放回地取两次球.设随机变量

$$X = \begin{cases} 1, & \text{第一次取到黑球} \\ 0, & \text{第一次取到白球} \end{cases}, \quad Y = \begin{cases} 1, & \text{第二次取到黑球} \\ 0, & \text{第二次取到白球} \end{cases}.$$

求：(1)(X,Y)的分布律；(2)$P\{\frac{1}{2}<X\leqslant 2,-2<Y\leqslant 2\}$；(3)$F(0.5,1)$.

解　(1)利用概率的乘法公式及条件概率定义,可得二维随机变量(X,Y)的联合分布律,

$$P\{X=0,Y=0\}=P\{X=0\}P\{Y=0\mid X=0\}=\frac{2}{6}\times\frac{1}{5}=\frac{1}{15},$$

$$P\{X=0,Y=1\}=P\{X=0\}P\{Y=1\mid X=0\}=\frac{2}{6}\times\frac{4}{5}=\frac{4}{15},$$

$$P\{X=1,Y=0\}=P\{X=1\}P\{Y=0\mid X=1\}=\frac{4}{6}\times\frac{2}{5}=\frac{4}{15},$$

$$P\{X=1,Y=1\}=P\{X=1\}P\{Y=1\mid X=1\}=\frac{4}{6}\times\frac{3}{5}=\frac{2}{5}.$$

把(X,Y)的联合分布律表示如下.

X＼Y	0	1
0	$\frac{1}{15}$	$\frac{4}{15}$
1	$\frac{4}{15}$	$\frac{6}{15}$

(2)$P\{\frac{1}{2}<X\leqslant 2,-2<Y\leqslant 2\}=P\{X=1,Y=0\}+P\{X=1,Y=1\}=\frac{4}{15}+\frac{2}{5}=\frac{2}{3}.$

(3)$F(0.5,1)=P\{X=0,Y=0\}+P\{X=0,Y=1\}=\frac{1}{15}+\frac{4}{15}=\frac{1}{3}.$

§3.2.2　二维离散型随机变量边缘分布律

定义3-8　设(X,Y)是定义在样本空间Ω上的二维离散型随机变量,则X的分布律$P\{X=x_i\}=p_{i\cdot}$　$(i=1,2,\cdots)$,称为(X,Y)关于X的**边缘分布律**；Y的分布律$P\{Y=y_j\}=p_{\cdot j}$　$(j=1,2,\cdots)$,称为$F(x,y)$关于Y的**边缘分布律**.

定理3-4　设二维离散型随机变量(X,Y)的联合概率分布为

$$P\{X=x_i,Y=y_j\}=p_{ij}\quad(i,j=1,2,\cdots).$$

则X与Y的边缘分布律分别为

$$p_{i\cdot}=P\{X=x_i\}=\sum_{j=1}^{\infty}p_{ij}\quad(i=1,2,\cdots),$$

$$p_{\cdot j}=P\{Y=y_j\}=\sum_{i=1}^{\infty}p_{ij}\quad(j=1,2,\cdots).$$

证明　为讨论随机变量X的分布,注意到事件组$\{Y=y_j\}$　$(j=1,2,\cdots)$为样本空间Ω的一个划分,于是我们有

$$p_{i\cdot}=P\{X=x_i\}=P(\{X=x_i\}\bigcap\Omega)=P(\{X=x_i\}\bigcap[\sum_{j=1}^{\infty}\{Y=y_j\}])$$

$$=P(\sum_{j=1}^{\infty}[\{X=x_i\}\bigcap\{Y=y_j\}])=\sum_{j=1}^{\infty}P\{X=x_i,Y=y_j\}=\sum_{j=1}^{\infty}p_{ij}\quad(i=1,2,\cdots).$$

类似可证得

$$p_{\cdot j}=P\{Y=y_j\}=\sum_{i=1}^{\infty}p_{ij}\quad(j=1,2,\cdots).$$

【注】边缘分布律可由联合分布律表决定.

X \ Y	y_1	y_2	$\cdots$	y_j	$\cdots$	$p_i.$
x_1	p_{11}	p_{12}	$\cdots$	p_{1j}	$\cdots$	$p_1.$
x_2	p_{21}	p_{22}	$\cdots$	p_{2j}	$\cdots$	$p_2.$
$\vdots$	$\vdots$	$\vdots$		$\vdots$		$\vdots$
x_i	p_{i1}	p_{i2}	$\cdots$	p_{ij}	$\cdots$	$p_i.$
$\vdots$	$\vdots$	$\vdots$		$\vdots$		$\vdots$
$p.j$	$p.1$	$p.2$	$\cdots$	$p.j$	$\cdots$	1

例 3-3 设二维随机变量 (X,Y) 的联合概率分布如下.

X \ Y	0	1	2	3
0	0.2	0.12	0.08	0.02
1	0.18	0.2	0.06	0
2	0.1	0.04	0	0

求概率 $P(|X-Y|=1)$ 及随机变量 X 与 Y 的边缘分布律.

解 $P(|X-Y|=1)=p_{12}+p_{21}+p_{23}+p_{32}+p_{34}=0.12+0.18+0.06+0.04+0=0.4.$

X 与 Y 的边缘分布律如下表中最后一列及最后一行.

X \ Y	0	1	2	3	$P(X=x_i)$
0	0.2	0.12	0.08	0.02	0.42
1	0.18	0.2	0.06	0	0.44
2	0.1	0.04	0	0	0.14
$P(Y=y_j)$	0.48	0.36	0.14	0.02	

§3.3 二维连续型随机变量

§3.3.1 二维连续型随机变量

定义 3-9 设 $F(x,y)$ 为二维随机变量 (X,Y) 的分布函数,若存在非负可积函数 $p(x,y)$,使得对于任意的 $x,y \in \mathbf{R}$ 有

$$F(x,y) = \int_{-\infty}^{x} \int_{-\infty}^{y} p(u,v)\mathrm{d}u\mathrm{d}v,$$

则称 (X,Y) 为**二维连续型随机变量**(Two-dimension continuous random variable),函数 $p(x,y)$ 称为二维连续型随机变量 (X,Y) 的**联合概率密度函数**,简称为**联合概率密度**.

二元函数 $z=p(x,y)$ 在几何上表示一个曲面,通常称这个曲面为**分布曲面**(Distribution curved surface).

二维连续型随机变量 (X,Y) 的联合概率密度 $p(x,y)$ 具有如下性质.

(1) 非负性:$p(x,y) \geqslant 0$.

(2) 规范性:$\int_{-\infty}^{+\infty} \int_{-\infty}^{+\infty} p(x,y)\mathrm{d}x\mathrm{d}y = F(+\infty, +\infty) = 1.$

规范性在几何上的意义是介于分布曲面和 xOy 平面之间的空间区域的总体积等于 1.

反之,若二元函数 $p(x,y)$ 具有上述两条性质,则 $p(x,y)$ 一定是某个二维连续型随机变量的联合概率密度函数.

（3）若 $p(x,y)$ 在点 (x,y) 连续,则有 $\dfrac{\partial^2 F(x,y)}{\partial x \partial y}=p(x,y)$.

（4）设 D 为平面上的一个区域,点 (X,Y) 落在 D 内的概率为

$$P\{(X,Y)\in D\}=\iint\limits_{D}p(x,y)\mathrm{d}x\mathrm{d}y.$$

从几何上讲,概率 $P\{(X,Y)\in D\}$ 等于以 D 为底,以分布曲面 $z=p(x,y)$ 为顶的曲顶柱体的体积. 显然若 $F(x,y)$ 为二维连续型随机变量的联合分布函数,则 $F(x,y)$ 处处连续,二维连续型随机变量的名称也由此而得.

例 3-4　设随机变量 (X,Y) 的概率密度为

$$p(x,y)=\begin{cases} k(6-x-y), & 0<x<2,\ 2<y<4 \\ 0, & \text{其他} \end{cases}.$$

（1）确定常数 k;（2）求 $P\{X<1,Y<3\}$;（3）求 $P\{X\leqslant 1.5\}$;（4）求 $P\{X+Y<4\}$.

解　（1）由 $1=\displaystyle\int_{-\infty}^{+\infty}\int_{-\infty}^{+\infty}p(x,y)\mathrm{d}x\mathrm{d}y=\int_{0}^{2}\int_{2}^{4}k(6-x-y)\mathrm{d}y\mathrm{d}x$,得 $k=\dfrac{1}{8}$;

（2）$P\{X<1,Y<3\}=\displaystyle\int_{0}^{1}\int_{2}^{3}\dfrac{1}{8}(6-x-y)\mathrm{d}y\mathrm{d}x=\dfrac{3}{8}$;

（3）$P\{X\leqslant 1.5\}=P\{X\leqslant 1.5,Y<\infty\}=\displaystyle\int_{0}^{1.5}\int_{2}^{4}\dfrac{1}{8}(6-x-y)\mathrm{d}y\mathrm{d}x=\dfrac{27}{32}$;

（4）$P\{X+Y\leqslant 4\}=\displaystyle\int_{0}^{2}\int_{2}^{4-x}\dfrac{1}{8}(6-x-y)\mathrm{d}y\mathrm{d}x=\dfrac{2}{3}$.

§3.3.2　二维连续型随机变量边缘概率密度

定义 3-10　设 (X,Y) 是定义在样本空间 Ω 上的二维连续型随机变量,则 X 的概率密度函数 $p_X(x)$,称为 (X,Y) 关于 X 的**边缘概率密度**;Y 的概率密度函数 $p_Y(y)$,称为 $F(x,y)$ 关于 Y 的**边缘概率密度**.

定理 3-5　设二维连续型随机变量 (X,Y) 的联合概率分布为 $p(x,y)$,则 X 与 Y 的边缘概率密度分别为 $p_X(x)=\displaystyle\int_{-\infty}^{+\infty}p(x,y)\mathrm{d}y$,　$p_Y(y)=\displaystyle\int_{-\infty}^{+\infty}p(x,y)\mathrm{d}x$.

证明　设 $p(x,y)$ 为二维连续型随机变量的联合概率密度,则 X 的边缘分布函数为

$$F_X(x)=P\{X\leqslant x\}=F(x,+\infty)=\int_{-\infty}^{x}\left(\int_{-\infty}^{+\infty}p(x,y)\mathrm{d}y\right)\mathrm{d}x,$$

从而 X 的边缘概率密度函数为 $p_X(x)=\displaystyle\int_{-\infty}^{+\infty}p(x,y)\mathrm{d}y$.

同理得 Y 的边缘概率密度函数为 $p_Y(y)=\displaystyle\int_{-\infty}^{+\infty}p(x,y)\mathrm{d}x$.

例 3-5　设 (X,Y) 的概率密度为

$$p(x,y)=\begin{cases} ax^2+2xy^2, & 0\leqslant x<1,0\leqslant y<1 \\ 0, & \text{其他} \end{cases}$$

试求:（1）常数 a;（2）分布函数 $F(x,y)$;（3）边缘概率密度 $p_X(x),p_Y(y)$;（4）求 (X,Y) 落在区域 $G=\{(x,y)\,|\,x+y<1\}$ 内的概率.

解　（1）由规范性有:$1=\displaystyle\int_{-\infty}^{\infty}\int_{-\infty}^{\infty}f(x,y)\mathrm{d}x\mathrm{d}y=\int_{0}^{1}\int_{0}^{1}(ax^2+2xy^2)\mathrm{d}x\mathrm{d}y=\dfrac{1}{3}a+\dfrac{1}{3}$,解得 $a=2$.

(2) 由分布函数的定义,并注意到 $p(x,y)$ 在不同区域上的具体表达式.

当 $x<0$ 或 $y<0$ 时,$F(x,y)=\int_{-\infty}^{x}\int_{-\infty}^{y}p(u,v)\mathrm{d}u\mathrm{d}v=\int_{-\infty}^{x}\int_{-\infty}^{y}0\mathrm{d}x\mathrm{d}y=0$;

当 $0\leqslant x<1,0\leqslant y<1$ 时,$F(x,y)=\int_{0}^{x}\int_{0}^{y}2(u^2+uv^2)\mathrm{d}u\mathrm{d}v=\frac{1}{3}(2x^3y+x^2y^3)$;

当 $0\leqslant x<1,y\geqslant 1$ 时,$F(x,y)=\int_{0}^{x}\int_{0}^{1}2(u^2+uv^2)\mathrm{d}u\mathrm{d}v=\frac{1}{3}(2x^3+x^2)$;

当 $0\leqslant y<1,x\geqslant 1$ 时,$F(x,y)=\int_{0}^{1}\int_{0}^{y}2(u^2+uv^2)\mathrm{d}u\mathrm{d}v=\frac{1}{3}(2y+y^3)$;

当 $y\geqslant 1,x\geqslant 1$ 时,$F(x,y)=\int_{0}^{1}\int_{0}^{1}2(u^2+uv^2)\mathrm{d}u\mathrm{d}v=1$.

因此,(X,Y) 的联合分布函数为

$$F(x,y)=\begin{cases}0, & x<0 \text{ 或 } y<0\\ \frac{1}{3}(2x^3y+x^2y^3), & 0\leqslant x<1,0\leqslant y<1\\ \frac{1}{3}(2x^3+x^2), & 0\leqslant x<1,y\geqslant 1\\ \frac{1}{3}(2y+y^3), & 0\leqslant y<1,x\geqslant 1\\ 1, & x\geqslant 1,y\geqslant 1\end{cases}.$$

(3) 当 $0\leqslant x<1$ 时,$p_X(x)=\int_{-\infty}^{\infty}p(x,y)\mathrm{d}y=\int_{0}^{1}2(x^2+xy^2)\mathrm{d}y=2x^2+\frac{2}{3}x$.

当 x 为其他值时,因为 $p(x,y)\equiv 0$,所以 $p_X(x)=\int_{-\infty}^{\infty}p(x,y)\mathrm{d}y=\int_{0}^{1}0\mathrm{d}y=0$. 因此

$$p_X(x)=\begin{cases}2x^2+\frac{2}{3}x, & 0\leqslant x\leqslant 1\\ 0, & \text{其他}\end{cases}.$$

类似地,可得

$$p_Y(x)=\begin{cases}y^2+\frac{2}{3}, & 0\leqslant y\leqslant 1\\ 0, & \text{其他}\end{cases}.$$

(4) $P\{(x,y)\in G\}=\iint_{x+y<1}p(x,y)\mathrm{d}x\mathrm{d}y=\int_{0}^{1}\mathrm{d}x\int_{0}^{1-x}2(x^2+xy^2)\mathrm{d}y=\frac{1}{5}$.

§3.4 随机变量的独立性

在多维随机变量中,各分量的取值有时会相互影响,有时则毫不相干.例如一个学生的身高和体重会相互影响,但一般来说它们对该学生的学习成绩是没有影响的.这种相互之间没有影响的随机变量被称为相互独立的随机变量.

在第一章中,我们讨论了随机事件间独立性,即随机事件 A,B 相互独立的充要条件为 $P(AB)=P(A)P(B)$,下面我们利用两个事件相互独立的概念来引出二维随机变量相互独立的概念.

设有一个二维随机变量 (X,Y),如果对于任意实数 x,y,事件 $\{X\leqslant x\}$,$\{Y\leqslant y\}$ 总是相互独立的,则称这个二维随机变量是相互独立的,即有如下定义.

定义 3-11 若二维随机变量 (X,Y) 的分布函数为 $F(x,y)$,X 和 Y 的边缘分布分别为

$F_X(x)$ 和 $F_Y(y)$. 若对任意的实数 x,y 有 $F(x,y)=F_X(x)F_Y(y)$,则称随机变量 X 与 Y **相互独立**.

由分布函数的定义,$F(x,y)=F_X(x)F_Y(y)$ 等价于
$$P\{X\leqslant x,Y\leqslant y\}=P\{X\leqslant x\}\cdot P\{Y\leqslant y\},$$
也就是说随机变量 X,Y 相互独立是指随机事件 $\{X\leqslant x\}$ 和 $\{Y\leqslant y\}$ 相互独立,此时由边缘分布可以唯一地确定联合分布.

定理 3-6 (1)对于二维离散型随机变量 (X,Y),X 与 Y 相互独立的充要条件为:对于一切 (x_i,y_j) $(i,j=1,2,\cdots)$,有
$$P\{X=x_i,Y=y_j\}=P\{X=x_i\}P\{Y=y_j\}.$$

(2) 设 $p(x,y)$ 及 $p_X(x),p_Y(y)$ 分别为 (X,Y) 的联合概率密度及边缘概率密度.则 X 与 Y 相互独立的充要条件为:对任意实数 x,y 有 $p(x,y)=p_X(x)\cdot p_Y(y)$.

更一般的结论:X 与 Y 相互独立的充分必要条件是对任意的 x,y,有
$$p(x,y)=g_X(x)\cdot h_Y(y),$$
即 (X,Y) 的联合密度函数 $p(x,y)$ 等于关于 x 的函数与关于 y 的函数的乘积.

利用条件密度的计算公式 $p(x|y)=\dfrac{p(x,y)}{p_Y(y)}$ 和 $p(y|x)=\dfrac{p(x,y)}{p_X(x)}$,易知当二维连续型随机变量 (X,Y) 相互独立时,条件分布等于其无条件分布.这正是我们所期待的结果,它指明了随机变量相互独立的直观意义.

例 3-6 袋中有 2 个黑球、3 个白球,从袋中随机取两次,每次取一个球,取后不放回.令
$$X=\begin{cases}1,&第一次取到黑球\\0,&第一次取到白球\end{cases},\quad Y=\begin{cases}1,&第二次取到黑球\\0,&第二次取到白球\end{cases},$$
证明:X 与 Y 不相互独立.

证明 易得 X 与 Y 的联合分布律与边缘分布律如下所示.

X＼Y	0	1	$P\{X=i\}$
0	6/20	6/20	12/20
1	6/20	2/20	8/20
$P\{Y=j\}$	12/20	8/20	

由于 $P\{X=0,Y=0\}\neq P\{X=0\}P\{Y=0\}$,因此 X 与 Y 不相互独立.

例 3-7 设两个独立的随机变量 X 和 Y 的分布律如下.

X	1	3
P_X	0.3	0.7

Y	2	4
P_Y	0.6	0.4

求随机变量 (X,Y) 的分布律.

解 因为 X 与 Y 相互独立,所以
$$P\{X=x_i,Y=y_j\}=P\{X=x_i\}P\{Y=y_j\},$$
$$P\{X=1,Y=2\}=P\{X=1\}P\{Y=2\}=0.3\times0.6=0.18,$$
$$P\{X=1,Y=4\}=P\{X=1\}P\{Y=4\}=0.3\times0.4=0.12,$$

$$P\{X=3,Y=2\}=P\{X=3\}P\{Y=2\}=0.7\times0.6=0.42,$$

$$P\{X=3,Y=4\}=P\{X=3\}P\{Y=4\}=0.7\times0.4=0.28.$$

因此,随机变量(X,Y)的分布律为

X \ Y	2	4	$P\{X=i\}$
1	0.18	0.12	0.3
3	0.42	0.28	0.7
$P\{Y=j\}$	0.6	0.4	

例3-8 设随机变量(X,Y)的概率密度$p(x,y)$如下,问X与Y是否相互独立?

$$p(x,y)=\begin{cases}x\mathrm{e}^{-y}, & 0<x<y<+\infty \\ 0, & 其他\end{cases}.$$

解 $p_X(x)=\displaystyle\int_{-\infty}^{+\infty}p(x,y)\mathrm{d}y=\begin{cases}\displaystyle\int_x^{+\infty}x\mathrm{e}^{-y}\mathrm{d}y, & x>0 \\ 0, & x\leqslant0\end{cases}=\begin{cases}x\mathrm{e}^{-x}, & x>0 \\ 0, & x\leqslant0\end{cases}.$

$p_Y(y)=\displaystyle\int_{-\infty}^{+\infty}p(x,y)\mathrm{d}x=\begin{cases}\displaystyle\int_0^y x\mathrm{e}^{-y}\mathrm{d}x, & y>0 \\ 0, & y\leqslant0\end{cases}=\begin{cases}\dfrac{1}{2}y^2\mathrm{e}^{-y}, & y>0 \\ 0, & y\leqslant0\end{cases}.$

由于在$0<x<y<+\infty$上,$p(x,y)\neq p_X(x)\cdot p_Y(y)$,故$X$与$Y$不相互独立.

例3-9 设随机变量X与Y相互独立,如下列出了二维随机变量(X,Y)联合概率分布及关于X和关于Y的边缘概率分布中的部分数值,试求出空白处的数值.

X \ Y	y_1	y_2	y_3	$P\{X=x_i\}=p_{i\cdot}$
x_1		$\dfrac{1}{8}$		
x_2	$\dfrac{1}{8}$			
$P\{y=y_j\}=p_{\cdot j}$	$\dfrac{1}{6}$			1

解 由$P\{Y=y_1\}=P\{X=x_1,Y=y_1\}+P\{X=x_2,Y=y_1\}$,得

$$P\{X=x_1,Y=y_1\}=\frac{1}{6}-\frac{1}{8}=\frac{1}{24},$$

由X与Y相互独立,有$P\{X=x_1,Y=y_1\}=P\{X=x_1\}P\{Y=y_1\}$,得

$$P\{X=x_1\}=\frac{P\{X=x_1,Y=y_1\}}{P\{Y=y_1\}}=\frac{1}{4}, \quad P\{Y=y_2\}=\frac{P\{X=x_1,Y=y_2\}}{P\{X=x_1\}}=\frac{1}{2},$$

所以

$$P\{X=x_2\}=1-P\{X=x_1\}=\frac{3}{4},$$

$$P\{Y=y_3\}=1-P\{Y=y_1\}-P\{Y=y_2\}=1-\frac{1}{6}-\frac{1}{2}=\frac{1}{3},$$

$$P\{X=x_2,Y=y_2\}=P\{X=x_2\}P\{Y=y_2\}=\frac{3}{4}\times\frac{1}{2}=\frac{3}{8},$$

$$P\{X=x_1,Y=y_3\}=P\{X=x_1\}P\{Y=y_3\}=\frac{1}{4}\times\frac{1}{3}=\frac{1}{12},$$

$$P\{X=x_2,Y=y_3\}=P\{X=x_2\}P\{Y=y_3\}=\frac{3}{4}\times\frac{1}{3}=\frac{1}{4}.$$

因此,(X,Y)联合分布律如下所示.

X＼Y	y_1	y_2	y_3	$P\{X=x_i\}=p_{i\cdot}$
x_1	1/24	1/8	1/12	1/4
x_2	1/8	3/8	1/4	3/4
$P\{y=y_j\}=p_{\cdot j}$	1/6	1/2	1/3	

最后需要指出的是,在实际问题中随机变量的独立性往往不是从其数学定义验证出来的,而是从随机变量产生的实际背景来判断它们的独立性,也就是说由随机试验的独立性来判断随机变量的相互独立性.

§3.5 二维随机变量函数的分布

二维随机变量(X,Y)构成的函数$Z=g(X,Y)$是一个随机变量.在已知(X,Y)的分布的情况下,解决$Z=g(X,Y)$的分布问题在概率论的理论和应用中都非常重要.

§3.5.1 二维离散型随机变量函数的分布

设二维离散型随机变量(X,Y)的联合分布律为
$$P\{X_i=x_i,Y_j=y_j\}=p_{ij} \quad (i,j=1,2,\cdots),$$
则$Z=g(X,Y)$也是离散型随机变量,且Z的概率分布为
$$P\{Z=z_k\}=P\{g(X,Y)=z_k\}=\sum_{g(x_i,y_j)=z_k}p_{ij} \quad (k=1,2,\cdots).$$

其中$\sum\limits_{g(x_i,y_j)=z_k}p_{ij}$是指对满足$g(x_i,y_j)=z_k$的那些$(x_i,y_j)$所对应的概率来求和.

例 3-10 设二维离散型随机变量(X,Y)的分布律为

X＼Y	-1	0	1
0	1/12	1/6	1/6
1	1/12	1/12	0
2	1/6	1/12	1/6

试求 $Z_1=X+Y,Z_2=X-Y,Z_3=XY,Z_4=\max\{X,Y\},Z_5=\min\{X,Y\}$的分布律.

解 将(X,Y)的分布律表现形式改为如下.

(X,Y)	$(0,-1)$	$(0,0)$	$(0,1)$	$(1,-1)$	$(1,0)$	$(1,1)$	$(2,-1)$	$(2,0)$	$(2,1)$
P	$\frac{1}{12}$	$\frac{1}{6}$	$\frac{1}{6}$	$\frac{1}{12}$	$\frac{1}{12}$	0	$\frac{1}{6}$	$\frac{1}{12}$	$\frac{1}{6}$

根据所求问题列表.

P	$\frac{1}{12}$	$\frac{1}{6}$	$\frac{1}{6}$	$\frac{1}{12}$	$\frac{1}{12}$	0	$\frac{1}{6}$	$\frac{1}{12}$	$\frac{1}{6}$
(X,Y)	$(0,-1)$	$(0,0)$	$(0,1)$	$(1,-1)$	$(1,0)$	$(1,1)$	$(2,-1)$	$(2,0)$	$(2,1)$
Z_1	-1	0	1	0	1	2	1	2	3
Z_2	1	0	-1	2	1	0	3	2	1
Z_3	0	0	0	-1	0	1	-2	0	2
Z_4	0	0	1	1	1	1	2	2	2
Z_5	-1	0	0	-1	0	1	-1	0	1

因此,得到 $Z_1 = X+Y$ 的分布律如下.

Z_1	-1	0	1	2	3
P	$1/12$	$3/12$	$5/12$	$1/12$	$2/12$

$Z_2 = X-Y$ 的分布律如下.

Z_2	-1	0	1	2	3
P	$2/12$	$2/12$	$4/12$	$2/12$	$2/12$

$Z_3 = XY$ 的分布律如下.

Z_3	-2	-1	0	1	2
P	$2/12$	$1/12$	$7/12$	0	$2/12$

$Z_4 = \max\{X,Y\}$ 的分布律如下.

Z_4	0	1	2
P	$3/12$	$4/12$	$5/12$

$Z_5 = \min\{X,Y\}$ 的分布律如下.

Z_5	-1	0	1
P	$4/12$	$6/12$	$2/12$

例 3-11　若 X 和 Y 相互独立,$P\{X=k\}=a_k$,$P\{Y=k\}=b_k$　$(k=0,1,2,\cdots)$,求 $Z=X+Y$ 的概率分布.

解　因为 $\{Z=m\}=\{X+Y=m\}=\bigcup\limits_{i=0}^{m}\{X=i,Y=k-i\}$,于是 $Z=X+Y$ 的概率分布为

$$P\{Z=m\} = P\{X+Y=m\} = P\Big(\bigcup\limits_{i=0}^{m}\{X=i,Y=k-i\}\Big) = \sum\limits_{i=0}^{m}P\{X=i,Y=k-i\}$$

$$= \sum\limits_{i=0}^{m}P\{X=i\}P\{Y=m-i\} = \sum\limits_{i=0}^{m}a_i b_{m-i}$$

$$= a_0 b_m + a_1 b_{m-1} + \cdots + a_m b_0 \quad (m=0,1,2,\cdots).$$

§3.5.2　连续型随机变量函数的分布

设二维连续型随机变量 (X,Y) 的联合密度函数为 $p(x,y)$,类似于求一维随机变量函数的分布,求 $Z=g(X,Y)$ 密度函数的一般方法为:

(1) 求 $Z=g(X,Y)$ 分布函数

$$F_Z(z) = P\{Z \leqslant z\} = P\{g(X,Y) \leqslant z\} = \iint\limits_{g(x,y)\leqslant z} p(x,y)\mathrm{d}x\mathrm{d}y;$$

(2) 根据 $p(z)=F_Z'(z)$，求出 Z 的密度函数.

例 3-12 设随机变量 X,Y 相互独立，其概率密度函数分别为

$$p_X(x)=\begin{cases}1, & 0\leqslant x\leqslant 1\\ 0, & \text{其他}\end{cases}, \quad p_Y(y)=\begin{cases}e^{-y}, & y>0\\ 0, & y\leqslant 0\end{cases}.$$

求随机变量 $Z=2X+Y$ 的概率密度函数.

解 由题设知 (X,Y) 的联合密度函数为

$$p(x,y)=\begin{cases}e^{-y}, & 0\leqslant x\leqslant 1, y>0\\ 0, & \text{其他}\end{cases},$$

先求随机变量 $Z=2X+Y$ 的分布函数：

(1) 当 $z<0$ 时，$F_Z(z)=P\{Z\leqslant z\}=\iint\limits_{2x+y\leqslant z}p(x,y)\mathrm{d}x\mathrm{d}y=0$；

(2) 当 $0\leqslant z<2$ 时，

$$F_Z(z)=P\{Z\leqslant z\}=P\{2X+Y\leqslant z\}=\int_0^{\frac{z}{2}}\mathrm{d}x\int_0^{z-2x}e^{-y}\mathrm{d}y=\int_0^{\frac{z}{2}}(1-e^{2x-z})\mathrm{d}x=\frac{1}{2}(z+e^{-z}-1);$$

(3) 当 $z\geqslant 2$ 时，

$$F_Z(z)=P\{Z\leqslant z\}=P\{2X+Y\leqslant z\}=\int_0^1\mathrm{d}x\int_0^{z-2x}e^{-y}\mathrm{d}y=1-\frac{1}{2}e^{-z}(e^2-1).$$

因此 $Z=2X+Y$ 的分布函数为

$$F_Z(z)=\begin{cases}0, & z<0\\ \dfrac{(z+e^{-z}-1)}{2}, & 0\leqslant z<2\\ 1-\dfrac{1}{2}e^{-z}(e^2-1), & z\geqslant 2\end{cases}.$$

由 $p(x)=F'(x)$，故 $Z=2X+Y$ 的概率密度为

$$p_Z(z)=\begin{cases}0, & z<0\\ \dfrac{(1-e^{-z})}{2}, & 0\leqslant z<2\\ \dfrac{e^{-z}(e^2-1)}{2}, & z\geqslant 2\end{cases}.$$

下面讨论几个特殊函数的概率分布的问题.

定理 3-7 （**和的密度**）设二维连续型随机变量 (X,Y) 的联合密度函数为 $p(x,y)$，则 $Z=X+Y$ 仍为连续型随机变量，概率密度为

$$p_Z(z)=\int_{-\infty}^{+\infty}p(x,z-x)\mathrm{d}x=\int_{-\infty}^{+\infty}p(z-y,y)\mathrm{d}y.$$

特别地，当 X,Y 相互独立时，有

$$p_Z(z)=\int_{-\infty}^{+\infty}p_X(z-y)p_Y(y)\mathrm{d}y, \quad p_Z(z)=\int_{-\infty}^{+\infty}p_X(x)p_Y(z-x)\mathrm{d}x,$$

这两个公式称为**卷积公式**，公式中的 p_Z 称为 p_X 和 p_Y 的卷积.

证明 设 $Z=X+Y$ 的分布函数为 $F_Z(z)$，记 $G=\{(x,y)\mid x+y\leqslant z\}$，于是有

$$F_Z(z)=P\{Z\leqslant z\}=P\{X+Y\leqslant z\}=P\{(X,Y)\in G\}=\iint\limits_G p(x,y)\mathrm{d}x\mathrm{d}y.$$

积分区域 $G:x+y\leqslant z$ 是直线 $x+y=z$ 的左下半平面，如图 3-3 所示，化为累次积分并用积分变量代换 $x=u-y$，得

$$F_Z(z) = \int_{-\infty}^{+\infty}\left[\int_{-\infty}^{z-y}p(x,y)\mathrm{d}x\right]\mathrm{d}y = \int_{-\infty}^{+\infty}\left[\int_{-\infty}^{z}p(u-y,y)\mathrm{d}u\right]\mathrm{d}y$$

$$= \int_{-\infty}^{z}\left[\int_{-\infty}^{+\infty}p(u-y,y)\mathrm{d}y\right]\mathrm{d}u.$$

求导得 Z 有密度函数

$$p_Z(z) = \int_{-\infty}^{+\infty}p(z-y,y)\mathrm{d}y.$$

由于 X,Y 的对称性,有

$$p_Z(z) = \int_{-\infty}^{+\infty}p(x,z-x)\mathrm{d}x.$$

类似地,可求两个随机变量差的密度,请同学们自行写出 $Z = X - Y$ 的概率密度.

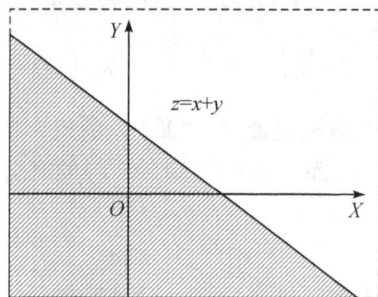

图 3-3　积分区域

定理 3-8　（商的密度）设二维连续型随机变量 (X,Y) 的联合概率密度为 $p(x,y)$,则 $Z = \dfrac{X}{Y}$ 仍为连续型随机变量,概率密度为

$$p_{\frac{X}{Y}}(z) = \int_{-\infty}^{+\infty}|y|p(zy,y)\mathrm{d}y.$$

证明　作变量代换 $x = uy$,则商 $Z = \dfrac{X}{Y}$ 的分布函数为

$$F_Z(z) = P\left\{\frac{X}{Y}\leqslant z\right\} = \iint\limits_{\frac{x}{y}\leqslant z}p(x,y)\mathrm{d}x\mathrm{d}y$$

$$= \iint\limits_{x\leqslant yz,y>0}p(x,y)\mathrm{d}x\mathrm{d}y + \iint\limits_{x\geqslant yz,y<0}p(x,y)\mathrm{d}x\mathrm{d}y$$

$$= \int_{0}^{+\infty}\mathrm{d}y\int_{-\infty}^{yz}p(x,y)\mathrm{d}x + \int_{-\infty}^{0}\mathrm{d}y\int_{yz}^{+\infty}p(x,y)\mathrm{d}x$$

$$= \int_{0}^{+\infty}\mathrm{d}y\int_{-\infty}^{z}y\cdot p(yu,y)\mathrm{d}u + \int_{-\infty}^{0}\mathrm{d}y\int_{z}^{-\infty}y\cdot p(yu,y)\mathrm{d}u$$

$$= \int_{-\infty}^{z}\left[\int_{-\infty}^{+\infty}|y|(yu,y)\mathrm{d}y\right]\mathrm{d}u.$$

利用积分上限函数求导公式,有 $p_Z(z) = \left[F_Z(z)\right]' = \int_{-\infty}^{+\infty}|y|(yz,y)\mathrm{d}y.$

类似地,同学们可自行写出 $Z = XY$ 的概率密度.

例 3-13　设 X 与 Y 相互独立,它们的概率密度分别为

$$p_X(x) = \begin{cases}\lambda\mathrm{e}^{-\lambda x}, & x\geqslant 0 \\ 0, & x<0\end{cases}, \quad p_Y(y) = \begin{cases}\lambda\mathrm{e}^{-\lambda y}, & y\geqslant 0 \\ 0, & y<0\end{cases},$$

求 $Z = \dfrac{X}{Y}$ 的概率密度.

解　由 X 与 Y 相互独立,知 (X,Y) 的概率密度为

$$p(x,y) = p_X(x)\cdot p_Y(y) = \begin{cases}\lambda^2\mathrm{e}^{-\lambda(x+y)}, & x\geqslant 0,y\geqslant 0 \\ 0, & \text{其他}\end{cases}.$$

由商的密度公式 $p_Z(z) = \int_{-\infty}^{+\infty}|y|p(yz,y)\mathrm{d}y$ 知,

(1) 当 $z\leqslant 0$ 时,$p_Z(z) = 0$;

(2) 当 $z>0$ 时,$p_Z(z) = \lambda^2\displaystyle\int_{0}^{+\infty}y\mathrm{e}^{-\lambda y(1+z)}\mathrm{d}y = \dfrac{1}{(1+z)^2}$.

于是 Z 的概率密度为 $p_Z(z) = \begin{cases} \dfrac{1}{(1+z)^2}, & z > 0 \\ 0, & z \leqslant 0 \end{cases}$.

定理 3 - 9 **（最值函数的分布）**设 X,Y 是相互独立的随机变量,分布函数分别为 $F_X(x)$,$F_Y(y)$,则 $U = \max\{X,Y\}$ 和 $V = \min\{X,Y\}$ 的分布函数分别为

$$F_U(z) = F_X(z)F_Y(z), \quad F_V(z) = 1 - [1 - F_X(z)][1 - F_Y(z)].$$

证明 $F_U(z) = P\{Z \leqslant z\} = P\{X \leqslant z, Y \leqslant z\} = P\{X \leqslant z\}P\{Y \leqslant z\} = F_X(z)F_Y(z)$.

$$F_V(z) = P\{Z \leqslant z\} = 1 - P\{Z > z\} = 1 - P\{X > z, Y > z\} = 1 - P\{X > z\}P\{Y > z\}$$
$$= 1 - [1 - P\{X \leqslant z\}][1 - P\{Y \leqslant z\}] = 1 - [1 - F_X(z)][1 - F_Y(z)].$$

一般地,若 $X_1, X_2, \cdots, X_n$ 为 n 个相互独立的随机变量,它们的分布函数分别为 $F_i(x)$ $(i = 1, 2, \cdots, n)$,则 $\max\{X_1, X_2, \cdots, X_n\}$ 和 $\min\{X_1, X_2, \cdots, X_n\}$ 的分布函数分别为

$$F_{\max}(z) = \prod_{i=1}^{n} F_i(z), \quad F_{\min}(z) = 1 - \prod_{i=1}^{n} [1 - F_i(z)].$$

若 n 个随机变量 $X_1, X_2, \cdots, X_n$ 相互独立且同分布,设分布函数为 $F(x)$,密度函数为 $p(x)$,则

$$F_{\max}(z) = [F(z)]^n, \quad F_{\min}(z) = 1 - [1 - F(z)]^n.$$

相应地,概率密度函数分别为

$$p_{\max}(z) = n[F(z)]^{n-1}p(z), \quad p_{\min}(z) = n[1 - F(z)]^{n-1}p(z).$$

例 3 - 14 设随机变量 $X_1, X_2, \cdots, X_5$ 相互独立且同分布,其概率密度为

$$p(x) = \frac{1}{\pi(1+x^2)} \quad (-\infty < x < +\infty),$$

试求 $U = \max\{X_1, X_2, \cdots, X_5\}$ 及 $V = \min\{X_1, X_2, \cdots, X_5\}$ 的分布函数与概率密度.

解 X_i $(i = 1, 2, \cdots, 5)$ 的分布函数为

$$F(x) = \int_{-\infty}^{x} \frac{1}{\pi(1+x^2)} dx = \frac{1}{2} + \frac{1}{\pi}\arctan x.$$

(1) $U = \max\{X_1, X_2, \cdots, X_5\}$ 的分布函数为

$$F_U(z) = P\{U \leqslant z\} = P\{\max_{1 \leqslant i \leqslant 5}\{X_i\} \leqslant z\} = P\{\bigcap_{1 \leqslant i \leqslant 5}(X_i \leqslant z)\} = [F(z)]^5$$
$$= \left(\frac{1}{2} + \frac{1}{\pi}\arctan z\right)^5 \quad (-\infty < z < +\infty).$$

故 U 的概率密度为

$$p_U(z) = \frac{5}{\pi(1+z^2)}\left(\frac{1}{2} + \frac{1}{\pi}\arctan z\right)^4 \quad (-\infty < z < +\infty).$$

(2) $V = \min\{X_1, X_2, \cdots, X_5\}$ 的分布函数为

$$F_V(z) = P\{N \leqslant z\} = P\{\min_{1 \leqslant i \leqslant 5}\{X_i\} \leqslant z\} = 1 - P\{\min_{1 \leqslant i \leqslant 5}\{X_i\} > z\}$$
$$= 1 - P\{\bigcap_{1 \leqslant i \leqslant 5}(X_i > z)\} = 1 - [1 - F(z)]^5 = 1 - \left(\frac{1}{2} - \frac{1}{\pi}\arctan z\right)^5.$$

故 V 的概率密度为

$$p_V(z) = \frac{5}{\pi(1+z^2)}\left(\frac{1}{2} - \frac{1}{\pi}\arctan z\right)^4.$$

§3.5.3　连续型随机向量的变换法

定理 3 - 10 设连续型二维随机变量 (X,Y) 具有密度函数 $p_{XY}(x,y)$,变换函数 $\begin{cases} u = g_1(x,y) \\ v = g_2(x,y) \end{cases}$ 有

连续偏导数,且存在唯一的反函数 $\begin{cases} x=x(u,v) \\ y=y(u,v) \end{cases}$,其雅可比行列式为

$$J(u,v)=\begin{vmatrix} \dfrac{\partial x}{\partial u} & \dfrac{\partial x}{\partial v} \\ \dfrac{\partial y}{\partial u} & \dfrac{\partial y}{\partial v} \end{vmatrix}\neq 0,$$

则连续型二维随机变量 (X,Y) 的函数 $\begin{cases} U=g_1(X,Y) \\ V=g_2(X,Y) \end{cases}$ 的联合密度函数为

$$p_{UV}(u,v)=p[x(u,v),y(u,v)]|J|.$$

例 3-15 设 (X,Y) 具有密度函数 $p_{XY}(x,y)$. 令

$$\begin{cases} U=X+Y \\ V=X-Y \end{cases},$$

试求 U 和 V 的联合密度函数.

解 令 $u=x+y$, $v=x-y$,则得

$$x=\frac{u+v}{2}, \quad y=\frac{u-v}{2},$$

$$J(u,v)=\begin{vmatrix} \dfrac{1}{2} & \dfrac{1}{2} \\ \dfrac{1}{2} & -\dfrac{1}{2} \end{vmatrix}=-\frac{1}{2}\neq 0,$$

故得所求联合密度函数为

$$p_{UV}(u,v)=\frac{1}{2}p\left(\frac{u+v}{2},\frac{u-v}{2}\right).$$

例 3-16 设 (X,Y) 具有密度函数 $p_{XY}(x,y)$,求 $Z=XY$ 的概率密度.

解 增设随机变量函数 $T=X$,令 $z=xy$, $t=x$,则可解得 $x=t,y=\dfrac{z}{t}$,雅可比行列式为

$$J(z,t)=\begin{vmatrix} 0 & 1 \\ \dfrac{1}{t} & -\dfrac{z}{t^2} \end{vmatrix}=-\frac{1}{t}\neq 0,$$

所以得 Z 和 T 的联合密度函数为 $\quad p_{ZT}\left(t,\dfrac{z}{t}\right)\dfrac{1}{|t|}.$

再求得 Z 的概率密度为 $\quad p_Z(z)=\displaystyle\int_{-\infty}^{\infty}p\left(t,\dfrac{z}{t}\right)\dfrac{1}{|t|}\mathrm{d}t.$

此即求两个随机变量乘积的密度函数公式.

§3.6 条件分布

§3.6.1 离散型随机变量的条件分布律

定义 3-12 设 (X,Y) 是二维离散型随机变量,对于固定的 i,若 $P\{X=x_i\}=p_{i.}>0$,则概率分布

$$P\{Y=y_j|X=x_i\}=\frac{P\{X=x_i,Y=y_j\}}{P\{X=x_i\}}=\frac{p_{ij}}{p_{i.}} \quad (j=1,2,\cdots),$$

称为在 $X = x_i$ 条件下 Y 的条件分布律.

对固定的 j, 若 $P\{Y = y_j\} > 0$, 则概率分布

$$P\{X = x_i \,|\, Y = y_j\} = \frac{P\{X = x_i, Y = y_j\}}{P\{Y = y_j\}} = \frac{p_{ij}}{p_{\cdot j}} \quad (i = 1, 2, \cdots),$$

称为在 $Y = y_j$ 条件下 X 的条件分布律.

显然有 $P\{Y = y_j \,|\, X = x_i\} \geqslant 0$, 且 $\sum\limits_{j=1}^{\infty} P\{Y = y_j \,|\, X = x_i\} = \sum\limits_{j=1}^{\infty} \dfrac{p_{ij}}{p_{i\cdot}} = \dfrac{p_{i\cdot}}{p_{i\cdot}} = 1.$

有了条件分布律, 我们可以给出离散型随机变量的条件分布函数.

定义 3 - 13 设 (X, Y) 是二维离散型随机变量, 对于固定的 i, 给定 $X = x_i$ 的条件下 Y 的条件分布函数为

$$F(y \,|\, x_i) = \sum_{y_j \leqslant y} P\{Y = y_j \,|\, X = x_i\}.$$

对于固定的 j, 给定 $Y = y_j$ 的条件下 X 的条件分布函数为

$$F(x \,|\, y_i) = \sum_{x_i \leqslant x} P\{X = x_i \,|\, Y = y_j\}.$$

例 3 - 17 设 (X, Y) 的联合分布律如下.

求: (1) 在 $X = 3$ 的条件下 Y 的条件分布律; (2) 在 $Y = 1$ 的条件下 X 的条件分布律.

X \ Y	1	2	3	4
1	$\frac{1}{4}$	0	0	0
2	$\frac{1}{8}$	$\frac{1}{8}$	0	0
3	$\frac{1}{12}$	$\frac{1}{12}$	$\frac{1}{12}$	0
4	$\frac{1}{16}$	$\frac{1}{16}$	$\frac{1}{16}$	$\frac{1}{16}$

解 (X, Y) 关于 X 和 Y 的边缘分布律如下所示.

X \ Y	1	2	3	4	$p_{i\cdot}$
1	$\frac{1}{4}$	0	0	0	$\frac{1}{4}$
2	$\frac{1}{8}$	$\frac{1}{8}$	0	0	$\frac{1}{4}$
3	$\frac{1}{12}$	$\frac{1}{12}$	$\frac{1}{12}$	0	$\frac{1}{4}$
4	$\frac{1}{16}$	$\frac{1}{16}$	$\frac{1}{16}$	$\frac{1}{16}$	$\frac{1}{4}$
$p_{\cdot j}$	$\frac{25}{48}$	$\frac{13}{48}$	$\frac{7}{48}$	$\frac{1}{16}$	1

计算得 $P\{Y = 1 \,|\, X = 3\} = \dfrac{P\{X = 3, Y = 1\}}{P\{X = 3\}} = \dfrac{p_{31}}{p_{3\cdot}} = \dfrac{\frac{1}{12}}{\frac{1}{4}} = \dfrac{1}{3}$, 其他类似计算可得. 故在 $X = 3$ 的

条件下 Y 的条件分布律如下.

Y	1	2	3	4
$P\{Y = y_j \,|\, X = 3\}$	$\frac{1}{3}$	$\frac{1}{3}$	$\frac{1}{3}$	0

同理在 $Y = 1$ 的条件下 X 的条件分布律如下.

X	1	2	3	4
$P\{X=x_i\mid Y=1\}$	$\frac{12}{25}$	$\frac{6}{25}$	$\frac{4}{25}$	$\frac{3}{25}$

例 3-18 有 12 件产品,其中有 6 件为一等品,2 件为二等品,4 件为三等品.从中不放回地取 3 件,设其中一等品数为 X,二等品数为 Y.试求 $Y=1$ 条件下 X 的条件分布律.

解法 1 利用古典概率公式,(X,Y) 的概率分布为

$$P\{X=i,Y=j\}=\frac{C_6^i C_2^j C_4^{3-(i+j)}}{C_{12}^3},$$

其中 i 在 0,1,2,3 中取值,j 在 0,1,2 中取值,且满足 $0\leqslant i+j\leqslant 3$,又

$$p_{\cdot 1}=P\{Y=1\}=\frac{C_2^1 C_{10}^2}{C_{12}^3}=\frac{9}{22}\quad(i=0,1,2,3).$$

于是可得 $Y=1$ 条件下 X 的条件分布律

$$P\{X=0\mid Y=1\}=\frac{P\{X=0,Y=1\}}{p_{\cdot 1}}=\frac{\frac{C_6^0 C_2^1 C_4^{3-1}}{C_{12}^3}}{\frac{C_2^1 C_{10}^2}{C_{12}^3}}=\frac{2}{15},$$

$$P\{X=1\mid Y=1\}=\frac{P\{X=1,Y=1\}}{p_{\cdot 1}}=\frac{C_6^1 C_2^1 C_4^1}{C_2^1 C_{10}^2}=\frac{8}{15},$$

$$P\{X=2\mid Y=1\}=\frac{P\{X=2,Y=1\}}{p_{\cdot 1}}=\frac{C_6^2 C_2^1 C_4^0}{C_2^1 C_{10}^2}=\frac{1}{3},$$

$$P\{X=3\mid Y=1\}=\frac{P\{X=3,Y=1\}}{p_{\cdot 1}}=\frac{0}{9/22}=0.$$

解法 2 从问题的实际含义来考虑,求在 $Y=1$ 的条件下 X 的条件分布律,相当于从 12 件产品中除掉全部二等品,在剩下的 10 件产品中任取 2 件,求其中含有一等品件数的分布律,这时可直接求出

$$P\{X=0\mid Y=1\}=\frac{C_4^2}{C_{10}^2}=\frac{2}{15},\quad P\{X=1\mid Y=1\}=\frac{C_6^1 C_4^1}{C_{10}^2}=\frac{8}{15},$$

$$P\{X=2\mid Y=1\}=\frac{C_6^2}{C_{10}^2}=\frac{1}{3},\quad P\{X=3\mid Y=1\}=P\{\varnothing\}=0.$$

§3.6.2 连续型随机变量的条件概率密度

因为连续型随机变量取某具体数值的概率为零,即 $P\{X=x\}=0$,$\forall x\in\mathbf{R}$,所以无法像离散型随机变量那样用条件概率直接计算 $P\{Y\leqslant y\mid X=x\}$.我们通常采用极限形式来处理.

$$P\{Y\leqslant y\mid X=x\}=\lim_{\varepsilon\to 0^+}P\{Y\leqslant y\mid x\leqslant X<x+\varepsilon\}$$

$$=\lim_{\varepsilon\to 0^+}\frac{P\{x\leqslant X<x+\varepsilon,Y\leqslant y\}}{P\{x\leqslant X<x+\varepsilon\}}=\lim_{\varepsilon\to 0^+}\frac{F(x+\varepsilon,y)-F(x,y)}{F_X(x+\varepsilon)-F_Y(x)}.$$

定义 3-14 设 (X,Y) 是二维连续型随机变量,给定 x,若 $\forall\varepsilon>0$,恒有 $P\{x\leqslant X<x+\varepsilon\}>0$,且对任意实数 y,若极限 $\lim_{\varepsilon\to 0}P\{Y\leqslant y\mid x\leqslant X<x+\varepsilon\}$ 存在,则称此极限为在 $X=x$ 条件下,随机变量 Y 的**条件分布函数**,记作 $F_{Y\mid X}(y\mid x)$ 或简记作 $F(y\mid x)$.相应的密度函数 $p_{Y\mid X}(y\mid x)$,称为在条件 $X=x$ 下随机变量 Y 的**条件概率密度函数**,简记作 $p(y\mid x)$.类似地,可定义在 $Y=y$ 条件下,随机变量 Y 的条件分布函数 $F_{X\mid Y}(x\mid y)$ 和**条件概率密度函数** $p_{X\mid Y}(x\mid y)$.

定理 3-11 设二维连续型随机变量 (X,Y) 的概率密度 $p(x,y)$ 连续,边缘概率密度分别

为 $p_X(x), p_Y(y)$.

（1）对一切使 $p_Y(y)>0$ 连续成立的 y，在 $Y=y$ 条件下，X 的条件分布函数和条件概率密度分别为

$$F_{X|Y}(x|y) = \int_{-\infty}^{x} \frac{p(u,y)}{p_Y(y)} du \text{ 和 } p_{X|Y}(x|y) = \frac{p(x,y)}{p_Y(y)}.$$

（2）对一切使 $p_X(x)>0$ 成立的 x，在 $X=x$ 条件下，Y 的条件分布函数和条件概率密度分别为

$$F_{Y|X}(y|x) = \int_{-\infty}^{y} \frac{p(x,v)}{p_X(x)} dv \text{ 和 } p_{Y|X}(y|x) = \frac{p(x,y)}{p_X(x)}.$$

证明 只证（1），类似可证（2）.

$$F_{X|Y}(x|y) = \lim_{\varepsilon \to 0} \frac{P\{X \leqslant x, y \leqslant Y < y+\varepsilon\}}{P\{y \leqslant Y < y+\varepsilon\}} = \lim_{\varepsilon \to 0} \frac{\int_{-\infty}^{x} \int_{y}^{y+\varepsilon} p(u,v) dv du}{\int_{y}^{y+\varepsilon} p_Y(v) dv}.$$

由积分中值定理有 $\int_{y}^{y+\varepsilon} p(u,v) dv = p(u,v_1) \cdot \varepsilon$, $\int_{y}^{y+\varepsilon} p_Y(v) dv = p_Y(v_2) \cdot \varepsilon$,

其中 $y \leqslant v_1 < y+\varepsilon, y \leqslant v_2 < y+\varepsilon$，并且有 $\lim\limits_{\varepsilon \to 0} p(u,v_1) = p(u,y)$ 和 $\lim\limits_{\varepsilon \to 0} p_Y(v_2) = p_Y(y)$. 故

$$F_{X|Y}(x|y) = \lim_{\varepsilon \to 0} \frac{\int_{-\infty}^{x} p(u,v_1) du}{p_Y(v_2)} = \int_{-\infty}^{x} \frac{p(u,y)}{p_Y(y)} du.$$

上式表明，二维连续型随机变量的条件分布仍是连续型分布，且在 $Y=y$ 条件下，随机变量 X 的条件概率密度为 $p_{X|Y}(x|y) = \frac{p(x,y)}{p_Y(y)}$.

例 3-19 设随机变量的概率密度为 $p(x,y)$,

$$p(x,y) = \begin{cases} 1, & |y| < x, 0 < x < 1 \\ 0, & \text{其他} \end{cases}.$$

求条件概率密度 $p(y|x), p(x|y)$.

解 （1）当 $0 < x < 1$ 时，$p_X(x) = \int_{-\infty}^{\infty} p(x,y) dy = \int_{-\infty}^{-x} 0 dy + \int_{-x}^{x} 1 dy + \int_{x}^{\infty} 0 dy = 2x$,

所以，$$p_X(x) = \begin{cases} 2x, & 0 < x < 1 \\ 0, & \text{其他} \end{cases}.$$

（2）又因为 $p_Y(y) = \int_{-\infty}^{\infty} p(x,y) dx$,

当 $0 < y < 1$ 时，$p_Y(y) = \int_{y}^{1} 1 dx = 1 - y$;

当 $-1 < y \leqslant 0$ 时，$p_Y(y) = \int_{-y}^{1} 1 dx = 1 + y$.

所以，$$p_Y(y) = \begin{cases} 1 - |y|, & |y| < 1 \\ 0, & \text{其他} \end{cases}.$$

（3）于是，当 $0 < x < 1$ 时，$p(y|x) = \frac{p(x,y)}{p_X(x)} = \begin{cases} \dfrac{1}{2x}, & |y| < x \\ 0, & \text{其他} \end{cases}.$

当 $|y| < 1$ 时，$p(x|y) = \frac{p(x,y)}{p_Y(y)} = \begin{cases} \dfrac{1}{1-|y|}, & |y| < x < 1 \\ 0, & \text{其他} \end{cases}.$

例 3-20 设二维随机变量(X,Y)的联合密度为$p(x,y)$,如下,求$P\left\{Y\leqslant\dfrac{1}{8}\Big|X=\dfrac{1}{4}\right\}$.

$$p(x,y)=\begin{cases}3x, & 0\leqslant x\leqslant 1,0\leqslant y\leqslant x\\ 0, & \text{其他}\end{cases}.$$

解 当$0\leqslant x<1$时,$p_X(x)=\displaystyle\int_{-\infty}^{+\infty}p(x,y)\mathrm{d}y=\int_0^x3x\mathrm{d}y=3x^2$.

当$x<0$或$x\geqslant 1$时,因为$p(x,y)=0$,所以$p_X(x)=0$. 即

$$p_X(x)=\begin{cases}3x^2, & 0\leqslant x\leqslant 1\\ 0, & \text{其他}\end{cases},$$

从而有

$$p(y\,|\,x)=\frac{p(x,y)}{p_X(x)}=\begin{cases}\dfrac{1}{x}, & 0\leqslant y\leqslant x\leqslant 1\\ 0, & \text{其他}\end{cases},$$

于是有

$$p\left(y\,\Big|\,x=\frac{1}{4}\right)=\begin{cases}4, & 0\leqslant y<\dfrac{1}{4}\\ 0, & \text{其他}\end{cases},$$

所以

$$P\left\{Y\leqslant\frac{1}{8}\,\Big|\,X=\frac{1}{4}\right\}=\int_{-\infty}^{\frac{1}{8}}p\left(y\,\Big|\,x=\frac{1}{4}\right)\mathrm{d}y=\int_0^{\frac{1}{8}}4\mathrm{d}y=\frac{1}{2}.$$

§3.6.3 连续型的全概率公式和贝叶斯公式

连续型随机变量(X,Y)的联合密度函数记为$p(x,y)$,关于X和Y的边缘密度函数分别记为$p_X(x)$和$p_Y(y)$,在$Y=y$条件下X的条件密度函数记为$p(x\,|\,y)$,在$X=x$条件下Y的条件密度函数记为$p(y\,|\,x)$.

(1) 若已知$p_X(x)$和$p(y\,|\,x)$,则由$p(y\,|\,x)=\dfrac{p(x,y)}{p_X(x)}$得$p(x,y)=p_X(x)p(y\,|\,x)$,对其两边求积分得到关于$Y$的边缘密度函数$p_Y(y)$,即连续型随机变量的全概率公式的密度函数形式为

$$p_Y(y)=\int_{-\infty}^{+\infty}p_X(x)p(y\,|\,x)\mathrm{d}x.$$

将上式代入$p(x\,|\,y)=\dfrac{p(x,y)}{p_Y(y)}$,则得到在$Y=y$条件下$X$的条件密度函数$p(x\,|\,y)$,即连续型随机变量的贝叶斯公式的密度函数形式为

$$p(x\,|\,y)=\frac{p_X(x)p(y\,|\,x)}{\displaystyle\int_{-\infty}^{+\infty}p_X(x)p(y\,|\,x)\mathrm{d}x}.$$

(2) 若已知$p_Y(y)$和$p(x\,|\,y)$,类似地可得

$$p_X(x)=\int_{-\infty}^{+\infty}p_Y(y)p(x\,|\,y)\mathrm{d}y,\quad p(y\,|\,x)=\frac{p_Y(y)p(x\,|\,y)}{\displaystyle\int_{-\infty}^{+\infty}p_Y(y)p(x\,|\,y)\mathrm{d}y}.$$

例 3-21 已知随机变量Y的密度函数为$p_Y(y)=\begin{cases}5y^4, & 0<y<1\\ 0, & \text{其他}\end{cases}$,在给定$Y=y$条件下,$X$的条件密度函数为$p(x\,|\,y)=\begin{cases}\dfrac{3x^2}{y^3}, & 0<x<y<1\\ 0, & \text{其他}\end{cases}$,试求概率$P\{X>0.5\}$和$P\{Y>0.8\,|\,X=0.5\}$.

解 可求得(X,Y)的联合密度函数为

$$p(x,y) = p_Y(y)p(x|y) = \begin{cases} 15x^2 y, & 0 < x < y < 1, \\ 0, & \text{其他} \end{cases},$$

所以

$$p_X(x) = \int_{-\infty}^{\infty} p(x,y)\mathrm{d}y = \begin{cases} \int_x^1 15x^2 y\mathrm{d}y, & 0 < x < 1 \\ 0, & \text{其他} \end{cases} = \begin{cases} \dfrac{15x^2(1-x^2)}{2}, & 0 < x < 1 \\ 0, & \text{其他} \end{cases}.$$

$$P\{X > 0.5\} = \int_{0.5}^1 \frac{15x^2(1-x^2)}{2}\mathrm{d}x = \frac{47}{64}.$$

$$p_{Y|X}(y|x=0.5) = \frac{p(0.5,y)}{p_X(0.5)} = \begin{cases} \dfrac{15 \times 0.5^2 y}{15 \times \dfrac{0.5^2 \times (1-0.5^2)}{2}}, & 0 < y < 1 \\ 0, & \text{其他} \end{cases}$$

$$= \begin{cases} \dfrac{8y}{3}, & 0 < y < 1 \\ 0, & \text{其他} \end{cases}.$$

$$P\{Y > 0.8 \mid X = 0.5\} = \int_{0.8}^1 \frac{8y}{3}\mathrm{d}y = \frac{12}{25}.$$

习题三

1. 盒子里装有 3 只黑球、2 只红球、2 只白球,在其中任取 4 只球,以 X 表示取到黑球的只数,以 Y 表示取到白球的只数,求 X,Y 的联合分布律.

2. 将一枚硬币连掷 3 次,以 X 表示 3 次中出现正面的次数,以 Y 表示 3 次中出现正面的次数与出现反面的次数之差的绝对值. 试求:

(1) (X,Y) 的联合分布律; （2）关于 X 和关于 Y 的边缘分布律.

3. 现有 10 件产品,其中 6 件正品、4 件次品. 从中随机抽取 2 次,每次抽取 1 件,定义两个随机变量 X,Y 如下:

$$X=\begin{cases} 1, & \text{第 1 次抽到正品} \\ 0, & \text{第 1 次抽到次品} \end{cases}; \quad Y=\begin{cases} 1, & \text{第 2 次抽到正品} \\ 0, & \text{第 2 次抽到次品} \end{cases}.$$

试就下列两种情况求 (X,Y) 的联合概率分布和边缘概率分布:

(1)第 1 次抽取后放回;(2)第 1 次抽取后不放回.

4. 设二维随机变量 (X,Y) 的联合分布函数为

$$F(x,y)=A\left(B+\arctan \frac{x}{3}\right)\left(C+\arctan \frac{y}{4}\right),$$

其中 A,B,C 为常数,$-\infty<x<+\infty,-\infty<y<+\infty$,试确定 A,B,C 的值,并求 (X,Y) 的联合概率密度 $p(x,y)$ 和 $P\{3\leqslant X<+\infty,0<Y<4\}$.

5. 设随机变量 (X,Y) 的联合概率密度为

$$p(x,y)=\begin{cases} Ce^{-(2x+4y)}, & x>0,y>0 \\ 0, & \text{其他} \end{cases}$$

试确定常数 C,并求 $P\{X>2\},P\{X>Y\},P\{X+Y<1\}$.

6. 设二维随机变量 (X,Y) 的联合概率密度为

$$p(x,y)=\begin{cases} 4xy, & 0\leqslant x\leqslant 1,0\leqslant y\leqslant 1 \\ 0, & \text{其他} \end{cases},$$

求(X,Y)的联合分布函数.

7. 设二维随机变量(X,Y)的联合概率密度为

$$p(x,y)=\begin{cases} Ae^{-(x+2y)}, & x>0,y>0 \\ 0, & 其他 \end{cases},$$

试求:(1) 常数A; (2)(X,Y)关于X,Y的边缘概率密度;

(3)$P\{0<X\leqslant2,0<Y\leqslant3\}$; (4)$P\{X+2Y\leqslant1\}$.

8. 二维随机变量(X,Y)的联合密度为$p(x,y)=\begin{cases} 8xy^2, & 0<x<\sqrt{y}<1 \\ 0, & 其他 \end{cases}$,求条件概率密度

$p(x|y)$及$p(y|x)$.

9. 设X,Y是两个随机变量,它们的联合概率密度为

$$p(x,y)=\begin{cases} \dfrac{x^3}{2}e^{-x(1+y)}, & x>0,y>0 \\ 0, & 其他 \end{cases}.$$

(1) 求条件概率密度$p(y|x)$,写出当$x=0.5$时的条件概率密度;

(2) 求条件概率$P\{Y\geqslant1|X=0.5\}$.

10. 设(X,Y)是二维随机变量,X的概率密度为

$$p_X(x)=\begin{cases} \dfrac{2+x}{6}, & 0<x<2 \\ 0, & 其他 \end{cases},$$

且当$X=x$ $(0<x<2)$时Y的条件概率密度为

$$p(y|x)=\begin{cases} \dfrac{1+xy}{1+\dfrac{x}{2}}, & 0<y<1 \\ 0, & 其他 \end{cases}.$$

求:(1)(X,Y)联合概率密度;(2)(X,Y)关于Y的边缘概率密度;

(3) 在$Y=y$的条件下X的条件概率密度$p(x|y)$.

11. 设A,B是两个随机事件,$P(A)>0,P(B)>0$,令

$$X=\begin{cases} 1, & A发生 \\ 0, & \overline{A}发生 \end{cases}, \quad Y=\begin{cases} 1, & B发生 \\ 0, & \overline{B}发生 \end{cases}.$$

证明:X与Y相互独立的充要条件是事件A与B相互独立.

12. 设(X,Y)的联合分布律为如下所示.问α与β取什么值时,X与Y相互独立?

X \ Y	1	2	3
1	1/6	1/9	1/18
2	1/3	α	β

13. 设二维随机变量(X,Y)的概率密度函数为

$$p(x,y)=\begin{cases} Ay(2-x), & 0<x<1,0<y<x \\ 0, & 其他 \end{cases}.$$

(1) 确定常数A;(2) 求边缘概率密度函数$p_X(x),p_Y(y)$,并判断X与Y是否相互独立.

14. 随机变量X和Y的概率密度分别为

$$p_X(x)=\begin{cases} \lambda e^{-\lambda x}, & x>0 \\ 0, & 其他 \end{cases}, \quad p_Y(y)=\begin{cases} \lambda^2 ye^{-\lambda y}, & y>0 \\ 0, & 其他 \end{cases}, \lambda>0.$$

若 X,Y 相互独立,求 $Z=X+Y$ 的概率密度.

15. 设随机变量 X 与 Y 相互独立,服从相同的拉普拉斯分布,其概率密度为

$$p(x)=\frac{1}{2a}\cdot e^{-|x|/a} \quad (\text{其中 } a>0),$$

求 $Z=X+Y$ 的概率密度.

16. 设随机变量 X 与 Y 相互独立,它们的联合概率密度为

$$p(x,y)=\begin{cases} \dfrac{3}{2}e^{-3x}, & x>0,0\leqslant y\leqslant 2 \\ 0, & \text{其他} \end{cases}.$$

(1) 求边缘概率密度 $p_X(x),p_Y(y)$;(2) 求 $Z=\max\{X,Y\}$ 的分布函数;

(3) 求概率 $P\{\frac{1}{2}<Z\leqslant 1\}$.

第四章　随机变量的数字特征

　　每个随机变量都有一个概率分布,不同随机变量的概率分布可能相同,也可能不同.概率分布是对随机变量统计特性的完整描述,由概率分布可得出具体随机事件的概率或随机变量落入某个区间的概率.但在许多实际问题中,人们并不需要知道关于随机变量完整的分布情况,而只需要知道随机变量某一个侧面直观的统计特征.比如,在考察某批棉花的纤维长度时,人们关心的是棉花纤维的平均长度,及该平均长度作为这批棉花纤维长度的代表性,即棉花纤维的长度与平均长度的偏离程度.在评价棉花质量时,这个偏离程度越大,则认为棉花纤维长度不一致,则棉花的质量不好;当然棉花纤维的平均长度越大,且偏离程度又小,其质量就越好.在选育棉花优质品种时,偏离程度越大,选优的潜力越大,这正是人们所期望的.

　　可见,与随机变量的概率分布有关的某些数字特征,虽然不能完整地描述随机变量的概率分布,但可以概括描述随机变量某些方面的特征,这些数字特征具有重要的理论和实际意义.

§4.1　随机变量的数学期望

§4.1.1　离散型随机变量的数学期望

　　在现实问题中,人们常常很关注随机变量的平均取值.例如,某班级有 50 名同学,现要考察他们的平均年龄,如果这 50 人中,17 岁和 18 岁的各有 20 人,19 岁的有 10 人,则他们的平均年龄为

$$(17\times20+18\times20+19\times10)\times\frac{1}{50}=17\times\frac{20}{50}+18\times\frac{20}{50}+19\times\frac{10}{50}=17.8.$$

　　由上式知,平均年龄是以取这些年龄的频率为权重的加权平均.

　　平均值就是数学期望形象的别称.在概率论中,数学期望源于历史上一个著名的分赌本问题,下面我们介绍一下分赌本问题的案例.

　　引　例　　(**分赌本问题**)1654 年,法国有个职业赌徒向数学家帕斯卡提出了一个令他苦恼长久的问题:甲、乙两人各出赌注 50 法郎进行赌博,约定谁先赢 3 局,就赢得全部的 100 法郎.假定两人赌技相当,且每局均不会出现平局.如果当甲赢了两局、乙赢了一局时,因故要终止赌博,问这 100 法郎该如何分才公平?

　　这个问题引起了很多人的兴趣.大家都意识到平均分对甲不公平,全部归甲则对乙又不公平;合理的分法是,按一定比例,甲多分点,乙少分点.因此,问题的关键在于:按怎样的比例来分.以下有两种分法.

　　(1)甲得 100 法郎中的 $\frac{2}{3}$,乙得剩下的 $\frac{1}{3}$.这是基于已赌局数:甲赢了两局,乙赢了一局.

　　(2)帕斯卡提出如下分法:设想再赌下去,则甲最终所得 X 为一随机变量,其可能取值为两个,即 0 或 100.再赌两局必可结束,其结果为以下情况之一:甲甲、甲乙、乙甲、乙乙.其中"甲乙"表示第一局甲胜,第二局乙胜,其他情况依此类推.因为赌技相当,在这四种情况中有三种可

使甲获得 100 法郎,只有一种情况(即"乙乙")下甲获得 0 法郎.所以甲获得 100 法郎的可能性为 $\frac{3}{4}$,获得 0 法郎的可能性为 $\frac{1}{4}$,即 X 的概率分布如下.

X	0	100
P	0.25	0.75

综上所述,甲的"期望"所得应为:$0\times0.25+100\times0.75=75$ 法郎.那么同理乙所得应为 25 法郎.如此分析不仅考虑了已赌局数,而且还包括对未赌局数的一种"期望",显然这要比第(1)种分法合理.

定义 4-1 设离散型随机变量 X 的概率分布为

$$P\{X=x_i\}=p_i \ (i=1,2,\cdots),$$

若 $\sum_i |x_i|p_i$ 收敛,则 $\sum_i x_i p_i$ 称为随机变量 X 的**数学期望**(Mathematical expectation),简称**期望**或**均值**(Average),记为 $E(X)$,即

$$E(X)=\sum_i x_i p_i.$$

若 $\sum_i |x_i|p_i$ 不收敛,则称随机变量 X 的数学期望不存在.

数学期望由随机变量 X 的概率分布唯一确定,所以 $E(X)$ 是一个常量,而非变量.

例 4-1 某工人工作水平为:全天不出废品的日子占 30%,出一个废品的日子占 40%,出两个废品的日子占 20%,出三个废品的日子占 10%.(1)设 X 为一天中的废品数,求 X 的分布律;(2)这个工人平均每天出几个废品?

解 (1)X 的分布律如下.

X	0	1	2	3
P	0.3	0.4	0.2	0.1

(2)平均废品数为

$$E(X)=0\times0.3+1\times0.4+2\times0.2+3\times0.1=1.1(个/天).$$

例 4-2 设随机变量 X 具有如下的分布,

$$P\left\{X=(-1)^k\cdot\frac{2^k}{k}\right\}=\frac{1}{2^k} \ (k=1,2,\cdots).$$

求 $E(X)$.

解 虽然有

$$\sum_{k=1}^{\infty}x_k P\{X=x_k\}=\sum_{k=1}^{\infty}(-1)^k\cdot\frac{2^k}{k}\cdot\frac{1}{2^k}=\sum_{k=1}^{\infty}(-1)^k\frac{1}{k}=-\ln2,$$

但是 $\sum_{k=1}^{\infty}|x_k|p_k=\sum_{k=1}^{\infty}\frac{1}{k}=+\infty$,因此 $E(X)$ 不存在.

§4.1.2 连续型随机变量的数学期望

定义 4-2 设连续型随机变量 X 的概率密度为 $p(x)$,如果 $\int_{-\infty}^{+\infty}|x|p(x)\mathrm{d}x$ 收敛,则称 $\int_{-\infty}^{+\infty}xp(x)\mathrm{d}x$ 的值为随机变量 X 的**数学期望或均值**,简称**期望**,记为 $E(X)$,即

$$E(X)=\int_{-\infty}^{+\infty}xp(x)\mathrm{d}x.$$

若 $\int_{-\infty}^{+\infty} |x| p(x)\mathrm{d}x$ 不收敛,则称随机变量 X 的数学期望不存在.

例 4 – 3　设随机变量 X 的概率密度函数为

$$p(x) = \begin{cases} 2x, & 0 \leqslant x \leqslant 1 \\ 0, & \text{其他} \end{cases}.$$

试求 X 的数学期望.

解　$E(X) = \int_{-\infty}^{+\infty} xp(x)\mathrm{d}x = \int_{-\infty}^{0} xp(x)\mathrm{d}x + \int_{0}^{1} xp(x)\mathrm{d}x + \int_{1}^{+\infty} xp(x)\mathrm{d}x$

$\qquad = \int_{-\infty}^{0} x \cdot 0\mathrm{d}x + \int_{0}^{1} x \cdot 2x\mathrm{d}x + \int_{1}^{+\infty} x \cdot 0\mathrm{d}x = \int_{0}^{1} x \cdot 2x\mathrm{d}x$

$\qquad = \int_{0}^{1} 2x^2 \mathrm{d}x = \frac{2}{3}x^3 \Big|_0^1 = \frac{2}{3}.$

例 4 – 4　如果随机变量 X 具有概率密度

$$p(x) = \frac{1}{\pi} \cdot \frac{1}{1+x^2},$$

则称 X 服从柯西(Cauchy)分布. 试证明柯西分布的期望不存在.

证明　因为 $\int_{-\infty}^{+\infty} |x| p(x)\mathrm{d}x = \int_{-\infty}^{+\infty} |x| \frac{1}{\pi(1+x^2)}\mathrm{d}x = 2\int_{0}^{+\infty} \frac{x}{\pi(1+x^2)}\mathrm{d}x = \infty,$

所以柯西分布的期望不存在.

§4.1.3　随机变量函数的数学期望

在现实问题中,我们常需要求随机变量函数的数学期望. 例如求一辆汽车运动中的动能 $W = \frac{1}{2}mv^2$(v 是速度,为随机变量;m 是质量,为常数),需要求 W 的数学期望,而 W 是随机变量 v 的函数. 我们可以先求出 W 的分布律,再求它的数学期望. 其实在多数的情况下,我们不必求随机变量函数的分布,而直接求随机变量函数的期望. 这里不加证明地给出下列计算公式.

定理 4 – 1　设 $Y = g(X)$ 为随机变量 X 的连续函数.

(1) 如果 X 是离散型随机变量,概率分布为 $P\{X = x_i\} = p_i \quad (i = 1, 2, \cdots)$.

若级数 $\sum_i |g(x_i)| p_i$ 收敛,则 Y 的数学期望是

$$E(Y) = E[g(X)] = \sum_i g(x_i) p_i.$$

(2) 如果 X 是连续型随机变量,其概率密度为 $p(x)$,若积分 $\int_{-\infty}^{+\infty} |g(x)| p(x)\mathrm{d}x$ 收敛,则有

$$E(Y) = E[g(X)] = \int_{-\infty}^{+\infty} g(x) p(x)\mathrm{d}x.$$

例 4 – 5　设随机变量 X 的分布律如下.

X	-2	0	1	2
P	0.1	0.3	0.4	0.2

且 $Y = 3X + 2, Z = X^2$. 求 $E(Y)$ 和 $E(Z)$.

解　$E(Y) = E(3X + 2)$

$\qquad = [3 \times (-2) + 2] \times 0.1 + (3 \times 0 + 2) \times 0.3$

$\qquad\quad + (3 \times 1 + 2) \times 0.4 + (3 \times 2 + 2) \times 0.2 = 3.8,$

$$E(Z) = E(X^2) = (-2)^2 \times 0.1 + 0^2 \times 0.3 + 1^2 \times 0.4 + 2^2 \times 0.2 = 1.6.$$

定理 4 - 2　设 $Z = g(X,Y)$ 是随机变量 X,Y 的连续函数.

（1）如果 (X,Y) 是二维离散型随机变量，其联合分布律为

$$P\{X = x_i, Y = y_j\} = p_{ij} \quad (i,j = 1,2,\cdots),$$

则有

$$E(Z) = E[g(X,Y)] = \sum_j \sum_i g(x_i, y_j) p_{ij},$$

这里设等式右端的和式绝对收敛.

（2）如果 (X,Y) 是二维连续型随机变量，其联合概率密度为 $p(x,y)$，则有

$$E(Z) = E[g(X,Y)] = \int_{-\infty}^{+\infty} \int_{-\infty}^{+\infty} g(x,y) p(x,y) \mathrm{d}x \mathrm{d}y,$$

这里设等式右边的积分绝对收敛.

例 4 - 6　一冷饮店有三种不同价格的饮料出售，价格分别为 2 元、4 元和 5 元. 随机抽取一对前来消费的夫妇，以 X 表示丈夫所选饮料的价格，以 Y 表示妻子所选饮料的价格，又已知 (X,Y) 的联合分布律如下.

X＼Y	2	4	5
2	0.05	0.05	0.1
4	0.05	0.1	0.35
5	0	0.2	0.1

求 $X + Y$ 的数学期望.

解　$\begin{aligned}E(X + Y) &= \sum_{i=1}^{3} \sum_{j=1}^{3} (x_i + y_j) p_{ij} \\ &= 4 \times 0.05 + 6 \times 0.05 + 7 \times 0.1 + 6 \times 0.05 + 8 \times 0.1 \\ &\quad + 9 \times 0.35 + 7 \times 0 + 9 \times 0.2 + 10 \times 0.1 = 8.25.\end{aligned}$

例 4 - 7　设二维随机变量 (X,Y) 的概率密度为

$$p(x,y) = \begin{cases} x + y, & 0 \leqslant x \leqslant 1, 0 \leqslant y \leqslant 1, \\ 0, & \text{其他} \end{cases},$$

试求 XY 的数学期望.

解　$E(XY) = \int_{-\infty}^{+\infty} \int_{-\infty}^{+\infty} xy p(x,y) \mathrm{d}x \mathrm{d}y = \int_0^1 \int_0^1 xy(x + y) \mathrm{d}x \mathrm{d}y = \dfrac{1}{3}.$

§4.1.4　数学期望的性质

下面给出随机变量数学期望的性质，仅就连续型的情形加以证明，只要将积分改为求和，离散型可类似证明.

性质 4 - 1　若 $a \leqslant X \leqslant b$，则 $E(X)$ 存在，且 $a \leqslant E(X) \leqslant b$；特别地，对常数 C，有 $E(C) = C$.

证明　（1）设 X 的密度函数为 $p(x)$，则

$$a = a \int_{-\infty}^{\infty} p(x) \mathrm{d}x = \int_{-\infty}^{\infty} a p(x) \mathrm{d}x$$

$$\leqslant \int_{-\infty}^{\infty} x p(x) \mathrm{d}x = E(X) \leqslant \int_{-\infty}^{\infty} b p(x) \mathrm{d}x$$

$$= b \int_{-\infty}^{\infty} p(x) \mathrm{d}x = b.$$

(2) 常数 C 为一个退化的分布,即 $P\{X = C\} = 1$,于是 $E(C) = C \cdot 1 = C$.

性质 4-2 设 X, Y 是两个随机变量,$E(X)$ 与 $E(Y)$ 存在,则对任意实数 a 和 b 有
$$E(aX + bY) = aE(X) + bE(Y).$$

证明 设 (X, Y) 为连续型二维随机变量,其概率密度为 $p(x, y)$,有

$$E(aX + bY) = \int_{-\infty}^{+\infty} \int_{-\infty}^{+\infty} (ax + by) p(x, y) \mathrm{d}x \mathrm{d}y$$

$$= a \int_{-\infty}^{+\infty} \int_{-\infty}^{+\infty} x p(x, y) \mathrm{d}x \mathrm{d}y + b \int_{-\infty}^{+\infty} \int_{-\infty}^{+\infty} y p(x, y) \mathrm{d}x \mathrm{d}y$$

$$= aE(X) + bE(Y).$$

性质 4-2 可以推广到任意有限个随机变量的情形.

推论 4-1 设 $X_1, X_2, \cdots, X_n$ 是 n 个随机变量,对任意实数 $a_1, a_2, \cdots, a_n$,有
$$E(a_1 X_1 + a_2 X_2 + \cdots + a_n X_n) = a_1 E(X_1) + a_2 E(X_2) + \cdots + a_n E(X_n).$$

性质 4-3 设 X, Y 是两个相互独立的随机变量,则
$$E(XY) = E(X) E(Y).$$

证明 设 (X, Y) 为连续型二维随机变量,其概率密度为 $p(x, y)$,而 $p_X(x), p_Y(y)$ 分别为 X 和 Y 的边缘概率密度,若 X, Y 相互独立,则 $p(x, y) = p_X(x) p_Y(y)$,故有

$$E(XY) = \int_{-\infty}^{+\infty} \int_{-\infty}^{+\infty} xy p(x, y) \mathrm{d}x \mathrm{d}y = \int_{-\infty}^{+\infty} \int_{-\infty}^{+\infty} xy p_X(x) p_Y(y) \mathrm{d}x \mathrm{d}y$$

$$= \left[\int_{-\infty}^{+\infty} x p_X(x) \mathrm{d}x \right] \left[\int_{-\infty}^{+\infty} y p_Y(y) \mathrm{d}y \right] = E(X) E(Y).$$

性质 4-3 可以推广到任意有限个相互独立的随机变量之积的情形.

推论 4-2 设 $X_1, X_2, \cdots, X_n$ 是 n 个相互独立的随机变量,则有
$$E(X_1 X_2 \cdots X_n) = E(X_1) E(X_2) \cdots E(X_n).$$

例 4-8 抛掷 6 颗骰子,X 表示出现的点数之和,求 $E(X)$.

解 设随机变量 X_i $(i = 1, 2, \cdots, 6)$ 表示第 i 颗骰子出现的点数,则 $X = \sum_{i=1}^{6} X_i$,且 X_i 的分布律如下.

X_i	1	2	3	4	5	6
P	$\frac{1}{6}$	$\frac{1}{6}$	$\frac{1}{6}$	$\frac{1}{6}$	$\frac{1}{6}$	$\frac{1}{6}$

$$E(X_i) = \frac{1}{6} \times (1 + 2 + \cdots + 6) = \frac{21}{6}.$$

从而由期望的性质可得

$$E(X) = E\left(\sum_{i=1}^{6} X_i \right) = \sum_{i=1}^{6} E(X_i) = 6 \times \frac{21}{6} = 21.$$

例 4-9 设二维随机变量 (X, Y) 的联合密度函数为

$$p(x, y) = \begin{cases} \dfrac{1}{\pi}, & x^2 + y^2 \leqslant 1 \\ 0, & \text{其他} \end{cases}.$$

试验证 $E(XY) = E(X) E(Y)$,但 X 与 Y 不相互独立.

解
$$E(XY) = \iint\limits_{x^2+y^2\leqslant 1} xy \cdot \frac{1}{\pi} \mathrm{d}x\mathrm{d}y = \frac{1}{\pi}\int_{-1}^{1} x\left(\int_{-\sqrt{1-x^2}}^{\sqrt{1-x^2}} y\mathrm{d}y\right)\mathrm{d}x = 0,$$

$$E(X) = \iint\limits_{x^2+y^2\leqslant 1} x \cdot \frac{1}{\pi} \mathrm{d}x\mathrm{d}y = 0, \quad E(Y) = \iint\limits_{x^2+y^2\leqslant 1} y \cdot \frac{1}{\pi} \mathrm{d}x\mathrm{d}y = 0,$$

因此,有
$$E(XY) = E(X) \cdot E(Y).$$

又当 $-1 \leqslant x \leqslant 1$ 时,$p_X(x) = \int_{-\infty}^{+\infty} p(x,y)\mathrm{d}y = \int_{-\sqrt{1-x^2}}^{\sqrt{1-x^2}} \frac{1}{\pi}\mathrm{d}y = \frac{2}{\pi}\sqrt{1-x^2}$,

故得
$$p_X(x) = \begin{cases} \dfrac{2}{\pi}\sqrt{1-x^2}, & -1 \leqslant x \leqslant 1 \\ 0, & \text{其他} \end{cases},$$

同理可得
$$p_Y(y) = \begin{cases} \dfrac{2}{\pi}\sqrt{1-y^2}, & -1 \leqslant y \leqslant 1 \\ 0, & \text{其他} \end{cases},$$

由于 $p(x,y) \neq p_X(x) \cdot p_Y(y)$,所以 X 与 Y 不相互独立.

§4.2 随机变量的方差

上一节所学的数学期望是随机变量的一种位置特征,随机变量的取值总在其数学期望值的周围波动.但是波动程度如何并没有给出,方差则正是这个波动程度的衡量指标.我们先看如下两个随机变量 X 和 Y 的分布律.

X	8	10	12
P	0.1	0.8	0.1

Y	0	10	20
P	0.4	0.2	0.4

容易求得数学期望 $E(X) = E(Y) = 10$,但随机变量 X 取值围绕 10 的波动程度,明显小于 Y 取值围绕 10 的波动程度.为了度量一个随机变量的取值偏离其数学期望的程度,本节引入方差和标准差的概念.

§4.2.1 方差的概念

定义 4 - 3 设 X 是一个随机变量,若 $E[X-E(X)]^2$ 存在,则 $E[X-E(X)]^2$ 称为 X 的**方差**(Variance),记为 $D(X)$ 或 $Var(X)$,即
$$D(X) = Var(X) = E[X-E(X)]^2.$$

在实际应用中,常常还引入 $\sqrt{D(X)}$,称为 X 的**标准差**(Standard variance),记为 $\sigma(X)$.

由定义知,若 $D(X)$ 较小,则 X 的取值在 $E(X)$ 附近比较集中;反之,若 $D(X)$ 较大,则 X 的取值比较分散.因此,$D(X)$ 或 $\sqrt{D(X)}$ 刻画了随机变量 X 取值的分散程度.

定理 4 - 3 $D(X) = E(X^2) - [E(X)]^2$.

证明 $E[X-E(X)]^2 = E\{X^2 - 2XE(X) + [E(X)]^2\} = E(X^2) - [E(X)]^2$.

今后经常会利用定理 4-3 来计算随机变量 X 的方差.

由定义 4-3 可知,方差实际上就是随机变量 X 的函数 $g(X) = [X-E(X)]^2$ 的数学期望.设离散型随机变量 X 的分布律为 $P\{X=x_i\} = p_i \ (i=1,2,\cdots)$,则 X 的方差为

$$D(X) = \sum_{i=1}^{\infty} [x_i - E(X)]^2 p_i \quad \text{或} \quad D(X) = \sum_{i=1}^{\infty} x_i^2 p_i - [E(X)]^2.$$

同样设连续型随机变量 X 的概率密度为 $p(x)$，则有

$$D(X) = \int_{-\infty}^{+\infty} [x - E(X)]^2 p(x) \mathrm{d}x \quad \text{或} \quad D(X) = \int_{-\infty}^{+\infty} x^2 p(x) \mathrm{d}x - [E(X)]^2.$$

设 (X,Y) 为二维随机变量，由随机变量函数的数学期望计算公式，可得如下的期望和方差的计算公式.

如果二维离散型随机变量 (X,Y) 的联合分布律为 $P\{X = x_i, Y = y_j\} = p_{ij}$ $(i,j = 1, 2, \cdots)$，则 X, Y 的期望和方差分别为

$$E(X) = \sum_{i=1}^{\infty} \sum_{j=1}^{\infty} x_i p_{ij} = \sum_{l=1}^{\infty} x_i p_{i\cdot}, \quad E(Y) = \sum_{j=1}^{\infty} \sum_{i=1}^{\infty} y_j p_{ij} = \sum_{l=1}^{\infty} y_j p_{\cdot j},$$

$$D(X) = \sum_{i=1}^{\infty} \sum_{j=1}^{\infty} [x_i - E(X)]^2 p_{ij} = \sum_{i=1}^{\infty} \sum_{j=1}^{\infty} x_i^2 p_{ij} - [E(X)]^2,$$

$$D(Y) = \sum_{j=1}^{\infty} \sum_{i=1}^{\infty} [y_j - E(Y)]^2 p_{ij} = \sum_{j=1}^{\infty} \sum_{i=1}^{\infty} y_j^2 p_{ij} - [E(Y)]^2.$$

如果二维连续型随机变量 (X,Y) 的联合概率密度为 $p(x,y)$，则 X, Y 的期望和方差分别为

$$E(X) = \int_{-\infty}^{+\infty} \int_{-\infty}^{+\infty} x p(x,y) \mathrm{d}x \mathrm{d}y = \int_{-\infty}^{+\infty} x p_X(x) \mathrm{d}x,$$

$$E(Y) = \int_{-\infty}^{+\infty} \int_{-\infty}^{+\infty} y p(x,y) \mathrm{d}x \mathrm{d}y = \int_{-\infty}^{+\infty} y p_Y(y) \mathrm{d}y,$$

$$D(X) = \int_{-\infty}^{+\infty} \int_{-\infty}^{+\infty} [x - E(X)]^2 p(x,y) \mathrm{d}x \mathrm{d}y = \int_{-\infty}^{+\infty} \int_{-\infty}^{+\infty} x^2 p(x,y) \mathrm{d}x \mathrm{d}y - [E(X)]^2,$$

$$D(Y) = \int_{-\infty}^{+\infty} \int_{-\infty}^{+\infty} [y - E(Y)]^2 p(x,y) \mathrm{d}x \mathrm{d}y = \int_{-\infty}^{+\infty} \int_{-\infty}^{+\infty} y^2 p(x,y) \mathrm{d}x \mathrm{d}y - [E(Y)]^2.$$

例 4 - 10 设随机变量 X 的概率密度为 $p(x)$，

$$p(x) = \begin{cases} 1 + x, & -1 \leqslant x < 0 \\ 1 - x, & 0 \leqslant x < 1 \\ 0, & \text{其他} \end{cases},$$

求 X 的方差 $D(X)$.

解 $E(X) = \int_{-\infty}^{\infty} x p(x) \mathrm{d}x = \int_{-1}^{0} x(1+x) \mathrm{d}x + \int_{0}^{1} x(1-x) \mathrm{d}x = 0,$

$E(X^2) = \int_{-\infty}^{\infty} x^2 p(x) \mathrm{d}x = \int_{-1}^{0} x^2(1+x) \mathrm{d}x + \int_{0}^{1} x^2(1-x) \mathrm{d}x = \dfrac{1}{6},$

于是，$D(X) = E(X^2) - E^2(X) = \dfrac{1}{6}.$

例 4 - 11 设二维随机变量 (X,Y) 的联合密度函数是 $p(x,y)$，求 $D(X)$.

$$p(x,y) = \begin{cases} 1, & 0 < x < 1, |y| < x \\ 0, & \text{其他} \end{cases}.$$

解法 1 X 的边缘密度函数是 $p_X(x) = \int_{-\infty}^{+\infty} p(x,y) \mathrm{d}y = \begin{cases} 2x, & 0 < x < 1 \\ 0, & \text{其他} \end{cases}$，

故 $E(X) = \int_{-\infty}^{+\infty} x p_X(x) \mathrm{d}x = \int_{0}^{1} x \cdot 2x \mathrm{d}x = \dfrac{2}{3} x^3 \Big|_{0}^{1} = \dfrac{2}{3},$

$E(X^2) = \int_{-\infty}^{+\infty} x^2 p_X(x) \mathrm{d}x = \int_{0}^{1} x^2 \cdot 2x \mathrm{d}x = \dfrac{1}{2} x^4 \Big|_{0}^{1} = \dfrac{1}{2},$

$D(X) = E(X^2) - [E(X)]^2 = \dfrac{1}{2} - \dfrac{4}{9} = \dfrac{1}{18}.$

解法 2　$E(X) = \int_{-\infty}^{+\infty} \mathrm{d}x \int_{-\infty}^{+\infty} xp(x,y)\mathrm{d}y = \int_0^1 x\mathrm{d}x \int_{-x}^x \mathrm{d}y = \int_0^1 x \cdot 2x\mathrm{d}x = \frac{2}{3}x^3 \Big|_0^1 = \frac{2}{3}$,

$$E(X^2) = \int_{-\infty}^{+\infty} \mathrm{d}x \int_{-\infty}^{+\infty} x^2 p(x,y)\mathrm{d}y = \int_0^1 x^2\mathrm{d}x \int_{-x}^x \mathrm{d}y = \int_0^1 x^2 \cdot 2x\mathrm{d}x = \frac{1}{2}x^3 \Big|_0^1 = \frac{1}{2},$$

于是　　　　　　　　$D(X) = E(X^2) - [E(X)]^2 = \frac{1}{2} - \frac{4}{9} = \frac{1}{18}.$

§4.2.2　方差的性质

性质 4-4　设 C 是常数,则 $D(C) = 0$.

证明　由方差的定义,可得 $D(C) = E(C^2) - [E(C)]^2 = C^2 - C^2 = 0$.

性质 4-5　设 X 是一个随机变量,C 是常数,则 $D(CX) = C^2 D(X)$.

证明　由方差的定义,可得

$$D(CX) = E[(CX) - E(CX)]^2 = C^2 E[X - E(X)]^2 = C^2 D(X).$$

性质 4-6　设 X,Y 是两个相互独立的随机变量,则 $D(X+Y) = D(X) + D(Y)$.

证明　$D(X+Y) = E[(X+Y) - E(X+Y)]^2 = E[X - E(X) + Y - E(Y)]^2$
　　　　　　　$= E[X - E(X)]^2 + E[Y - E(Y)]^2 + 2E\{[X - E(X)][Y - E(Y)]\}.$

由于随机变量 X,Y 相互独立,由数学期望的性质可知

$$E[X - E(X)][Y - E(Y)] = E(XY) - E(X)E(Y) = E(X)E(Y) - E(X)E(Y) = 0,$$

所以 $D(X+Y) = D(X) + D(Y)$.

这一性质可以推广到任意有限个相互独立的随机变量之和的情形.

推论 4-3　设 $X_1, X_2, \cdots, X_n$ 是 n 个相互独立的随机变量,则

$$D(X_1 + X_2 + \cdots + X_n) = D(X_1) + D(X_2) + \cdots + D(X_n).$$

推论 4-4　设 X 是一个随机变量,C 是常数,则 $D(X+C) = D(X)$.

证明　由方差的定义,可得

$$D(X+C) = E[(X+C) - E(X+C)]^2 = E[X - E(X)]^2 = D(X).$$

例 4-12　设 $X_1, X_2, \cdots, X_n$ 相互独立,且 $E(X_i) = \mu$, $D(X_i) = \sigma^2$ $(i = 1, 2, \cdots, n)$,求
$\overline{X} = \frac{1}{n} \sum_{i=1}^n X_i$ 的数学期望和方差.

解　　$E(\overline{X}) = E\left(\frac{1}{n}\sum_{i=1}^n X_i\right) = \frac{1}{n}E\left(\sum_{i=1}^n X_i\right) = \frac{1}{n}\sum_{i=1}^n E(X_i) = \frac{1}{n} \cdot n\mu = \mu,$

$$D(\overline{X}) = D\left(\frac{1}{n}\sum_{i=1}^n X_i\right) = \frac{1}{n^2}D\left(\sum_{i=1}^n X_i\right) = \frac{1}{n^2}\sum_{i=1}^n D(X_i) = \frac{1}{n^2} \cdot n\sigma^2 = \frac{1}{n}\sigma^2.$$

§4.2.3　契比雪夫(Chebyshev)不等式

设随机变量 X 具有数学期望 $E(X) = \mu$,方差 $D(X) = \sigma^2$,则对于任意正数 $\varepsilon > 0$,概率
$P\{|X - \mu| \geqslant \varepsilon\}$ 有多大? 契比雪夫不等式给出了这个概率的上界.

定理 4-4　(契比雪夫不等式)设随机变量 X 具有数学期望 $E(X) = \mu$,方差 $D(X) = \sigma^2$,则
对于任意常数 $\varepsilon > 0$,都有

$$P\{|X - \mu| \geqslant \varepsilon\} \leqslant \frac{\sigma^2}{\varepsilon^2}.$$

证明 我们仅就连续型随机变量的情况给予证明.离散型度量的证明留给读者自行完成.
设随机变量 X 的概率密度为 $p(x)$,则有

$$P\{|X-\mu|\geqslant \varepsilon\}=\int_{|x-\mu|\geqslant \varepsilon}p(x)\mathrm{d}x\leqslant \int_{|x-\mu|\geqslant \varepsilon}\frac{|x-\mu|^2}{\varepsilon^2}p(x)\mathrm{d}x$$

$$\leqslant \frac{1}{\varepsilon^2}\int_{-\infty}^{+\infty}(x-\mu)^2 p(x)\mathrm{d}x=\frac{\sigma^2}{\varepsilon^2}.$$

契比雪夫不等式也可以写成下列形式

$$P\{|X-\mu|<\varepsilon\}\geqslant 1-\frac{\sigma^2}{\varepsilon^2}.$$

可以用契比雪夫不等式说明随机变量 X 落在 $(E(X)-3\sigma,E(X)+3\sigma)$ 外的概率不超过 $\frac{1}{9}$.

实际上,$P\{|X-E(X)|\geqslant 3\sigma\}\leqslant \frac{\sigma^2}{(3\sigma)^2}=\frac{1}{9}$.

性质 4-7 $D(X)=0$ 的充要条件是 $P\{X=E(X)\}=1$.

证明 (1) 若 $D(X)=0$,由契比雪夫不等式有

$$1\geqslant P\{|X-E(X)|<\varepsilon\}\geqslant 1-\frac{D(X)}{\varepsilon^2}=1,$$

即 $P\{X=E(X)\}=1$.

(2) 若 $P\{X=E(X)\}=1$,易知 $E(X^2)=E^2(X)$,从而 $D(X)=0$.

例 4-13 根据过去统计资料显示,某产品的废品率为 0.01,现从某批该产品中抽取 100 件检查,试用契比雪夫不等式估计这 100 件产品的废品率与 0.01 之差的绝对值小于 0.02 的概率.

解 X 表示 100 件产品中的废品数,由题意知,$X\sim B(100,0.01)$,因为

$$E\left(\frac{X}{100}\right)=\frac{1}{100}\times 100\times 0.01=0.01,$$

$$D\left(\frac{X}{100}\right)=\frac{1}{10000}\times 100\times 0.99\times 0.01=\frac{0.99}{10000},$$

由契比雪夫不等式得

$$P\left\{\left|\frac{X}{100}-0.01\right|<0.02\right\}=P\left\{\left|\frac{X}{100}-E\left(\frac{X}{100}\right)\right|<0.02\right\}\geqslant 1-\frac{D\left(\frac{X}{100}\right)}{0.02^2}=0.7525.$$

§4.3 协方差与相关系数

由方差性质可知,若随机变量 X 和 Y 相互独立,则 $D(X+Y)=D(X)+D(Y)$,从而有 $E\{[X-E(X)][Y-E(Y)]\}=0$ 成立.这意味着,当 $E\{[X-E(X)][Y-E(Y)]\}\neq 0$ 时,随机变量 X 和 Y 不相互独立,而存在一定的关联.这里,$E\{[X-E(X)][Y-E(Y)]\}$ 是刻画随机变量 X 和 Y 关联程度的数字特征.

§4.3.1 协方差

定义 4-4 设 (X,Y) 是二维随机变量,若 $E\{[X-E(X)][Y-E(Y)]\}$ 存在,则称其为随机变量 X 和 Y 的**协方差**(Covariance),记为 $Cov(X,Y)$,即

$$Cov(X,Y)=E\{[X-E(X)][Y-E(Y)]\}.$$

设 X,Y 和 Z 为随机变量, a,b 为任意常数. 由协方差定义容易证明协方差具有下述性质.

性质 4-8　$Cov(X,Y)=E(XY)-E(X)E(Y)$.

证明　由于

$$E\{[X-E(X)][Y-E(Y)]\}=E[XY-XE(Y)-YE(X)+E(X)E(Y)]$$
$$=E(XY)-E(X)E(Y),$$

所以有 $\qquad\qquad\qquad Cov(X,Y)=E(XY)-E(X)E(Y).$

我们以后常利用这个公式来计算二维随机变量 (X,Y) 的协方差.

性质 4-9　$Cov(X,Y)=Cov(Y,X)$.

证明　$Cov(X,Y)=E\{[X-E(X)][Y-E(Y)]\}=E\{[Y-E(Y)][X-E(X)]\}$
$$=Cov(Y,X).$$

性质 4-10　$Cov(aX,bY)=abCov(Y,X)$.

证明　$Cov(aX,bY)=E\{[aX-E(aX)][bY-E(bY)]\}$
$$=E\{[a(X-E(X))][(b(Y-E(Y)))]\}$$
$$=abE\{[X-E(X)][Y-E(Y)]\}=abCov(Y,X).$$

性质 4-11　$Cov(X+Y,Z)=Cov(X,Z)+Cov(Y,Z)$.

证明　$Cov(X+Y,Z)=E\{[(X+Y)-E(X+Y)][Z-E(Z)]\}$
$$=E\{[(X-E(X)+(Y-E(Y))][Z-E(Z)]\}$$
$$=E\{[X-E(X)][Z-E(Z)]+[Y-E(Y)][Z-E(Z)]\}$$
$$=E\{[X-E(X)][Z-E(Z)]\}+E\{[Y-E(Y)][Z-E(Z)]\}$$
$$=Cov(X,Z)+Cov(Y,Z).$$

性质 4-12　$D(X\pm Y)=D(X)+D(Y)\pm 2Cov(X,Y)$.

证明　由方差、协方差的定义知

$$D(X\pm Y)=E[(X\pm Y)-E(X\pm Y)]^2=E[(X-E(X))\pm(Y-E(Y))]^2$$
$$=E\{[(X-E(X))^2+(Y-E(Y))^2\pm 2(X-E(X))(Y-E(Y))]\}$$
$$=D(X)+D(Y)\pm 2Cov(X,Y).$$

性质 4-12 表明,在 X 与 Y 相关的情形下,即 $Cov(X,Y)\neq 0$ 时,随机变量和的方差不再等于方差的和. 当然,该性质还可推广到多个随机变量的情形,即对任意 n 个随机变量 $X_1,X_2,\cdots,X_n$, 有

$$D\Big(\sum_{i=1}^{n}X_i\Big)=\sum_{i=1}^{n}D(X_i)+2\sum_{i=1}^{n}\sum_{j=1}^{i-1}Cov(X_i,X_j).$$

性质 4-13　柯西-许瓦兹(Cauchy-Schwarz)不等式 $[Cov(X,Y)]^2\leqslant D(X)D(Y)$, 等号成立的条件是, 当且仅当存在常数 a 和 b, 使 $P\{Y=a+bX\}=1$ 成立.

证明　设 t 为任意实数, 则有

$$D(tX+Y)=D(tX)+D(Y)+2Cov(tX,Y)=t^2D(X)+2tCov(X,Y)+D(Y).$$

(1) 作为 t 的二次三项式 $D(tX+Y)\geqslant 0$, 因而有 $[Cov(X,Y)]^2\leqslant D(X)D(Y)$.

(2) $D(tX+Y)=0$ 的充要条件是以上 t 的二次三项式有重根, 即存在 t_0, 使 $D(t_0X+Y)=0$. 由方差的性质, 有常数 C 使 $P\{t_0X+Y=C\}=1$, 或存在常数 a 和 b 使 $P\{Y=a+bX\}=1$, 这里 $a=C,b=-t_0$.

例 4-14　设二维随机变量 (X,Y) 的联合概率密度为

$$p(x,y)=\begin{cases}4x+3, & 0<y<x<1\\ 0, & \text{其他}\end{cases}.$$

试求 $Cov(X,Y)$.

解 因 $E(X)=\int_0^1\int_0^x x\cdot(4x+3)\mathrm{d}y\mathrm{d}x=\int_0^1(4x^3+3x^2)\mathrm{d}x=2,$

$$E(Y)=\int_0^1\int_0^x y\cdot(4x+3)\mathrm{d}y\mathrm{d}x=\int_0^1(2x^3+\frac{3}{2}x^2)\mathrm{d}x=1,$$

$$E(XY)=\int_0^1\int_0^x xy\cdot(4x+3)\mathrm{d}y\mathrm{d}x=\int_0^1(2x^4+\frac{3}{2}x^3)\mathrm{d}x=\frac{31}{40}.$$

故 $$Cov(X,Y)=E(XY)-E(X)E(Y)=\frac{31}{40}-2\times1=-\frac{49}{40}.$$

§4.3.2 相关系数

显然,上述协方差 $Cov(X,Y)$ 是有量纲的量.譬如 X 表示工人的工作时间,单位是小时;Y 表示工人的工资收入,单位是元,则 $Cov(X,Y)$ 带有量纲(小时·元).为了消除量纲的影响,现对协方差除以相同量纲的量,就得到一个新概念:相关系数.其定义如下.

定义 4-5 设 (X,Y) 是二维随机变量,且 $D(X)>0,D(Y)>0$,则 ρ_{XY} 称为随机变量 X 和 Y 的**相关系数**(Correlation coefficient).

$$\rho_{XY}=\frac{Cov(X,Y)}{\sqrt{D(X)}\sqrt{D(Y)}}.$$

定义 4-6 设随机变量 X 的 $D(X)>0$,则随机变量 X^* 称为随机变量 X 的**标准化**.

$$X^*=\frac{X-E(X)}{\sqrt{D(X)}}.$$

相关系数实际上就是标准化的 X 和 Y 的协方差,即

$$\rho_{XY}=Cov\left(\frac{X-E(X)}{\sqrt{D(X)}},\frac{Y-E(Y)}{\sqrt{D(Y)}}\right).$$

ρ_{XY} 是一个无量纲的量.下面我们来推导其重要性质,并且说明 ρ_{XY} 的含义.

考虑以 X 的线性函数 $a+bX$ 来近似表示 Y.可用 Y 与 $a+bX$ 之间的均方误差 $e=E[(Y-(a+bX))^2]$ 来衡量,以 $a+bX$ 来近似表示 Y 的好坏程度:e 的值越小,表示 $a+bX$ 与 Y 的近似程度越好.由于

$$e=E[(Y-(a+bX))^2]=E(Y^2)+b^2E(X^2)+a^2-2aE(Y)-2bE(XY)+2abE(X),$$

找到 a,b 使 e 取最小值,是一个求多元函数的极值问题,因此将 e 分别关于 a,b 求偏导数并令其等于零,得

$$\begin{cases}\dfrac{\partial e}{\partial a}=2a+2bE(X)-2E(Y)=0\\ \dfrac{\partial e}{\partial b}=2bE(X^2)-2E(XY)+2aE(X)=0\end{cases},$$

解方程组得:$b_0=\dfrac{Cov(X,Y)}{D(X)}$, $a_0=E(Y)-b_0E(X)=E(Y)-E(X)\dfrac{Cov(X,Y)}{D(X)}$.

把 a_0,b_0 代入均方误差的表达式得

$$\min_{a,b}E\{[Y-(a+bX)]^2\}=E\{[Y-(a_0+b_0X)]^2\}=(1-\rho_{XY}^2)D(Y). \qquad (4-1)$$

由式(4-1)易得相关系数 ρ_{XY} 的下述性质.

性质 4-14 $-1 \leqslant \rho_{XY} \leqslant 1$.

证明 由 $\min\limits_{a,b} E\{[Y-(a+bX)]^2\} = (1-\rho_{XY}^2)D(Y)$,以及 $E\{[Y-(a_0-b_0X)]^2\} \geqslant 0$ 和 $D(Y) \geqslant 0$,得

$$1-\rho_{XY}^2 \geqslant 0,$$

即

$$-1 \leqslant \rho_{XY} \leqslant 1.$$

性质 4-15 若 X 与 Y 相互独立,则 X 和 Y 相关系数 $\rho_{XY}=0$.

证明 若 X 与 Y 相互独立,则 $E(XY)=E(X)E(Y)$,
所以 $Cov(X,Y)=E(XY)-E(X)E(Y)=0$,从而

$$\rho_{XY} = \frac{Cov(X,Y)}{\sqrt{D(X)}\sqrt{D(Y)}} = 0.$$

【注】 X 和 Y 相关系数 $\rho_{XY}=0$,X 和 Y 不一定就独立.

性质 4-16 $\rho_{XY}=\pm 1$ 的充要条件是存在常数 a_0,b_0,使得 $P\{Y=a_0+b_0X\}=1$,即 X 与 Y 之间几乎处处有线性关系.

证明 (1)若 $\rho_{XY}=\pm 1$,则存在常数 a_0,b_0,使得

$$E\{[Y-(a_0+b_0X)]^2\} = (1-\rho_{XY}^2)D(Y) = 0,$$

所以有 $0 = E\{[Y-(a_0+b_0X)]^2\} = D[Y-(a_0+b_0X)]+[E(Y-(a_0+b_0X))]^2$.
从而可得

$$D[Y-(a_0+b_0X)]=0, \quad E[Y-(a_0+b_0X)]=0,$$

进而有

$$P\{Y-(a_0+b_0X)=0\}=1,$$

即

$$P\{Y=a_0+b_0X\}=1.$$

(2)如果存在常数 a^*,b^*,使

$$P\{Y=a^*+b^*X\}=1,$$

即

$$P\{Y-(a^*+b^*X)=0\}=1,$$

于是

$$P\{[Y-(a^*+b^*X)]^2=0\}=1,$$

即得

$$E\{[Y-(a^*+b^*X)]^2\}=0,$$

故

$$0 = E\{[Y-(a^*+b^*X)]^2\} \geqslant \min\limits_{a,b} E\{[Y-(a+bX)]^2\}$$
$$= E\{[Y-(a_0+b_0X)]^2\} = (1-\rho_{XY}^2)D(Y).$$

从而得 $\rho_{XY}=\pm 1$.

由式(4-1)可知,均方误差 e 是 $|\rho_{XY}|$ 的严格单调减少函数,因此相关系数 $|\rho_{XY}|$ 的含义就很明显了.当 $|\rho_{XY}|$ 较大时 e 较小,说明 X,Y(就线性关系来说)联系较紧密.特别当 $|\rho_{XY}|=\pm 1$ 时,X,Y 之间以概率 1 存在着线性关系.所以 ρ_{XY} 是一个可以用来表征 X,Y 之间线性关系紧密程度的量.当 $|\rho_{XY}|$ 较大时,我们通常说 X,Y 线性相关的程度较好;当 $|\rho_{XY}|$ 较小时,我们说 X,Y 线性相关的程度较差.

定义 4-7 设 ρ_{XY} 是随机变量 (X,Y) 的相关系数,

(1) 当 $\rho_{XY}=0$ 时,称 X 和 Y **不相关**(Not correlational);

(2) 当 $\rho_{XY}=1$ 时,称 X 和 Y **正线性相关**;

(3) 当 $\rho_{XY}=-1$ 时,称 X 和 Y **负线性相关**.

【注】 X 和 Y 不相关是指 X 和 Y 之间没有线性关系,但 X 和 Y 之间可能存在其他函数关系,譬如平方关系、对数关系等.因此不相关的两个随机变量不一定就独立.

例 4-15 设随机变量 Θ 在 $[-\pi,\pi]$ 上服从均匀分布,又 $X=\sin\Theta,Y=\cos\Theta$,试求 X 与 Y 的相关系数 ρ_{XY}.

解 因为有 $E(XY)=\dfrac{1}{2\pi}\displaystyle\int_{-\pi}^{\pi}\sin x\cos x\mathrm{d}x=0$,

$$E(X)=\frac{1}{2\pi}\int_{-\pi}^{\pi}\sin x\mathrm{d}x=0,\quad E(Y)=\frac{1}{2\pi}\int_{-\pi}^{\pi}\cos x\mathrm{d}x=0,$$

所以有 $Cov(X,Y)=E(XY)-E(X)\cdot E(Y)=0$,即 $\rho_{XY}=0$.

从而 X 和 Y 不相关,没有线性关系;但是 X 和 Y 存在另一个函数关系 $X^2+Y^2=1$,从而 X 与 Y 是不独立的.

性质 4-17 对随机变量 X,Y 而言,下列事实等价:

(1) $Cov(X,Y)=0$;　　　　　　(2) X 和 Y 不相关;

(3) $E(XY)=E(X)E(Y)$;　　　(4) $D(X+Y)=D(X)+D(Y)$.

证明 因为 $Cov(X,Y)=E(XY)-E(X)E(Y)$, $\quad\rho_{XY}=\dfrac{Cov(X,Y)}{\sqrt{D(X)}\sqrt{D(Y)}}$,

$$D(X+Y)=D(X)+D(Y)+2Cov(X,Y),$$

所以(1)成立,当且仅当(2)成立,当且仅当(3)成立,当且仅当(4)成立.

例 4-16 二维随机变量 (X,Y) 的联合分布律如下,试求 $Cov(X,Y),\rho_{XY}$,并分析 X 与 Y 的相关性和独立性.

X＼Y	-1	0	1
-1	$\frac{1}{6}$	$\frac{1}{3}$	$\frac{1}{6}$
1	$\frac{1}{6}$	0	$\frac{1}{6}$

解 X 的分布律如下.

X	-1	0	1
P	$\frac{1}{3}$	$\frac{1}{3}$	$\frac{1}{3}$

Y 的分布律如下.

Y	-1	1
P	$\frac{2}{3}$	$\frac{1}{3}$

则有 $E(X)=0,E(Y)=-\dfrac{1}{3},E(XY)=0$,于是 $Cov(X,Y)=E(XY)-E(X)E(Y)=0$,即

$$\rho_{XY}=\frac{Cov(X,Y)}{\sqrt{D(X)\cdot D(Y)}}=0,亦即 X 与 Y 不相关.而$$

$$P\{X=-1,Y=-1\}=\frac{1}{6}\neq P\{X=-1\}\cdot P\{Y=-1\}=\frac{2}{9},$$

故 X 与 Y 不相互独立.

例 4-17　设二维随机变量 (X,Y) 的联合密度函数 $p(x,y)$, 试求 $Cov(X,Y)$, 并分析 X 与 Y 的相关性和独立性.

$$p(x,y)=\begin{cases}\dfrac{1}{4}(1+xy), & |x|<1,|y|<1\\[2mm] 0, & \text{其他}\end{cases}.$$

解　$E(XY)=\displaystyle\int_{-1}^{1}\mathrm{d}x\int_{-1}^{1}xy\cdot\frac{1}{4}(1+xy)\mathrm{d}y$

$$=\int_{-1}^{1}\frac{1}{4}x\left[\int_{-1}^{1}y(1+xy)\mathrm{d}y\right]\mathrm{d}x=\int_{-1}^{1}\frac{1}{4}x\cdot\frac{2x}{3}\mathrm{d}x=\frac{1}{9},$$

$$E(X)=\int_{-1}^{1}\mathrm{d}x\int_{-1}^{1}x\cdot\frac{1}{4}(1+xy)\mathrm{d}y=\int_{-1}^{1}\frac{1}{4}x\left[\int_{-1}^{1}(1+xy)\mathrm{d}y\right]\mathrm{d}x=\int_{-1}^{1}\frac{1}{2}x\mathrm{d}x=0.$$

同理可得　$E(Y)=0$,

于是　　　　　　$$Cov(X,Y)=E(XY)-E(X)\cdot E(Y)=\frac{1}{9}\neq0,$$

即 X 与 Y 相关, 从而 X 与 Y 不独立.

§4.4　矩与分位数

§4.4.1　矩

本节将介绍随机变量的除数学期望与方差以外的几个数字特征.

定义 4-8　设 (X,Y) 是二维随机变量.

(1) 如果 $E(X^k)$ $(k=1,2,\cdots)$ 存在, 则称 $E(X^k)$ 为 X 的 k 阶**原点矩**(Origin moment), 简称 k 阶矩.

(2) 如果 $E\{[X-E(X)]^k\}$ $(k=1,2,\cdots)$ 存在, 则称 $E\{[X-E(X)]^k\}$ 为 X 的 k 阶**中心矩**(Central moment).

(3) 如果 $E(X^kY^l)$ $(k,l=1,2,\cdots)$ 存在, 则称 $E(X^kY^l)$ 为 X 和 Y 的 $k+l$ 阶**混合矩**(Hybrid moment).

(4) 如果 $E\{[X-E(X)]^k[Y-E(Y)]^l\}$ $(k,l=1,2,\cdots)$ 存在, 则 $E\{[X-E(X)]^k[Y-E(Y)]^l\}$ 称为 X 和 Y 的 $k+l$ 阶**混合中心矩**(Hybrid central moment).

由定义 4-8 可知, X 的数学期望 $E(X)$ 是 X 的一阶原点矩, 方差 $D(X)$ 是 X 的二阶中心矩, 协方差 $Cov(X,Y)$ 是 X 和 Y 的二阶混合中心矩.

接下来, 我们将介绍 n 维随机变量的协方差矩阵. 为此, 先说明二维随机变量的协方差矩阵.

定义 4-9　设二维随机变量 (X_1,X_2) 的四个二阶中心矩

$$c_{11}=E\{[X_1-E(X_1)]^2\}, \qquad\qquad c_{12}=E\{[X_1-E(X_1)][X_2-E(X_2)]\},$$

$$c_{21}=E\{[X_2-E(X_2)][X_1-E(X_1)]\}, \qquad c_{22}=E\{[X_2-E(X_2)]^2\}$$

都存在, 则矩阵

$$\begin{pmatrix} c_{11} & c_{12} \\ c_{21} & c_{22} \end{pmatrix}$$

称为二维随机变量(X_1, X_2)的**协方差矩阵**.

定义 4-10 设 n 维随机变量$(X_1, X_2, \cdots, X_n)$的二阶混合中心矩

$$c_{ij} = Cov(X_i, X_j) = E\{[X_i - E(X_i)][X_j - E(X_j)]\} \quad (i, j = 1, 2, \cdots, n)$$

都存在,则矩阵

$$C = \begin{pmatrix} c_{11} & c_{12} & \cdots & c_{1n} \\ c_{21} & c_{22} & \cdots & c_{2n} \\ \cdots & \cdots & \cdots & \cdots \\ c_{n1} & c_{n2} & \cdots & c_{nn} \end{pmatrix}$$

称为 n 维随机变量$(X_1, X_2, \cdots, X_n)$的**协方差矩阵**.

协方差矩阵具有如下性质.

性质 4-18 $c_{ij} = c_{ji}$ $(i \neq j, \ i, j = 1, 2, \cdots, n)$,故协方差矩阵 C 是一个对称矩阵.

性质 4-19 协方差矩阵 C 是一个非负定矩阵.

证明 (只证连续型)对于任何实数 y_i $(i = 1, 2, \cdots, n)$有

$$\int_{-\infty}^{+\infty} \cdots \int_{-\infty}^{+\infty} \Big[\sum_{i=1}^{n} y_i(x_i - E(X_i))\Big]^2 p(x_1, x_2, \cdots, x_n) \mathrm{d}x_1 \mathrm{d}x_2 \cdots \mathrm{d}x_n = \sum_{i,j=1}^{n} c_{ij} y_i y_j \geqslant 0.$$

故由二次型的理论可知 C 是一个非负定矩阵,也就是说,如果用 $|C|$ 表示 C 的行列式,则有 $|C| \geqslant 0$.

一般来说,n 维随机变量的分布是不明确的或者太复杂,以致在数学上不易处理,因此协方差矩阵在实际应用中就显得非常重要.

例 4-18 设(X, Y)的联合分布列如下所示,试求 X 和 Y 的协方差矩阵.

X \ Y	0	1
0	$1-p$	0
1	0	p

解 (X, Y)的联合分布列,X 和 Y 的边缘分布列如下所示.

X \ Y	0	1	$P\{X=i\}$
0	$1-p$	0	$1-p$
1	0	p	p
$P\{Y=j\}$	$1-p$	p	

易得 $E(X) = p, E(Y) = p, E(XY) = p$,

$$c_{11} = D(X) = p(1-p), \quad c_{22} = D(Y) = p(1-p),$$

$$c_{12} = c_{21} = E(XY) - E(X)E(Y) = p(1-p),$$

故协方差矩阵为

$$C = \begin{pmatrix} p(1-p) & p(1-p) \\ p(1-p) & p(1-p) \end{pmatrix}.$$

§4.4.2 分位数

定义 4-11 设连续型随机变量 $X \sim F(x)$,其概率密度为 $p(x)$ $(0 < p < 1)$,若实数 x_p 满足

$$F(x_p) = P\{X \leqslant x_p\} = \int_{-\infty}^{x_p} p(x) \mathrm{d}x = p,$$

则称 x_p 为 X 的(分布函数 $F(x)$ 的)p **分位数**. p 分位数也称为 p **分位点**,如图 4-1 所示. 若 $p = 0.5$,则称 $x_{0.5}$ 为 X 的 **中位数**.

中位数是一个很重要的数字特征,同数学期望一样,中位数也是描述随机变量 X 的平均取值(或 X 概率分布的中心位置)的数字特征. 在实际应用中,中位数用得很多. 与数学期望相比,中位数总存在,而随机变量的数学期望不一定存在,这是中位数的优点. 中位数的缺点是它没有像数学期望那样好的运算性质. 例如,如果 X 和 Y 的数学期望存在,则 $E(X+Y) = E(X) + E(Y)$, 而 $X+Y$ 的中位数 $(X+Y)_{0.5} \neq X_{0.5} + Y_{0.5}$.

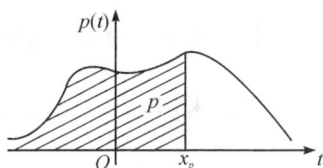

图 4-1 分位点示意图

例 4-19 设 X 的密度函数为 $p(x)$,

$$p(x) = \begin{cases} 2x, & 0 < x < 1 \\ 0, & \text{其他} \end{cases}.$$

求(1) $x_{0.5}$;(2) $x_{0.16}$.

解 容易得到 X 的分布函数为

$$F(x) = \begin{cases} 0, & x < 0 \\ x^2, & 0 \leqslant x < 1. \\ 1, & x > 1 \end{cases}$$

(1) 由 $F(x_{0.5}) = 0.5$ 知,$x_{0.5}^2 = 0.5$,所以 $x_{0.5} = \sqrt{0.5} = 0.7071$.

(2) 由 $F(x_{0.16}) = 0.16$ 知,$x_{0.16}^2 = 0.16$,所以 $x_{0.16} = \sqrt{0.16} = 0.4$.

§4.5 随机变量的形态特征数

§4.5.1 变异系数

方差(或标准差)反映了随机变量取值的波动程度,但比较两个随机变量波动大小时,仅用方差(或标准差)的大小有时会产生不合理的现象. 其原因如下.

(1) 随机变量的取值有量纲,不同随机变量用其方差(或标准差)的大小去比较它们的波动大小不太合理.

(2) 在取值的量纲相同的情况下,取值的大小有一个相对性问题,取值较大的随机变量的方差(或标准差)也允许大一些.

因此,在比较两个随机变量波动大小时,要同时考虑数学期望与方差(或标准差)的大小. 这样就有了变异系数的概念.

定义 4-12 设随机变量 X 的二阶矩存在,则 $C_v(X)$ 称为 X 的 **变异系数**.

$$C_v(X) = \frac{\sqrt{D(X)}}{E(X)} = \frac{\sigma(X)}{E(X)}.$$

变异系数是一个无量纲的量.

例 4 - 20　用 X 表示某种同龄树的高度,其单位为米;用 Y 表示某年龄段儿童的身高,其单位也为米. 设 $E(X)=10,D(X)=1,E(Y)=1,D(Y)=0.04$,问 X 与 Y 哪个波动小?

解
$$C_v(X)=\frac{\sigma(X)}{E(X)}=\frac{1}{10}=0.1,$$

$$C_v(Y)=\frac{\sigma(Y)}{E(Y)}=\frac{\sqrt{0.04}}{1}=0.2,$$

说明 X 的波动比 Y 的波动小.

§4.5.2　偏度系数

定义 4 - 13　设随机变量 X 的三阶矩存在,则 β_s 称为 X 的**偏度系数**,简称偏度.

$$\beta_s=\frac{E[X-E(X)]^3}{\{E[X-E(X)]^2\}^{3/2}}=\frac{v_3}{(v_2)^{3/2}}.$$

偏度系数用来刻画随机变量 X 的对称性程度.

(1) 若 $\beta_s=0$,则随机变量 X 的分布关于其均值 $E(X)$ 对称,如图 4 - 2 所示.

(2) 若 $\beta_s>0$,则随机变量 X 的分布称为正偏或右偏. 此时重尾在右侧,即随机变量 X 在高值处比低值处有较大的偏离中心的趋势,如图 4 - 3 所示.

(3) 若 $\beta_s<0$,则随机变量 X 的分布称为负偏或左偏. 此时重尾在左侧,即随机变量 X 在低值处比高值处有较大的偏离中心的趋势,如图 4 - 4 所示.

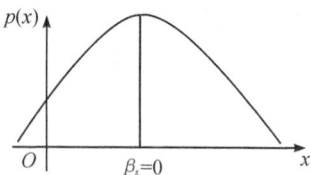

图 4 - 2　偏度系数 $\beta_s=0$
意义示意图

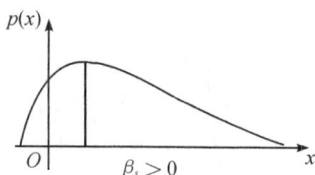

图 4 - 3　偏度系数 $\beta_s>0$
意义示意图

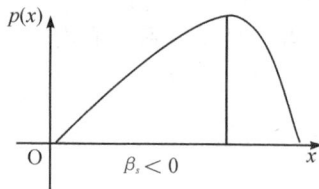

图 4 - 4　偏度系数 $\beta_s<0$
意义示意图

§4.5.3　峰度系数

定义 4 - 14　设随机变量 X 的四阶矩存在,则 β_k 称为 X 的**峰度系数**,简称峰度.

$$\beta_k=\frac{E[X-E(X)]^4}{\{E[X-E(X)]^2\}^2}-3=\frac{v_4}{(v_2)^2}-3.$$

峰度系数用来刻画随机变量 X 分布的尖峭程度.

定理 4 - 5　设 X 为任一随机变量,其标准化随机变量为 $X^*=\dfrac{X-E(X)}{\sigma(X)}$,则 X 与 X^* 有相同的峰度系数.

证明　记 X 的峰度系数为 $\beta_k(X)$,X^* 的峰度系数为 $\beta_k(X^*)$,由于 $E(X^*)=0,E(X^{*2})=D(X^*)=1$,则由峰度系数的定义可知:

$$\beta_k(X)=\frac{E[X-E(X)]^4}{\{E[X-E(X)]^2\}^2}-3=\frac{\dfrac{E[X-E(X)]^4}{[\sigma(X)]^4}}{\dfrac{\{E[X-E(X)]^2\}^2}{[\sigma(X)]^4}}-3=\frac{E\left[\dfrac{X-E(X)}{\sigma(X)}\right]^4}{\left\{E\left[\dfrac{X-E(X)}{\sigma(X)}\right]^2\right\}^2}-3$$

$$=\frac{E[X^{*4}]}{\{E[X^{*2}]\}^2}-3=\frac{E[X^*-E(X^*)]^4}{\{E[X^*-E(X^*)]^2\}^2}-3=\beta_k(X^*).$$

推论 4-5　设任一随机变量 X 的标准化随机变量为 X^*，则 $Z\sim N(0,1)$ 的峰度系数为 0，且 X 的峰度系数 $\beta_k=E(X^{*4})-E(Z^4)$.

由此可知：峰度的大小不是指密度函数峰值的高低，峰度系数是相对于正态分布而言的，以标准正态分布为基准，X 的峰度系数为标准化随机变量 X^* 的四阶原点矩与标准正态分布的四阶原点矩之差.

(1) 当 $\beta_k<0$ 时，X^* 的分布形状比标准正态分布平坦，称为**低峰度**；

(2) 当 $\beta_k=0$ 时，X^* 的分布形状与标准正态分布相当；

(3) 当 $\beta_k>0$ 时，X^* 的分布形状比标准正态分布尖峭，称为**高峰度**.

§4.6　条件数学期望

条件分布就是特定条件下随机变量的分布，条件分布的数学期望称为条件数学期望. 条件期望与无条件期望不仅在计算上有区别，更重要的是在含义上也有区别. 条件期望是条件分布的数学期望，具有数学期望的所有性质.

§4.6.1　条件数学期望

定义 4-15　如果离散型随机变量 X 在 $Y=y$ 条件下的条件分布列为 $P\{X=x_i\mid Y=y\}$ $(i=1,2,\cdots)$，又若 $\sum_{i=1}^{\infty}\mid x_i\mid P\{X=x_i\mid Y=y\}<\infty$，则

$$\sum_{i=1}^{\infty}x_iP\{X=x_i\mid Y=y\}$$

称为 **X 在 $Y=y$ 条件下的条件数学期望**，简称为条件期望，并记作 $E(X\mid Y=y)$.

类似地有 $E(Y\mid X=x)$ 的定义.

定义 4-16　如果连续型随机变量 X 在 $Y=y$ 条件下的条件概率密度为 $p_{X\mid Y}(x\mid y)$，若 $\int_{-\infty}^{\infty}\mid x\mid p_{X\mid Y}(x\mid y)\mathrm{d}x<\infty$，则

$$E(X\mid Y=y)=\int_{-\infty}^{\infty}xp_{X\mid Y}(x\mid y)\mathrm{d}x$$

称为 **X 在 $Y=y$ 条件下的条件数学期望**，或简称为条件期望.

类似地有 $E(Y\mid X=x)$ 的定义.

不加证明地给出如下定理(定理成立是显然的).

定理 4-6　若 $y=f(x)$ 是连续函数，且 $E(f(X)\mid Y=y)$，

(1) 若 (X,Y) 为二维离散型随机变量，则

$$E(f(X)\mid Y=y)=\sum_{i=1}^{\infty}f(x_i)\frac{p\{X=x_i,Y=y\}}{P\{Y=y\}};$$

(2) 若 (X,Y) 为二维连续型随机变量，则

$$E(f(X)\mid Y=y)=\int_{-\infty}^{\infty}f(x)p_{X\mid Y}(x\mid y)\mathrm{d}x.$$

例 4-21　二维随机变量 (X,Y) 的联合分布如下所示，试求 $E(X\mid Y=2)$ 与 $E(Y\mid X=0)$.

X＼Y	0	1	2	3
0	0	0.01	0.01	0.01
1	0.01	0.02	0.03	0.02
2	0.03	0.04	0.05	0.04
3	0.05	0.05	0.05	0.06
4	0.07	0.06	0.05	0.06
5	0.09	0.08	0.06	0.05

解　容易求得 $P(Y=2)=0.25$，由 $P(X=i\mid Y=2)=\dfrac{P(X=i,Y=2)}{P(Y=2)}$ 得条件分布列如下所示.

$X\mid Y=2$	0	1	2	3	4	5
P	0.04	0.12	0.2	0.2	0.2	0.24

所以

$$E(X\mid Y=2)=0\times0.04+1\times0.12+\cdots+5\times0.24=3.12,$$

同理可得 $X=0$ 条件下 Y 的条件分布列如下所示.

$Y\mid X=0$	0	1	2	3
P	0	$\dfrac{1}{3}$	$\dfrac{1}{3}$	$\dfrac{1}{3}$

所以

$$E(Y\mid X=0)=2.$$

例 4 – 22　设二维随机变量 (X,Y) 的密度函数为 $p(x,y)$，试求 $E(X\mid Y=0.5)$.

$$p(x,y)=\begin{cases}x+y, & 0<x,y<1\\ 0, & \text{其他}\end{cases}.$$

解　可求得

$$p_Y(y)=\begin{cases}\displaystyle\int_0^1(x+y)\mathrm{d}x, & 0<y<1\\ 0, & \text{其他}\end{cases}=\begin{cases}0.5+y, & 0<y<1\\ 0, & \text{其他}\end{cases},$$

所以

$$p(x\mid y=0.5)=\frac{p(x,0.5)}{p_Y(0.5)}=\begin{cases}0.5+x, & 0<x<1\\ 0, & \text{其他}\end{cases},$$

因此有

$$E(X\mid Y=0.5)=\int_0^1 x(0.5+x)\mathrm{d}x=\frac{7}{12}.$$

§4.6.2　重期望

定义 4 – 17　条件期望 $E(X\mid Y=y)$ 是 y 的函数，记为 $g(y)=E(X\mid Y=y)$，则 $g(Y)=E(X\mid Y)$ 也是一个随机变量，如果其数学期望 $E[E(X\mid Y)]$ 存在，则称为**重期望**.

定理 4 – 7　设 (X,Y) 是二维随机变量，且 $E(X)$ 存在，则

$$E(X)=E[E(X\mid Y)].$$

证明　(1) 设 (X,Y) 为二维离散型随机变量，则

$$E[E(X\mid Y)]=\sum_{j=1}^{\infty}E(X\mid Y=y_j)P\{Y=y_j\}$$

$$= \sum_{j=1}^{\infty} \left(\sum_{i=1}^{\infty} x_i P\{X = x_i \mid Y = y_j\} \right) P\{Y = y_j\}$$

$$= \sum_{j=1}^{\infty} \sum_{i=1}^{\infty} x_i \frac{P\{X = x_i, Y = y_j\}}{P\{Y = y_j\}} P\{Y = y_j\}$$

$$= \sum_{i=1}^{\infty} \sum_{j=1}^{\infty} x_i P\{X = x_i, Y = y_j\} = E(X).$$

（2）设 (X, Y) 为二维连续型随机变量，则

$$E[E(X \mid Y)] = \int_{-\infty}^{\infty} E(X \mid Y = y) p_Y(y) \mathrm{d}y = \int_{-\infty}^{\infty} \left(\int_{-\infty}^{\infty} x p_{X|Y}(x \mid y) \mathrm{d}x \right) p_Y(y) \mathrm{d}y$$

$$= \int_{-\infty}^{\infty} \left(\int_{-\infty}^{\infty} x \frac{p(x, y)}{p_Y(y)} \mathrm{d}x \right) p_Y(y) \mathrm{d}y = \int_{-\infty}^{\infty} \int_{-\infty}^{\infty} x p(x, y) \mathrm{d}x \mathrm{d}y = E(X).$$

例 4-23　一矿工被困在三个门的矿井里，第一个门通一坑道，沿此坑道走 3 小时可到达安全区；第二个门通一坑道，沿此坑道走 5 小时回原处；第三个门通一坑道，沿此坑道走 7 小时回原处。假若此矿工总是等可能地在三个门中选择一个，问：他平均用多少时间才能到达安全区？

解　设矿工需要 X 小时到达安全区，Y 表示第一次所选的门，则由题设知

$$E(X \mid Y = 1) = 3, \quad E(X \mid Y = 2) = 5 + E(X), \quad E(X \mid Y = 3) = 7 + E(X),$$

且

$$P(Y = 1) = P(Y = 2) = P(Y = 3) = \frac{1}{3},$$

由此可知

$$E(X) = E[E(X \mid Y)] = \frac{1}{3}\{3 + [5 + E(X)] + [7 + E(X)]\} = 5 + \frac{2}{3}E(X),$$

由此解得 $E(X) = 15$.

例 4-24　设电力公司每月可供给某工厂的电力 X 服从 $(10, 30)$（单位：$10^4\,\mathrm{kW}$）上的均匀分布，而该工厂每月实际需要的电力 Y 服从 $(10, 20)$（单位：$10^4\,\mathrm{kW}$）上的均匀分布。如果该工厂能从电力公司得到足够的电力，则每 $10^4\,\mathrm{kW}$ 电力可创造 30 万元的利润；若工厂不能从电力公司得到足够的电力，则不足部分由其他途径解决。由其他途径解决的电力，每 $10^4\,\mathrm{kW}$ 电力只能创造 10 万元的利润。试求该工厂每月的平均利润。

解　由题知 $X \sim U(10, 30)$，$Y \sim U(10, 20)$。设该工厂每月的利润为 Z 万元，则

$$Z = \begin{cases} 30Y, & Y \leqslant X \\ 30X + 10(Y - X), & Y > X \end{cases}.$$

当 $X = x$ 给定时，Z 就只是 Y 的函数，于是

（1）当 $10 \leqslant x \leqslant 20$ 时，

$$E(Z \mid X = x) = \int_{10}^{x} 30y p_Y(y) \mathrm{d}y + \int_{x}^{20} (10y + 20x) p_Y(y) \mathrm{d}y$$

$$= \int_{10}^{x} 30y \cdot \frac{1}{10} \mathrm{d}y + \int_{x}^{20} (10y + 20x) \cdot \frac{1}{10} \mathrm{d}y = 50 + 40x - x^2.$$

（2）当 $20 \leqslant x \leqslant 30$ 时，

$$E(Z \mid X = x) = \int_{10}^{20} 30y p_Y(y) \mathrm{d}y = \int_{10}^{20} 30y \cdot \frac{1}{10} \mathrm{d}y = 450.$$

于是该工厂每月的平均利润

$$E(Z) = E[E(Z \mid X)] = \int_{10}^{20} E(Z \mid X = x) p_X(x) \mathrm{d}x + \int_{20}^{30} E(Z \mid X = x) p_X(x) \mathrm{d}x$$

$$= \frac{1}{20} \int_{10}^{20} (50 + 40x - x^2) \mathrm{d}x + \frac{1}{20} \int_{20}^{30} 450 \mathrm{d}x = 25 + 300 - \frac{700}{6} + 225 \approx 433.$$

习题四

1. 从学校乘汽车到火车站的途中有三个交通岗,假设在各个交通岗遇到红灯的事件是相互独立的,并且概率都是 0.4. 设 X 为途中遇到红灯的次数,求随机变量 X 的数学期望.

2. 某流水生产线上每个产品不合格的概率为 p $(0 < p < 1)$,各产品合格与否相互独立,当出现一个不合格产品时即停机检修. 设开机后第一次停机时已生产的合格产品个数为 X,求 X 的数学期望.

3. 设随机变量 X 的分布律如下.

X	-2	0	2
P	0.4	0.3	0.3

求 $E(X), E(X^2), E(3X+5)$.

4. 在制作某种食品时,面粉所占的比率 X 的概率密度函数为

$$p(x) = \begin{cases} 42x(1-x)^5, & 0 < x < 1 \\ 0, & \text{其他} \end{cases},$$

求 X 的数学期望 $E(X)$.

5. 有 3 只球,4 个盒子,盒子的编号为 1,2,3,4. 将球逐个独立地随机地放入 4 个盒子中,以 X 表示其中至少有一只球的盒子的最小号码(例如 $X=3$ 表示第 1 号、第 2 号盒子是空的,第 3 号盒子中至少有一只球),试求 $E(X)$.

6. 设随机变量 X 的分布函数为

$$F(x) = \begin{cases} 0.5e^x, & x < 0 \\ 0.5, & 0 \leqslant x < 1, \\ 1 - 0.5e^{-0.5(x-1)}, & x \geqslant 1 \end{cases}$$

试求随机变量 X 的数学期望与方差.

7. 已知投资一项目的收益率 R 是一随机变量,其分布如下.

R	1%	2%	3%	4%	5%	6%
P	0.1	0.1	0.2	0.3	0.2	0.1

一位投资者在该项目上投资 10 万元,求他预期获得多少收入? 收入的方差是多少?

8. 设 X 的概率分布为 $B(4, p)$,求 $Y = \sin(\frac{\pi}{2}X)$ 的数学期望.

9. 设随机变量 X 的概率密度为 $p(x) = \begin{cases} e^{-x}, & x > 0 \\ 0, & x \leqslant 0 \end{cases}$,设 $Y = 2X, Z = e^{-2X}$,求 $E(Y), E(Z)$.

10. 设 (X, Y) 的概率密度为 $p(x, y) = \begin{cases} 12y^2, & 0 \leqslant y \leqslant x \leqslant 1 \\ 0, & \text{其他} \end{cases}$,求 $E(X), E(Y), E(XY), E(X^2 + Y^2)$.

11. 设随机变量 (X, Y),已知 $E(X) = 5, E(Y) = 3, D(X) = 2, D(Y) = 3$,且有 $E(XY) = 0$,求 $D(2X - 3Y)$.

12. 设随机变量 (X, Y) 的概率密度为

$$p(x, y) = \begin{cases} \dfrac{1}{8}(x+y), & 0 \leqslant x \leqslant 2, 0 \leqslant y \leqslant 2 \\ 0, & \text{其他} \end{cases},$$

求：(1)$E(X)$，$E(Y)$；(2)$Cov(X,Y)$；(3)X,Y 的相关系数 ρ_{XY}；(4)$D(X+Y)$.

13. 设二维随机变量(X,Y)的概率密度为

$$p(x,y)=\begin{cases}\dfrac{3}{4}x^2y, & 0\leqslant x\leqslant 2,0\leqslant y\leqslant 1, \\ 0, & \text{其他}\end{cases}$$

求：(1)$E(X)$和$E(Y)$；(2)$D(X)$和$D(Y)$；(3)$Cov(X,Y)$；(4)ρ_{XY}.

14. 试证：当$c=E(X)$时，$E(X-c)^2$ 的值最小，并求出其最小值.

15. 设随机变量 X 仅在区间$[a,b]$上取值，试证：(1) $a\leqslant E(X)\leqslant b$；(2) $D(X)\leqslant\left(\dfrac{b-a}{2}\right)^2$.

16. 设 A,B 是两个随机事件，随机变量

$$X=\begin{cases}1, & \text{若 }A\text{ 出现} \\ -1, & \text{若 }A\text{ 不出现}\end{cases}, \qquad Y=\begin{cases}1, & \text{若 }B\text{ 出现} \\ -1, & \text{若 }B\text{ 不出现}\end{cases}.$$

试证明：随机变量 X 和 Y 不相关的充分必要条件是 A 与 B 相互独立.

17. 现有一大批种子，其中良种占 $\dfrac{1}{6}$，今在其中任选 6000 粒，试用契比雪夫不等式估计在这些种子中良种所占的比例与 $\dfrac{1}{6}$ 之差的绝对值小于 1% 的概率.

18. 设二维随机变量(X,Y)的概率密度为

$$p(x,y)=\begin{cases}6xy^2, & 0\leqslant x\leqslant 1,0\leqslant y\leqslant 1 \\ 0, & \text{其他}\end{cases}.$$

试求(X,Y)的协方差矩阵.

19. 自由度为 2 的 χ^2 分布的密度函数为

$$p(x)=\dfrac{1}{2}\mathrm{e}^{-\frac{x}{2}} \quad (x>0),$$

试求出分布函数及分位数 $x_{0.1},x_{0.5},x_{0.8}$.

20. 试证随机变量 X 的偏度系数与峰度系数对位移和改变比例是不变的，即对任意实数 a,b $(b\neq 0)$，$Y=a+bX$ 与 X 有相同的偏度系数与峰度系数.

21. 设二维随机变量(X,Y)的概率密度为

$$p(x,y)=\begin{cases}x+y, & 0\leqslant x\leqslant 1,0\leqslant y\leqslant 1 \\ 0, & \text{其他}\end{cases},$$

试求 $E(X|Y=0.5)$.

22. 设二维随机变量(X,Y)的概率密度为

$$p(x,y)=\begin{cases}24(1-x)y, & 0\leqslant y<x\leqslant 1 \\ 0, & \text{其他}\end{cases}.$$

当 $0<y<1$ 时，试求 $E(X|Y=y)$.

23. 设 $E(Y)$ 与 $E[h(Y)]$ 存在，试求 $E[h(Y)|Y]=h(Y)$.

24. 设 $X_1,X_2,\cdots,X_n$ 为独立同分布的随机变量序列，且方差存在；随机变量 N 只取自然数，$D(N)$存在，且 N 与$\{X_n\}$独立，证明：

$$D\Big(\sum_{i=1}^{N}X_i\Big)=D(N)[E(X_1)]^2+E(N)D(X_1).$$

第五章 常用分布

本章将介绍几个在日常生活、社会经济活动和科学研究中常用的重要随机变量的分布. 要求掌握这些随机变量的分布规律和数字特征（数学期望和方差等），以及其他特性.

§5.1 两点分布与二项分布

§5.1.1 两点分布

定义 5−1 如果随机变量 X 的概率分布如下.

X	x_1	x_2
P	$1-p$	p

则称 X 服从**两点分布**（Two-point distribution），其中 $0<p<1$.

◆ 特别地，当 $x_1=0$，$x_2=1$ 时，则称 X 服从参数为 p 的（0-1）分布，记作 $X\sim B(1,p)$. 其概率分布为

$$P\{X=x\}=p^x(1-p)^{1-x} \quad (x=0,1).$$

例 5−1 一批种子的发芽率为 95%，从中任意抽取一粒进行实验，用随机变量 X 表示抽出的一粒种子发芽的个数，求 X 的分布律及分布函数.

解 显然 X 只取两个值 0 和 1，且概率分布为 $P\{X=1\}=0.95$，$P\{X=0\}=1-0.95=0.05$. 于是 X 的分布函数为

$$F(x)=P\{X\leqslant x\}=\begin{cases} 0, & x<0 \\ 0.05, & 0\leqslant x<1. \\ 1, & x\geqslant 1 \end{cases}$$

§5.1.2 二项分布

定义 5−2 如果随机变量 X 的概率分布为

$$P\{X=k\}=C_n^k p^k(1-p)^{n-k} \quad (k=0,1,2,\cdots,n),$$

则称随机变量 X 服从为参数为 n，p 的**二项分布**（Binomial distribution），记为 $X\sim B(n,p)$. 特别地，当 $n=1$ 时，二项分布就是参数为 p 的两点分布.

二项分布产生于 n 重伯努利（Bernoulli）试验. 事实上，设 X 表示 n 重伯努利试验中 A 发生的次数，p 为 A 发生的概率，则 $X\sim B(n,p)$.

例 5−2 一办公室内有 8 台计算机，在任一时刻每台计算机被使用的概率为 0.6，计算机是否被使用相互独立，问在同一时刻：

（1）恰有 3 台计算机被使用的概率是多少？

（2）至多有 2 台计算机被使用的概率是多少？

（3）至少有 2 台计算机被使用的概率是多少？

解　设 X 为在同一时刻 8 台计算机中被使用的台数,则 $X \sim B(8,0.6)$,于是

(1) $P\{X=3\}=C_8^3 0.6^3 \times 0.4^5 = 0.1239$;

(2) $P\{X \leqslant 2\} = P_8(0) + P_8(1) + P_8(2)$
$$= C_8^0 0.6^0 0.4^8 + C_8^1 0.6 \times 0.4^7 + C_8^2 0.6^2 \times 0.4^6 = 0.0498;$$

(3) $P\{X \geqslant 2\} = 1 - P_8(0) - P_8(1) = 1 - C_8^0 0.6^0 0.4^8 - C_8^1 0.6 \times 0.4^7 = 0.9915.$

§5.1.3　二项分布与 0-1 分布之间的关系

在 n 重伯努利试验中,若每次试验中事件 A 发生的概率为 p $(0<p<1)$,设 X 表示 n 重伯努利试验中 A 发生的次数,则 $X \sim B(n,p)$. 如果令 X_i 为第 i 次试验中事件 A 发生的次数,则每一个 X_i $(i=1,2,\cdots,n)$ 都服从 0-1 分布,且有如下相同的分布律.

X_i	0	1
P	$1-p$	p

易知随机变量 X 与 X_i 有如下关系:
$$X = X_1 + X_2 + \cdots + X_n.$$

即二项分布的随机变量 $X \sim B(n,p)$,可以分解成 n 个 0-1 分布随机变量 $X_i \sim B(1,p)$ 之和,而且这 n 个随机变量的取值互不影响. 反之,n 个取值互不影响的 0-1 分布随机变量 $X_i \sim B(1,p)$ 之和服从二项分布 $X \sim B(n,p)$.

§5.1.4　二项分布的数学期望和方差

定理 5-1　若 $X \sim B(n,p)$,即 $P\{X=k\}=C_n^k p^k q^{n-k}$ $(k=0,1,2,\cdots,n)$. 则

(1) X 的数学期望为 $E(X)=np$;

(2) X 的方差为 $D(X)=np(1-p)$.

证明　易证若 $X \sim B(1,p)$,则 $E(X)=p,D(X)=p(1-p)$.

设 $X_1,X_2,\cdots,X_n$ 为 n 个独立同分布的随机变量 $X_i \sim B(1,p)$,则有
$$X = X_1 + X_2 + \cdots + X_n,$$
而且
$$E(X_i)=p, \quad D(X_i)=p(1-p) \ (i=1,2,\cdots,n),$$
所以
$$E(X)=E(X_1)+E(X_2)+\cdots+E(X_n)=np,$$
$$D(X)=D(X_1)+D(X_2)+\cdots+D(X_n)=np(1-p).$$

例 5-3　一载有 30 名乘客的机场班车自机场开出,途中有 8 个车站可以下车,如果到达一个车站没有人下车则不停车,用 X 表示班车的停车次数,假设每位乘客每个车站下车是等可能的,且是否下车相互独立,求 X 的数学期望及方差.

解　依题意,每位乘客在第 i $(i=1,2,\cdots,8)$ 个车站下车的概率为 $\frac{1}{8}$,不下车的概率为 $\frac{7}{8}$,则班车在第 i $(i=1,2,\cdots,8)$ 个车站不停车的概率为 $\left(\frac{7}{8}\right)^{30}$,所以
$$X \sim B\left(8, 1-\left(\frac{7}{8}\right)^{30}\right),$$
从而
$$E(X)=8 \times \left(1-\left(\frac{7}{8}\right)^{30}\right) \approx 7.854, \quad D(X)=8 \times \left(1-\left(\frac{7}{8}\right)^{30}\right) \times \left(\frac{7}{8}\right)^{30} \approx 0.143.$$

例 5-4　某工厂有一套重要的机器设备,该设备在一天内发生故障的概率为 0.2,设备

发生故障时全天停止工作.若一周 5 个工作日无故障,可获利 10 万元;若发生一次故障可获利 5 万元;若发生两次故障则不获利;若发生三次或三次以上故障则亏损 2 万元,问一周内的期望利润是多少?

解 以 X 表示一周内发生故障的天数,则 $X \sim B(5, 0.2)$,即

$$P\{X=k\}=C_5^k 0.2^k 0.8^{5-k} \quad (k=0,1,2,3,4,5),$$

用 Y 表示所获利润,则

$$Y=\begin{cases} 10, & X=0 \\ 5, & X=1 \\ 0, & X=2 \\ -2, & X \geqslant 3 \end{cases}.$$

所以 Y 的分布律如下.

Y	-2	0	5	10
P	0.05792	0.2048	0.4096	0.32768

$$E(Y)=10 \times 0.32768+5 \times 0.4096-2 \times 0.05792=5.20896(万元),$$

即一周内的期望利润是 5.20896 万元.

例 5-5 将一枚均匀的硬币投掷 n 次,以 X 和 Y 分别表示正面朝上和背面朝上的次数,试求 X 和 Y 的协方差和相关系数.

解 由题意可知,$X \sim B\left(n, \dfrac{1}{2}\right)$,$Y \sim B\left(n, \dfrac{1}{2}\right)$,$X+Y=n$,

$$E(X)=E(Y)=\frac{1}{2}n, \quad D(X)=D(Y)=\frac{1}{4}n,$$

$$Cov(X,Y)=E[X-E(X)][Y-E(Y)]=E[X-E(X)][(n-X)-E(n-X)]$$

$$=-E[X-E(X)]^2=-D(X)=-\frac{1}{4}n.$$

X 和 Y 的相关系数

$$\rho_{XY}=\frac{Cov(X,Y)}{\sqrt{D(X)} \cdot \sqrt{D(Y)}}=-1,$$

相关系数等于 -1,这是因为 $X+Y=n$ 或 $Y=n-X$ 总是成立.

§5.2 泊松分布

§5.2.1 泊松分布

定义 5-3 如果随机变量 X 的概率分布为 $P\{X=k\}=\dfrac{\lambda^k}{k!}e^{-\lambda}$ $(k=0,1,2,\cdots)$,其中 $\lambda>0$ 为常数,则称 X 服从参数为 λ 的**泊松分布**(Poisson distribution),记作 $X \sim P(\lambda)$.

泊松分布可描述客观世界中大量存在的类似稀疏流的随机现象.比如一段时间内电话交换台收到的电话呼唤次数、售票口买票的人数、原子放射的粒子数、织布机上断头的次数、动物物种的数量等,都近似地服从泊松分布.因此泊松分布在实际应用中占有很突出的地位.

例 5-6 一本畅销书共 100 页,如果每页上印刷错误的数目服从参数 $\lambda=2$ 的泊松分布,且各页印刷错误的数目相互独立,求该本书中各页印刷错误的数目都不超过 4 个的概率.

解 设 X 表示每页上印刷错误的数目,则 $X \sim P(2)$,

$$P\{X\leqslant 4\}=P\{X=0\}+P\{X=1\}+P\{X=2\}+P\{X=3\}+P\{X=4\}$$
$$=0.1353+0.2707+0.2707+0.1804+0.092=0.9473.$$

因为各页的印刷错误的数目相互独立,所以 100 页的书中各页的印刷错误的数目都不超过 4 个的概率是 $(0.9473)^{100}\approx 0.0045.$

例 5-7　某商店某种商品日销量 $X\sim P(5)$,试求以下事件的概率:

(1) 日销 3 件的概率;

(2) 日销量不超过 10 件的概率;

(3) 在已售出 1 件的条件下,求当日至少售出 3 件的概率.

解　$(1)P\{X=3\}=\dfrac{5^3}{3!}e^{-5}=\dfrac{125}{6}e^{-5}$

$$=P\{X\leqslant 3\}-P\{X\leqslant 2\}=0.265-0.125=0.140;$$

(2) $P\{X\leqslant 10\}=\displaystyle\sum_{k=0}^{10}\dfrac{5^k}{k!}\cdot e^{-5}=0.986;$

(3) $P\{X\geqslant 3\,|\,X\geqslant 1\}=\dfrac{P\{(X\geqslant 3)\bigcap(X\geqslant 1)\}}{P(X\geqslant 1)}=\dfrac{P(X\geqslant 3)}{P(X\geqslant 1)}$

$$=\dfrac{1-P\{X\leqslant 2\}}{1-P\{X\leqslant 1\}}=\dfrac{1-0.125}{1-0.040}=0.881.$$

§5.2.2　泊松定理

用二项分布 $B(n,p)$ 的分布律 $P\{X=k\}=C_n^k p^k q^{n-k}$ 计算概率时,只要 n 稍大,计算就显得十分困难,为了解决这个问题,下面给出了一个近似计算方法.

例 5-8　某人进行射击训练,每次射中的概率为 0.02,独立射击 400 次,求至少击中 1 次的概率.

解　将每次射击看作一次独立试验,则整个试验可看作一个 400 次的伯努利试验.设击中的次数为 X,则 $X\sim B(400,0.02)$,X 的概率分布为

$$P\{X=k\}=C_{400}^k(0.02)^k(0.98)^{400-k}\quad(k=0,1,2,\cdots,400),$$

则所求概率为

$$P\{X\geqslant 1\}=1-P\{X=0\}=1-(0.98)^{400}\approx 0.9997.$$

这个例子的实际意义十分有趣:①正常情况下计算 $(0.98)^{400}$ 的近似值很不方便;②该射手每次命中的概率只有 0.02,绝对不是个天才,但他坚持射击 400 次,则击中目标的概率近似为 1,几乎成为必然事件.这说明,由量的积累会达到质的飞跃.因此,不要认为成功的希望小而放弃,只要我们锲而不舍地努力,就一定会达到理想的彼岸.

定理 5-2　(泊松定理)设随机变量 X_n 服从二项分布 $B(n,p_n)$ $(n=1,2,\cdots)$,其中 p_n 与 n 有关,若数列 $\{p_n\}$ 满足 $\lim\limits_{n\to\infty}np_n=\lambda$ $(\lambda>0,$为常数$)$,则

$$\lim_{n\to\infty}P\{X_n=k\}=\lim_{n\to\infty}C_n^k p_n^k(1-p_n)^{n-k}=\dfrac{\lambda^k}{k!}e^{-\lambda}\quad(0\leqslant k\leqslant n).$$

证明　记 $\lambda_n=np_n$,则 $\lim\limits_{n\to\infty}\lambda_n=\lambda$,$\lim\limits_{n\to\infty}p_n=\lim\limits_{n\to\infty}\dfrac{\lambda_n}{n}=0.$ 由于

$$C_n^k p_n^k(1-p_n)^{n-k}=\dfrac{n(n-1)\cdots(n-k+1)}{k!}\left(\dfrac{\lambda_n}{n}\right)^k\left(1-\dfrac{\lambda_n}{n}\right)^{n-k}$$

$$=\dfrac{\lambda_n^k}{k!}\left(1-\dfrac{1}{n}\right)\left(1-\dfrac{2}{n}\right)\cdots\left(1-\dfrac{k-1}{n}\right)\left(1-\dfrac{\lambda_n}{n}\right)^{n-k},$$

对固定的 k，利用重要极限 $\lim\limits_{x\to\infty}\left(1+\dfrac{1}{x}\right)^x=\mathrm{e}$，有

$$\lim_{n\to\infty}\left(1-\frac{\lambda_n}{n}\right)^{n-k}=\lim_{n\to\infty}\left[\left(1-\frac{\lambda_n}{n}\right)^{-\frac{n}{\lambda_n}}\right]^{-\frac{n-k}{n}\lambda_n}=\mathrm{e}^{-\lambda},$$

而

$$\lim_{n\to\infty}\left(1-\frac{i}{n}\right)=1\quad(i=1,2,\cdots,k-1),$$

因此

$$\lim_{n\to\infty}C_n^k p_n^k(1-p_n)^{n-k}=\frac{\lambda^k}{k!}\mathrm{e}^{-\lambda}.$$

泊松定理表明，若随机变量 X 服从二项分布 $B(n,p)$，当 n 很大，p 或 $1-p$ 较小时（通常 $n\geqslant20,p\leqslant0.1$），可直接利用下面的近似公式

$$C_n^k p^k(1-p)^{n-k}\approx\frac{(np)^k}{k!}\mathrm{e}^{-np}.$$

例 5-9　用步枪射击飞机，每次击中的概率为 0.001，今独立地射击 6000 次，试求击中不少于两弹的概率.

解　设 X 为击中的次数，则 $X\sim B(6000,0.001)$，于是所求概率为

$$P\{X\geqslant2\}=1-P\{X<2\}=1-P\{\leqslant1\}.$$

利用泊松定理计算结果如下：

因 $np=6000\times0.001=6$，查表得 $P\{X\leqslant1\}=0.017$，故所求概率为 $P\{X\geqslant2\}=1-0.017=0.983$.

§5.2.3　泊松分布的数字特征

定理 5-3　设随机变量 X 服从参数为 λ（$\lambda>0$）的泊松分布 $X\sim P(\lambda)$，则 X 的数学期望 $E(X)=\lambda$，X 的方差 $D(X)=\lambda$.

证明　由于 $P\{X=k\}=\dfrac{\lambda^k}{k!}\mathrm{e}^{-\lambda}$（$k=0,1,2,\cdots$）.

（1）因而 X 的数学期望为

$$E(X)=\sum_{k=1}^{\infty}k\cdot\frac{\lambda^k}{k!}\mathrm{e}^{-\lambda}=\lambda\mathrm{e}^{-\lambda}\sum_{k=1}^{\infty}\frac{\lambda^{k-1}}{(k-1)!}=\lambda\mathrm{e}^{-\lambda}\cdot\mathrm{e}^{\lambda}=\lambda.$$

（2）由于 $E(X^2)=\displaystyle\sum_{k=0}^{\infty}k^2P\{X=k\}=\sum_{k=1}^{\infty}k^2\cdot\frac{\lambda^k}{k!}\mathrm{e}^{-\lambda}=\mathrm{e}^{-\lambda}\sum_{k=1}^{\infty}k\cdot\frac{\lambda^k}{(k-1)!}$

$$=\lambda\mathrm{e}^{-\lambda}\sum_{k=0}^{\infty}(k+1)\frac{\lambda^k}{k!}=\lambda\mathrm{e}^{-\lambda}\sum_{k=0}^{\infty}k\frac{\lambda^k}{k!}+\lambda\mathrm{e}^{-\lambda}\sum_{k=0}^{\infty}\frac{\lambda^k}{k!}$$

$$=\lambda^2\mathrm{e}^{-\lambda}\sum_{k-1=0}^{\infty}\frac{\lambda^{k-1}}{(k-1)!}+\lambda\mathrm{e}^{-\lambda}\sum_{k=0}^{\infty}\frac{\lambda^k}{k!}=\lambda^2+\lambda.$$

而 $E(X)=\lambda$，因此

$$D(X)=E(X^2)-(EX)^2=\lambda^2+\lambda-\lambda^2=\lambda.$$

例 5-10　设 X,Y 相互独立，$X\sim P(\lambda_1)$，$Y\sim P(\lambda_2)$，求 $Z=X+Y$ 的分布律.

解　由题意知，X 和 Y 的分布律分别为

$$P\{X=k\}=\frac{\lambda_1^k}{k!}\mathrm{e}^{-\lambda_1}\quad(k=0,1,2,\cdots),\quad P\{Y=k\}=\frac{\lambda_2^k}{k!}\mathrm{e}^{-\lambda_2}\quad(k=0,1,2\cdots),$$

显然，随机变量 Z 可取一切非负整数.

$$P\{Z=n\}=P\{X+Y=n\}=\sum_{k=0}^{n}P\{X=k\}P\{Y=n-k\}=\sum_{k=0}^{n}\frac{\lambda_1^k}{k!}\mathrm{e}^{-\lambda_1}\frac{\lambda_2^{n-k}}{(n-k)!}\mathrm{e}^{-\lambda_2}$$

$$= \frac{1}{n!}e^{-(\lambda_1+\lambda_2)}\sum_{k=0}^{n}\frac{n!}{k!(n-k)!}\lambda_1^k\lambda_2^{n-k} = \frac{(\lambda_1+\lambda_2)^n}{n!}e^{-(\lambda_1+\lambda_2)} \quad (n=0,1,2,\cdots).$$

即 $Z\sim P(\lambda_1+\lambda_2)$.

§5.3　几何分布

§5.3.1　几何分布

引　例　一次接一次地向同一目标射击,各次射击独立进行,每一次射击的命中率都是 p $(0<p<1)$,直到首次命中目标为此.以 X 表示射击次数,试求 X 的分布律.

解　记 $A_k=\{$第 k 次射击命中目标$\}$ $(k\geqslant1)$,则由题设知:
$$P(A_k)=p, \quad \{X=n\}=\overline{A_1}\,\overline{A_2}\cdots\overline{A_{n-1}}A_n.$$

由独立性得
$$P\{X=n\}=q^{n-1}p, \quad q=1-p \ (n=1,2,\cdots).$$

定义5-4　如果随机变量 X 的概率分布为
$$P\{X=n\}=q^{n-1}p, \quad q=1-p \ (n=1,2,\cdots),$$
其中 $0<p<1,q=1-p$,则称 X 服从参数为 p 的**几何分布**(Geometry distribution),记作 $X\sim Ge(p)$.

定理5-4　设随机变量服从几何分布 $X\sim Ge(p)$,则 X 具有无记忆性.即
$$P\{X>n+m\,|\,X>n\}=P\{X>m\}.$$

证明　因为 $P\{X>n\}=q^np+q^{n+1}p+q^{n+2}p+\cdots$
$$=p(q^n+q^{n+1}+q^{n+2}+\cdots)=\frac{pq^n}{1-q}=q^n,$$
于是
$$P\{X>n+m\,|\,X>n\}=\frac{P\{X>n+m,X>n\}}{P\{X>n\}}=\frac{P\{X>n+m\}}{P\{X>n\}}$$
$$=\frac{q^{n+m}}{q^n}=q^m=P\{X>m\}.$$

上述无记忆性表明:已知试验了 n 次未获得成功,再加做 m 次试验仍不成功的条件概率,等于从开始试验算起 m 次试验都不成功的概率.就是说,已经做过的 n 次失败的试验被忘记了.产生几何分布的无记忆性的根本原因在于,我们进行的是独立重复试验,这是不学习、不总结经验的一系列试验,当然已做过的试验就不会留下记忆.常言道"失败是成功之母",其前提条件是每次试验后要认真总结经验,不断改进试验方案,才能尽快地取得成功.如果真的在做"独立重复试验",那么不管已经失败过多少次,也不会为今后的试验留下可借鉴的东西.

§5.3.2　几何分布的数字特征

定理5-5　设随机变量 X 服从参数为 p 的几何分布 $X\sim Ge(p)$,则随机变量 X 的数学期望 $E(X)=\frac{1}{p}$,方差 $D(X)=\frac{q}{p^2}$,其中 $q=1-p$.

证明　$P\{X=k\}=(1-p)^{k-1}p \ (k=1,2,\cdots),$

$$E(X) = \sum_{k=1}^{\infty} k \cdot q^{k-1} p = p(1 + 2q + 3q^2 + \cdots) = p(q + q^2 + q^3 + \cdots)'$$

$$= p\left(\frac{q}{1-q}\right)' = \frac{p}{(1-q)^2} = \frac{1}{p},$$

$$E(X^2) = \sum_{k=1}^{\infty} k^2 p q^{k-1} = p \sum_{k=1}^{\infty} k^2 q^{k-1} = p \sum_{k=1}^{\infty} (kq^k)' = p\left[\frac{q}{(1-q)^2}\right]' = \frac{p(1+q)}{(1-q)^3} = \frac{1+q}{p^2},$$

$$D(X) = E(X^2) - [E(X)]^2 = \frac{1+q}{p^2} - \frac{1}{p^2} = \frac{q}{p^2}.$$

§5.4 超几何分布

§5.4.1 超几何分布

设一批产品共有 N 件,其中 M 件是次品. 从中随机(不放回)地抽取 n 件产品进行检验. 以 X 表示抽取出来的 n 件产品中次品的个数,则由古典概率计算公式可得

$$P\{X=k\} = \frac{C_M^k C_{N-M}^{n-k}}{C_N^n} \quad (k=0,1,\cdots,\min\{n,M\}).$$

定义 5-5 如果随机变量 X 的概率分布为

$$P\{X=k\} = \frac{C_M^k C_{N-M}^{n-k}}{C_N^n} \quad (k=0,1,\cdots,\min\{n,M\}),$$

则称随机变量 X 服从**超几何分布**(Super geometry distribution),记作 $X \sim H(M,N,n)$.

由于超几何分布产生于 n 次不放回抽样,因此它在抽样理论中占有重要地位. 当 N 很大时,超几何分布可以用二项分布来近似计算(不放回抽样可用放回抽样近似),$p = \dfrac{M}{N}$,则

$$P\{X=k\} = \frac{C_M^k C_{n-M}^{n-k}}{C_N^n} \approx C_n^k p^k (1-p)^{n-k}.$$

§5.4.2 超几何分布的数字特征

定理 5-6 设随机变量 X 服从超几何分布 $X \sim H(M,N,n)$,则随机变量 X 的数学期望 $E(X) = n\dfrac{M}{N}$,方差 $D(X) = \dfrac{nM(N-M)(N-n)}{N^2(N-1)}$.

证明 因为 $\displaystyle\sum_{k=0}^{\min(n,M)} P(X=k) = 1$,因此实际上有 $\displaystyle\sum_{k=0}^{\min(n,M)} C_M^k C_{n-M}^{n-k} = C_N^n$,所以

$$E(X) = \sum_{k=0}^{\min(n,M)} k C_M^k C_{n-M}^{n-k} / C_N^n = n\frac{M}{N} \sum_{k=0}^{\min(n,M)} C_{M-1}^{k-1} C_{n-M}^{n-k} / C_N^n = n\frac{M}{N},$$

$$E(X^2) = \sum_{k=0}^{\min(n,M)} k^2 C_M^k C_{n-M}^{n-k} / C_N^n = \sum_{k=2}^{\min(n,M)} k(k-1) C_M^k C_{n-M}^{n-k} / C_N^n + n\frac{M}{N}$$

$$= \frac{M(M-1)n(n-1)}{N(N-1)} + n\frac{M}{N},$$

所以
$$D(X) = \frac{nM(N-M)(N-n)}{N^2(N-1)}.$$

§5.5　负二项分布

在伯努利试验中,记每次试验中事件 A 发生的概率为 p,如果 X 为事件 A 第 r 次出现时的试验次数,则随机变量 X 的概率分布为

$$P\{X=k\}=C_{k-1}^{r-1}p^r(1-p)^{k-r} \quad (k=r,r+1,\cdots),$$

称 X 服从参数为 r,p 的负二项分布,记为 $X\sim Nb(r,p)$. 其数学期望 $E(X)=\dfrac{r}{p}$,方差 $D(X)=\dfrac{r(1-p)}{p^2}$.

例 5-11　进行独立重复试验,每次成功的概率为 p,令 X 表示直到出现第 m 次成功为止所进行的试验次数,求 X 的分布律.

解　(1) 当 $m=1$ 时, $P\{X=k\}=(1-p)^{k-1}p \quad (k=1,2,\cdots)$;

(2) 当 $m>1$ 时, X 的全部取值为 $m,m+1,m+2,\cdots,P\{X=m\}=p^m$.

$$P\{X=m+1\}=P\{第\ m+1\ 次试验时成功并且在前\ m\ 次试验中成功了\ m-1\ 次\}$$
$$=C_m^{m-1}p^{m-1}(1-p)p,$$

$$P\{X=k\}=C_{k-1}^{m-1}p^{m-1}(1-p)^{k-m}p \quad (k=m,m+1,m+2,\cdots).$$

§5.6　均匀分布

§5.6.1　均匀分布

定义 5-6　如果随机变量 X 的密度函数 $p(x)$ 为

$$p(x)=\begin{cases}\dfrac{1}{b-a} & a\leqslant x\leqslant b,\\ 0, & 其他\end{cases},$$

则称随机变量 X 在区间 $[a,b]$ 上服从**均匀分布**(Uniform distribution),记为 $X\sim U(a,b)$. 均匀分布的密度函数 $p(x)$ 曲线如图 5-1 所示.

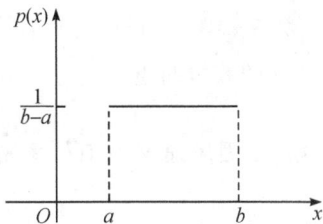

图 5-1　均匀分布的密度函数

若随机变量 $X\sim U(a,b)$,则质点落在 $[a,b]$ 上任一等长度的子区间内的概率是相同的,且与这个子区间长度成正比,而与它落在区间 $[a,b]$ 内的具体位置无关. 事实上,对于任一长度为 l 的子区间 $(c,c+l)\ (a\leqslant c<c+l\leqslant b)$,有

$$P\{c<X\leqslant c+l\}=\int_c^{c+l}p(x)\mathrm{d}x=\int_c^{c+l}\frac{1}{b-a}\mathrm{d}x=\frac{l}{b-a}.$$

可求随机变量 $X\sim U(a,b)$ 的分布函数为

$$F(x)=\begin{cases}0, & x<a,\\ \dfrac{1}{b-a}(x-a), & a\leqslant x<b,\\ 1, & x\geqslant b\end{cases}$$

均匀分布的分布函数 $F(x)$ 曲线如图 5-2 所示.

例 5-12　设随机变量 $X\sim U(-2,3)$,求 X 的概率密度及 $P\{-1<X\leqslant 4\}$ 的概率.

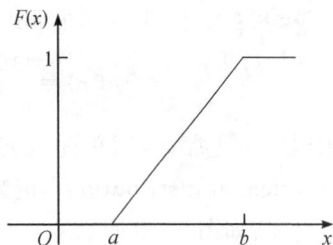

图 5-2　均匀分布的分布函数

解 依题意知, X 的概率密度为

$$p(x) = \begin{cases} \dfrac{1}{5}, & -2 \leqslant x \leqslant 3, \\ 0, & \text{其他} \end{cases}$$

故有

$$P\{-1 < X \leqslant 4\} = \int_{-1}^{3} \frac{1}{5} \mathrm{d}x = \frac{4}{5} = 0.8.$$

§5.6.2 均匀分布的数字特征

定理 5-7 设随机变量 X 服从区间 $[a,b]$ 上均匀分布 $X \sim U(a,b)$, 则其数学期望为 $E(X) = \dfrac{a+b}{2}$, 方差为 $D(X) = \dfrac{(b-a)^2}{12}$.

证明 由于均匀分布的概率密度为

$$p(x) = \begin{cases} \dfrac{1}{b-a}, & a \leqslant x \leqslant b, \\ 0, & \text{其他} \end{cases}$$

(1) X 的数学期望为

$$E(X) = \int_{-\infty}^{+\infty} x f(x) \mathrm{d}x = \int_{a}^{b} x \cdot \frac{1}{b-a} \mathrm{d}x = \frac{a+b}{2};$$

(2) $E(X^2) = \displaystyle\int_{a}^{b} x^2 \cdot \frac{1}{b-a} \mathrm{d}x = \frac{b^2 + ab + a^2}{3}$, 而 $E(X) = \dfrac{a+b}{2}$, 因此,

$$D(X) = E(X^2) - (EX)^2 = \frac{b^2 + ab + a^2}{3} - \left(\frac{b+a}{2}\right)^2 = \frac{(b-a)^2}{12}.$$

例 5-13 设风速 V 服从 $[0,a]$ 上均匀分布, 试求飞机机翼受到的正压力 $W = kV^2 (k > 0$, 为常数) 的数学期望.

解 因风速 V 具有概率密度 $p(v) = \begin{cases} \dfrac{1}{a}, & 0 \leqslant v \leqslant a \\ 0, & \text{其他} \end{cases}$, 所以

$$E(W) = E(kV^2) = \int_{-\infty}^{+\infty} kv^2 p(v) \mathrm{d}v = \int_{0}^{a} kv^2 \cdot \frac{1}{a} \mathrm{d}v = \frac{1}{3}ka^2.$$

§5.7 指数分布

§5.7.1 指数分布

定义 5-7 如果随机变量 X 的概率密度为

$$p(x) = \begin{cases} \lambda \mathrm{e}^{-\lambda x}, & x > 0 \\ 0, & x \leqslant 0 \end{cases},$$

其中 $\lambda > 0$ 是常数, 则称随机变量 X 服从参数为 λ 的**指数分布** (Exponential distribution), 记为 $X \sim E(\lambda)$. 指数分布的概率密度 $p(x)$ 曲线如图 5-3 所示.

易求得指数分布 $X \sim E(\lambda)$ 的分布函数为

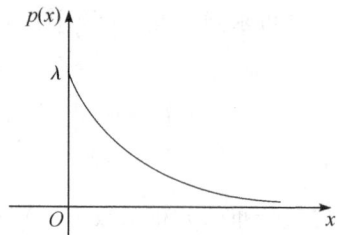

图 5-3 指数分布的概率密度

$$F(x) = \begin{cases} 1 - e^{-\lambda x}, & x > 0, \\ 0, & x \leqslant 0, \end{cases}$$

指数分布的分布函数 $F(x)$ 曲线如图 5-4 所示.

指数分布常用来做各种"寿命"分布的近似. 如随机服务系统中的服务时间、某些消耗性产品(如电子元件等)的寿命等等常被假定服从指数分布.

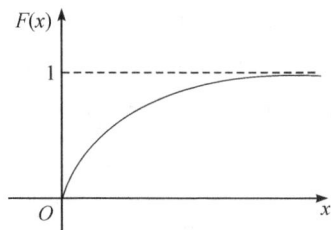

图 5-4 指数分布的分布函数

例 5-14 某型号电子计数器,无故障工作的总时间 X(单位:小时)服从参数为 $\lambda = \dfrac{1}{1000}$ 的指数分布,求:

(1) 3 个元件使用 1000 小时后都没有损坏的概率;

(2) 一个元件已使用 s 小时后能再用 t 小时的概率.

解 (1) 由题意知,X 的分布函数为

$$F(x) = \begin{cases} 1 - e^{-\frac{1}{1000}x}, & x > 0, \\ 0, & x \leqslant 0, \end{cases}$$

设 $A_i = \{$第 i 个元件正常使用 1000 小时没有损坏$\}$ $(i = 1, 2, 3)$,从而可得

$$P(A_i) = P\{X > 1000\} = 1 - P\{X \leqslant 1000\} = 1 - F(1000) = e^{-1},$$

而各元件的寿命是否超过 1000 小时是独立的,有

$$P(A_1 A_2 A_3) = [P(A_1)]^3 = e^{-3} \approx 0.0498.$$

(2) 在元件已使用 s 小时后再使用 t 小时的概率为

$$P\{X \geqslant s + t \mid X > s\} = \frac{P\{X \geqslant s + t\}}{P\{X > s\}} = \frac{e^{-\lambda(s+t)}}{e^{-\lambda s}} = e^{-\lambda t} = P\{X > t\}.$$

从例 5-14 结果可知,元件正常使用 s 小时没有损坏的条件下,总共能使用 $s + t$ 小时的条件概率与新元件至少能使用 t 小时的概率相等,即元件对它已使用过的 s 小时没有记忆,这就是指数分布的无记忆性.

§5.7.2 指数分布的数字特征

定理 5-8 设随机变量 X 服从参数为 λ $(\lambda > 0)$ 的指数分布 $X \sim E(\lambda)$,则其数学期望 $E(X) = \dfrac{1}{\lambda}$,方差 $D(X) = \dfrac{1}{\lambda^2}$.

证明 由于指数分布的概率密度为

$$p(x) = \begin{cases} \lambda e^{-\lambda x}, & x \geqslant 0 \\ 0, & x < 0 \end{cases},$$

(1) X 的数学期望为

$$E(X) = \int_{-\infty}^{+\infty} x f(x) \, dx = \int_0^{+\infty} \lambda x e^{-\lambda x} \, dx = -\int_0^{+\infty} x \, d e^{-\lambda x}$$

$$= -x e^{-\lambda x} \Big|_0^{+\infty} + \int_0^{+\infty} e^{-\lambda x} \, dx = -\frac{1}{\lambda} e^{-\lambda x} \Big|_0^{+\infty} = \frac{1}{\lambda}.$$

(2) $E(X^2) = \int_{-\infty}^{+\infty} x^2 p(x) \, dx = \int_0^{+\infty} x^2 \lambda e^{-\lambda x} \, dx = \dfrac{2}{\lambda^2}$,而 $E(X) = \dfrac{1}{\lambda}$,因此

$$D(X) = E(X^2) - [E(X)]^2 = \frac{2}{\lambda^2} - \frac{1}{\lambda^2} = \frac{1}{\lambda^2}.$$

例 5-15 有 3 个相互独立工作的电子装置,它们的寿命 X_k $(k = 1, 2, 3)$ 服从同一指数

分布，(1) 若将这 3 个电子装置串联组成整机，求整机寿命 Y 的数学期望；(2) 若将这 3 个电子装置并联组成整机，求整机寿命 Z 的数学期望.

解 X_k $(k=1,2,3)$ 的分布函数为

$$F(x)=\begin{cases}1-\lambda e^{-\lambda x}, & x\geqslant 0\\ 0, & x<0\end{cases},$$

(1) 将这 3 个电子装置串联组成整机，则整机寿命 $Y=\min(X_1,X_2,X_3)$，可求得它的概率密度函数为

$$p_{\min}(y)=\begin{cases}3\lambda e^{-3\lambda y}, & y\geqslant 0\\ 0, & y<0\end{cases},$$

所以 X 的数学期望为

$$E(Y)=\int_{-\infty}^{+\infty}yp_{\min}(y)dy=\int_0^{+\infty}3\lambda y e^{-3\lambda y}dy=\frac{1}{3\lambda};$$

(2) 将这 3 个电子装置并联组成整机，则整机寿命 $Z=\max(X_1,X_2,X_3)$，它的概率密度函数为

$$p_{\max}(z)=\begin{cases}3\lambda(1-e^{-\lambda z})^2 e^{-\lambda z}, & z\geqslant 0\\ 0, & z<0\end{cases},$$

所以 Z 的数学期望为

$$E(Z)=\int_{-\infty}^{+\infty}zp_{\max}(z)dz=\int_0^{+\infty}3\lambda z(1-e^{-\lambda z})^2 e^{-\lambda z}dz=\frac{11}{6\lambda}.$$

由此可知

$$\frac{E(Z)}{E(Y)}=\frac{33}{6}=5.5,$$

即 3 个电子装置并联联接工作的平均寿命是串联联接工作的平均寿命的 5.5 倍.

§5.8 正态分布

§5.8.1 正态分布

定义 5-8 如果随机变量 X 的概率密度为

$$p(x)=\frac{1}{\sqrt{2\pi}\sigma}e^{-\frac{(x-\mu)^2}{2\sigma^2}} \quad (-\infty<x<+\infty),$$

其中 μ 及 σ $(\sigma>0)$ 都是常数，则称随机变量 X 服从参数为 μ 和 σ^2 的**正态分布**(Normal distribution)，记为 $X\sim N(\mu,\sigma^2)$. 正态分布的概率密度 $p(x)$ 的图形如图 5-5 所示，称该曲线为正态曲线，它是一条钟形曲线.

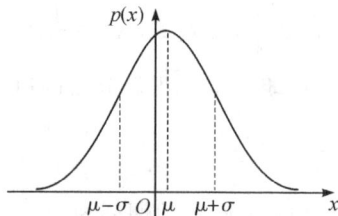

图 5-5 正态分布的密度函数

在自然现象和社会现象中，大量的随机变量服从或近似服从正态分布. 例如，人的身高、体重、血压，测量误差，产品的长度、宽度、高度，砖块的抗断强度等等都服从正态分布. 在概率论的发展历史上，标准正态分布作为极限分布首先由法国数学家棣莫弗和拉普拉斯发现的. 此外，德国数学家、天文学家高斯(Karl Frederick Guass，1777—1855 年)在研究误差理论时，也发现了正态分布的随机变量，并详尽地研究了正态分布随机变量的性质. 因此有时也称正态分布为高斯(Guass)分布.

下面先来验证 $p(x)$ 是一个概率密度函数.

显然 $p(x)>0$,作积分变换 $\dfrac{x-\mu}{\sigma}=t$,有

$$\int_{-\infty}^{+\infty}p(x)\mathrm{d}x=\int_{-\infty}^{+\infty}\frac{1}{\sqrt{2\pi}\sigma}\mathrm{e}^{-\frac{(x-\mu)^2}{2\sigma^2}}\mathrm{d}x=\frac{1}{\sqrt{2\pi}}\int_{-\infty}^{+\infty}\mathrm{e}^{-\frac{t^2}{2}}\mathrm{d}t,$$

而由

$$\int_{-\infty}^{+\infty}\mathrm{e}^{-\frac{1}{2}y^2}\mathrm{d}y\cdot\int_{-\infty}^{+\infty}\mathrm{e}^{-\frac{1}{2}z^2}\mathrm{d}z=\int_{-\infty}^{+\infty}\int_{-\infty}^{+\infty}\mathrm{e}^{-\frac{1}{2}(y^2+z^2)}\mathrm{d}y\mathrm{d}z=\int_{0}^{2\pi}\int_{0}^{+\infty}\mathrm{e}^{-\frac{1}{2}r^2}r\mathrm{d}r\mathrm{d}\theta=2\pi,$$

可知 $\displaystyle\int_{-\infty}^{+\infty}\mathrm{e}^{-\frac{t^2}{2}}\mathrm{d}t=\sqrt{2\pi}$,从而 $\displaystyle\int_{-\infty}^{+\infty}p(x)\mathrm{d}x=1$.

下面来讨论正态分布的密度函数的性质.正态分布的密度函数图形具有以下特征:

(1) 曲线 $p(x)$ 关于 $x=\mu$ 对称;

(2) 当 $x=\mu$ 时,函数达到最大值 $p(\mu)=\dfrac{1}{\sqrt{2\pi}\sigma}$;

(3) x 轴是曲线 $p(x)$ 的渐近线;

(4) 当 $x=\mu\pm\sigma$ 时,曲线 $p(x)$ 上有拐点;

(5) 如果固定参数 σ^2 的值不变,改变参数 μ 的值,则 $p(x)$ 的曲线沿着 x 轴平行移动而形状不改变(如图 5-6 所示),故称 μ 为位参;

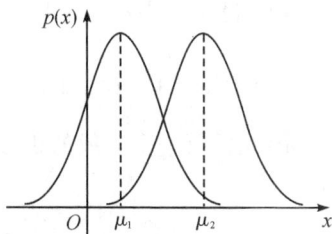

图 5-6　正态曲线位参
作用示意图

(6) 如果固定参数 μ 的值,改变参数 σ^2 的值,则 $p(x)$ 的形状会改变,故称 σ^2 为**形参**;σ 的值越小,$\dfrac{1}{\sqrt{2\pi}\sigma}$ 值越大,$p(x)$ 的图形越尖峭,因而 X 的取值在点 $x=\mu$ 附近的概率越大,即 X 的分布越集中;反之,σ^2 的值越大,$p(x)$ 的图形越平坦,X 的分布就越分散,如图 5-7 所示.

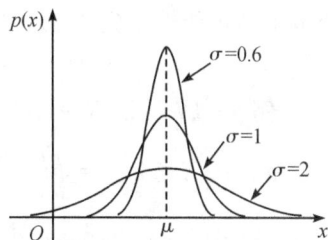

图 5-7　正态曲线形参
作用示意图

定义 5-9　当正态分布的参数 $\mu=0,\sigma=1$ 时,称其为**标准正态分布**(Standard normal distribution),记作 $X\sim N(0,1)$.其概率密度和分布函数通常分别用 $\varphi(x)$,$\Phi(x)$ 表示,即

$$\varphi(x)=\frac{1}{\sqrt{2\pi}}\mathrm{e}^{-\frac{x^2}{2}}\quad(-\infty<x<+\infty),$$

$$\Phi(x)=\int_{-\infty}^{x}\varphi(t)\mathrm{d}t$$

$$=\frac{1}{\sqrt{2\pi}}\int_{-\infty}^{x}\mathrm{e}^{-\frac{t^2}{2}}\mathrm{d}t\quad(-\infty<x<+\infty).$$

因为 $\varphi(x)$ 的曲线关于 y 轴对称,见图 5-8,故有

$$\Phi(-x)=1-\Phi(x),\quad P\{|X|\leqslant x\}=2\Phi(x)-1.$$

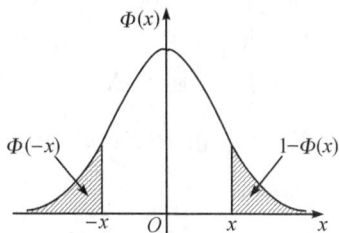

图 5-8　标准正态分布密度曲线

对标准正态分布的分布函数 $\Phi(x)$,利用近似计算方法求出其近似值,并编制成表,称为**标准正态分布表**(见本书附表),供计算时查用.

§5.8.2　正态分布与标准正态分布的关系

定理 5-9　设 $X\sim N(\mu,\sigma^2)$,分布函数为 $F(x)$,则有

$$F(x) = P\{X \leqslant x\} = \Phi\left(\frac{x-\mu}{\sigma}\right),$$

其中 $\Phi(x)$ 是标准正态分布的分布函数.

证明 作变换 $y = \dfrac{t-\mu}{\sigma}$,有

$$F(x) = \frac{1}{\sqrt{2\pi}\sigma}\int_{-\infty}^{x} e^{-\frac{(t-\mu)^2}{2\sigma^2}} dt = \frac{1}{\sqrt{2\pi}}\int_{-\infty}^{\frac{x-\mu}{\sigma}} e^{-\frac{y^2}{2}} dy = \Phi\left(\frac{x-\mu}{\sigma}\right).$$

所以

$$F(x) = \Phi\left(\frac{x-\mu}{\sigma}\right).$$

推论 5-1 若 $X \sim N(\mu, \sigma^2)$,则

(1) 设 $Y = \dfrac{X-\mu}{\sigma}$,则 $Y \sim N(0,1)$;

(2) $P\{a < X \leqslant b\} = F(b) - F(a) = \Phi\left(\dfrac{b-\mu}{\sigma}\right) - \Phi\left(\dfrac{a-\mu}{\sigma}\right).$

因此任何一个一般的正态分布都可能通过线性变换转化为标准正态分布. 若 $X \sim N(\mu, \sigma^2)$,则有

$$P\{\mu - \sigma < X \leqslant \mu + \sigma\} = 2\Phi(1) - 1 = 0.6826,$$
$$P\{\mu - 2\sigma < X \leqslant \mu + 2\sigma\} = 2\Phi(2) - 1 = 0.9544,$$
$$P\{\mu - 3\sigma < X \leqslant \mu + 3\sigma\} = 2\Phi(3) - 1 = 0.9974.$$

由此注意到,对于正态随机变量来说,它的值几乎全部落在区间 $[\mu - 3\sigma, \mu + 3\sigma]$ 内,超出这个范围的可能性不到 0.3%,这就是所谓的"3σ 规则",它在质量控制等领域有着十分广泛的应用.

例 5-16 设 $X \sim N(3.4, 2^2)$,计算 $P\{X \leqslant 5.8\}$,$P\{0 < X \leqslant 6\}$.

解 $P\{X \leqslant 5.8\} = \Phi\left(\dfrac{5.8 - 3.4}{2}\right) = \Phi(1.2) = 0.8849,$

$P\{0 < X \leqslant 6\} = \Phi\left(\dfrac{6 - 3.4}{2}\right) - \Phi\left(\dfrac{0 - 3.4}{2}\right) = \Phi(1.3) - \Phi(-1.7)$

$\qquad = \Phi(1.3) - [1 - \Phi(1.7)] = 0.9032 - (1 - 0.9554) = 0.8586.$

例 5-17 设 $X \sim N(40, 36)$.

(1) 求 x_1,使 $P\{X > x_1\} = 0.14$;

(2) 求 x_2,使 $P\{X < x_2\} = 0.45$.

解 (1) 由 $P\{X > x_1\} = 1 - F(x_1) = 1 - \Phi\left(\dfrac{x_1 - 40}{6}\right) = 0.14$,知

$$\Phi\left(\frac{x_1 - 40}{6}\right) = 0.96,$$

查表得 $\dfrac{x_1 - 40}{6} = 1.08$,从而得 $x_1 = 1.08 \times 6 + 40 = 46.48$.

(2) 由 $P\{X < x_2\} = F(x_2) = \Phi\left(\dfrac{x_2 - 40}{6}\right) = 0.45$,由标准正态分布的对称性知 $\Phi\left(-\dfrac{x_2 - 40}{6}\right) = 0.55$,查表得 $-\dfrac{x_2 - 40}{6} = 0.13$,所以 $x_2 = -0.13 \times 6 + 40 = 39.22$.

由正态分布还可以引导出另外一些常用分布,如数理统计中最常用的三种分布:χ^2 分布,t 分布,F 分布. 因此,在概率论及数理统计理论研究和实际应用中,正态分布都起着特别重要的

作用.

例 5-18　将一温度调节器放置在贮存着某种液体的容器内,调节器调定在 d℃,液体的温度 T(以℃计)是一个随机变量,并且 $T \sim N(d, 0.5^2)$.

(1) 若 $d=90$,求 T 小于 89℃ 的概率;

(2) 若要求保持液体的温度至少为 80℃ 的概率不低于 0.99,问 d 至少为多少?

解　(1) 因 $T \sim N(90, 0.5^2)$,故所求概率为

$$P\{T<89\} = \Phi\left(\frac{89-90}{0.5}\right) = \Phi(-2) = 1 - \Phi(2) = 1 - 0.9772 = 0.0228.$$

(2) 依题意,d 需满足

$$P\{T \geqslant 80\} = 1 - P\{T \leqslant 80\} = 1 - \Phi\left(\frac{80-d}{0.5}\right) \geqslant 0.99,$$

即

$$\Phi\left(\frac{d-80}{0.5}\right) \geqslant 0.99,$$

查附表得 $\Phi(2.327)=0.99$,由于分布函数为单调增函数,所以 $\dfrac{d-80}{0.5} \geqslant 2.327$,故需 $d \geqslant 81.1635$.

§5.8.3　正态分布的数字特征

定理 5-10　设 $X \sim N(0,1)$,则 $E(X)=0, E(X^2)=1, E(X^4)=3$.

证明　因为 $X \sim N(0,1)$,其密度函数 $p(x) = \dfrac{1}{\sqrt{2\pi}} \mathrm{e}^{-\frac{x^2}{2}}$.

(1) $E(X) = \displaystyle\int_{-\infty}^{+\infty} x \cdot \frac{1}{\sqrt{2\pi}} \mathrm{e}^{-\frac{x^2}{2}} \mathrm{d}x = 0.$

(2) $E(X^2) = \displaystyle\int_{-\infty}^{+\infty} x^2 \cdot \frac{1}{\sqrt{2\pi}} \mathrm{e}^{-\frac{x^2}{2}} \mathrm{d}x = -\int_{-\infty}^{+\infty} x \cdot \frac{1}{\sqrt{2\pi}} \mathrm{d}\left(\mathrm{e}^{-\frac{x^2}{2}}\right)$

$$= -x \cdot \frac{1}{\sqrt{2\pi}} \mathrm{e}^{-\frac{x^2}{2}} \Big|_{-\infty}^{+\infty} + \int_{-\infty}^{+\infty} \frac{1}{\sqrt{2\pi}} \mathrm{e}^{-\frac{x^2}{2}} \mathrm{d}x = 1.$$

(3) 类似可得 $E(X^4) = \displaystyle\int_{-\infty}^{+\infty} x^4 \cdot \frac{1}{\sqrt{2\pi}} \mathrm{e}^{-\frac{x^2}{2}} \mathrm{d}x = 3.$

例 5-19　设 $X_i \sim N(0,1)$ $(i=1,2,\cdots,n)$,$X_1, X_2, \cdots X_n$ 相互独立,求 $E(X_1^2 + X_2^2 + \cdots + X_n^2)$.

解　因为 $X_i \sim N(0,1)$ $(i=1,2,\cdots,n)$,故 $E(X_i^2)=1$ $(i=1,2,\cdots,n)$,故

$$E(X_1^2 + X_2^2 + \cdots + X_n^2) = EX_1^2 + EX_2^2 + \cdots + EX_n^2 = n.$$

例 5-20　设随机变量 $X \sim N(0,1)$,求 $D(X^2)$.

解　因为 $X \sim N(0,1)$,故 $E(X^2)=1, E(X^4)=3$,所以

$$D(X^2) = E(X^4) - [E(X^2)]^2 = 2.$$

定理 5-11　设随机变量 $X \sim N(\mu, \sigma^2)$,则其数学期望 $E(X)=\mu$,方差 $D(X)=\sigma^2$.

证明　令 $Y = \dfrac{X-\mu}{\sigma}$,则 $Y \sim N(0,1), E(Y)=0, D(Y)=1, X=\sigma Y + \mu$,所以

$$E(X) = E(\sigma Y + \mu) = \sigma E(Y) + \mu = \mu, \quad D(X) = D(\sigma Y + \mu) = \sigma^2 D(Y) = \sigma^2.$$

由此可见,正态分布由它的数学期望和标准差完全确定.

例 5-21　设随机变量 $X \sim N(0,1)$,$Y = \mathrm{e}^X$,求 Y 的概率密度函数.

解法 1　由题意知 X 的概率密度为

$$p_X(x) = \frac{1}{\sqrt{2\pi}} e^{-\frac{x^2}{2}} \quad (-\infty < x < +\infty),$$

因为 $y = e^x$ 在 $(-\infty, +\infty)$ 内严格单调递增、可导,于是

$$\alpha = \min\{y = e^x\} = 0, \quad \beta = \max\{y = e^x\} = +\infty.$$

$y = g(x) = e^x$ 的反函数为 $x = h(y) = \ln y$,$|h'(y)| = \frac{1}{|y|} = \frac{1}{y}$,所以由定理可得 $Y = e^X$ 的概率密度为

$$p_Y(y) = \begin{cases} \dfrac{1}{\sqrt{2\pi}\,y} e^{-\frac{(\ln y)^2}{2}}, & y > 0 \\ 0, & y \leqslant 0 \end{cases}.$$

解法 2 当 $y \leqslant 0$ 时,$F_Y(y) = P\{Y \leqslant y\} = 0$;

当 $y > 0$ 时,$F_Y(y) = P\{Y \leqslant y\} = P\{e^X \leqslant y\} = P\{x \leqslant \ln y\} = \displaystyle\int_{-\infty}^{\ln y} \frac{1}{\sqrt{2\pi}} e^{-\frac{x^2}{2}} \mathrm{d}x.$

由分布函数与密度函数的关系,可得 Y 的密度函数为

$$p_Y(y) = F_Y'(y) = \begin{cases} \dfrac{1}{\sqrt{2\pi}\,y} e^{-\frac{(\ln y)^2}{2}}, & y > 0 \\ 0, & y \leqslant 0 \end{cases}.$$

通常称此例中的 Y 服从对数正态分布,它也是一种常用的寿命分布.

§5.9 伽玛分布

§5.9.1 伽玛函数

定义 5-10 如下函数称为**伽玛(Gamma)函数**,其中 $\alpha > 0$,

$$\Gamma(\alpha) = \int_0^{+\infty} x^{\alpha-1} e^{-x} \mathrm{d}x.$$

伽玛函数的性质:

(1) $\Gamma(1) = 1, \Gamma\left(\dfrac{1}{2}\right) = \sqrt{\pi}$;

(2) $\Gamma(\alpha+1) = \alpha\Gamma(\alpha)$.

§5.9.2 伽玛分布

定义 5-11 如果随机变量 X 具有概率密度函数

$$p(x) = \begin{cases} \dfrac{\lambda^\alpha}{\Gamma(\alpha)} x^{\alpha-1} e^{-\lambda x}, & x \geqslant 0 \\ 0, & x < 0 \end{cases},$$

则称 X 服从**伽玛分布**,记作 $X \sim Ga(\alpha, \lambda)$. 其中 $\alpha > 0$ 称为**形状参数**,$\lambda > 0$ 称为**尺度参数**.

§5.9.3 伽玛分布的数字特征

定理 5-12 设 $X \sim Ga(\alpha, \lambda)$,则 $E(X) = \dfrac{\alpha}{\lambda}$,$D(X) = \dfrac{\alpha}{\lambda^2}$.

证明 $E(X) = \dfrac{\lambda^\alpha}{\Gamma(\alpha)} \displaystyle\int_0^{+\infty} x^\alpha e^{-\lambda x} \mathrm{d}x = \dfrac{\Gamma(\alpha+1)}{\Gamma(\alpha)} \dfrac{1}{\lambda} = \dfrac{\alpha}{\lambda},$

$$E(X^2) = \frac{\lambda^\alpha}{\Gamma(\alpha)} \int_0^{+\infty} x^{\alpha+1} \mathrm{e}^{-\lambda x} \mathrm{d}x = \frac{\Gamma(\alpha+2)}{\Gamma(\alpha)} \frac{1}{\lambda^2} = \frac{\alpha(\alpha+1)}{\lambda^2},$$

$$D(X) = E(X^2) - [E(X)]^2 = \frac{\alpha(\alpha+1)}{\lambda^2} - \left(\frac{\alpha}{\lambda}\right)^2 = \frac{\alpha}{\lambda^2}.$$

§5.9.4 伽玛分布的两个特例

1. 当 $\alpha=1$ 时,伽玛分布就是指数分布:

$$Ga(1,\lambda) = E(\lambda).$$

2. 当 $\alpha=\dfrac{n}{2}, \lambda=\dfrac{1}{2}$ 时,伽玛分布称为自由度为 n 的卡方分布,记为

$$Ga\left(\frac{n}{2}, \frac{1}{2}\right) = \chi^2(n).$$

若 $X \sim \chi^2(n)$,则 X 的密度函数为

$$p(x) = \begin{cases} \dfrac{1}{2^{\frac{n}{2}} \Gamma\left(\dfrac{n}{2}\right)} \mathrm{e}^{-\frac{x}{2}} x^{\frac{n}{2}-1}, & x>0 \\ \\ 0, & x \leqslant 0 \end{cases},$$

且
$$E(X)=n, \quad D(X)=2n.$$

§5.10 贝塔分布

§5.10.1 贝塔函数

定义 5-12   如下函数称为**贝塔函数**,其中参数 $a>0, b>0$,

$$B(a,b) = \int_0^1 x^{a-1}(1-x)^{b-1} \mathrm{d}x,$$

贝塔函数的性质:

(1) $B(a,b) = B(b,a)$;

(2) $B(a,b) = \dfrac{\Gamma(a)\Gamma(b)}{\Gamma(a+b)}$.

证明   (1) $B(a,b) = \displaystyle\int_0^1 x^{a-1}(1-x)^{b-1} \mathrm{d}x \xrightarrow{y=1-x} \int_1^0 (1-y)^{a-1} y^{b-1} \mathrm{d}(-y)$

$$= \int_0^1 (1-y)^{a-1} y^{b-1} \mathrm{d}y = B(b,a);$$

(2) $\Gamma(a)\Gamma(b) = \displaystyle\int_0^{+\infty} \int_0^{+\infty} x^{a-1} y^{b-1} \mathrm{e}^{-(x+y)} \mathrm{d}x \mathrm{d}y$

$$\xrightarrow{x=uv, y=u(1-v)} \int_0^{+\infty} \int_0^1 (uv)^{a-1} [u(1-v)]^{b-1} \mathrm{e}^{-u} u \mathrm{d}u \mathrm{d}v$$

$$= \int_0^{+\infty} u^{a+b-1} \mathrm{e}^{-u} \mathrm{d}u \int_0^1 v^{a-1}(1-v)^{b-1} \mathrm{d}v = \Gamma(a+b)B(a,b).$$

§5.10.2 贝塔分布

定义 5-13   如果随机变量 X 具有概率密度函数

$$p(x)=\begin{cases}\dfrac{\Gamma(\alpha)\Gamma(\beta)}{\Gamma(\alpha+\beta)}x^{\alpha-1}(1-x)^{\beta-1}, & 0\leqslant x\leqslant1\\ 0, & 其他\end{cases},$$

则称 X 服从**贝塔(Beta)分布**,记作 $X\sim Be(\alpha,\beta)$,其中参数 $\alpha>0,\beta>0$. 特别地,$Be(1,1)=U(0,1)$,即 X 服从 $[0,1]$ 上的均匀分布.

§5.10.3 贝塔分布的数字特征

定理 5-13 若 $X\sim Be(\alpha,\beta)$,则 $E(X)=\dfrac{\alpha}{\alpha+\beta}$,$D(X)=\dfrac{\alpha\beta}{(\alpha+\beta)^2(\alpha+\beta+1)}$.

证明 (1) $E(X)=\dfrac{\Gamma(\alpha+\beta)}{\Gamma(\alpha)\Gamma(\beta)}\displaystyle\int_0^1 x^{\alpha}(1-x)^{\beta-1}\mathrm{d}x$

$$=\frac{\Gamma(\alpha+\beta)}{\Gamma(\alpha)\Gamma(\beta)}\cdot\frac{\Gamma(\alpha+1)\Gamma(\beta)}{\Gamma(\alpha+\beta+1)}=\frac{\alpha}{\alpha+\beta}.$$

(2) $E(X^2)=\dfrac{\Gamma(\alpha+\beta)}{\Gamma(\alpha)\Gamma(\beta)}\displaystyle\int_0^1 x^{\alpha+1}(1-x)^{\beta-1}\mathrm{d}x=\dfrac{\Gamma(\alpha+\beta)}{\Gamma(\alpha)\Gamma(\beta)}\cdot\dfrac{\Gamma(\alpha+2)\Gamma(\beta)}{\Gamma(\alpha+\beta+2)}$

$$=\frac{\alpha(\alpha+1)}{(\alpha+\beta)(\alpha+\beta+1)},$$

$$D(X)=\frac{\alpha\beta}{(\alpha+\beta)^2(\alpha+\beta+1)}.$$

§5.11 常用多维分布

§5.11.1 多项分布

进行 n 次独立重复试验,每次试验有 r 个互不相容结果:$A_1,A_2,\cdots,A_r$. 且每次试验中 A_i 发生的概率为 $P(A_i)=p_i$,$p_1+p_2+\cdots+p_r=1$. 记 X_i 为 n 次独立重复试验中 A_i 发生的次数,则 A_1 出现 n_1 次,A_2 出现 n_2 次,$\cdots$,A_r 出现 n_r 次的概率为

$$P\{X_1=n_1,X_2=n_2,\cdots,X_r=n_r\}=\frac{n!}{n_1!\ n_2!\ \cdots n_r!}p_1^{n_1}p_2^{n_2}\cdots p_r^{n_r},$$

其中 $n=n_1+n_2+\cdots+n_r$. 这个联合分布称为 **r 项分布**,又称**多项分布**,记为 $M(n,p_1,p_2,\cdots,p_r)$.

例 5-22 一批产品共有 100 件,其中一等品 60 件、二等品 30 件、三等品 10 件. 从这批产品中有放回地任取 3 件,用 X 和 Y 分别表示取出的 3 件产品中一等品和二等品的件数.

(1) 求二维随机变量 (X,Y) 的联合分布列;(2) 求 X 和 Y 的边缘分布列.

解 (1) 当 $i+j>3$ 时,$P\{X=i,Y=j\}=0$;

当 $i+j\leqslant3$ 时,$P\{X=i,Y=j\}=\dfrac{3!}{i!\ j!\ (3-i-j)!}\left(\dfrac{6}{10}\right)^i\left(\dfrac{3}{10}\right)^j\left(\dfrac{1}{10}\right)^{3-i-j}$.

(2) X 的边缘分布列为

$$P\{X=i\}=\sum_{j=0}^3 P(X=i,Y=j)=\frac{3!}{i!(3-i)!}\left(\frac{6}{10}\right)^i\left(\frac{4}{10}\right)^{3-i},$$

即 $X\sim B(3,0.6)$,同样可得 $Y\sim B(3,0.3)$.

(X,Y) 的联合分布列及关于 X 和 Y 的边缘分布列如下.

X \ Y	0	1	2	3	$P(X=i)$
0	0.001	0.009	0.027	0.027	0.064
1	0.018	0.108	0.162	0	0.288
2	0.108	0.324	0	0	0.432
3	0.216	0	0	0	0.216
$P(Y=j)$	0.343	0.441	0.189	0.027	

§5.11.2 多维均匀分布

定义 5-14 如果二维随机变量(X,Y)的联合密度函数为

$$p(x,y)=\begin{cases} \dfrac{1}{S_D}, & (x,y)\in D \\ 0, & (x,y)\notin D \end{cases},$$

其中 D 为 $\boldsymbol{R}^2$ 中的一个有界区域,面积为 S_D,则称(X,Y)服从**二维均匀分布**(Two-dimension uniform distribution),记为$(X,Y)\sim U(D)$.

类似地可定义多维均匀分布.

不难算出:若$(X,Y)\sim U(D)$,则(X,Y)落在区域 D 的子区域 G 中的概率为

$$P\{(X,Y)\in G\}=\iint\limits_{G}p(x,y)\mathrm{d}x\mathrm{d}y=\iint\limits_{G}\frac{1}{S_D}\mathrm{d}x\mathrm{d}y=\frac{S_G}{S_D},$$

即向区域 D 内投点(X,Y),落在区域 D 的子区域 G 的概率只与 G 的面积有关,而与 G 的位置无关,上式结果恰好就是几何概率的计算公式.

例 5-23 设二维随机变量(X,Y)服从正方形$\{(x,y)\mid 0\leqslant x\leqslant 1,0\leqslant y\leqslant 1\}$上的均匀分布.(1)写出$(X,Y)$的联合概率密度;(2) 求$(X,Y)$的联合分布函数.

解 (1)由均匀分布的定义易得(X,Y)的联合概率密度为

$$p(x,y)=\begin{cases} 1, & 0\leqslant x\leqslant 1,0\leqslant y\leqslant 1 \\ 0, & \text{其他} \end{cases}.$$

(2) 当 $x<0$ 或 $y<0$ 时,$F(x,y)=0$;

当 $0\leqslant x\leqslant 1,0\leqslant y\leqslant 1$ 时,$F(x,y)=\int_0^x\int_0^y\mathrm{d}x\mathrm{d}y=xy$;

当 $0\leqslant x\leqslant 1,y>1$ 时,$F(x,y)=\int_0^x\int_0^1\mathrm{d}x\mathrm{d}y=x$;

当 $x>1,0\leqslant y\leqslant 1$ 时,$F(x,y)=\int_0^1\int_0^y\mathrm{d}x\mathrm{d}y=y$;

当 $x>1,y>1$ 时,$F(x,y)=\int_0^1\int_0^1\mathrm{d}x\mathrm{d}y=1$.

故(X,Y)的联合概率密度为

$$F(x,y)=\begin{cases} 0, & x<0 \text{ 或 } y<0 \\ xy, & 0\leqslant x\leqslant 1,0\leqslant y\leqslant 1 \\ x, & 0\leqslant x\leqslant 1,y>1 \\ y, & x>1,0\leqslant y\leqslant 1 \\ 1, & x>1,y>1 \end{cases}.$$

例 5 - 24 设 (X,Y) 服从区域 D 上的均匀分布（如图 5-9 所示），求 X 和 Y 的边缘分布，并判断 X,Y 是否相互独立.

解 由均匀分布的定义，(X,Y) 的联合概率密度为

$$p(x,y) = \begin{cases} 1, & (x,y) \in D \\ 0, & \text{其他} \end{cases}.$$

X 的边缘分布概率密度为

$$p_X(x) = \int_{-\infty}^{+\infty} p(x,y)\mathrm{d}y = \begin{cases} \int_0^{2(1-x)} \mathrm{d}y, & 0 < x < 1 \\ 0, & \text{其他} \end{cases}$$
$$= \begin{cases} 2(1-x), & 0 < x < 1 \\ 0, & \text{其他} \end{cases}.$$

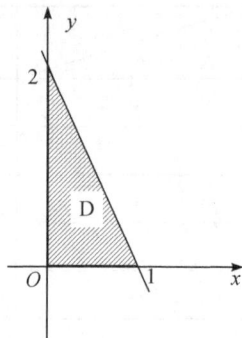

图 5-9 例题区域图

Y 的边缘分布概率密度为

$$p_Y(y) = \int_{-\infty}^{+\infty} p(x,y)\mathrm{d}x = \begin{cases} \int_0^{1-\frac{y}{2}} \mathrm{d}y, & 1 < y < 2 \\ 0, & \text{其他} \end{cases} = \begin{cases} 1 - \dfrac{y}{2}, & 1 < y < 2 \\ 0, & \text{其他} \end{cases}.$$

由于 $p(x,y) = 0 \neq p_X(x)p_Y(x)$，因此 X,Y 不相互独立.

§5.11.3 二维正态分布

定义 5 - 15 如果二维随机变量 (X,Y) 的联合概率密度为

$$p(x,y) = \frac{1}{2\pi\sigma_1\sigma_2\sqrt{1-\rho^2}}\exp\left\{-\frac{1}{2(1-\rho^2)}\left[\left(\frac{x-\mu_1}{\sigma_1}\right)^2\right.\right.$$
$$\left.\left. -2\rho\frac{(x-\mu_1)(y-\mu_2)}{\sigma_1\sigma_2} + \left(\frac{y-\mu_2}{\sigma_2}\right)^2\right]\right\} \quad (-\infty < x,y < +\infty),$$

其中参数 $\mu_1, \mu_2, \sigma_1 > 0, \sigma_2 > 0, |\rho| < 1$ 为常数，则称 (X,Y) 服从参数为 $\mu_1, \mu_2, \sigma_1, \sigma_2, \rho$ 的**二维正态分布**（Two-dimension normal distribution），记为 $(X,Y) \sim N(\mu_1, \mu_2, \sigma_1^2, \sigma_2^2, \rho)$.

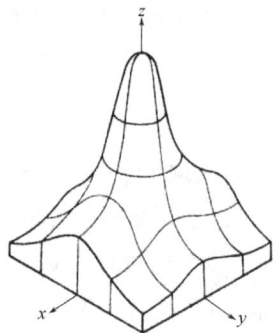

图 5-10 二维正态分布概率密度曲面图

这里 $\exp(x)$ 表示指数函数 e^x. 如图 5-10 所示，二维正态分布以 (μ_1, μ_2) 为中心，在中心附近密度较大，离中心越远，密度越小.

例 5 - 25 设 $(X,Y) \sim N(\mu_1, \mu_2, \sigma_1^2, \sigma_2^2, \rho)$，求 (X,Y) 关于 X 和关于 Y 的边缘概率密度.

解 作变量代换 $t = \dfrac{y-\mu_2}{\sigma_2}$，得

$$p_X(x) = \int_{-\infty}^{+\infty} p(x,y)\mathrm{d}y$$

$$= \int_{-\infty}^{+\infty} \frac{1}{2\pi\sigma_1\sqrt{1-\rho^2}}\exp\left\{-\frac{1}{2(1-\rho^2)}\left[\frac{(x-\mu_1)^2}{\sigma_1^2} - \frac{2\rho(x-\mu_1)t}{\sigma_1} + t^2\right]\right\}\mathrm{d}t$$

$$= \int_{-\infty}^{+\infty} \frac{1}{2\pi\sigma_1\sqrt{1-\rho^2}}\exp\left\{-\frac{1}{2(1-\rho^2)}\left[(1-\rho^2+\rho^2)\frac{(x-\mu_1)^2}{\sigma_1^2} - \frac{2\rho(x-\mu_1)t}{\sigma_1} + t^2\right]\right\}\mathrm{d}t$$

$$= \frac{1}{\sqrt{2\pi}\sigma_1}\mathrm{e}^{-\frac{(x-\mu_1)^2}{2\sigma_1^2}}\int_{-\infty}^{+\infty} \frac{1}{\sqrt{2\pi}\sqrt{1-\rho^2}}\exp\left\{-\frac{1}{2(1-\rho^2)}\left[t - \frac{\rho(x-\mu_1)}{\sigma_1}\right]^2\right\}\mathrm{d}t.$$

注意到上式积分号内的被积函数恰好是正态分布 $N\left(\dfrac{\rho(x-\mu_1)}{\sigma_1}, 1-\rho^2\right)$ 的概率密度，利用

概率密度性质知该积分值为 1，于是有

$$p_X(x) = \frac{1}{\sqrt{2\pi}\sigma_1} e^{-\frac{(x-\mu_1)^2}{2\sigma_1^2}}.$$

由对称性，可得 $p_Y(y) = \frac{1}{\sqrt{2\pi}\sigma_2} e^{-\frac{(x-\mu_2)^2}{2\sigma_2^2}}$，因此 $X \sim N(\mu_1, \sigma_1^2), Y \sim N(\mu_2, \sigma_2^2)$. 这说明二维正态分布的边缘分布是一维正态分布. 由于这两个边缘概率密度中都不含参数 ρ，这就说明了：联合分布决定了边缘分布，但边缘分布一般不能决定联合分布. 同是以 $N(\mu_1, \sigma_1^2)$ 和 $N(\mu_2, \sigma_2^2)$ 作为边缘分布，参数 ρ 在区间 $(-1,1)$ 任意取一个值，就可得到一个不同的联合正态分布. 今后我们会知道，参数 ρ 确实反映了两个分量 X 与 Y 的相依程度. 即联合概率密度所反映的信息，不仅包含了各自的特征，还包含两者之间某种关系的信息.

例 5-26 设 $(X,Y) \sim N(\mu_1, \mu_2, \sigma_1^2, \sigma_2^2, \rho)$，求 X 和 Y 的协方差矩阵和相关系数.

解 因为 $X \sim N(\mu_1, \sigma_1^2), Y \sim N(\mu_2, \sigma_2^2)$，所以 $E(X)=\mu_1, E(Y)=\mu_2, D(X)=\sigma_1^2, D(Y)=\sigma_2^2$. 而

$$Cov(X,Y) = \int_{-\infty}^{+\infty}\int_{-\infty}^{+\infty} (x-\mu_1)(y-\mu_2) p(x,y) \mathrm{d}x\mathrm{d}y$$

$$= \frac{1}{2\pi\sigma_1\sigma_2\sqrt{1-\rho^2}} \int_{-\infty}^{+\infty}\int_{-\infty}^{+\infty} (x-\mu_1)(y-\mu_2)$$

$$\cdot \exp\{-\frac{(x-\mu_1)^2}{2\sigma_1^2}\} \exp\{-\frac{1}{2(1-\rho^2)}(\frac{y-\mu_2}{\sigma_2} - \rho\frac{x-\mu_1}{\sigma_1})^2\} \mathrm{d}y\mathrm{d}x,$$

令 $t = \frac{1}{\sqrt{1-\rho^2}}(\frac{y-\mu_2}{\sigma_2} - \rho\frac{x-\mu_1}{\sigma_1}), u = \frac{x-\mu_1}{\sigma_1}$，则有

$$Cov(X,Y) = \frac{1}{2\pi}\int_{-\infty}^{+\infty}\int_{-\infty}^{+\infty} (\sigma_1\sigma_2\sqrt{1-\rho^2}tu + \rho\sigma_1\sigma_2 u^2) e^{-\frac{u^2}{2}-\frac{t^2}{2}} \mathrm{d}t\mathrm{d}u$$

$$= \frac{\rho\sigma_1\sigma_2}{2\pi}(\int_{-\infty}^{+\infty} u^2 e^{-\frac{u^2}{2}}\mathrm{d}u)(\int_{-\infty}^{+\infty} e^{-\frac{t^2}{2}}\mathrm{d}t) + \frac{\sigma_1\sigma_2\sqrt{1-\rho^2}}{2\pi}(\int_{-\infty}^{+\infty} u e^{-\frac{u^2}{2}}\mathrm{d}u)(\int_{-\infty}^{+\infty} t e^{-\frac{t^2}{2}}\mathrm{d}t)$$

$$= \frac{\rho\sigma_1\sigma_2}{2\pi}\sqrt{2\pi}\cdot\sqrt{2\pi} = \rho\sigma_1\sigma_2,$$

即

$$Cov(X,Y) = \rho\sigma_1\sigma_2.$$

于是 X 和 Y 的协方差矩阵与相关系数分别为

$$C = \begin{pmatrix} \sigma_1^2 & \rho\sigma_1\sigma_2 \\ \rho\sigma_1\sigma_2 & \sigma_2^2 \end{pmatrix}, \quad \rho_{XY} = \frac{Cov(X,Y)}{\sqrt{D(X)}\sqrt{D(Y)}} = \rho.$$

这就是说二维正态随机变量 (X,Y) 的概率密度的参数 ρ 就是 X 和 Y 的相关系数，因而二维正态随机变量的分布完全由 X 和 Y 的数学期望、方差以及它们的相关系数所确定.

例 5-27 设 $(X,Y) \sim N(\mu_1, \mu_2, \sigma_1^2, \sigma_2^2, \rho)$，证明 X, Y 的独立的充要条件是 $\rho = 0$.

证明 （1）如果 X, Y 相互独立，有

$$p(x,y) = p_X(x)\cdot p_Y(y) = \frac{1}{2\pi\sigma_1\sigma_2}\exp\{-\frac{1}{2}[(\frac{x-\mu_1}{\sigma_1})^2 + (\frac{y-\mu_2}{\sigma_2})^2]\},$$

而 $p(x,y) = \frac{1}{2\pi\sigma_1\sigma_2\sqrt{1-\rho^2}}\exp\{-\frac{1}{2(1-\rho^2)}[(\frac{x-\mu_1}{\sigma_1})^2 - 2\rho\frac{(x-\mu_1)(y-\mu_2)}{\sigma_1\sigma_2} + (\frac{y-\mu_2}{\sigma_2})^2]\}$，

令 $x = \mu_1, y = \mu_2$，比较两式可得 $\sqrt{1-\rho^2} = 1$，即 $\rho = 0$.

（2）如果将 $\rho = 0$ 代入 $p(x,y)$ 的表达式，即得 $p(x,y) = p_X(x)\cdot p_Y(y)$.

综上所述，二维正态分布 (X,Y) 中，X, Y 相互独立的充要条件是 $\rho = 0$.

因此,对于二维正态随机变量(X,Y),X 和 Y 不相关与 X 和 Y 相互独立是等价的.

例 5 - 28 设 X 与 Y 相互独立且都服从标准正态分布,求 $Z=X+Y$ 的分布.

解法 1 (1) 求 Z 的分布函数 $F_Z(z)$,

$$F_Z(z)=P(Z\leqslant z)=P(X+Y\leqslant z)=\iint_{x+y\leqslant z}p_X(x)f_Y(y)\mathrm{d}x\mathrm{d}y=\int_{-\infty}^{+\infty}\mathrm{d}x\int_{-\infty}^{z-x}\frac{1}{2\pi}\mathrm{e}^{-\frac{x^2+y^2}{2}}\mathrm{d}y.$$

(2) 求 Z 的密度函数 $p_Z(z)$,

$$p_Z(z)=\frac{\mathrm{d}}{\mathrm{d}z}(F_Z(z))=\frac{\mathrm{d}}{\mathrm{d}z}\left(\int_{-\infty}^{+\infty}\mathrm{d}x\int_{-\infty}^{z-x}\frac{1}{2\pi}\mathrm{e}^{-\frac{x^2+y^2}{2}}\mathrm{d}y\right)=\int_{-\infty}^{+\infty}\frac{1}{2\pi}\mathrm{e}^{-\frac{x^2+(z-x)^2}{2}}\mathrm{d}x$$

$$=\frac{1}{2\pi}\mathrm{e}^{-\frac{z^2}{4}}\int_{-\infty}^{+\infty}\mathrm{e}^{-(x-\frac{z}{2})^2}\mathrm{d}x=\frac{1}{\sqrt{2\pi}\cdot\sqrt{2}}\mathrm{e}^{-\frac{z^2}{4}}\cdot\frac{1}{\sqrt{2\pi}\cdot\frac{1}{\sqrt{2}}}\int_{-\infty}^{+\infty}\mathrm{e}^{-\frac{1}{2}\left(\frac{x-\frac{z}{2}}{\frac{1}{\sqrt{2}}}\right)^2}\mathrm{d}x$$

$$=\frac{1}{\sqrt{2\pi}\cdot\sqrt{2}}\mathrm{e}^{-\frac{z^2}{4}}\quad(-\infty<z<+\infty).$$

解法 2 由 X 与 Y 相互独立得

$$p_Z(z)=\int_{-\infty}^{+\infty}\varphi_X(x)\varphi_Y(z-x)\mathrm{d}x=\int_{-\infty}^{+\infty}\frac{1}{2\pi}\mathrm{e}^{-\frac{x^2+(z-x)^2}{2}}\mathrm{d}x=\frac{1}{\sqrt{2\pi}\cdot\sqrt{2}}\mathrm{e}^{-\frac{z^2}{4}}\quad(-\infty<z<+\infty).$$

显然 $Z\sim N(0,2)$. 这一结论不是偶然的,更一般地有如下定理.

定理 5 - 14 设随机变量 $X_i\sim N(\mu_i,\sigma_i^2)$ $(i=1,2,\cdots,n)$,且相互独立,a_i $(i=1,2,\cdots,n)$ 为任意常数,则随机变量

$$a_1X_1+a_2X_2+\cdots+a_nX_n=\sum_{i=1}^{n}a_iX_i\sim N(\mu,\sigma^2),$$

其中 $\mu=a_1\mu_1+a_2\mu_2+\cdots+a_n\mu_n=\sum_{i=1}^{n}a_i\mu_i$, $\sigma^2=a_1^2\sigma_1^2+a_2^2\sigma_2^2+\cdots+a_n^2\sigma_1^2=\sum_{i=1}^{n}a_i^2\sigma_i^2$.

定理不予证明. 定理表明,相互独立且都服从正态分布的随机变量的线性组合也服从正态分布. 这是正态分布的又一优良特性,此结论非常重要,请大家牢记.

例 5 - 29 设 $(X,Y)\sim N(\mu_1,\mu_2,\sigma_1^2,\sigma_2^2,\rho)$.

(1) 求条件概率密度函数;

(2) 如果已知 $Y=y$,试求 $E(X|Y=y)$.

解 (1) 在 $Y=y$ 的条件下,X 的条件概率密度函数为

$$p_{X|Y}(x|y)=\frac{P(x,y)}{p_Y(y)}$$

$$=\frac{\frac{1}{2\pi\sigma_1\sigma_2\sqrt{1-\rho^2}}\exp\left\{-\frac{1}{2(1-\rho^2)}\left[\frac{(x-\mu_1)^2}{\sigma_1^2}-2\rho\frac{(x-\mu_1)(y-\mu_2)}{\sigma_1\sigma_2}+\frac{(y-\mu_2)^2}{\sigma_2^2}\right]\right\}}{\frac{1}{\sqrt{2\pi}\sigma_2}\mathrm{e}^{-\frac{(y-\mu_2)^2}{2\sigma_2^2}}}$$

$$=\frac{1}{\sqrt{2\pi}\sigma_1\sqrt{1-\rho^2}}\exp\left\{-\frac{1}{2(1-\rho^2)}\left[\frac{(x-\mu_1)^2}{\sigma_1^2}-2\rho\frac{(x-\mu_1)(y-\mu_2)}{\sigma_1\sigma_2}+\rho^2\frac{(y-\mu_2)^2}{\sigma_2^2}\right]\right\}$$

$$=\frac{1}{\sqrt{2\pi}\sigma_1\sqrt{1-\rho^2}}\exp\left\{-\frac{1}{2(1-\rho^2)}\left[\frac{(x-\mu_1)^2}{\sigma_1^2}-2\rho\frac{(x-\mu_1)(y-\mu_2)}{\sigma_1\sigma_2}+\rho^2\frac{(y-\mu_2)^2}{\sigma_2^2}\right]\right\}$$

$$=\frac{1}{\sqrt{2\pi}\sigma_1\sqrt{1-\rho^2}}\exp\left\{-\frac{1}{2(1-\rho^2)}\left[\frac{x-\mu_1}{\sigma_1}-\rho\frac{y-\mu_2}{\sigma_2}\right]^2\right\}$$

$$= \frac{1}{\sqrt{2\pi}\sigma_1\sqrt{1-\rho^2}}\exp\left\{-\frac{1}{2\sigma_1^2(1-\rho^2)}\left[x-\left(\mu_1+\rho\frac{\sigma_1}{\sigma_2}(y-\mu_2)\right)\right]^2\right\}.$$

同理可得

$$p_{Y|X}(y|x) = \frac{1}{\sqrt{2\pi}\sigma_2\sqrt{1-\rho^2}}\exp\left\{-\frac{1}{2\sigma_2^2(1-\rho^2)}\left[y-\left(\mu_2+\rho\frac{\sigma_2}{\sigma_1}(x-\mu_1)\right)\right]^2\right\}.$$

（2）由 $p_{X|Y}(x|y)$ 的表达式可知，$X|Y=y\sim N\left(\mu_1+\dfrac{\rho\sigma_1(y-\mu_2)}{\sigma_2},\sigma_1^2(1-\rho^2)\right)$，因而

$$E(X|Y=y) = \mu_1+\frac{\rho\sigma_1(y-\mu_2)}{\sigma_2}.$$

§5.11.4　二维指数分布

定义 5-16　若二维随机变量 (X,Y) 的联合分布函数为

$$F(x,y) = \begin{cases} 1-e^{-x}-e^{-y}+e^{-x-y-\lambda xy}, & x>0,y>0 \\ 0, & \text{其他} \end{cases},$$

则称 (X,Y) 服从**二维指数分布**，其中参数 $\lambda>0$.

利用边缘分布的计算公式，易得 X 和 Y 的边缘分布函数分别为

$$F_X(x) = \lim_{y\to+\infty}F(x,y) = \begin{cases} 1-e^{-x}, & x>0 \\ 0, & x\leqslant 0 \end{cases},$$

$$F_Y(y) = \lim_{x\to+\infty}F(x,y) = \begin{cases} 1-e^{-y}, & y>0 \\ 0, & y\leqslant 0 \end{cases}.$$

上面式子说明二维指数分布的边缘分布仍是一维指数分布，且与参数 $\lambda>0$ 无关. 不同的 $\lambda>0$ 对应不同的二维指数分布，但它们两个边缘分布却是不变的.

习题五

1. 某一大型超市装有 5 台同类型的紧急供电设备，设每台设备是否被使用相互独立. 经调查得知任一时刻每台设备被使用的概率为 0.1，问在同一时刻，

（1）恰好有 2 台设备被使用的概率是多少？

（2）至少有 1 台设备被使用的概率是多少？

（3）至多有 3 台设备被使用的概率是多少？

2. 设 X 的概率分布为 $B(4,p)$，求 $Y=\sin\left(\dfrac{\pi}{2}X\right)$ 的数学期望.

3. 某一消防队在长度为 t 的时间间隔内收到的紧急求助的次数 X 服从参数为 $\dfrac{t}{3}$ 的泊松分布，而与时间间隔的起点无关（时间以小时计）.

（1）求某一天上午 8 时至中午 12 时未收到紧急求助的概率；

（2）求某一天下午 2 时至下午 5 时至少收到 1 次紧急求助的概率.

4. 设随机变量 X 服从泊松分布，且知 $P\{X=1\}=P\{X=2\}$，求 $P\{X=4\}$.

5. 一本 500 页的书中总共有 500 个印刷错误，若每一个印刷错误等可能地出现在任一页中，求在某指定页至少有一个印刷错误的概率.（利用泊松定理近似计算）

6. 有一繁忙的汽车站，每天有大量汽车通过，设一辆汽车在一天的某段时间内出事故的概率为 0.0001. 在某天的该时间段内有 1000 辆汽车通过，问出事故的车辆数不小于 2 的概率是

多少?(利用泊松定理计算)

7. 设电话交换台每分钟接到的呼唤次数 X 服从参数 $\lambda=3$ 的泊松分布.

(1) 求在一分钟内接到超 7 次呼唤的概率;

(2) 若一分钟内一次呼唤需要占用一条线路.问:该交换台至少要设置多少条线路才能以不低于 90% 的概率使用户得到及时服务?

8. 设 X,Y 是相互独立同服从几何分布的随机变量,即 $P\{X=k\}=pq^{k-1}$ $(k=1,2,\cdots)$,其中 $0<p<1,q=1-p$.求:

(1) $Z=X+Y$ 的分布律;(2) $Z=\max\{X,Y\}$ 的分布律;(3) $Z=\min\{X,Y\}$ 的分布律.

9. 设二维随机变量 (X,Y) 服从 D 上的均匀分布,其中 D 是直线 $y=x$ 和抛物线 $y=x^2$ 所围成的区域,试求它的联合分布和边缘分布密度.

10. 设 X,Y 是两个相互独立的随机变量,$X\sim U(0,1)$,Y 的概率密度为

$$p_Y(y)=\begin{cases} 8y, & 0<y<\dfrac{1}{2}, \\ 0, & \text{其他} \end{cases}$$

试写出 X,Y 的联合概率密度,并求 $P\{X>Y\}$.

11. 设随机变量 X 与 Y 独立,都服从 $(0,a)$ 上的均匀分布,求 $Z=\dfrac{X}{Y}$ 的概率密度.

12. 设随机变量 (X,Y) 在由曲线 $y=x^2$,$y=\sqrt{x}$ 所围成的区域 G 均匀分布.求条件概率密度 $p(y|x)$,并写出当 $x=0.5$ 时的条件概率密度.

13. 设 X,Y 是两个相互独立的随机变量,X 在 $(0,1)$ 上服从均匀分布,Y 的概率密度为

$$p_Y(y)=\begin{cases} \dfrac{1}{2}e^{-\frac{y}{2}}, & y>0 \\ 0, & y\leqslant 0 \end{cases}$$,试求 λ 的二次方程 $\lambda^2+2X\lambda+Y=0$ 有实根的概率.

14. 假设某元件使用寿命 X(单位:小时)服从参数为 $\lambda=0.002$ 的指数分布,试求:

(1) 该元件在 100 小时内需要维修的概率;

(2) 该元件能正常使用 600 小时以上的概率.

15. 设随机变量 X 服从参数为 λ 的指数分布,试求 $Y=e^X$ 的概率密度函数.

16. 设随机变量 X 的概率密度为

$$p(x)=\begin{cases} e^{-x}, & x>0 \\ 0, & x\leqslant 0 \end{cases},$$

试求以下 Y 的概率密度函数:(1) $Y=2X+3$; (2) $Y=X^2$.

17. 设 X 与 Y 相互独立,且 X 服从 $\lambda=3$ 的指数分布,Y 服从 $\lambda=4$ 的指数分布,试求:

(1) (X,Y) 联合概率密度与联合分布函数;(2) $P(X<1,Y<1)$;

(3) (X,Y) 在 $D=\{(x,y)|x>0,y>0,3x+4y<3\}$ 取值的概率.

18. 设 $X\sim N(4,2^2)$,查表计算 $P\{X\leqslant 6\}$,$P\{|X-5|\leqslant 2\}$,$P\{X>5\}$,$P\{|x|\leqslant 2\}$.

19. 设 $X\sim N(2,2^2)$,(1) 试确定常数 c 使得 $P\{X>c\}=P\{X\leqslant c\}$;(2) 寻找最小的 d 使得 $P\{X<d\}\geqslant 0.99$ 成立.

20. 测量某零件长度的误差 X 是随机变量,已知 $X\sim N(3,4)$.

(1) 求误差不超过 3 的概率;

(2) 求误差的绝对值不超过 3 的概率;

(3) 如果测量两次,求至少有一次误差的绝对值不超过 3 的概率.

21. 一般认为各种考试成绩服从正态分布,假定在一次公务员资格考试中,只有 5% 的考生能通过,而考生的成绩 X 近似服从 $N(60,100)$,问至少要多少分才可能通过这次资格考试?

22. 设 $X \sim N(0,\sigma^2)$,求 $Y = X^2$ 的分布.

第六章　极限理论

大数定律和中心极限定理都属于极限定理,是概率论的基本定理,在理论研究和应用中起着重要作用.大数定律说明,在一定条件下,随机变量序列的前 n 项的平均值收敛到这些项的数学期望的平均值;中心极限定理则说明,随机变量之和收敛于正态分布.随机变量序列的收敛性和特征函数是研究大数定律和中心极限定理的重要工具.

§6.1　随机变量序列的收敛性

§6.1.1　以概率 1 收敛

定义 6-1　设 $\{X_n\}$ 是随机变量序列,若存在随机变量 X(或常数),使得

$$P\{\lim_{n\to\infty}X_n=X\}=1,$$

则称随机变量序列 $\{X_n\}$ **以概率 1 收敛**于 X,或称**几乎处处收敛**于 X,记为 $\lim_{n\to\infty}X_n=X$　$(a.s)$ 或 $X_n\xrightarrow{a.s}X$.

§6.1.2　依概率收敛

定义 6-2　设 $\{X_n\}$ 是随机变量序列,若存在随机变量 X(或常数),对于任意 $\varepsilon>0$,有

$$\lim_{n\to\infty}P\{|X_n-X|\geqslant\varepsilon\}=0,$$

则称随机变量序列 $\{X_n\}$ **依概率收敛**于 X,记为 $\lim_{n\to\infty}X_n\xrightarrow{P}X$ 或 $X_n\xrightarrow{P}X$.

定理 6-1　设 $\{X_n\}$ 依概率收敛于 a,$\{Y_n\}$ 依概率收敛于 b,$f(x,y)$ 在点 (a,b) 连续,则 $f(X_n,Y_n)$ 依概率收敛于 $f(a,b)$.

证明　因 $f(x,y)$ 在点 (a,b) 连续,故对任给的 $\varepsilon>0$,存在 $\delta>0$,当 $(x-a)^2+(y-b)^2<\delta^2$ 时,有

$$|f(x,y)-f(a,b)|<\varepsilon,$$

于是

$$\{|f(X_n,Y_n)-f(a,b)|\geqslant\varepsilon\}\subseteq\{(X_n-a)^2+(Y_n-b)^2\geqslant\delta^2\}$$

$$\subseteq\left\{(X_n-a)^2\geqslant\frac{\delta^2}{2}\right\}\bigcup\left\{(Y_n-b)^2\geqslant\frac{\delta^2}{2}\right\}$$

$$\subseteq\left\{|X_n-a|\geqslant\frac{\delta}{\sqrt{2}}\right\}\bigcup\left\{|Y_n-b|\geqslant\frac{\delta}{\sqrt{2}}\right\},$$

故有

$$P\{|f(X_n,Y_n)-f(a,b)|\geqslant\varepsilon\}\leqslant P\left(\left\{|X_n-a|\geqslant\frac{\delta}{\sqrt{2}}\right\}\bigcup\left\{|Y_n-b|\geqslant\frac{\delta}{\sqrt{2}}\right\}\right),$$

由于

$$\lim_{n\to\infty}P\left\{|X_n-a|\geqslant\frac{\delta}{\sqrt{2}}\right\}=0, \quad \lim_{n\to\infty}P\left\{|Y_n-b|\geqslant\frac{\delta}{\sqrt{2}}\right\}=0,$$

所以

$$\lim_{n\to\infty}P\{|f(X_n,Y_n)-f(a,b)|\geqslant\varepsilon\}=0.$$

推论 6 - 1 设 $\{X_n\}$ 依概率收敛于 $a:X_n \xrightarrow{P} a$；$\{Y_n\}$ 依概率收敛于 $b:Y_n \xrightarrow{P} b$. 则

(1) $X_n\pm Y_n \xrightarrow{P} a\pm b$；

(2) $X_n\times Y_n \xrightarrow{P} a\times b$；

(3) 当 $b\neq0$ 时，$\dfrac{X_n}{Y_n} \xrightarrow{P} \dfrac{a}{b}$.

§6.1.3 依分布收敛

在上述收敛概念中，尚未直接涉及随机变量序列 $\{X_n\}$ 的分布函数列 $\{F_n(x)\}$ 与随机变量 X 的分布函数 $F(x)$ 之间的关系，而分布函数又完整地刻画了随机变量的统计规律，因此有必要讨论 $\{F_n(x)\}$ 与 $F(x)$ 之间的关系.

定义 6 - 3 设随机变量 $X,X_1,X_2,\cdots$ 的分布函数分别为 $F(x),F_1(x),F_2(x),\cdots$，如果对 $F(x)$ 的每个连续点 x 都有

$$\lim_{n\to\infty}F_n(x)=F(x),$$

则称分布函数列 $\{F_n(x)\}$ **弱收敛**于分布函数 $F(x)$，记作 $F_n(x)\xrightarrow{W}F(x)$；称 $\{X_n\}$ 依分布收敛于 X，记作 $X_n \xrightarrow{L} X$.

§6.1.4 三种收敛的关系

以概率 1 收敛 $\Rightarrow$ 依概率收敛 $\Rightarrow$ 依分布收敛，而其逆命题都不真.

定理 6 - 2 随机变量序列 $\{X_n\}$ 以概率 1 收敛于 X 的充要条件是：对任意的 $\varepsilon>0$，有

$$\lim_{n\to\infty}P\left\{\bigcup_{k=n}^{\infty}|X_k-X|\geqslant\varepsilon\right\}=0,$$

此式等价于

$$\lim_{n\to\infty}P\left\{\bigcap_{k=n}^{\infty}|X_k-X|<\varepsilon\right\}=1.$$

定理 6 - 3 若随机变量序列 $\{X_n\}$ 以概率 1 收敛于 X，则 $\{X_n\}$ 依概率收敛于 X.

证明 显然对任意 n 有

$$\{|X_n-X|\geqslant\varepsilon\}\subseteq\bigcup_{k=n}^{\infty}\{|X_k-X|\geqslant\varepsilon\},$$

所以

$$0\leqslant P\{|X_n-X|\geqslant\varepsilon\}\leqslant P\left\{\bigcup_{k=n}^{\infty}[|X_k-X|\geqslant\varepsilon]\right\}.$$

由于随机变量序列 $\{X_n\}$ 以概率 1 收敛于 X，所以

$$0\leqslant\lim_{n\to\infty}P\{|X_n-X|\geqslant\varepsilon\}\leqslant\lim_{n\to\infty}P\left\{\bigcup_{k=n}^{\infty}[|X_k-X|\geqslant\varepsilon]\right\}=0,$$

因此

$$\lim_{n\to\infty}P\{\,|\,X_n-X\,|\geqslant\varepsilon\}=0.$$

即$\{X_n\}$依概率收敛于X.

定理 6-4 若随机变量序列$\{X_n\}$依概率收敛于X,则$\{X_n\}$依分布收敛于X.

证明 设随机变量序列$\{X_n\}$和随机变量X的分布函数分别为$\{F_n(x)\}$和$F(x)$,对任意的$x,y\in\mathbf{R}$有

$$\{X\leqslant y\}=\{X_n\leqslant x,X\leqslant y\}\bigcup\{X_n>x,X\leqslant y\}\subseteq\{X_n\leqslant x\}\bigcup\{X_n>x,X\leqslant y\},$$

从而

$$F(y)\leqslant F_n(x)+P\{X_n>x,X\leqslant y\}.$$

如果$y<x$,由随机变量序列$\{X_n\}$依概率收敛于X知

$$\lim_{n\to\infty}P\{X_n>x,X\leqslant y\}\leqslant\lim_{n\to\infty}P\{\,|\,X_n-X\,|\geqslant x-y\}=0,$$

所以

$$F(y)\leqslant\varliminf_{n\to\infty}F_n(x).$$

同理,当$x<z$时,有$\varlimsup_{n\to\infty}F_n(x)\leqslant F(z)$.

于是,当$y<x<z$时,有

$$F(y)\leqslant\varliminf_{n\to\infty}F_n(x)\leqslant\varlimsup_{n\to\infty}F_n(x)\leqslant F(z).$$

令$y\to x,z\to x$,即得

$$F(x-0)\leqslant\varliminf_{n\to\infty}F_n(x)\leqslant\varlimsup_{n\to\infty}F_n(x)\leqslant F(x+0).$$

如果x是$F(x)$的连续点,就有$\lim_{n\to\infty}F_n(x)=F(x)$.

$$F_n(x)\xrightarrow{W}F(x)\Leftrightarrow X_n\xrightarrow{L}X.$$

例 6-1 抛掷一枚均匀的硬币,令

$$X=\begin{cases}1,&\text{正面朝上}\\-1,&\text{反面朝上}\end{cases},$$

则$P(X=-1)=P(X=1)=\dfrac{1}{2}$,随机变量$X$的分布函数为

$$F(x)=\begin{cases}0,&x<-1\\\dfrac{1}{2},&-1\leqslant x<1.\\1,&x\geqslant1\end{cases}$$

令$X_n=-X$,则X_n与X同分布,设X_n的分布函数为$F_n(x)$,则$F_n(x)=F(x)$,于是对任意的$x\in\mathbf{R}$,有$\lim_{n\to\infty}F_n(x)=F(x)$,即$X_n\xrightarrow{L}X$.

但对任意$0<\varepsilon<2$,恒有

$$P(\,|\,X_n-X\,|\geqslant\varepsilon)=P(2\,|\,X\,|\geqslant\varepsilon)=P\left(|\,X\,|\geqslant\dfrac{\varepsilon}{2}\right)=1,$$

即不可能有$\{X_n\}$依概率收敛于X.

定理 6-5 若c为常数,则$X_n\xrightarrow{P}c$的充要条件是$X_n\xrightarrow{L}c$.

证明 必要性已证,下面只证充分性.

由于$X\equiv c$的分布函数为

$$F(x)=\begin{cases}0,&x<c\\1,&x\geqslant c\end{cases}.$$

设 X_n 的分布函数为 $F_n(x)$，则对任意的 $\varepsilon>0$，有
$$P\{|X_n-c|\geqslant\varepsilon\}=P\{X_n\geqslant c+\varepsilon\}+P\{X_n\leqslant c-\varepsilon\}$$
$$\leqslant P\left\{X_n>c+\frac{\varepsilon}{2}\right\}+P\{X_n\leqslant c-\varepsilon\}=1-F_n\left(c+\frac{\varepsilon}{2}\right)+F_n(c-\varepsilon).$$

由于分布函数 $F(x)$ 在点 $x=c+\dfrac{\varepsilon}{2}$ 和 $x=c-\varepsilon$ 连续，又由 $X_n\xrightarrow{L}c$ 知 $F_n(x)\xrightarrow{W}F(x)$，所以 $\lim\limits_{n\to\infty}F_n\left(c+\dfrac{\varepsilon}{2}\right)=1,\lim\limits_{n\to\infty}F_n(c-\varepsilon)=0$，由此得 $\lim\limits_{n\to\infty}P(|X_n-c|\geqslant\varepsilon)=0$，即 $X_n\xrightarrow{P}c$.

§6.2　特征函数

特征函数是处理许多概率论问题的有力工具.
◆ 它能把求独立随机变量和的分布的卷积运算转换成乘法运算.
◆ 它能把求分布的各阶原点矩（积分运算）转换成微分运算.
◆ 它能把寻求随机变量序列的极限分布转换成一般的函数极限问题.
◆ 它能完全决定分布函数.
◆ 它是具有良好的分析性质的函数.

§6.2.1　特征函数

定义 6-4　设 X,Y 是定义在样本空间 Ω 上的实随机变量，则 $Z=X+iY$ 称为定义在样本空间 Ω 上的**复随机变量**；$\overline{Z}=X-iY$ 称为 Z 的**复共轭随机变量**；$|Z|=\sqrt{X^2+Y^2}$ 称为 Z 的模.

设 X 是定义在样本空间 Ω 上的实随机变量，则有欧拉公式 $e^{iX}=\cos X+i\sin X,E(e^{iX})=E(\cos X)+iE(\sin X)$.

定义 6-5　设 X 是一个随机变量，$\varphi(t)=E(e^{itX})$ $(-\infty<t<+\infty)$ 称为随机变量 X 的**特征函数**（Characteristic function）.

由于 $|e^{itX}|=1$，所以 $\varphi(t)=E(e^{itX})$ 总存在，即随机变量 X 的特征函数总存在.

§6.2.2　特征函数的计算

设离散型随机变量 X 的分布律为 $p_k=P(X=x_k)$ $(k=1,2,\cdots)$，则 X 的特征函数为
$$\varphi(t)=\sum_{k=1}^{\infty}e^{itx_k}p_k\quad(-\infty<t<+\infty).$$

设连续型随机变量 X 的密度函数为 $p(x)$，则 X 的特征函数为
$$\varphi(t)=\int_{-\infty}^{+\infty}e^{itx}p(x)dx\quad(-\infty<t<+\infty).$$

例 6-2　常用分布的特征函数如下.
(1) 单点分布 $P\{X=c\}=1$ 的特征函数为 $\varphi(t)=e^{itc}$.
(2) 0-1 分布 $X\sim B(1,p):P\{X=x\}=p^x(1-p)^{1-x}$ $(x=0,1)$ 的特征函数为
$$\varphi(t)=pe^{it}+(1-p).$$
(3) 泊松分布 $X\sim P(\lambda):P\{X=k\}=\dfrac{\lambda^k}{k!}e^{-\lambda}$ $(k=0,1,\cdots)$ 的特征函数为
$$\varphi(t)=\sum_{k=0}^{\infty}e^{itk}\frac{\lambda^k}{k!}e^{-\lambda}=e^{-\lambda}e^{\lambda e^{it}}=e^{\lambda(e^{it}-1)}.$$

(4) 均匀分布 $X \sim U(a,b)$ 的特征函数为 $\varphi(t) = \int_a^b \mathrm{e}^{itx}\,\dfrac{1}{b-a}\mathrm{d}x = \dfrac{\mathrm{e}^{ibt} - \mathrm{e}^{iat}}{it(b-a)}$.

(5) 标准正态分布 $X \sim N(0,1)$ 的特征函数为

$$\varphi(t) = \frac{1}{\sqrt{2\pi}}\int_{-\infty}^{+\infty}\mathrm{e}^{itx-\frac{x^2}{2}}\mathrm{d}x = \mathrm{e}^{-\frac{t^2}{2}}\frac{1}{\sqrt{2\pi}}\int_{-\infty}^{+\infty}\mathrm{e}^{-\frac{(x-it)^2}{2}}\mathrm{d}x = \mathrm{e}^{-\frac{t^2}{2}}\frac{1}{\sqrt{2\pi}}\int_{-\infty-it}^{+\infty-it}\mathrm{e}^{-\frac{z^2}{2}}\mathrm{d}x = \mathrm{e}^{-\frac{t^2}{2}}.$$

(6) 指数分布 $X \sim E(\lambda)$ 的特征函数为

$$\varphi(t) = \int_0^{+\infty}\mathrm{e}^{itx}\lambda\,\mathrm{e}^{-\lambda x}\mathrm{d}x = \lambda\int_0^{+\infty}\cos(tx)\,\mathrm{e}^{-\lambda x}\mathrm{d}x + \lambda i\int_0^{+\infty}\sin(tx)\,\mathrm{e}^{-\lambda x}\mathrm{d}x$$

$$= \lambda\left(\frac{\lambda}{\lambda^2 + t^2} + i\,\frac{t}{\lambda^2 + t^2}\right) = \left(1 - \frac{it}{\lambda}\right)^{-1},$$

其中 $\mathrm{e}^{itx} = \cos(tx) + i\sin(tx)$.

§6.2.3 特征函数的性质

性质 6-1 $|\varphi(t)| \leqslant \varphi(0) = 1$.

证明 设连续型随机变量 X 的密度函数为 $p(x)$,则 X 的特征函数为

$$|\varphi(t)| = \left|\int_{-\infty}^{+\infty}\mathrm{e}^{itx}p(x)\mathrm{d}x\right| \leqslant \int_{-\infty}^{+\infty}|\mathrm{e}^{itx}|\,p(x)\mathrm{d}x = \int_{-\infty}^{+\infty}p(x)\mathrm{d}x = \varphi(0) = 1.$$

性质 6-2 $\varphi(-t) = \overline{\varphi(t)}$,其中 $\overline{\varphi(t)}$ 是 $\varphi(t)$ 的共轭.

证明 设连续型随机变量 X 的密度函数为 $p(x)$,则 X 的特征函数为

$$\varphi(-t) = \int_{-\infty}^{+\infty}\mathrm{e}^{-itx}p(x)\mathrm{d}x = \overline{\int_{-\infty}^{+\infty}\mathrm{e}^{itx}p(x)\mathrm{d}x} = \overline{\varphi(t)}.$$

性质 6-3 若 $Y = aX + b$,其中 a,b 为常数,则 $\varphi_Y(t) = \mathrm{e}^{ibt}\varphi_X(at)$.

证明 $\varphi_Y(t) = E[\mathrm{e}^{it(aX+b)}] = \mathrm{e}^{ibt}E(\mathrm{e}^{itaX}) = \mathrm{e}^{ibt}\varphi_X(at)$.

性质 6-4 若 X 与 Y 相互独立,则 $\varphi_{X+Y}(t) = \varphi_X(t) \cdot \varphi_Y(t)$.

证明 若 X 与 Y 相互独立,则 e^{itX} 与 e^{itY} 相互独立,从而

$$\varphi_{X+Y}(t) = E[\mathrm{e}^{it(X+Y)}] = E(\mathrm{e}^{itX}\mathrm{e}^{itY}) = E(\mathrm{e}^{itX})E(\mathrm{e}^{itY}) = \varphi_X(t) \cdot \varphi_Y(t).$$

性质 6-5 若 $E(X^l)$ 存在,$\varphi(t)$ 为 X 的特征函数,则

$$\varphi^{(k)}(0) = i^k E(X^k) \quad (1 \leqslant k \leqslant l).$$

证明 设连续型随机变量 X 的密度函数为 $p(x)$,因 $E(X^l)$ 存在,则

$$\varphi^{(k)}(t) = \int_{-\infty}^{+\infty}i^k x^k \mathrm{e}^{itx}p(x)\mathrm{d}x = i^k E(X^k \mathrm{e}^{itX}).$$

令 $t = 0$,得 $\varphi^{(k)}(0) = i^k E(X^k)$.

例 6-3 常用分布的特征函数

(7) 二项分布 $Y \sim B(n,p)$ 的特征函数为 $\varphi_Y(t) = [p\mathrm{e}^{it} + (1-p)]^n$.

设 $X_i \sim B(1,p)$ 相互独立,则

$$\varphi_{X_i}(t) = p\mathrm{e}^{it} + (1-p), \quad \varphi_Y(t) = \prod_{i=1}^n \varphi_{X_i}(t) = [p\mathrm{e}^{it} + (1-p)]^n.$$

(8) 正态分布 $Y \sim N(\mu, \sigma^2)$ 的特征函数为 $\varphi_Y(t) = \exp\left\{i\mu t - \dfrac{\sigma^2 t^2}{2}\right\}$.

令 $X = \dfrac{Y-\mu}{\sigma}$,则 $X \sim N(0,1)$,X 的特征函数为 $\varphi_X(t) = \mathrm{e}^{-\frac{t^2}{2}}$,从而 Y 的特征函数为

$$\varphi_Y(t) = \varphi_{\sigma X + \mu}(t) = \mathrm{e}^{i\mu t}\varphi_X(\sigma t) = \mathrm{e}^{i\mu t - \frac{\sigma^2 t^2}{2}} = \exp\left\{i\mu t - \frac{\sigma^2 t^2}{2}\right\}.$$

(9) 伽玛分布 $Y \sim Ga(n,\lambda)$ 的特征函数为 $\varphi_Y(t) = \left(1 - \dfrac{it}{\lambda}\right)^{-n}$.

设 $X_k \sim E(\lambda)$ 相互独立,则 X_k 特征函数为 $\varphi_{X_k}(t) = \left(1 - \dfrac{it}{\lambda}\right)^{-1}$,而 $Y = \sum\limits_{k=1}^n X_k$,所以 Y 的

特征函数为 $\varphi_Y(t) = \prod\limits_{k=1}^n \varphi_{X_k}(t) = \left(1 - \dfrac{it}{\lambda}\right)^{-n}$. 进一步,若 $Z \sim Ga(\alpha,\lambda)$,则 $\varphi_Z(t) = \left(1 - \dfrac{it}{\lambda}\right)^{-\alpha}$.

(10) 卡方分布 $Y \sim \chi^2(n) = Ga\left(\dfrac{n}{2}, \dfrac{1}{2}\right)$ 的特征函数为 $\varphi(t) = (1 - 2it)^{-n/2}$.

例 6-4 试用特征函数法,求伽玛分布 $Z \sim Ga(\alpha,\lambda)$ 的数学期望和方差.

解 因为伽玛分布 $Z \sim Ga(\alpha,\lambda)$ 的特征函数为 $\varphi(t) = \left(1 - \dfrac{it}{\lambda}\right)^{-\alpha}$,所以

$$\varphi'(t) = \frac{\alpha i}{\lambda}\left(1 - \frac{it}{\lambda}\right)^{-\alpha-1}, \quad \varphi'(0) = \frac{\alpha i}{\lambda},$$

$$\varphi''(t) = \frac{\alpha(\alpha+1)i^2}{\lambda^2}\left(1 - \frac{it}{\lambda}\right)^{-\alpha-2}, \quad \varphi''(0) = \frac{\alpha(\alpha+1)i^2}{\lambda^2}.$$

由 $\varphi^{(k)}(0) = i^k E(X^k)$ 可得 $E(X) = \dfrac{\varphi'(0)}{i} = \dfrac{\alpha}{\lambda}$, $E(X^2) = -\varphi''(0)$,

$$D(X) = -\varphi''(0) - [E(X)]^2 = \frac{\alpha(\alpha+1)}{\lambda^2} - \frac{\alpha^2}{\lambda^2} = \frac{\alpha}{\lambda^2}.$$

§6.2.4 特征函数唯一决定分布函数

不加证明地给出以下结论.

定理 6-6 (1) 随机变量 X 的特征函数 $\varphi(t)$ 一致连续;

(2) 随机变量 X 的特征函数 $\varphi(t)$ 非负定.

定理 6-7 设随机变量 X 的分布函数为 $F(x)$,特征函数为 $\varphi(t)$,则对 $F(x)$ 的任意两个连续点 $x_1 < x_2$,有

$$F(x_2) - F(x_1) = \lim_{T \to \infty} \frac{1}{2\pi} \int_{-T}^{T} \frac{e^{-itx_1} - e^{-itx_2}}{it} \varphi(t) dt.$$

定理 6-8 随机变量 X 的分布函数 $F(x)$ 由其特征函数 $\varphi(t)$ 唯一决定.

定理 6-9 设连续型随机变量 X 的密度函数为 $p(x)$,特征函数为 $\varphi(t)$,如果 $\int_{-\infty}^{+\infty} |\varphi(t)| dt < +\infty$,则

$$p(x) = \frac{1}{2\pi} \int_{-\infty}^{+\infty} e^{-itx} \varphi(t) dt.$$

定理 6-10 分布函数序列 $\{F_n(x)\}$ 弱收敛于分布函数 $F(x)$ 的充要条件是:$\{F_n(x)\}$ 的特征函数序列 $\{\varphi_n(x)\}$ 收敛于 $F(x)$ 的特征函数 $\varphi(x)$.

例 6-5 设连续型随机变量 X 的特征函数为 $\varphi(t) = e^{-|t|}$,试求 X 的密度函数 $p(x)$.

解 $p(x) = \dfrac{1}{2\pi} \int_{-\infty}^{+\infty} e^{-itx} \varphi(t) dt = \dfrac{1}{2\pi} \int_{-\infty}^{+\infty} e^{-itx} \cdot e^{-|t|} dt$

$= \dfrac{1}{2\pi} \int_0^{+\infty} e^{-(1+ix)t} dt + \dfrac{1}{2\pi} \int_0^{+\infty} e^{(1-ix)t} dt = \dfrac{1}{2\pi}\left(\dfrac{1}{1+ix} + \dfrac{1}{1-ix}\right) = \dfrac{1}{\pi} \cdot \dfrac{1}{1+x^2}$,

所以 X 服从柯西分布.

例 6 - 6 设连续型随机变量 X 的特征函数为 $\varphi(t) = \dfrac{\sin(at)}{at}$,试确定 X 的分布.

解 因为均匀分布 $U(a,b)$ 的特征函数为 $\varphi(t) = \dfrac{e^{ibt} - e^{iat}}{it(b-a)}$,所以均匀分布 $U(-a,a)$ 的特征函数为 $\varphi(t) = \dfrac{e^{iat} - e^{-iat}}{2ait} = \dfrac{\sin(at)}{at}$,由唯一性知,$X$ 的分布为 $X \sim U(-a,a)$.

例 6 - 7 设 X_λ 服从参数为 λ 的泊松分布 $X_\lambda \sim P(\lambda)$,证明:

$$\lim_{\lambda \to +\infty} P\left\{ \frac{X_\lambda - \lambda}{\sqrt{\lambda}} \leqslant x \right\} = \frac{1}{\sqrt{2\pi}} \int_{-\infty}^x e^{-\frac{t^2}{2}} dt.$$

证明 已知 X_λ 的特征函数为 $\varphi_\lambda(t) = \exp\{\lambda(e^{it} - 1)\}$,故 $Y_\lambda = \dfrac{X_\lambda - \lambda}{\sqrt{\lambda}}$ 的特征函数为

$$g_\lambda(t) = \varphi_\lambda\left(\frac{t}{\sqrt{\lambda}}\right) \exp\{-i\sqrt{\lambda} t\} = \exp\{\lambda(e^{i\frac{t}{\sqrt{\lambda}}} - 1) - i\sqrt{\lambda} t\},$$

对于任意 $t \in \mathbf{R}$,有

$$\exp\left\{ i\frac{t}{\sqrt{\lambda}} \right\} = 1 + i\frac{t}{\sqrt{\lambda}} - \frac{t^2}{2!\lambda} + o\left(\frac{1}{\lambda}\right).$$

于是

$$\lim_{\lambda \to +\infty} \{\lambda(e^{i\frac{t}{\sqrt{\lambda}}} - 1) - i\sqrt{\lambda} t\} = \lim_{\lambda \to +\infty} \left\{ -\frac{t^2}{2} + \lambda \cdot o\left(\frac{1}{\lambda}\right) \right\} = -\frac{t^2}{2},$$

所以

$$\lim_{\lambda \to +\infty} g_\lambda(t) = e^{-\frac{t^2}{2}}.$$

又因为 $e^{-\frac{t^2}{2}}$ 为标准正态分布的特征函数 $N(0,1)$,因此 $\lim\limits_{\lambda \to +\infty} Y_\lambda \sim N(0,1)$.

§6.2.5 分布函数的再生性

定理 6 - 11 (1) 设 $X \sim B(m,p)$ 与 $Y \sim B(n,p)$ 相互独立,则 $X + Y \sim B(m+n,p)$;

(2) 设 $X \sim N(\mu_X, \sigma_X^2)$ 与 $Y \sim N(\mu_Y, \sigma_Y^2)$ 相互独立,则 $X + Y \sim N(\mu_X + \mu_Y, \sigma_X^2 + \sigma_Y^2)$;

(3) 设 $X \sim P(\lambda_1)$ 与 $Y \sim P(\lambda_2)$ 相互独立,则 $X + Y \sim P(\lambda_1 + \lambda_2)$;

(4) 设 $X \sim Ga(\alpha_1, \lambda)$ 与 $Y \sim Ga(\alpha_2, \lambda)$ 相互独立,则 $X + Y \sim Ga(\alpha_1 + \alpha_2, \lambda)$.

证明 (1) 因为 $\varphi_X(t) = (pe^{it} + q)^m$,$\varphi_Y(t) = (pe^{it} + q)^n$,所以

$$\varphi_{X+Y}(t) = \varphi_X(t)\varphi_Y(t) = (pe^{it} + q)^{m+n}.$$

因此,$X + Y \sim B(m+n, p)$.

(2) 因为 $\varphi_X(t) = \exp\left\{ it\mu_X - \dfrac{\sigma_X^2 t^2}{2} \right\}$,$\varphi_Y(t) = \exp\left\{ it\mu_Y - \dfrac{\sigma_Y^2 t^2}{2} \right\}$,所以

$$\varphi_{X+Y}(t) = \varphi_X(t)\varphi_Y(t) = \exp\left\{ it(\mu_X + \mu_Y) - \frac{(\sigma_X^2 + \sigma_Y^2)t^2}{2} \right\},$$

因此,$X + Y \sim N(\mu_X + \mu_Y, \sigma_X^2 + \sigma_Y^2)$.

(3) 因为 $\varphi_X(t) = e^{\lambda_1(e^{it} - 1)}$,$\varphi_Y(t) = e^{\lambda_2(e^{it} - 1)}$,所以

$$\varphi_{X+Y}(t) = \varphi_X(t)\varphi_Y(t) = e^{(\lambda_1 + \lambda_2)(e^{it} - 1)},$$

因此,$X + Y \sim P(\lambda_1 + \lambda_2)$.

(4) 因为 $\varphi_X(t) = \left(1 - \dfrac{it}{\lambda}\right)^{-\alpha_1}$,$\varphi_Y(t) = \left(1 - \dfrac{it}{\lambda}\right)^{-\alpha_2}$,所以

$$\varphi_{X+Y}(t) = \varphi_X(t)\varphi_Y(t) = \left(1 - \frac{it}{\lambda}\right)^{-(\alpha_1+\alpha_2)},$$

因此，$X+Y \sim Ga(\alpha_1+\alpha_2,\lambda)$.

§6.3 大数定律

在实际应用中，往往可以用实验次数足够大时的频率来估计概率的大小，且随着实验次数的增加，估计的精度会越来越高. 这么做的原理是什么呢? 就是本节要讲的大数定律.

§6.3.1 大数定律

定义 6 - 6 设$\{X_k\}$是随机变量序列，数学期望 $E(X_k)$ $(k=1,2,\cdots)$ 存在，若对于任意 $\varepsilon > 0$，有

$$\lim_{n \to \infty} P\left\{\left|\frac{1}{n}\sum_{k=1}^{n}X_k - \frac{1}{n}\sum_{k=1}^{n}E(X_k)\right| < \varepsilon\right\} = 1,$$

则称随机变量序列$\{X_k\}$服从**大数定律**.

§6.3.2 契比雪夫大数定律

定理 6 - 12 （契比雪夫(Chebyshev)大数定律）设随机变量 $X_1,X_2,\cdots,X_n,\cdots$ 两两不相关，且它们的方差有界，即存在常数 $c > 0$，使

$$D(X_i) \leqslant c \quad (i=1,2,\cdots),$$

则对任意 $\varepsilon > 0$，有

$$\lim_{n \to \infty} P\left\{\left|\frac{1}{n}\sum_{i=1}^{n}X_i - \frac{1}{n}\sum_{i=1}^{n}E(X_i)\right| < \varepsilon\right\} = 1.$$

证明 因为 $X_1,X_2,\cdots,X_n,\cdots$ 两两不相关，故

$$D\left(\frac{1}{n}\sum_{i=1}^{n}X_i\right) = \frac{1}{n^2}\sum_{i=1}^{n}D(X_i) \leqslant \frac{nc}{n^2} = \frac{c}{n}.$$

又 $E\left(\frac{1}{n}\sum_{i=1}^{n}X_i\right) = \frac{1}{n}\sum_{i=1}^{n}E(X_i)$，利用契比雪夫不等式有

$$1 \geqslant P\left\{\left|\frac{1}{n}\sum_{i=1}^{n}X_i - \frac{1}{n}\sum_{i=1}^{n}E(X_i)\right| < \varepsilon\right\} \geqslant 1 - \frac{D\left(\frac{1}{n}\sum_{i=1}^{n}X_i\right)}{\varepsilon^2} \geqslant 1 - \frac{c}{n\varepsilon^2}.$$

在上式中令 $n \to \infty$，由夹逼准则知

$$\lim_{n \to \infty} P\left\{\left|\frac{1}{n}\sum_{i=1}^{n}X_i - \frac{1}{n}\sum_{i=1}^{n}E(X_i)\right| < \varepsilon\right\} = 1.$$

n 个随机变量 $X_1,X_2,\cdots,X_n$ 的算术平均值 $\frac{1}{n}\sum_{i=1}^{n}X_i$ 仍然是随机变量，但是契比雪夫大数定律说明了，当n足够大时，只要满足定理的条件，$\frac{1}{n}\sum_{i=1}^{n}X_i$ 几乎变成一个常数，这个常数就是它的数学期望 $\frac{1}{n}\sum_{i=1}^{n}E(X_i)$.

例 6 - 8 设$\{X_k\}$是相互独立的随机变量序列，均服从参数为λ的泊松分布，求证：$\{X_k\}$

服从大数定律.

证明 已知 $E(X_k) = \lambda$，$D(X_k) = \lambda$，所以 $\{X_k\}$ 满足契比雪夫大数定律的所有条件，故对于任意给定的 $\varepsilon > 0$，恒有

$$\lim_{n \to \infty} P\left\{ \left| \frac{1}{n} \sum_{i=1}^{n} X_i - \frac{1}{n} \sum_{i=1}^{n} E(X_i) \right| < \varepsilon \right\} = 1,$$

即 $\{X_k\}$ 服从大数定律.

例 6 - 9 设 $X_1, X_2, \cdots, X_n, \cdots$ 是相互独立的随机变量序列，且 $P(X_n = 0) = 1 - \dfrac{2}{n^2}$，

$P(X_n = n) = \dfrac{1}{n^2}$，$P(X_n = -n) = \dfrac{1}{n^2}$ $(n = 1, 2, \cdots)$，问 $X_1, X_2, \cdots, X_n, \cdots$ 是否服从大数定律?

解 因
$$E(X_n) = 0 \times \left(1 - \frac{2}{n^2}\right) + n \times \frac{1}{n^2} + (-n) \times \frac{1}{n^2} = 0,$$

$$E(X_n^2) = 0^2 \times \left(1 - \frac{2}{n^2}\right) + n^2 \times \frac{1}{n^2} + (-n)^2 \times \frac{1}{n^2} = 2,$$

$$D(X_n) = E(X_n^2) - [E(X_n)]^2 = 2 - 0 = 2,$$

故 $X_1, X_2, \cdots, X_n, \cdots$ 满足契比雪夫大数定律的条件，从而服从契比雪夫大数定律.

§6.3.3 伯努利大数定律

定理 6 - 13 （伯努利大数定律）设 n_A 是 n 重伯努利试验中事件 A 出现的次数，p 是事件 A 在每次试验中出现的概率，则对任意 $\varepsilon > 0$，有

$$\lim_{n \to \infty} P\left\{ \left| \frac{n_A}{n} - p \right| < \varepsilon \right\} = 1.$$

证 令 $X_n = \begin{cases} 1, & \text{在第 } n \text{ 次试验中 } A \text{ 出现} \\ 0, & \text{在第 } n \text{ 次试验中 } A \text{ 不出现} \end{cases}$，则 $X_1, X_2, \cdots, X_n, \cdots$ 是独立同分布随机变量序列，且

$$E(X_n) = p, \quad D(X_n) = p(1-p) = \frac{1}{4} - \left(p - \frac{1}{2}\right)^2 < \frac{1}{4}.$$

又因为 $n_A = \sum\limits_{i=1}^{n} X_i$，因此满足契比雪夫大数定律的条件，从而 $\lim\limits_{n \to \infty} P\left\{ \left| \dfrac{n_A}{n} - p \right| < \varepsilon \right\} = 1$ 成立.

伯努利大数定律表明：当试验次数 n 趋于无穷大时，"事件出现的频率与事件出现的概率相等"这一事件成立的概率为 1. 也就是说，当 n 很大时，事件出现的频率与概率有较大偏差的可能性很小. 因此，在实际应用中，当试验次数很大时，我们常常以事件出现的频率来代替事件出现的概率.

§6.3.4 辛钦大数定律

定理 6 - 14 （辛钦大数定律）设 $X_1, X_2, \cdots, X_n, \cdots$ 是独立同分布的随机变量，且数学期望 $E(X_i) = \mu$ $(i = 1, 2, \cdots)$，则对任意 $\varepsilon > 0$，有

$$\lim_{n \to \infty} P\left\{ \left| \frac{1}{n} \sum_{i=1}^{n} X_i - \mu \right| < \varepsilon \right\} = 1.$$

证明 设 $\{X_k\}$ 独立同分布，其相同的特征函数记为 $\varphi(t)$，记

$$Y_n = \frac{1}{n} \sum_{k=1}^{n} X_k.$$

因为
$$\mu = E(X_k) = \frac{\varphi'(0)}{i},$$

所以
$$\varphi(t) = \varphi(0) + \varphi'(0)t + o(t),$$

因此
$$\varphi_{Y_n}(t) = \left[\varphi\left(\frac{t}{n}\right)\right]^n = \left[1 + i\mu\,\frac{t}{n} + o\left(\frac{1}{n}\right)\right]^n,$$

对于任意 t,有
$$\lim_{n\to\infty}\varphi_{Y_n}(t) = \lim_{n\to\infty}\left[1 + i\mu\,\frac{t}{n} + o\left(\frac{1}{n}\right)\right]^n = e^{i\mu t}.$$

又由于 $e^{i\mu t}$ 是退化分布 $P(X = \mu) = 1$ 的特征函数,故有
$$\lim_{n\to\infty}P\{\,|\,Y_n - \mu\,| < \varepsilon\} = 1.$$

辛钦大数定律提供了求随机变量数学期望的近似值的方法,设想对随机变量 X 独立重复地观察 n 次,第 i 次的观察值为 X_i,则 $X_1, X_2, \cdots, X_n$ 应该是相互独立的,且每个 X_i 的分布与 X 的分布相同. 若得到 $X_1, X_2, \cdots, X_n$ 的观测值 $x_1, x_2, \cdots, x_n$,在 $E(X)$ 存在的条件下,根据辛钦大数定律,当 n 足够大时,有 $E(x) \approx \frac{1}{n}\sum\limits_{i=1}^{n}x_i$. 这种做法的优点是在求数学期望时,可以不必管 X 的分布究竟是怎样的.

§6.3.5　马尔可夫大数定律

定理 6-15　　(**马尔可夫大数定律**)对随机变量序列 $\{X_n\}$,若满足马尔可夫条件 $\lim\limits_{n\to\infty}\dfrac{1}{n^2}D\left(\sum\limits_{i=1}^{n}X_i\right) = 0$,则对任意 $\varepsilon > 0$,有
$$\lim_{n\to\infty}P\left\{\left|\frac{1}{n}\sum_{i=1}^{n}X_i - \frac{1}{n}\sum_{i=1}^{n}E(X_i)\right| < \varepsilon\right\} = 1,$$
即 $\{X_k\}$ 服从大数定律.

证明　　由契比雪夫不等式知
$$1 \geqslant P\left\{\left|\frac{1}{n}\sum_{i=1}^{n}X_i - \frac{1}{n}\sum_{i=1}^{n}E(X_i)\right| < \varepsilon\right\} \geqslant 1 - \frac{D\left(\frac{1}{n}\sum\limits_{i=1}^{\infty}X_i\right)}{\varepsilon^2} = 1 - \frac{\frac{1}{n^2}D\left(\sum\limits_{i=1}^{\infty}X_i\right)}{\varepsilon^2},$$

$$1 \geqslant \lim_{n\to\infty}P\left\{\left|\frac{1}{n}\sum_{i=1}^{n}X_i - \frac{1}{n}\sum_{i=1}^{n}E(X_i)\right| < \varepsilon\right\} \geqslant \lim_{n\to\infty}\left[1 - \frac{\frac{1}{n^2}D\left(\sum\limits_{i=1}^{\infty}X_i\right)}{\varepsilon^2}\right] = 1.$$

例 6-10　　设 $\{X_n\}$ 为同一分布、方差存在的随机变量序列,且 X_n 仅与相邻的 X_{n-1} 和 X_{n+1} 相关,而与其他的 X_i 不相关. 试问随机变量序列 $\{X_n\}$ 是否服从大数定律?

解　　对随机变量序列 $\{X_n\}$,有
$$\frac{1}{n^2}D\left(\sum_{i=1}^{n}X_i\right) = \frac{1}{n^2}\left(\sum_{i=1}^{n}D(X_i) + 2\sum_{i=1}^{n-1}Cov(X_i, X_{i+1})\right),$$
记 $D(X_n) = \sigma^2$,则 $|Cov(X_i, X_{i+1})| \leqslant \sigma^2$,于是
$$\frac{1}{n^2}D\left(\sum_{i=1}^{n}X_i\right) \leqslant \frac{1}{n^2}[n\sigma^2 + 2(n-1)\sigma^2] = \frac{3n-2}{n^2}\sigma^2,$$

$$0 \leqslant \lim_{n \to \infty} \frac{1}{n^2} D\left(\sum_{i=1}^{n} X_i\right) \leqslant \lim_{n \to \infty} \frac{3n-2}{n^2} \sigma^2 = 0,$$

即随机变量序列 $\{X_n\}$ 的马尔可夫条件成立,故随机变量序列 $\{X_n\}$ 服从大数定律.

§6.4 中心极限定理

在实际问题中,一个随机变量往往可表示为众多随机变量之和.例如炮弹的射击误差 X 是个随机变量,造成该误差的原因有:每次炮身的射击引起的震动所导致的偏差 X_1;炮弹外形的细小差别引起的空气阻力不同所形成的偏差 X_2;炮弹内的炸药的数量和质量的细小差别所引起的偏差 X_3;炮弹在前进时遇到的空气气流的微小扰动所引起的偏差 X_4 等.所以射击误差 X 是许多随机小误差的总和,要讨论 X 的分布就要讨论随机变量和的分布问题.中心极限定理回答的正是随机变量和的分布问题.

§6.4.1 中心极限定理

在研究许多随机因素所产生的总影响时,一般可以归结为研究相互独立的随机变量之和的分布问题,而这种和的项数通常很大.因此,需要构造一个项数越来越多的随机变量和的序列:

$$Y_n = \sum_{i=1}^{n} X_i \quad (n = 1, 2, \cdots).$$

当 $n \to \infty$ 时,随机变量和 $Y_n = \sum_{i=1}^{n} X_i$ 的极限分布是什么?由于直接研究 $Y_n = \sum_{i=1}^{n} X_i$ 的极限分布不方便,故先将其标准化为

$$Y_n^* = \frac{Y_n - E(Y_n)}{\sqrt{D(Y_n)}} = \frac{\sum_{i=1}^{n} X_i - \sum_{i=1}^{n} E(X_i)}{\sqrt{D\left(\sum_{i=1}^{n} X_i\right)}},$$

再研究随机变量序列 $\{Y_n^*\}$ 的极限分布.

定义 6-7 设 $\{X_k\}$ 为相互独立的随机变量序列,数学期望 $E(X_k) = \mu_k$ 和方差 $D(X_k) = \sigma_k^2$ 都存在,令

$$Y_n^* = \frac{\sum_{k=1}^{n} X_k - E\left(\sum_{k=1}^{n} X_k\right)}{\sqrt{D\left(\sum_{k=1}^{n} X_k\right)}}.$$

若对于一切实数 x,有

$$\lim_{n \to \infty} P\{Y_n^* \leqslant x\} = \frac{1}{\sqrt{2\pi}} \int_{-\infty}^{x} e^{-\frac{t^2}{2}} dt = \Phi(x),$$

则称随机变量序列 $\{X_k\}$ 服从**中心极限定理**.

§6.4.2 独立同分布的中心极限定理

定理 6-16 (独立同分布的中心极限定理)设随机变量序列 $\{X_n\}$ 独立同分布,且 $E(X_i) = \mu$, $D(X_i) = \sigma^2 > 0$ $(i = 1, 2, \cdots)$,若记

$$Y_n^* = \frac{\sum\limits_{i=1}^{n} X_i - E\left(\sum\limits_{i=1}^{n} X_i\right)}{\sqrt{D\left(\sum\limits_{i=1}^{n} X_i\right)}} = \frac{\sum\limits_{i=1}^{n} X_i - n\mu}{\sqrt{n}\,\sigma},$$

则对于任意实数 x 有

$$\lim_{n\to\infty} F_n(x) = \lim_{n\to\infty} P\{Y_n^* \leqslant x\} = \int_{-\infty}^{x} \frac{1}{\sqrt{2\pi}} e^{-\frac{t^2}{2}} \mathrm{d}t = \Phi(x).$$

证明　设 X_n 的特征函数为 $\varphi(t)$，则 Y_n^* 的特征函数为

$$\varphi_{Y_n^*}(t) = \left[\varphi\left(\frac{t}{\sigma\sqrt{n}}\right)\right]^n,$$

因为 $E(X_n - \mu) = 0, D(X_n - \mu) = \sigma^2$，所以

$$\varphi'(0) = 0, \varphi''(0) = -\sigma^2.$$

于是特征函数为 $\varphi(t)$，有展开式

$$\varphi(t) = \varphi(0) + \varphi'(0) + \varphi''(0) \cdot \frac{t^2}{2} + o(t^2) = 1 - \frac{1}{2}\sigma^2 t^2 + o(t^2),$$

从而有

$$\lim_{n\to\infty} \varphi_{Y_n^*}(t) = \lim_{n\to\infty}\left[1 - \frac{1}{2n}t^2 + o\left(\frac{t^2}{n}\right)\right]^n = e^{-\frac{t^2}{2}},$$

而 $e^{-\frac{t^2}{2}}$ 是 $N(0,1)$ 的特征函数，定理得证.

在实际问题中，我们常常遇到有限个随机变量的和 $\sum\limits_{i=1}^{n} X_i$，且 X_i 的分布是任意的情况，所以 $\sum\limits_{i=1}^{n} X_i$ 的精确分布往往很难求得. 定理 6-16 告诉我们，n 个独立同分布，且数学期望和方差都存在的随机变量之和 $\sum\limits_{i=1}^{n} X_i$，不论 X_i 服从什么分布，当 n 足够大时，$\sum\limits_{i=1}^{n} X_i$ 近似地服从正态分布 $N(n\mu, n\sigma^2)$. 从而

$$P\left\{\sum_{i=1}^{n} X_i \leqslant b\right\} = P\left\{\frac{\sum\limits_{i=1}^{n} X_i - n\mu}{\sqrt{n}\,\sigma} \leqslant \frac{b - n\mu}{\sqrt{n}\,\sigma}\right\} \approx \Phi\left(\frac{b - n\mu}{\sqrt{n}\,\sigma}\right).$$

实际上，如果 $n \geqslant 30$，上面正态分布的近似效果一般比较好；但如果 $n < 30$，只有当 X_i 的分布不太异于正态分布时，近似效果才比较好. 如果 X_i 服从正态分布，则不论 n 多小，$\sum\limits_{i=1}^{n} X_i$ 都会精确地服从正态分布.

例 6-11　一保险公司有 1 万个投保人，每个投保人的索赔金额的数学期望为 250 元，标准差为 500，求索赔总金额不超过 260 万元的概率.

解　设第 i 个投保人的索赔金额为随机变量 X_i $(i = 1, 2, \cdots, 10000)$，则 $X_1, X_2, \cdots, X_{10000}$ 独立同分布，且

$$E(X_i) = 250, \quad D(X_i) = 500^2 \quad (i = 1, 2, \cdots, 10000).$$

索赔总金额不超过 2600000 元可表示为事件 $\left\{\sum\limits_{i=1}^{10000} X_i \leqslant 2600000\right\}$. 由中心极限定理有

$$P\left\{\sum_{i=1}^{10000} X_i \leqslant 2600000\right\} \approx \Phi\left(\frac{2600000 - 10000 \times 250}{\sqrt{10000} \times 500}\right) = \Phi(2) = 0.9772.$$

例 6 - 12 对于一个学校而言:来参加家长会的家长人数是一个随机变量,设一个学生没有家长、有 1 名家长和 2 名家长来参加会议的概率分别 0.05,0.8,0.15.假设学校共有 400 名学生,各学生参加会议的家长数相互独立,且服从同一分布.求参加会议的家长数 X 超过 450 的概率.

解 用 X_i $(i=1,2,\cdots,400)$ 记第 i 个学生来参加会议的家长数,则 X_i 的概率分布如下.

X_i	0	1	2
P	0.05	0.8	0.15

易知 $X_1,X_2,\cdots,X_{400}$ 相互独立,$E(X_i)=1.1,D(X_i)=0.19$ $(i=1,2,\cdots,400)$,参加会议的家长数 $X=\sum_{i=1}^{400}X_i$.由中心极限定理有

$$P\{X>450\}=P\left\{\sum_{i=1}^{400}X_i>450\right\}=1-P\left\{\sum_{i=1}^{400}X_i\leqslant 450\right\}$$

$$\approx 1-\Phi\left(\frac{450-400\times 1.1}{\sqrt{400}\sqrt{0.19}}\right)\approx 1-\Phi(1.147)=0.1257.$$

特别地,如果定理中的 $X_1,X_2,\cdots$ 独立同分布,且均服从参数为 p 的 0-1 分布,则 $Z_n=\sum_{i=1}^{n}X_i\sim B(n,p)$,于是有如下定理.

定理 6 - 17 **(棣莫弗 - 拉普拉斯中心极限定理)** 设随机变量 $Z_n\sim B(n,p)$ $(n=1,2,\cdots)$,则对于任意实数 x,有

$$\lim_{n\to\infty}P\left\{\frac{Z_n-np}{\sqrt{np(1-p)}}\leqslant x\right\}=\int_{-\infty}^{x}\frac{1}{\sqrt{2\pi}}e^{-\frac{t^2}{2}}\mathrm{d}t=\Phi(x).$$

棣莫弗 - 拉普拉斯中心极限定理告诉我们,二项分布收敛于正态分布.泊松定理则告诉我们,二项分布收敛于泊松分布.同样一个二项分布序列,两个定理分别收敛于不同分布,两者是不是矛盾?比较两个定理的条件和结论,就可知没有矛盾.泊松定理要求 $np\to\lambda$,而棣莫弗 - 拉普拉斯定理要求 $np\to\infty$.在实际应用中,如果 n 很大,而 np 或 $n(1-p)$ 不大时,用泊松定理;如果 n,np 和 $n(1-p)$ 都很大,则用棣莫弗 - 拉普拉斯定理.

根据棣莫弗 - 拉普拉斯中心极限定理,设随机变量 $X\sim B(n,p)$,如果 n,np 和 $n(1-p)$ 都很大,则有

$$P\{X\leqslant b\}\approx\Phi\left(\frac{b-np}{\sqrt{np(1-p)}}\right).$$

例 6 - 13 某市保险公司开办一年人身保险业务,投保人每年需交保险金 160 元,若一年内发生重大人身事故,其本人或家属可获 2 万元赔偿金.已知该市人员一年内发生重大人身事故的概率为 0.005,现有 5000 人参加此项保险,问保险公司一年内从此项业务所得到的总收益在 20 万~40 万元之间的概率是多少?

解 设 X 是 5000 个被保险人中一年内发生重大人身事故的人数,保险公司一年内从此项业务所得到的总收益

$$Y=0.016\times 5000-2X=80-2X(万元).$$

易知 $X\sim B(5000,0.005)$,则

$$P\{20\leqslant Y\leqslant 40\}=P\{20\leqslant X\leqslant 30\}\approx\Phi\left(\frac{30-25}{\sqrt{25\times 0.995}}\right)-\Phi\left(\frac{20-25}{\sqrt{25\times 0.995}}\right)$$

$$\approx\Phi(1)-\Phi(-1)=0.6826.$$

例 6-14 某单位设置一电话总机,共有 200 个电话分机,若每个分机有 5% 的时间要使用外线通话,假设每个分机是否使用外线通话是相互独立的. 问总机要有多少条外线才能保证每个分机正常使用外线的概率不小于 90%?

解 设 X 为 200 个电话分机中要使用外线通话的分机数,则 $X \sim B(200, 0.05)$,如果有外线 n 条,则 $P\{X \leqslant n\} \geqslant 0.9$. 由中心极限定理得

$$P\{X \leqslant n\} \approx \Phi\left(\frac{n - 200 \times 0.05}{\sqrt{200 \times 0.05 \times 0.95}}\right) = \Phi\left(\frac{n - 10}{\sqrt{9.5}}\right) \geqslant 0.90.$$

查正态分布表,知 $\Phi(1.28) \geqslant 0.90$,所以 $\dfrac{n-10}{\sqrt{9.5}} \geqslant 1.28$,解得 $n \geqslant 13.945$. 因此总机应备 14 条外线才能保证各分机正常使用外线的概率不小于 90%.

§6.4.3 独立不同分布的中心极限定理

前面已解决独立同分布情况下随机变量和的极限分布问题. 在实际问题中,$\{X_n\}$ 相互独立是常见的,但同分布是很难的. 下面讨论独立不同分布的随机变量和的极限分布问题.

设 $\{X_n\}$ 是一个相互独立的随机变量序列,其数学期望 $E(X_i) = \mu_i$ 和方差 $D(X_i) = \sigma_i^2$ 都存在,则随机变量 $Y_n = \sum\limits_{i=1}^{n} X_i$ 的数学期望 $E(Y_n) = \mu_1 + \mu_2 + \cdots + \mu_n$,$Y_n$ 标准差记为 $B_n = \sigma(Y_n) = \sqrt{D(Y_n)} = \sqrt{\sigma_1^2 + \sigma_2^2 + \cdots + \sigma_n^2}$,则 Y_n 的标准化变量为

$$Y_n^* = \frac{Y_n - (\mu_1 + \mu_2 + \cdots + \mu_n)}{B_n} = \frac{1}{B_u} \sum_{i=1}^{n} (X_i - \mu_i).$$

定义 6-8 设 $\{X_i\}$ 为相互独立的随机变量序列,且 $E(X_i) = \mu_i$,$D(X_i) = \sigma_i^2$ 都存在,$B_n = \sigma(Y_n) = \sqrt{D(Y_n)} = \sqrt{\sigma_1^2 + \sigma_2^2 + \cdots + \sigma_n^2}$,对任意的 $\tau > 0$:

(1) 设 $\{X_i\}$ 是连续型随机变量序列,X_i 的密度函数为 $p_i(x)$,如果有

$$\lim_{n \to \infty} \frac{1}{\tau^2 B_n^2} \sum_{i=1}^{n} \int_{|x-\mu_i|>\tau B_n} (x - \mu_i)^2 p_i(x) \mathrm{d}x = 0;$$

(2) 设 $\{X_i\}$ 是离散型随机变量序列,X_i 的分布列为 $P\{X_i = x_{ij}\} = p_{ij}$ $(j = 1, 2, \cdots)$,如果有

$$\lim_{n \to \infty} \frac{1}{\tau^2 B_n^2} \sum_{i=1}^{n} \sum_{|x_{ij}-\mu_i|>\tau B_n} (x_{ij} - \mu_i)^2 p_{ij} = 0;$$

则称 $\{X_i\}$ 满足 **林德贝尔格条件**.

不加证明地给出如下结论.

定理 6-18 (林德贝尔格中心极限定理) 设独立随机变量序列 $\{X_i\}$ 满足林德贝尔格条件,则对任意实数 x,有

$$\lim_{n \to \infty} P\left\{\frac{1}{B_n} \sum_{k=1}^{n} (X_k - \mu_k) \leqslant x\right\} = \int_{-\infty}^{x} \frac{1}{\sqrt{2\pi}} \mathrm{e}^{-\frac{t^2}{2}} \mathrm{d}t = \Phi(x).$$

定理 6-19 (李雅普诺夫中心极限定理) 设独立随机变量序列 $\{X_i\}$,且 $E(X_i) = \mu_i$,$D(X_i) = \sigma_i^2$ 都存在,若存在 $\delta > 0$,使得 $\lim\limits_{n \to \infty} \dfrac{1}{B_n^{2+\delta}} \sum\limits_{i=1}^{n} E|X_i - \mu_i|^{2+\delta} = 0$,则对任意实数 x,有

$$\lim_{n \to \infty} P\left\{\frac{1}{B_n} \sum_{k=1}^{n} (X_k - \mu_k) \leqslant x\right\} = \int_{-\infty}^{x} \frac{1}{\sqrt{2\pi}} \mathrm{e}^{-\frac{t^2}{2}} \mathrm{d}t = \Phi(x).$$

例 6 - 15 一份考卷由 99 个问题组成,并按由易到难的次序排列,某个学生答对第 i 个问题的概率为 $1 - \dfrac{i}{100}$ $(i = 1, 2, \cdots, 99)$. 假若这个学生回答各个问题是相互独立的,且只有答对的问题不少于 60 个才算通过考试,试计算这个学生通过考试的可能性.

解 设 $X_i = \begin{cases} 1, & \text{若学生答对第 } i \text{ 题} \\ 0, & \text{若学生答错第 } i \text{ 题} \end{cases}$,则

$$P\{X_i = 1\} = 1 - \frac{i}{100}, \quad P\{X_i = 0\} = \frac{i}{100} \quad (i = 1, 2, \cdots, 99).$$

因为

$$B_n = \sqrt{\sum_{i=1}^{n} D(X_i)} = \sqrt{\sum_{i=1}^{n} p_i(1 - p_i)},$$

$$E(\,|\,X_i - p_i\,|^3) = (1 - p_i)^3 p_i + p_i^3(1 - p_i) \leqslant p_i(1 - p_i),$$

于是

$$\lim_{n \to \infty} \frac{1}{B_n^3} \sum_{i=1}^{n} E(\,|\,X_i - p_i\,|^3) \leqslant \lim_{n \to \infty} \frac{1}{\left[\sum\limits_{i=1}^{n} p_i(1 - p_i)\right]^{\frac{1}{2}}} = 0,$$

即 $\{X_n\}$ 满足李雅普诺夫中心极限定理,因此可用中心极限定理解题. 由于

$$E\left(\sum_{i=1}^{99} X_i\right) = \sum_{i=1}^{99} p_i = \sum_{i=1}^{99} \left(1 - \frac{i}{100}\right) = 49.5,$$

$$B_n^2 = D\left(\sum_{i=1}^{99} X_i\right) = \sum_{i=1}^{99} p_i(1 - p_i) = \sum_{i=1}^{99} \frac{i}{100}\left(1 - \frac{i}{100}\right) = 16.665,$$

所以学生通过考试的可能性为

$$P\left\{\sum_{i=1}^{99} X_i \geqslant 60\right\} = P\left\{\frac{\sum\limits_{i=1}^{99} X_i - 49.5}{\sqrt{16.665}} \geqslant \frac{60 - 49.5}{\sqrt{16.665}}\right\} \approx 1 - \Phi(2.57) = 0.005.$$

习题六

1. 如果 $X_n \xrightarrow{P} a$,则对任意常数 c,有 $cX_n \xrightarrow{P} ca$.

2. 如果 $X_n \xrightarrow{L} X$,且数列 $a_n \to a, b_n \to b$,试证 $a_n X_n + b_n \xrightarrow{L} aX + b$.

3. 设随机变量序列 $\{X_n\}$ 独立同分布,且 $E(X_n) = 0, D(X_n) = \sigma^2$,试证 $\dfrac{1}{n}\sum\limits_{i=1}^{n} X_i^2 \xrightarrow{P} \sigma^2$.

4. 设离散型随机变量 X 的分布列如下,试求 X 的特征函数.

X	0	1	2	3
P	0.4	0.3	0.2	0.1

5. 设离散型随机变量 X 服从几何分布 $P\{X = k\} = (1 - p)^{k-1} p$ $(k = 1, 2, \cdots)$,试求 X 的特征函数,并以此求 $E(X)$ 和 $D(X)$.

6. 设随机变量 X 的分布函数 $F(x) = \dfrac{a}{2} \int_{-\infty}^{x} e^{-a|t|} \mathrm{d}t$ $(a > 0)$,试求 X 的特征函数,并以此求 $E(X)$ 和 $D(X)$.

7. 设 $X \sim N(\mu, \sigma^2)$,试用特征函数求 $E[(X - \mu)^3]$ 和 $E[(X - \mu)^4]$.

8. 设 $X_i \sim N(\mu, \sigma^2)$, $X_1, X_2, \cdots, X_n$ 相互独立, 试用特征函数求 $\overline{X} = \dfrac{1}{n} \sum\limits_{i=1}^{n} X_i$ 的分布.

9. 设 $\{X_n\}$ 是独立随机变量序列, $P\{X_n = 0\} = 1 - \dfrac{1}{2^n}$, $P\{X_n = \pm 2^n\} = \dfrac{1}{2^{2n+1}}$ $(n = 1, 2, \cdots)$, 证明 $\{X_n\}$ 服从大数定律.

10. 设 $\{X_n\}$ 是独立随机变量序列, $P\{X_1 = 0\} = 1$, $P\{X_n = 0\} = 1 - \dfrac{2}{n}$, $P\{X_n = \pm\sqrt{n}\} = \dfrac{1}{n}$ $(n = 2, 3, \cdots)$, 证明 $\{X_n\}$ 服从大数定律.

11. 设 $\{X_n\}$ 是独立随机变量序列, $P\{X_n = 0\} = 1 - \dfrac{2}{n}$, $P\{X_n = n\} = \dfrac{1}{n}$, $P\{X_n = -n\} = \dfrac{1}{n}$ $(n = 1, 2, \cdots)$, 问 $\{X_n\}$ 是否服从大数定律?

12. 设 $\{X_n\}$ 是独立同分布随机变量序列, 其共同的分布函数为 $F(x) = \dfrac{1}{2} + \dfrac{1}{\pi} \arctan \dfrac{x}{a}$ $(-\infty < x < \infty)$, 试问: 辛钦大数定律对此随机变量序列是否适用?

13. 设 X_i $(i = 1, 2, \cdots, 100)$ 是相互独立的随机变量, 且它们都服从参数为 $\lambda = 1$ 的泊松分布, 计算概率 $P\left\{ \sum\limits_{i=1}^{100} X_i < 120 \right\}$.

14. 一盒同型号螺丝钉共有 100 个, 已知该型号的螺丝钉的重量是一个随机变量, 数学期望值是 100g, 标准差是 10g, 求一盒螺丝钉的重量超过 10.2kg 的概率.

15. 一公寓有 200 户住户, 一户拥有 0, 1, 2 辆汽车的概率分别为 0.1, 0.6, 0.3. 问需要多少车位才能使每辆汽车具有一个车位的概率至少为 0.95.

16. 一本书共有 100 万个印刷符号, 排版时每个符号被排错的概率为 0.0001, 校对时每个排版错误被改正的概率为 0.9, 求校对后印刷符号错误不多于 15 个的概率.

17. 某车间有 200 台车床, 在生产期间由于检修、调换刀具、变换位置及调换工作等常需停车. 设开工率为 0.6, 并设每台车床的工作是独立的, 且在开工时需电力 1000 瓦. 问: 为保证该车间不会因供电不足而影响生产的概率为 99.9%, 应至少供应多少瓦电力?

18. 银行为支付某日即将到期的债券需准备一笔现金. 设这批债券共发放了 500 张, 每张债券到期之日需付本息 1000 元. 若持券人(一人一券)于债券到期之日到银行领取本息的概率为 0.4, 问银行于该日应至少准备多少现金才能以 99.9% 的把握满足持券人的兑换?

第七章 数理统计基础

在概率论中,随机变量的概率分布(分布函数、分布律、密度函数等)完整地描述了随机变量的统计规律性.在概率论的许多问题中,常常假定概率分布是已知的,而一切有关的计算与推理均基于该已知的概率分布.但在实际问题中,情况并非如此,看一个例子.

引 例 某单位要采购一批产品,设该批产品的合格率为 p.据此,若从该批产品中随机重复抽取 10 件,用 X 表示所取 10 件产品中的合格品数,则 X 服从二项分布 $B(10, p)$,但分布中的参数 p 是未知的.显然,p 的大小决定了该批产品的质量,它也影响采购行为的经济效益或社会效益.因此,人们会对 p 提出一些问题,比如:

(1) p 的大小如何;

(2) p 大概在什么范围内;

(3) 能否认为 p 满足规定要求(如 $p \geqslant 0.90$).

诸如上例所研究的问题属于数理统计的范畴.在数理统计中,对这些问题的研究,不是对所研究的对象全体(称为总体)进行观察,而是抽取其中的一部分(称为样本)进行观察获得数据(抽样),并通过这些数据对总体进行推断.由此可知,要研究以上问题,必先解决以下两个问题.

第一个问题是怎样进行抽样,使抽得的样本更合理,并有更好的代表性?这是抽样方法和试验设计问题,最简单易行的方法是进行随机抽样.

第二个问题是怎样从取得的样本去推断总体,这种推断具有多大的可靠性?这是统计推断问题.本课程着重讨论第二个问题,即最常用的统计推断方法.

由于推断基于抽样数据,抽样数据又不能包括研究对象的全部信息,因而由此获得的结论必然包含不肯定性.

统计方法具有"部分推断整体"的特征,是从一小部分样本观察值去推断该全体对象(总体)情况,即由部分推断全体.这里使用的推理方法是"归纳推理".这种归纳推理不同于数学中的"演绎推理",它在作出结论时,不是从一些假设、命题、已知的事实等出发,按一定的逻辑推理得出来的,而是根据所观察到的大量个别情况归纳所得.

例如,在几何学中要证明"等腰三角形底角相等"只需从"等腰"这个前提出发,运用几何公理,一步一步推出这个结论.若用数理统计的思维方式考虑同样的问题,就可能想出如下方法:做很多大小形状不一的等腰三角形,实地测量其底角,看差距如何,根据所得资料看看可否作出"底角相等"的结论.这就是归纳式的方法.

§7.1 数理统计的基本概念

§7.1.1 总体与个体

定义 7-1 在数理统计中,研究对象的全体称为**总体**(Collectivity).把组成总体的每个基本单元称为**个体**.

如研究某公司生产的电子元件的使用寿命情况,则总体为该公司生产的所有电子元件,而该公司生产的每一个电子元件都是一个个体.

定义 7-2 若总体中包含有限个个体,称为**有限总体**;若总体包含无限个个体,称为**无限总体**.

当有限总体中所包含的个体数量很大时,就把它近似看作无限总体.本书将以无限总体作为主要研究对象.

在实际问题中,我们研究总体不是笼统地对它进行研究,而是研究它的某一个或某几个数量指标.比如,对于电子元件,我们主要关心的是其使用寿命这一数量指标,而暂不关心其他指标.这样,每个电子元件(个体)所具有的数量指标值——使用寿命就是个体,而将所有电子元件的使用寿命看成总体.由此,若抛开实际背景,总体就是一堆数,这堆数有大有小,有的出现机会多,有的出现机会少,因此用一个概率分布去描述和归纳总体是恰当的.从这个意义上看,总体就是服从某种分布的随机变量,常用 X 表示.为方便起见,今后我们把总体与随机变量 X 等同起来看,即总体就是某随机变量 X 可能取值的全体,它客观上存在一个分布,但我们对其分布一无所知或部分未知,正因为如此,才有必要对总体进行研究.

§7.1.2 样本

对总体进行研究,首先需要获取总体的有关信息.一般采用两种方法获取信息,即全面调查和抽样调查.如人口普查用全面调查方法,该方法常要耗费大量的人力、物力、财力,有时甚至是不可能的,如测试某公司生产的所有电子产品的使用寿命.因此,在绝大多数场合采用抽样调查的方法.抽样调查是按照一定的规则,从总体 X 中抽取 n 个个体.这是我们掌握的唯一信息.数理统计就是要利用这一信息,对总体进行分析和推断.因此,要求抽取的这 n 个个体应具有很好的代表性.

定义 7-3 简单随机抽样就是从总体中独立地随机抽样;而抽得的 n 个个体称为一个**简单随机样本**(Simple random sample),记为 $(X_1, X_2, \cdots, X_n)$ 或 $X_1, X_2, \cdots, X_n$,其观测值记为 $(x_1, x_2, \cdots, x_n)$ 或 $x_1, x_2, \cdots, x_n$,而 n 称为**样本容量**.一个简单随机样本与其观测值,常统一简称为一个**样本**.样本中的个体称为**样品**.

除非特别指明,本书中的样本皆为简单随机样本.

这里必须指出,样本具有二重性:一方面,由于样本是从总体 X 中随机抽取的,抽取前无法预知它们的数值,因此样本 $(X_1, X_2, \cdots, X_n)$ 是随机变量;另一方面,样本在抽取以后经观测就有确定的观测值,因此样本 $(x_1, x_2, \cdots, x_n)$ 又是一组数值.

简单随机抽样要求总体 X 中的每一个个体都有同等机会被选入样本,这就意味着每一个样本 X_i 与总体 X 有相同的分布;同时,简单随机抽样要求样本中每一个样本的取值不影响其他样本的取值,这意味着样本 $X_1, X_2, \cdots, X_n$ 之间相互独立.由此可知简单随机样本 $(X_1, X_2, \cdots, X_n)$ 具有以下两条重要性质:

(1)样本中每个 X_i $(i=1,2,\cdots,n)$ 与总体 X 具有相同的分布;

(2)随机变量 $X_1, X_2, \cdots, X_n$ 之间相互独立.

定义 7-4 样本观测值 $(x_1, x_2, \cdots, x_n)$ 是随机试验的一个结果,它的所有可能结果构成的集合称为**子样空间**或**样本空间**(Sample space),记为 $\Omega = \{(x_1, x_2, \cdots, x_n)\}$.

如果每个 x_i 都有具体的观测值,则 $(x_1, x_2, \cdots, x_n)$ 称为**完全样本**.

如果样本观测值没有具体的数值,只有一个范围,这样的样本称为**分组样本**.

例 7－1 设总体 X 的可能取值为 $0,1,2$. 取一个容量为 3 的样本 X_1,X_2,X_3, 则其样本空间为 $\{(x_1,x_2,x_3): x_i=0,1,2; i=1,2,3\}$, 具体如表 7－1 所示.

表 7－1 样本空间

x_1	x_2	x_3	x_1	x_2	x_3	x_1	x_2	x_3
0	0	0	1	1	0	2	2	0
0	0	1	0	1	2	1	1	2
0	1	0	0	2	1	1	2	1
1	0	0	1	0	2	2	1	1
0	0	2	2	0	1	1	2	2
0	2	0	1	2	0	2	1	2
2	0	0	2	1	0	2	2	1
0	1	1	0	2	2	1	1	1
1	0	1	2	0	2	2	2	2

例 7－2 啤酒厂生产的瓶装啤酒规定净含量为 640 克. 由于随机性, 事实上不可能使得所有的啤酒净含量均为 640 克. 现从某厂生产的啤酒中随机抽取 10 瓶测定其净含量, 得到如下结果:641,635,640,637,642,638,645,643,639,640.

这是一个容量为 10 的样本的观测值, 是一个完全样本. 对应的总体为该厂生产的瓶装啤酒的净含量.

例 7－3 考察某厂生产的某种电子元件的寿命, 选了 100 只进行寿命试验, 得到如表 7－2所示数据.

表 7－2 寿命试验数据

寿命范围	元件数	寿命范围	元件数	寿命范围	元件数
$(0,4]$	4	$(192,216]$	6	$(384,408]$	4
$(24,48]$	8	$(216,240]$	3	$(408,432]$	4
$(48,72]$	6	$(240,264]$	3	$(432,456]$	1
$(72,96]$	5	$(264,288]$	5	$(456,480]$	2
$(96,120]$	3	$(288,312]$	5	$(480,504]$	2
$(120,144]$	4	$(312,336]$	3	$(504,528]$	3
$(144,168]$	5	$(336,360]$	5	$(528,552]$	1
$(168,192]$	4	$(360,384]$	1	>552	13

这是一个容量为 100 的样本, 样本观测值没有具体的数值, 只有一个范围, 是一个分组样本.

定义 7－5 离散型随机变量 X 的分布律 $P(X=x_k)=p(x_k)$ $(k=1,2,\cdots)$;连续型随机变量 X 的概率密度函数 $p(x)$, 统称为**概率函数**, 记为 $p(x)$.

定理 7－1 如果总体 X 的分布函数为 $F(x)$, 概率函数为 $p(x)$. 而 $(X_1,X_2,\cdots,X_n)$ 为来自总体 X 的样本, 则

(1)样本 $(X_1,X_2,\cdots,X_n)$ 的联合分布函数为

$$F(x_1,x_2,\cdots,x_n)=F(x_1)F(x_2)\cdots F(x_n)=\prod_{i=1}^{n}F(x_i).$$

(2)样本 $(X_1,X_2,\cdots,X_n)$ 的联合概率函数为

$$p(x_1,x_2,\cdots,x_n) = p(x_1)p(x_2)\cdots p(x_n) = \prod_{i=1}^{n} p(x_i).$$

证明　(1) 样本$(X_1,X_2,\cdots,X_n)$的联合分布函数为

$$F(x_1,x_2,\cdots,x_n) = P(X_1 \leqslant x_1, X_2 \leqslant x_2, \cdots, X_n \leqslant x_n)$$
$$= P(X_1 \leqslant x_1)P(X_2 \leqslant x_2)\cdots P(X_n \leqslant x_n)$$
$$= F(x_1)F(x_2)\cdots F(x_n) = \prod_{i=1}^{n} F(x_i).$$

(2) 样本$(X_1,X_2,\cdots,X_n)$的联合概率函数为

$$p(x_1,x_2,\cdots,x_n) = \frac{\partial^n \prod_{i=1}^{n} F(x_i)}{\partial x_1 \partial x_2 \cdots \partial x_n} = \frac{\partial F(x_1)}{\partial x_1}\frac{\partial F(x_2)}{\partial x_2}\cdots\frac{\partial F(x_n)}{\partial x_n}$$
$$= p(x_1)p(x_2)\cdots p(x_n) = \prod_{i=1}^{n} p(x_i).$$

例 7-4　设总体 X 服从参数为 λ ($\lambda>0$)的指数分布,$(X_1,X_2,\cdots,X_n)$是来自总体的样本,求$(X_1,X_2,\cdots,X_n)$的联合概率密度函数.

解　总体 X 的密度函数为

$$p(x) = \begin{cases} \lambda e^{-\lambda x}, & x>0 \\ 0, & x \leqslant 0 \end{cases},$$

则$(X_1,X_2,\cdots,X_n)$的联合概率密度函数为

$$p_n(x_1,x_2,\cdots,x_n) = \prod_{i=1}^{n} p(x_i) = \begin{cases} \lambda^n e^{-\lambda \sum_{i=1}^{n} x_i}, & x_i>0 \\ 0, & \text{其他} \end{cases}.$$

例 7-5　设总体 X 服从两点分布 $B(1,p)$,其中 $0<p<1$. $(X_1,X_2,\cdots,X_n)$是来自总体的样本,求$(X_1,X_2,\cdots,X_n)$的联合分布律.

解　总体 X 的分布律为 $P\{X=i\} = p^i(1-p)^{1-i}$ $(i=0,1)$,所以$(X_1,X_2,\cdots,X_n)$的联合分布律为

$$P\{X_1=x_1, X_2=x_2, \cdots, X_n=x_n\} = P\{X_1=x_1\}P\{X_2=x_2\}\cdots P\{X_n=x_n\}$$
$$= p^{\sum_{i=1}^{n} x_i}(1-p)^{n-\sum_{i=1}^{n} x_i},$$

其中 $x_1,x_2,\cdots,x_n$ 在集合 $\{0,1\}$ 中取值.

§7.1.3　统计量与常用统计量

通过抽样得来的原始样本数据一般是杂乱无章的,难于直接从中得到有意义的信息.因此要加以整理,以便提取我们需要的信息,并用简明醒目的方式加以表达.对样本整理的主要方式之一就是构造统计量.

定义 7-6　设$(X_1,X_2,\cdots,X_n)$为来自总体 X 的一个样本,$(x_1,x_2,\cdots,x_n)$是该样本的观测值.若样本函数 $g(X_1,X_2,\cdots,X_n)$不包含任何未知参数,则称它为一个**统计量**(Statistic),而 $g(x_1,x_2,\cdots,x_n)$称为**统计量的观测值**.

显然,统计量是一个随机变量.而统计量的观测值 $g(x_1,x_2,\cdots,x_n)$是一个具体数值.

下面介绍数理统计中常用的统计量.

定义 7-7　样本的算术平均值

$$\overline{X} = \frac{1}{n}\sum_{i=1}^{n}X_i$$

称为**样本均值**(Sample average),其观测值记为 $\overline{x} = \frac{1}{n}\sum_{i=1}^{n}x_i$.

样本均值就是一个统计量,它是刻画样本数据平均取值情况的一个统计量.

定义 7 - 8　统计量

$$S^2 = \frac{1}{n-1}\sum_{i=1}^{n}(X_i - \overline{X})^2$$

称为**样本方差**(Sample variance),其观测值记为 $s^2 = \frac{1}{n-1}\sum_{i=1}^{n}(x_i - \overline{x})^2$. 样本方差刻画了样本数据的分散程度.

定理 7 - 2　$S^2 = \frac{1}{n-1}\left(\sum_{i=1}^{n}X_i^2 - n\overline{X}^2\right)$.

证明　由于

$$\sum_{i=1}^{n}(X_i - \overline{X})^2 = \sum_{i=1}^{n}(X_i^2 - 2X_i\overline{X} + \overline{X}^2) = \sum_{i=1}^{n}X_i^2 - n\overline{X}^2,$$

所以

$$S^2 = \frac{1}{n-1}\left(\sum_{i=1}^{n}X_i^2 - n\overline{X}^2\right).$$

定义 7 - 9　样本方差的算术平方根

$$S = \sqrt{\frac{1}{n-1}\sum_{i=1}^{n}(X_i - \overline{X})^2}$$

称为**样本标准差**(Sample standard variance),其观测值记为 $s = \sqrt{\frac{1}{n-1}\sum_{i=1}^{n}(x_i - \overline{x})^2}$. 样本标准差更好地刻画了样本数据的分散程度,因为它与样本均值 $\overline{X}$ 具有相同的度量单位.

定义 7 - 10　统计量

$$A_k = \frac{1}{n}\sum_{i=1}^{n}X_i^k \quad (k = 1, 2, \cdots),$$

称为**样本 k 阶原点矩**(Sample k order origin moment),其观测值记为 $a_k = \frac{1}{n}\sum_{i=1}^{n}x_i^k \quad (k = 1, 2, \cdots)$. 特别地,样本一阶原点矩就是样本均值.

定义 7 - 11　统计量

$$B_k = \frac{1}{n}\sum_{i=1}^{n}(X_i - \overline{X})^k \quad (k = 1, 2, \cdots),$$

称为**样本 k 阶中心矩**(Sample k order central moment). 其观测值记为 $b_k = \frac{1}{n}\sum_{i=1}^{n}(x_i - \overline{x})^k$ $(k = 1, 2, \cdots)$.

总体均值 $E(X)$ 是常数,而样本均值 $\overline{X}$ 是随机变量,是两个不同的概念,不能混淆. 当然两者之间有一定的关系. 同样,总体方差 $D(X)$ 与样本方差 S^2,总体矩与样本矩也是不同的概念. 容易得到下面的结论.

定理 7 - 3　若总体均值 $E(X) = \mu$,总体方差 $D(X) = \sigma^2$,总体 k 阶矩 $E(X^k) = \mu_k$ 存在,

则有

$$E(X_1) = E(X_2) = \cdots = E(X_n) = \mu;$$
$$D(X_1) = D(X_2) = \cdots = D(X_n) = \sigma^2;$$
$$E(X_1^k) = E(X_2^k) = \cdots = E(X_n^k) = \mu_k.$$

定理 7-4 设 $X_1, X_2, \cdots, X_n$ 是来自总体 X 的样本，且总体均值 $E(X) = \mu$，总体方差 $D(X) = \sigma^2$，则

(1) $E(\overline{X}) = \mu$；

(2) $D(\overline{X}) = \dfrac{\sigma^2}{n}$；

(3) $E(S^2) = \sigma^2$.

证明 由样本的独立性、同分布性及数学期望和方差的性质，可得

(1) $E(\overline{X}) = E\left(\dfrac{1}{n}\sum\limits_{i=1}^{n}X_i\right) = \dfrac{1}{n}\sum\limits_{i=1}^{n}E(X_i) = \dfrac{1}{n} \cdot n \cdot \mu = \mu$；

(2) $D(\overline{X}) = D\left(\dfrac{1}{n}\sum\limits_{i=1}^{n}X_i\right) = \dfrac{1}{n^2}\sum\limits_{i=1}^{n}D(X_i) = \dfrac{1}{n^2} \cdot n \cdot \sigma^2 = \dfrac{\sigma^2}{n}$；

(3) $E(S^2) = E\left\{\dfrac{1}{n-1}\sum\limits_{i=1}^{n}(X_i - \overline{X})^2\right\} = E\left\{\dfrac{1}{n-1}\sum\limits_{i=1}^{n}[(X_i - \mu) - (\overline{X} - \mu)]^2\right\}$

$\qquad = E\left\{\dfrac{1}{n-1}\left[\sum\limits_{i=1}^{n}(X_i - \mu)^2 - n(\overline{X} - \mu)^2\right]\right\}$

$\qquad = \dfrac{1}{n-1}\left[\sum\limits_{i=1}^{n}E(X_i - \mu)^2 - nE(\overline{X} - \mu)^2\right]$

$\qquad = \dfrac{1}{n-1}\left[\sum\limits_{i=1}^{n}D(X_i) - nD(\overline{X})\right] = \dfrac{1}{n-1}\left(n\sigma^2 - n \cdot \dfrac{\sigma^2}{n}\right) = \sigma^2.$

§7.2 数理统计中常用的三大分布

数理统计中常用的分布，除正态分布外，还有 χ^2 分布、t 分布、F 分布。这些分布在数理统计中有重要的应用。

§7.2.1 卡方分布

定义 7-12 若 $X_1, X_2, \cdots, X_n$ 相互独立，都服从 $N(0,1)$ 分布，且
$$X = X_1^2 + X_2^2 + \cdots + X_n^2.$$

则称 X 服从自由度为 n 的 **χ^2 分布**(χ^2 distribution)，记为 $X \sim \chi^2(n)$.

若随机变量 $X \sim \chi^2(n)$，则 X 具有密度函数

$$p(x) = \begin{cases} \dfrac{1}{2^{\frac{n}{2}}\Gamma\left(\dfrac{n}{2}\right)}x^{\frac{n}{2}-1}e^{-\frac{x}{2}}, & x > 0 \\ 0, & x \leqslant 0 \end{cases}.$$

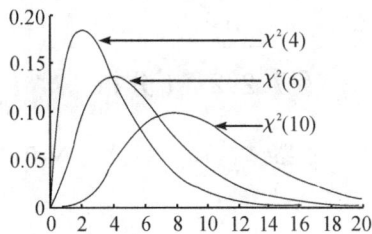

图 7-1 χ^2 分布密度函数曲线

其中，$\Gamma(m) = \displaystyle\int_0^{+\infty} t^{m-1}e^{-t}dt$ 称为 Γ 函数.

几个不同自由度的 χ^2 分布的密度函数 $p(x)$ 图形如图 7-1 所示.

可以证明 χ^2 分布有如下性质：

(1) 若 $X \sim \chi^2(n)$，则有 n 个相互独立的 $X_i \sim N(0,1)$ $(i=1,2,\cdots,n)$，使得 $X=X_1^2+X_2^2+\cdots+X_n^2$;

(2) 若 $X \sim \chi^2(n)$，则 $E(X)=n,D(X)=2n$;

(3) 若 $X \sim \chi^2(n),Y \sim \chi^2(m)$，且相互独立，则 $X+Y \sim \chi^2(n+m)$.

在此不加证明地给出后面要用到的柯赫伦分解定理.

定理 7-5 （柯赫伦分解定理）设 $X_1,X_2,\cdots,X_n$ 相互独立，都服从 $N(0,1)$ 分布，Q_j 是某些 $X_1,X_2,\cdots,X_n$ 线性组合的平方和，其自由度分别为 f_j，如果 $Q_1+Q_2+\cdots+Q_k \sim \chi^2(m)$，且 $f_1+f_2+\cdots+f_k=m$，则

$$Q_j \sim \chi^2(f_j) \quad (j=1,2,\cdots,k),$$

且 $Q_1,Q_2,\cdots,Q_k$ 相互独立.

定义 7-13 对给定的 α $(0<\alpha<1)$，满足 $P\{X>x\}=\alpha$ 的点 x 称为随机变量 X 的上侧分位点，记为 x_α，即 $P\{X>x_\alpha\}=\alpha$，如图 7-2 所示.

定义 7-14 设 $X \sim N(0,1)$，对给定的 α $(0<\alpha<1)$，满足 $P\{X>z_\alpha\}=\alpha$ 的点 z_α 称为标准正态分布的上侧分位点，如图 7-3 所示.

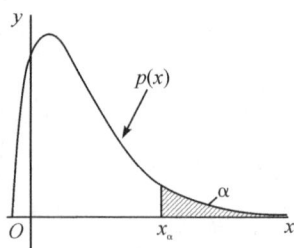

图 7-2 上侧分位点　　　　图 7-3 标准正态分布的上侧分位点

标准正态分布的上侧分位点 z_α 与标准正态分布的分布函数 $\Phi(x)$ 有关系，$\Phi(z_\alpha)=1-\alpha$，因此可利用标准正态分布表查出正态分布的上侧分位点 z_α，如由 $\Phi(1.645)=0.95$ 得 $z_{0.05}=1.645$，由 $\Phi(1.96)=0.975$ 得 $z_{0.025}=1.96$.

定义 7-15 设 $X \sim \chi^2(n)$，对给定的 α $(0<\alpha<1)$，满足 $P\{X>\chi_\alpha^2(n)\}=\alpha$ 的点 $\chi_\alpha^2(n)$ 称为 χ^2 分布的上侧分位点，如图 7-4 所示.

上侧分位点可根据 n 和下标的值，从附表中查到. 如 $\chi_{0.99}^2(10)=2.558,\chi_{0.01}^2(10)=23.209$.

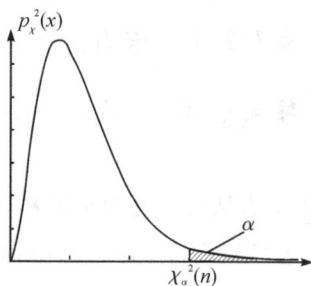

§7.2.2 t 分布

图 7-4 χ^2 分布的上侧分位点

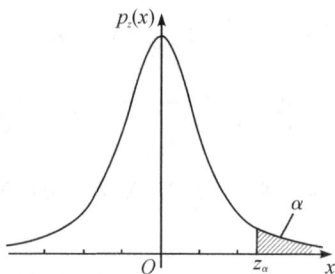

定义 7-16 设 $X \sim N(0,1),Y \sim \chi^2(n)$，且 X 与 Y 相互独立，

$$T=\frac{X}{\sqrt{\dfrac{Y}{n}}},$$

则称 T 服从自由度为 n 的 **t 分布**(t distribution)，记为 $T \sim t(n)$.

若随机变量 $T \sim t(n)$,则 T 具有密度函数

$$p(x) = \frac{\Gamma\left(\frac{n+1}{2}\right)}{\sqrt{n\pi}\Gamma\left(\frac{n}{2}\right)}\left(1 + \frac{x^2}{n}\right)^{-\frac{n+1}{2}} \quad (-\infty < x < +\infty),$$

几个不同自由度的 t 分布的密度函数 $p(x)$ 的图形如图 7-5 所示.

t 分布具有以下性质:

(1) 若 $T \sim t(n)$,则有相互独立的 $X \sim N(0,1)$,$Y \sim \chi^2(n)$,使 $T = \dfrac{X}{\sqrt{\dfrac{Y}{n}}}$;

(2) $\lim\limits_{n \to \infty} p(x) = \dfrac{1}{\sqrt{2\pi}}e^{-\frac{x^2}{2}} = \varphi(x)$,即 t 分布的极限分布是标准正态分布;

(3) 若 $T \sim t(n)$,则 $n > 1$ 时,$E(T) = 0$(因为 $p(x)$ 关于 y 轴对称);$n > 2$ 时,$D(X) > 1$(因为 t 分布的密度函数 $p(x)$ 比标准正态分布的密度函数的图形要平坦一些,见图 7-6).

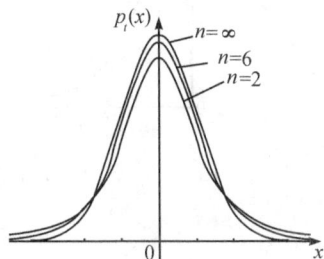

图 7-5 t 分布的密度曲线

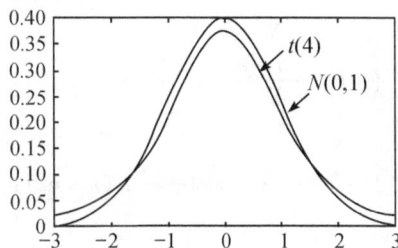

图 7-6 t 分布与 $N(0,1)$ 密度曲线比较

定义 7-17 设 $T \sim t(n)$,对给定的 α $(0 < \alpha < 1)$,满足 $P\{T > t_\alpha(n)\} = \alpha$ 的点 $t_\alpha(n)$ 称为 t 分布的上侧分位点,如图 7-7 所示.

t 分布的上侧分位点可根据自由度 n 和下标的值,从附表中查到,如 $t_{0.05}(10) = 1.8125$.另外注意到,当自由度 $n \to \infty$ 时,t 分布趋于标准正态分布,所以对于给定的 α $(0 < \alpha < 1)$ 有 $z_\alpha = t_\alpha(n)$.在具体应用中,当 $n > 45$ 时,可用 $N(0,1)$ 分布代替 t 分布,$t_\alpha(n) \approx z_\alpha$.

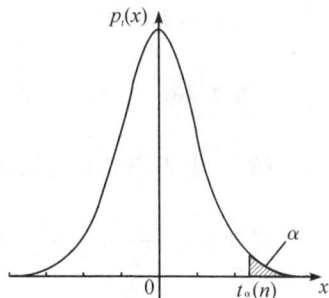

图 7-7 t 分布的上侧分位点

§7.2.3 F 分布

定义 7-18 若 $X \sim \chi^2(n_1)$,$Y \sim \chi^2(n_2)$,且 X 与 Y 相互独立,

$$F = \frac{\dfrac{X}{n_1}}{\dfrac{Y}{n_2}},$$

则称 F 服从第一自由度为 n_1,第二自由度为 n_2 的 F 分布(F distribution),记为 $F \sim F(n_1, n_2)$.

设随机变量 $F \sim F(n_1, n_2)$,则 F 具有密度函数:

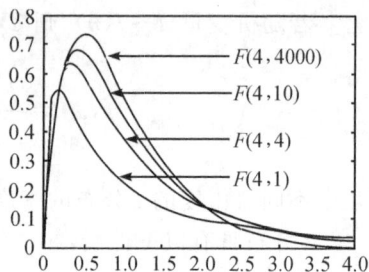

$$p(x)=\begin{cases} \dfrac{\Gamma\left[\dfrac{(n_1+n_2)}{2}\right]\left(\dfrac{n_1}{n_2}\right)^{\frac{n_1}{2}}x^{\frac{n_1}{2}-1}}{\Gamma\left(\dfrac{n_1}{2}\right)\Gamma\left(\dfrac{n_2}{2}\right)\left[1+\left(\dfrac{n_1 x}{n_2}\right)\right]^{\frac{n_1+n_2}{2}}}, & x>0 \\ \qquad\qquad 0, & x\leqslant 0 \end{cases}.$$

图 7-8 F 分布的密度曲线

几个不同自由度的 F 分布的密度函数 $p(x)$ 的图形如图 7-8 所示.

定义 7-19 设 $F\sim F(n_1,n_2)$,对给定的 α,满足 $P\{F>F_\alpha(n_1,n_2)\}=\alpha$ 的点 $F_\alpha(n_1,n_2)$ 称为 F 分布的上侧分位点,如图 7-9 所示. F 分布的上侧分位点 $F_\alpha(n_1,n_2)$ 可根据 n_1,n_2 和下标的值从附表中查到,如 $F_{0.05}(3,4)=6.59$,$F_{0.05}(4,3)=9.12$.

F 分布具有以下性质:

(1) 若 $F\sim F(n_1,n_2)$,则有相互独立的 $X\sim\chi^2(n_1)$,

$Y\sim\chi^2(n_2)$,使 $F=\dfrac{\dfrac{X}{n_1}}{\dfrac{Y}{n_2}}$;

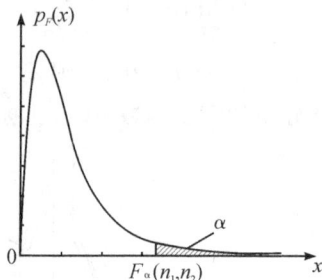

图 7-9 F 分布的上侧分位点

(2) 若 $F\sim F(n_1,n_2)$,则 $\dfrac{1}{F}\sim F(n_2,n_1)$;

(3) $F_{1-\alpha}(n_1,n_2)=\dfrac{1}{F_\alpha(n_2,n_1)}$.

如 $F_{0.95}(3,4)=\dfrac{1}{F_{0.05}(4,3)}=\dfrac{1}{9.12}=0.1097$.

例 7-6 设 $X_1,X_2,\cdots,X_{10}$ 是来自总体 $N(0,0.3^2)$ 的样本,求 $P\left\{\sum\limits_{i=1}^{10}X_i^2>1.44\right\}$.

解 由正态分布的标准化:若 $X\sim N(\mu,\sigma^2)$,则 $\dfrac{X-\mu}{\sigma}\sim N(0,1)$,

可知 $\dfrac{X_1}{0.3},\dfrac{X_2}{0.3},\cdots,\dfrac{X_{10}}{0.3}$ 都服从 $N(0,1)$,由 χ^2 分布的构造知,

$$\sum_{i=1}^{10}\left(\frac{X_i}{0.3}\right)^2\sim\chi^2(10),$$

因此有

$$P\left\{\sum_{i=1}^{10}X_i^2>1.44\right\}=P\left\{\sum_{i=1}^{10}\left(\frac{X_i}{0.3}\right)^2>\frac{1.44}{0.09}\right\}$$

$$=P\left\{\sum_{i=1}^{10}\left(\frac{X_i}{0.3}\right)^2>16\right\}=0.1\quad(\text{查}\ \chi^2\ \text{分布表}).$$

例 7-7 设 $X_1,X_2,\cdots,X_9$ 和 $Y_1,Y_2,\cdots,Y_9$ 是来自同一总体 $N(0,9)$ 的两个独立的样本,统计量 $Z=\dfrac{\sum\limits_{i=1}^{9}X_i}{\sqrt{\sum\limits_{i=1}^{9}Y_i^2}}$,试确定 Z 的分布.

解 由样本的同分布性知:$X_i\sim N(0,9),Y_i\sim N(0,9)\ (i=1,2,\cdots,9)$;由样本的独立性及独立正态变量的线性函数的正态性得

$$\frac{1}{9}\sum_{i=1}^{9}X_i \sim N(0,1).$$

而 $\frac{Y_i}{3} \sim N(0,1)$，由 χ^2 分布的构造知

$$\sum_{i=1}^{9}\left(\frac{Y_i}{3}\right)^2 = \sum_{i=1}^{9}\frac{Y_i^2}{9} \sim \chi^2(9).$$

由 t 分布的构造知

$$\frac{\frac{1}{9}\sum_{i=1}^{9}X_i}{\sqrt{\dfrac{\sum_{i=1}^{9}\dfrac{Y_i^2}{9}}{9}}} = \frac{\sum_{i=1}^{9}X_i}{\sqrt{\sum_{i=1}^{9}Y_i^2}} \sim t(9),$$

即 $Z \sim t(9)$.

§7.3　正态总体下的抽样分布

在研究数理统计问题时，往往需要知道所讨论的统计量 $g(X_1,X_2,\cdots,X_n)$ 的分布. 一般说来，要确定某个统计量的分布是困难的，有时甚至是不可能的. 然而，一方面大多数实际问题中的总体是服从或近似服从正态分布的；另一方面当总体 X 服从正态分布时，有关统计量的分布已有了详尽的研究. 因此，本节介绍基于正态总体的统计量的分布问题.

引理 7-1　设在两个随机向量 $X=(X_1,X_2,\cdots,X_n)^T$ 和 $Y=(Y_1,Y_2,\cdots,Y_n)^T$ 间有一个线性变换 $Y=AX$，其中 $A=(a_{ij})$ 为一个 $n\times n$ 方阵，则有

(1) $E(Y)=AE(X)$；

(2) $D(Y)=AD(X)A^T$；

其中 $D(X)=E\{[X-E(X)][X-E(X)]^T\}$.

证明　因为 $Y=AX$，所以 $Y_i=\sum_{j=1}^{n}a_{ij}X_j$ $(i=1,2,\cdots,n)$，于是 Y 的数学期望向量为

$$E(Y)=\begin{bmatrix}E(Y_1)\\E(Y_2)\\\cdots\\E(Y_n)\end{bmatrix}=\begin{bmatrix}E(\sum_{j=1}^{n}a_{1j}X_j)\\E(\sum_{j=1}^{n}a_{2j}X_j)\\\cdots\\E(\sum_{j=1}^{n}a_{nj}X_j)\end{bmatrix}=\begin{bmatrix}\sum_{j=1}^{n}a_{1j}E(X_j)\\\sum_{j=1}^{n}a_{2j}E(X_j)\\\cdots\\\sum_{j=1}^{n}a_{nj}E(X_j)\end{bmatrix}=AE(X).$$

Y 的方差（相关矩阵）为

$$\begin{aligned}D(Y)&=E\{[Y-E(Y)][Y-E(Y)]^T\}\\&=E\{[AX-E(AX)][AX-E(AX)]^T\}\\&=E\{A[X-E(X)][X-E(X)]^TA^T\}\\&=AE\{[X-E(X)][X-E(X)]^T\}A^T\\&=AD(X)A^T.\end{aligned}$$

定理 7-6　设 $(X_1,X_2,\cdots,X_n)$ 是来自总体 $X\sim N(\mu,\sigma^2)$ 的样本，样本均值和样本方差

分别为 $\overline{X} = \dfrac{1}{n}\sum\limits_{i=1}^{n} X_i, S^2 = \dfrac{1}{n-1}\sum\limits_{i=1}^{n}(X_i - \overline{X})^2$，则

(1) $\overline{X}$ 与 S^2 相互独立；

(2) $\overline{X} \sim N\left(\mu, \dfrac{\sigma^2}{n}\right)$；

(3) $\dfrac{(n-1)S^2}{\sigma^2} \sim \chi^2(n-1)$.

证明 令

$$X = \begin{bmatrix} X_1 \\ X_2 \\ \cdots \\ X_n \end{bmatrix}, \quad Y = \begin{bmatrix} Y_1 \\ Y_2 \\ \cdots \\ Y_n \end{bmatrix}, \quad E(X) = \begin{bmatrix} \mu \\ \mu \\ \cdots \\ \mu \end{bmatrix}, \quad Var(X) = \begin{bmatrix} \sigma^2 \\ 0 \\ \cdots \\ 0 \end{bmatrix} = \sigma^2 I,$$

取一个 n 维正交矩阵 A 如下.

$$A = \begin{bmatrix} \dfrac{1}{\sqrt{n}} & \dfrac{1}{\sqrt{n}} & \dfrac{1}{\sqrt{n}} & \cdots & \dfrac{1}{\sqrt{n}} & \dfrac{1}{\sqrt{n}} \\[2mm] \dfrac{1}{\sqrt{2\cdot 1}} & -\dfrac{1}{\sqrt{2\cdot 1}} & 0 & \cdots & 0 & 0 \\[2mm] \dfrac{1}{\sqrt{3\cdot 2}} & \dfrac{1}{\sqrt{3\cdot 2}} & -\dfrac{2}{\sqrt{3\cdot 2}} & \cdots & 0 & 0 \\[2mm] \cdots & \cdots & \cdots & \cdots & \cdots \\[2mm] \dfrac{1}{\sqrt{n(n-1)}} & \dfrac{1}{\sqrt{n(n-1)}} & \dfrac{1}{\sqrt{n(n-1)}} & \cdots & \dfrac{1}{\sqrt{n(n-1)}} & \dfrac{-(n-1)}{\sqrt{n(n-1)}} \end{bmatrix}.$$

A 是一个特殊的正交矩阵，作正交变换 $Y = AX$，则

$$E(Y) = \begin{bmatrix} E(Y_1) \\ E(Y_2) \\ \cdots \\ E(Y_n) \end{bmatrix} = AE(X) = \begin{bmatrix} \sqrt{n}\mu \\ 0 \\ \cdots \\ 0 \end{bmatrix},$$

$$D(Y) = AD(X)A^T = A\sigma^2 I A^T = \sigma^2 AA^T = \sigma^2 I.$$

(1) 由 $D(Y) = \sigma^2 I$ 可知，$Y_1, Y_2, \cdots, Y_n$ 相互独立，又因为

$$\sum_{i=1}^{n} Y_i^2 = Y^T Y = (AX)^T(AX) = X^T A^T A X = \sum_{i=1}^{n} X_i^2,$$

$$(n-1)S^2 = \sum_{i=1}^{n}(X_i - \overline{X})^2 = \sum_{i=1}^{n} X_i^2 - (\sqrt{n}\,\overline{X})^2 = \sum_{i=1}^{n} Y_i^2 - Y_1^2 = \sum_{i=2}^{n} Y_i^2,$$

这表明样本方差与 Y_1 无关，从而与样本均值 $\overline{X} = \dfrac{1}{\sqrt{n}} Y_1$ 无关，所以 $\overline{X}$ 与 S^2 相互独立.

(2) 因为 $Y_i = \sum\limits_{j=1}^{n} a_{ij} X_j \quad (i = 1, 2, \cdots, n)$ 是相互独立的正态随机变量的线性函数，所以 Y_i 服从正态分布；且又有 $Y_1 \sim N(\sqrt{n}\mu, \sigma^2)$，$Y_i \sim N(0, \sigma^2) \quad (i = 2, \cdots, n)$，于是

$$\overline{X} = \dfrac{1}{\sqrt{n}} Y_1 \sim N\left(\mu, \dfrac{\sigma^2}{n}\right).$$

(3) 由 $Y_i \sim N(0, \sigma^2) \quad (i = 2, \cdots, n), (n-1)S^2 = \sum\limits_{i=2}^{n} Y_i^2$ 知，

$$\frac{(n-1)S^2}{\sigma^2} = \sum_{i=2}^{n}\left(\frac{Y_i}{\sigma}\right)^2 \sim \chi^2(n-1).$$

【注】$\overline{X} \sim N\left(\mu, \frac{\sigma^2}{n}\right)$ 也可证明如下. $\overline{X} = \frac{1}{n}\sum_{i=1}^{n}X_i$ 是相互独立的正态随机变量的线性函数,由此可知 $\overline{X}$ 也服从正态分布. 又因为 $E(\overline{X}) = \mu, D(\overline{X}) = \frac{\sigma^2}{n}$,所以 $\overline{X} \sim N\left(\mu, \frac{\sigma^2}{n}\right)$.

标准化得 $\dfrac{\overline{X}-\mu}{\dfrac{\sigma}{\sqrt{n}}} \sim N(0,1)$.

定理 7-7　$\dfrac{\overline{X}-\mu}{\dfrac{S}{\sqrt{n}}} \sim t(n-1)$.

证明　由于

$$\frac{\overline{X}-\mu}{\dfrac{\sigma}{\sqrt{n}}} \sim N(0,1), \quad \frac{(n-1)S^2}{\sigma^2} \sim \chi^2(n-1),$$

且 $\overline{X}$ 与 S^2 是相互独立的,显然 $\dfrac{\overline{X}-\mu}{\dfrac{\sigma}{\sqrt{n}}}$ 与 $\dfrac{(n-1)S^2}{\sigma^2}$ 也相互独立.

根据 t 分布的构造

$$\frac{\dfrac{\overline{X}-\mu}{\dfrac{\sigma}{\sqrt{n}}}}{\sqrt{\dfrac{\dfrac{(n-1)S^2}{\sigma^2}}{(n-1)}}} \sim t(n-1),$$

即

$$\frac{\overline{X}-\mu}{\dfrac{S}{\sqrt{n}}} \sim t(n-1).$$

例 7-8　从正态总体 $N(\mu, 25)$ 中抽取容量为 16 的样本,试求样本均值 $\overline{X}$ 与总体均值 μ 之差的绝对值小于 2 的概率.

解　由样本的性质知,$\overline{X} = \frac{1}{n}\sum_{i=1}^{n}X_i$ 是 n 个相互独立的正态随机变量的线性组合,故 $\overline{X}$ 服从正态分布. 又因为 $E(\overline{X}) = \mu, D(\overline{X}) = \frac{25}{16}$,则 $\overline{X} \sim N\left(\mu, \frac{25}{16}\right)$,从而统计量 $Z = \dfrac{\overline{X}-\mu}{\sqrt{\frac{25}{16}}} \sim N(0,1)$.

$$P\{|\overline{X}-\mu| < 2\} = P\left\{\frac{|\overline{X}-\mu|}{\sqrt{\frac{25}{16}}} < \frac{2}{\sqrt{\frac{25}{16}}}\right\} = P\{|Z| < 1.6\}$$

$$= \Phi(1.6) - \Phi(-1.6) = 2\Phi(1.6) - 1 = 2 \times 0.9452 - 1 = 0.8904.$$

例 7-9　设总体 $X \sim N(3, \sigma^2)$,有 $n = 10$ 的样本,样本方差 $S^2 = 4$,求样本均值 $\overline{X}$ 落在 $2.1253 \sim 3.8747$ 之间的概率.

解 因为 $\dfrac{\overline{X}-3}{\dfrac{S}{\sqrt{10}}} \sim t(9)$，所以

$$P\{2.1253 \leqslant \overline{X} \leqslant 3.8747\} = P\left\{\dfrac{2.1253-3}{\dfrac{2}{\sqrt{10}}} \leqslant \dfrac{\overline{X}-3}{\dfrac{2}{\sqrt{10}}} \leqslant \dfrac{3.8747-3}{\dfrac{2}{\sqrt{10}}}\right\}$$

$$= P\left\{-1.3830 \leqslant \dfrac{\overline{X}-3}{\dfrac{2}{\sqrt{10}}} \leqslant 1.3830\right\}.$$

由分布表得 $t_{0.1}(9) = 1.3830$，由 t 分布的对称及 α 分位点的意义，上述概率为

$$P\{2.1253 \leqslant \overline{X} \leqslant 3.8747\} = 1-2\times 0.1 = 0.8.$$

例 7-10 设总体 $X \sim N(\mu,4)$，有样本 $X_1,X_2,\cdots,X_n$，求当样本容量 n 为多大时，$P\{|\overline{X}-\mu| \leqslant 0.1\} = 0.95$.

解 因为 $\dfrac{\overline{X}-\mu}{\dfrac{\sigma}{\sqrt{n}}} \sim N(0,1)$，所以

$$P\{|\overline{X}-\mu| \leqslant 0.1\} = P\left\{\dfrac{-0.1}{\dfrac{2}{\sqrt{n}}} \leqslant \dfrac{\overline{X}-\mu}{\dfrac{2}{\sqrt{n}}} \leqslant \dfrac{0.1}{\dfrac{2}{\sqrt{n}}}\right\}$$

$$= \Phi(0.05\sqrt{n}) - \Phi(-0.05\sqrt{n}) = 2\Phi(0.05\sqrt{n}) - 1.$$

因 $P\{|\overline{X}-\mu| \leqslant 0.1\} = 0.95$，即 $2\Phi(0.05\sqrt{n}) - 1 = 0.95$，得

$$\Phi(0.05\sqrt{n}) = (1+0.95)/2 = 0.975.$$

由 $\Phi(1.96) = 0.975$，可得 $0.05\sqrt{n} = 1.96$，于是得 $n = 1536.6 \approx 1537$.

例 7-11 设 $X_1,X_2,\cdots,X_{10}$ 是来自总体 $X \sim N(\mu,4)$ 的样本，求样本方差 S^2 大于 2.622 的概率.

解 由于 $\dfrac{(10-1)S^2}{4} \sim x^2(9)$，所以

$$P\{S^2 > 2.622\} = P\left\{\dfrac{9}{4}S^2 > \dfrac{9}{4}\times 2.622\right\} = P\left\{\dfrac{9}{4}S^2 > 5.8995\right\},$$

由 χ^2 分布表得 $\chi^2_{0.75}(9) = 5.899$，则有 $P(S^2 > 2.622) \approx 0.75$.

§7.4 两个正态总体下的抽样分布

本节讨论在两个正态总体下常用的重要统计量的分布问题. 设样本 $X_1,X_2,\cdots,X_{n_1}$ 来自总体 $X \sim N(\mu_1,\sigma_1^2)$，样本均值和样本方差分别为

$$\overline{X} = \dfrac{1}{n_1}\sum_{i=1}^{n_1} X_i, \quad S_1^2 = \dfrac{1}{n_1-1}\sum_{i=1}^{n_1-1}(X_i-\overline{X})^2.$$

又设样本 $Y_1,Y_2,\cdots,Y_{n_2}$ 来自总体 $Y \sim N(\mu_2,\sigma_2^2)$，样本均值和样本方差分别为

$$\overline{Y} = \dfrac{1}{n_2}\sum_{i=1}^{n_2} Y_i, \quad S_2^2 = \dfrac{1}{n_2-1}\sum_{i=1}^{n_2}(Y_i-\overline{Y})^2.$$

且两个样本相互独立，于是有以下定理.

定理 7-8 $\dfrac{(\overline{X}-\overline{Y})-(\mu_1-\mu_2)}{\sqrt{\dfrac{\sigma_1^2}{n_1}+\dfrac{\sigma_2^2}{n_2}}}\sim N(0,1).$

证明 由于

$$\overline{X}\sim N\left(\mu_1,\frac{\sigma_1^2}{n_1}\right),\quad \overline{Y}\sim N\left(\mu_2,\frac{\sigma_2^2}{n_2}\right),$$

由样本的独立性，知 $\overline{X}$ 与 $\overline{Y}$ 相互独立，且相互独立的正态随机变量的线性组合仍是正态分布，且

$$E(\overline{X}-\overline{Y})=E(\overline{X})-E(\overline{Y})=\mu_1-\mu_2,$$

$$D(\overline{X}-\overline{Y})=D(\overline{X})+D(\overline{Y})=\frac{\sigma_1^2}{n_1}+\frac{\sigma_2^2}{n_2},$$

于是得到

$$\overline{X}-\overline{Y}\sim N\left(\mu_1-\mu_2,\frac{\sigma_1^2}{n_1}+\frac{\sigma_2^2}{n_2}\right),$$

经标准化得

$$\frac{(\overline{X}-\overline{Y})-(\mu_1-\mu_2)}{\sqrt{\dfrac{\sigma_1^2}{n_1}+\dfrac{\sigma_2^2}{n_2}}}\sim N(0,1).$$

定理 7-9 当 σ_1^2,σ_2^2 未知，但两者相等时，

$$\frac{(\overline{X}-\overline{Y})-(\mu_1-\mu_2)}{S_w\sqrt{\dfrac{1}{n_1}+\dfrac{1}{n_2}}}\sim t(n_1+n_2-2),$$

其中 $$S_w^2=\frac{(n_1-1)S_1^2+(n_2-1)S_2^2}{n_1+n_2-2}.$$

证明 设 σ_1^2,σ_2^2 都等于 σ^2，由于

$$\frac{(n_1-1)S_1^2}{\sigma^2}\sim \chi^2(n_1-1),\quad \frac{(n_2-1)S_2^2}{\sigma^2}\sim \chi^2(n_2-1),$$

且相互独立，由 χ^2 分布的可加性得

$$\frac{(n_1-1)S_1^2}{\sigma^2}+\frac{(n^2-1)S_2^2}{\sigma^2}\sim \chi^2(n_1+n_2-2).$$

又因为 $\dfrac{(\overline{X}-\overline{Y})-(\mu_1-\mu_2)}{\sqrt{\dfrac{\sigma_1^2}{n_1}+\dfrac{\sigma_2^2}{n_2}}}\sim N(0,1)$，再由 t 分布的构造得

$$\frac{\dfrac{(\overline{X}-\overline{Y})-(\mu_1-\mu_2)}{\sqrt{\dfrac{\sigma^2}{n_1}+\dfrac{\sigma^2}{n_2}}}}{\sqrt{\dfrac{\left[\dfrac{(n_1-1)S_1^2}{\sigma^2}+\dfrac{(n_2-1)S_2^2}{\sigma^2}\right]}{(n_1+n_2-2)}}}\sim t(n_1+n_2-2),$$

经化简整理即可得定理.

定理 7-10 $\dfrac{S_1^2}{S_2^2}\cdot\dfrac{\sigma_2^2}{\sigma_1^2}\sim F(n_1-1,n_2-1).$

证明 由于

$$\frac{(n_1-1)S_1^2}{\sigma_1^2}\sim \chi^2(n_1-1),\quad \frac{(n_2-1)S_2^2}{\sigma_2^2}\sim \chi^2(n_2-1),$$

且相互独立,由 F 分布的构造可得

$$\frac{\dfrac{(n_1-1)S_1^2}{\sigma_1^2}}{(n_1-1)} \Bigg/ \frac{\dfrac{(n_2-1)S_2^2}{\sigma_2^2}}{(n_2-1)} \sim F(n_1-1,n_2-1),$$

即

$$\frac{S_1^2}{S_2^2}\cdot\frac{\sigma_2^2}{\sigma_1^2}\sim F(n_1-1,n_2-1).$$

一个正态总体和两个正态总体下,常用的几个统计量都很重要,它们不仅可以用来计算有关事件的概率,而且在后面的参数的区间估计和假设检验的讨论中起着关键的作用.

例 7-12 设总体 $X\sim N(6,\sigma_1^2)$,$Y\sim N(5,\sigma_2^2)$有 $n_1=n_2=10$ 的两个独立样本,分别在如下条件下,求两个样本均值之差 $\overline{X}-\overline{Y}$ 小于 1.3 的概率.

(1) 已知 $\sigma_1^2=1$,$\sigma_2^2=1$;

(2) σ_1^2,σ_2^2 未知,但两者相等,样本方差分别为 $S_1^2=0.9130$,$S_2^2=0.9816$.

解 (1) 由于

$$\frac{(\overline{X}-\overline{Y})-(6-5)}{\sqrt{\dfrac{1}{10}+\dfrac{1}{10}}}\sim N(0,1),$$

所以

$$P\{\overline{X}-\overline{Y}<1.3\}=P\left\{\frac{(\overline{X}-\overline{Y})-(6-5)}{\sqrt{\dfrac{1}{10}+\dfrac{1}{10}}}<\frac{1.3-(6-5)}{\sqrt{\dfrac{1}{10}+\dfrac{1}{10}}}\right\}$$

$$=P\left\{\frac{(\overline{X}-\overline{Y})-(6-5)}{\sqrt{\dfrac{1}{10}+\dfrac{1}{10}}}<0.67\right\}=\Phi(0.67)=0.7486.$$

(2) 由于

$$\frac{(\overline{X}-\overline{Y})-(6-5)}{S_W\sqrt{\dfrac{1}{10}+\dfrac{1}{10}}}\sim t(18),$$

其中

$$S_W^2=\frac{(n_1-1)S_1^2+(n_2-1)S_2^2}{n_1+n_2-2}=\frac{9\times0.9130+9\times0.9816}{18}=0.9733^2.$$

则

$$P\{\overline{X}-\overline{Y}<1.3\}=P\left\{\frac{(\overline{X}-\overline{Y})-(6-5)}{0.9733\sqrt{\dfrac{1}{10}+\dfrac{1}{10}}}<\frac{1.3-(6-5)}{0.9733\sqrt{\dfrac{1}{10}+\dfrac{1}{10}}}\right\}$$

$$=P\left\{\frac{(\overline{X}-\overline{Y})-(6-5)}{0.9733\sqrt{\dfrac{1}{10}+\dfrac{1}{10}}}<0.6884\right\},$$

由 t 分布表查得 $t_{0.25}(18)=0.6884$,于是 $P\{\overline{X}-\overline{Y}<1.3\}=1-0.25=0.75$.

例 7-13 从总体 $X\sim N(\mu,3)$,$Y\sim N(\mu,5)$中分别抽取 $n_1=10,n_2=15$ 的两个独立样本,求两个样本方差之比 $\dfrac{S_1^2}{S_2^2}$ 大于 1.272 的概率.

解 由于 $\dfrac{S_1^2}{S_2^2}\cdot\dfrac{5}{3}\sim F(9,14)$,于是

$$P\left\{\frac{S_1^2}{S_2^2}>1.272\right\}=P\left\{\frac{S_1^2}{S_2^2}\cdot\frac{5}{3}>1.272\times\frac{5}{3}\right\}=P\left\{\frac{S_1^2}{S_2^2}\cdot\frac{5}{3}>2.12\right\},$$

由 F 分布表查得 $F_{0.1}(9,14)=2.12$，于是 $P\left\{\dfrac{S_1^2}{S_2^2}>1.272\right\}=0.1.$

§7.5　数据整理

§7.5.1　频率分布表与直方图

样本数据的整理是统计研究的基础，数据整理的最常用方法之一是给出其频数分布表或频率分布表，画出直方图. 以此种方式对样本数据进行整理，具体步骤如下.

第 1 步：对样本进行分组，作为一般性的原则，组数 k 通常在 $5\sim20$ 个，对容量较小的样本，通常取 $5\sim6$ 组；

第 2 步：确定每组组距，近似公式为组距 $d=$（最大观测值－最小观测值）/组数；

第 3 步：确定每组组限，各组区间端点为

$$a_0,a_1=a_0+d,a_2=a_0+2d,\cdots,a_k=a_0+kd,$$

形成如下的分组区间

$$(a_0,a_1],(a_1,a_2],\cdots,(a_{k-1},a_k],$$

其中 a_0 略小于最小观测值，a_k 略大于最大观测值；

第 4 步：统计样本数据落入每个区间的个数——频数，并列出其频数分布表；

第 5 步：直方图（Vertical graphy）是频数分布的图形表示，它的横坐标表示所关心变量的取值区间，纵坐标有三种表示方法：频数，频率，频率/组距. 若纵坐标为频率/组距，则可使得诸长条矩形面积和为 1. 此三种直方图的差别仅在于纵轴刻度的选择，直方图本身并无变化.

例 7-14　抽取某品种玉米 100 株，对它们进行穗位测定，得到的样本数据见表 7-3.

表 7-3　玉米穗位样本数据

127	118	121	113	145	125	87	94	118	111	102	72	113
76	101	134	107	118	114	128	118	114	117	120	128	94
124	87	88	105	115	134	89	141	114	119	150	107	126
95	137	108	129	136	98	121	91	111	134	123	138	104
107	121	94	126	108	114	103	129	103	127	93	86	113
97	122	86	94	118	109	84	117	112	112	125	94	73
93	94	102	108	158	89	127	115	112	94	118	114	88
111	111	104	101	129	144	128	131	142				

我们可以找出其中的最大值为 158，最小值为 72，取 $a_0=70$，组距 $d=10$，将数据分成 9 组，然后数出落在每个组的数据的数目，得出如表 7-4 所示的频数、频率、累计频率.

表 7-4 100 株玉米穗位频数、频率和累计频率表

组限(cm)	组中值 x_i	频数 m_i	频率 $f_i(\%)$	累计频率(%)
70~80	75	3	3	3
80~90	85	9	9	12
90~100	95	13	13	25
100~110	105	16	16	41
110~120	115	27	27	68
120~130	125	19	19	87
130~140	135	7	7	94
140~150	145	5	5	99
150~160	155	1	1	100

据表 7-4 可绘出如图 7-10 所示的频率直方图.

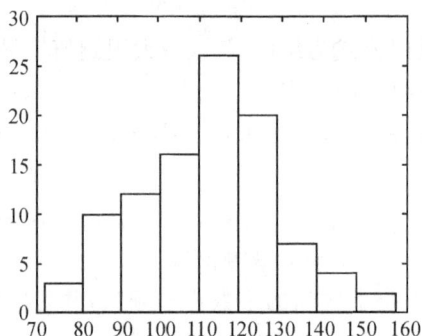

图 7-10 直方图

§7.5.2 茎叶图

把每一个数值分为两部分,前面一部分(百位和十位)称为茎,只有一位数字的后面部分(个位)称为叶,然后画一条竖线,在竖线的左侧写上茎,右侧写上叶,就形成了**茎叶图**.如:

数值   分开   茎   和   叶
112   →   11 | 2   →   11   和   2

例 7-15   某公司对应聘人员进行能力测试,测试成绩总分为 150 分.50 位应聘人员的测试成绩(已经过排序)如表 7-5 所示.

表 7-5 测试成绩

64	67	70	72	74	76	76	79	80	81
82	82	83	85	86	88	91	91	92	93
93	93	95	95	95	97	97	99	100	100
102	104	106	106	107	108	108	112	112	114
116	118	119	119	122	123	125	126	128	133

根据这批数据给出如图 7-11 所示的茎叶图.

由上例可知,制作的茎叶图提供了以下有用的信息:

(1)由"茎"和"叶"两部分构成,其图形由数字组成的;

(2)树茎由高位数构成,树叶由低位数构成;

(3)茎叶图类似于横置的直方图,但又有区别:

①直方图可大体上看出一组数据的分布状况,但没有给出具体的数值;

②茎叶图既能给出数据的分布状况,又能给出每一个原始数值,保留了原始数据的信息.

```
 6 | 4  7
 7 | 0  2  4  6  6  9
 8 | 0  1  2  2  3  5  6  8
 9 | 1  1  2  3  3  3  5  6  6  7  7  9
10 | 0  0  2  4  6  6  7  8  8
11 | 2  2  4  6  8  9  9
12 | 2  3  5  6  8
13 | 3
```

图 7 - 11　测试成绩茎叶图

§7.5.3　条形图

当样本数据可在某个区间内取值时,频率直方图能较好地反映数据的统计规律性,并且由频率直方图能大致知道总体 X 的概率密度函数 $p(x)$ 的图形,当样本数据只可能取有限个值时,一般画条形图.

例 7 - 16　记录某放射性物质在固定的时间间隔内到达计数器上的某种粒子数,共观察 45 次,所得结果如表 7 - 6 所示.

表 7 - 6　粒子数整理表

粒子个数	频数	频率
0	8	0.1778
1	13	0.2889
2	13	0.2889
3	6	0.1333
4	5	0.1111

据表 7 - 6 可作如图 7 - 12 所示的条形图.

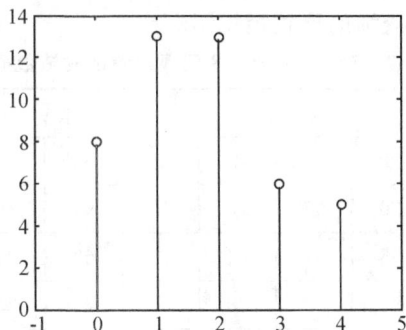

图 7 - 12　条形图

§7.5.4　五数概括与箱线图

设从总体 X 中抽取容量为 n 的样本,其观测值为 $(x_1, x_2, \cdots, x_n)$,令 $x_{(1)} \leqslant x_{(2)} \leqslant \cdots \leqslant x_{(n)}$,则样本 p **分位数**定义为:

$$m_p = \begin{cases} x_{([np+1])}, & \text{若 } np \text{ 不是整数} \\ \dfrac{1}{2}(x_{(np)} + x_{(np+1)}), & \text{若 } np \text{ 是整数} \end{cases}.$$

所谓四分位数是指如下五数.

- 最小观测值:$x_{\min}=x_{(1)}$;
- 第一四分位数:$Q_1=m_{0.25}$;
- 中位数(Sample median):$M_e=m_{0.5}$;
- 第三四分位数:$Q_3=m_{0.75}$;
- 最大观测值:$x_{\max}=x_{(n)}$.

所谓**五数概括**就是指用 $x_{\min}=x_{(1)}$,$Q_1=m_{0.25}$,$M_e=m_{0.5}$,$Q_3=m_{0.75}$,$x_{\max}=x_{(n)}$ 这五个数来大致描述一批数据的轮廓.由这五个数绘出如图 7-13 所示的图形,称为**箱线图**.

利用箱线图,还可发现一批数据中特别大或特别小的不正常的数据,如图 7-14 所示中的异常点就是一个特别小的数据.

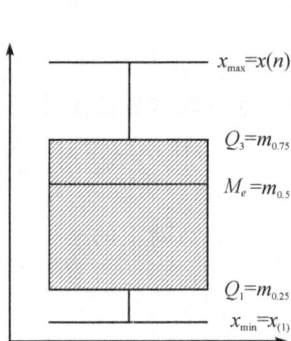

图 7-13 箱线图

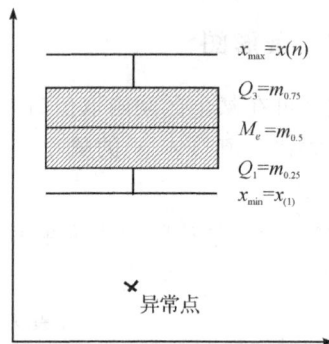

图 7-14 箱线图与异常点

如图 7-15 所示,由箱线图的特点可大致判断出一批数据的特点,从而判断出产生该批数据的总体分布的特点.

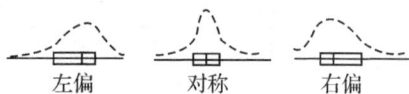

图 7-15 不同分布的箱线图

例 7-17 从某大学经济管理专业二年级学生中随机抽取 11 人,对 8 门主要课程的考试成绩进行调查,所得结果如表 7-7 所示.试绘制各科考试成绩的比较箱线图和学生考试成绩的比较箱线图.

表 7-7 11 名学生 8 门课程考试成绩数据

课程名称	学生编号										
	1	2	3	4	5	6	7	8	9	10	11
英语	76	90	97	71	70	93	86	83	78	85	81
经济数学	65	95	51	74	78	63	91	82	75	71	55
西方经济学	93	81	76	88	66	79	83	92	78	86	78
市场营销学	74	87	85	69	90	80	77	84	91	74	70
财务管理	68	75	70	84	73	60	76	81	88	68	75
基础会计学	70	73	92	65	78	87	90	70	66	79	68
统计学	55	91	68	73	84	81	70	69	94	62	71
计算机应用基础	85	78	81	95	70	67	82	72	80	81	77

解 8 门课程考试成绩的比较箱线图如图 7-16 所示,11 名学生考试成绩的比较箱线图如图 7-17 所示.

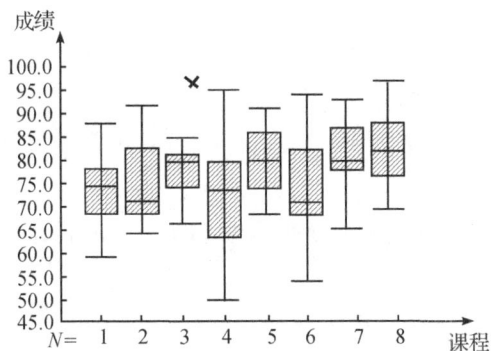

图 7-16　8 门课程考试成绩的比较箱线图

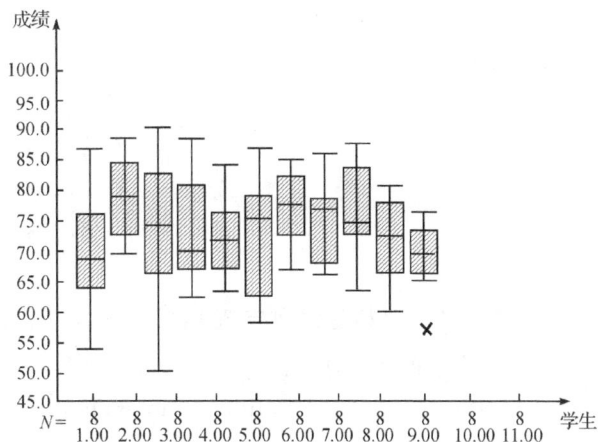

图 7-17　11 名学生考试成绩的比较箱线图

§7.6　经验分布函数

定义 7-20　设 $X_1, X_2, \cdots, X_n$ 是来自总体 X 的一个样本，$x_1, x_2, \cdots, x_n$ 为样本观察值，将观察值按从小到大的次序排列成 $x_{(1)} \leqslant x_{(2)} \leqslant \cdots \leqslant x_{(n)}$，如果 $x_{(k)} \leqslant x < x_{(k+1)}$，则不大于 x 的观察值的频率为 $\dfrac{k}{n}$. 函数

$$F_n(x) = \begin{cases} 0, & \text{当 } x < x_{(1)} \\ \dfrac{k}{n}, & \text{当 } x_{(k)} \leqslant x < x_{(k+1)} \quad (k=1,2,\cdots,n-1) \\ 1, & \text{当 } x \geqslant x_{(n)} \end{cases}$$

称为基于这组样本观察值的总体 X 的**经验分布函数**（Empirical distribution function）. 与之相对应，总体的分布函数称为**总体分布函数**，或**理论分布函数**.

例 7-18　设总体 X 具有一个样本值 1,2,3，则经验分布函数 $F_3(x)$ 的观察值为

$$F_3(x) = \begin{cases} 0, & x < 1 \\ \dfrac{1}{3}, & 1 \leqslant x < 2 \\ \dfrac{2}{3}, & 2 \leqslant x < 3 \\ 1, & x \geqslant 3 \end{cases}.$$

例 7-19　设总体 X 具有一个样本值 1,1,2，则经验分布函数 $F_3(x)$ 的观察值为

$$F_3(x) = \begin{cases} 0, & x < 1 \\ \dfrac{2}{3}, & 1 \leqslant x < 2 \\ 1, & x \geqslant 2 \end{cases}.$$

例 7-20　某食品厂生产听装饮料，现从生产线上随机抽取 5 听饮料，称得其净重（单位：克）如下：

$$351, \quad 347, \quad 355, \quad 344, \quad 351.$$

这是一个容量为 5 的样本，经排序可得有序样本：

$$x_{(1)}=344, \quad x_{(2)}=347, \quad x_{(3)}=351, \quad x_{(4)}=351, \quad x_{(5)}=355.$$

由此知其经验分布函数为

$$F_n(x)=\begin{cases} 0, & x<344 \\ 0.2, & 344\leqslant x<347 \\ 0.4, & 347\leqslant x<351 \\ 0.8, & 351\leqslant x<355 \\ 1, & x\geqslant355 \end{cases}$$

定理 7-11 （格里纹科定理）设 $X_1,X_2,\cdots,X_n$ 是取自总体分布函数为 $F(x)$ 的样本，$F_n(x)$ 为经验分布函数,则有

$$P\{\lim_{n\to\infty}\sup_{-\infty<x<+\infty}|F_n(x)-F(x)|=0\}=1.$$

格里纹科定理表明:当 n 相当大时,经验分布函数 $F_n(x)$ 是总体分布函数 $F(x)$ 的一个良好的近似.经典的统计学中一切统计推断都以样本为依据,其理由就在于此.

§7.7 次序统计量

§7.7.1 次序统计量的概念

次序统计量是常见的统计量之一.

定义 7-21 设 $(X_1,X_2,\cdots,X_n)$ 是取自总体 X 的样本,$X_{(i)}$ 称为该样本的第 i 个次序统计量(Order statistic),其取值是将样本观测值由小到大排列后得到的第 i 个观测值.其中 $X_{(1)}=\min\{X_1,X_2,\cdots,X_n\}$,称为**最小次序统计量**(Minimum order statistic);$X_{(n)}=\max\{X_1,X_2,\cdots,X_n\}$,称为**最大次序统计量**(Maximum order statistic).

在一个样本中,$X_1,X_2,\cdots,X_n$ 是独立同分布的;而次序统计量 $X_{(1)},X_{(2)},\cdots,X_{(n)}$ 既不独立,也不同分布,请看例 7-21.

例 7-21 设总体 X 的分布列如下.

X	0	1	2
P	$\frac{1}{3}$	$\frac{1}{3}$	$\frac{1}{3}$

取一个容量为 3 的样本 X_1,X_2,X_3.

(1) 分别求 $X_{(1)},X_{(2)},X_{(3)}$ 的分布律,并判断它们是否有相同的分布;

(2) 求 $X_{(1)}$ 与 $X_{(2)}$ 的联合分布律,并判断它们是否相互独立.

解 (1)样本的一切可能取值如表 7-8 所示,共 $3^3=27$ 种.

表 7-8 样本空间

序号	x_1	x_2	x_3	$x_{(1)}$	$x_{(2)}$	$x_{(3)}$
1	0	0	0	0	0	0
2	0	0	1	0	0	1
3	0	1	0	0	0	1
4	1	0	0	0	0	1
5	0	0	2	0	0	2
6	0	2	0	0	0	2
7	2	0	0	0	0	2

序号	x_1	x_2	x_3	$x_{(1)}$	$x_{(2)}$	$x_{(3)}$
8	0	1	1	0	1	1
9	1	0	1	0	1	1
10	1	1	0	0	1	1
11	0	1	2	0	1	2
12	0	2	1	0	1	2
13	1	0	2	0	1	2
14	2	0	1	0	1	2
15	1	2	0	0	1	2
16	2	1	0	0	1	2
17	0	2	2	0	2	2
18	2	0	2	0	2	2
19	2	2	0	0	2	2
20	1	1	2	1	1	2
21	1	2	1	1	1	2
22	2	1	1	1	1	2
23	1	2	2	1	2	2
24	2	1	2	1	2	2
25	2	2	1	1	2	2
26	1	1	1	1	1	1
27	2	2	2	2	2	2

由上表可得 $X_{(1)}$，$X_{(2)}$，$X_{(3)}$ 的分布律如表 7-9 所示.

表 7-9　次序统计量分布律

$X_{(1)}$	0	1	2
P	$\dfrac{19}{27}$	$\dfrac{7}{27}$	$\dfrac{1}{27}$
$X_{(2)}$	0	1	2
P	$\dfrac{7}{27}$	$\dfrac{13}{27}$	$\dfrac{7}{27}$
$X_{(3)}$	0	1	2
P	$\dfrac{1}{27}$	$\dfrac{7}{27}$	$\dfrac{19}{27}$

显然 $X_{(1)}$，$X_{(2)}$，$X_{(3)}$ 的分布不同.

（2）$X_{(1)}$ 与 $X_{(2)}$ 的联合分布律如表 7-10 所示.

表 7-10　次序统计量的联合分布律

$X_{(1)} \backslash X_{(2)}$	0	1	2	
0	$\dfrac{7}{27}$	$\dfrac{9}{27}$	$\dfrac{3}{27}$	$\dfrac{19}{27}$
1	0	$\dfrac{4}{27}$	$\dfrac{3}{27}$	$\dfrac{7}{27}$
2	0	0	$\dfrac{1}{27}$	$\dfrac{1}{27}$
	$\dfrac{7}{27}$	$\dfrac{13}{27}$	$\dfrac{7}{27}$	

由此可知 $X_{(1)}$ 与 $X_{(2)}$ 不相互独立.

§7.7.2 次序统计量的分布

定理 7-12 设总体 X 的密度函数为 $p(x)$,分布函数为 $F(x)$,$(X_1, X_2, \cdots, X_n)$ 为来自总体 X 的样本,则第 k 个次序统计量 $X_{(k)}$ 的密度函数为

$$p_k(x) = \frac{n!}{(k-1)!\,(n-k)!}(F(x))^{k-1}(1-F(x))^{n-k}p(x).$$

证明 如图 7-18 所示,第 k 个次序统计量 $X_{(k)}$ 落入无穷小区间 $(x, x+\Delta x]$ 内等价于"容量为 n 的样本 $(X_1, X_2, \cdots, X_n)$ 中有 $k-1$ 个分量落入区间 $(-\infty, x]$ 内,1 个分量落入区间 $(x, x+\Delta x]$ 内,而余下的 $n-k$ 分量落入区间 $(x+\Delta x, +\infty)$ 内".

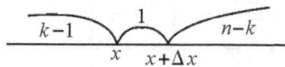

图 7-18　次序统计量关系图

(1) 样本 $(X_1, X_2, \cdots, X_n)$ 的每一个分量落入区间 $(-\infty, x]$ 的概率为 $F(x)$;

(2) 样本 $(X_1, X_2, \cdots, X_n)$ 的每一个分量落入区间 $(x, x+\Delta x]$ 的概率为 $p(x)\Delta x$;

(3) 样本 $(X_1, X_2, \cdots, X_n)$ 的每一个分量落入区间 $(x+\Delta x, +\infty)$ 的概率为 $1-F(x)$;

(4) 设第 k 个次序统计量 $X_{(k)}$ 落入无穷小区间 $(x, x+\Delta x]$ 内的概率为 $p_k(x)\Delta x$,则有

$$p_k(x)\Delta x = \frac{n!}{(k-1)!\,(n-k)!}[F(x)]^{k-1}[1-F(x+\Delta x)]^{n-k}p(x)\Delta x,$$

考虑到 $F(x)$ 的连续性,$\lim\limits_{\Delta x \to 0} F(x+\Delta x) = F(x)$,所以

$$p_k(x) = \lim_{\Delta x \to 0}\frac{p_k(x)\Delta x}{\Delta x} = \lim_{\Delta x \to 0}\frac{n!}{(k-1)!\,(n-k)!}[F(x)]^{k-1}[1-F(x+\Delta x)]^{n-k}p(x)$$

$$= \frac{n!}{(k-1)!\,(n-k)!}[F(x)]^{k-1}[1-F(x)]^{n-k}p(x),$$

故定理得证.

推论 7-1 设总体 X 有密度函数为 $p(x)$ $(a \leqslant x \leqslant b)$,$(X_1, X_2, \cdots, X_n)$ 为样本,则

(1) 第 k 个次序统计量 $X_{(k)}$ 的密度函数为

$$p_k(x) = \begin{cases} \dfrac{n!}{(k-1)!\,(n-k)!}[F(x)]^{k-1}[1-F(x)]^{n-k}p(x), & a \leqslant x \leqslant b \\ 0, & \text{其他} \end{cases};$$

(2) 最大次序统计量 $X_{(n)}$ 的密度函数为

$$p_n(x) = \begin{cases} n[F(x)]^{n-1}p(x), & a \leqslant x \leqslant b \\ 0, & \text{其他} \end{cases};$$

(3) 最小次序统计量 $X_{(1)}$ 的密度函数为

$$p_1(x) = \begin{cases} n[1-F(x)]^{n-1}p(x), & a \leqslant x \leqslant b \\ 0, & \text{其他} \end{cases}.$$

例 7-22 设总体密度函数为 $p(x) = 3x^2$ $(0 < x < 1)$. 从该总体抽得一个容量为 5 的样本,试计算 $P\left\{X_{(2)} < \dfrac{1}{2}\right\}$.

解 总体 X 的分布函数为

$$F(x) = \begin{cases} 0, & x \leqslant 0 \\ x^3, & 0 < x < 1, \\ 1, & x \geqslant 1 \end{cases}$$

由此得到 $X_{(2)}$ 的密度函数为

$$p_2(x) = \frac{5!}{(2-1)!\ (5-2)!}[F(x)]^{2-1}p(x)[1-F(x)]^{5-2}$$
$$= 20x^3 \cdot 3x^2 \cdot (1-x^3)^3 = 60x^5(1-x^3)^3 \quad (0<x<1),$$

于是

$$P\left\{X_{(2)} < \frac{1}{2}\right\} = \int_0^{\frac{1}{2}} 60x^5(1-x^3)^3 dx \xrightarrow{y=x^3} \int_0^{\frac{1}{8}} 20y(1-y)^3 dy = 0.1207.$$

§7.7.3　多个次序统计量的联合分布

理论上,对任意多个次序统计量可给出其联合分布,在实际应用中,只需用到两个次序统计量的联合分布.

定理 7-13　设总体 X 的密度函数为 $p(x)$,分布函数为 $F(x)$,$(X_1,X_2,\cdots,X_n)$ 为来自总体 X 的样本,则次序统计量 $(X_{(i)},X_{(j)})$ $(i<j)$ 的联合密度函数为

$$p_{ij}(y,z) = \frac{n!}{(i-1)!\ (j-i-1)!\ (n-j)!}[F(y)]^{i-1}[F(z)-F(y)]^{j-i-1}$$
$$\cdot [1-F(z)]^{n-j}p(y)p(z) \quad (y \leqslant z)$$

证明　如图 7-19 所示,第 i 个次序统计量 $X_{(i)}$ 落入无穷小区间 $(y,y+\Delta y]$ 内和第 j 个次序统计量 $X_{(j)}$ 落入无穷小区间 $(z,z+\Delta z]$ 内等价于"容量为 n 的样本 $(X_1,X_2,\cdots,X_n)$ 中有 $i-1$ 个分量落入区间 $(-\infty,y]$ 内,1 个分

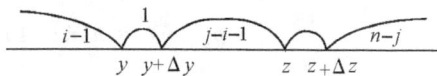

图 7-19　两个次序统计量关系图

量落入区间 $(y,y+\Delta y]$ 内,$j-i-1$ 个分量落入区间 $(y+\Delta y,z]$ 内,1 个分量落入区间 $(z,z+\Delta z]$ 内,而余下的 $n-j$ 分量落入区间 $(z+\Delta z,+\infty)$ 内",将这一事件的概率记为 $p_{ij}(y,z)\Delta y\Delta z$.

(1) 样本 $(X_1,X_2,\cdots,X_n)$ 的每一个分量落入区间 $(-\infty,y]$ 的概率为 $F(y)$;

(2) 样本 $(X_1,X_2,\cdots,X_n)$ 的每一个分量落入区间 $(y,y+\Delta y]$ 的概率为 $p(y)\Delta y$;

(3) 样本 $(X_1,X_2,\cdots,X_n)$ 的每一个分量落入区间 $(y+\Delta y,z]$ 的概率为 $F(z)-F(y+\Delta y)$;

(4) 样本 $(X_1,X_2,\cdots,X_n)$ 的每一个分量落入区间 $(z,z+\Delta z]$ 的概率为 $p(z)\Delta z$;

(5) 样本 $(X_1,X_2,\cdots,X_n)$ 的每一个分量落入区间 $(z+\Delta z,+\infty)$ 的概率为 $1-F(z)$.

样本 $(X_1,X_2,\cdots,X_n)$ 这样分组的可能种数为

$$\frac{n!}{(i-1)!\ 1!\ (j-i-1)!\ 1!\ (n-j)!}.$$

于是

$$p_{ij}(y,z)\Delta y\Delta z = \frac{n!}{(i-1)!\ (j-i-1)!\ (n-j)!} \cdot [F(y)]^{i-1}[F(z)-F(y+\Delta y)]^{j-i-1}$$
$$\cdot [1-F(z+\Delta z)]^{n-j}p(y)p(z)\Delta y\Delta z,$$

考虑到 $F(x)$ 的连续性,$\lim\limits_{\Delta y\to 0}F(y+\Delta y)=F(y)$,$\lim\limits_{\Delta z\to 0}F(z+\Delta z)=F(z)$,所以

$$p_{ij}(y,z) = \lim_{\substack{\Delta y\to 0\\\Delta z\to 0}} \frac{p_{ij}(y,z)\Delta y\Delta z}{\Delta y\Delta z}$$
$$= \lim_{\Delta y\to 0,\Delta z\to 0} \frac{n!}{(i-1)!\ (j-i-1)!\ (n-j)!} \cdot [F(y)]^{i-1}[F(z)-F(y+\Delta y)]^{j-i-1}$$
$$\cdot [1-F(z+\Delta z)]^{n-j}p(y)p(z)$$
$$= \frac{n!}{(i-1)!\ (j-i-1)!\ (n-j)!} \cdot [F(y)]^{i-1}[F(z)-F(y)]^{j-i-1}$$
$$\cdot [1-F(z)]^{n-j}p(y)p(z) \quad (y\leqslant z),$$

故定理得证.

推论 7 - 2 设总体 X 有密度函数为 $p(x)$ $(a \leqslant x \leqslant b)$,$(X_1, X_2, \cdots, X_n)$ 为样本,则任意两个次序统计量 $X_{(i)}$ 与 $X_{(j)}$ $(i < j)$ 的联合分布密度函数为

$$p_{ij}(y, z) = \begin{cases} \dfrac{n!}{(i-1)!\ (j-i-1)!\ (n-j)!} [F(y)]^{i-1} [F(z) - F(y)]^{j-i-1} & \\ \quad \cdot [1 - F(z)]^{n-j} p(y) p(z), & a < y < z < b \\ 0, & \text{其他} \end{cases}.$$

§7.7.4 极差

定义 7 - 22 设 $(X_1, X_2, \cdots, X_n)$ 为来自总体 X 的样本,则统计量 $R_n = X_{(n)} - X_{(1)}$,称为**极差**.

不加证明地给出以下结论.

定理 7 - 14 设总体 X 有密度函数 $p(x)$,$(X_1, X_2, \cdots, X_n)$ 为其样本,则极差 R_n 的密度函数为

$$p_{R_n}(y) = n(n-1) \int_{-\infty}^{+\infty} \left[\int_v^{v+y} p(x) dx \right]^{n-2} p(v) p(v+y) dv.$$

样本极差是一个很常用的统计量,其分布只在很少几种场合可用初等函数表示.

例 7 - 23 设总体 $X \sim U(0, 1)$,$(X_1, X_2, \cdots, X_n)$ 为其样本.

(1) 求 $(X_{(1)}, X_{(n)})$ 的联合密度函数;

(2) 求极差 R_n 的密度函数.

解 因为

$$p(x) = \begin{cases} 1, & 0 \leqslant x \leqslant 1 \\ 0, & \text{其他} \end{cases}, \quad F(x) = \begin{cases} 0, & x < 0 \\ x, & 0 \leqslant x < 1 \\ 1, & x \geqslant 1 \end{cases},$$

所以

(1) $(X_{(1)}, X_{(n)})$ 的联合密度函数为

$$p_{1n}(y, z) = n(n-1)(z-y)^{n-2} \quad (0 \leqslant y \leqslant z \leqslant 1);$$

(2) 极差 R_n 的密度函数

$$p_{R_n}(y) = n(n-1) \int_{-\infty}^{+\infty} \left[\int_v^{v+y} p(x) dx \right]^{n-2} p(v) p(v+y) dv$$
$$= \int_0^{1-y} n(n-1) [(v+y) - v]^{n-2} dv = n(n-1) y^{n-2} (1-y) \quad (y \geqslant 0).$$

习题七

1. 已知样本观察值为:

15.8　24.2　14.5　17.4　13.2　20.8　17.9　19.1　21.0　18.5　16.4　22.6.

计算样本均值、样本标准差、样本方差.

2. 设总体 $X \sim N(1, 4)$,X_1, X_2, X_3 是来自 X 的容量为 3 的样本,其中 S^2 为样本方差,求:

(1) $E(X_1^2 X_2^2 X_3^2)$;(2) $D(X_1 X_2 X_3)$;(3) $E(S^2)$;(4) $D(S^2)$.

3. 设总体 $X \sim N(12, 4)$,有 $n = 5$ 的样本 $X_1, X_2, \cdots, X_5$,求:

(1) 样本均值与总体均值之差大于 1 的概率;(2) $P\{\min(X_1, X_2, \cdots, X_5) \leqslant 10\}$.

4. 设总体 $X \sim N(75,100)$, X_1, X_2, X_3 是来自总体 X 的容量为 3 的样本, 求:

(1) $P\{\max(X_1, X_2, X_3) < 85\}$; (2) $P\{(60 < X_1 < 80) \bigcup (75 < X_3 < 90)\}$;

(3) $P\{X_1 + X_2 \leqslant 148\}$.

5. 在天平上重复称一重量为 a 的物品, 假设各次称量结果相互独立且都服从正态分布 $N(a, 0.2^2)$. 若以 $\overline{X}_n$ 表示 n 次称量结果的算术平均值, 要使 $P\{|\overline{X}_n - a| < 0.1\} \geqslant 0.95$, 求 n 的最小值.

6. 设 $F \sim F(n_1, n_2)$, 证明:

(1) $\dfrac{1}{F} \sim F(n_2, n_1)$; (2) $F_{1-a}(n_1, n_2) = \dfrac{1}{F_a(n_2, n_1)}$.

7. 设 $X_1, X_2, \cdots, X_{16}$ 是来自总体 $N(2,1)$ 的样本, 且与 $Z \sim N(0,1)$ 相互独立, 而 $Y = \sum\limits_{i=1}^{16}(X_i - 2)^2$, 试求:

(1) Y 的分布; (2) $\dfrac{4Z}{\sqrt{Y}}$ 的分布.

8. 设 $X_1, X_2, \cdots, X_9$ 是来自正态总体 X 的简单随机样本, 且

$$Y_1 = \frac{1}{6}(X_1 + \cdots + X_6), \quad Y_2 = \frac{1}{3}(X_7 + X_8 + X_9),$$

$$S^2 = \frac{1}{2}\sum_{i=7}^{9}(X_i - Y_2)^2, \quad Z = \frac{\sqrt{2}(Y_1 - Y_2)}{S},$$

试求统计量 Z 的分布.

9. 总体 $N(50, \sigma^2)$ 中随机抽取一容量为 16 的样本, 在下列两种情况下分别求概率 $P\{47.9 \leqslant \overline{X} \leqslant 52.01\}$.

(1) 已知 $\sigma^2 = 5.5^2$; (2) 未知 σ^2, 而样本方差 $s^2 = 36$.

10. 从总体 $X \sim N(\mu, \sigma^2)$ 中抽取 $n_1 = 9$, $n_2 = 12$ 的两个独立样本, 试在如下两个条件下分别求两个样本均值 $\overline{X}$ 与 $\overline{Y}$ 之差的绝对值小于 1.5 的概率.

(1) 已知 $\sigma^2 = 4$; (2) σ^2 未知, 但两个样本方差分别为 $S_1^2 = 4.1, S_2^2 = 3.7$.

11. 随机地抽取某校 100 个初一学生, 测得他们的身高(单位:厘米)数据如下.

身高	160~162	163~165	166~168	169~171	172~174
频数	7	16	38	31	8

试做出频率直方图.

12. 根据调查, 某集团公司的中层管理人员的月薪数据如下(单位:千元):

    40.6 39.6 37.8 36.2 38.8 38.6 39.6 40.0 34.7 41.7

    38.9 37.9 37.0 35.1 36.7 37.1 37.7 39.2 36.9 38.3 .

试画出茎叶图.

13. 以下是某工厂通过抽样调查得到的 10 名工人一周内生产的产品数:

    149 156 160 138 149 153 153 169 156 156.

试由这批数据构造经验分布函数.

14. 设总体 X 的密度函数为 $p(x) = 6x(1-x)$ $(0 < x < 1)$, $X_1, X_2, \cdots, X_9$ 是来自总体 X 的样本, 求样本中位数的分布.

第八章 参数估计

由于统计推断是由样本推断总体,其目的是利用问题的基本假定及包含在观测数据中的信息,得出尽量精确和可靠的结论.它的基本问题可以分为两大类:一类是参数估计问题;另一类是假设检验问题.本章介绍参数估计问题.

§8.1 参数估计的概念

总体 X 的分布函数 $F(x;\theta)$ 中,包含有未知参数 θ(可能是一个数或一个向量).若通过简单随机抽样,得到总体 X 的一个样本观测值 $(x_1,x_2,\cdots,x_n)$,我们自然会想到利用这一组数据来估计这一个或多个未知参数的值.

定义 8-1 总体 X 的分布 $F(x;\theta)$ 中包含的未知的参数 θ,称为**待估参数**.参数 θ 所有可能取值构成的集合称为**参数空间**(Parameter space),记为 Θ.

定义 8-2 利用样本 $(X_1,X_2,\cdots,X_n)$ 去估计总体 X 中的未知参数的问题,称为**参数估计问题**.

这里的参数,可能是总体的概率函数明示包含的参数,如 $X\sim B(1,p)$ 中的 p,$X\sim U(0,\theta)$ 中的 θ 等;也可能是总体的数字特征,如总体的数学期望 $E(X)=\mu$,方差 $D(X)=\sigma^2$ 等.

参数的估计问题有两类,分别是点估计和区间估计.

§8.1.1 点估计的概念

设 $(X_1,X_2,\cdots,X_n)$ 为来自总体 X 的样本容量为 n 的样本,$(x_1,x_2,\cdots,x_n)$ 是该样本的一组观测值.所谓参数的点估计就是根据样本的观测值 $x_1,x_2,\cdots,x_n$,求出参数 θ 的估计值,也就是要构造合适的统计量 $\hat{\theta}(X_1,X_2,\cdots,X_n)$,用它的观察值 $\hat{\theta}(x_1,x_2,\cdots,x_n)$ 来估计未知参数 θ.

定义 8-3 用来估计总体中的待估参数 θ 的统计量 $\hat{\theta}(X_1,X_2,\cdots,X_n)$,称为 θ 的一个**估计量**(Estimation),$\hat{\theta}(x_1,x_2,\cdots,x_n)$ 称为 θ 的**估计值**.通常我们统称估计量和估计值为**估计**,并简记为 $\hat{\theta}$.

定义 8-4 用样本 $X_1,X_2,\cdots,X_n$ 的一个合适的统计量 $\hat{\theta}(X_1,X_2,\cdots,X_n)$ 的观测值 $\hat{\theta}(x_1,x_2,\cdots,x_n)$ 来估计总体的未知参数 θ,称为参数 θ 的**点估计**(Point estimation).

本章将介绍构造估计量的方法:矩估计法和最大似然估计法.

§8.1.2 区间估计的概念

点估计量 $\hat{\theta}$ 的一个观测值仅仅是参数 θ 的一个近似值,由于 $\hat{\theta}$ 是一个随机变量,它会随着样本的抽取而随机变化,不会总是与 θ 相等,而存在或大、或小、或正、或负的误差,即便点估计量具备了很好的性质,它本身也无法反映这种近似的精确度,且无法给出误差的范围.为了弥补这些不足,需要区间估计.

定义 8-5　以区间的形式给出参数 θ 一个范围,同时给出该区间包含参数 θ 真实值的可靠程度.这种形式的估计称为**区间估计**(Interval estimation).

定义 8-6　设总体 X 的分布含有未知参数 θ,$(X_1,X_2,\cdots,X_n)$ 为来自 X 的样本.对于给定值 α $(0<\alpha<1)$,如果统计量 $\hat{\theta}_1(X_1,X_2,\cdots,X_n)$ 和 $\hat{\theta}_2(X_1,X_2,\cdots,X_n)$ 满足

$$P\{\hat{\theta}_1(X_1,X_2,\cdots,X_n)<\theta<\hat{\theta}_2(X_1,X_2,\cdots,X_n)\}\geqslant 1-\alpha,$$

则:

(1) 区间 $(\hat{\theta}_1(X_1,X_2,\cdots,X_n),\hat{\theta}_2(X_1,X_2,\cdots,X_n))$ 称为 θ 的置信水平为 $1-\alpha$ 的**置信区间**(Confidence interval);

(2) $\hat{\theta}_1(X_1,X_2,\cdots,X_n)$ 称为**置信下限**(Confidence lower limit);

(3) $\hat{\theta}_2(X_1,X_2,\cdots,X_n)$ 称为**置信上限**(Confidence upper limit);

(4) $1-\alpha$ 称为**置信水平**(Confidence level);

(5) α 称为**显著水平**.

若 $(x_1,x_2,\cdots,x_n)$ 为样本的一组观测值,在实际应用中,认为参数 θ 的 $1-\alpha$ 的置信区间为观测区间 $(\hat{\theta}_1(x_1,x_2,\cdots,x_n),\hat{\theta}_2(x_1,x_2,\cdots,x_n))$.

定义 8-7　总体 X 的分布含有未知参数 $\theta\in\Theta$,$(X_1,X_2,\cdots,X_n)$ 为来自 X 的样本.对于给定值 α $(0<\alpha<1)$,如果统计量 $\hat{\theta}_1(X_1,X_2,\cdots,X_n)$ 和 $\hat{\theta}_2(X_1,X_2,\cdots,X_n)$ 满足

$$P\{\hat{\theta}_1(X_1,X_2,\cdots,X_n)<\theta<\hat{\theta}_2(X_1,X_2,\cdots,X_n)\}=1-\alpha,$$

则称区间 $(\hat{\theta}_1(X_1,X_2,\cdots,X_n),\hat{\theta}_2(X_1,X_2,\cdots,X_n))$ 为 θ 的置信水平为 $1-\alpha$ 的**同等置信区间**.

同等置信区间是把给定的置信水平 $1-\alpha$ 用足了,常在总体为连续分布的场合下可以实现.同等置信区间常简称为置信区间.

由于 $\hat{\theta}_1(X_1,X_2,\cdots,X_n)$ 和 $\hat{\theta}_2(X_1,X_2,\cdots,X_n)$ 都是统计量,因此,由它们构成的区间 $(\hat{\theta}_1(X_1,X_2,\cdots,X_n),\hat{\theta}_2(X_1,X_2,\cdots,X_n))$ 是随机区间,其意义为:$(\hat{\theta}_1,\hat{\theta}_2)$ 包含参数 θ 真值的概率为 $1-\alpha$.由于参数 θ 不是随机变量,所以不能说参数 θ 以 $1-\alpha$ 的概率落入随机区间 $(\hat{\theta}_1,\hat{\theta}_2)$,只能说随机区间 $(\hat{\theta}_1,\hat{\theta}_2)$ 以 $1-\alpha$ 的概率包含参数 θ.

对于一次具体抽样得到的置信区间 $(\hat{\theta}_1(x_1,x_2,\cdots,x_n),\hat{\theta}_2(x_1,x_2,\cdots,x_n))$,其意义在于:若重复抽样多次,每个样本确定一个观测区间 $(\hat{\theta}_1,\hat{\theta}_2)$,有时它包含 θ 的真值,有时不包含.按大数定律,在许多这样的观测区间中,包含 θ 真值的约占 $100(1-\alpha)\%$.一般地,α 越小(通常取 0.1,0.05,0.01),$1-\alpha$ 越大,则区间 $(\hat{\theta}_1,\hat{\theta}_2)$ 包含 θ 的概率越大,区间 $(\hat{\theta}_1,\hat{\theta}_2)$ 的长度就会越长,如果区间长度过大,那么区间估计就没有多大的意义了.

用随机模拟方法由 $X\sim N(15,4)$ 产生容量为 10 的样本 100 个,如图 8-1 所示,得到 100 个均值 μ 的置信水平为 0.90 的观测区间 $(\hat{\theta}_1,\hat{\theta}_2)$,由图 8-1 可以看出,这 100 个区间中有 91 个包含参数真值 15,另外 9 个不包含参数真值.

通常用估计的精度和信度来评价区间估计的优劣.其精度可以用区间长度 $\hat{\theta}_2-\hat{\theta}_1$ 来衡量,长度越长,精度越低;信度可以用置信水平 $1-\alpha$ 来衡量,置信水平越大,信度越高.在样本容量不变的情况下,精度和信度是一对矛盾关系,当一个增大时,另一个将会减小.通过增加样本容量可以提高区间估计的精度和信度.

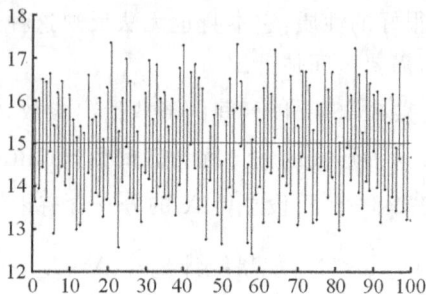

图 8-1   随机模拟得到的 100 个置信区间

寻求单个未知参数 θ 的置信区间的步骤如下.

(1)先取 θ 的一个"好的"点估计量 $\hat{\theta}$,以 $\hat{\theta}$ 为基础构造一个含有未知参数 θ 而不含有其他未知参数的随机变量 $W=W(X_1,X_2,\cdots,X_n;\theta)$,$W$ 是样本函数,且已知其分布或近似分布.

(2)对给定的置信水平 $1-\alpha$,根据 $W(X_1,X_2,\cdots,X_n;\theta)$ 的分布,按精度最高的原则(实际应用中按照"等尾"原则)定出分位点 a 和 b,使得

$$P\{a<W(X_1,X_2,\cdots,X_n)<b\}=1-\alpha.$$

(3)从不等式 $a<W(X_1,X_2,\cdots,X_n;\theta)<b$ 中解出 θ,得

$$P\{\hat{\theta}_1(X_1,X_2,\cdots,X_n)<\theta<\hat{\theta}_2(X_1,X_2,\cdots,X_n)\}=1-\alpha,$$

于是 θ 的置信水平为 $1-\alpha$ 的置信区间为

$$(\hat{\theta}_1,\hat{\theta}_2)=(\hat{\theta}_1(X_1,X_2,\cdots,X_n),\hat{\theta}_2(X_1,X_2,\cdots,X_n)).$$

在实际问题中,最常见的参数估计问题是估计总体的均值和方差.由于正态总体广泛存在,特别是很多产品的指标服从正态分布,我们重点讨论正态总体均值和方差的区间估计.

§8.1.3   单侧置信区间

在许多实际问题中,常常会遇到只需要求单侧的置信上限或下限的情况.比如某品牌的冰箱,我们当然希望它的平均寿命越长越好,因此我们只关心这个品牌冰箱的平均寿命最低可能是多少,即关心平均寿命的下限.又如一批产品的次品率当然是越低越好,于是我们只关心次品率最高可能是多少,即关心次品率的上限.

定义 8-8   设 $(X_1,X_2,\cdots,X_n)$ 为从总体 X 中抽取的样本,θ 为总体中的未知参数,对给定的 $0<\alpha<1$.

(1) 若存在 $\hat{\theta}_1=\hat{\theta}_1(X_1,X_2,\cdots,X_n)$,使得

$$P\{\theta>\hat{\theta}_1(X_1,X_2,\cdots,X_n)\}=1-\alpha,$$

则称 $\hat{\theta}_1$ 为参数 θ 的置信度为 $1-\alpha$ 的**单侧置信下限**;

(2) 若存在 $\hat{\theta}_2=\hat{\theta}_2(X_1,X_2,\cdots,X_n)$,使得

$$P\{\theta<\hat{\theta}_2(X_1,X_2,\cdots,X_n)\}=1-\alpha,$$

则称 $\hat{\theta}_2$ 为参数 θ 的置信度为 $1-\alpha$ 的**单侧置信上限**.

对于单侧置信区间估计问题的讨论,与双侧区间估计的方法基本相同,只是要注意对于精度的标准不能像双侧区间一样用置信区间的长度来刻画,而是对于给定的置信度 $1-\alpha$,当选择

置信下限 $\hat{\theta}_1$ 时,应该是 $E(\hat{\theta}_1)$ 越大越好;当选择置信上限 $\hat{\theta}_2$ 时,应该是 $E(\hat{\theta}_2)$ 越小越好.

§8.2　矩估计法

矩估计法是由英国统计学家皮尔逊(K. Pearson)于 1894 年提出的,也是最古老的估计法之一,由于其直观、简便,可以在不知道总体分布的情况下使用,故在实际中被广泛应用.它的基本思想源于辛钦大数定律,即简单随机样本的原点矩依概率收敛到相应的总体的原点矩:设总体的 l 阶原点矩 $\mu_l = E(X^l)$ 存在,$X_1, X_2, \cdots, X_n$ 是来自总体 X 的样本,$A_l = \frac{1}{n}\sum_{i=1}^{n} X_i^l$ 为 l 阶样本原点矩,对于任意的 $\varepsilon > 0$,则

$$\lim_{n\to\infty} P\left\{ \left| \frac{1}{n}\sum_{i=1}^{n} X_i^l - E(X^l) \right| < \varepsilon \right\} = 1.$$

这就启发我们用样本矩替换总体矩,进而找出未知参数 θ 的估计.

定义 8 - 9　设样本 $(X_1, X_2, \cdots, X_n)$ 来自总体 X,总体 X 中包含有未知参数 θ,若用样本矩替换总体矩,进而得到参数 θ 的点估计,这样的估计方法称为**矩法估计**(Square estimation),简称**矩估计**.由矩法得到的参数 θ 的估计量 $\hat{\theta}(X_1, X_2, \cdots, X_n)$,称为**矩估计量**(Square estimator);相应的估计值 $\hat{\theta}(x_1, x_2, \cdots, x_n)$,称为**矩估计值**.

设样本 $X_1, X_2, \cdots, X_n$ 取自含有 k 个未知参数 $\theta_1, \theta_2, \cdots, \theta_k$ 的总体 X,而且总体 X 的 k 阶原点矩 $\mu_k = E(X^k)$ 存在(若不存在,就无法利用矩估计法估计 k 个不同的未知参数),当样本容量足够大时,用 A_l 估计 μ_l.求矩估计量的具体步骤如下.

(1)计算总体 X 的 l 阶原点矩 $\mu_l = E(X^l)$,其结果应是 $\theta = (\theta_1, \theta_2, \cdots, \theta_k)$ 的函数,即 $E(X^l) = \mu_l(\theta_1, \theta_2, \cdots, \theta_k)$　$(l = 1, 2, \cdots, k)$.

◆ 对连续总体 $X \sim P(x;\theta), E(X^l) = \int_{-\infty}^{+\infty} x^l p(x;\theta)\mathrm{d}x$;

◆ 对离散总体 $P(X = x_i) = p(x_i;\theta)$　$(i = 1, 2, \cdots), E(X^l) = \sum_{i=1}^{\infty} x_i^l p(x_i;\theta)$.

(2)令 $\mu_l(\hat{\theta}_1, \hat{\theta}_2, \cdots, \hat{\theta}_k) = \frac{1}{n}\sum_{i=1}^{n} X_i^l$　$(l = 1, 2, \cdots, k)$,即

$$\begin{cases} \mu_1(\hat{\theta}_1, \hat{\theta}_2, \cdots, \hat{\theta}_k) = \frac{1}{n}\sum_{i=1}^{n} X_i \\ \mu_2(\hat{\theta}_1, \hat{\theta}_2, \cdots, \hat{\theta}_k) = \frac{1}{n}\sum_{i=1}^{n} X_i^2 \\ \cdots \\ \mu_k(\hat{\theta}_1, \hat{\theta}_2, \cdots, \hat{\theta}_k) = \frac{1}{n}\sum_{i=1}^{n} X_i^k \end{cases}$$

(3)解方程(组)得参数 $\theta_1, \theta_2, \cdots, \theta_k$ 的矩估计量 $\hat{\theta}_l = \hat{\theta}_l(X_1, X_2, \cdots, X_n)$　$(l = 1, 2, \cdots, k)$,即

$$
\begin{cases}
\hat{\theta}_1 = \hat{\theta}_1(X_1, X_2, \cdots, X_n) \\
\hat{\theta}_2 = \hat{\theta}_2(X_1, X_2, \cdots, X_n) \\
\cdots \\
\hat{\theta}_k = \hat{\theta}_k(X_1, X_2, \cdots, X_n)
\end{cases}
$$

（4）将样本观测值 $(x_1, x_2, \cdots, x_n)$ 代入矩估计量 $\hat{\theta}_l = \hat{\theta}_l(X_1, X_2, \cdots, X_n)$ 中，即得参数 $\theta_1, \theta_2, \cdots, \theta_k$ 的矩估计值

$$
\begin{cases}
\hat{\theta}_1 = \hat{\theta}_1(x_1, x_2, \cdots, x_n) \\
\hat{\theta}_2 = \hat{\theta}_2(x_1, x_2, \cdots, x_n) \\
\cdots \\
\hat{\theta}_k = \hat{\theta}_k(x_1, x_2, \cdots, x_n)
\end{cases}
$$

例 8-1 设总体 X 服从参数为 λ 的泊松分布，λ 未知，$X_1, X_2, \cdots, X_n$ 是来自总体的一个样本，求参数 λ 的矩估计量.

解 因为待估参数只有 λ 一个，且 $\mu_1 = E(X) = \lambda$，因此，只要令 $\hat{\lambda} = A_1$，即得 $\hat{\lambda} = A_1 = \dfrac{1}{n}\sum_{i=1}^{n}X_i = \overline{X}$，所以 λ 的矩估计值为 $\hat{\lambda} = \overline{x}$.

例 8-2 设总体 X 服从区间 $[0, \theta]$ 上的均匀分布，θ 为未知参数，$X_1, X_2, \cdots, X_n$ 为来自该总体 X 的一个样本，其观测值为 $x_1, x_2, \cdots, x_n$，试求 θ 的矩估计值.

解 总体 X 的密度函数为

$$
p(x; \theta) = \begin{cases} \dfrac{1}{\theta}, & 0 \leqslant x \leqslant \theta \\ 0, & \text{其他} \end{cases}.
$$

因为待估参数只有 θ 一个，且 $\mu_1 = E(X) = \dfrac{0 + \theta}{2} = \dfrac{\theta}{2}$，因此，只要令 $\dfrac{\hat{\theta}}{2} = A_1$，解之得 $\hat{\theta} = 2A_1 = 2\left(\dfrac{1}{n}\sum_{i=1}^{n}X_i\right) = 2\overline{X}$，即得到 θ 的矩估计量为 $\hat{\theta} = 2\overline{X}$.

将样本的观测值 $x_1, x_2, \cdots, x_n$ 代入 θ 的矩估计量，得其矩估计值为 $\hat{\theta} = 2\overline{x}$.

例 8-3 设总体 X 的均值与方差分别为 μ 与 σ^2，且均未知，$X_1, X_2, \cdots, X_n$ 为来自该总体的样本，求 μ 与 σ^2 的矩估计量.

解 因为待估参数有两个，因此，计算总体的一阶、二阶原点矩得

$$
\begin{cases}
\mu_1 = E(X) = \mu \\
\mu_2 = E(X^2) = D(X) + [E(X)]^2 = \sigma^2 + \mu^2
\end{cases}.
$$

令 $\begin{cases} \hat{\mu} = A_1 \\ \sigma^2 + \hat{\mu}^2 = A_2 \end{cases}$，解之得

$$
\begin{cases}
\hat{\mu} = A_1 \\
\sigma^2 = A_2 - A_1^2
\end{cases},
$$

即得 μ 与 σ^2 的估计量为

$$\begin{cases} \hat{\mu} = \overline{X} \\ \hat{\sigma}^2 = \dfrac{1}{n}\sum_{i=1}^{n} X_i^2 - \overline{X}^2 = \dfrac{1}{n}\sum_{i=1}^{n}(X_i - \overline{X})^2 \end{cases}$$

矩估计法虽然直观简便,无需知道总体的分布,适用性广,但对原点矩不存在的总体(如柯西分布)不适用,而且当总体分布类型已知时,矩估计未能充分利用总体分布所提供的信息,这可能导致所得估计的精度比用别的方法获得的精度要低.

§8.3 最大似然估计法

最大似然估计的基本思想是:总体 $X \sim F(x;\theta)$ 的分布类型已知,但含有未知参数 θ,若能同时利用总体分布类型的信息与样本提供的信息,则可获得参数估计的更多信息. 德国数学家高斯(C. F. Gauss)最早提出该思想;英国的统计学家费希尔(R. A. Fisher)爵士于 1912 年重新提出,并证明了其优良性质,首次将这种估计命名为**最大似然估计法**(Maximum likelihood estimation). 这种方法在实际中有非常广泛的应用,是一种非常重要的点估计方法. 但应用这种方法的前提是,总体 X 的分布形式必须已知. 下面通过实例来说明最大似然估计的基本思想.

引 例 根据经验,猎手 A 能一枪命中猎物的概率 $p_1 = 0.98$,猎手 B 能一枪命中猎物的概率 $p_2 = 0.28$. 在一次狩猎中,A,B 中有一人向猎物打一枪,猎物被击中倒下,问猎物是哪个猎手击中的?

若设 $X = \begin{cases} 1, & \text{猎物被击中} \\ 0, & \text{猎物未被击中} \end{cases}$,则 $X \sim B(1,p)$,$p \in \{0.98, 0.28\}$. 现取一容量为 1 的样本 X_1,知 X_1 的观测值为 $x_1 = 1$(猎物被击中),原问题相当于问 $p = p_1 = 0.98$,还是 $p = p_2 = 0.28$?

因为 $P\{X_1 = 1; p = 0.98\} = 0.98 > 0.28 = P\{X_1 = 1; p = 0.28\}$,所以应取 $p = p_1 = 0.98$,即认为猎物是 A 击中的.

最大似然估计的直观想法是:一个随机试验如果有若干个可能结果 $A,B,C,\cdots$,在一次试验中结果 A 出现了,则认为 A 出现的概率最大,并且认为试验条件应该使事件 A 发生的概率最大.

定义 8 - 10 设总体 X 的概率函数为 $p(x_i; \theta_1, \theta_2, \cdots, \theta_k)$,其中 $\theta_1, \theta_2, \cdots, \theta_k$ 为未知参数,$x_1, x_2, \cdots, x_n$ 为来自总体 X 的样本观测值,则样本的联合概率函数

$$p(x_1, x_2, \cdots, x_n; \theta_1, \theta_2, \cdots, \theta_k) = \prod_{i=1}^{n} p(x_i; \theta_1, \theta_2, \cdots, \theta_k)$$

称为参数 $\theta_1, \theta_2, \cdots, \theta_k$ 的**似然函数**(Likelihood function),简记作 $L(\theta_1, \theta_2, \cdots, \theta_k) = \prod_{i=1}^{n} p(x_i; \theta_1, \theta_2, \cdots, \theta_k)$.

对于固定的 $\theta_1, \theta_2, \cdots, \theta_k$,$L$ 作为 $x_1, x_2, \cdots, x_n$ 的函数,它是样本的联合概率函数;但对于已经取得的样本观测值 $x_1, x_2, \cdots, x_n$,L 便成了 $\theta_1, \theta_2, \cdots, \theta_k$ 的函数,就称之为似然函数.

定义 8 - 11 在已经取得样本观测值 $x_1, x_2, \cdots, x_n$ 的条件下,若点 $\tilde{\theta}_i = \tilde{\theta}_i(x_1, x_2, \cdots, x_n)$ $(i = 1, 2, \cdots, k)$ 使似然函数 $L(\theta_1, \theta_2, \cdots, \theta_k)$ 达到最大值,即

$$L(\tilde{\theta}_1, \tilde{\theta}_2, \cdots, \tilde{\theta}_k) = \max_{(x_i; \theta_1, \theta_2, \cdots, \theta_k) \in \Theta} L(\theta_1, \theta_2, \cdots, \theta_k),$$

则 $\tilde{\theta}_1, \tilde{\theta}_2, \cdots, \tilde{\theta}_k$ 称为参数 $\theta_1, \theta_2, \cdots, \theta_k$ 的**最大似然估计值**. 相应地称估计量 $\tilde{\theta}_i = \tilde{\theta}_i(X_1, X_2, \cdots,$

X_n）（$i = 1,2,\cdots,k$）称为参数 $\theta_1,\theta_2,\cdots,\theta_k$ 的**最大似然估计量**（Maximum likelihood estimator）.

由于似然函数通常是一些函数的乘积或为指数函数，而对数函数是单调上升函数，即 L 与 $\ln(L)$ 在相同点取得最大值，故有时可将求 L 的最大值点的问题转化为求 $\ln(L)$ 的最大值点的问题. 由微分学知，当 L 或 $\ln(L)$ 具有一阶连续偏导数时，最大似然估计常常是满足下述方程组的一组解.

定义 8 - 12 方程（组）

$$\begin{cases} \dfrac{\partial L(\theta_1,\cdots,\theta_k)}{\partial \theta_1} = 0 \\ \dfrac{\partial L(\theta_1,\cdots,\theta_k)}{\partial \theta_2} = 0 \\ \cdots \\ \dfrac{\partial L(\theta_1,\cdots,\theta_k)}{\partial \theta_k} = 0 \end{cases}$$

称为**似然方程（组）**（Likelihood equation (group)）. 方程（组）

$$\begin{cases} \dfrac{\partial \ln L(\theta_1,\cdots,\theta_k)}{\partial \theta_1} = 0 \\ \dfrac{\partial \ln L(\theta_1,\cdots,\theta_k)}{\partial \theta_2} = 0 \\ \cdots \\ \dfrac{\partial \ln L(\theta_1,\cdots,\theta_k)}{\partial \theta_k} = 0 \end{cases}$$

称为**对数似然方程（组）**，仍简称**似然方程（组）**.

求最大似然估计的一般步骤归纳如下.

(1) 先写出似然函数 $L(\theta_1,\theta_2,\cdots,\theta_k) = \prod\limits_{i=1}^{n} p(x_i;\theta_1,\theta_2,\cdots,\theta_k)$；

(2) 再整理出对数似然函数（Logarithm likelihood function）$\ln L(\theta)$；

(3) 最后令似然方程 $\dfrac{\mathrm{d}}{\mathrm{d}\tilde{\theta}}\ln L(\tilde{\theta}) = 0$，如果有解，即可解此方程得极大似然估计值 $\tilde{\theta} = \tilde{\theta}(x_1,x_2,\cdots,x_n)$；如果无解，那么根据定义找出使 $L(\theta)$ 最大的 $\tilde{\theta}$ 作为 θ 的最大似然估计.

例 8 - 4 设总体 X 服从参数为 λ 的指数分布，其中 λ 未知，概率密度函数为

$$p(x;\theta) = \begin{cases} \lambda \mathrm{e}^{-\lambda x}, & x > 0 \\ 0, & x \leqslant 0 \end{cases},$$

$x_1,x_2,\cdots,x_n$ 为其样本 $X_1,X_2,\cdots,X_n$ 的观测值，试求参数 λ 的最大似然估计值和估计量.

解 由 X_i 与总体 X 同分布，可知有概率密度函数

$$p(x_i;\theta) = \begin{cases} \lambda \mathrm{e}^{-\lambda x_i}, & x_i > 0 \\ 0, & x_i \leqslant 0 \end{cases}, \quad (i = 1,2,\cdots,n).$$

所以似然函数为

$$L(\lambda) = \lambda^n \mathrm{e}^{-\lambda \sum\limits_{i=1}^{n} x_i} \quad (x_1,x_2,\cdots,x_n > 0),$$

对数似然函数为

$$\ln L(\lambda) = n\ln\lambda - \lambda \sum_{i=1}^{n} x_i,$$

对数似然方程为

$$\frac{\mathrm{d}}{\mathrm{d}\,\widetilde{\lambda}}\ln L(\widetilde{\lambda}) = \frac{n}{\widetilde{\lambda}} - \sum_{i=1}^{n} x_i = 0,$$

解得 λ 的最大似然估计值为

$$\widetilde{\lambda} = \frac{n}{\sum\limits_{i=1}^{n} x_i} = \frac{1}{\overline{x}},$$

其最大似然估计量为

$$\widetilde{\lambda} = \frac{n}{\sum\limits_{i=1}^{n} X_i} = \frac{1}{\overline{X}}.$$

例 8 - 5 设 X 的分布律如下.

X	1	2	3
P	θ^2	$2\theta(1-\theta)$	$(1-\theta)^2$

其中 θ 为未知参数,$0 < \theta < 1$,已知取得一个样本观测值 $(x_1,x_2,x_3) = (1,2,1)$,求参数 θ 的最大似然估计值.

解 已知取得一个样本观测值 $(x_1,x_2,x_3) = (1,2,1)$,所以似然函数为

$$L(\theta) = \prod_{i=1}^{3} p(x_i;\theta) = p(x_1=1;\theta) \times p(x_2=2;\theta) \times p(x_3=1;\theta)$$
$$= \theta^2 \times 2\theta(1-\theta) \times \theta^2 = 2\theta^5(1-\theta),$$

对数似然函数为

$$\ln L(\theta) = \ln 2 + 5\ln\theta + \ln(1-\theta),$$

对数似然方程为

$$\frac{\mathrm{d}}{\mathrm{d}\widetilde{\theta}}\ln L(\widetilde{\theta}) = \frac{5}{\widetilde{\theta}} - \frac{1}{1-\widetilde{\theta}} = 0,$$

解之得参数 θ 的最大似然估计值为 $\widetilde{\theta} = \frac{5}{6}$.

例 8 - 6 设总体 $X \sim N(\mu,\sigma^2)$,其中 μ,σ^2 为未知的参数,$X_1,X_2,\cdots,X_n$ 是来自 X 的样本,其一组观测值为 $x_1,x_2,\cdots,x_n$,试求 μ,σ^2 的最大似然估计量.

解 因为总体 X 的概率密度为

$$p(x;\mu,\sigma^2) = \frac{1}{\sigma\sqrt{2\pi}}\mathrm{e}^{-\frac{(x-\mu)^2}{2\sigma^2}},$$

因此,样本中的 X_i 的概率密度为

$$p(x_i;\mu,\sigma^2) = \frac{1}{\sigma\sqrt{2\pi}}\mathrm{e}^{-\frac{(x_i-\mu)^2}{2\sigma^2}},$$

可写出似然函数为

$$L(\mu,\sigma^2) = \prod_{i=1}^{n} \frac{1}{\sigma\sqrt{2\pi}}\mathrm{e}^{-\frac{(x_i-\mu)^2}{2\sigma^2}} = (2\pi)^{-\frac{n}{2}}(\sigma^2)^{-\frac{n}{2}}\mathrm{e}^{-\frac{1}{2\sigma^2}\sum\limits_{i=1}^{n}(x_i-\mu)^2},$$

对数似然函数为

$$\ln L = -\frac{n}{2}\ln(2\pi) - \frac{n}{2}\ln\sigma^2 - \frac{1}{2\sigma^2}\sum_{i=1}^{n}(x_i-\mu)^2,$$

对数似然方程组为

$$
\begin{cases}
\dfrac{\partial \ln L}{\partial \tilde{\mu}} = \dfrac{1}{\tilde{\sigma}^2}\left(\sum_{i=1}^{n} x_i - n\tilde{\mu}\right) = 0 \\[3mm]
\dfrac{\partial \ln L}{\partial \tilde{\sigma}^2} = -\dfrac{n}{2\tilde{\sigma}^2} + \dfrac{1}{2(\tilde{\sigma}^2)^2}\sum_{i=1}^{n}(x_i - \tilde{\mu})^2 = 0
\end{cases},
$$

解得最大似然估计值为

$$
\tilde{\mu} = \frac{1}{n}\sum_{i=1}^{n} x_i = \overline{x}, \quad \tilde{\sigma}^2 = \frac{1}{n}\sum_{i=1}^{n}(x_i - \overline{x})^2,
$$

因此 μ, σ^2 的最大似然估计量分别为

$$
\tilde{\mu} = \frac{1}{n}\sum_{i=1}^{n} X_i = \overline{X}, \quad \tilde{\sigma}^2 = \frac{1}{n}\sum_{i=1}^{n}(X_i - \overline{X})^2.
$$

请注意,并不是所有最大似然估计问题都可以通过(对数)似然方程(组)求解的.

例 8 - 7　设总体 X 服从区间 $[0, \theta]$ 上的均匀分布,θ 为未知参数,$X_1, X_2, \cdots, X_n$ 为来自总体 X 的一个样本,其观测值为 $x_1, x_2, \cdots, x_n$,试求参数 θ 的最大似然估计.

解　由题意可知样本中 X_i 的概率密度为

$$
p(x_i; \theta) = \begin{cases} \dfrac{1}{\theta}, & 0 \leqslant x_i \leqslant \theta \\ 0, & \text{其他} \end{cases} \quad (i = 1, 2, \cdots, n),
$$

似然函数为

$$
L(\theta) = \begin{cases} \dfrac{1}{\theta^n}, & 0 \leqslant x_1, x_2, \cdots, x_n \leqslant \theta \\ 0, & \text{其他} \end{cases}.
$$

显然,似然方程无解,那么可直接根据最大似然估计的定义找出使 $L(\theta)$ 最大的 $\hat{\theta}$ 作为 θ 的最大似然估计. 因为每一个 x_i 都小于或等于 θ,等价于 $\max\limits_{1 \leqslant i \leqslant n}\{x_i\} \leqslant \theta$;另一方面,$\dfrac{1}{\theta^n}$ 随 θ 的增大而减小,因此 θ 应尽量地小,但当 θ 小到比 $\max\limits_{1 \leqslant i \leqslant n}\{x_i\}$ 还小时,L 就只能取 0 了,所以当 $\theta = \max\limits_{1 \leqslant i \leqslant n}\{x_i\}$ 时,似然函数 L 达到最大,故 θ 的最大似然估计量为 $\tilde{\theta} = \max\limits_{1 \leqslant i \leqslant n}\{X_i\}$.

最大似然估计充分利用了总体分布形式和样本的信息,具有优良的统计性质,因而有广泛的应用. 最大似然估计具有**不变性**:若 $\tilde{\theta}$ 是未知参数 θ 的最大似然估计,函数 $g(u)$ 是 u 的单调函数,且具有单值反函数,则 $g(\tilde{\theta})$ 是 $g(\theta)$ 的最大似然估计. 如例 8-6 中 σ^2 的最大似然估计为 $\tilde{\sigma}^2 = \dfrac{1}{n}\sum_{i=1}^{n}(X_i - \overline{X})^2$,函数 $g(u) = u^{\frac{1}{2}}$ 是 u 的单调递增函数,具有单值反函数,则 $g(\tilde{\sigma}^2) = \tilde{\sigma} = \sqrt{\dfrac{1}{n}\sum_{i=1}^{n}(X_i - \overline{X})^2}$ 是 $g(\sigma^2) = \sigma$ 的最大似然估计量. 值得注意的是同一问题的最大似然估计有时不唯一,有时不存在.

§8.4　点估计优劣的评价标准

实际上,用于估计 θ 的估计量有很多,比如,样本均值和样本中位数都可作为总体均值的估计量,那么究竟采用哪一个估计量作为总体参数的估计更好呢?自然要用估计效果较优的那种

估计量,这就涉及用什么标准来评价估计量的优劣.统计学家给出了一些评价标准,主要有无偏性、有效性和一致性.

§8.4.1 无偏性

定义 8-13 设 $\hat{\theta} = \hat{\theta}(X_1, X_2, \cdots, X_n)$ 为未知参数 θ 的一个估计量,若 $\hat{\theta}$ 的数学期望存在,记

$$E(\hat{\theta}) - \theta = b_n,$$

则 b_n 称为估计量 $\hat{\theta}$ 的**偏差**(Affect),或**系统误差**.

(1) 若 $b_n = 0$,则 $\hat{\theta}$ 称为 θ 的一个**无偏估计量**(Unbiased estimator),称统计量 $\hat{\theta}$ 具有**无偏性**(Unbiased);

(2) 若 $b_n \neq 0$,则 $\hat{\theta}$ 称为 θ 的一个**有偏估计**;

(3) 若 $\lim\limits_{n\to\infty} b_n = 0$,则 $\hat{\theta}$ 称为 θ 的一个**渐近无偏估计**(Approximation unbiased estimator).

定义 8-14 对于参数 θ 的实值函数 $g(\theta)$,如果存在估计量 $T = T(X_1, X_2, \cdots, X_n)$,使得
$$E(T) = g(\theta),$$
则 $g(\theta)$ 称为**可估函数**.

$\hat{\theta}$ 是 θ 的无偏估计的意义可解释为:取多个样本 $(x_1^k, x_2^k, \cdots, x_n^k)$ $(k = 1, 2, \cdots)$,得到 θ 的多个估计值 $\hat{\theta}(x_1^k, x_2^k, \cdots, x_n^k)$ $(k = 1, 2, \cdots)$,这些估计值围绕参数 θ 的真值上下波动,则
$$\lim_{N\to\infty} \frac{1}{N} \sum_{k=1}^{N} \hat{\theta}(x_1^k, x_2^k, \cdots, x_n^k) = \theta.$$

例 8-8 设总体 X 的期望为 μ,而 $X_1, X_2, \cdots, X_n$ 为来自总体 X 的一个样本,试判断下列统计量是否为 μ 的无偏估计.

(1) X_i $(i = 1, 2, \cdots, n)$; (2) $\overline{X} = \frac{1}{n} \sum_{i=1}^{n} X_i$; (3) $\frac{1}{2} X_1 + \frac{1}{3} X_2 + \frac{1}{4} X_3$.

解 (1) 因为 $E(X_i) = E(X) = \mu$,所以 X_i $(i = 1, 2, \cdots, n)$ 是 μ 的无偏估计.

(2) 因为 $E(\overline{X}) = E\left(\frac{1}{n} \sum_{i=1}^{n} X_i\right) = \frac{1}{n} \sum_{i=1}^{n} E(X_i) = \frac{1}{n} n\mu = \mu$,所以 $\overline{X}$ 是 μ 的无偏估计.

(3) 因为 $E\left(\frac{1}{2} X_1 + \frac{1}{3} X_2 + \frac{1}{4} X_3\right) = \frac{1}{2} E(X_1) + \frac{1}{3} E(X_2) + \frac{1}{4} E(X_3) = \frac{13}{12}\mu \neq \mu$,所以 $\frac{1}{2} X_1 + \frac{1}{3} X_2 + \frac{1}{4} X_3$ 不是 μ 的无偏估计.

例 8-9 设 μ, σ^2 分别为总体 X 的均值和方差,$X_1, X_2, \cdots, X_n$ 为总体 X 的一个样本,证明样本二阶中心距 $\hat{\sigma}^2 = \frac{1}{n} \sum_{i=1}^{n} (X_i - \overline{X})^2$ 不是 σ^2 的无偏性估计量.

证明 因为 $E(\hat{\sigma}^2) = E\left[\frac{1}{n} \sum_{i=1}^{n} (X_i - \overline{X})^2\right] = E\left[\frac{1}{n} \sum_{i=1}^{n} ((X_i - \mu) - (\overline{X} - \mu))^2\right]$

$= \frac{1}{n} \sum_{i=1}^{n} E(X_i - \mu)^2 - E(\overline{X} - \mu)^2 = \frac{1}{n} \sum_{i=1}^{n} D(X_i) - D(\overline{X})$,

由于 $D(X_i) = D(X) = \sigma^2$ $(i = 1, 2, \cdots, n)$,

$$D(\overline{X}) = D\left(\frac{1}{n}\sum_{i=1}^{n}X_i\right) = \frac{1}{n^2}\sum_{i=1}^{n}D(X_i) = \frac{\sigma^2}{n},$$

所以 $E(\hat{\sigma}^2) = \frac{1}{n}n\sigma^2 - \frac{\sigma^2}{n} = \frac{n-1}{n}\sigma^2 \neq \sigma^2$，故 $\hat{\sigma}^2$ 不是 σ^2 的无偏估计. 但 $\lim\limits_{n\to\infty}E(\hat{\sigma}^2) = \lim\limits_{n\to\infty}\frac{n-1}{n}\sigma^2$
$= \sigma^2$，故 $\hat{\sigma}^2$ 是 σ^2 的渐近无偏估计.

因为 $E(S^2) = E\left(\frac{n}{n-1}\hat{\sigma}^2\right) = \frac{n}{n-1}E(\hat{\sigma}^2) = \frac{n}{n-1}\frac{n-1}{n}\sigma^2 = \sigma^2$，所以样本方差 $S^2 =$
$\frac{1}{n-1}\sum_{i=1}^{n}(X_i - \overline{X})^2$ 是 σ^2 的无偏估计.

由此可知,样本均值 $\overline{X}$ 和样本方差 S^2 分别是总体期望 μ 和方差 σ^2 的无偏估计.

定理 8-1　设 $\hat{\theta} = \hat{\theta}(X_1, X_2, \cdots, X_n)$ 为未知参数 θ 的一个估计量,若 $\hat{\theta}$ 的数学期望存在,
且 $E(\hat{\theta}) = a\theta + b\ (a \neq 0)$,则 $\hat{\theta}' = \dfrac{\hat{\theta} - b}{a}$ 为 θ 的一个无偏估计量. $\hat{\theta}'$ 称为 $\hat{\theta}$ 的**无偏化估计量**.

证明　　　　　　　　$E(\hat{\theta}') = E\left(\dfrac{\hat{\theta} - b}{a}\right) = \dfrac{1}{a}[E(\hat{\theta}) - b] = \theta.$

例 8-10　设 $(X_1, X_2, \cdots, X_n)$ 为总体 $X \sim N(\mu, \sigma^2)$ 的一个样本,试求参数 σ 的无偏
估计量.

解　因为 $Y = \dfrac{n-1}{\sigma^2}S^2 \sim \chi^2(n-1)$,所以

$$E(\sqrt{Y}) = E\left(\frac{\sqrt{n-1}S}{\sigma}\right) = \int_0^{+\infty}\sqrt{x}\,\frac{1}{2^{\frac{n-1}{2}}\Gamma\left(\frac{n-1}{2}\right)}e^{-\frac{x}{2}}x^{\frac{n}{2}-1}\,\mathrm{d}x$$

$$= \frac{1}{2^{\frac{n-1}{2}}\Gamma\left(\frac{n-1}{2}\right)}\int_0^{+\infty}e^{-\frac{x}{2}}x^{\frac{n}{2}-1}\,\mathrm{d}x \xrightarrow{\frac{x}{2}=t} \frac{\sqrt{2}}{\Gamma\left(\frac{n-1}{2}\right)}\int_0^{+\infty}e^{-t}t^{\frac{n}{2}-1}\,\mathrm{d}t = \frac{\sqrt{2}\Gamma\left(\frac{n}{2}\right)}{\Gamma\left(\frac{n-1}{2}\right)}.$$

因此, $E(S) = \sqrt{\dfrac{2}{n-1}}\dfrac{\Gamma\left(\frac{n}{2}\right)}{\Gamma\left(\frac{n-1}{2}\right)}\sigma$,由此可知 $\sqrt{\dfrac{n-1}{2}}\dfrac{\Gamma\left(\frac{n-1}{2}\right)}{\Gamma\left(\frac{n}{2}\right)}S$ 是参数 σ 的无偏估计量.

§8.4.2　有效性

$\overline{X}, X_i\ (i = 1, 2, \cdots, n)$ 都是总体均值 μ 的无偏估计量,但根据日常经验,用多次观测所得
平均值去估计总体均值一定比用一次观测值去估计总体均值的效果好些,这是因为当 $n \geqslant 2$ 时,
$D(\overline{X}) = \dfrac{\sigma^2}{n} < D(X_i) = \sigma^2$,即作为 μ 的无偏估计 $\overline{X}$ 比 X_i 更有效,这就是有效性的评价标准.

定义 8-15　设 $\hat{\theta}_1$ 与 $\hat{\theta}_2$ 都是 θ 的无偏估计量,如果

$$D(\hat{\theta}_1) < D(\hat{\theta}_2),$$

则称 $\hat{\theta}_1$ 是较 $\hat{\theta}_2$ 有效的估计.

例 8-11　设总体 X 服从参数为 λ 的泊松分布, $X_1, X_2, \cdots, X_n$ 是来自该总体 X 的一个样
本,其中 $n > 2$. 证明:

(1) $\hat{\lambda}_1 = \overline{X}$ 和 $\hat{\lambda}_2 = \dfrac{1}{2}(X_1 + X_2)$ 都是 λ 的无偏估计量;

(2) $\hat{\lambda}_1$ 比 $\hat{\lambda}_2$ 更有效.

证明　由题意可知

$$E(X) = \lambda, \quad D(X) = \lambda,$$

又由于 $X_1, X_2, \cdots, X_n$ 相互独立且都服从泊松分布,于是有

$$E(\hat{\lambda}_1) = E(\overline{X}) = E\left(\frac{1}{n}\sum_{i=1}^{n} X_i\right) = \frac{1}{n}\sum_{i=1}^{n} E(X) = \frac{1}{n}n\lambda = \lambda.$$

同理

$$E(\hat{\lambda}_2) = E\left(\frac{X_1 + X_2}{2}\right) = \lambda,$$

所以 $\hat{\lambda}_1$ 和 $\hat{\lambda}_2$ 都是 λ 的无偏估计量,但是

$$D(\hat{\lambda}_1) = D(\overline{X}) = \frac{D(X)}{n} = \frac{\lambda}{n},$$

$$D(\hat{\lambda}_2) = \frac{D(X)}{2} = \frac{\lambda}{2}.$$

由 $n > 2$ 得 $D(\hat{\lambda}_1) < D(\hat{\lambda}_2)$,从而 $\hat{\lambda}_1$ 比 $\hat{\lambda}_2$ 更有效.

值得注意的是在判断参数的估计量的有效性时,首先必须在估计量为无偏估计的前提下,其次是判断其方差大小.

例 8 - 12　设 $(X_1, X_2, \cdots, X_n)$ 为来自总体 $X \sim U(0, \theta)$ 的一个样本,试验证 $\hat{\theta}_1 = 2\overline{X}$ 和 $\hat{\theta}_2 = \dfrac{n+1}{n}\max\{X_1, X_2, \cdots, X_n\}$ 都是未知参数 $\theta > 0$ 的无偏估计,并比较它们的有效性.

解　因为 $E(\hat{\theta}_1) = E(2\overline{X}) = 2E(\overline{X}) = 2E(X) = 2 \times \dfrac{\theta}{2} = \theta$,所以 $\hat{\theta}_1 = 2\overline{X}$ 是未知参数 $\theta > 0$ 的无偏估计.

因为 $X_{\max} = \max\{X_1, X_2, \cdots, X_n\}$ 的概率密度函数为

$$p(x) = \begin{cases} \dfrac{nx^{n-1}}{\theta^n}, & 0 \leqslant x \leqslant \theta, \\ 0, & \text{其他} \end{cases}$$

所以

$$E(X_{\max}) = \int_0^\theta x \cdot \frac{nx^{n-1}}{\theta^n} \mathrm{d}x = \frac{n}{n+1}\theta,$$

则

$$E\left(\frac{n+1}{n}X_{\max}\right) = \theta.$$

由此可知,$\hat{\theta}_2 = \dfrac{n+1}{n}\max\{X_1, X_2, \cdots, X_n\}$ 也是未知参数 $\theta > 0$ 的无偏估计.

由于

$$D(\hat{\theta}_1) = 4D(\overline{X}) = \frac{4}{n}D(X) = \frac{4}{n} \cdot \frac{\theta^2}{12} = \frac{\theta^2}{3n},$$

$$D(\hat{\theta}_2) = \left(\frac{n+1}{n}\right)^2 D(X_{\max}) = \left(\frac{n+1}{n}\right)^2 \frac{n}{(n+1)^2(n+2)}\theta^2 = \frac{\theta^2}{n(n+2)},$$

所以当 $n > 1$ 时,$\hat{\theta}_2$ 比 $\hat{\theta}_1$ 有效.

§8.4.3 一致性

一般来讲,在估计一个参数时,样本容量越大,误差就越小. 于是,当样本容量 n 足够大(趋于无穷大)时,估计误差应该接近于 0,这就引出了第三个评价标准,即一致性,也称相合性.

定义 8-16 设 $\hat{\theta}_n = \hat{\theta}(X_1, X_2, \cdots, X_n)$ 为总体未知参数 θ 的估计,若当 $n \to \infty$ 时, $\hat{\theta}_n \overset{P}{\to} \theta$,即对任给 $\varepsilon > 0$,有

$$\lim_{n \to \infty} P\{|\hat{\theta}_n - \theta| < \varepsilon\} = 1,$$

则 $\hat{\theta}_n$ 称为 θ 的**一致估计**,即统计量 $\hat{\theta}_n$ 具有**一致性**(或相合性).

一致估计从理论上保证了样本容量越大,估计的误差就会越小. 因此,在实际应用中,若估计量满足一致性,常常采用增大样本容量的方法来提高估计的精度. 因此,一致估计属点估计的大样本性质.

由契比雪夫不等式 $P\{|\hat{\theta}_n - \theta| > \varepsilon\} \leqslant \dfrac{D(\hat{\theta}_n)}{\varepsilon^2}$,可知:当 $E(\hat{\theta}_n) = \theta$ 且 $\lim\limits_{n \to \infty} D(\hat{\theta}_n) = 0$ 时,估计量 $\hat{\theta}_n$ 为参数 θ 的一致估计. 不加证明地给出如下更进一步的结论.

定理 8-2 设 $\hat{\theta}_n = \hat{\theta}_n(X_1, X_2, \cdots, X_n)$ 为参数 θ 的一个估计量,若

$$\lim_{n \to \infty} E(\hat{\theta}_n) = \theta, \quad \lim_{n \to \infty} D(\hat{\theta}_n) = 0,$$

则 $\hat{\theta}_n$ 是参数 θ 的一致估计.

定理 8-3 若 $\hat{\theta}_n = \hat{\theta}_n(X_1, X_2, \cdots, X_n)$ 为参数 θ 的一致估计量, $g(\theta)$ 是 θ 的连续函数,则 $g(\hat{\theta}_n)$ 是 $g(\theta)$ 的一致估计.

例 8-13 设总体 $X \sim N(\mu, \sigma^2)$,而 $X_1, X_2, \cdots, X_n$ 是来自 X 的一个样本,则样本方差 S^2 是 σ^2 的一致估计.

证明 因为 $E(S^2) = \sigma^2$, $\dfrac{(n-1)S^2}{\sigma^2} \sim \chi^2(n-1)$,由 χ^2 分布的性质知

$$D\left(\frac{(n-1)S^2}{\sigma^2}\right) = 2(n-1),$$

所以 $D(S^2) = \dfrac{2\sigma^4}{n-1} \to 0 \ (n \to \infty)$,故 S^2 是 σ^2 的一致估计.

事实上,对一般总体 X 而言,样本均值 $\overline{X}$ 和样本方差 S^2 分别为总体均值 μ 和方差 σ^2 的无偏估计和一致估计.

例 8-14 设 $(X_1, X_2, \cdots, X_n)$ 是来自 $X \sim U(0, \theta)$ 的一个样本,证明: θ 的最大似然估计 $\tilde{\theta} = X_{(n)}$ 是一致估计.

证明 $\tilde{\theta} = X_{(n)}$ 的密度函数为 $p(y) = \dfrac{ny^{n-1}}{\theta^n} \ (y < \theta)$,由此得

$$E(\hat{\theta}) = \int_0^\theta \frac{ny^n}{\theta^n} \mathrm{d}y = \frac{n}{n+1}\theta,$$

$$E(\hat{\theta}^2) = \int_0^\theta \frac{ny^{n+1}}{\theta^n} \mathrm{d}y = \frac{n}{n+2}\theta^2,$$

$$D(\hat{\theta}) = \frac{n}{(n+2)(n+1)^2}\theta^2.$$

所以 $\lim\limits_{n\to\infty} E(\hat{\theta}) = \lim\limits_{n\to\infty} \frac{n}{n+1}\theta = \theta$, $\lim\limits_{n\to+\infty} D(\hat{\theta}) = 0$,因此 $\tilde{\theta} = X_{(n)}$ 是 θ 的一致估计.

§8.4.4 均方误差

无偏性是估计的一个优良性质,但不能说有偏估计一定是不好的估计. 若估计量 $\hat{\theta}$ 是参数 θ 的有偏估计,一个较合理的评价标准应该是 $E(\hat{\theta}-\theta)^2$ 越小越好.

定义 8 - 17 若统计量 $\hat{\theta}$ 是参数 θ 的一个估计量,则

$$MSE(\hat{\theta}) = E(\hat{\theta}-\theta)^2,$$

称为 $\hat{\theta}$ 的**均方误差**.

定理 8 - 4 $\qquad MSE(\hat{\theta}) = D(\hat{\theta}) + (E\hat{\theta}-\theta)^2.$

证明 $\quad MSE(\hat{\theta}) = E[\hat{\theta}-E(\hat{\theta})+E(\hat{\theta})-\theta]^2$

$\qquad\qquad = E[\hat{\theta}-E(\hat{\theta})]^2 + [E(\hat{\theta})-\theta]^2 + 2E\{[\hat{\theta}-E(\hat{\theta})][E(\hat{\theta})-\theta]\}$

$\qquad\qquad = E[\hat{\theta}-E(\hat{\theta})]^2 + [E(\hat{\theta})-\theta]^2 = D(\hat{\theta}) + (E\hat{\theta}-\theta)^2.$

下面的例子说明:在均方误差的含义下有些有偏估计优于无偏估计.

例 8 - 15 设 $(X_1, X_2, \cdots, X_n)$ 为来自总体 $X \sim U(0,\theta)$ 的一个样本,$\hat{\theta}_c = c \cdot X_{(n)}$.

(1) 试求 $\theta > 0$ 的无偏估计 $\hat{\theta}_{\frac{n+1}{n}} = \frac{n+1}{n}X_{(n)}$ 的均方误差 $MSE(\hat{\theta}_{\frac{n+1}{n}})$;

(2) 试求 $MSE(\hat{\theta}_c)$;

(3) 试找一个 c_0,使 $\min\limits_{c} MSE(\hat{\theta}_c) = MSE(\hat{\theta}_{c_0})$;

(4) 比较 $MSE(\hat{\theta}_{\frac{n+1}{n}})$ 与 $MSE(\hat{\theta}_{c_0})$ 的大小.

解 (1) $MSE(\hat{\theta}_{\frac{n+1}{n}}) = D(\hat{\theta}_{\frac{n+1}{n}}) = \frac{\theta^2}{n(n+2)}$;

(2) $MSE(\hat{\theta}_c) = c^2\frac{n}{(n+1)^2(n+2)}\theta^2 + \left(\frac{n\cdot c}{n+1}-1\right)^2\theta^2$;

(3) 由 $\dfrac{\mathrm{d}MSE(\hat{\theta}_c)}{\mathrm{d}c} = \dfrac{2cn}{(n+1)^2(n+2)}\theta^2 + 2\dfrac{n}{n+1}\left(\dfrac{n\cdot c}{n+1}-1\right)\theta^2 = 0$,得

$$c_0 = \frac{n+2}{n+1};$$

(4) $MSE(\hat{\theta}_{c_0}) = \dfrac{\theta^2}{(n+1)^2} < \dfrac{\theta^2}{n(n+2)} = MSE(\hat{\theta}_{\frac{n+1}{n}}).$

§8.5 正态总体参数的置信区间

§8.5.1 总体方差已知情况下均值的置信区间

设总体 $X \sim N(\mu, \sigma^2)$,其中 σ^2 已知,$X_1, X_2, \cdots, X_n$ 为来自 X 的一个样本,$x_1, x_2, \cdots, x_n$ 为样

本的观测值,求 μ 的置信水平为 $1-\alpha$ 的置信区间.

我们知道 $E(\overline{X})=\mu$,即 $\overline{X}$ 为 μ 的无偏估计量,且有 $Z=\dfrac{\overline{X}-\mu}{\dfrac{\sigma}{\sqrt{n}}}\sim N(0,1)$. 因此,如图 $8-2$

所示,对给定显著水平 α,有

$$P\left\{|Z|=\frac{|\overline{X}-\mu|}{\dfrac{\sigma}{\sqrt{n}}}<z_{\frac{\alpha}{2}}\right\}=1-\alpha,$$

$$P\left\{\overline{X}-z_{\frac{\alpha}{2}}\frac{\sigma}{\sqrt{n}}<\mu<\overline{X}+z_{\frac{\alpha}{2}}\frac{\sigma}{\sqrt{n}}\right\}=1-\alpha.$$

于是得到 μ 的置信水平为 $1-\alpha$ 的置信区间为

$$\left(\overline{X}-z_{\frac{\alpha}{2}}\frac{\sigma}{\sqrt{n}},\overline{X}+z_{\frac{\alpha}{2}}\frac{\sigma}{\sqrt{n}}\right),$$

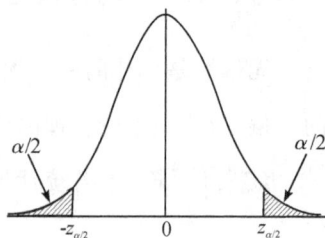

图 $8-2$ z(正态)分布分位点

简记为 $\overline{X}\pm z_{\frac{\alpha}{2}}\dfrac{\sigma}{\sqrt{n}}$,其中 $z_{\frac{\alpha}{2}}$ 可查表.

例 8-16　已知某工厂生产的某种零件长度 $X\sim N(\mu,0.06)$,现从某日生产的一批零件中随机抽取 6 只,测得直径的数据(单位:mm)为

$$14.6\quad 15.1\quad 14.9\quad 14.8\quad 15.2\quad 15.1.$$

试求该批零件长度的置信水平为 0.95 的置信区间.

解
$$P\left\{|Z|=\frac{|\overline{X}-\mu|}{\dfrac{\sigma}{\sqrt{n}}}<z_{\frac{\alpha}{2}}\right\}=1-\alpha,$$

$$P\left\{\overline{X}-z_{\frac{\alpha}{2}}\frac{\sigma}{\sqrt{n}}<\mu<\overline{X}+z_{\frac{\alpha}{2}}\frac{\sigma}{\sqrt{n}}\right\}=1-\alpha,$$

计算得 $\overline{x}=\dfrac{1}{6}\sum\limits_{i=1}^{6}x_i=14.95$,查标准正态分布表可得 $z_{\frac{\alpha}{2}}=z_{0.025}=1.96$.

置信下限:　$\overline{x}-\dfrac{\sigma}{\sqrt{n}}z_{\frac{\alpha}{2}}=14.95-\dfrac{\sqrt{0.06}}{\sqrt{6}}\times1.96=14.75$;

置信上限:　$\overline{x}+\dfrac{\sigma}{\sqrt{n}}z_{\frac{\alpha}{2}}=14.95+\dfrac{\sqrt{0.06}}{\sqrt{6}}\times1.96=15.15$.

故所求置信区间为 $(14.75,15.15)$.

§8.5.2　总体方差未知情况下均值的置信区间

设总体 $X\sim N(\mu,\sigma^2)$,其中 σ^2 未知,$X_1,X_2,\cdots,X_n$ 为来自 X 的一个样本,$x_1,x_2,\cdots,x_n$ 为样本的观测值,求 μ 的置信水平为 $1-\alpha$ 的置信区间.

我们知道 $E(\overline{X})=\mu$,即 $\overline{X}$ 为 μ 的无偏估计量,且有

$$T=\frac{\overline{X}-\mu}{\dfrac{S}{\sqrt{n}}}\sim t(n-1),$$

对于给定 α,由 t 分布的对称性,如图 $8-3$ 所示,有

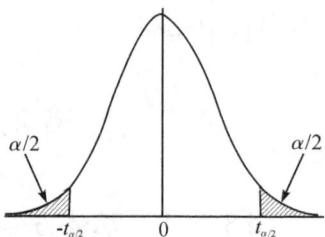

图 $8-3$ t 分布分位点

$$P\left\{-t_{\frac{\alpha}{2}}(n-1)<\frac{\overline{X}-\mu}{\frac{S}{\sqrt{n}}}<t_{\frac{\alpha}{2}}(n-1)\right\}=1-\alpha,$$

整理得

$$P\left\{\overline{X}-t_{\frac{\alpha}{2}}(n-1)\frac{S}{\sqrt{n}}<\mu<\overline{X}+t_{\frac{\alpha}{2}}(n-1)\frac{S}{\sqrt{n}}\right\}=1-\alpha,$$

故总体均值 μ 的置信水平为 $1-\alpha$ 的置信区间为

$$\left(\overline{X}-t_{\frac{\alpha}{2}}(n-1)\frac{S}{\sqrt{n}},\overline{X}+t_{\frac{\alpha}{2}}(n-1)\frac{S}{\sqrt{n}}\right),$$

简记为 $\overline{X}\pm t_{\frac{\alpha}{2}}(n-1)\frac{S}{\sqrt{n}}.$

由此可知,总体均值的置信区间由两部分组成:点估计和描述估计量精度的 $\pm$ 值.这个 $\pm$ 值称为估计误差,而且一般此时估计区间长度最小,即精度最高.

例 8－17 某胶合板厂以新的工艺生产胶合板以增强抗压强度,现抽取 10 个试件,做抗压力试验,获得数据(单位:$\mathrm{kg/cm^2}$) 如下:

48.2 49.3 51.0 44.6 43.5 41.8 39.4 46.9 45.7 47.1.

试求该胶合板平均抗压强度 μ 的置信水平为 0.95 的置信区间(设胶合板抗压力服从正态分布).

解
$$P\left\{-t_{\frac{\alpha}{2}}(n-1)<\frac{\overline{X}-\mu}{\frac{S}{\sqrt{n}}}<t_{\frac{\alpha}{2}}(n-1)\right\}=1-\alpha,$$

$$P\left\{\overline{X}-t_{\frac{\alpha}{2}}(n-1)\frac{S}{\sqrt{n}}<\mu<\overline{X}+t_{\frac{\alpha}{2}}(n-1)\frac{S}{\sqrt{n}}\right\}=1-\alpha,$$

由样本数据计算得 $\overline{x}=\frac{1}{10}\sum_{i=1}^{10}x_i=45.75,s=\sqrt{\frac{1}{n-1}\sum_{i=1}^{n}(x_i-\overline{x})^2}=3.522$,查表得 $t_{0.025}=2.262$,故得 μ 的置信区间为

$$\left(\overline{x}-t_{0.025}(9)\frac{s}{\sqrt{10}},\overline{x}+t_{0.025}(9)\frac{s}{\sqrt{10}}\right)=\left(5-2.262\times\frac{3.522}{\sqrt{10}},45.75+2.262\times\frac{3.522}{\sqrt{10}}\right)$$
$$=(43.23,48.27).$$

这就是说该胶合板平均抗压强度在 $43.23\sim48.27\mathrm{kg/cm^2}$ 之间,此估计的可信程度为 95%.若以此区间内任何一值作为 μ 的近似值,其估计误差不超过 $2.262\times\frac{3.522}{\sqrt{10}}=2.5193.$

在实际问题中,总体方差 σ^2 未知的情况较多.

例 8－18 从一批灯泡中随机地取 5 只做寿命测试,测得寿命(以小时计) 为

1050 1100 1120 1250 1280.

设灯泡寿命服从正态分布,求灯泡寿命平均值的置信水平为 0.95 的单侧置信下限.

解 因为
$$T=\frac{\overline{X}-\mu}{\frac{s}{\sqrt{n}}}\sim t(n-1),$$

于是

$$P\left\{\frac{\overline{X}-\mu}{\frac{s}{\sqrt{n}}}<t_\alpha(n-1)\right\}=1-\alpha,$$

即

$$P\left\{\mu > \overline{X} - \frac{s}{\sqrt{n}}t_a(n-1)\right\} = 1-\alpha,$$

算得 $\overline{x} = 1160, s^2 = 9950,$ 故

$$\underline{\mu} = \overline{x} - \frac{s}{\sqrt{n}}t_{0.05}(4) = 1160 - \frac{\sqrt{9950}}{\sqrt{5}} \times 2.1318 = 1065,$$

此即为灯泡寿命平均值的置信水平为 0.95 的单侧置信下限.

§8.5.3 正态总体方差与标准差的置信区间

在许多实际问题中,不仅要对总体均值进行估计,而且需要对总体方差进行区间估计. 如评价某种品牌电视机质量好坏,不仅要估计出其平均寿命,而且也要知道其在寿命指标上的方差,平均寿命长且方差小,才能认为该种品牌的质量高.

设总体 $X \sim N(\mu, \sigma^2)$,且总体均值 μ 未知,$X_1, X_2, \cdots, X_n$ 是来自该总体的样本,$x_1, x_2, \cdots, x_n$ 为样本的观测值,求 σ^2(或 σ)的置信水平为 $1-\alpha$ 的置信区间. 此时有

$$\chi^2 = \frac{(n-1)S^2}{\sigma^2} \sim \chi^2(n-1).$$

对于给定 α,有 $P\left\{\chi^2_{1-\frac{\alpha}{2}}(n-1) < \frac{(n-1)S^2}{\sigma^2} < \chi^2_{\frac{\alpha}{2}}(n-1)\right\} = 1-\alpha,$ 如图 8-4 所示,整理得

$$P\left\{\frac{(n-1)S^2}{\chi^2_{\frac{\alpha}{2}}(n-1)} < \sigma^2 < \frac{(n-1)S^2}{\chi^2_{1-\frac{\alpha}{2}}(n-1)}\right\} = 1-\alpha.$$

故在总体期望 μ 未知的假设下,总体方差 σ^2 的置信水平为 $1-\alpha$ 的置信区间为

$$\left(\frac{(n-1)S^2}{\chi^2_{\frac{\alpha}{2}}(n-1)}, \frac{(n-1)S^2}{\chi^2_{1-\frac{\alpha}{2}}(n-1)}\right).$$

类似地,可得标准差 σ 的置信水平为 $1-\alpha$ 的置信区间为

$$\left(\frac{\sqrt{n-1}S}{\sqrt{\chi^2_{\frac{\alpha}{2}}(n-1)}}, \frac{\sqrt{n-1}S}{\sqrt{\chi^2_{1-\frac{\alpha}{2}}(n-1)}}\right).$$

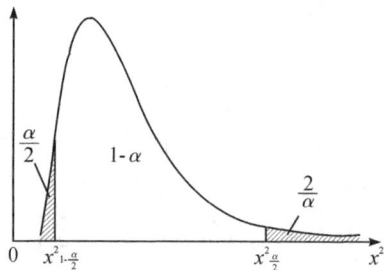

图 8-4 χ^2 分布分位点

例 8-19 某胶合板厂以新的工艺生产胶合板以增强抗压强度,现抽取 10 个试件,做抗压力试验,获得数据(单位:kg/cm^2)如下:

48.2　49.3　51.0　44.6　43.5　41.8　39.4　46.9　45.7　47.1.

设胶合板抗压力服从正态分布,试求总体方差 σ^2 和标准差 σ 的置信水平为 0.95 的置信区间.

解
$$P\left\{\chi^2_{1-\frac{\alpha}{2}}(n-1) < \frac{(n-1)S^2}{\sigma^2} < \chi^2_{\frac{\alpha}{2}}(n-1)\right\} = 1-\alpha,$$

$$P\left\{\frac{(n-1)S^2}{\chi^2_{\frac{\alpha}{2}}(n-1)} < \sigma^2 < \frac{(n-1)S^2}{\chi^2_{1-\frac{\alpha}{2}}(n-1)}\right\} = 1-\alpha,$$

算得 $\overline{x} = 45.75, s^2 = 12.40,$ 查表得 $\chi^2_{0.975}(9) = 2.70, \chi^2_{0.025}(9) = 19.02.$

因此可得 σ^2 的置信区间为

$$\left(\frac{9 \times 12.40}{19.02}, \frac{9 \times 12.40}{2.70}\right) = (5.868, 41.333),$$

σ 的置信区间为

$$\left(\sqrt{\frac{9 \times 12.40}{19.02}}, \sqrt{\frac{9 \times 12.40}{2.7}}\right) = (2.422, 6.291).$$

现将单个正态总体参数 μ,σ^2 的置信区间总结如表 8-1 所示.

表 8-1 单个正态总体参数 μ,σ^2 置信区间表

待估参数	条件	抽样分布	置信区间
μ	σ^2 已知	$Z = \dfrac{\overline{X}-\mu}{\dfrac{\sigma}{\sqrt{n}}} \sim N(0,1)$	$\left(\overline{X}-z_{\frac{\alpha}{2}}\dfrac{\sigma}{\sqrt{n}}, \overline{X}+z_{\frac{\alpha}{2}}\dfrac{\sigma}{\sqrt{n}}\right)$
	σ^2 未知	$T = \dfrac{\overline{X}-\mu}{\dfrac{S}{\sqrt{n}}} \sim t(n-1)$	$\left(\overline{X}-t_{\frac{\alpha}{2}}(n-1)\dfrac{S}{\sqrt{n}}, \overline{X}+t_{\frac{\alpha}{2}}(n-1)\dfrac{S}{\sqrt{n}}\right)$
σ^2	μ 未知	$\chi^2 = \dfrac{(n-1)S^2}{\sigma^2} \sim \chi^2(n-1)$	$\left(\dfrac{(n-1)S^2}{\chi^2_{\frac{\alpha}{2}}(n-1)}, \dfrac{(n-1)S^2}{\chi^2_{1-\frac{\alpha}{2}}(n-1)}\right)$
σ			$\left(\dfrac{\sqrt{n-1}S}{\sqrt{\chi^2_{\frac{\alpha}{2}}(n-1)}}, \dfrac{\sqrt{n-1}S}{\sqrt{\chi^2_{1-\frac{\alpha}{2}}(n-1)}}\right)$

§8.6 两个正态总体参数的置信区间

在实际中经常会遇到这样的问题,已知某产品的质量指标 $X \sim N(\mu,\sigma^2)$,但由于工艺改变、原料不同、设备不同或者操作人员的更换等原因,引起总体均值 μ 和总体方差 σ^2 有所改变. 我们要了解这些改变究竟有多大,这就需要考虑两个正态总体均值差和总体方差比的区间估计.

在本节,假设样本 $(X_1,X_2,\cdots,X_{n_1})$ 来自正态总体 $X \sim N(\mu_1,\sigma_1^2)$,其样本均值和样本方差分别为

$$\overline{X} = \frac{1}{n_1}\sum_{i=1}^{n_1}X_i, \quad S_1^2 = \frac{1}{n_1-1}\sum_{i=1}^{n_1}(X_i-\overline{X})^2.$$

样本 $(Y_1,Y_2,\cdots,Y_{n_2})$ 来自正态总体 $Y \sim N(\mu_2,\sigma_2^2)$,其样本均值和样本方差分别为

$$\overline{Y} = \frac{1}{n_2}\sum_{j=1}^{n_2}Y_j, \quad S_2^2 = \frac{1}{n_2-1}\sum_{j=1}^{n_2}(Y_j-\overline{Y})^2,$$

且两个正态总体 $X \sim N(\mu_1,\sigma_1^2)$ 和 $Y \sim N(\mu_2,\sigma_2^2)$ 相互独立.

§8.6.1 两个正态总体均值差的置信区间

在实际问题中,两总体方差 σ_1^2 和 σ_2^2 往往未知,为了讨论方便,我们假定 $\sigma_1^2 = \sigma_2^2$,求两总体均值差 $\mu_1 - \mu_2$ 的 $1-\alpha$ 的置信区间. 此时有

$$T = \frac{\overline{X}-\overline{Y}-(\mu_1-\mu_2)}{S_W\sqrt{\dfrac{1}{n_1}+\dfrac{1}{n_2}}} \sim t(n_1+n_2-2),$$

其中

$$S_W^2 = \frac{(n_1-1)S_1^2+(n_2-1)S_2^2}{n_1+n_2-2}.$$

对于给定的置信水平 $1-\alpha$,有

$$P\{|T| < t_{\frac{\alpha}{2}}(n_1+n_2-2)\} = 1-\alpha,$$

解不等式

$$\frac{|(\overline{X}-\overline{Y})-(\mu_1-\mu_2)|}{S_W\sqrt{\dfrac{1}{n_1}+\dfrac{1}{n_2}}} < t_{\frac{\alpha}{2}}(n_1+n_2-2),$$

得 $\mu_1 - \mu_2$ 的置信水平为 $1-\alpha$ 的置信区间为

$$\left((\overline{x} - \overline{y}) - t_{\frac{\alpha}{2}}(n_1 + n_2 - 2)S_w \sqrt{\frac{1}{n_1} + \frac{1}{n_2}}, (\overline{x} - \overline{y}) + t_{\frac{\alpha}{2}}(n_1 + n_2 - 2)S_w \sqrt{\frac{1}{n_1} + \frac{1}{n_2}} \right),$$

简记为 $(\overline{x} - \overline{y}) \pm t_{\frac{\alpha}{2}}(n_1 + n_2 - 2)S_w \sqrt{\frac{1}{n_1} + \frac{1}{n_2}}$，其中 $S_w = \sqrt{\dfrac{(n_1 - 1)S_1^2 + (n_2 - 1)S_2^2}{n_1 + n_2 - 2}}$.

例 8 - 20 随机地从甲、乙两厂生产的蓄电池中抽取样本，测得蓄电池的电容量（A • h）如下.

甲厂：144， 141， 138， 142， 141， 143， 138， 137；

乙厂：142， 143， 139， 140， 138， 141， 140， 138， 142， 136.

设两厂生产的蓄电池电容量分别服从正态总体 $N(\mu_1, \sigma_1^2)$，$N(\mu_2, \sigma_2^2)$，两样本独立，若已知 $\sigma_1^2 = \sigma_2^2 = \sigma^2$，但 σ^2 未知.求 $\mu_1 - \mu_2$ 的置信水平为 0.95 的置信区间.

解
$$P\left\{ \left| \frac{\overline{X} - \overline{Y} - (\mu_1 - \mu_2)}{S_w \sqrt{\frac{1}{n_1} + \frac{1}{n_2}}} \right| < t_{\frac{\alpha}{2}}(n_1 + n_2 - 2) \right\} = 1 - \alpha,$$

$$P\left\{ \begin{array}{c} \overline{X} - \overline{Y} - t_{\frac{\alpha}{2}}(n_1 + n_2 - 2)S_w \sqrt{\frac{1}{n_1} + \frac{1}{n_2}} < \mu_1 - \mu_2 \\ < \overline{X} - \overline{Y} + t_{\frac{\alpha}{2}}(n_1 + n_2 - 2)S_w \sqrt{\frac{1}{n_1} + \frac{1}{n_2}} \end{array} \right\} = 1 - \alpha.$$

查表得 $t_{0.025}(16) = 2.1199$，计算得 $\overline{x} = 140.5$，$S_1^2 = \dfrac{1}{n_1 - 1}\left(\sum\limits_{i=1}^{n_1} x_i^2 - n_1 \times \overline{x}^2 \right) = 6.57$，$\overline{y} = 139.9$，$S_2^2 = \dfrac{1}{n_2 - 1}\left(\sum\limits_{j=1}^{n_2} y_i^2 - n_2 \times \overline{y}^2 \right) = 4.77$，$s_w = \sqrt{\dfrac{7s_1^2 + 9s_2^2}{16}} = 2.36$，因此计算得 $\mu_1 - \mu_2$ 的置信水平为 0.95 的置信区间为 $(-1.77, 2.97)$.

§8.6.2 两个正态总体方差比的置信区间

在实际问题中，经常遇到比较两个总体的方差问题，比如，希望比较用两种不同方法生产的产品性能的稳定性，比较不同测量工具的精度等.

设有两个正态总体 $X \sim N(\mu_1, \sigma_1^2)$，$Y \sim N(\mu_2, \sigma_2^2)$，且 $\mu_1, \mu_2, \sigma_1^2, \sigma_2^2$ 都未知，其中 $(X_1, X_2, \cdots, X_{n_1})$ 和 $(Y_1, Y_2, \cdots, Y_{n_2})$ 是分别来自 X 和 Y 的两个独立样本.求方差比 $\dfrac{\sigma_1^2}{\sigma_2^2}$ 的 $1 - \alpha$ 的置信区间.样本方差分别为

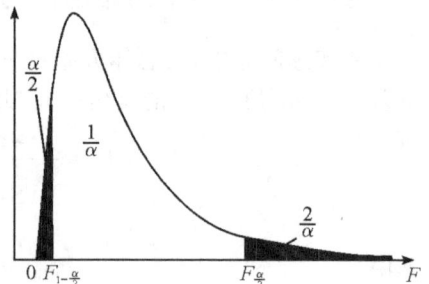

图 8 - 5　F 分布分位点

$$S_1^2 = \frac{1}{n_1 - 1}\sum_{i=1}^{n_1}(X_i - \overline{X})^2, \quad S_2^2 = \frac{1}{n_2 - 1}\sum_{j=1}^{n_2}(Y_j - \overline{Y})^2.$$

因为

$$F = \frac{S_1^2}{S_2^2} \cdot \frac{\sigma_2^2}{\sigma_1^2} \sim F(n_1 - 1, n_2 - 1),$$

对于已给的置信水平 $1 - \alpha$，如图 8 - 5 所示，有

$$P\{ F_{1-\frac{\alpha}{2}}(n_1 - 1, n_2 - 1) < F < F_{\frac{\alpha}{2}}(n_1 - 1, n_2 - 1) \} = 1 - \alpha.$$

故 $\dfrac{\sigma_1^2}{\sigma_2^2}$ 的置信度为 $1 - \alpha$ 的置信区间为

$$\left(\frac{\frac{s_1^2}{s_2^2}}{F_{\frac{\alpha}{2}}(n_1-1,n_2-1)},\frac{\frac{s_1^2}{s_2^2}}{F_{1-\frac{\alpha}{2}}(n_1-1,n_2-1)}\right).$$

现将两个正态总体均值差和方差比的置信区间总结如表 8-2 所示.

表 8 - 2   两个正态总体均值差与方差比的置信区间表

待估参数	条件	抽样分布	置信区间
$\mu_1-\mu_2$	$\sigma_1^2=\sigma_2^2$ 未知	$T=\dfrac{\overline{X}-\overline{Y}-(\mu_1-\mu_2)}{S_W\sqrt{\dfrac{1}{n_1}+\dfrac{1}{n_2}}}\sim t(n_1+n_2-2)$ $S_W=\sqrt{\dfrac{(n_1-1)S_1^2+(n_2-1)S_2^2}{n_1+n_2-2}}$	$(\overline{x}-\overline{y})\pm t_{\frac{\alpha}{2}}(n_1+n_2-2)S_W\sqrt{\dfrac{1}{n_1}+\dfrac{1}{n_2}}$
$\dfrac{\sigma_1^2}{\sigma_2^2}$	$\mu_1,\mu_2,$ σ_1^2,σ_2^2 都未知	$F=\dfrac{\dfrac{S_1^2}{\sigma_1^2}}{\dfrac{S_2^2}{\sigma_2^2}}\sim F(n_1-1,n_2-1)$	$\left(\dfrac{\frac{S_1^2}{S_2^2}}{F_{\frac{\alpha}{2}}(n_1-1,n_2-1)},\dfrac{\frac{S_1^2}{S_2^2}}{F_{1-\frac{\alpha}{2}}(n_1-1,n_2-1)}\right)$

例 8 - 21   随机地从甲、乙两厂生产的蓄电池中抽取一些样本,测得蓄电池的电容量 (A·h) 如下.

甲厂:144, 141, 138, 142, 141, 143, 138, 137;

乙厂:142, 143, 139, 140, 138, 141, 140, 138, 142, 136.

设两厂生产的蓄电池电容量分别服从正态总体 $N(\mu_1,\sigma_1^2),N(\mu_2,\sigma_2^2)$,两样本独立,试求 $\dfrac{\sigma_1^2}{\sigma_2^2}$ 的置信水平为 0.95 的置信区间.

解 $P\left\{F_{1-\frac{\alpha}{2}}(n_1-1,n_2-1)<\dfrac{S_1^2}{S_2^2}\cdot\dfrac{\sigma_2^2}{\sigma_1^2}<F_{\frac{\alpha}{2}}(n_1-1,n_2-1)\right\}=1-\alpha,$

$$P\left\{\frac{\frac{s_1^2}{s_2^2}}{F_{\frac{\alpha}{2}}(n_1-1,n_2-1)}<\frac{\sigma_1^2}{\sigma_2^2}<\frac{\frac{s_1^2}{s_2^2}}{F_{1-\frac{\alpha}{2}}(n_1-1,n_2-1)}\right\}=1-\alpha,$$

计算得 $s_1^2=6.57,s_2^2=4.77$,又查表得

$$F_{0.025}(7,9)=4.20,\quad F_{0.975}(7,9)=\frac{1}{F_{0.025}(9,7)}=\frac{1}{4.82}=0.21.$$

由此计算得 $\dfrac{\sigma_1^2}{\sigma_2^2}$ 的置信水平为 0.95 的置信区间为 $(0.33,6.56)$.

§8.7   样本容量的确定

为了估计未知参数,我们需要抽取一个容量为多大的样本呢?这是一个重要而实际的问题,因为每一次抽样进行测量和分析都要花费财力、时间和其他资源,所以需要决定一个合适的样本容量,在不对资源造成浪费的情况下,实现目标,尤其在区间估计中,这个容量既要能满足参数估计的可靠程度和估计精度,又不能太大.

事实上,可供选择的满意可行的解决方法并不多,从理论上说,样本容量越大,对总体特征的估计误差越小,也就是说对于参数的区间估计而言,其估计精度就越高;但从实践角度看,抽样数目过大,则会增加成本的投入.从经济的角度来说,以一定的概率保证抽样误差不超过允许范围的条件下,样本容量越小越好.在实际应用中,确定区间估计的样本量,通常从估计误差入

手,认为估计误差不应该超过给定的允许误差(或称为误差边缘)E,而估计误差和样本容量以及置信水平均有密切关系,因此,可以找到一种简单实用的确定样本容量的方法,使之满足区间估计的精度要求.

结合区间估计问题,下面我们只讨论总体服从正态分布,方差 σ^2 已知和未知时的样本容量的确定问题.

§8.7.1　正态总体方差已知时样本容量的确定

设总体 $X \sim N(\mu, \sigma^2)$,$X_1, X_2, \cdots, X_n$ 为来自 X 的一个样本,σ^2 已知,$x_1, x_2, \cdots, x_n$ 为样本的观测值,则在 $1-\alpha$ 的置信水平下,均值 μ 的区间估计为

$$\left(\overline{x} - z_{\frac{\alpha}{2}} \frac{\sigma}{\sqrt{n}}, \quad \overline{x} + z_{\frac{\alpha}{2}} \frac{\sigma}{\sqrt{n}}\right).$$

由估计误差不应超过给定的允许误差(或称为误差边缘)E,得

$$z_{\frac{\alpha}{2}} \frac{\sigma}{\sqrt{n}} \leqslant E,$$

整理解出 n,得

$$n \geqslant \left(\frac{\sigma z_{\frac{\alpha}{2}}}{E}\right)^2.$$

这里取 n 为满足上式的最小整数,即可满足区间估计的精度要求.

例 8 - 22　一家广告公司想估计某类商店去年所花的平均广告费用.经验表明,总体方差约为 1.8×10^6 元.如置信水平取 95%,并要使估计处在总体平均值附近 500 元的范围内,这家广告公司应抽多大的样本?(假设广告费服从正态分布)

解　已知总体方差 $\sigma^2 = 1.8 \times 10^6$,由置信水平为 95%,可知 $\alpha = 0.05$,查标准正态分布表可得 $z_{0.025} = 1.96$,由题意可知,允许误差 $E = 500$,由此计算应抽取的样本容量为

$$n \geqslant \left(\frac{\sigma z_{\frac{\alpha}{2}}}{E}\right)^2 = \frac{(1.96)^2 \cdot (1800000)}{500^2} = 27.65.$$

故取 $n = 28$,即这家广告公司至少应抽 28 家该类商店进行调查.

§8.7.2　正态总体方差未知时样本容量的确定

设总体 $X \sim N(\mu, \sigma^2)$,$X_1, X_2, \cdots, X_n$ 为来自 X 的一个样本,s^2 是样本观测值 $x_1, x_2, \cdots, x_n$ 的方差.在 $1-\alpha$ 的置信水平下,均值 μ 的区间估计为

$$\left(\overline{x} - t_{\frac{\alpha}{2}}(n-1) \frac{s}{\sqrt{n}}, \quad \overline{x} + t_{\frac{\alpha}{2}}(n-1) \frac{s}{\sqrt{n}}\right),$$

仍用 E 表示允许误差,则有

$$t_{\frac{\alpha}{2}}(n-1) \frac{s}{\sqrt{n}} \leqslant E,$$

虽然可以整理解出 n,得

$$n \geqslant \left[\frac{t_{\frac{\alpha}{2}}(n-1)s}{E}\right]^2,$$

但是,其中 s^2 和 $t_{\frac{\alpha}{2}}(n-1)$ 均与 n 有关,无法精确求出 n,在实际工作中,一般有三种处理方法.

(1) 根据经验,我们可以有把握肯定未知的总体方差 σ^2 不会超过某个已知的数 σ_0^2,此时用

σ_0^2 代替 s^2，又因 $n \geqslant 30$ 时，$z_{\frac{a}{2}} \approx t_{\frac{a}{2}}(n-1)$，因此可以用 $z_{\frac{a}{2}}$ 代替 $t_{\frac{a}{2}}(n-1)$，即由 $n \geqslant \left[\dfrac{\sigma_0 z_{\frac{a}{2}}}{E}\right]^2$ 确定最小的样本量 n_0，然后在实践中从 n_0 开始，尝试依次取 $n_0 + 1, n_0 + 2, \cdots$，最后选出合适的 n.

（2）如果无任何经验，可以考虑选取若干样本，利用这些样本估计出 σ^2 的置信上限，取作 σ_0^2，再用（1）中的方法确定 n.

（3）美国统计学家斯坦因于 1945 年提出一种方法，就是选取若干样本，设为 $X_1, X_2, \cdots$，X_m，其观测值为 $x_1, x_2, \cdots, x_m$，可计算得样本均值 $\overline{x}_m$ 和样本方差 s_m^2，求满足下式的最小正整数 N，

$$N \geqslant \left[\frac{t_{\frac{a}{2}}(m-1)s_m}{E}\right]^2.$$

若 $N \leqslant m$，则取 $n = m$；否则，进一步抽取容量为 $N - m$ 的样本合并为一个样本 $x_1, x_2, \cdots$，$x_m, \cdots, x_N$，μ 的估计区间为

$$\left(\overline{x}_N - t_{\frac{a}{2}}(N-1)\frac{s_N}{\sqrt{N}}, \quad \overline{x}_N + t_{\frac{a}{2}}(N-1)\frac{s_N}{\sqrt{N}}\right).$$

此时，估计误差小于 E，即满足区间估计的精度要求.

§8.8　最小方差无偏估计

§8.8.1　费希尔(Fisher)信息量

费希尔信息量 $I(\theta)$ 是数理统计学中一个基本概念，很多的统计结果与费希尔信息量有关，如极大似然估计的渐近方差、无偏估计的方差的下界等都与费希尔信息量 $I(\theta)$ 有关. $I(\theta)$ 的种种性质显示，"$I(\theta)$ 越大"，总体分布中包含未知参数 θ 的信息越多.

定义 8－18　设总体 X 的概率函数为 $p(x;\theta)$，$\theta \in \Theta$ 为未知参数，关于 θ 的**正则条件**是指：

（1）参数空间 Θ 为开集；

（2）概率函数 $p(x;\theta)$ 的支撑 $S = \{x \mid p(x;\theta) > 0\}$ 与 θ 无关；

（3）对任意 $\theta \in \Theta$，$\dfrac{\partial p(x;\theta)}{\partial \theta}$ 存在，且 $\dfrac{\partial}{\partial \theta}\displaystyle\int_{-\infty}^{+\infty} p(x;\theta)\mathrm{d}x = \int_{-\infty}^{+\infty}\dfrac{\partial p(x;\theta)}{\partial \theta}\mathrm{d}x$；

（4）$E\left[\dfrac{\partial \ln p(X;\theta)}{\partial \theta}\right]^2 > 0$ 存在.

定义 8－19　设总体 X 的概率函数为 $p(x;\theta)$，未知参数 $\theta \in \Theta$ 满足正则条件，则

$$I(\theta) = E\left[\frac{\partial \ln p(X;\theta)}{\partial \theta}\right]^2$$

称为总体 X 关于参数 θ 的**费希尔**(Fisher)**信息量**(Information quantity).

当总体 X 为连续型或离散型随机变量时，由费希尔(Fisher)信息量的定义，可得到其计算公式如下：

（1）总体 X 的密度函数为 $p(x;\theta)$，则

$$I(\theta) = \int_{-\infty}^{+\infty}\left[\frac{\partial \ln p(x;\theta)}{\partial \theta}\right]^2 p(x;\theta)\mathrm{d}x;$$

（2）总体 X 的分布律为 $P(X = x_i) = p(x_i;\theta)$　$(i = 1, 2, \cdots)$，则

$$I(\theta) = \sum_{i=1}^{\infty} \left[\frac{\partial \ln p(x_i;\theta)}{\partial \theta} \right]^2 p(x_i;\theta).$$

为方便计算费希尔信息量 $I(\theta)$，不加证明地给出下面的结论.

定理 8 - 5　设总体 X 的概率函数为 $p(x;\theta)$，未知参数 $\theta \in \Theta$ 满足正则条件，若 $\frac{\partial}{\partial \theta} \int \frac{\partial p(x;\theta)}{\partial \theta} \mathrm{d}x = \int \frac{\partial^2 p(x;\theta)}{\partial \theta^2} \mathrm{d}x$，则

$$I(\theta) = -E\left[\frac{\partial^2 \ln p(X;\theta)}{\partial \theta^2} \right].$$

例 8 - 23　设总体 X 服从参数为 λ 的泊松分布 $X \sim P(\lambda)$，试求费希尔信息量 $I(\lambda)$.

解　总体 X 的分布律为

$$p(x;\lambda) = \frac{\lambda^x}{x!} \mathrm{e}^{-\lambda} \quad (x = 0,1,\cdots),$$

易验证满足正则条件，且

$$\ln p(x;\lambda) = x\ln\lambda - \lambda - \ln(x!),$$
$$\frac{\mathrm{d}\ln p(x;\lambda)}{\mathrm{d}\lambda} = \frac{x}{\lambda} - 1,$$

所以

$$I(\lambda) = E\left(\frac{X-\lambda}{\lambda} \right)^2 = \frac{E(X-\lambda)^2}{\lambda^2} = \frac{1}{\lambda}.$$

例 8 - 24　设总体 X 服从参数为 $\lambda = \frac{1}{\theta}$ 的指数分布 $X \sim Exp\left(\frac{1}{\theta} \right)$，试求费希尔信息量 $I(\theta)$.

解　总体 X 的密度函数为

$$p(x;\theta) = \frac{1}{\theta}\exp\left\{ -\frac{x}{\theta} \right\} \quad (x > 0, \theta > 0),$$

易验证满足正则条件，且

$$\ln p(x;\theta) = -\ln\theta - \frac{x}{\theta},$$
$$\frac{\mathrm{d}\ln p(x;\theta)}{\mathrm{d}\theta} = -\frac{1}{\theta} + \frac{x}{\theta^2} = \frac{x-\theta}{\theta^2},$$

所以

$$I(\theta) = E\left(\frac{X-\theta}{\theta^2} \right)^2 = \frac{E(X-\theta)^2}{\theta^4} = \frac{1}{\theta^2}.$$

费希尔信息量的主要作用体现在最大似然估计. 不加证明地给出下面的结论.

定理 8 - 6　设总体 X 有概率密度函数 $p(x;\theta)$，未知参数 $\theta \in \Theta$ 满足正则条件，且

(1) 对任意的 x，对所有的 $\theta \in \Theta$，$\frac{\partial \ln p}{\partial \theta}$，$\frac{\partial^2 \ln p}{\partial \theta^2}$ 和 $\frac{\partial^3 \ln p}{\partial \theta^3}$ 都存在；

(2) 对任意 $\theta \in \Theta$，有可积函数 $F_1(x)$，$F_2(x)$ 和 $F_3(x)$，使得 $\left| \frac{\partial p}{\partial \theta} \right| < F_1(x)$，$\left| \frac{\partial^2 p}{\partial \theta^2} \right| < F_2(x)$，$\left| \frac{\partial^3 \ln p}{\partial \theta^3} \right| < F_3(x)$；

(3) 对任意 $\theta \in \Theta$，有 $0 < I(\theta) \equiv \int_{-\infty}^{\infty} \left(\frac{\partial \ln p}{\partial \theta} \right)^2 p(x;\theta) \mathrm{d}x < \infty$.

若 $(X_1, X_2, \cdots, X_n)$ 是来自总体 X 的样本，则

（1）存在未知参数 $\theta \in \Theta$ 的最大似然估计 $\hat{\theta}_n = \hat{\theta}_n(X_1, X_2, \cdots, X_n)$；

（2）$\hat{\theta}_n = \hat{\theta}_n(X_1, X_2, \cdots, X_n)$ 为 θ 的相合估计；

（3）$\hat{\theta}_n = \hat{\theta}_n(X_1, X_2, \cdots, X_n)$ 具有渐近正态性，且 $\hat{\theta}_n \sim AN\left(\theta, \dfrac{1}{nI(\theta)}\right)$.

§8.8.2　最小方差无偏估计

无偏估计量只说明估计量的取值在真值周围摆动，但这个"周围"究竟有多大呢?我们自然希望摆动范围越小越好，即估计量的取值的集中程度要尽可能高，这在统计上就引出最小方差无偏估计的概念.

定义 8-20　对于固定的样本容量 n，设 $T = T(X_1, X_2, \cdots, X_n)$ 是参数函数 $g(\theta)$ 的无偏估计量，若对 $g(\theta)$ 的任一个无偏估计量 $T' = T'(X_1, X_2, \cdots, X_n)$ 有

$$D_\theta(T) \leqslant D_\theta(T') \quad (\text{对一切 } \theta \in \Theta),$$

则 $T(X_1, X_2, \cdots, X_n)$ 称为 $g(\theta)$ 的（一致）**最小方差无偏估计量**(Uniformly minimum variance unbiased estimation)，简记为 UMVUE，或者称为**最优无偏估计量**.

从定义上看，要直接验证某个估计量是参数函数 $g(\theta)$ 的最优无偏估计是有困难的，为此，先引进如下记号. 设总体 X 的概率密度函数为 $p(x;\theta)$，$(X_1, X_2, \cdots, X_n)$ 是来自总体 X 的样本，参数 θ 的方差有限的无偏估计量的集合记为

$$U = \{\hat{\theta}(X_1, X_2, \cdots, X_n) : E(\hat{\theta}) = \theta, D(\hat{\theta}) < \infty, \theta \in \Theta\};$$

参数 θ 的方差有限的数学期望为零的估计量的集合记为

$$U_0 = \{\hat{\theta}_0(X_1, X_2, \cdots, X_n) : E(\hat{\theta}_0) = 0, D(\hat{\theta}_0) < \infty, \theta \in \Theta\}.$$

现在来考虑 $g(\theta)$ 的一切无偏估计 U，如果能求出这一类无偏估计中方差的一个下界（下界显然存在的，至少可以取 0），又能证明某个估计 $T \in U$ 能达到这一下界，则 T 当然就是一最优无偏估计量. 对于这个下界，有以下结论.

定理 8-7　设总体 Y 有概率函数 $p(y;\theta)$，$\theta \in \Theta$ 满足正则条件，对于参数函数 $g(\theta)$ 有 $g'(\theta)$ 存在，$I(\theta)$ 为费希尔信息量；$T(X_1, X_2, \cdots, X_n)$ 为 $g(\theta)$ 的无偏估计，即

$$\forall \theta \in \Theta, g(\theta) = \int_{-\infty}^{+\infty} \cdots \int_{-\infty}^{+\infty} T(x_1, x_2, \cdots, x_n) \prod_{i=1}^n p(x_i;\theta) \mathrm{d}x_1 \mathrm{d}x_2 \cdots \mathrm{d}x_n,$$

且有

$$g'(\theta) = \int_{-\infty}^{+\infty} \cdots \int_{-\infty}^{+\infty} T(x_1, x_2, \cdots, x_n) \frac{\partial}{\partial \theta} \prod_{i=1}^n p(x_i;\theta) \mathrm{d}x_1 \mathrm{d}x_2 \cdots \mathrm{d}x_n$$

$$= \int_{-\infty}^{+\infty} \cdots \int_{-\infty}^{+\infty} T(x_1, x_2, \cdots, x_n) \left[\frac{\partial}{\partial \theta} \ln \prod_{i=1}^n p(x_i;\theta)\right] \prod_{i=1}^n p(x_i;\theta) \mathrm{d}x_1 \mathrm{d}x_2 \cdots \mathrm{d}x_n,$$

则有

$$D_\theta(T) \geqslant \frac{[g'(\theta)]^2}{nI(\theta)}.$$

证明　下面不妨考虑连续型总体 Y（对于离散型的，只需将积分改为求和）. 为简便起见，记样本 $X = (X_1, X_2, \cdots, X_n)$，$T = T(X_1, X_2, \cdots, X_n) = T(X)$，样本 $(X_1, X_2, \cdots, X_n)$ 的分布密度 $\prod_{i=1}^n p(x_i;\theta) = p(x;\theta)$，积分 $\int \cdots \int \mathrm{d}x_1 \cdots \mathrm{d}x_n = \int \mathrm{d}x$.

(1) 先证 $D_\theta(T(X)) \geqslant \dfrac{[g'(\theta)]^2}{E_\theta\left(\dfrac{\partial\ln p(X;\theta)}{\partial\theta}\right)^2}$.

因为 $T(X)$ 是 $g(\theta)$ 的一个无偏估计,所以有

$$\int T(x)p(x;\theta)\mathrm{d}x = E_\theta(T) = g(\theta),$$

两边对 θ 求导

$$\int T(x)\frac{\partial p(x;\theta)}{\partial\theta}\mathrm{d}x = g'(\theta).$$

又 $\int p(x;\theta)\mathrm{d}x = 1$,两边对 θ 求导得

$$\int \frac{\partial p(x;\theta)\mathrm{d}x}{\partial\theta} = 0,$$

由此可得

$$\int [T(x) - g(\theta)]\frac{\partial p(x;\theta)}{\partial\theta}\mathrm{d}x = g'(\theta).$$

上式改写成

$$g'(\theta) = \int \left\{[T(x) - g(\theta)]\sqrt{p(x;\theta)}\right\} \left\{\frac{\sqrt{p(x;\theta)}}{p(x;\theta)}\frac{\partial p(x;\theta)}{\partial\theta}\right\}\mathrm{d}x.$$

用柯西-许瓦尔兹(Cauchy-Schwarz)不等式,即得

$$[g'(\theta)]^2 \leqslant \int [T(x) - g(\theta)]^2 p(x;\theta)\mathrm{d}x \int \left(\frac{\partial p(x;\theta)}{\partial\theta}\cdot\frac{1}{p(x;\theta)}\right)^2 p(x;\theta)\ \mathrm{d}x,$$

其中

$$\int [T(x) - g(\theta)]^2 p(x;\theta)\mathrm{d}x = D_\theta(T),$$

$$\int \left(\frac{\partial p(x;\theta)}{\partial\theta}\frac{1}{p(x;\theta)}\right)^2 p(x;\theta)\mathrm{d}x = E_\theta\left(\frac{\partial\ln p(x;\theta)}{\partial\theta}\right)^2,$$

由此即得

$$D_\theta(T(X)) \geqslant \frac{[g'(\theta)]^2}{E_\theta\left(\dfrac{\partial\ln p(X;\theta)}{\partial\theta}\right)^2}.$$

(2) 再证 $\qquad\qquad E_\theta\left(\dfrac{\partial\ln p(X;\theta)}{\partial\theta}\right)^2 = nI(\theta).$

因为

$$\int_{-\infty}^{+\infty} p(x_i;\theta)\mathrm{d}x_i = 1 \quad (i = 1,2,\cdots,n),$$

所以

$$0 = \int_{-\infty}^{+\infty} \frac{\partial p(x_i;\theta)}{\partial\theta}\mathrm{d}x_i = \int_{-\infty}^{+\infty}\left[\frac{\partial\ln p(x_i;\theta)}{\partial\theta}\right]p(x_i;\theta)\mathrm{d}x_i = E\left[\frac{\partial\ln p(X_i;\theta)}{\partial\theta}\right].$$

注意到 $X_1,X_2,\cdots,X_n$ 独立同分布,因此当 $i \neq j$ 时,

$$E_\theta\left(\frac{\partial\ln p(X_i;\theta)}{\partial\theta}\right)\left(\frac{\partial\ln p(X_j;\theta)}{\partial\theta}\right) = E_\theta\left(\frac{\partial\ln p(X_i;\theta)}{\partial\theta}\right)\cdot E_\theta\left(\frac{\partial\ln p(X_j;\theta)}{\partial\theta}\right) = 0.$$

则由

$$\frac{\partial\ln p(x;\theta)}{\partial\theta} = \sum_{i=1}^{n}\frac{\partial\ln p(x_i;\theta)}{\partial\theta},$$

可得
$$E_\theta\left(\frac{\partial\ln p(X;\theta)}{\partial\theta}\right)^2 = \sum_{i=1}^n E_\theta\left(\frac{\partial\ln p(X_i;\theta)}{\partial\theta}\right)^2 = nE_\theta\left(\frac{\partial\ln p(Y;\theta)}{\partial\theta}\right)^2 = nI(\theta),$$
于是
$$D_\theta(T(X)) \geqslant \frac{[g'(\theta)]^2}{nI(\theta)}.$$

特别地,对参数 θ 的无偏估计量 $\hat\theta$,有 $D(\hat\theta) \geqslant \frac{1}{nI(\theta)}$.

定义 8–21 设总体 Y 有概率函数 $p(y;\theta)$,$\theta\in\Theta$ 满足正则条件,对于参数函数 $g(\theta)$ 有 $g'(\theta)$ 存在,$I(\theta)$ 为费希尔信息量,$T(X_1,X_2,\cdots,X_n)$ 为 $g(\theta)$ 的无偏估计,则

(1) $D_\theta(T) \geqslant \frac{[g'(\theta)]^2}{nI(\theta)}$ 称为参数函数 $g(\theta)$ 估计量方差的克拉美-罗(Cramer-Rao)(C-R) 不等式;

(2) $\frac{[g'(\theta)]^2}{nI(\theta)}$ 称为参数函数 $g(\theta)$ 估计量方差的克拉美-罗(C-R) **下界**(Lower limit);

(3) $e_n = \frac{[g'(\theta)]^2}{D_\theta(T(X))nI(\theta)}$ 称为 $g(\theta)$ 的无偏估计量 T 的**效率**(Efficiency);

(4) 当 T 的效率等于 1 时,称 T 是 $g(\theta)$ 的**有效估计**(Efficient estimator);

(5) 若 $\lim\limits_{n\to\infty} e_n = 1$,则称 T 是 $g(\theta)$ 的**渐近有效估计**(Asymptotically efficient estimator).

由 C-R 不等式,显然有 $e_n \leqslant 1$.

显然,有效估计量必是最小方差无偏估计量,反过来则不一定正确,因为在某参数函数的一切无偏估计中可能找不到达到 C-R 下界的估计量. 我们常用的几种分布的参数估计量多是有效或渐近有效的. 从下面的例子,我们可以体会出验证有效性的一般步骤.

例 8–25 设总体 $X\sim N(\mu,\sigma^2)$,$X_1,X_2,\cdots,X_n$ 为 X 的样本,则 μ 的无偏估计 $\overline{X}$ 是有效的,σ^2 的无偏估计 S^2 是渐近有效的.

证明 (1) 由前面已学内容可知,$\overline{X},S^2$ 分别是 μ 和 σ^2 的无偏估计.

(2) 计算 $D(\overline{X}),D(S^2)$,易知
$$D(\overline{X}) = \frac{\sigma^2}{n},$$
又 $\frac{(n-1)S^2}{\sigma^2}\sim\chi^2(n-1)$, $D\left(\frac{(n-1)S^2}{\sigma^2}\right)=2(n-1)$,从而
$$D(S^2) = \frac{\sigma^4}{(n-1)^2}\cdot 2(n-1) = \frac{2\sigma^4}{n-1}.$$

(3) 计算 $I(\mu),I(\sigma^2)$.
$$\ln p(x;\mu) = \ln\left[\frac{1}{\sqrt{2\pi}\sigma}e^{-\frac{(x-\mu)^2}{2\sigma^2}}\right] = -\ln(\sigma\sqrt{2\pi}) - \frac{(x-\mu)^2}{2\sigma^2},$$
$$\frac{\partial\ln p(X;\mu,\sigma^2)}{\partial\mu} = \frac{X-\mu}{\sigma^2}.$$
故
$$I(\mu) = E\left[\frac{\partial\ln p(X;\mu,\sigma^2)}{\partial\mu}\right]^2 = \frac{1}{\sigma^4}D(X) = \frac{1}{\sigma^2}.$$

又

$$\begin{cases} \dfrac{\partial \ln p(X;\mu,\sigma^2)}{\partial \sigma^2} = -\dfrac{1}{2\sigma^2} + \dfrac{1}{2\sigma^4}(X-\mu)^2 \\ \dfrac{\partial^2 \ln p(X;\mu,\sigma^2)}{(\partial \sigma^2)^2} = \dfrac{1}{2\sigma^4} - \dfrac{1}{\sigma^6}(X-\mu)^2 \end{cases},$$

故

$$I(\sigma^2) = -E\left[\frac{\partial^2 \ln p(X_1;\mu,\sigma^2)}{(\partial \sigma^2)^2}\right] = -\frac{1}{2\sigma^4} + \frac{1}{\sigma^4} = \frac{1}{2\sigma^4}.$$

(4) 计算效率 $\mathrm{e}_n(\overline{X}), \mathrm{e}_n(S^2)$.

$$\mathrm{e}_n(\overline{X}) = \frac{1}{D(\overline{X})nI(\mu)} = \frac{1}{\dfrac{\sigma^2}{n} \cdot n\dfrac{1}{\sigma^2}} = 1,$$

$$\mathrm{e}_n(S^2) = \frac{1}{D(S^2)nI(\sigma^2)} = \frac{1}{\dfrac{2\sigma^4}{n-1} \cdot n\dfrac{1}{2\sigma^4}} = \frac{n-1}{n} \to 1, n \to \infty.$$

(5) 故 $\overline{X}$ 是 μ 的有效估计，S^2 是 σ^2 的渐近有效估计.

例 8 - 26　考虑泊松分布参数 λ 的无偏估计量 $\hat{\lambda} = \overline{X}$ 的有效性.

解　总体的分布律为 $p(x;\lambda) = \dfrac{1}{x!}\lambda^x \mathrm{e}^{-\lambda}$　$(x = 0,1,2,\cdots)$,

$$\ln p(X;\lambda) = \ln\left(\mathrm{e}^{-\lambda}\frac{\lambda^X}{X!}\right) = -\lambda + X\ln\lambda - \ln X!,$$

$$\begin{cases} \dfrac{\mathrm{d}\ln p(X;\lambda)}{\mathrm{d}\lambda} = -1 + \dfrac{X}{\lambda}, \\ \dfrac{\mathrm{d}^2 \ln p(X;\lambda)}{\mathrm{d}\lambda^2} = -\dfrac{X}{\lambda^2}, \end{cases}$$

故

$$I(\lambda) = -E\left(\frac{\mathrm{d}^2 \ln p(X;\lambda)}{\mathrm{d}\lambda^2}\right) = \frac{\lambda}{\lambda^2} = \frac{1}{\lambda},$$

从而效率

$$\mathrm{e}_n = \frac{1}{D(\overline{X})nI(\lambda)} = \frac{1}{\dfrac{\lambda}{n} \cdot n \cdot \dfrac{1}{\lambda}} = 1.$$

它是有效的，从而也是最小方差无偏估计量.

能达到 C-R 下界的无偏估计并不多，下面举一个例子.

例 8 - 27　设总体 $X \sim N(0,\sigma^2)$，$X_1, X_2, \cdots, X_n$ 为 X 的样本，则

(1) σ 的最小方差无偏估计量是 $\hat{\sigma} = \sqrt{\dfrac{n}{2}} \cdot \dfrac{\Gamma\left(\dfrac{n}{2}\right)}{\Gamma\left(\dfrac{n+1}{2}\right)}\sqrt{\dfrac{1}{n}\sum_{i=1}^{n}X_i^2}$;

(2) 费希尔信息量为 $I(\sigma^2) = \dfrac{1}{2\sigma^4}$;

(3) σ 的 C-R 下界为 $\dfrac{\left[g'(\sigma^2)\right]^2}{nI(\sigma^2)} = \dfrac{\sigma^2}{2n}$;

(4) $D(\hat{\sigma}) > \dfrac{\sigma^2}{2n}$.

这表明所有 σ 的无偏估计的方差都大于其 C-R 下界.

§8.9 充分统计量

§8.9.1 充分性的概念

引 例 为研究某个运动员的打靶命中率,我们对该运动员进行测试,观测其打靶 10 次,发现除第 3 次和第 6 次未命中外,其余 8 次都命中.这样的观测结果包含了两个信息:

(1) 打靶 10 次命中 8 次;

(2) 2 次不命中分别出现在第 3 次和第 6 次打靶上.

第(2)个信息对了解该运动员的命中率是没有什么帮助的.一般地,设对该运动员进行 n 次观测,得到 $X_1, X_2, \cdots, X_n$,每个 X_i 取值非 0 即 1,命中为 1,不命中为 0. 令 $T = X_1 + X_2 + \cdots + X_n$,$T$ 为观测到的命中次数.在这种场合仅仅记录、使用 T 并不会丢失任何与命中率 θ 有关的信息,统计上将这种"样本加工不损失信息" 称为"充分性".

一般地,若总体的分布 $Y \sim F(y;\theta)$ 与参数 θ 有关,$X = (X_1, X_2, \cdots, X_n)$ 是来自总体 Y 的样本,则每个 X_i 包含有参数 θ 的信息,对 $X = (X_1, X_2, \cdots, X_n)$ 加工处理得到统计量 $T = T(X_1, X_2, \cdots, X_n)$.若用统计量 $T = T(X_1, X_2, \cdots, X_n)$ 估计参数 θ,如果 $T = T(X_1, X_2, \cdots, X_n)$ 包含了样本 $X = (X_1, X_2, \cdots, X_n)$ 关于参数 θ 的所有信息,则 $T = T(X_1, X_2, \cdots, X_n)$ 是参数 θ 的充分统计量;如果 $T = T(X_1, X_2, \cdots, X_n)$ 没有包含样本 $X = (X_1, X_2, \cdots, X_n)$ 中关于参数 θ 的全部信息,则 $T = T(X_1, X_2, \cdots, X_n)$ 不是参数 θ 的充分统计量.因而如何判断 $T = T(X_1, X_2, \cdots, X_n)$ 是否包含了样本 $X = (X_1, X_2, \cdots, X_n)$ 关于参数 θ 的所有信息成为问题的关键.

样本 $X = (X_1, X_2, \cdots, X_n)$ 有一个样本分布 $F_\theta(x)$,这个分布包含了样本中一切有关 θ 的信息;统计量 $T = T(X_1, X_2, \cdots, X_n)$ 也有一个抽样分布 $F_\theta^T(t)$.在统计量 T 的取值为 t 的情况下,有样本 $X = (X_1, X_2, \cdots, X_n)$ 的条件分布 $F_\theta(x \mid T = t)$.如果在统计量 T 的取值为 t 的情况下,样本 $X = (X_1, X_2, \cdots, X_n)$ 的条件分布 $F_\theta(x \mid T = t)$ 已不含 θ 的信息,这就说明有关 θ 的信息都包含在统计量 $T = T(X_1, X_2, \cdots, X_n)$ 之中.

定义 8-22 设某个总体 Y 有分布函数 $F(y;\theta)$,$X = (X_1, X_2, \cdots, X_n)$ 是来自总体 Y 的样本,统计量 $T = T(X_1, X_2, \cdots, X_n)$,如果在给定 T 的取值 $T = t$ 后,$X = (X_1, X_2, \cdots, X_n)$ 的条件分布 $F_\theta(x \mid T = t)$ 与 θ 无关,则 $T = T(X_1, X_2, \cdots, X_n)$ 称为 θ 的**充分统计量**.

若 $T = T(X_1, X_2, \cdots, X_n)$ 是 θ 的充分统计量,则用统计量 T 代替原始样本就不会损失任何有关 θ 的信息,抽样分布 $F_\theta^T(t)$ 就能像样本分布 $F_\theta(x)$ 一样概括有关 θ 的一切信息.

例 8-28 设 $X = (X_1, X_2, \cdots, X_n)$ 为来自总体 $Y \sim B(1, \theta)$ 的样本,证明:$T = X_1 + X_2 + \cdots + X_n$ 为 θ 的充分统计量.

证明 若有样本观测值 $x = (x_1, x_2, \cdots, x_n)$,则相应得到 T 的观测值 $t = x_1 + x_2 + \cdots + x_n$,这时

$$P\{X_1 = x_1, \cdots, X_n = x_n \mid T = t\} = \frac{P\{X_1 = x_1, \cdots, X_{n-1} = x_{n-1}, X_n = t - \sum_{i=1}^{n-1} x_i\}}{P\{\sum_{i=1}^{n} X_i = t\}}$$

$$= \frac{\prod_{i=1}^{n-1} P\{X_i = x_i\} P\{X_n = t - \sum_{i=1}^{n-1} x_i\}}{C_n^t \theta^t (1-\theta)^{n-t}}$$

$$= \frac{\prod\limits_{i=1}^{n-1} \theta^{x_i}(1-\theta)^{1-x_i}\theta^{t-\sum\limits_{i=1}^{n-1}x_i}(1-\theta)^{1-t+\sum\limits_{i=1}^{n-1}x_i}}{C_n^t\theta^t(1-\theta)^{n-t}}$$

$$= \frac{\theta^t(1-\theta)^{n-t}}{C_n^t\theta^t(1-\theta)^{n-t}} = \frac{1}{C_n^t},$$

因此，$T = X_1 + X_2 + \cdots + X_n$ 与 θ 无关，所以 $T = X_1 + X_2 + \cdots + X_n$ 为 θ 的充分统计量.

例 8 - 29 设 $X = (X_1, X_2, \cdots, X_n)$ $(n > 2)$ 为来自总体 $Y \sim B(1, \theta)$ 的样本. 判断 $S = X_1 + X_2$ 是否为 θ 的充分统计量.

解 若有样本观测值 $x = (x_1, x_2, \cdots, x_n)$，则相应得到 S 的观测值 $s = x_1 + x_2$，这时

$$P\{X_1 = x_1, X_2 = x_2, \cdots, X_n = x_n \mid S = s\} = \frac{P\{X_1 = s - x_2, X_2 = x_2, \cdots, X_n = x_n\}}{P\{X_1 + X_2 = s\}}$$

$$= \frac{P\{X_1 = s - x_2\}\prod\limits_{i=2}^{n} P\{X_i = x_i\}}{C_2^s\theta^s(1-\theta)^{2-s}} = \frac{\theta^{s-x_2}(1-\theta)^{1-s+x_2}\prod\limits_{i=2}^{n}\theta^{x_i}(1-\theta)^{1-x_i}}{C_2^s\theta^s(1-\theta)^{2-s}}$$

$$= \frac{\theta^{s+\sum\limits_{i=3}^{n}x_i}(1-\theta)^{n-s-\sum\limits_{i=3}^{n}x_i}}{C_2^s\theta^s(1-\theta)^{2-s}} = \frac{\theta^{\sum\limits_{i=3}^{n}x_i}(1-\theta)^{n-2-\sum\limits_{i=3}^{n}x_i}}{C_2^s}.$$

因此，$P\{X_1 = x_1, X_2 = x_2, \cdots, X_n = x_n \mid S = s\}$ 与 θ 有关，所以 $S = X_1 + X_2$ 不是 θ 的充分统计量.

例 8 - 30 设 $X = (X_1, X_2, \cdots, X_n)$ 是来自总体 $Y \sim N(\mu, 1)$ 的样本，试证统计量 $T = T(X_1, X_2, \cdots, X_n) = \overline{X}$ 为参数 μ 的充分统计量.

证明 因为 $T = T(X_1, X_2, \cdots, X_n) = \overline{X} \sim N\left(\mu, \frac{1}{n}\right)$，

若有样本观测值 $x = (x_1, x_2, \cdots, x_n)$，则相应有 T 的观测值 $t = \overline{x}$.

$$p_\mu(x_1, x_2, \cdots, x_n \mid T = t) = \begin{cases} \dfrac{p_\mu(x_1, x_2, \cdots, x_n)}{p_\mu(t)}, & \text{当 } \overline{x} = t \\ 0, & \text{当 } \overline{x} \neq t \end{cases},$$

$$\frac{p_\mu(x_1, x_2, \cdots, x_n)}{p_\mu(t)} = \frac{\left(\dfrac{2\pi}{n}\right)^{-\frac{n}{2}}\exp\left\{-\dfrac{1}{2}\sum\limits_{i=1}^{n}(x_i-\mu)^2\right\}}{\left(\dfrac{2\pi}{n}\right)^{-\frac{1}{2}}\exp\left\{-\dfrac{n}{2}(t-\mu)^2\right\}}$$

$$= \sqrt{n}(2\pi)^{-\frac{(n-1)}{2}}\exp\left\{-\frac{1}{2}\sum\limits_{i=1}^{n}(x_i-t)^2\right\}.$$

因此，$p_\mu(x_1, x_2, \cdots, x_n \mid T = t)$ 与 μ 无关，所以 $T = T(X_1, X_2, \cdots, X_n) = \overline{X}$ 为参数 μ 的充分统计量.

§8.9.2 因子分解定理

充分性原则：在充分统计量存在的场合，任何统计推断都可以基于充分统计量进行. 这是统计学中的一个基本原则，可以简化统计推断的程序.

因此，判断统计量是否是充分统计量是很重要的，但直接由定义来验证统计量是否为充分统计量有时是困难的，幸运的是可用下面的因子分解定理来判断统计量是否为充分统计量.

定理 8 - 8 设总体 Y 有分布函数 $p(y; \theta)$，$X = (X_1, X_2, \cdots, X_n)$ 是来自总体 Y 的样本，

其概率函数为 $p(x_1,x_2,\cdots,x_n;\theta)$，则统计量 $T=T(X_1,X_2,\cdots,X_n)$ 为充分统计量的充分必要条件是：存在两个函数 $g(t;\theta)$ 和 $h(x_1,x_2,\cdots,x_n)$，使得对任意的 θ 和任一组观测值 $(x_1,x_2,\cdots,x_n)$ 有

$$p(x_1,x_2,\cdots,x_n;\theta)=g(T(x_1,x_2,\cdots,x_n;\theta))h(x_1,x_2,\cdots,x_n),$$

其中 $g(t;\theta)$ 通过统计量 $T=T(X_1,X_2,\cdots,X_n)$ 而依赖于样本的取值.

证明　只证明离散型随机变量情况.

设样本 $X=(X_1,X_2,\cdots,X_n)$ 的概率函数为

$$p(x_1,x_2,\cdots,x_n;\theta)=P(X_1=x_1,X_2=x_2,\cdots,X_n=x_n;\theta),$$

先证必要性，设 $T=T(X_1,X_2,\cdots,X_n)$ 是充分统计量，则

$$P\{X_1=x_1,X_2=x_2,\cdots,X_n=x_n\mid T=t\}$$

与 θ 无关，所以可记

$$P\{X_1=x_1,X_2=x_2,\cdots,X_n=x_n\mid T=t\}\overset{\Delta}{=}h(x_1,x_2,\cdots,x_n)\overset{\Delta}{=}h(x),$$

记 $A(t)\overset{\Delta}{=}\{x\mid T(x)=t\}$，当 $x\in A(t)$ 时，有

$$\{T=t\}\supset\{X_1=x_1,X_2=x_2,\cdots X_n=x_n\},$$

所以

$$\begin{aligned}&P\{X_1=x_1,X_2=x_2,\cdots,X_n=x_n;\theta\}\\&=P\{X_1=x_1,X_2=x_2,\cdots,X_n=x_n,T=t;\theta\}\\&=P\{X_1=x_1,X_2=x_2,\cdots,X_n=x_n\mid T=t\}P\{T=t;\theta\}\\&=h(x_1,x_2,\cdots,x_n)g(t,\theta).\end{aligned}$$

其中 $g(t,\theta)=P\{T=t;\theta\}$，而 $h(x)=P\{X_1=x_1,X_2=x_2,\cdots,X_n=x_n\mid T=t\}$ 与 θ 无关，必要性得证.

再证充分性，设存在两个函数 $g(t;\theta)$ 和 $h(x_1,x_2,\cdots,x_n)$，使得对任意的 θ 和任一组观测值 $(x_1,x_2,\cdots,x_n)$ 有

$$p(x_1,x_2,\cdots,x_n;\theta)=g(T(x_1,x_2,\cdots,x_n;\theta))h(x_1,x_2,\cdots,x_n).$$

因为

$$\begin{aligned}P\{T=t;\theta\}&=\sum_{\{(x_1,x_2,\cdots,x_n):T(x_1,x_2,\cdots,x_n)=t\}}P\{X_1=x_1,X_2=x_2,\cdots,X_n=x_n;\theta\}\\&=\sum_{\{(x_1,x_2,\cdots,x_n):T(x_1,x_2,\cdots,x_n)=t\}}g(t,\theta)h(x_1,x_2,\cdots,x_n),\end{aligned}$$

所以对于任意的 $x=(x_1,x_2,\cdots,x_n)$ 和 $t=T(x_1,x_2,\cdots,x_n)$，若 $x\in A(t)=\{x\mid T(x)=t\}$，则

$$\begin{aligned}&P\{X_1=x_1,X_2=x_2,\cdots,X_n=x_n\mid T=t\}\\[2mm]&=\frac{P\{X_1=x_1,X_2=x_2,\cdots,X_n=x_n,T=t;\theta\}}{P\{T=t;\theta\}}\\[2mm]&=\frac{P\{X_1=x_1,X_2=x_2,\cdots,X_n=x_n;\theta\}}{P\{T=t;\theta\}}\\[2mm]&=\frac{g(t,\theta)h(x_1,x_2,\cdots,x_n)}{g(t,\theta)\displaystyle\sum_{\{(y_1,y_2,\cdots,y_n):T(y_1,y_2,\cdots,y_n)=t\}}h(y_1,y_2,\cdots,y_n)}\\[2mm]&=\frac{h(x_1,x_2,\cdots,x_n)}{\displaystyle\sum_{\{(y_1,y_2,\cdots,y_n):T(y_1,y_2,\cdots,y_n)=t\}}h(y_1,y_2,\cdots,y_n)},\end{aligned}$$

即 $P\{X_1 = x_1, X_2 = x_2, \cdots, X_n = x_n \mid T = t\}$ 与 θ 无关,充分性得证.

例 8-31 设 $X = (X_1, X_2, \cdots, X_n)$ 是来自总体 $Y \sim U(0, \theta)$ 的样本,试证统计量 $T = T(X_1, X_2, \cdots, X_n) = X_{(n)}$ 为参数 θ 的充分统计量.

证明 因为 $Y \sim U(0, \theta)$ 的概率密度函数为

$$p(y; \theta) = \begin{cases} \dfrac{1}{\theta}, & 0 < y < \theta \\ 0, & \text{其他} \end{cases},$$

于是样本 $X = (X_1, X_2, \cdots, X_n)$ 的联合密度函数为

$$p(x; \theta) = \prod_{i=1}^{n} p(x_i; \theta) = \begin{cases} \dfrac{1}{\theta^n}, & 0 < x_i < \theta \ (i = 1, 2, \cdots, n) \\ 0, & \text{其他} \end{cases}$$

$$= \begin{cases} \dfrac{1}{\theta^n}, & 0 < \min\{x_i\} \leqslant \max\{x_i\} < \theta \\ 0, & \text{其他} \end{cases}$$

$$= \frac{1}{\theta^n} I_{\{x_{(n)} < \theta\}}.$$

其中 I_A 为示性函数 $I_A = \begin{cases} 1, x \in A \\ 0, x \notin A \end{cases}$. 取 $g(t, \theta) = \dfrac{1}{\theta^n} I_{\{t < \theta\}}$,$h(x) = h(x_1, x_2, \cdots, x_n) = 1$,则

$$p(x; \theta) = \prod_{i=1}^{n} p(x_i; \theta) = g(t, \theta) h(x),$$

由因子分解定理知 $T = X_{(n)}$ 是 θ 的充分统计量.

例 8-32 设 $X = (X_1, X_2, \cdots, X_n)$ 是来自总体 $Y \sim N(\mu, \sigma^2)$ 的样本,试证统计量 $T = \left(\sum\limits_{i=1}^{n} X_i, \sum\limits_{i=1}^{n} X_i^2 \right)$ 为参数 $\theta = (\mu, \sigma^2)$ 的充分统计量.

证明 因为 $Y \sim N(\mu, \sigma^2)$ 的概率密度函数为

$$p(y; \theta) = (2\pi\sigma^2)^{-\frac{1}{2}} \exp\left\{ -\frac{(y - \mu)^2}{2\sigma^2} \right\},$$

所以样本 $X = (X_1, X_2, \cdots, X_n)$ 的概率密度函数为

$$p(x_1, x_2, \cdots, x_n; \theta) = (2\pi\sigma^2)^{-\frac{n}{2}} \exp\left\{ -\frac{1}{2\sigma^2} \sum_{i=1}^{n} (x_i - \mu)^2 \right\}$$

$$= (2\pi\sigma^2)^{-n/2} \exp\left\{ -\frac{n\mu^2}{2\sigma^2} \right\} \exp\left\{ -\frac{1}{2\sigma^2} \left(\sum_{i=1}^{n} x_i^2 - 2\mu \sum_{i=2}^{n} x_i \right) \right\},$$

取 $t = (t_1, t_2) = \left(\sum\limits_{i=1}^{n} x_i, \sum\limits_{i=1}^{n} x_i^2 \right)$,令

$$h(x) = h(x_1, x_2, \cdots, x_n) = 1,$$

$$g(t_1, t_2; \mu, \sigma^2) = (2\pi\sigma^2)^{-\frac{n}{2}} \exp\left\{ -\frac{n\mu^2}{2\sigma^2} \right\} \exp\left\{ -\frac{1}{2\sigma^2} (t_2 - 2\mu t_1) \right\},$$

则

$$p(x; \theta) = \prod_{i=1}^{n} p(x_i; \theta) = g(t, \theta) h(x),$$

由因子分解定理知 $T = \left(\sum\limits_{i=1}^{n} X_i, \sum\limits_{i=1}^{n} X_i^2 \right)$ 是 $\theta = (\mu, \sigma^2)$ 的充分统计量.

进一步地,我们指出这个统计量与 $(\overline{X}, S^2)$ 是一一对应的,这说明在正态总体场合常用的

$(\overline{X},S^2)$ 是 $\theta=(\mu,\sigma^2)$ 的充分统计量. 注意,在此不能说 $\sum\limits_{i=1}^{n}X_i$ 是 μ 的充分统计量,$\sum\limits_{i=1}^{n}X_i^2$ 是 σ^2 的充分统计量;而要将 $\theta=(\mu,\sigma^2)$ 作为一个整体对待.

例 8-33　设 $X=(X_1,X_2,\cdots,X_n)$ 是来自总体 Y 的样本,其密度函数为
$$p(x,\theta)=\theta\cdot x^{\theta-1}\quad(0<x<1,\theta>0),$$
试给出参数 θ 的一个充分统计量.

解　样本 $X=(X_1,X_2,\cdots,X_n)$ 的联合密度函数为
$$p(x_1,x_2,\cdots,x_n;\theta)=\theta^n(x_1,x_2,\cdots,x_n)^{\theta-1}=\theta^n\Big(\prod_{i=1}^{n}x_i\Big)^{\theta-1},$$
令 $t\overset{\Delta}{=}\prod_{i=1}^{n}x_i$,　$g(t;\theta)\overset{\Delta}{=}t^{\theta-1}\theta^n$,　$h(x_1,x_2,\cdots,x_n)\overset{\Delta}{=}1$,则
$$p(x_1,x_2,\cdots,x_n;\theta)=g(t;\theta)h(x_1,x_2,\cdots,x_n),$$
所以 $T=\prod_{i=1}^{n}X_i$ 是参数 θ 的一个充分统计量.

例 8-34　设 $X=(X_1,X_2,\cdots,X_n)$ 是来自总体 $Y\sim U(\theta_1,\theta_2)$ 的样本,试给出参数 $\theta=(\theta_1,\theta_2)$ 的一个充分统计量.

解　总体 $Y\sim U(\theta_1,\theta_2)$ 的密度函数为
$$p(y;\theta_1,\theta_2)=\begin{cases}\dfrac{1}{\theta_2-\theta_1},&\theta_1<y<\theta_2,\\[2mm]0,&\text{其他}\end{cases}$$
所以样本 $X=(X_1,X_2,\cdots,X_n)$ 的联合密度函数为
$$p(x_1,x_2,\cdots,x_n;\theta_1,\theta_2)=\begin{cases}\Big(\dfrac{1}{\theta_2-\theta_1}\Big)^n,&\theta_1<x_{(1)}\leqslant x_{(n)}<\theta_2\\[2mm]0,&\text{其他}\end{cases}$$
$$=\Big(\frac{1}{\theta_2-\theta_1}\Big)^nI_{\theta_1<x_{(1)}\leqslant x_{(n)}<\theta_2},$$
令 $t=(t_1,t_2)=(x_{(1)},x_{(n)})$,　$g(t;\theta_1,\theta_2)\overset{\Delta}{=}\Big(\dfrac{1}{\theta_2-\theta_1}\Big)^nI_{\theta_1<x_{(1)}\leqslant x_{(n)}<\theta_2}$,　$h(x_1,x_2,\cdots,x_n)\overset{\Delta}{=}1$,则
$$p(x_1,x_2,\cdots,x_n;\theta)=g(t;\theta)h(x_1,x_2,\cdots,x_n),$$
所以 $T\overset{\Delta}{=}(T_1,T_2)=(X_{(1)},X_{(n)})$ 是参数 $\theta=(\theta_1,\theta_2)$ 的一个充分统计量.

§8.9.3　Rao-Blackwell 定理

定理 8-9　(**Rao-Blackwell 定理**) 设 X 和 Y 是两个随机变量,$E(X)=\mu$,$D(X)=\sigma^2>0$,设 $\varphi(y)=E(X\mid Y=y)$,则对随机变量 $\varphi(Y)$ 有:

(1) $E[\varphi(Y)]=\mu$;

(2) $D[\varphi(Y)]\leqslant D(X)$;

(3) $D[\varphi(Y)]=D(X)$ 的充要条件是 X 与 $\varphi(Y)$ 几乎处处相等.

证明　以 X 和 Y 都是连续型随机变量为例加以证明.

设 X 和 Y 的联合密度函数为 $p(x,y)$,在给定 $Y=y$ 的条件下,X 的条件密度函数为 $h(x\mid y)$,Y 的边际密度函数为 $p_Y(y)$,则

$$\varphi(y) = E(X \mid Y = y) = \int_{-\infty}^{+\infty} xh(x \mid y)\mathrm{d}x = \frac{\int_{-\infty}^{+\infty} xp(x,y)\mathrm{d}x}{p_Y(y)},$$

$$E[\varphi(Y)] = \int_{-\infty}^{+\infty} \varphi(y)p_Y(y)\mathrm{d}y = \iint_{\mathbf{R}^2} xp(x,y)\mathrm{d}x\mathrm{d}y = E(X) = \mu.$$

因为

$$\int_{-\infty}^{+\infty} [x - \varphi(y)]h(x \mid y)\mathrm{d}x = E(X \mid Y = y) - \varphi(y) = 0,$$

所以

$$\begin{aligned}
E[(X - \varphi(Y))(\varphi(Y) - \mu)] &= \iint_{\mathbf{R}^2} [(x - \varphi(y))(\varphi(y) - \mu)]p(x,y)\mathrm{d}x\mathrm{d}y \\
&= \iint_{\mathbf{R}^2} [(x - \varphi(y))(\varphi(y) - \mu)]p_Y(y)h(x \mid y)\mathrm{d}x\mathrm{d}y \\
&= \int_{-\infty}^{+\infty} (\varphi(y) - \mu)\left\{\int_{-\infty}^{+\infty} [(x - \varphi(y)]h(x \mid y)\mathrm{d}x\right\}p_Y(y)\mathrm{d}y = 0,
\end{aligned}$$

因此

$$\begin{aligned}
D(X) &= E[X - \mu]^2 = E[(X - \varphi(Y)) + (\varphi(Y) - \mu)]^2 \\
&= E[(X - \varphi(Y))]^2 + E[(\varphi(Y) - \mu)]^2 - 2E[(X - \varphi(Y))(\varphi(Y) - \mu)],
\end{aligned}$$

所以

$$D(X) = E[(X - \varphi(Y))]^2 + E[(\varphi(Y) - \mu)]^2 = E[(X - \varphi(Y))]^2 + D[\varphi(Y)],$$

从而 $D(X) = D[\varphi(Y)]$ 等价于 $P(X - \varphi(Y) = 0) = 1$，即 X 与 $\varphi(Y)$ 几乎处处相等.

定理 8-10 设 $(X_1, X_2, \cdots, X_n)$ 是来自总体 X 的样本，$\hat{\theta}(X_1, X_2, \cdots, X_n) \in U$，且 $D(\hat{\theta}) < \infty$，若对任意 $\hat{\theta}_0 \in U_0$，有

$$\mathrm{Cov}(\hat{\theta}, \hat{\theta}_0) = 0,$$

则 $\hat{\theta}$ 是参数 θ 的最优无偏估计量.

证明 对任意的 $\tilde{\theta}(X_1, X_2, \cdots, X_n) \in U$，令 $\hat{\theta}_0 = \tilde{\theta} - \hat{\theta}$，则

$$E(\hat{\theta}_0) = E(\tilde{\theta}) - E(\hat{\theta}) = 0,$$

$$\mathrm{Cov}(\hat{\theta}_0, \hat{\theta}) = 0,$$

所以

$$D(\tilde{\theta}) = E(\tilde{\theta} - \theta)^2 = E[(\tilde{\theta} - \hat{\theta}) + (\hat{\theta} - \theta)]^2 = E(\hat{\theta}_0^2) + D(\hat{\theta}) + 2\mathrm{Cov}(\hat{\theta}_0, \hat{\theta}) \geqslant D(\hat{\theta}),$$

即 $\hat{\theta}$ 是参数 θ 的最优无偏估计量.

例 8-35 设 $(X_1, X_2, \cdots, X_n)$ 是来自指数分布 $X \sim Exp\left(\frac{1}{\theta}\right)$ 的样本，试证样本均值 $\overline{X}$ 是 θ 最优无偏估计量.

证明 易知 $\overline{X}$ 是 θ 的无偏估计量. 设对于任意的 $\hat{\theta}_0(X_1, X_2, \cdots, X_n) \in U_0$，$E[\hat{\theta}_0(X_1, X_2, \cdots, X_n)] = 0$，有

$$\int_0^\infty \cdots \int_0^\infty \hat{\theta}_0(x_1, x_2, \cdots, x_n) \cdot e^{-(x_1 + x_2 \cdots + x_n)/\theta}\, \mathrm{d}x_1 \mathrm{d}x_2 \cdots \mathrm{d}x_n = 0,$$

两端对 θ 求导得

$$\int_0^\infty \cdots \int_0^\infty \frac{n\,\overline{x}}{\theta^2}\,\varphi(x_1,x_2,\cdots,x_n)\cdot e^{-(x_1+x_2\cdots+x_n)/\theta}\,\mathrm{d}x_1\mathrm{d}x_2\cdots\mathrm{d}x_n = 0,$$

这说明 $E(\overline{X}\cdot\hat\theta_0)=0$,从而

$$Cov(\overline{X},\hat\theta_0) = E(\overline{X}\cdot\hat\theta_0) - E(\overline{X})\cdot E(\hat\theta_0) = 0,$$

因此,由定理可知 $\overline{X}$ 是 θ 的最优无偏估计量.

定理 8－11 设总体 X 的概率密度函数为 $p(x;\theta)$,$(X_1,X_2,\cdots,X_n)$ 是来自总体 X 的样本,$T(X_1,X_2,\cdots,X_n)$ 是参数 θ 的充分统计量;对任意 $\hat\theta(X_1,X_2,\cdots,X_n)\in U$,令 $\tilde\theta = E(\hat\theta\,|T)$,则

(1) $\tilde\theta\in U$,$\tilde\theta$ 为参数 θ 的无偏估计量;

(2) $D(\tilde\theta)\leqslant D(\hat\theta)$.

证明 因为 $T(X_1,X_2,\cdots,X_n)$ 是参数 θ 的充分统计量,所以 $\tilde\theta = E(\hat\theta\,|T)$ 与参数 θ 无关,由 Rao-Blackwell 定理可知,结论成立.

定理说明:如果无偏估计不是充分统计量的函数,则将之对充分统计量求条件期望可以得到一个新的无偏估计,该估计的方差比原来的估计的方差要小,从而降低了无偏估计的方差. 换言之,考虑 θ 的估计问题只需要在基于充分统计量的函数中进行即可,该说法对所有的统计推断问题都是正确的,这便是所谓的**充分性原则**.

例 8－36 设 $(X_1,X_2,\cdots,X_n)$ 是来自总体 $X\sim B(1,p)$ 的样本,试证明:

(1) $T = X_1+X_2+\cdots+X_n$ 是关于 p 的充分统计量;

(2) $\hat\theta = \begin{cases}1, & X_1=1,X_2=1\\ 0, & \text{其他}\end{cases}$ 是 $\theta=p^2$ 的无偏估计量;

(3) 由 T 对 $\hat\theta$ 加以改进得到 $\theta=p^2$ 的无偏估计量 $\tilde\theta$.

解 (1) 因为 $(X_1,X_2,\cdots,X_n)$ 的联合分布律为

$$\prod_{i=1}^n\left[p^{x_i}(1-p)^{1-x_i}\right] = p^{\sum\limits_{i=1}^n x_i}(1-p)^{n-\sum\limits_{i=1}^n x_i},$$

由因子分解定理知 $T = X_1+X_2+\cdots+X_n$ 是关于 p 的充分统计量.

(2) $E(\hat\theta) = P\{X_1=1,X_2=1\} = P\{X_1=1\}P\{X_2=1\} = p^2 = \theta$,

即 $\hat\theta = \begin{cases}1, & X_1=1,X_2=1\\ 0, & \text{其他}\end{cases}$ 是 $\theta=p^2$ 的无偏估计量.

(3) 构造一个新的函数

$$\tilde\theta(t) = E(\hat\theta\mid T=t) = P\{\hat\theta=1\mid T=t\} = \frac{P\{X_1=1,X_2=1,T=t\}}{P\{T=t\}}$$

$$= \frac{P\{X_1=1,X_2=1,\sum\limits_{i=3}^n X_i=t-2\}}{P\{T=t\}} = \frac{p\cdot p\cdot C_{n-2}^{t-2}p^{t-2}(1-p)^{n-t}}{C_n^t p^t(1-p)^{n-t}}$$

$$= \frac{C_{n-2}^{t-2}}{C_n^t} = \frac{t(t-1)}{n(n-1)},$$

由定理可知 $\tilde{\theta}(T) = \dfrac{T(T-1)}{n(n-1)} = \dfrac{\sum\limits_{i=1}^{n} X_i \left(\sum\limits_{i=1}^{n} X_i - 1 \right)}{n(n-1)}$ 是 $\theta = p^2$ 的一个无偏估计量.

§8.10 贝叶斯估计

§8.10.1 统计推断的基础

在统计学中有两大学派:经典学派和贝叶斯学派.

经典学派的观点:统计推断是根据样本信息对总体分布或总体的特征数进行推断,这里用到两种信息,即总体信息和样本信息.

贝叶斯学派的观点:除了总体和样本两种信息以外,统计推断还应该使用第三种信息——先验信息.

(1) 总体信息:总体分布提供的信息.

(2) 样本信息:抽取样本所得观测值提供的信息.

(3) 先验信息:人们在试验之前对要考查的问题在经验上和资料上总是有所了解的,这些信息对统计推断是有益的.先验信息即是抽样(试验)之前有关统计问题的一些信息.一般说来,先验信息来源于经验和历史资料,其在日常生活和工作中是很重要的.

基于总体信息、样本信息和先验信息进行统计推断的统计学称为贝叶斯统计学.它与经典统计学的差别就在于是否利用先验信息.贝叶斯统计在重视使用总体信息和样本信息的同时,还注意先验信息的收集、挖掘和加工,使它数量化,形成先验分布,再参加到统计推断中来,以提高统计推断的质量.忽视对先验信息的利用,有时是一种浪费,有时还会导出不合理的结论.

贝叶斯学派的基本观点:任一未知量 θ 都可看作随机变量,可用一个概率分布去描述,该分布称为先验分布;在获得样本之后,总体分布、样本分布与先验分布通过贝叶斯公式结合起来得到一个关于未知量 θ 的新分布——后验分布;任何关于 θ 的统计推断都应该基于 θ 的后验分布进行.

贝叶斯统计的基本观点是由贝叶斯公式引申而来的.

引 例 设有金盒 5 个,银盒 4 个,铜盒 3 个.每个盒子放有红、黄、蓝、白四种球,个数如下表.

	红球	黄球	蓝球	白球
金盒	70	20	8	2
银盒	10	75	3	12
铜盒	5	12	80	3

在这 12 个盒子中随机抽一个,再从中任取一个球,发现为红球,试问:该球来自金盒子的概率是多少?

$$P(\text{金} \mid \text{红}) = \frac{P(\text{金} \bigcap \text{红})}{P(\text{红})} = \frac{\dfrac{5}{12} \times \dfrac{70}{100}}{\dfrac{5}{12} \times \dfrac{70}{100} + \dfrac{4}{12} \times \dfrac{10}{100} + \dfrac{3}{12} \times \dfrac{5}{100}} = \frac{70}{81}.$$

统计提法:在这 12 个盒子中随机抽一个,再从中任取一个球,发现为红球,试问:该球来自哪种盒子?

为此引进参数 θ 和样本 X_1 如下:

$$\theta = \begin{cases} 1, 抽出的盒子为金盒 \\ 2, 抽出的盒子为银盒 \\ 3, 抽出的盒子为铜盒 \end{cases}, \quad X_1 = \begin{cases} 1, 抽出的球为红球 \\ 2, 抽出的球为黄球 \\ 3, 抽出的球为蓝球 \\ 4, 抽出的球为白球 \end{cases}.$$

由于 $P(\theta = 1 \mid X_1 = 1) = P(金 \mid 红) = \dfrac{70}{81}, P(\theta = 2 \mid X_1 = 1) = P(银 \mid 红) = \dfrac{8}{81},$
$P(\theta = 3 \mid X_1 = 1) = P(铜 \mid 红) = \dfrac{3}{81},$因此,当 $X_1 = 1$ 时,估计 $\hat\theta = 1.$

§8.10.2 贝叶斯公式的密度函数形式

贝叶斯公式的密度函数形式是贝叶斯公式的推广,下面给出贝叶斯公式的密度函数形式.

(1)在经典统计中,依赖于参数 θ 的总体 X 的概率函数记为 $p(x;\theta)$,它表示在参数空间 Θ 中不同的 θ 对应不同的分布;在贝叶斯统计中,依赖于参数 θ 的总体 X 的概率函数记为 $p(x \mid \theta)$,它表示在随机变量 θ 取某个给定值时,总体 X 的条件概率函数.

(2)根据参数 θ 的先验信息确定先验分布 $\pi(\theta)$.

(3)从贝叶斯观点看,样本 $(X_1, X_2, \cdots, X_n)$ 的产生分两步进行:首先从先验分布 $\pi(\theta)$ 产生一个样本 θ_0,然后从 $p(x \mid \theta_0)$ 中产生一组样本.这时样本 $(X_1, X_2, \cdots, X_n)$ 的联合条件概率函数为

$$p(x_1, x_2, \cdots, x_n \mid \theta_0) = \prod_{i=1}^{n} p(x_i \mid \theta_0),$$

这个分布综合了总体信息和样本信息.

(4)θ_0 是未知的,它是按先验分布 $\pi(\theta)$ 产生的.为把先验信息综合进去,不能只考虑 θ_0,还要考虑 θ 的其他值发生的可能性,故要用 $\pi(\theta)$ 进行综合.这样一来,样本 $(X_1, X_2, \cdots, X_n)$ 和参数 θ 的联合分布为

$$h(x_1, x_2, \cdots, x_n, \theta) = \pi(\theta) p(x_1, x_2, \cdots, x_n \mid \theta).$$

这个联合分布把总体信息、样本信息和先验信息三种可用信息都综合进去了.

(5)在没有样本信息时,人们只能依据先验分布对 θ 作出推断.在有样本观察值 $(x_1, x_2, \cdots, x_n)$ 之后,应依据 $h(x_1, x_2, \cdots, x_n, \theta)$ 对 θ 作出推断.由于

$$h(x_1, x_2, \cdots, x_n, \theta) = m(x_1, x_2, \cdots, x_n) p(x_1, x_2, \cdots, x_n \mid \theta),$$

其中 $m(x_1, x_2, \cdots, x_n) = \displaystyle\int_{\Theta} h(x_1, x_2, \cdots, x_n, \theta) \mathrm{d}\theta = \int_{\Theta} p(x_1, x_2, \cdots, x_n \mid \theta) \pi(\theta) \mathrm{d}\theta$

是 $(X_1, X_2, \cdots, X_n)$ 的边际概率函数,它与 θ 无关,不含 θ 的任何信息.因此能用来对 θ 作出推断的仅是条件分布 $\pi(\theta \mid x_1, x_2, \cdots, x_n)$,它的计算公式是

$$\pi(\theta \mid x_1, x_2, \cdots, x_n) = \frac{h(x_1, x_2, \cdots, x_n, \theta)}{m(x_1, x_2, \cdots, x_n)} = \frac{p(x_1, x_2, \cdots, x_n \mid \theta) \pi(\theta)}{\displaystyle\int_{\Theta} p(x_1, x_2, \cdots, x_n \mid \theta) \pi(\theta) \mathrm{d}\theta},$$

这个条件分布称为 θ 的**后验分布**,它集中了总体、样本和先验信息中有关 θ 的一切信息.

后验分布 $\pi(\theta \mid x_1, x_2, \cdots, x_n)$ 的计算公式就是用密度函数表示的贝叶斯公式.它是用总体和样本对先验分布 $\pi(\theta)$ 作调整的结果,贝叶斯统计的一切推断都基于后验分布进行.

§8.10.3 贝叶斯估计

基于后验分布 $\pi(\theta \mid x_1, x_2, \cdots, x_n)$ 对 θ 所作的贝叶斯估计有多种,常用的有如下三种:

◆ 使用后验分布的密度函数最大值作为 θ 的点估计,称为**最大后验估计**;

◆ 使用后验分布的中位数作为 θ 的点估计,称为**后验中位数估计**;

◆ 使用后验分布的均值作为 θ 的点估计,称为**后验期望估计**.

用得最多的是后验期望估计,它一般也简称为贝叶斯估计,记为 $\hat{\theta}_B$.

例 8-37　设某事件 A 在一次试验中发生的概率为 θ,为估计 θ,对试验进行了 n 次独立观测,其中事件 A 发生了 X 次,显然 $X\mid\theta\sim B(n,\theta)$,即

$$P\{X=x\mid\theta\}=\binom{n}{x}\theta^x(1-\theta)^{n-x}\quad(x=0,1,\cdots n),$$

假若我们在试验前对事件 A 没有什么了解,从而对其发生的概率 θ 也没有任何信息. 在这种情况下,贝叶斯本人建议采用"同等无知"的原则使用区间 $(0,1)$ 上的均匀分布 $U(0,1)$ 作为 θ 的先验分布,因为它取 $(0,1)$ 上的每一点的机会均等. 贝叶斯的这个建议被后人称为**贝叶斯假设**.

由此即可利用贝叶斯公式求出 θ 的后验分布. 具体如下:先写出 X 和 θ 的联合分布

$$h(x,\theta)=\binom{n}{x}\theta^x(1-\theta)^{n-x}\quad(x=0,1,\cdots n,0<\theta<1),$$

然后求 X 的边际分布

$$m(x)=\binom{n}{x}\int_0^1\theta^x(1-\theta)^{n-x}\mathrm{d}\theta=\binom{n}{x}\frac{\Gamma(x+1)\Gamma(n-x+1)}{\Gamma(n+2)},$$

最后求出 θ 的后验分布

$$\pi(\theta\mid x)=\frac{h(x,\theta)}{m(x)}=\frac{\Gamma(n+2)}{\Gamma(x+1)\Gamma(n-x+1)}\theta^{(x+1)+1}(1-\theta)^{(n-x+1)}\quad(0<\theta<1),$$

最后的结果说明 $\theta\mid X\sim Be(x+1,n-x+1)$,其后验期望估计为

$$\hat{\theta}_B=E(\theta\mid x)=\frac{x+1}{n+2}.$$

若不用先验信息,只用总体信息和样本信息,则 θ 的最大似然估计为 $\hat{\theta}_M=\dfrac{x}{n}$.

某些场合,贝叶斯估计要比极大似然估计更合理一点. 比如"抽检 3 个全是合格品"与"抽检 10 个全是合格品",后者的质量比前者更可信. 这种差别在不合格品率的极大似然估计中反映不出来(两者都为 0),而用贝叶斯估计两者分别是 0.2 和 0.083. 由此可见,在这些极端情况下,贝叶斯估计比极大似然估计更符合人们的理念.

例 8-38　设 $(X_1,X_2,\cdots,X_n)$ 是来自正态分布 $N(\mu,\sigma_0^2)$ 的一个样本,其中 σ_0^2 已知,μ 未知,假设 μ 的先验分布亦为正态分布 $N(\theta,\tau^2)$,其中先验均值 θ 和先验方差 τ^2 均已知,试求 μ 的贝叶斯估计.

解　样本 $X=(X_1,X_2,\cdots,X_n)$ 的分布和 μ 的先验分布分别为

$$p(x\mid\mu)=(2\pi\sigma_0^2)^{-\frac{n}{2}}\exp\left\{-\frac{1}{2\sigma_0^2}\sum_{i=1}^n(x_i-\mu)^2\right\},$$

$$\pi(\mu)=(2\pi\tau^2)^{-\frac{1}{2}}\exp\left\{-\frac{1}{2\tau^2}(\mu-\theta)^2\right\},$$

由此可以写出 X 与 μ 的联合分布

$$h(x,\mu)=k\cdot\exp\left\{-\frac{1}{2}\left[\frac{n\mu^2-2n\mu\,\overline{x}+\sum_{i=1}^n x_i^2}{\sigma_0^2}+\frac{\mu^2-2\theta\mu+\mu^2}{\tau^2}\right]\right\},$$

其中 $\overline{x} = \frac{1}{n}\sum_{i=1}^{n} x_i$，　$k = (2\pi)^{-(n+1)/2}\tau^{-1}\sigma_0^{-n}$，若记

$$A = \frac{n}{\sigma_0^2} + \frac{1}{\tau^2}, \quad B = \frac{n\overline{X}}{\sigma_0^2} + \frac{\theta}{\tau^2}, \quad C = \frac{\sum_{i=1}^{n} x_i^2}{\sigma_0^2} + \frac{\theta^2}{\tau^2},$$

则有

$$h(x,\mu) = k\exp\left\{-\frac{1}{2}[A\mu^2 - 2B\mu + C]\right\} = k\exp\left\{-\frac{\left(\mu - \frac{B}{A}\right)^2}{\frac{2}{A}} - \frac{1}{2}\left(C - \frac{B^2}{A}\right)\right\}.$$

注意到 A, B, C 均与 μ 无关，由此容易算得样本的边际密度函数

$$m(x) = \int_{-\infty}^{\infty} h(x,\mu)\mathrm{d}\mu = k\exp\left\{-\frac{1}{2}\left(C - \frac{B^2}{A}\right)\right\}\left(\frac{2\pi}{A}\right)^{\frac{1}{2}},$$

应用贝叶斯公式即可得到后验分布

$$\pi(\mu \mid x) = \frac{h(x,\mu)}{m(x)} = \left(\frac{2\pi}{A}\right)^{-\frac{1}{2}}\exp\left\{-\frac{1}{\frac{2}{A}}\left(\mu - \frac{B}{A}\right)^2\right\},$$

这说明在样本给定后，μ 的后验分布为 $N(\frac{B}{A}, \frac{1}{A})$，即

$$\mu \mid x \sim N\left(\frac{n\overline{x}\sigma_0^{-2} + \theta\tau^{-2}}{n\sigma_0^{-2} + \tau^{-2}}, \frac{1}{n\sigma_0^{-2} + \tau^{-2}}\right).$$

后验均值即为其贝叶斯估计

$$\hat{\mu} = \frac{\frac{n}{\sigma_0^{-2}}}{\frac{n}{\sigma_0^{-2}} + \frac{1}{\tau^2}}\overline{x} + \frac{\frac{1}{\tau^2}}{\frac{n}{\sigma_0^{-2}} + \frac{1}{\tau^2}}\theta,$$

它是样本均值 $\overline{x}$ 与先验均值 θ 的加权平均.

§8.10.4　共轭先验分布

若后验分布 $\pi(\theta \mid x)$ 与先验分布 $\pi(\theta)$ 属于同一个分布族，则称该分布族是 θ 的共轭先验分布(族).

◆ 二项分布 $B(n,\theta)$ 中的成功概率 θ 的共轭先验分布是贝塔分布 $Be(a,b)$；
◆ 泊松分布 $P(\theta)$ 中的均值 θ 的共轭先验分布是伽玛分布 $Ga(\alpha,\lambda)$；
◆ 在方差已知时，正态均值 θ 的共轭先验分布是正态分布 $N(\mu,\tau^2)$；
◆ 在均值已知时，正态方差 σ^2 的共轭先验分布是倒伽玛分布 $IGa(\alpha,\lambda)$.

习题八

1. 设 $X_1, X_2, \cdots, X_n$ 是来自二项分布 $B(m,p)$ 总体的一个样本，$x_1, x_2, \cdots, x_n$ 为其样本观测值，其中 m 是正整数且已知，p $(0 < p < 1)$ 是未知参数，求未知参数 p 的矩估计和最大似然估计.

2. 设总体 X 的概率密度函数为 $p(x,\theta) = \begin{cases} (\theta+1)x^\theta, & 0 < x < 1 \\ 0, & \text{其他} \end{cases}$，其中 θ 未知，$X_1, X_2, \cdots, X_n$ 是来自该总体的一个样本，$x_1, x_2, \cdots, x_n$ 为其样本观测值，求未知参数 θ 的矩估计值和最大似然估计值.

3. 设总体 X 的概率密度函数为 $p(x;\theta)=\begin{cases}\dfrac{1}{\theta}, & \theta\leqslant x\leqslant 2\theta \\ 0, & \text{其他}\end{cases}$，其中 $\theta>0$，且 θ 未知，求未知参数 θ 的最大似然估计值.

4. 设 X_1,X_2,X_3 是来自总体 X 的样本，μ 和 σ^2 分别是总体均值和总体方差，证明下列三个统计量

$$\hat{\mu}_1=\frac{2}{5}X_1+\frac{2}{5}X_2+\frac{1}{5}X_3，\quad \hat{\mu}_2=\frac{1}{6}X_1+\frac{1}{2}X_2+\frac{1}{3}X_3，\quad \hat{\mu}_3=\frac{1}{3}X_1+\frac{1}{3}X_2+\frac{1}{3}X_3$$

都是总体均值的无偏估计量；并指出它们中哪个估计量最有效.

5. 设 $\hat{\theta}$ 是参数 θ 的无偏估计量，且 $D(\hat{\theta})>0$，证明 $\hat{\theta}^2$ 不是 θ^2 的无偏估计量.

6. 设 $(X_1,X_2,\cdots,X_n)$ 是来自总体 $X\sim N(\mu,\sigma^2)$ 的一个样本，试选择适当的常数 C，使得 $\hat{\sigma}^2=C\sum_{i=1}^{n-1}(X_{i+1}-X_i)^2$ 是 σ^2 的无偏估计量.

7. 设总体 $X\sim U(\theta,2\theta)$，其中 $\theta>0$ 是未知参数，随机取一样本 $X_1,X_2,\cdots,X_n$，样本均值为 $\overline{X}$.试证 $\hat{\theta}=\dfrac{2}{3}\overline{X}$ 是参数 θ 的无偏估计和一致估计.

8. 假设你为某种子公司开发一种快速生长的洋葱新品种.现拟确定该品种洋葱从播种到成熟（可从外观上判断球茎发育、顶端弯曲等）所需的平均时间 μ（天数）.假定从初步的研究知道，平均时间服从 $\sigma=8.3$ 天的正态分布，抽取了 67 个成熟期的洋葱作为样本，且样本均值 $\overline{x}=71.2$ 天，试求 μ 的置信度为 95% 的置信区间.

9. 一个容量为 $n=16$ 的随机样本取自总体 $X\sim N(\mu,\sigma^2)$，其中 μ,σ^2 均未知，如果样本有均值 $\overline{x}=27.9$，标准差 $s=3.23$，试求 μ 的置信度为 99% 的置信区间.

10. 一位专门从事人类进化研究的人类学家在非洲某地发现 7 具成年的直立行走猿人的骨骸，这类猿人骨骸以前从未在该地区发现过.人类学家测量了它们的头盖骨容量（头骨的大脑区域，且通常服从正态分布），以立方厘米（cm^3）为单位，得到以下结果：925，892，900，875，910，906 和 899.试求总体均值 μ 的 95% 置信区间.

11. 设灯泡寿命 $X\sim N(\mu,\sigma^2)$，为了估计未知参数 σ^2，测试 10 个灯泡，得样本标准差 $s=20$ 小时，试求 σ^2 和 σ 的置信度为 0.95 的置信区间.

12. 如果你在食品公司就职，要求估计一标准袋薯片的平均总脂肪量（单位:g）.现分析了 11 袋，并得下列结果：$\overline{x}=18.2g$，$s^2=0.56g^2$.如果假定总脂肪量服从正态分布，试给出总体 μ、方差 σ^2 和标准差 σ 的 90% 置信区间.

13. 测得 16 头某品种牛的体高，得到 $\overline{x}_1=133cm$，$s_1=4.07cm$；而另外一个品种 20 头牛的体高样本平均值 $\overline{x}_2=131cm$，样本标准差 $s_2=2.92cm$.假设两个品种牛的体高都服从正态分布，试求该两品种牛体高差的 95% 的置信区间.

14. 为检测某种激素对失眠的影响，诊所的医生给两组睡眠不规律的病人在临睡前服用不同剂量的激素，然后测量他们从服药到入睡（电脑电波确定）的时间.第一组服用 5mg 的剂量，第二组服用 15mg 的剂量，样本是独立的.结果为 $n_1=10$，$\overline{x}=14.8min$，$s_1^2=4.36min^2$；第二组 $n_2=13$，$\overline{y}=10.2min$，$s_2^2=4.66min^2$.假定两个条件下的总体是正态分布，试求两总体方差比 $\dfrac{\sigma_1^2}{\sigma_2^2}$ 的 90% 置信区间.

15. 某公司希望估计其职工实际探亲假的平均天数 μ，为此抽取一部分职工做调查，并且公

司希望由此做出的估计与真值的差距最多不超过两天,且置信度达到 90%,假定职工实际探亲天数 X 服从正态分布,其标准差 $\sigma = 15$ 天,试确定抽样的最小样本容量.

16. 假定拥有工商管理学士学位的大学毕业生年薪的标准差大约为2000元,年薪服从正态分布,现想估计出大学毕业生平均年薪95%的置信区间,希望估计误差不超过400元,试确定抽样的最小样本容量.

17. 设总体 X 的密度函数为 $p(x;\theta) = \theta c^\theta x^{-(\theta+1)}$ $(x>0,c>0)$,已知 $\theta>0$,求 θ 的费希尔信息量 $I(\theta)$.

18. 设总体 X 的分布列为 $P(X=x) = (x-1)\theta^2(1-\theta)^{x-2}$ $(x=2,3,\cdots)$ $(0<\theta<1)$,求 θ 的费希尔信息量 $I(\theta)$.

19. 设 T_1,T_2 分别是 θ_1,θ_2 的 UMVUE,证明:对任意的非零常数 a,b,aT_1+bT_2 是 $a\theta_1+b\theta_2$ 的 UMVUE.

20. 设 $X_1,X_2,\cdots,X_n$ 是来自几何分布 $P(X=x) = \theta(1-\theta)^x$ $(x=0,1,2,\cdots)$ 的样本,证明 $T = \sum_{i=1}^n X_i$ 是充分统计量.

21. 设 $X_1,X_2,\cdots,X_n$ 是来自韦布尔分布 $p(x;\theta) = mx^{m-1}\theta^{-m}\mathrm{e}^{-(x/\theta)^m}$ $(x>0,\theta>0)$ 的样本 $(m>0$ 已知$)$,试给出一个充分统计量.

22. 设样本 $X_1,X_2,\cdots,X_n$ 来自两参数指数分布
$$p(x;\theta,\mu) = \frac{1}{\theta}\mathrm{e}^{\frac{-(x-\mu)}{\theta}} \quad (x>\mu,\theta>0),$$
证明 $(\overline{X},X_{(1)})$ 是充分统计量.

23. 设总体 X 的密度函数为 $p(x;\theta) = \theta x^{\theta-1}$ $(0<x<1,\theta>0),X_1,X_2,\cdots,X_n$ 是样本.试求:

(1) $g(\theta) = \frac{1}{\theta}$ 的最大似然估计;

(2) $g(\theta) = \frac{1}{\theta}$ 的有效估计.

24. 设总体为均匀分布 $U(\theta,\theta+1),\theta$ 的先验分布是均匀分布 $U(10,16)$.现有三个观测值:11.7,12.1,12.0.求 θ 的后验分布.

25. 设总体 X 的概率函数为 $p(x\mid\theta) = \theta x^{\theta-1}$ $(0<x<1),X_1,X_2,\cdots,X_n$ 是来自总体 X 的一个样本,若取 θ 的先验分布为伽玛分布 $\Theta \sim Ga(\alpha,\lambda)$,求 θ 的后验期望估计.

第九章　假设检验

在实际问题中,需要估计总体中的未知参数时,可用参数估计法解决问题.可是还有许多实际问题,参数估计无法解决.

例如某工厂生产的产品的某项指标服从 $N(\mu_0,\sigma^2)$,经过技术改造后,μ_0 是否发生了变化?问题变成了 $\mu=\mu_0$ 是否成立.显然参数估计无法回答这类问题.对这个问题我们往往先提出假设,然后抽取样本进行观察,根据样本所提供的信息去检验这个假设是否合理,从而做出拒绝或接受假设的判断.这就是本章要讨论的假设检验问题.

§9.1　假设检验的基本概念

§9.1.1　假设检验的概念

引　例　据报载,某商店为搞促销,对购买一定数额商品的顾客给予一次摸球奖的机会,规定从装有红、绿两色球各 10 个的暗箱中连续摸 10 次(摸后放回),若 10 次都摸得绿球,则中大奖.某人摸 10 次,皆为绿球,商店认定此人作弊,拒付大奖,此人不服,最后引出官司.

在此并不关心此人是否真正作弊,也不关心官司的最后结果,但从统计的观点看,商店的怀疑是有道理的.因为,如果此人摸球完全是随机的,则在 10 次摸球中均摸到绿球的概率为 $\left(\dfrac{1}{2}\right)^{10}=\dfrac{1}{1024}$,这是一个很小的数,根据小概率事件原理:概率很小的事件在一次试验中是不可能发生的.如在一次试验中,小概率事件竟然发生了,则认为该事件的前提条件值得怀疑.现在既然这么小的概率的事件发生了,就有理由怀疑此人摸球不是随机的,换句话说此人有作弊之嫌.

下面用假设检验的语言来模拟商店的推断.

(1) 提出假设:

H_0:此人未作弊,即此人摸球是完全随机的.

(2) 构造统计量,在 H_0 下,确定统计量 N 的分布:统计量取为 10 次摸球中摸中绿球的个数 N.在 H_0 下,$N\sim B\left(10,\dfrac{1}{2}\right)$,其分布列为 $P(N=k)=p_k=C_{10}^k\left(\dfrac{1}{2}\right)^{10}$ $(k=0,1,2,\cdots,10)$.

(3) 按照自我认可的小概率 α(如 $\alpha=0.01$),确定对 H_0 不利的小概率事件:如果此人作弊,不可能故意少摸绿球,因此,对 H_0 不利的小概率事件是"绿球数 N 大于某个较大的数",即取一数 $n(\alpha)$ 使得 $P(N>n(\alpha))\leqslant\alpha$.由分布列算出:

$$p_{10}=\frac{1}{1024}\approx0.001,\quad p_9=\frac{10}{1024}\approx0.01,\quad p_9+p_{10}\approx0.011.$$

因此取 $n(0.01)=9$,即当 H_0 成立时,$\{N>9\}$ 是满足要求的小概率事件.

(4) 由抽样结果得出结论:由抽样结果知,N 的观测值为 $n=10$,即 $\{N>9\}$ 发生了,而

$\{N>9\}$被视为对H_0不利的小概率事件,它在一次试验中是不应该发生的,现在$\{N>9\}$居然发生了,只能认为H_0是不成立的,即"H_1:此人作弊"成立.

例 9-1　某产品的生产商声称,他的产品单位重量平均为 0.5 千克,并且重量均匀,误差很小,标准差等于 0.015 千克.为确认这一点,承销商在这批产品中随机地抽取 9 个,得单位重量数据如下:

$$0.413\quad 0.586\quad 0.548\quad 0.525\quad 0.427\quad 0.529\quad 0.471\quad 0.457\quad 0.551.$$

由以上数据计算出样本均值$\bar{x}=0.5008$,它与 0.5 相差很小,又由于样本均值$\bar{X}$是总体均值μ的优良估计,因此销售商不能否认生产商关于"产品单位重量平均为 0.5 千克"的断言.但是经计算,样本方差为$s^2=0.003669$,从而样本标准差为$s=0.0606$,远大于 0.015.为了有说服力地拒绝生产商关于产品单位重量的"标准差等于 0.015 千克"的断言,承销商作了如下的说明.

假设产品单位重量$X\sim N(\mu,\sigma^2)$,由抽取的样本来判断$\sigma^2=\sigma_0^2=0.015^2$是否成立.

由于样本方差S^2是总体方差σ^2的优良估计,所以当样本方差观测值s^2比σ_0^2大得多时,就有理由拒绝$H_0:\sigma^2=\sigma_0^2=0.015^2$,而接受$H_1:\sigma^2>\sigma_0^2$.就是说,对于某个特定的足够大的$\lambda>1$,如果$\dfrac{s^2}{\sigma_0^2}>\lambda$,就应拒绝$H_0$.

样本方差S^2是样本$(X_1,X_2,\cdots,X_n)$的函数,即S^2是一个随机变量,不论λ取多大的值,事件$\left\{\dfrac{S^2}{\sigma_0^2}>\lambda\right\}$总能以一定的概率发生.因此必须约定"小概率事件在一次观察中不会发生",即给出一个小的正数α $(0<\alpha<1)$,找出一个λ,使事件$\left\{\dfrac{S^2}{\sigma_0^2}>\lambda\right\}$发生的概率不超过$\alpha$,如果在一次观察中,这个小概率事件发生了,那么只能拒绝H_0.

如果$H_0:\sigma^2=\sigma_0^2$成立,则$\chi^2=\dfrac{(n-1)S^2}{\sigma_0^2}\sim\chi^2(n-1)$,且有$P\left\{\dfrac{(n-1)S^2}{\sigma_0^2}>\chi_a^2(n-1)\right\}=\alpha$.记$W=\left\{(x_1,x_2,\cdots,x_n):\dfrac{(n-1)s^2}{\sigma_0^2}>\chi_a^2(n-1)\right\}$,则当$(x_1,x_2,\cdots,x_n)\in W$,即$\dfrac{(n-1)s^2}{\sigma_0^2}>\chi_a^2(n-1)$时,就拒绝$H_0$.

对于例 9-1,查表得$\chi_{0.05}^2(8)=15.507$(如图 9-1 所示),从而有$\chi^2=\dfrac{(n-1)s^2}{\sigma_0^2}=\dfrac{8\times0.003669}{0.015^2}=130.453>15.507=\chi_{0.05}^2(8)$,就是说,承销商所取的样本落在$H_0$的拒绝域内,因此可以拒绝$H_0$而接受$H_1$,即认为产品单位重量的标准差大于 0.015 千克.

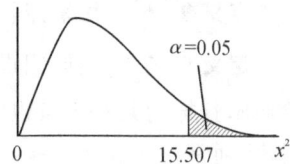

图 9-1　例 9-1 检验示意图

下面给出在假设检验中常用的几个概念.

定义 9-1　一个待检验其真实性的命题,称为**原假设**或**零假设**(Null hypothesis),记为H_0;与H_0相对立的命题,称为**备择假设**(Alternative hypothesis)或**对立假设**(Opposite hypothesis),记为H_1.

在例 9-1 中,原假设为$H_0:\sigma^2=0.015^2$,备择假设为$H_1:\sigma^2>0.015^2$.

定义 9-2　用来检验原假设H_0是否成立的统计量,称为**检验统计量**(Test statistic).

在例 9-1 中,问题的检验统计量为$\chi^2=\dfrac{(n-1)S^2}{0.015^2}$.

定义 9-3　当样本的观测值落在某个区域W中时,就拒绝原假设H_0,则区域W称为H_0的**拒绝域**(Rejection region)或**否定域**(Negation region),$\overline{W}$就称为**接受域**,由检验统计量确定的拒绝域的边界点称为**临界点**或**临界值**.

在例 9 - 1 中,拒绝域 $W = \left\{ (x_1, x_2, \cdots, x_n) \left| \dfrac{(n-1)s^2}{0.015^2} > 15.507 = \chi^2_{0.05}(8) \right. \right\}$,简记为 $W = \left\{ \dfrac{(n-1)s^2}{0.015^2} > 15.507 \right\}$,临界值为 $\chi^2_{0.05}(8) = 15.507$.

> **定义 9 - 4** 一个与总体分布或总体分布的参数有关的待判断命题,称为**统计假设**,包括原假设 H_0 和备择假设 H_1. 使用样本去判断这个假设是否成立,称为**假设检验**(Test of hypothesis).

§9.1.2 两类错误

小概率事件在一次观察或试验中不会发生,这是假设检验采用的一个原则. 由此原则来确定 H_0 的拒绝域 W:$P\{(x_1, x_2, \cdots, x_n) \in W \mid H_0$ 为真$\} \leqslant \alpha$,即当 H_0 成立时,样本观测值落在拒绝域 W 内的概率等于或小于一个小的正数 α. 当拒绝域确定后,检验的判断准则也随之确定.

(1) 如果样本观测值 $(x_1, x_2, \cdots, x_n) \in W$,则认为 H_0 不成立,拒绝 H_0;

(2) 如果样本观测值 $(x_1, x_2, \cdots, x_n) \notin W$,则没有理由拒绝 H_0,而接受 H_0.

这样在假设检验中,可能出现的各种情况如表 9 - 1 所示.

表 9 - 1 假设检验中可能出现的各种情况

观测数据情况	判断决策	总体情况	
		H_0 为真	H_1 为真
$(x_1, x_2, \cdots, x_n) \in W$	拒绝 H_0	决策错误	决策正确
$(x_1, x_2, \cdots, x_n) \notin W$	接受 H_0	决策正确	决策错误

> **定义 9 - 5** 当原假设 H_0 为真时,如果样本观测值 $(x_1, x_2, \cdots, x_n) \in W$,而作出拒绝 H_0 的判断,这样的判断决策是错误的,这种错误称为**第一类错误**(Type Ⅰ error). 要求犯第一类错误的概率等于或小于 α,即

$$P\{拒绝 H_0 \mid H_0 \text{ 为真}\} = P\{(x_1, x_2, \cdots, x_n) \in W \mid H_0 \text{ 为真}\} \leqslant \alpha.$$

> **定义 9 - 6** 用来控制犯第一类错误的概率 α,称为检验的**显著性水平**(Significance level).

> **定义 9 - 7** 当原假设 H_0 不真时,如果样本观测值 $(x_1, x_2, \cdots, x_n) \notin W$,而作出接受 H_0 的判断,这样的判断决策也是错误的,这种错误称为**第二类错误**(Type Ⅱ error). 犯第二类错误的概率通常记为 β,即

$$P\{接受 H_0 \mid H_1 \text{ 为真}\} = P\{(x_1, x_2, \cdots, x_n) \notin W \mid H_1 \text{ 为真}\} = \beta.$$

好的检验方法应使检验结果犯这两类错误的概率都尽量地小. 但当样本容量一定时,若减少犯某类错误的概率,则犯另一类错误的概率往往增大. 若要使犯两类错误的概率都减少,只能增加样本容量.

由费希尔(R. A. Fisher)提出,经奈曼(J. Neyman)和皮尔逊(E. S. Pearson)在 20 世纪二三十年代发展的检验理论提出的原则是:在控制犯第一类错误概率的前提下,使犯第二类错误的概率尽可能地小.

> **定义 9 - 8** 对给定的检验问题 H_0 和 H_1,在控制犯第一类错误的概率不超过指定值 α 的条件下,尽量使犯第二类错误的概率 β 小,这样的检验称为**显著性检验**(Significance test)或显著性水平为 α 的检验.

> **例 9 - 2** 设 $X_1, X_2, \cdots, X_{36}$ 是来自总体 $X \sim N(\mu, 3.6^2)$ 的样本,检验问题为

$$H_0 : \mu = 68, \quad H_1 : \mu = 70.$$

若接受域为 $\{67 < \overline{x} < 69\}$, 试求犯两类错误的概率.

解 犯第一类错误的概率为

$$\alpha = P\{\overline{X} < 67 \mid \mu = 68\} + P\{\overline{X} > 69 \mid \mu = 68\}$$

$$= P\left\{\frac{\overline{X} - 68}{3.6/\sqrt{36}} < \frac{67 - 68}{3.6/\sqrt{36}}\right\} + P\left\{\frac{\overline{X} - 68}{3.6/\sqrt{36}} > \frac{69 - 68}{3.6/\sqrt{36}}\right\}$$

$$\approx \Phi(-1.67) + 1 - \Phi(1.67) = 2 - \Phi(1.67) \approx 2(1 - 0.9525) = 0.095.$$

犯第二类错误的概率为

$$\beta = P\{67 < \overline{X} < 69 \mid \mu = 70\} = P\left\{\frac{67 - 70}{3.6/\sqrt{36}} < \frac{\overline{X} - 70}{3.6/\sqrt{36}} < \frac{69 - 70}{3.6/\sqrt{36}}\right\}$$

$$\approx \Phi(-1.67) - \Phi(-5) \approx \Phi(-1.67) = 1 - \Phi(1.67) \approx 0.0475.$$

§9.1.3 假设检验的基本步骤

对于实际问题的假设检验, 其一般步骤如下.

(1)明确问题: 根据实际问题, 提出原假设 H_0 和备择假设 H_1.

在假设检验中, 原假设 H_0 是受保护的命题, 如果没有十分充足的理由, 不能否定原假设 H_0. 因此, 要求将一个不能轻易否定的命题(或者说, 研究者想收集证据予以否定的命题)作为原假设 H_0, 与此对立的命题作为备择假设 H_1.

(2)依一定的原则, 选取适当的检验统计量, 确定拒绝域的形式.

在许多情况下, 从直观出发构造合理的检验统计量. 在对正态总体参数的假设检验中, 可依据前面已学的抽样分布来选取适当的检验统计量.

(3)对给定的显著性水平 α (一般取 $\alpha = 0.01, 0.05, 0.10$), 依据检验统计量的分布, 由 $P\{$ 拒绝 $H_0 \mid H_0$ 为真$\} \leqslant \alpha$, 给出拒绝域.

(4)获取样本, 根据样本观察值, 计算检验统计量的值, 从而确定是接受 H_0, 还是拒绝 H_0.

例 9-3 某车间用一台包装机包装葡萄糖, 每包的重量 $X \sim N(\mu, 0.015^2)$, 在包装机正常工作情况下, 其均值为 0.5kg. 某天开工后为检验包装机是否正常工作, 随机抽取它所包装的 9 袋葡萄糖, 测得净重(单位: kg)为:

$$0.497 \quad 0.506 \quad 0.518 \quad 0.498 \quad 0.524 \quad 0.511 \quad 0.520 \quad 0.515 \quad 0.512.$$

问包装机是否正常工作?

分析 总体 $X \sim N(\mu, 0.015^2)$. 为检验包装机工作是否正常, 提出如下的统计假设:

$$H_0 : \mu = \mu_0 = 0.5, H_1 : \mu \neq \mu_0.$$

由于样本均值 $\overline{X} = \dfrac{1}{n}\sum\limits_{i=1}^{n} X_i$ 是总体期望 μ 的无偏估计, 在 H_0 为真时, $|\overline{x} - \mu_0|$ 的值应较小, 如果 $|\overline{x} - \mu_0|$ 的值太大, 就有理由拒绝 H_0, 因此 H_0 的拒绝域应有形式 $|\overline{x} - \mu_0| > \lambda$.

在 H_0 成立时, 统计量 $Z = \dfrac{\overline{X} - \mu_0}{\frac{\sigma_0}{\sqrt{n}}} \sim N(0, 1)$, 对给定的显著性水平 α $(0 < \alpha < 1)$ 有

$P\{|Z| > z_{\frac{\alpha}{2}}\} = \alpha$, 于是取检验统计量 $Z = \dfrac{\overline{X} - \mu_0}{\frac{\sigma}{\sqrt{n}}}$, H_0 的拒绝域为 $|z| = \dfrac{|\overline{x} - \mu_0|}{\frac{\sigma_0}{\sqrt{n}}} > z_{\frac{\alpha}{2}}$.

解 $H_0 : \mu = \mu_0 = 0.5, H_1 : \mu \neq \mu_0.$

$$P\left\{\left|\frac{\overline{X}-\mu_0}{\frac{\sigma_0}{\sqrt{n}}}\right|>z_{\frac{\alpha}{2}}\right\}=\alpha,$$

$$|z|=\frac{|\bar{x}-\mu_0|}{\frac{\sigma_0}{\sqrt{n}}}=2.2>1.96=z_{0.025}.$$

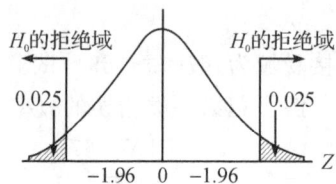

图 9-2　例 9-2 检验示意图

因此 H_0 被拒绝,即认为这天包装机工作不正常.

§9.1.4　假设检验的三种基本形式

若总体 X 有概率函数 $p(x;\theta)$,对未知参数 θ 的假设检验有如下三种基本形式.

(1) $H_0:\theta=\theta_0,H_1:\theta\neq\theta_0$;

(2) $H_0:\theta=\theta_0(\theta\geqslant\theta_0),H_1:\theta<\theta_0$;

(3) $H_0:\theta=\theta_0(\theta\leqslant\theta_0),H_1:\theta>\theta_0$.

定义 9-9　当备择假设 H_1 分散在原假设 H_0 的两侧时的检验称为**双侧检验**(Two-sided test),如 $H_0:\theta=\theta_0,H_1:\theta\neq\theta_0$.

定义 9-10　当备择假设 H_1 分散在原假设 H_0 的左侧时的检验称为**左侧检验**,如 $H_0:\theta\geqslant\theta_0$, $H_1:\theta<\theta_0$.

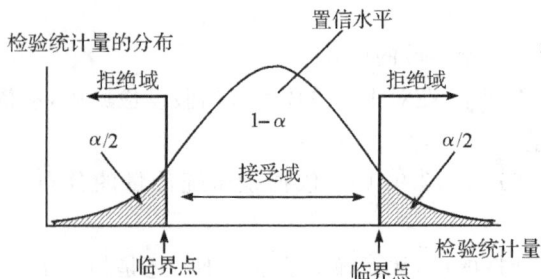

图 9-3　双侧检验示意图　　　　图 9-4　左侧检验示意图

定义 9-11　当备择假设 H_1 分散在原假设 H_0 的右侧时的检验称为**右侧检验**,如 $H_0:\theta\leqslant\theta_0,H_1:\theta>\theta_0$.

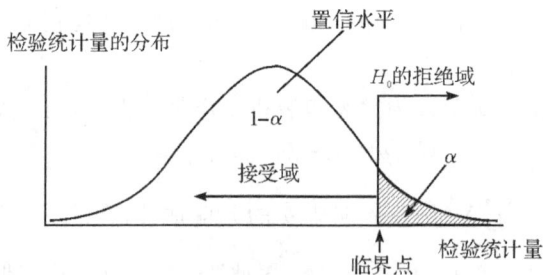

图 9-5　右侧检验示意图

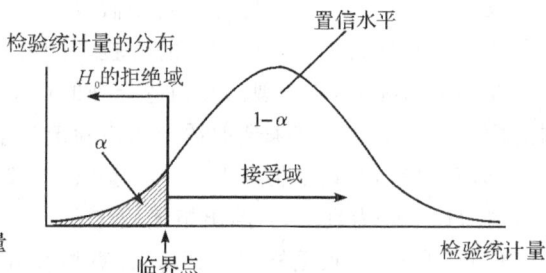

定义 9-12　左侧检验与右侧检验统称为**单侧检验**(One-sided test).

§9.2　假设检验问题的 P 值

假设检验的结论通常是简单的:在给定的显著水平下,不是拒绝原假设就是保留原假设.然而有时也会出现这样的情况:在一个较大的显著水平($\alpha=0.05$)下得到拒绝原假设的结论,而在一个较小的显著水平($\alpha=0.01$)下却会得到相反的结论.

这种情况在理论上很容易解释:因为显著水平变小后会导致检验的拒绝域变小,于是原来落在拒绝域中的观测值就可能落入接受域.但这种情况在应用中会有一些麻烦.假如这时一个人主张选择显著水平 $\alpha=0.05$,而另一个人主张选 $\alpha=0.01$,则有可能形成:第一个人的结论是拒绝 H_0,而后一个人的结论是接受 H_0.我们该如何处理这一问题呢?

引　例　一支香烟中的尼古丁含量 X 服从正态分布 $N(\mu,1)$,质量标准规定 μ 不能超过 1.5 毫克.现从某厂生产的香烟中随机抽取 20 支,测得平均每支香烟的尼古丁含量为 $\overline{x}=1.97$ 毫克,试问该厂生产的香烟尼古丁含量是否符合质量标准的规定?

这是一个假设检验问题:$H_0:\mu\leqslant 1.5,H_1:\mu>1.5$.

计算得:

$$z=\frac{\overline{x}-\mu_0}{\frac{\sigma}{\sqrt{n}}}=\frac{1.97-1.5}{\frac{1}{\sqrt{20}}}=2.10.$$

表 9-2 列出了不同显著性水平下相应的临界值和检验结论.

表 9-2　不同显著性水平下引例中的结论

显著性水平 α	观测值与临界值比较	对应的检验结论
0.05	$z=2.10>1.645=z_{0.05}$	拒绝 H_0
0.025	$z=2.10>1.96=z_{0.025}$	拒绝 H_0
0.01	$z=2.10<2.33=z_{0.01}$	接受 H_0
0.005	$z=2.10<2.58=z_{0.005}$	接受 H_0

可见不同的 α 有不同的结论.

现在换一个角度来看,在 $\mu=1.5$ 时,$z=2.10$,设 $Z\sim N(0,1)$,可算得,$P\{Z>2.10\}=0.0179$,若以 0.0179 为基准来看上述检验问题,可得

(1) 当 $\alpha<0.0179$ 时,$2.10<z_\alpha$.于是 $z=2.10$ 就不在拒绝域 $\{z>z_\alpha\}$ 中,此时应接受原假设 H_0;

(2) 当 $\alpha>0.0179$ 时,$2.10>z_\alpha$.于是 $z=2.10$ 就在拒绝域 $\{z>z_\alpha\}$ 中,此时应拒绝原假设 H_0.

由此可见,0.0179 是能用观测值 2.10 做出"拒绝 H_0"的最小显著性水平,这就是 P 值.

定义 9-13　在一个假设检验问题中,利用观测值能够做出拒绝原假设的最小显著性水平称为检验的 p 值.

如果 $\alpha\geqslant p$,则在显著性水平 α 下拒绝 H_0;

如果 $\alpha<p$,则在显著性水平 α 下接受 H_0.

例 9-4　欣欣儿童食品厂生产的某种盒装儿童食品,规定每盒的重量不低于 368 克.为检验重量是否符合要求,现从某天生产的一批食品中随机抽取 25 盒进行检查,测得每盒的平均重量为 $\overline{x}=372.5$ 克.已知每盒儿童食品的重量服从正态分布,标准差 σ 为 15 克.试确定假设检验问题的 P 值.

解　$H_0:\mu\geqslant 368,H_1:\mu<368$.

当 $H_0:\mu\geqslant 368$ 为真时,$P\{Z<-z_\alpha\}\leqslant\alpha$,

$$z=\frac{\overline{X}-\mu_0}{\frac{\sigma}{\sqrt{n}}}=\frac{372.5-368}{\frac{15}{\sqrt{25}}}=1.5,$$

如图 9-6 所示，所以假设检验问题的 P 值为

$$p = P\{Z < 1.5\} = 0.9332.$$

例 9-5　欣欣儿童食品厂生产的某种盒装儿童食品，规定每盒的标准重量为 368 克.为检验重量是否符合要求，现从某天生产的一批食品中随机抽取 25 盒进行检查，测得每盒的平均重量为 $\bar{x} = 372.5$ 克.已知每盒儿童食品的重量服从正态分布，标准差 σ 为 15 克.试确定假设检验问题的 P 值.

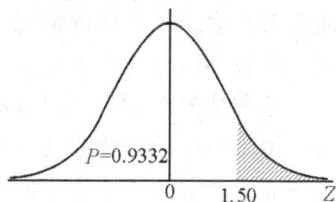

图 9-6　P 值示意图

解　$H_0 : \mu = 368, H_1 : \mu \neq 368$.

当 $H_0 : \mu = 368$ 为真时，$Z = \dfrac{\bar{X} - \mu_0}{\frac{\sigma}{\sqrt{n}}} \sim N(0,1)$，

$$P\{|Z| > z_{\frac{\alpha}{2}}\} = \alpha,$$

$$z = \left| \frac{\bar{x} - \mu_0}{\frac{\sigma}{\sqrt{n}}} \right| = \left| \frac{372.5 - 368}{\frac{15}{\sqrt{25}}} \right| = 1.5,$$

$$P\{Z > 1.5\} = 0.0668,$$

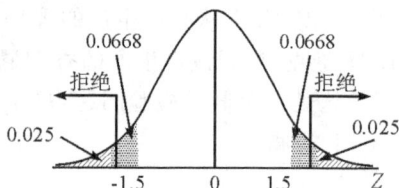

图 9-7　P 值示意图

如图 9-7 所示，所以假设检验问题的 P 值为

$$p = 2P\{Z > 1.5\} = 0.1336.$$

例 9-6　某工厂两位化验员甲、乙分别独立地用相同方法对某种聚合物的含氯量进行测定.甲测 9 次，样本方差为 0.7292；乙测 11 次，样本方差为 0.2114.假定测量数据服从正态分布，对两总体方差作一致性检验，计算其 P 值.

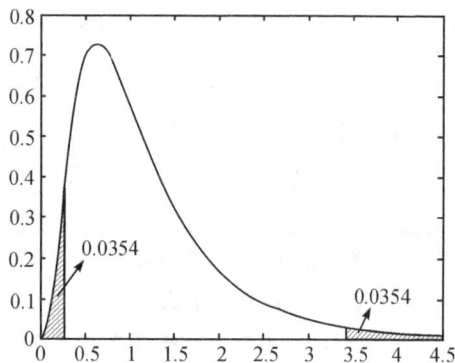

图 9-8　P 值示意图

解　$H_0 : \sigma_甲^2 = \sigma_乙^2, H_1 : \sigma_甲^2 \neq \sigma_乙^2$.

当 $H_0 : \sigma_甲^2 = \sigma_乙^2$ 为真时，$F = \dfrac{S_甲^2}{S_乙^2} \sim F(n_甲 - 1, n_乙 - 1)$，

$$P(\{F < F_{1-\frac{\alpha}{2}}(n_甲 - 1, n_乙 - 1)\} \bigcup \{F > F_{\frac{\alpha}{2}}(n_甲 - 1, n_乙 - 1)\}) = \alpha,$$

$$F = \frac{s_甲^2}{s_乙^2} = \frac{0.7292}{0.2114} = 3.4494,$$

$$P\{F > 3.4494\} = 0.0354,$$

如图 9-8 所示，所以假设检验问题的 P 值为

$$p = 2P\{F > 3.4494\} = 0.0708.$$

§9.3　正态总体均值的假设检验

本节讨论正态总体 $X \sim N(\mu, \sigma^2)$ 均值的检验问题.关于总体均值 μ 的假设，表现为对未知参数 μ 和给定值 μ_0 的比较.设 $(X_1, X_2, \cdots, X_n)$ 是来自总体 X 容量为 n 的样本，$(x_1, x_2, \cdots, x_n)$ 是样本观察值，样本均值 $\bar{X} = \dfrac{1}{n} \sum_{i=1}^{n} X_i$，$\bar{X}$ 的观察值为 $\bar{x} = \dfrac{1}{n} \sum_{i=1}^{n} x_i$，样本方差 $S^2 = \dfrac{1}{n-1} \sum_{i=1}^{n} (X_i - \bar{X})^2$，$S^2$ 的观察值 $s^2 = \dfrac{1}{n-1} \sum_{i=1}^{n} (x_i - \bar{x})^2$.

§9.3.1　方差已知时的 Z 检验

原假设和备择假设为

$$H_0 : \mu = \mu_0, H_1 : \mu \neq \mu_0.$$

这里 μ_0 是已知常数.

由于 $\overline{X}$ 是 μ 的优良点估计,因此 H_0 的拒绝域的形式为 $|\overline{x} - \mu_0| > \lambda$. 当 $\sigma = \sigma_0$ 已知而且 H_0 成立时,$Z = \dfrac{\overline{X} - \mu_0}{\dfrac{\sigma_0}{\sqrt{n}}} \sim N(0,1)$,并且

$$P\{|Z| > z_{\frac{\alpha}{2}}\} = \alpha,$$

所以检验统计量为

$$Z = \frac{\overline{X} - \mu_0}{\dfrac{\sigma_0}{\sqrt{n}}},$$

H_0 的显著性水平为 α 的拒绝域为

$$|z| = \frac{|\overline{x} - \mu_0|}{\dfrac{\sigma_0}{\sqrt{n}}} > z_{\frac{\alpha}{2}}.$$

定义 9 - 14　在假设检验中,如果由标准正态分布 $N(0,1)$ 来确定其临界值,这样的检验方法称为 **Z 检验法**(Z-test).

§9.3.2　方差未知时的 T 检验

一个正态总体的均值的检验,更常见的是方差 σ^2 未知的情形.

设总体 $X \sim N(\mu, \sigma^2)$,其中 σ^2 未知.检验统计假设

$$H_0 : \mu = \mu_0, H_1 : \mu \neq \mu_0.$$

这里 μ_0 是已知常数.

由于 $\overline{X}$ 是 μ 的优良点估计,因此 H_0 的拒绝域的形式为 $|\overline{x} - \mu_0| > \lambda$. 当 σ 未知而 H_0 成立时,$T = \dfrac{\overline{X} - \mu_0}{\dfrac{S}{\sqrt{n}}} \sim t(n-1)$,并且

$$P\{|T| > t_{\frac{\alpha}{2}}(n-1)\} = \alpha,$$

由此可以取 $T = \dfrac{\overline{X} - \mu_0}{\dfrac{S}{\sqrt{n}}}$ 为检验统计量,H_0 的显著性水平为 α 的拒绝域为

$$|t| = \frac{|\overline{x} - \mu_0|}{\dfrac{s}{\sqrt{n}}} > t_{\frac{\alpha}{2}}(n-1).$$

定义 9 - 15　在假设检验中,如果由 t 分布来确定其临界值,这样的检验方法称为 **T 检验法**(T-test).

例 9 - 7　设某次考试的考生成绩服从正态分布,从中随机地抽取 36 位考生的成绩,算得平均成绩为 66.5 分,标准差为 15 分.问在显著性水平 0.05 下,是否可以认为这次考试全体考

生的平均成绩为 70 分?

解 $H_0: \mu = \mu_0 = 70$, $H_1: \mu \neq \mu_0$.

$$P\left\{\left|\frac{\overline{X} - \mu_0}{\frac{S}{\sqrt{n}}}\right| > t_{\frac{\alpha}{2}}(n-1)\right\} = \alpha,$$

$$t = \frac{\overline{x} - \mu_0}{\frac{s}{\sqrt{n}}} = \frac{66.5 - 70}{\frac{15}{\sqrt{36}}} = -1.4.$$

查表得 $t_{0.025}(35) = 2.0301$,因而

$$|t| = 1.4 < 2.0301 = t_{0.025}(35),$$

即 H_0 不能被拒绝,可以认为这次考试全体考生的平均成绩为 70 分.

例 9 - 8 某种灯泡在原工艺生产条件下的平均寿命为 1100h,现从采用新工艺生产的一批灯泡中随机抽取 16 只,测试其使用寿命,测得平均寿命为 1150h,样本标准差为 20h. 已知灯泡寿命服从正态分布,试在 $\alpha = 0.05$ 下,检验采用新工艺后生产的灯泡寿命是否有所提高?

分析 这是单侧检验的问题. 总体 $X \sim N(\mu, \sigma^2)$,σ^2 未知. 要检验统计假设

$$H_0: \mu \leqslant \mu_0 = 1100, H_1: \mu > \mu_0.$$

在 H_0 真实的情形下,统计量 $T = \dfrac{\overline{X} - 1100}{\frac{S}{\sqrt{n}}}$ 的分布不能确定.

样本函数 $T' = \dfrac{\overline{X} - \mu}{\frac{S}{\sqrt{n}}} \sim t(n-1)$,但含有未知参数 μ,无法直接计算 T' 的观测值. 但当 H_0

成立时,$T \leqslant T'$,因而事件

$$\{T > t_\alpha(n-1)\} \subset \{T' > t_\alpha(n-1)\},$$

故

$$P\{T > t_\alpha(n-1)\} \leqslant P\{T' > t_\alpha(n-1)\}.$$

在 H_0 真实的前提下,由

$$P\left\{\frac{\overline{X} - \mu}{\frac{S}{\sqrt{n}}} > t_\alpha(n-1)\right\} = \alpha,$$

可知

$$P\left\{\frac{\overline{X} - 1100}{\frac{S}{\sqrt{n}}} > t_\alpha(n-1)\right\} \leqslant \alpha.$$

即当 α 很小时,$\left\{T = \dfrac{\overline{X} - 1100}{\frac{S}{\sqrt{n}}} > t_\alpha(n-1)\right\}$ 是一个小概率事件.

现取检验统计量

$$T = \frac{\overline{X} - \mu_0}{\frac{S}{\sqrt{n}}},$$

在显著性水平 α 下,H_0 的拒绝域为 $t = \dfrac{\overline{X} - \mu_0}{\frac{s}{\sqrt{n}}} > t_\alpha(n-1)$.

解 $H_0 : \mu \leqslant \mu_0 = 1100, H_1 : \mu > \mu_0.$

$$P\left\{\frac{\overline{X} - 1100}{\dfrac{S}{\sqrt{n}}} > t_\alpha(n-1)\right\} \leqslant \alpha,$$

$$t = \frac{\overline{x} - \mu_0}{\dfrac{s}{\sqrt{n}}} = \frac{1150 - 1100}{\dfrac{20}{\sqrt{16}}} = 10 > 1.753 = t_{0.05}(15).$$

拒绝 H_0,认为采用新工艺生产的灯泡平均寿命显著地大于1100h.

§9.3.3 正态总体均值检验问题小结

表9-3列出了一个正态总体均值检验,在不同条件下对各种统计假设的检验统计量和拒绝域,有的在前面已经讨论过,其余的请读者讨论或推导.

表 9 - 3 正态总体均值的假设检验

条件	H_0	H_1	检验统计量	拒绝域
方差 $\sigma^2 = \sigma_0^2$ 已知	$\mu = \mu_0$	$\mu \neq \mu_0$	$Z = \dfrac{\overline{X} - \mu_0}{\dfrac{\sigma_0}{\sqrt{n}}}$	$\lvert z \rvert > z_{\frac{\alpha}{2}}$
	$\mu = \mu_0$	$\mu > \mu_0$		$z > z_\alpha$
	$\mu = \mu_0$	$\mu < \mu_0$		$z < -z_\alpha$
方差 σ^2 未知	$\mu = \mu_0$	$\mu \neq \mu_0$	$T = \dfrac{\overline{X} - \mu_0}{\dfrac{S}{\sqrt{n}}}$	$\lvert t \rvert > t_{\frac{\alpha}{2}}(n-1)$
	$\mu = \mu_0$	$\mu > \mu_0$		$t > t_\alpha(n-1)$
	$\mu = \mu_0$	$\mu < \mu_0$		$t < -t_\alpha(n-1)$

§9.4 正态总体方差的假设检验

本节讨论正态总体 $X \sim N(\mu, \sigma^2)$ 方差 σ^2 的检验问题. 关于总体方差 σ^2 的假设,表现为对未知参数 σ^2 和给定值 σ_0^2 的比较.设 $(X_1, X_2, \cdots, X_n)$ 是来自总体 $X \sim N(\mu, \sigma^2)$ 容量为 n 的样本,$(x_1, x_2, \cdots, x_n)$ 是样本的观察值,样本方差 $S^2 = \dfrac{1}{n-1}\sum\limits_{i=1}^{n}(X_i - \overline{X})^2$,$S^2$ 的观察值 $s^2 = \dfrac{1}{n-1}\sum\limits_{i=1}^{n}(x_i - \overline{x})^2.$

§9.4.1 均值未知时的卡方检验

检验统计假设

$$H_0 : \sigma^2 = \sigma_0^2, H_1 : \sigma^2 \neq \sigma_0^2.$$

这里 σ_0^2 为一个已知正数.

由于样本方差 S^2 是总体方差 σ^2 的无偏点估计,当 $\dfrac{s^2}{\sigma_0^2}$ 太大或太小时,有理由拒绝 H_0.所以取检验统计量

$$\chi^2 = \frac{(n-1)S^2}{\sigma_0^2} = \frac{\sum\limits_{i=1}^{n}(X_i - \overline{X})^2}{\sigma_0^2}.$$

当 H_0 成立时,$\chi^2 \sim \chi^2(n-1)$,从而

$$P(\{\chi^2 < \chi^2_{1-\frac{\alpha}{2}}(n-1)\} \cup \{\chi^2 > \chi^2_{\frac{\alpha}{2}}(n-1)\}) = \alpha,$$

对给定的显著性水平 α,H_0 的拒绝域为

$$\frac{(n-1)s^2}{\sigma_0^2} < \chi^2_{1-\frac{\alpha}{2}}(n-1) \text{ 或} \frac{(n-1)s^2}{\sigma_0^2} > \chi^2_{\frac{\alpha}{2}}(n-1).$$

定义 9-16 在假设检验中,如果由卡方分布来确定其临界值,这样的检验方法称为**卡方检验法**(χ^2-test).

方差的检验问题常常是单侧检验问题.

例 9-9 一批混杂小麦品种的株高的标准差为 12cm,对这批品种提纯后,随机抽取 10 株,测得株高(单位:cm)为

$$90 \quad 105 \quad 101 \quad 95 \quad 100 \quad 100 \quad 101 \quad 105 \quad 93 \quad 97.$$

设小麦株高服从正态分布,试在显著性水平 $\alpha = 0.01$ 下,考察提纯后小麦群体的株高是否比原群体整齐.

分析 本题要检验的统计假设为

$$H_0: \sigma^2 \geqslant \sigma_0^2 = 12^2, \quad H_1: \sigma^2 < \sigma_0^2.$$

H_0 的拒绝域应有 $\frac{s^2}{\sigma_0^2} < \lambda$ 的形式,在 H_0 下,检验统计量 $\chi^2 = \frac{(n-1)S^2}{\sigma_0^2} \sim \chi^2(n-1)$,从而

$$P\left\{\frac{(n-1)S^2}{\sigma_0^2} < \chi^2_{1-\alpha}(n-1)\right\} \leqslant \alpha.$$

因此,对于显著性水平 α,H_0 的拒绝域为 $\left\{\frac{(n-1)s^2}{\sigma_0^2} < \chi^2_{1-\alpha}(n-1)\right\}$.

解 $H_0: \sigma^2 \geqslant \sigma_0^2 = 12^2$,$H_1: \sigma^2 < \sigma_0^2$.

$$P\left\{\frac{(n-1)S^2}{\sigma_0^2} < \chi^2_{1-\alpha}(n-1)\right\} \leqslant \alpha,$$

$$\chi^2 = \frac{(n-1)s^2}{\sigma_0^2} = \frac{9 \times 24.233}{144} = 1.515 < 2.088 = \chi^2_{0.99}(9).$$

拒绝 H_0,即认为小麦提纯后群体株高比原群体整齐.

例 9-10 某产品的寿命服从方差 $\sigma_0^2 = 5000h^2$ 的正态分布,销售商认为该产品的投诉率较高,主要是寿命不稳定,为此从中随机地抽取 26 个产品,测出其样本方差为 $s^2 = 9200h^2$.问据此能得出什么样的结论?($\alpha = 0.05$)

解 $H_0: \sigma^2 \leqslant \sigma_0^2 = 5000$,$H_1: \sigma^2 > \sigma_0^2$.

$$P\{\chi^2 > \chi^2_\alpha(n-1)\} = \alpha,$$

查表得 $\chi^2_{0.05}(25) = 37.652$,于是

$$\chi^2 = \frac{(n-1)s^2}{\sigma_0^2} = \frac{25 \times 9200}{5000} = 46 > 37.652 = \chi^2_{0.05}(25),$$

拒绝 H_0,即这批产品的寿命的方差与 $5000h^2$ 有显著差异.

§9.4.2 均值已知时的卡方检验

要检验统计假设

$$H_0: \sigma^2 = \sigma_0^2, H_1: \sigma^2 \neq \sigma_0^2.$$

这里 σ_0^2 为一个已知正数.若已知 $\mu = \mu_0$,则当 H_0 成立时,

$$\chi^2 = \frac{\sum\limits_{i=1}^{n}(X_i - \mu_0)^2}{\sigma_0^2} \sim \chi^2(n),$$

$$P(\{\chi^2 < \chi^2_{1-\frac{\alpha}{2}}(n)\} \bigcup \{\chi^2 > \chi^2_{\frac{\alpha}{2}}(n)\}) = \alpha.$$

从而对给定的显著性水平 α，H_0 的拒绝域为

$$\frac{(n-1)s^2}{\sigma_0^2} < \chi^2_{1-\frac{\alpha}{2}}(n) \text{ 或} \frac{(n-1)s^2}{\sigma_0^2} > \chi^2_{\frac{\alpha}{2}}(n).$$

§9.4.3　正态总体方差检验问题小结

表 9-4 列出了一个正态总体方差检验，在不同条件下对各种统计假设的检验统计量和拒绝域，有的在前面已经讨论过，其余的请读者讨论或推导.

表 9-4　正态总体方差的假设检验

条件	H_0	H_1	检验统计量	拒绝域
均值 μ 未知	$\sigma^2 = \sigma_0^2$	$\sigma^2 \neq \sigma_0^2$	$\chi^2 = \dfrac{(n-1)S^2}{\sigma_0^2}$	$\chi^2 < \chi^2_{1-\frac{\alpha}{2}}(n-1)$ 或 $\chi^2 > \chi^2_{\frac{\alpha}{2}}(n-1)$
	$\sigma^2 = \sigma_0^2$	$\sigma^2 > \sigma_0^2$		$\chi^2 > \chi^2_{\alpha}(n-1)$
	$\sigma^2 = \sigma_0^2$	$\sigma^2 < \sigma_0^2$		$\chi^2 < \chi^2_{1-\alpha}(n-1)$
均值 $\mu = \mu_0$ 已知	$\sigma^2 = \sigma_0^2$	$\sigma^2 \neq \sigma_0^2$	$\chi^2 = \dfrac{\sum\limits_{i=1}^{n}(X_i - \mu_0)^2}{\sigma_0^2}$	$\chi^2 < \chi^2_{1-\frac{\alpha}{2}}(n)$ 或 $\chi^2 > \chi^2_{\frac{\alpha}{2}}(n)$
	$\sigma^2 = \sigma_0^2$	$\sigma^2 > \sigma_0^2$		$\chi^2 > \chi^2_{\alpha}(n)$
	$\sigma^2 = \sigma_0^2$	$\sigma^2 < \sigma_0^2$		$\chi^2 < \chi^2_{1-\alpha}(n)$

§9.5　两个正态总体均值的假设检验

这一节讨论两个正态总体均值的检验问题. 设 $(X_1, X_2, \cdots, X_{n_1})$ 是来自总体 $X \sim N(\mu_1, \sigma_1^2)$ 的样本，$(Y_1, Y_2, \cdots, Y_{n_2})$ 是来自总体 $Y \sim N(\mu_2, \sigma_2^2)$ 的样本，两个样本相互独立. 总体 X 的样本均值和样本方差分别记为 $\overline{X} = \dfrac{1}{n_1}\sum\limits_{i=1}^{n_1} X_i$ 和 $S_1^2 = \dfrac{1}{n_1-1}\sum\limits_{i=1}^{n_1}(X_i - \overline{X})^2$，它们的观测值分别是 $\overline{x}$ 和 $s_1^2 = \dfrac{1}{n_1-1}\sum\limits_{i=1}^{n_1}(x_i - \overline{x})^2$；总体 Y 的样本均值和样本方差分别记为 $\overline{Y} = \dfrac{1}{n_2}\sum\limits_{i=1}^{n_2} Y_i$ 和 $S_2^2 = \dfrac{1}{n_2-1}\sum\limits_{i=1}^{n_2}(Y_i - \overline{Y})^2$，它们的观测值分别是 $\overline{y}$ 和 $s_2^2 = \dfrac{1}{n_2-1}\sum\limits_{i=1}^{n_2}(y_i - \overline{y})^2$.

§9.5.1　方差已知时的 Z 检验

设方差 σ_1^2, σ_2^2 已知，要检验统计假设

$$H_0: \mu_1 = \mu_2, H_1: \mu_1 \neq \mu_2.$$

因为 $\overline{X} = \dfrac{1}{n_1}\sum\limits_{i=1}^{n_1} X_i$ 和 $\overline{Y} = \dfrac{1}{n_2}\sum\limits_{i=1}^{n_2} Y_i$ 分别是 μ_1, μ_2 的无偏估计，因此，当 H_0 为真时，$|\overline{x} - \overline{y}|$ 不应太大，当 $|\overline{x} - \overline{y}|$ 太大时，就有理由拒绝 H_0. 因此 H_0 的拒绝域应有形式 $|\overline{x} - \overline{y}| > \lambda$.

由于 $\overline{X} \sim N\left(\mu_1, \dfrac{1}{n_1}\sigma_1^2\right)$，$\overline{Y} \sim N\left(\mu_2, \dfrac{1}{n_2}\sigma_2^2\right)$，且两者相互独立，因此，$\overline{X} - \overline{Y} \sim$

$N\left(\mu_1-\mu_2,\dfrac{\sigma_1^2}{n_1}+\dfrac{\sigma_2^2}{n_2}\right)$,在 H_0 成立时,则有 $Z=\dfrac{\overline{X}-\overline{Y}}{\sqrt{\dfrac{\sigma_1^2}{n_1}+\dfrac{\sigma_2^2}{n_2}}}\sim N(0,1)$.

取检验统计量 $Z=\dfrac{\overline{X}-\overline{Y}}{\sqrt{\dfrac{\sigma_1^2}{n_1}+\dfrac{\sigma_2^2}{n_2}}}$,而 $P\{|Z|>z_{\frac{\alpha}{2}}\}=\alpha$,因此 H_0 的显著性水平为 α 的拒绝域为

$$|z|=\dfrac{|\overline{x}-\overline{y}|}{\sqrt{\dfrac{\sigma_1^2}{n_1}+\dfrac{\sigma_2^2}{n_2}}}>z_{\frac{\alpha}{2}}.$$

§9.5.2 方差未知但相等时的 T 检验

方差 σ_1^2,σ_2^2 未知但相等,$\sigma_1^2=\sigma_2^2\overset{\Delta}{=}\sigma^2$ 的情形下,讨论检验统计假设:
$$H_0:\mu_1=\mu_2,\quad H_1:\mu_1\neq\mu_2.$$
H_0 的拒绝域应有形式 $|\overline{x}-\overline{y}|>\lambda$. 在 H_0 成立时,
$$T=\dfrac{\overline{X}-\overline{Y}}{S_W\sqrt{\dfrac{1}{n_1}+\dfrac{1}{n_2}}}\sim t(n_1+n_2-2).$$
式中
$$S_W^2=\dfrac{(n_1-1)S_1^2+(n_2-1)S_2^2}{n_1+n_2-2}.$$
$$P\{|T|\geqslant t_{\frac{\alpha}{2}}(n_1+n_2-2)\}=\alpha.$$
因此,对给定的显著性水平 α,H_0 的拒绝域为
$$|t|=\dfrac{|\overline{x}-\overline{y}|}{s_W\sqrt{\dfrac{1}{n_1}+\dfrac{1}{n_2}}}>t_{\frac{\alpha}{2}}(n_1+n_2-2).$$

例 9-11 试验磷肥对玉米产量的影响,将玉米随机地种植到 20 个小区,其中 10 个小区增施磷肥,另 10 个小区作为对照,试验结果玉米产量如下.

增施磷肥组:65, 60, 62, 57, 58, 63, 60, 57, 60, 58;

对照组:59, 56, 56, 58, 57, 57, 55, 60, 57, 55.

已知玉米产量服从正态分布,且方差相同,试在显著性水平 $\alpha=0.05$ 下,检验磷肥对玉米产量有无显著性影响.

解 设增施磷肥组产量 $X\sim N(\mu_1,\sigma^2)$,对照组产量 $Y\sim N(\mu_2,\sigma^2)$.要检验统计假设
$$H_0:\mu_1=\mu_2,\quad H_1:\mu_1\neq\mu_2.$$
由样本的观察值得 $\overline{x}=60,\quad \displaystyle\sum_{i=1}^{10}(x_i-\overline{x})^2=64,\quad s_1^2=\dfrac{64}{9};$
$$\overline{y}=57,\quad \sum_{i=1}^{10}(y_i-\overline{y})^2=24,\quad s_2^2=\dfrac{24}{9}.$$
$s_W^2=\dfrac{64+24}{10+10-2}=4.889$,故
$$t=\dfrac{|\overline{x}-\overline{y}|}{s_W\sqrt{\dfrac{1}{n_1}+\dfrac{1}{n_2}}}=\dfrac{60-57}{\sqrt{4.889}\sqrt{\dfrac{1}{10}+\dfrac{1}{10}}}=3.03>2.10=t_{0.025}(18).$$
故拒绝 H_0,认为施磷肥对玉米产量有显著性改变.

对于单侧检验问题:

$$H_0:\mu_1\leqslant\mu_2,H_1:\mu_1>\mu_2 \text{ 或 } H_0:\mu_1=\mu_2,H_1:\mu_1>\mu_2.$$

其拒绝域的形式为 $\overline{x}-\overline{y}>\lambda$. 仍取检验统计量

$$T=\frac{\overline{X}-\overline{Y}}{S_W\sqrt{\dfrac{1}{n_1}+\dfrac{1}{n_2}}},$$

容易得到 H_0 的显著性为 α 的拒绝域是

$$t=\frac{\overline{x}-\overline{y}}{s_W\sqrt{\dfrac{1}{n_1}+\dfrac{1}{n_2}}}>t_\alpha(n_1+n_2-2).$$

§9.5.3　配对样本的 T 检验

设一种处理方式指标 X 的均值为 $E(X)=\mu_1$,另一种处理方式指标 Y 的均值为 $E(Y)=\mu_2$,为了考察两种处理方式的效果是否有差异,常将受试对象按情况相近者配对(或者自身进行配对),分别给予两种处理,观察两种处理情况的指标值. 在此种情况下,来自其中一种处理方式的容量为 n 的样本记为 $(X_{11},X_{12},\cdots,X_{1n})$,来自另一种处理方式的容量为 n 的样本记为 $(X_{21},X_{22},\cdots,X_{2n})$,则其差 $D_i=X_{1i}-X_{2i}$ 可看成一个容量为 n 的样本 $(D_1,D_2,\cdots,D_n)$,一般情况下,可以认为 $(D_1,D_2,\cdots,D_n)$ 来自正态总体 $D\sim N(\mu,\sigma^2)$,其中 $\mu=\mu_1-\mu_2$,若记 $\overline{D}=\dfrac{1}{n}\sum\limits_{i=1}^{n}D_i$,$S_D^2=\dfrac{1}{n-1}\sum\limits_{i=1}^{n}(D_i-\overline{D})^2$,则

$$T=\frac{\overline{D}-\mu}{\dfrac{S_D}{\sqrt{n}}}\sim t(n-1).$$

表 9-5　配对样本数据表

序号	样本 1	样本 2	差值
1	x_{11}	x_{21}	$d_1=x_{11}-x_{21}$
2	x_{12}	x_{22}	$d_2=x_{12}-x_{22}$
$\vdots$	$\vdots$	$\vdots$	$\vdots$
i	x_{1i}	x_{2i}	$d_i=x_{1i}-x_{2i}$
$\vdots$	$\vdots$	$\vdots$	$\vdots$
n	x_{1n}	x_{2n}	$d_n=x_{1n}-x_{2n}$

例 9-12　一个以减肥为主要目标的健美俱乐部声称,参加其训练班至少可以使减肥者平均体重减重 8.5kg 以上. 为了验证该宣称是否可信,调查人员随机抽取了 10 名参加者,得到他们的体重记录如下.

训练前	94.5	101	110	103.5	97	88.5	96.5	101	104	116.5
训练后	85	89.5	101.5	96	86	80.5	87	93.5	93	102

在 $\alpha=0.05$ 的显著性水平下,调查结果是否支持该俱乐部的声称?

解　设训练前体重为 X,训练后体重为 Y,则训练前与训练后体重之差 $D=X-Y$,假设 $D\sim N(\mu,\sigma^2)$,则问题归结为检验假设检验问题:

$$H_0:\mu\geqslant D_0=8.5,H_1:\mu<8.5.$$

当 $H_0:\mu\geqslant D_0=8.5$ 成立时,

$$P\left\{T=\frac{\overline{D}-D_0}{\frac{s_D}{\sqrt{n}}}<-t_a(n-1)\right\}\leqslant\alpha.$$

训练前	94.5	101	110	103.5	97	88.5	96.5	101	104	116.5
训练后	85	89.5	101.5	96	86	80.5	87	93.5	93	102
差值	9.5	11.5	8.5	7.5	11	8	9.5	7.5	11	14.5

由此算得样本均值和样本标准差分别为

$$\overline{d}=\frac{\sum\limits_{i=1}^{n}d_i}{n}=\frac{98.5}{10}=9.85, \quad s_D=\sqrt{\frac{\sum\limits_{i=1}^{n}(d_i-\overline{d})^2}{n-1}}=\sqrt{\frac{43.525}{10-1}}=2.199,$$

由于

$$t=\frac{\overline{d}-D_0}{\frac{s_D}{\sqrt{n}}}=\frac{9.85-8.5}{\frac{2.199}{\sqrt{10}}}=1.95>-t_{0.05}(9)=-1.833,$$

所以接受原假设 H_0,认为该俱乐部的声称是可信的.

§9.5.4 方差未知且不等时的 T 检验

设总体 $X\sim N(\mu_1,\sigma_1^2)$,总体 $Y\sim N(\mu_2,\sigma_2^2)$,在方差 σ_1^2,σ_2^2 未知,且 $\sigma_1^2\neq\sigma_2^2$ 情形下,检验均值是否相等的问题,文献上称为 Behrens-Fisher 问题:

$$H_0:\mu_1=\mu_2,H_1:\mu_1\neq\mu_2.$$

设 $(X_1,X_2,\cdots,X_{n_1})$ 是来自总体 $X\sim N(\mu_1,\sigma_1^2)$ 的样本,$(Y_1,Y_2,\cdots,Y_{n_2})$ 是来自总体 $Y\sim N(\mu_2,\sigma_2^2)$ 的样本,记总方差 $S_0^2=\frac{S_1^2}{n_1}+\frac{S_2^2}{n_2}$,又记 $T=\frac{\overline{X}-\overline{Y}}{S_0}$. $l'=\dfrac{s_0^4}{\dfrac{s_1^4}{n_1^2(n_1-1)}+\dfrac{s_2^4}{n_2^2(n_2-1)}}$,设与 l' 最接近的整数为 l,则 $T\sim t(l)$.

例 9-13 已知甲、乙两台车床加工的某种类型零件的直径服从正态分布,且方差不同,现独立地从甲、乙两台车床加工的零件各取 8 个和 7 个,测得的数据如下所示. 在 0.05 的显著性水平,检验甲、乙两台车床加工的零件直径是否一致.

车床	零件的直径(单位:cm)							
甲	20.5	19.8	19.7	20.4	20.1	20.0	19.0	19.9
乙	20.7	19.8	19.5	20.8	20.4	19.6	20.2	

解 设甲车床加工的零件的直径 $X\sim N(\mu_1,\sigma_1^2)$,乙车床加工的零件的直径 $Y\sim N(\mu_2,\sigma_2^2)$,经计算算得 $\overline{x}=19.925$,$\overline{y}=20.143$,$s_1^2=0.216$,$s_2^2=0.273$,需检验问题

$$H_0:\mu_1=\mu_2, \quad H_1:\mu_1\neq\mu_2.$$

$$l'=\frac{s_0^4}{\dfrac{s_1^4}{n_1^2(n_1-1)}+\dfrac{s_2^4}{n_2^2(n_2-1)}}\approx12,$$

$$P\left\{|T|=\left|\frac{\overline{X}-\overline{Y}}{S_0}\right|>t_{\frac{\alpha}{2}}(12)\right\}=\alpha,$$

$$|t|=0.848<t_{0.025}(12)=2.1788.$$

所以接受原假设,认为甲、乙两台车床加工的零件直径一致.

§9.5.5 两个正态总体均值的假设检验问题小结

表 9-6 列出了两个正态总体均值的检验,在不同条件下对各种统计假设的检验统计量和

拒绝域. 前面没有给出推导的, 作为练习, 请读者自行完成.

表 9-6　两个正态总体均值检验

条件	H_0	H_1	检验统计量	拒绝域
σ_1^2, σ_2^2 已知	$\mu_1 = \mu_2$	$\mu_1 \neq \mu_2$	$Z = \dfrac{\overline{X} - \overline{Y}}{\sqrt{\dfrac{\sigma_1^2}{n_1} + \dfrac{\sigma_2^2}{n_2}}}$	$\lvert z \rvert > z_{\frac{\alpha}{2}}$
	$\mu_1 = \mu_2$	$\mu_1 > \mu_2$		$z > z_\alpha$
	$\mu_1 = \mu_2$	$\mu_1 < \mu_2$		$z < -z_\alpha$
σ_1^2, σ_2^2 未知且 $\sigma_1^2 = \sigma_2^2$	$\mu_1 = \mu_2$	$\mu_1 \neq \mu_2$	$T = \dfrac{\overline{X} - \overline{Y}}{S_W \sqrt{\dfrac{1}{n_1} + \dfrac{1}{n_2}}}$	$\lvert t \rvert > t_{\frac{\alpha}{2}}(n_1 + n_2 - 2)$
	$\mu_1 = \mu_2$	$\mu_1 > \mu_2$		$t > t_\alpha(n_1 + n_2 - 2)$
	$\mu_1 = \mu_2$	$\mu_1 < \mu_2$		$t < -t_\alpha(n_1 + n_2 - 2)$
σ_1^2, σ_2^2 未知且 $\sigma_1^2 \neq \sigma_2^2$	$\mu_1 = \mu_2$	$\mu_1 \neq \mu_2$	$T = \dfrac{\overline{X} - \overline{Y}}{\sqrt{\dfrac{S_1^2}{n_1} + \dfrac{S_1^2}{n_1}}}$	$\lvert t \rvert > t_{\frac{\alpha}{2}}(l)$
	$\mu_1 = \mu_2$	$\mu_1 > \mu_2$		$t > t_\alpha(l)$
	$\mu_1 = \mu_2$	$\mu_1 < \mu_2$		$t < -t_\alpha(l)$
σ_1^2, σ_2^2 未知且 配对试验	$\mu_1 = \mu_2$	$\mu_1 \neq \mu_2$	$T = \dfrac{\overline{D} - \mu}{S_D / \sqrt{n}}$	$\lvert t \rvert > t_{\frac{\alpha}{2}}(n-1)$
	$\mu_1 = \mu_2$	$\mu_1 > \mu_2$		$t > t_\alpha(n-1)$
	$\mu_1 = \mu_2$	$\mu_1 < \mu_2$		$t < -t_\alpha(n-1)$

§9.6　两个正态总体方差的假设检验

设总体 $X \sim N(\mu_1, \sigma_1^2)$, $Y \sim N(\mu_2, \sigma_2^2)$, X 与 Y 相互独立, $X_1, X_2, \cdots, X_{n_1}$ 和 $Y_1, Y_2, \cdots, Y_{n_2}$ 分别是来自总体 X 和 Y 的样本, 两样本相互独立, μ_1, μ_2 未知.

§9.6.1　两个正态总体方差的 F 检验

检验统计假设

$$H_0 : \sigma_1^2 = \sigma_2^2, \quad H_1 : \sigma_1^2 \neq \sigma_2^2.$$

样本方差 S_1^2 和 S_2^2 分别是 σ_1^2 和 σ_2^2 的无偏估计, 因此若 $\dfrac{s_1^2}{s_2^2}$ 太大或太小, 都有理由拒绝 H_0, 即 H_0 的拒绝域应有形式 $\dfrac{s_1^2}{s_2^2} < \lambda_1$ 或 $\dfrac{s_1^2}{s_2^2} > \lambda_2$. 而

$$\frac{(n_1 - 1)S_1^2}{\sigma_1^2} \sim \chi^2(n_1 - 1), \quad \frac{(n_2 - 1)S_2^2}{\sigma_2^2} \sim \chi^2(n_2 - 1).$$

所以当 H_0 成立时, 有

$$F = \frac{S_1^2}{S_2^2} \sim F(n_1 - 1, n_2 - 1),$$

$$P(\{F < F_{1 - \frac{\alpha}{2}}(n_1 - 1, n_2 - 1)\} \cup \{F > F_{\frac{\alpha}{2}}(n_1 - 1, n_2 - 1)\}) = \alpha.$$

因此, 对给定显著性水平 α, H_0 的拒绝域是

$$F = \frac{s_1^2}{s_2^2} < F_{1 - \frac{\alpha}{2}}(n_1 - 1, n_2 - 1) \text{ 或 } F = \frac{s_1^2}{s_2^2} > F_{\frac{\alpha}{2}}(n_1 - 1, n_2 - 1).$$

定义 9-17　在假设检验中, 如果由 F 分布来确定其临界值, 这样的检验方法称为 F 检验法 (F-test).

例 9-14　在甲、乙两地段各取 50 块和 52 块岩心进行磁化率测定, 算得样本方差分别为 $s_1^2 = 0.0142$ 和 $s_2^2 = 0.0054$. 已知磁化率服从正态分布, 试问甲、乙两地段磁化率的方差是否有显

著性差异?($\alpha = 0.05$)

解 $H_0 : \sigma_1^2 = \sigma_2^2$, $H_1 : \sigma_1^2 \neq \sigma_2^2$.

$$P\left(\left\{F = \frac{S_1^2}{S_2^2} < F_{1-\frac{\alpha}{2}}(n_1 - 1, n_2 - 1)\right\} \cup \left\{F = \frac{S_1^2}{S_2^2} > F_{\frac{\alpha}{2}}(n_1 - 1, n_2 - 1)\right\}\right) = \alpha,$$

$$F = \frac{s_1^2}{s_2^2} = \frac{0.0142}{0.0054} = 2.63,$$

查表得 $F_{0.025}(49,51) = 1.7494, F_{0.025}(51,49) = 1.7549$,因此有

$$F_{0.975}(49,51) = \frac{1}{F_{0.025}(51,49)} = \frac{1}{1.7549} = 0.5698.$$

而 $F = 2.63 > F_{0.025}(49,51) = 1.7494$,拒绝 H_0,认为甲、乙两地段岩心磁化率测定的数据方差在 $\alpha = 0.05$ 下有显著性差异.

§9.6.2 两个正态总体方差的假设检验问题小结

表 9-7 列出了两个正态总体方差检验,在不同条件下对各种统计假设的检验统计量和拒绝域. 前面没有给出推导的,作为练习,请读者自行完成.

表 9-7 两个正态总体方差检验

条件	H_0	H_1	检验统计量	拒绝域
μ_1, μ_2 未知	$\sigma_1^2 = \sigma_2^2$	$\sigma_1^2 \neq \sigma_2^2$	$F = \frac{S_1^2}{S_2^2}$	$F < F_{1-\frac{\alpha}{2}}(n_1 - 1, n_2 - 1)$ 或 $F > F_{\frac{\alpha}{2}}(n_1 - 1, n_2 - 1)$
	$\sigma_1^2 = \sigma_2^2$	$\sigma_1^2 > \sigma_2^2$		$F > F_\alpha(n_1 - 1, n_2 - 1)$
	$\sigma_1^2 = \sigma_2^2$	$\sigma_1^2 < \sigma_2^2$		$F < F_{1-\alpha}(n_1 - 1, n_2 - 1)$

§9.7 正态性检验

正态分布是最常用的分布,用来判断总体分布是否为正态分布的检验方法称为正态性检验,它在实际问题中广泛使用.

§9.7.1 正态概率纸

正态概率纸可用来做正态性检验,方法如下:利用样本数据在概率纸上描点,用目测方法看这些点是否在一条直线附近,若是的话,可以认为该数据来自正态总体;若明显不在一条直线附近,则认为该数据来自非正态总体.

§9.7.2 构造正态概率纸的原理

设 $X \sim N(\mu, \sigma^2)$ 的分布函数为 $F(x) = \Phi\left(\frac{x-\mu}{\sigma}\right)$,令

$$y = \Phi(z), \quad z = \frac{x-\mu}{\sigma},$$

则 z 是 x 的线性函数,其数对 (x, z) 在直角坐标系中是一条直线.

在 (x, z) 坐标系中不改变 x 的刻度,而在 z 轴上增刻与 z 对应的 $y = \Phi(z)$ 的刻度,刻好 $y = \Phi(z)$ 后,去掉 z 的刻度,这样一张正态概率纸就构造出来了. 由于 $y = \Phi(z)$ 不是 z 的线性函数,所以 $y = \Phi(z)$ 的刻度不是等距的.

从正态概率纸的构造过程可知,任一正态分布 $X \sim N(\mu, \sigma^2)$ 的分布函数在正态概率纸的图

形为一条直线.反之,若在正态概率纸上有一条直线 l,

$$l:z=\frac{x-\mu}{\sigma},$$

则直线 l 就是正态分布 $X\sim N(\mu,\sigma^2)$ 的分布函数的图形.由于 $\lim\limits_{n\to-\infty}\Phi(z)=0$ 和 $\lim\limits_{n\to\infty}\Phi(z)=1$ 在图上无法表示,所以一般正态概率纸纵轴上的刻度从 0.01% 到 99.99%,如图 $9-9$ 所示.

§9.7.3　正态概率纸检验法

设 $(X_1,X_2,\cdots,X_n)$ 是来自总体 $X\sim F(x)$ 的样本,$(x_1,x_2,\cdots,x_n)$ 是样本的观察值.由于经验分布函数 $F_n(x)$ 依概率收敛于分布函数,$\lim\limits_{n\to\infty}P\{|F_n(x)-F(x)|<\varepsilon\}=1$,若 $H_0:F(x)\in\{N(\mu,\sigma^2)\}$ 为真,则点 $(x_i,F_n(x_i))$ $(i=1,$

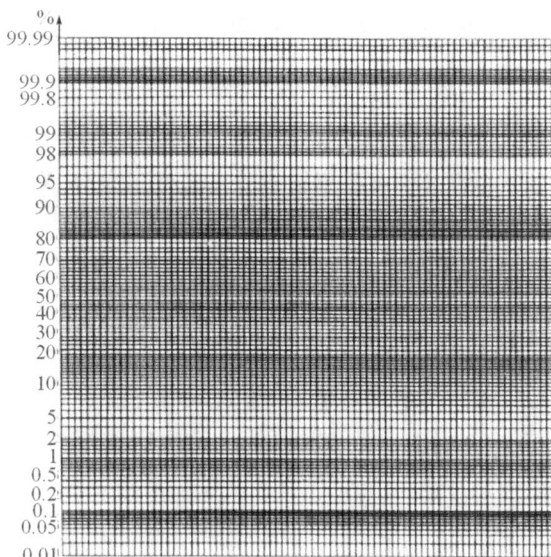

图 $9-9$　正态概率纸

$2,\cdots,n)$ 在正态概率纸上应在一条直线附近.因此,若需要检验

$$H_0:F(x)\in\{N(\mu,\sigma^2)\},$$

其中 μ 与 σ^2 均为未知参数,其步骤如下.

1. 整理数据:把样本观察值按大小排列.若 n 次观察有 m 个不同的值,则按大小列入下表中,得到经验分布函数 $F_n(x)$.

观测值	$x_{(1)}$	$x_{(2)}$	$\cdots$	$x_{(m)}$
频数	r_1	r_2	$\cdots$	r_m
$F_n(x)$	$\dfrac{r_1}{n}$	$\dfrac{r_1+r_2}{n}$	$\cdots$	1

由于 $(x_{(m)},1)$ 在正态概率纸上无法标出,对 $F_n(x)$ 可作如下之一修正:

(1) $F_n(x_{(k)})=\dfrac{r_1+r_2+\cdots+r_k-1/2}{n}$;

(2) $F_n(x_{(k)})=\dfrac{r_1+r_2+\cdots+r_k}{n+1}$;

(3) $F_n(x_{(k)})=\dfrac{r_1+r_2+\cdots+r_k-3/8}{n+1/4}$.

2. 描点:把点列 $(x_{(k)},F_n(x_{(k)}))$ 描在正态概率纸上.

3. 判断:目测这些点的位置,若它们在一条直线附近(在端点 $x_{(1)}$ 和 $x_{(m)}$ 附近允许偏差大些),则接受原假设,否则就拒绝原假设.

§9.7.4　正态概率纸参数估计法

若通过正态概率纸检验,已经知道总体 X 服从正态分布,则可凭目测在概率纸上画出一条最靠近各点 $(x_{(i)},F_n(x_{(i)}))$ $(i=1,2,\cdots,n)$ 的直线 l.

因为 $z(X)=\dfrac{X-\mu}{\sigma}\sim N(0,1)$,所以 $x=\mu$ 对应的概率为 $F=0.5$.因此,在概率纸上画一条 $F=0.5$ 的水平直线,这条直线与直线 l 交点的横坐标 $x_{0.5}$ 可作为参数 μ 的估计 $\hat\mu=x_{0.5}$.

又因为 $z(x)=1$ 对应的概率为 $F=0.8413$，所以在概率纸上画一条 $F=0.8413$ 的水平直线，这条直线与直线 l 交点的横坐标记为 $x_{0.8413}$，则有 $u_{0.8413}=\dfrac{x_{0.8413}-\mu}{\sigma}=1$. 所以 $x_{0.8413}-\mu$ 可作为 σ 的估计 $\hat{\sigma}=x_{0.8413}-\hat{\mu}$.

若通过正态概率纸检验已经知道总体 X 服从正态分布，一般情况下不用此法来估计参数，而是直接用原始数据来估计参数 $\hat{\mu}=\bar{x},\hat{\sigma}^2=s^2$，这样得到的结果比目测更准确.

例 9－15　随机选取 10 个零件，测得其直径与标准尺寸的偏差如下（单位：丝）.

$$9.4\quad 8.8\quad 9.6\quad 10.2\quad 10.1\quad 7.2\quad 11.1\quad 8.2\quad 8.6\quad 9.6.$$

试用正态概率纸法，检验零件直径与标准尺寸的偏差是否服从正态分布.

解　在正态概率纸上做图步骤如下.

(1) 首先将数据按从小到大顺序排序：

$$7.2\quad 8.2\quad 8.6\quad 8.8\quad 9.4\quad 9.6\quad 9.8\quad 10.1\quad 10.2\quad 11.1.$$

(2) 对每一个 i，计算修正频率

$$\frac{i-0.375}{n+0.25}\quad (i=1,2,\cdots,n).$$

(3) 将点 $\left(x_{(i)},\dfrac{i-0.375}{n+0.25}\right)$ $(i=1,2,\cdots,n)$ 逐一描在正态概率纸上.

(4) 观察上述 n 个点的分布：从图 9－10 可以看到，10 个点基本在一条直线附近，故可认为直径与标准尺寸的偏差服从正态分布.

如果从正态概率纸上确认总体是非正态分布，则可对原始数据进行变换后再在正态概率纸上描点，若变换后的点在正态概率纸上近似在一条直线附近，则可以认为变换后的数据来自正态分布，这样的变换称为正态性变换. 常用的正态性变换有如下三个：对数变换 $y=\ln x$，倒数变换 $y=1/x$ 和根号变换 $y=\sqrt{x}$.

例 9－16　随机抽取某种电子元件 10 个，测得其寿命数据如下：

$$110.47\quad 99.16\quad 97.04\quad 77.60\quad 4269.82\quad 539.35\quad 179.49\quad 782.93\quad 561.10\quad 286.80.$$

图 9－11 给出这 10 个点在正态概率纸上的图形，这 10 个点明显不在一条直线附近，所以可以认为该电子元件的寿命的分布不是正态分布.

对该 10 个寿命数据作对数变换，结果见表 9－8.

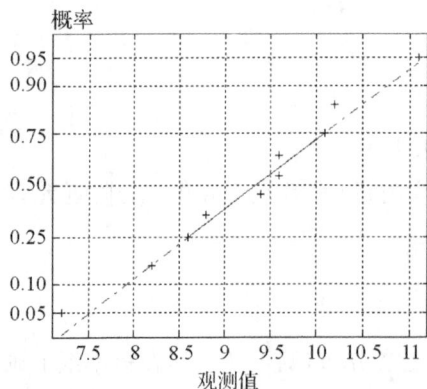

图 9－10　例 9－15 正态概率纸检验

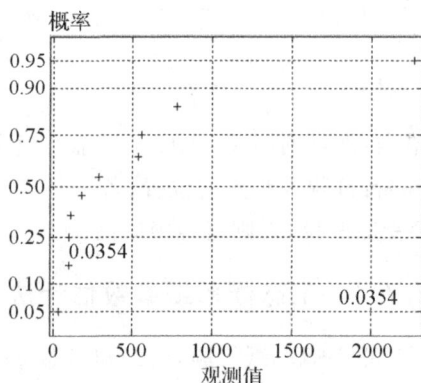

图 9－11　例 9－16 正态概率纸检验

表 9-8 对数变换后的数据

i	$x_{(i)}$	$\ln x_{(i)}$	$\dfrac{i-0.375}{n+0.25}$
1	32.62	3.4849	0.061
2	97.04	4.5752	0.159
3	99.16	4.5967	0.256
4	110.47	4.7048	0.354
5	179.49	5.1901	0.451
6	286.80	5.6588	0.549
7	539.35	6.2904	0.646
8	561.10	6.3299	0.743
9	782.93	6.6630	0.841
10	2269.82	7.7275	0.939

利用上表中最后两列的数据在正态概率纸上描点,结果见图 9-12,从图上可以看到 10 个点近似在一条直线附近,说明对数变换后的数据可以看成来自正态分布.这也意味着,原始数据服从对数正态分布.

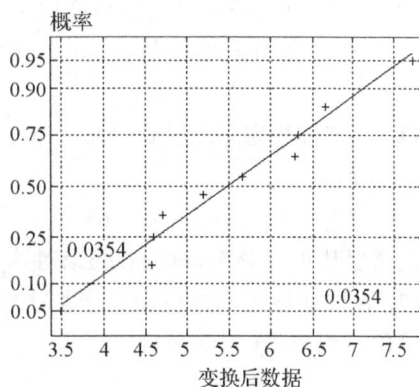

图 9-12 例 9-15 变换后正态概率纸检验

习题九

1. 设 $(X_1,X_2,\cdots,X_n)$ 是来自 $N(\mu,1)$ 的样本,对假设检验问题:$H_0:\mu=2,H_1:\mu=3$,若检验的拒绝域为 $W=\{\overline{x}>2.6\}$.

(1) 当 $n=20$ 时,求检验犯第一类错误的概率 α 和第二类错误的概率 β;

(2) 如果要使犯第二类错误的概率 $\beta\leqslant0.01$,n 最小应取多少?

(3) 证明:$\lim\limits_{n\to\infty}\alpha=0,\lim\limits_{n\to\infty}\beta=0$.

2. 设 $(X_1,X_2,\cdots,X_{10})$ 是来自 $B(1,p)$ 的样本,对假设检验问题:$H_0:p=0.2,H_1:p=0.4$,若检验的拒绝域为 $W=\{\overline{x}>0.5\}$,求检验犯第一类错误的概率 α 和第二类错误的概率 β.

3. 由经验知某零件质量 $X\sim N(15,0.05^2)$(单位:g),技术革新后,抽出 6 个零件,测得质量为

14.7 15.1 14.8 15.0 15.2 14.6.

已知方差不变,问平均质量是否仍为 15g? 试求问题的 p 值,若取显著性水平 $\alpha=0.05$,有何结论?

4. 某工厂生产的某种钢索的断裂强度 X 服从分布 $N(\mu,400^2)$,现从一批此种钢索中抽取容量为 9 的样本,测得断裂强度的样本均值 $\overline{x}$,与以往正常生产时的 μ 相比,$\overline{x}$ 较 μ 大 200Pa.是否可认为这批钢索质量有显著提高? 试求问题的 p 值,若取显著性水平 $\alpha=0.01$,有何结论?

5. 有人称某地成年人中大学毕业生比例不低于 30%.为检验之,随机调查该地 15 名成年人,发现有 3 名大学毕业生,试求问题的 p 值,若取显著性水平 $\alpha=0.05$,有何结论?

6. 根据长期的经验和资料分析,某砖瓦厂生产的砖抗断强度服从方差为 1.21 的正态分布.今从该厂生产的一批砖中,随机地抽取 6 块,测得抗断强度(单位:kg/cm²)如下:

32.56 29.66 31.64 30.00 31.87 31.03.

问这一批砖的平均抗断强度是否可认为是 31kg/cm²? 取显著性水平 $\alpha=0.05$.

7. 某工厂生产的固体燃料推进器的燃烧率 X 服从正态分布 $N(40, 2^2)$. 现在用新方法生产了一批推进器. 从中随机抽取 25 只, 测得燃烧率的样本均值为 $\bar{x} = 41.25 \text{cm/s}$. 设在新方法下总体标准差仍为 2cm/s, 问这批推进器的燃烧率是否较以往生产的推进器的燃烧率有显著的改进? 取显著性水平 $\alpha = 0.05$.

8. 由于工业排水引起附近水质污染, 测得某鱼样本的蛋白质中含汞的浓度 (10^{-6}) 为:

    0.037 0.213 0.266 0.228 0.135 0.167 0.095 0.101 0.766 0.054.

从工艺过程分析, 推算出理论上的浓度为 0.1, 问从这组数据看, 实测值与理论值是否符合? 取显著性水平 $\alpha = 0.10$.

9. 从某批矿砂中抽取容量为 5 的一个样本, 测得其含镍量(%)为

$$3.25 \quad 3.27 \quad 3.24 \quad 3.26 \quad 3.24.$$

设测量值服从正态分布, 问在显著性水平 $\alpha = 0.01$ 下, 能否认为这批矿砂含镍量的均值为 3.25?

10. 某林场培育某种杨树, 树高服从正态分布, 五年后随机测得 36 棵杨树的平均树高 $\bar{x} = 10.5 \text{m}$, 已知树高的标准差为 1.6m, 试在显著性水平 $\alpha = 0.05$ 下, 检验此树种的平均树高是否高于 10m?

11. 某苗圃规定平均苗高 60cm 以上方能出圃. 今从某苗床中随机抽取 9 株测得高度(单位: cm)分别为

$$62 \quad 61 \quad 59 \quad 60 \quad 62 \quad 58 \quad 63 \quad 62 \quad 63.$$

已知苗高服从正态分布, 试问在显著性水平 $\alpha = 0.05$ 下, 这些苗是否可以出圃?

12. 设某地区水稻单位面积产量往年服从标准差为 75 的正态分布, 现随机抽取 10 块地, 测得单位面积产量(单位: g):

$$540 \quad 630 \quad 674 \quad 680 \quad 694 \quad 695 \quad 708 \quad 736 \quad 780 \quad 845.$$

检验该地区水稻单位面积产量的标准差是否发生显著性变化? $(\alpha = 0.05)$

13. 某纺织厂生产的尼龙纤度在生产稳定的情况下服从标准差为 0.048 的正态分布, 现对某批产品随机抽取 5 根尼龙纤维测得其纤度为

$$1.32 \quad 1.55 \quad 1.36 \quad 1.40 \quad 1.44.$$

问这批产品的纤度的方差有无显著性变化? $(\alpha = 0.05)$

14. 某厂生产的某种型号的电池, 其寿命长期以来服从方差为 $\sigma^2 = 5000 \text{h}^2$ 的正态分布. 现从一批这种电池中随机抽取 26 只, 测得其寿命的样本方差 $s^2 = 9200 \text{h}^2$. 问这批电池寿命的波动是否有显著性变化? $(\alpha = 0.02)$

15. 原有一台仪器测量电阻值时, 相应的误差方差是 $0.06\Omega^2$, 现有一台新仪器, 对一个电阻测量了 10 次, 所得电阻值(Ω)是:

    1.101 1.103 1.105 1.098 1.099 1.101 1.104 1.095 1.100 1.100.

问新仪器的精度是否比原有的好? $(\alpha = 0.10)$

16. 某苗圃采用两种方案作育苗试验, 已知苗高服从正态分布, 标准差分别为 $\sigma_1 = 20 \text{cm}$, $\sigma_2 = 18 \text{cm}$. 现各抽取 66 株, 算得苗高的平均数分别为 $\bar{x} = 59.34 \text{cm}$, $\bar{y} = 49.16 \text{cm}$, 试在显著性水平 $\alpha = 0.05$ 下, 检验两种育苗方案对苗高是否有显著性影响?

17. 通过对鸡注射蜂王浆进行产蛋量的试验, 将鸡分成试验组和对照组两组, 每组 5 只, 试验组每日注射 1 毫克蜂王浆, 经过 20 天试验, 得到产蛋量如下.

       试验组: 15 14 4 10 9;

       对照组: 10 9 5 8 9.

假设鸡的产蛋量服从正态分布, 且方差相同, 试在显著性水平 $\alpha = 0.05$ 下, 检验注射蜂王浆对鸡

的产蛋量有无显著性影响？

18. 现比较甲乙两厂生产同一种元件的质量,从甲厂抽取 9 个元件,算得其寿命的平均值 $\bar{x}=1532h$,样本标准差 $s_1=432h$;从乙厂抽取 18 个元件,算得样本均值 $\bar{y}=1412h$,样本标准差 $s_2=380h$. 设两厂生产的元件寿命服从正态分布 $N(\mu_1,\sigma_1^2),N(\mu_2,\sigma_2^2)$,试问在显著性水平 $\alpha=0.05$ 下,两厂生产的元件有无显著性差异？

19. 某项试验比较冶炼钢的得率,采用标准方法冶炼 10 炉,所得样本均值和样本方差分别为 $\bar{x}=76.23,s_1^2=3.325$;采用新方法冶炼 10 炉,所得样本均值和样本方差分别为 $\bar{y}=79.43$, $s_2^2=2.225$. 假设钢的得率服从正态分布,并设两个总体的方差是相等的,问采用新方法能否提高钢的得率？($\alpha=0.05$)

20. 某一橡胶配方中,原用氧化锌 5 克,现将氧化锌减为 1 克,我们分别对两种配方作抽样试验,结果测得橡胶的伸长率如下.

原配方:540 533 525 520 545 531 541 529 534;

新配方:565 577 580 575 556 542 560 532 570 561.

设橡胶伸长率服从正态分布.问两种配方的橡胶伸长率的总体方差有无显著性差异？($\alpha=0.10$)

21. 用两种不同方法冶炼某重金属材料,分别抽样测定其杂质含量百分率,测得原冶炼方法生产的材料的数据 13 个,样本方差 $s_1^2=5.411$;测得新冶炼方法生产的材料的数据 9 个,样本方差 $s_2^2=1.459$. 试问这两种冶炼法生产的材料的杂质含量的方差是否有显著性差异？($\alpha=0.05$)

22. 甲、乙两车间生产同一型号的滚珠,已知滚珠直径服从正态分布.今分别从两车间随机抽取 8 个和 9 个滚珠,测得甲车间滚珠直径的样本方差 $s_1^2=0.0957$;乙车间滚珠直径的样本方差 $s_2^2=0.0263$. 试问在显著性水平 $\alpha=0.05$ 下,甲车间生产滚珠直径的方差是否大于乙车间的方差？

23. 用两种方法 A,B 研究冰的潜热,样本都取自一72℃的冰.用方法 A 做:取 $n_1=13$,算得样本均值 $\bar{x}=80.02$,样本方差 $s_A^2=5.75\times10^{-4}$;用方法 B 做:取 $n_2=8$,算得样本均值 $\bar{y}=79.98$,样本方差 $s_B^2=9.86\times10^{-4}$. 设两种方法测得的数据总体服从正态分布 $N(\mu_1,\sigma_1^2),N(\mu_2,\sigma_2^2)$,试问在显著性水平 $\alpha=0.05$ 下:

(1) 两种方法测量总体的方差是否相等;

(2) 两种方法测量总体的均值是否相等？

24. 现比较甲乙两厂生产同一种元件的质量,从甲厂抽取 9 个元件,算得其寿命的平均值 $\bar{x}=1532h$,样本标准差 $s_1=432h$;从乙厂抽取 18 个元件,算得样本均值 $\bar{y}=1412h$,样本标准差 $s_2=380h$. 设两厂生产的元件寿命服从正态分布 $N(\mu_1,\sigma_1^2),N(\mu_2,\sigma_2^2)$,试问在显著性水平 $\alpha=0.05$ 下,两厂生产的元件有无显著性差异？

第十章 非正态总体假设检验

§10.1 总体分布的拟合检验

参数估计和假设检验是统计推断的两种基本形式,方差分析和回归分析就是对不同的问题给出这两种形式的推断.

定义 10-1 在假设检验中,若假设可用一个参数的集合表示,则该假设检验问题称为**参数假设检验问题**,否则称为**非参数假设检验问题**.

粗略地说,如果一个统计问题中,所假定的总体分布族的数学形式已知,而且只包括有限个未知参数,则这个统计问题为参数假设检验问题,否则是非参数假设检验问题.下面要介绍的分布的拟合检验问题就是一个非参数假设检验问题.

设总体分布未知,根据来自总体的样本观察值 $x_1, x_2, \cdots, x_n$,来检验关于总体分布的假设

$$H_0 : F(x) = F_0(x), \quad H_1 : F(x) \neq F_0(x).$$

其中 $F_0(x)$ 是某个给定的分布函数,$F(x)$ 为总体的分布函数.

卡尔·皮尔逊(K. Penrson)证明了:若样本容量 n 充分大($n \geqslant 50$),则不论 $F_0(x)$ 是什么分布,当 $H_0 : F(x) = F_0(x)$ 为真时,统计量

$$\chi^2 = \sum_{i=1}^{k} \frac{(n_i - np_i)^2}{np_i} \sim \chi^2(k-r-1),$$

其中 r 是被估计的参数的个数,n_i, p_i 分别表示样本值 $x_1, x_2, \cdots, x_n$ 落在第 i 个区间 $(a_{i-1}, a_i]$ $(i=1,2,\cdots,k)$ 的频数和理论概率.其中未知参数的估计常用极大似然估计.

定义 10-2 对总体分布形式建立假设,并进行检验的假设检验问题,称为**分布的拟合优度检验**.这样的检验方法称为分布的 χ^2 **拟合优度检验法**.显著性水平为 α 时,原假设的拒绝域为 $\chi^2 > \chi_\alpha^2(k-r-1)$.

例 10-1 根据某市公路交通部门某年中前 6 个月交通事故记录,统计得到星期一至星期日发生交通事故的次数分别如下.

星期	1	2	3	4	5	6	7
次数	36	23	29	31	34	60	25

问交通事故的发生是否与星期几无关?($\alpha = 0.05$)

解 设 X 表示事故发生在一周中的第几天,如果交通事故的发生与星期几无关,则 X 应具有分布律

$$P(X = i) = p_i = \frac{1}{7} \quad (i = 1, 2, \cdots, 7),$$

于是问题归结为检验假设

$$H_0 : p_i = \frac{1}{7} \quad (i = 1, 2, \cdots, 7); \quad H_1 : p_i \text{ 不全等于 } \frac{1}{7}.$$

用分布的 χ^2 拟合优度检验法判之. 把每一天看成一个小区间, 算出相应的 n_i, np_i, 如表 10-1 所示.

表 10-1 例 10-1 计算表

星期	n_i	np_i	$n_i - np_i$	$(n_i - np_i)^2 / np_i$
1	36	$238 \times \frac{1}{7}$	2	0.1176
2	23	$238 \times \frac{1}{7}$	-11	0.5588
3	29	$238 \times \frac{1}{7}$	-5	0.7353
4	31	$238 \times \frac{1}{7}$	-2	0.2674
5	34	$238 \times \frac{1}{7}$	0	0
6	60	$238 \times \frac{1}{7}$	26	19.8824
7	25	$238 \times \frac{1}{7}$	-9	2.3824
$\sum$	238	238		$\chi^2 = 26.941$

由 $k = 7, r = 0$, 查得临界值 $\chi_a^2(k - r - 1) = \chi_{0.05}^2(6) = 12.592$, 由于

$$\chi^2 = 26.94 > 12.592,$$

故拒绝 H_0, 即认为交通事故的发生与星期几有关, 显然星期六的交通事故比其他 6 天多.

例 10-2 在一批灯泡中抽取 300 只做寿命试验, 结果如下.

寿命 t(小时)	$t < 100$	$100 \leqslant t < 200$	$200 \leqslant t < 300$	$t \geqslant 300$
灯泡数	121	78	43	58

试在显著性水平 $\alpha = 0.05$ 下, 检验这批灯泡的寿命 T 是否服从指数分布:

$$H_0: T \sim p(t) = \begin{cases} 0.05 \mathrm{e}^{-0.05t}, & t \geqslant 0 \\ 0, & t < 0 \end{cases}.$$

解 这是分布的拟合优度检验问题, 用 χ^2 检验法.

将整个区间划分为 $(-\infty, 100), [100, 200), [200, 300), [300, +\infty)$ 四个区间, 计算结果如表 10-2 所示.

表 10-2 例 10-2 计算表

区间	n_i	np_i	$n_i - np_i$	$(n_i - np_i)^2 / np_i$
$(-\infty, 100)$	121	118.2	2.8	0.0663
$[100, 200)$	78	71.6	6.4	0.573
$[200, 300)$	43	43.4	-0.4	0.004
$[300, +\infty)$	58	66.6	-8.6	10111
$\sum$	300	300		1.754

其中理论概率 $p_i = P\{t_i \leqslant T \leqslant t_{i+1}\} = \int_{t_i}^{t_{i+1}} p(t) \mathrm{d}t \quad (i = 1, 2, 3, 4)$, 例如

$$p_1 = P\{T < 100\} = \int_0^{100} 0.05 \mathrm{e}^{-0.05t} \mathrm{d}t = 1 - \mathrm{e}^{-5} \approx 0.394.$$

由 $k = 4$, 未知参数个数 $r = 0$, 查表得 $\chi_a^2(k - r - 1) = \chi_{0.05}^2(3) = 7.815$, 因 $\chi^2 = 1.754 < \chi_{0.05}^2(3) = 7.815$, 故接受 H_0, 即可认为灯泡的寿命服从指数分布.

例 10 - 3 研究混凝土抗压强度的分布,把 200 件混凝土制品的抗压强度以分组的形式列出,如表 10 - 3 所示.

表 10 - 3　混凝土制品的抗压强度

压强区间(kg/cm^2)	频数(n_i)
190 ~ 200	10
200 ~ 210	26
210 ~ 220	56
220 ~ 230	64
230 ~ 240	30
240 ~ 250	14

要求在显著性水平 $\alpha = 0.05$ 下,检验

$$H_0 : F(x) \in \{N(\mu, \sigma^2)\},$$

其中 $F(x)$ 为抗压强度的分布函数.

解　参数 μ 和 σ^2 未知,其极大似然估计值分别为 $\overline{x}$ 和 $\hat{\sigma}^2 = \dfrac{1}{n} \sum\limits_{i=1}^{n} (x_i - \overline{x})^2$. 设 x_i^* 为第 i 组数据的组中值,则

$$\overline{x} = \frac{\sum\limits_i x_i^* n_i}{n} = \frac{195 \times 10 + 205 \times 26 + \cdots + 245 \times 14}{200} = 221,$$

$$\hat{\sigma}^2 = \frac{1}{n} \sum_i (x_i^* - \overline{x}) n_i = \frac{1}{200} [(-26)^2 \times 10 + \cdots + 24^2 \times 14] = 152,$$

所以原假设为 $H_0 : X \sim N(221, 152)$,

$$p_i = P\{a_{i-1} < X \leqslant a_i\} = \Phi(z_i) - \Phi(z_{i-1}) \quad (i = 1, 2, \cdots, 6),$$

其中 $z_i = \dfrac{a_i - \overline{x}}{\hat{\sigma}}, \Phi(z_i) = \dfrac{1}{\sqrt{2\pi}} \int_{-\infty}^{u_i} \mathrm{e}^{-\frac{t^2}{2}} \mathrm{d}t$,其他计算见表 10 - 4.

表 10 - 4　例 10 - 3 计算表

压强区间(kg/cm^2)	组中值	频数(n_i)	p_i	np_i	$(n_i - np_i)^2/np_i$
190 ~ 200	195	10	0.045	9	0.11
200 ~ 210	205	26	0.142	28.4	0.20
210 ~ 220	215	56	0.281	56.2	0.00
220 ~ 230	225	64	0.299	59.8	0.29
230 ~ 240	235	30	0.171	34.2	0.52
240 ~ 250	245	14	0.062	12.4	0.23
$\sum$				200	1.35

因为 $\chi^2 = 1.35 < 7.815 = \chi_{0.05}^2(3)$,所以接受原假设,认为混凝土制品的抗压强度服从正态分布 $X \sim N(221, 152)$.

设总体 X 的分布函数 $F(x)$ 未知,$F_0(x)$ 是一个已知分布函数,要检验统计假设:

$$H_0 : F(x) = F_0(x), \quad H_1 : F(x) \neq F_0(x).$$

对这个非参数检验问题,Pearson-χ^2 拟合检验是一个常用的方法. 遗憾的是,实践证明用 Pearson-χ^2 拟合检验的方法进行正态性检验时,犯第二类错误的概率较大,一般建议用偏度-峰度检验法、夏皮罗(Shapiro)- 威尔克(Wilk)法等检验总体分布的正态性. 另一类非参数检验是,设总体 X 的分布函数 $F_1(x)$,总体 Y 的分布函数 $F_2(x)$ 均为未知函数,要检验假设:

$$H_0:F_1(x)=F_2(x), \quad H_1:F_1(x)\neq F_2(x).$$

符号检验法、秩和检验法、游程检验法、柯尔莫格罗夫(Kolmogroff)-斯米尔诺夫(Smirnov)拟合检验等常用来检验这类假设问题.

非参数方法之所以越来越受重视,主要因为非参数方法的基本假设不严,适用的范围广,非参数方法通常有较好的稳健性和离群点的抵抗性.

§10.2 独立性的列联表检验

列联表是将观测数据按两个或更多属性(定性变量)分类时所列出的频数表.例如,对随机抽取的 1000 人按性别(男或女)及色觉(正常或色盲)两个属性分类,得到如表 10-5 所示的二维列联表,又称 2×2 表或四格表.

表 10-5 四格表

性别	视觉	
	正常	色盲
男	535	65
女	382	18

若总体中的个体可按两个属性 A 与 B 分类,A 有 r 个类,$A_1,A_2,\cdots,A_r$,B 有 s 个类,$B_1,B_2,\cdots,B_s$,从总体中抽取大小为 n 的样本,设其中有 n_{ij} 个个体既属于 A_i 类又属于 B_j 类,n_{ij} 称为频数,将 $r\times s$ 个 n_{ij} 排列为一个 r 行 s 列的二维列联表,简称 $r\times s$ 表,如表 10-6 所示.

表 10-6 $r\times s$ 二维列联表

$A\backslash B$	1	$\cdots$	j	$\cdots$	s	行和
1	n_{11}	$\cdots$	n_{1j}	$\cdots$	n_{1s}	$n_1.$
$\vdots$	$\vdots$	$\vdots$	$\vdots$	$\vdots$	$\vdots$	$\vdots$
i	n_{i1}	$\cdots$	n_{ij}	$\cdots$	n_{is}	$n_i.$
$\vdots$	$\vdots$	$\vdots$	$\vdots$	$\vdots$	$\vdots$	$\vdots$
r	n_{r1}	$\cdots$	n_{rj}	$\cdots$	n_{rs}	$n_r.$
列和	$n._1$	$\cdots$	$n._j$	$\cdots$	$n._s$	n

列联表分析的基本问题是:考察各属性之间有无关联,即判别两属性是否独立.如在前例中,问题是:一个人是否色盲与其性别是否有关? 在 $r\times s$ 表中,若以 $p_i.$ 表示总体中的个体仅属于 A_i 概率,以 $p._j$ 表示总体中的个体仅属于 B_j 概率,p_{ij} 表示总体中的个体同时属于 A_i 与 B_j 的概率,可得一个二维离散分布表.

表 10-7 二维离散分布表

$A\backslash B$	1	$\cdots$	j	$\cdots$	s	行和
1	p_{11}	$\cdots$	p_{1j}	$\cdots$	p_{1s}	$p_1.$
$\vdots$	$\vdots$	$\vdots$	$\vdots$	$\vdots$	$\vdots$	$\vdots$
i	p_{i1}	$\cdots$	p_{ij}	$\cdots$	p_{is}	$p_i.$
$\vdots$	$\vdots$	$\vdots$	$\vdots$	$\vdots$	$\vdots$	$\vdots$
r	p_{r1}	$\cdots$	p_{rj}	$\cdots$	p_{rs}	$p_r.$
列和	$p._1$	$\cdots$	$p._j$	$\cdots$	$p._s$	1

则"A,B 两属性独立"的假设可以表述为

$$H_0:p_{ij}=p_i.\cdot p._j \ (i=1,2,\cdots,r;j=1,2,\cdots,s),$$

在原假设 H_0 成立时,这里的 rs 个参数 p_{ij} 由 $r+s$ 个参数 $p_1.,p_2.,\cdots,p_r.$ 和 $p._1,p._2,\cdots,p._s$ 决定.在这 $r+s$ 个参数中存在两个约束条件:

$$\sum_{i=1}^{r} p_{i.} = 1, \quad \sum_{j=1}^{s} p_{.j} = 1.$$

所以此时 p_{ij} 实际上由 $r+s-2$ 个独立参数确定.据此检验统计量为

$$\chi^2 = \sum_{i=1}^{r}\sum_{j=1}^{s} \frac{(n_{ij} - n\hat{p}_{ij})^2}{n\hat{p}_{ij}}.$$

在 H_0 成立时,上式近似服从自由度为 $rs-(r+s-2)-1=(r-1)(s-1)$ 的 χ^2 分布,即 $\chi^2 = \sum_{i=1}^{r}\sum_{j=1}^{s} \frac{(n_{ij}-n\hat{p}_{ij})^2}{n\hat{p}_{ij}} \sim \chi^2[(r-1)(s-1)]$. $p_{i.}$ 的极大似然估计为 $\hat{p}_{i.} = \frac{n_{i.}}{n}$, $p_{.j}$ 的极大似然估计为 $\hat{p}_{.j} = \frac{n_{.j}}{n}$,因此,在 H_0 成立时,p_{ij} 的极大似然估计为 $\hat{p}_{ij} = \hat{p}_{i.} \cdot \hat{p}_{.j} = \frac{n_{i.}}{n} \cdot \frac{n_{.j}}{n}$. 对给定的显著性水平 α,$P\{\chi^2 > \chi_\alpha^2((r-1)(s-1))\} \leqslant \alpha$,检验的拒绝域为

$$W = \{\chi^2 > \chi_\alpha^2((r-1)(s-1))\}.$$

例 10-4 为研究儿童智力发展与营养的关系,某研究机构调查了 1436 名儿童,得到如表 10-8 所示的数据,试在显著性水平 0.05 下判断智力发展与营养有无关系.

表 10-8 儿童智力与营养的调查数据 （单位:人）

	智商				合计
	<80	$80\sim90$	$90\sim99$	$\geqslant100$	
营养良好	367	342	266	329	1304
营养不良	56	40	20	16	132
合计	423	382	286	345	1436

解 用 A 表示营养状况,有两个水平,A_1 表示营养良好,A_2 表示营养不良;B 表示儿童智商,有四个水平,B_1,B_2,B_3,B_4 分别表示表 10-8 中四种情况.沿用前面的记号,首先建立假设 H_0:营养状况与智商无关联,即 A 与 B 独立.可表达为

$$H_0: p_{ij} = p_{i.}p_{.j} \quad (i=1,2; j=1,2,3,4),$$

计算参数的极大似然估计值:

$$\hat{p}_{1.} = 1304/1436 = 0.9081, \quad \hat{p}_{2.} = 132/1436 = 0.0919,$$

$$\hat{p}_{.1} = 423/1436 = 0.2946, \quad \hat{p}_{.2} = 382/1436 = 0.2660,$$

$$\hat{p}_{.3} = 286/1436 = 0.1992, \quad \hat{p}_{.4} = 345/1436 = 0.2403.$$

在原假设 H_0 成立下,计算诸参数的极大似然估计值 $n\hat{p}_{ij} = n\hat{p}_{i.}\hat{p}_{.j}$,其结果见表 10-9.

表 10-9 $n\hat{p}_{ij} = n\hat{p}_{i.}\hat{p}_{.j}$ 的计算结果

	智商				$\hat{p}_{i.}$
	<80	$80\sim90$	$90\sim99$	$\geqslant100$	
营养良好	384.1677	346.8724	259.7631	313.3588	0.9081
营养不良	38.8779	35.1036	26.2881	31.7120	0.0919
$\hat{p}_{.j}$	0.2946	0.2660	0.1992	0.2403	

由表 10-9 可以计算检验统计量的值

$$\chi^2 = \frac{(367-384.1677)^2}{384.1677} + \frac{(342-346.8724)^2}{346.8724} + \cdots + \frac{(16-31.7120)^2}{31.7120} = 19.2785.$$

查表有 $\chi_{0.05}^2(3) = 7.815$,由于 $\chi^2 = 19.2785 > \chi_{0.05}^2(3) = 7.815$,故拒绝原假设,认为营养状况对智商有影响.

§10.3 指数分布参数的假设检验

设总体 X 服从参数为 $1/\theta$ 的指数分布 $X \sim Exp\left(\frac{1}{\theta}\right)$，其概率密度函数为

$$p(x) = \begin{cases} \frac{1}{\theta}e^{-\frac{1}{\theta}x}, & x \geqslant 0 \\ 0, & x < 0 \end{cases}.$$

设 $(X_1, X_2, \cdots, X_n)$ 是来自总体 $X \sim Exp\left(\frac{1}{\theta}\right)$ 的样本，独立同分布的指数变量之和为伽玛分布 $X_1 + X_2 + \cdots + X_n \sim Ga\left(n, \frac{1}{\theta}\right)$，$\chi^2(2n) = Ga\left(n, \frac{1}{2}\right)$，由此可知

$$\chi^2 = \frac{2n\overline{X}}{\theta} \sim \chi^2(2n).$$

关于 θ 的如下检验问题：

$$H_0: \theta = \theta_0, \quad H_1: \theta \neq \theta_0.$$

当 $H_0: \theta = \theta_0$ 时，$\chi^2 = \frac{2n\overline{X}}{\theta_0} \sim \chi^2(2n)$，所以

$$P\left\{\left(\frac{2n\overline{X}}{\theta_0} < \chi^2_{1-\frac{\alpha}{2}}(2n)\right) \bigcup \left(\frac{2n\overline{X}}{\theta_0} > \chi^2_{\frac{\alpha}{2}}(2n)\right)\right\} = \alpha.$$

对于给定的显著性水平 α，检验的拒绝域是：

$$W = \{\chi^2 < \chi^2_{1-\frac{\alpha}{2}}(2n) \text{ 或 } \chi^2 > \chi^2_{\frac{\alpha}{2}}(2n)\}.$$

例 10-5 设要在显著性水平 $\alpha = 0.05$ 下，检验某种元件的平均寿命是否不小于 6000 小时. 假定元件寿命为指数分布，现取 5 个元件投入试验，观测到如下 5 个失效时间：

$$395, \quad 4094, \quad 119, \quad 11572, \quad 6133.$$

解 由于待检验的假设为

$$H_0: \theta \geqslant 6000, \quad H_1: \theta < 6000.$$
$$P\{\chi^2 < \chi^2_{0.95}(10) = 3.94\} \leqslant 0.05.$$

经计算得 $$\chi^2 = \frac{10\,\overline{x}}{\theta_0} = \frac{10 \times 4462.6}{6000} = 7.4377.$$

由于 $\chi^2 = 7.4377 > \chi^2_{0.95}(10) = 3.94$，故接受原假设 $H_0: \theta \geqslant 6000$，认为元件的平均寿命不低于 6000 小时.

§10.4 比例的假设检验

比例 p 可看作某事件发生的概率，即二点分布 $X \sim B(1, p)$ 中的参数. 做 n 次独立试验，设 $(X_1, X_2, \cdots, X_n)$ 是来自总体 $X \sim B(1, p)$ 的样本，以 Y 记该事件发生的次数 $Y = X_1 + X_2 + \cdots + X_n$，则 $Y \sim B(n, p)$. 我们可以根据 Y 检验关于 p 的一些假设.

关于检验

$$H_0: p \leqslant p_0, \quad H_1: p > p_0.$$

由于 Y 只取非负整数值，对于显著性水平 α，若有非负整数 λ_0 满足：

$$\sum_{i=\lambda_0+1}^{n} C_n^i p_0^i (1-p_0)^{n-i} \leqslant \alpha < \sum_{i=\lambda_0}^{n} C_n^i p_0^i (1-p_0)^{n-i},$$

则检验的拒绝域为 $\{y \geqslant \lambda_0\}$，其中 y 为 Y 的观测值.

关于检验

$$H_0 : p \geqslant p_0, \quad H_1 : p < p_0.$$

对于显著性水平 α，若有非负整数 λ_0 满足

$$\sum_{i=0}^{\lambda_0} C_n^i p_0^i (1-p_0)^{n-i} \leqslant \alpha < \sum_{i=0}^{\lambda_0+1} C_n^i p_0^i (1-p_0)^{n-i},$$

则检验的拒绝域为 $\{y \leqslant \lambda_0\}$，其中 y 为 Y 的观测值.

关于检验

$$H_0 : p = p_0, \quad H_1 : p \neq p_0,$$

对于显著性水平 α，若有非负整数 λ_{10} 满足

$$\sum_{i=0}^{\lambda_{10}} C_n^i p_0^i (1-p_0)^{n-i} \leqslant \frac{\alpha}{2} < \sum_{i=0}^{\lambda_{10}+1} C_n^i p_0^i (1-p_0)^{n-i},$$

有非负整数 λ_{20} 满足

$$\sum_{i=\lambda_{20}+1}^{n} C_n^i p_0^i (1-p_0)^{n-i} \leqslant \frac{\alpha}{2} < \sum_{i=\lambda_{20}}^{n} C_n^i p_0^i (1-p_0)^{n-i},$$

则检验的拒绝域为 $\{y \leqslant \lambda_{10}$ 或 $y \geqslant \lambda_{20}\}$，其中 y 为 Y 的观测值.

例 10-6 某厂生产的产品优质品率一直保持在 40%，近期对该厂生产的该类产品抽检 20 件，其中优质品 7 件，在显著性水平 $\alpha = 0.05$ 下能否认为优质品率仍保持在 40%？

解 以 p 表示优质品率，X 表示 20 件产品中的优质品件数，则 $X \sim B(20, p)$，待检验的假设为

$$H_0 : p = 0.4, \quad H_1 : p \neq 0.4.$$

由于当 $H_0 : p = 0.4$ 成立时，

$$P\{X \leqslant 3\} = 0.0160 < 0.025 < P\{X \leqslant 4\} = 0.0510,$$
$$P\{X \geqslant 11\} = 0.0565 > 0.025 > P\{X \geqslant 12\} = 0.0210.$$

所以拒绝域为 $W = \{x \leqslant 3$ 或 $x \geqslant 12\}$，由于观测值 $x = 7$ 没有落入拒绝域，故接受原假设 $H_0 : p = 0.4$.

§10.5 大样本检验

在二点分布参数 p 的检验问题中，临界值的确定比较繁琐，使用不太方便. 如果样本量较大，我们可用近似的检验方法 —— 大样本检验.

大样本检验一般思路如下：设总体 X 有均值 $E(X) = \theta$，方差为 θ 的函数 $D(X) = \sigma^2(\theta)$；又设 $(X_1, X_2, \cdots, X_n)$ 是来自总体 X 的样本，$\overline{X}$ 为样本均值，利用中心极限定理可知，在样本容量 n 充分大时，

$$\overline{X} \sim AN\left(\theta, \frac{\sigma^2(\theta)}{n}\right),$$

其中记号 $X \sim AN(\mu, \sigma^2)$ 表示随机变量 X 近似服从参数为 μ, σ^2 的正态分布.

对于假设检验

$$H_0 : \theta = \theta_0, \quad H_1 : \theta \neq \theta_0,$$

当 $H_0: \theta = \theta_0$ 成立时，$Z = \dfrac{\sqrt{n}(\overline{X} - \theta_0)}{\sqrt{\sigma^2(\theta_0)}} \sim AN(0,1)$.

例 10-7 某厂产品的不合格品率为 10%，在一次例行检查中，随机抽取 80 件，发现有 11 件不合格品，在显著性水平 $\alpha = 0.05$ 下，能否认为不合格品率仍为 10%？

解 这是关于不合格品率的检验，假设为：
$$H_0: \theta = 0.1, \quad H_1: \theta \neq 0.1.$$
因为 $n = 80$ 比较大，可采用大样本检验方法. 当 $H_0: \theta = 0.1$ 时，
$$Z = \frac{\sqrt{80}(\overline{X} - 0.1)}{\sqrt{0.1 \times 0.9}} \sim AN(0,1),$$
$$P\left\{ |Z| = \frac{\sqrt{80}\,|\overline{X} - 0.1|}{\sqrt{0.1 \times 0.9}} > z_{\frac{\alpha}{2}} \right\} \approx \alpha,$$
$$z = \frac{\sqrt{80}\left(\dfrac{11}{80} - 0.1\right)}{\sqrt{0.1 \times 0.9}} = 1.118 < z_{0.025} = 1.96.$$
故不能拒绝原假设，认为不合格品率仍为 10%.

例 10-8 某建筑公司宣称其下属的建筑工地平均每天发生事故数不超过 0.6 起，现记录了该公司下属的建筑工地 200 天的安全生产情况，事故数记录如下.

一天发生的事故数	0	1	2	3	4	5	≥6	合计
天数	102	59	30	8	0	1	0	200

在显著性水平 $\alpha = 0.05$ 下，试检验该建筑公司的宣称是否成立.

解 以 X 记建筑工地一天发生的事故数，可认为 X 服从参数为 λ 的泊松分布 $X \sim P(\lambda)$，要检验的假设是：
$$H_0: \lambda \leqslant 0.6, \quad H_1: \lambda > 0.6.$$
由于 $n = 200$ 很大，可以采用大样本检验，泊松分布的均值和方差都是 λ，当 $H_0: \lambda \leqslant 0.6$ 成立时，
$$P\left\{ \frac{\sqrt{n}(\overline{X} - \lambda)}{\sqrt{\lambda}} > z_\alpha \right\} \leqslant \alpha.$$
由于
$$z = \frac{\sqrt{n}(\overline{x} - \lambda)}{\sqrt{\lambda}} = \frac{\sqrt{200}(0.74 - 0.6)}{\sqrt{0.6}} = 2.556 > z_{0.05} = 1.645,$$
故拒绝原假设，认为该建筑公司的宣称明显不成立.

§10.6 置信区间与假设检验之间的关系

设 $X \sim F(x;\theta)$，其中 $\theta \in \Theta$ 为未知参数，Θ 为参数空间. $(X_1, X_2, \cdots, X_n)$ 是来自总体 X 的样本，$(x_1, x_2, \cdots, x_n)$ 是样本的观察值.

§10.6.1 由置信区间解决假设检验问题

(1) 设 θ 的 $1 - \alpha$ 置信区间为 $(\underline{\theta}(X_1, X_2, \cdots, X_n), \overline{\theta}(X_1, X_2, \cdots, X_n))$，则对于任意 $\theta \in \Theta$，有
$$P\{\underline{\theta}(X_1, X_2, \cdots, X_n) < \theta < \overline{\theta}(X_1, X_2, \cdots, X_n)\} \geqslant 1 - \alpha.$$

(2) 在显著性水平 α 下，假设检验问题

$$H_0:\theta=\theta_0, H_1:\theta\neq\theta_0.$$

在 $H_0:\theta=\theta_0$ 成立时,有

$$P\{(\theta_0\leqslant\underline{\theta}(X_1,X_2,\cdots,X_n))\bigcup(\theta_0\geqslant\overline{\theta}(X_1,X_2,\cdots,X_n))\}\leqslant\alpha,$$

即

$$P\{\underline{\theta}(X_1,X_2,\cdots,X_n)<\theta_0<\overline{\theta}(X_1,X_2,\cdots,X_n)\}\geqslant1-\alpha,$$

由此可知,该假设检验问题的接受域为

$$\{\underline{\theta}(x_1,x_2,\cdots,x_n)<\theta_0<\overline{\theta}(x_1,x_2,\cdots,x_n)\}.$$

(3) 当要检验问题 $H_0:\theta=\theta_0, H_1:\theta\neq\theta_0$ 时,先求出 θ 的 $1-\alpha$ 置信区间为 $(\underline{\theta}(x_1,x_2,\cdots,x_n), \overline{\theta}(x_1,x_2,\cdots,x_n))=(\underline{\theta},\overline{\theta})$,若 $\theta_0\in(\underline{\theta},\overline{\theta})$,则接受 $H_0:\theta=\theta_0$;若 $\theta_0\notin(\underline{\theta},\overline{\theta})$,则拒绝 $H_0:\theta=\theta_0$.

§10.6.2 由假设检验问题求置信区间

设在显著性水平 α 下,假设检验问题 $H_0:\theta=\theta_0, H_1:\theta\neq\theta_0$ 接受域为

$$\{\underline{\theta}(x_1,x_2,\cdots,x_n)<\theta_0<\overline{\theta}(x_1,x_2,\cdots,x_n)\},$$

则有 $P\{\underline{\theta}(X_1,X_2,\cdots,X_n)<\theta_0<\overline{\theta}(X_1,X_2,\cdots,X_n)\}\geqslant1-\alpha$,由 θ_0 的任意性,知对于任意 $\theta\in\Theta$,有

$$P\{\underline{\theta}(X_1,X_2,\cdots,X_n)<\theta<\overline{\theta}(X_1,X_2,\cdots,X_n)\}\geqslant1-\alpha.$$

因此,$(\underline{\theta}(X_1,X_2,\cdots,X_n),\overline{\theta}(X_1,X_2,\cdots,X_n))$ 为参数 θ 的 $1-\alpha$ 置信区间. 由此可知,若在显著性水平 α 下,已求得假设检验问题 $H_0:\theta=\theta_0, H_1:\theta\neq\theta_0$ 的接受域为

$$\{\underline{\theta}(x_1,x_2,\cdots,x_n)<\theta_0<\overline{\theta}(x_1,x_2,\cdots,x_n)\},$$

则 $(\underline{\theta}(x_1,x_2,\cdots,x_n),\overline{\theta}(x_1,x_2,\cdots,x_n))=(\underline{\theta},\overline{\theta})$ 为 θ 的 $1-\alpha$ 置信区间.

可类似讨论单侧检验问题与单侧置信区间(置信限)的关系.

例 10-9 设 $X\sim N(\mu,1)$,由容量为 16 的一个样本算得样本均值 $\overline{x}=5.20$,于是得到未知参数 μ 的 0.95 置信区间 $(\overline{x}-\frac{1}{\sqrt{16}}z_{0.025},\overline{x}+\frac{1}{\sqrt{16}}z_{0.025})=(4.71,5.69)$. 试在显著性水平 $\alpha=0.05$ 下,考虑到假设检验问题 $H_0:\mu=5.5, H_1:\mu\neq5.5$.

解 因为 $5.5\in(4.71,5.69)$,所以接受 $H_0:\mu=5.5$.

例 10-10 设 $X\sim N(\mu,1)$,由容量为 16 的一个样本算得样本均值 $\overline{x}=5.20$. 试在显著性水平 $\alpha=0.05$ 下,考虑到假设检验问题 $H_0:\mu\leqslant5.5, H_1:\mu>5.5$,并求 μ 的 0.95 单侧置信下限.

解 因为检验问题的拒绝域为

$$z=\frac{\overline{x}-\mu_0}{1/\sqrt{16}}>z_{0.05},$$

由此得 $\mu_0<4.79$,故检验问题的接受域为 $\mu_0>4.79$,所以 μ 的 0.95 单侧置信下限为 $\underline{\mu}=4.79$.

§10.7 施行特征函数与样本容量的确定

在进行假设检验时,总是根据问题的需要,预先给出显著性水平以控制犯第一类错误的概率,而犯第二类错误的概率则依赖于样本容量的选择. 在某些实际问题中,我们除了希望控制犯第一类错误的概率外,往往还希望控制犯第二类错误的概率. 在本节中,我们将阐明如何选取样本的容量使得犯第二类错误的概率控制在预先给定的限度内,为此引入施行特征函数.

施行特征函数的作用:适当地选取样本的容量,使得犯第二类错误的概率控制在预先给定的限度内.

§10.7.1 施行特征函数

定义 10-3 设有参数 θ 的检验问题,

$$H_0:\theta \in \Theta_0, \quad H_1:\theta \in \Theta_1.$$

若对该检验问题的一个检验法 C,其拒绝域为 W,样本 $X=(X_1,X_2,\cdots,X_n)$,则

$$g(\theta)=P_\theta\{X \in W\} \quad (\theta \in \Theta = \Theta_0 \bigcup \Theta_1),$$

称为检验法 C 的**势函数**.

由于 $\alpha(\theta)=P_\theta\{X \in W\},\theta \in \Theta_0;\beta(\theta)=P_\theta\{X \in \overline{W}\},\theta \in \Theta_1$,所以

$$g(\theta)=\begin{cases} \alpha(\theta), & \theta \in \Theta_0 \\ 1-\beta(\theta), & \theta \in \Theta_1 \end{cases}.$$

定义 10-4 设有参数 θ 的检验问题,

$$H_0:\theta \in \Theta_0, \quad H_1:\theta \in \Theta_1.$$

若对该检验问题的一个检验法 C,其接受域为 $\overline{W}$,样本 $X=(X_1,X_2,\cdots,X_n)$,则

$$\beta(\theta)=P_\theta\{X \in \overline{W}\} \quad (\theta \in \Theta = \Theta_0 \bigcup \Theta_1),$$

称为检验法 C 的**施行特征函数**或 OC **函数**,其图形称为 OC **曲线**.

易知,当 $H_0:\theta \in \Theta_0$ 时,$\beta(\theta)=P_\theta\{X \in \overline{W}\}=\{$接受 $H_0 \mid H_0$ 真$\} \geqslant 1-\alpha$;而当 $H_1:\theta \in \Theta_1$ 时,$\beta(\theta)=P_\theta\{X \in \overline{W}\}=P\{$接受 $H_0 \mid H_0$ 不真$\}$ 就是犯第二类错误的概率.

§10.7.2 单侧 Z 检验法的 OC 函数与样本容量的确定

设正态总体 $X \sim N(\mu,\sigma^2),\sigma^2$ 已知,$(X_1,X_2,\cdots,X_n)$ 是来自总体 X 的样本,样本均值 $\overline{X}=\frac{1}{n}\sum_{i=1}^{n} X_i$. 对右边假设检验问题

$$H_0:\mu \leqslant \mu_0, \quad H_1:\mu > \mu_0,$$

采用 Z 检验法,其 OC 函数为

$$\beta(\mu)=P_\mu(X \in \overline{W})=P_\mu\left\{\frac{\overline{X}-\mu_0}{\frac{\sigma}{\sqrt{n}}} < z_\alpha\right\}$$

$$=P_\mu\left\{\frac{\overline{X}-\mu}{\frac{\sigma}{\sqrt{n}}} < z_\alpha - \frac{\mu-\mu_0}{\frac{\sigma}{\sqrt{n}}}\right\}=\Phi(z_\alpha-\lambda),$$

其中 $\lambda=\frac{\mu-\mu_0}{\frac{\sigma}{\sqrt{n}}}$.

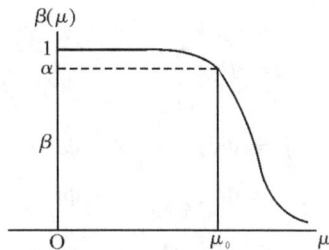

图 10-1 右侧 Z 检验法的 OC 曲线

此 OC 函数的性质如下:

(1) 它是 $\lambda=\frac{\mu-\mu_0}{\frac{\sigma}{\sqrt{n}}}$ 的连续单调减函数;

(2) $\lim\limits_{\mu \to \mu_0^+}\beta(\mu)=1-\alpha,\lim\limits_{\mu \to \infty}\beta(\mu)=0.$

当参数 $\mu > \mu_0$ 在 μ_0 附近时,不管样本容量 n 多大,只要 n 给定,$\beta(\mu)$ 几乎等于 $1-\alpha$. 因此,

当 $H_1:\mu > \mu_0$ 为真时,对任一点 $\mu > \mu_0$,控制犯第二类错误的概率都不超过给定的很小的 β 是不可能的.所以在实际工作中,对右边假设检验问题改进为

$$H_0:\mu \leqslant \mu_0, \quad H_1:\mu > \mu_0 + \delta.$$

当真值 $\mu \geqslant \mu_0 + \delta$ $(\delta > 0)$ 时,$\beta(\mu_0 + \delta) \geqslant \beta(\mu)$,为使犯第二类错误的概率不超过给定的 β,只要 $\beta(\mu_0 + \delta) = \Phi\left(z_\alpha - \dfrac{\sqrt{n}\delta}{\sigma}\right) \leqslant \beta$,即 n 应满足 $z_\alpha - \dfrac{\sqrt{n}\delta}{\sigma} \leqslant z_\beta$,也即 $\sqrt{n} \geqslant \dfrac{(z_\alpha + z_\beta)\sigma}{\delta}$,就能使犯第二类错误的概率不超过给定的 β.

对假设检验问题,

$$H_0:\mu \geqslant \mu_0, H_1:\mu < \mu_0,$$

采用 Z 检验法,类似地可得其 OC 函数:

$$\beta(\mu) = P_\mu(X \in \overline{W}) = \Phi(z_\alpha + \lambda),$$

其中 $\lambda = \dfrac{\mu - \mu_0}{\dfrac{\sigma}{\sqrt{n}}}$.

当 $\mu \geqslant \mu_0$ 时,$\beta(\mu)$ 为作出正确判断的概率;当 $\mu < \mu_0$ 时,$\beta(\mu)$ 给出犯第二类错误的概率.对于实际工作中的假设检验问题:$H_0:\mu \geqslant \mu_0, H_1:\mu < \mu_0 - \delta$,其中常数 $\delta > 0$,只要样本容量满足 $\sqrt{n} \geqslant \dfrac{(z_\alpha + z_\beta)\sigma}{\delta}$,就能使犯第二类错误的概率不超过给定的 β.

§10.7.3　双侧 Z 检验法的 OC 函数与样本容量的确定

设正态总体 $X \sim N(\mu,\sigma^2)$,σ^2 已知,$(X_1,X_2,\cdots,X_n)$ 是来自总体 X 的样本,样本均值 $\overline{X} = \dfrac{1}{n}\sum_{i=1}^{n} X_i$.对假设检验问题

$$H_0:\mu = \mu_0, \quad H_1:\mu \neq \mu_0,$$

采用 Z 检验法,其 OC 函数为

$$\beta(\mu) = P_\mu(X \in \overline{W}) = P_\mu\left\{-z_{\frac{\alpha}{2}} < \frac{\overline{X} - \mu_0}{\dfrac{\sigma}{\sqrt{n}}} < z_{\frac{\alpha}{2}}\right\}$$

$$= P_\mu\left\{-\lambda - z_{\frac{\alpha}{2}} < \frac{\overline{X} - \mu}{\dfrac{\sigma}{\sqrt{n}}} < -\lambda + z_{\frac{\alpha}{2}}\right\}$$

$$= \Phi(z_{\frac{\alpha}{2}} - \lambda) - \Phi(-z_{\frac{\alpha}{2}} - \lambda)$$

$$= \Phi(z_{\frac{\alpha}{2}} - \lambda) + \Phi(z_{\frac{\alpha}{2}} + \lambda) - 1,$$

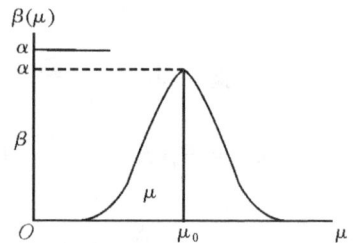

图 10 - 2　双侧 Z 检验法的
OC 曲线

其中 $\lambda = \dfrac{\mu - \mu_0}{\dfrac{\sigma}{\sqrt{n}}}$.

对于实际工作中的假设检验问题:$H_0:\mu = \mu_0, H_1:|\mu - \mu_0| > \delta > 0$,只要 $\sqrt{n} \geqslant \dfrac{(z_{\frac{\alpha}{2}} + z_\beta)\sigma}{\delta}$,就能使犯第二类错误的概率不超过给定的 β.

例 10 - 11　设有一大批产品,产品质量指标 $X \sim N(\mu,\sigma^2)$,以 μ 小者为佳.对于验收方案,厂方要求对高质量产品($\mu \leqslant \mu_0$)买方应以高概率 $1-\alpha$ 接收;买方要求对低质量产品($\mu \geqslant \mu_0 + \delta$)能以高概率 $1-\beta$ 拒收.采用一次抽样确定该批产品是否为买方所接收,问应怎样确定抽样方

案.已知 $\mu_0 = 120, \delta = 20, \sigma^2 = 900, \alpha = 0.05, \beta = 0.05$.

解　检验问题为

$$H_0 : \mu \leqslant \mu_0, \quad H_1 : \mu \geqslant \mu_0 + \delta.$$

$$P\left\{\frac{\overline{X} - \mu_0}{\frac{\sigma}{\sqrt{n}}} > z_\alpha\right\} \leqslant \alpha \Leftrightarrow P\left\{\frac{\overline{X} - \mu_0}{\frac{\sigma}{\sqrt{n}}} \leqslant z_\alpha\right\} \geqslant 1 - \alpha,$$

$$\beta(\mu) = P_\mu\left\{\frac{\overline{X} - \mu_0}{\frac{\sigma}{\sqrt{n}}} < z_\alpha\right\} = P_\mu\left\{\frac{\overline{X} - \mu}{\frac{\sigma}{\sqrt{n}}} < z_\alpha - \frac{\mu - \mu_0}{\frac{\sigma}{\sqrt{n}}}\right\} = \Phi\left[z_\alpha - \frac{\mu - \mu_0}{\frac{\sigma}{\sqrt{n}}}\right].$$

要求当 $\mu \geqslant \mu_0 + \delta$ 时,$\beta(\mu) \leqslant \beta$,只需 $\beta(\mu_0 + \delta) = \beta$,由于 $\sqrt{n} \geqslant \dfrac{(z_\alpha + z_\beta)\sigma}{\delta}$,由给定数据知 $n \geqslant$

$\dfrac{(z_\alpha + z_\beta)^2 \sigma^2}{\delta^2} = \dfrac{4 \times 1.645^2 \times 900}{20^2} = 24.35$,故取 $n = 25$,且当观测值 $\overline{x}$ 满足 $\dfrac{\overline{x} - \mu_0}{\frac{\sigma}{\sqrt{n}}} > z_\alpha = z_{0.05}$

$= 1.645$,即 $\overline{x} > 129.87$ 时,买方就拒收这批产品,而当 $\overline{x} < 129.87$ 时,买方就应接收这批产品.

习题十

1. 有人对 $\pi = 3.1415926\cdots$ 的小数点后 800 位数字中数字 $0,1,2,\cdots,9$ 出现的次数进行统计,结果如下.

数字	0	1	2	3	4	5	6	7	8	9
次数	74	92	83	79	80	73	77	75	76	91

在显著性水平 $\alpha = 0.05$ 下,问能否认为每个数字出现概率相同?

2. 卢琴福在 2608 个等时间间隔内观测一枚放射性物质放射的粒子数 X,下表是其观测结果的汇总,其中 n_i 表示观测到 i 粒放射粒子的次数.试检验该放射性物质在单位时间内放射的粒子数 X 是否服从泊松分布.

i	0	1	2	3	4	5	6	7	8	9	10	11
n_i	57	203	383	525	532	408	273	139	45	27	10	6

3. 对 1000 名高中生做性别与色盲的调查,获得如下二维列联表.

性别	视觉	
	正常	色盲
男	535	65
女	382	18

试在显著性水平 $\alpha = 0.05$ 下,考察性别与色盲是否相互独立?

4. 从一批服从指数分布的产品中抽取 10 个进行寿命试验,观测值(单位:小时) 如下:

1643　1629　426　132　1522　432　1759　1074　528　283.

根据这批数据,在显著性水平 $\alpha = 0.05$ 下,能否认为其平均寿命不低于 1100 小时?

第十一章 方差分析

在工农业生产中,某种产品的产量、质量往往会受到许多因素的影响.例如,工业产品的质量会受原材料、设备、工艺、操作人员等的影响;农作物的产量会受品种、肥料、农药、土壤等因素的影响.在这些因素中,有的影响显著,有的影响不显著.方差分析就是鉴别各因素影响程度的一种有效的统计方法.它是在 20 世纪 20 年代由英国统计学家费希尔首先在农业试验中使用,后来推广到其他各类试验中的.

定义 11-1 在统计中,可控制的试验条件称为**因素**(Factor),而因素所处的状态称为**水平**(Level).鉴别因素对试验指标是否有影响的统计方法,称为**方差分析**(Analysis of variance,ANOVA).

定义 11-2 为了考察某个因素 A 对试验指标(即随机变量 X)的影响,在试验时其他因素保持不变,而仅因素 A 取不同的水平,这种试验称为**单因素试验**.对应的方差分析,称为**单因素方差分析**(Single-factor ANOVA).

定义 11-3 为了考察多个因素对试验指标(即随机变量 X)的影响,在试验时这多个因素取不同的水平,而其他因素保持不变,这种试验称为**多因素试验**.对应的方差分析,称为**多因素方差分析**(Multifactor analysis of variance).

§11.1 单因素方差分析

§11.1.1 基本假定条件

设因素 A 有 a 个水平 $A_1,A_2,\cdots,A_a$,假定在水平 A_i 下的总体 X_i 服从正态分布 $N(\mu_i,\sigma^2)$ $(i=1,2,\cdots,a)$,且总体 $X_1,X_2,\cdots,X_a$ 的方差都等于 σ^2,但总体均值 $\mu_1,\mu_2,\cdots,\mu_a$ 可能不相等.例如,$X_1,X_2,\cdots,X_a$ 可以是用 a 种不同工艺生产的电子元件的寿命,或者是 a 个不同品种的小麦的单位面积产量,等等.

在水平 A_i 下进行 n_i 次试验$(i=1,2,\cdots,a)$;假定所有试验是相互独立的.设得到样本如表 11-1 所示.

表 11-1 单因素试验样本

因素水平	总体	样本			
A_1	X_1	X_{11}	X_{12}	$\cdots$	X_{1n_1}
A_2	X_2	X_{21}	X_{22}	$\cdots$	X_{2n_2}
$\vdots$	$\vdots$	$\vdots$	$\vdots$	$\vdots$	$\vdots$
A_a	X_a	X_{a1}	X_{a2}	$\cdots$	X_{an_a}

因为在水平 A_i 下的样本 X_{ij} $(j=1,2,\cdots,n_i)$ 与总体 X_i 服从相同的分布,所以有

$$X_{ij} \sim N(\mu_i, \sigma^2) \quad (i = 1, 2, \cdots, a).$$

§11.1.2　统计假设

单因素方差分析的任务就是根据表 11-1 中的 a 组样本的观测值来检验因素 A 对试验结果（即试验指标）的影响是否显著. 如果因素 A 对试验结果的影响不显著, 则所有样本 X_{ij} 就可以看作来自同一总体 $N(\mu, \sigma^2)$. 因此, 单因素方差分析要检验的原假设是

$$H_0: \mu_1 = \mu_2 = \cdots = \mu_a,$$

备择假设是

$$H_1: \mu_1, \mu_2, \cdots, \mu_a \text{ 不全相等}.$$

为了使以后的讨论方便, 把总体 X_i 的均值 μ_i $(i = 1, 2, \cdots, a)$ 改写成另一种形式, 设试验的总次数为 $n = \sum\limits_{i=1}^{a} n_i$.

定义 11-4　各个水平下的总体均值 $\mu_1, \mu_2, \cdots, \mu_a$ 的加权平均值 $\mu = \dfrac{1}{n} \sum\limits_{i=1}^{a} n_i \mu_i$, 称为**总均值**; 总体 X_i 的均值 μ_i 与总均值 μ 的差 $\alpha_i = \mu_i - \mu$, 称为因素 A 关于水平 A_i 的**效应** (Effect) $(i = 1, 2, \cdots, a)$.

不难得出

$$\sum_{i=1}^{a} n_i \alpha_i = \sum_{i=1}^{a} n_i (\mu_i - \mu) = n\mu - n\mu = 0.$$

另外, 显然有

$$\mu_i = \mu + \alpha_i \quad (i = 1, 2, \cdots, a).$$

因此, 单因素方差分析的基本模型为

$$\begin{cases} X_{ij} = \mu + \alpha_i + \varepsilon_{ij}, & i = 1, 2, \cdots, a; \quad j = 1, 2, \cdots, n_i \\ \sum\limits_{i=1}^{a} n_i \alpha_i = 0 \\ \varepsilon_{ij} \sim N(0, \sigma^2), & \text{且相互独立} \end{cases},$$

从而要检验的原假设可写成

$$H_0: \alpha_1 = \alpha_2 = \cdots = \alpha_a = 0,$$

备择假设可写成

$$H_1: \alpha_1, \alpha_2, \cdots, \alpha_a \text{ 不全为零}.$$

§11.1.3　平方和分解

为了检验上述假设, 需要选取恰当的统计量, 设第 i 组样本的样本均值为 $\overline{X}_i$ $(i = 1, 2, \cdots, a)$, 即

$$\overline{X}_i = \frac{1}{n_i} \sum_{j=1}^{n_i} X_{ij}, \quad \overline{X}_i = \frac{1}{n_i} \sum_{j=1}^{n_i} (\mu + \alpha_i + \varepsilon_{ij}) = \mu + \alpha_i + \frac{1}{n_i} \sum_{j=1}^{n_i} \varepsilon_{ij},$$

于是总的样本均值

$$\overline{X} = \frac{1}{n} \sum_{i=1}^{a} \sum_{j=1}^{n_i} X_{ij} = \frac{1}{n} \sum_{i=1}^{a} n_i \overline{X}_i, \quad \overline{X} = \frac{1}{n} \sum_{i=1}^{a} \sum_{j=1}^{n_i} (\mu + \alpha_i + \varepsilon_{ij}) = \mu + \frac{1}{n} \sum_{i=1}^{a} \sum_{j=1}^{n_i} \varepsilon_{ij}.$$

定义 11-5　全体 X_{ij} 对总的样本均值 $\overline{X}$ 的离差平方和

$$SS_T = \sum_{i=1}^{a} \sum_{j=1}^{n_i} (X_{ij} - \overline{X})^2,$$

称为**总的离差平方和**(Total sum of squares).

$SS_T = \sum_{i=1}^{a} \sum_{j=1}^{n_i} (X_{ij} - \overline{X})^2$ 的大小反映了所有数据的离散程度.

定义 11-6 各组的样本均值$\overline{X}_i$对总的样本均值$\overline{X}$的离差平方和

$$SS_A = \sum_{i=1}^{a} n_i (\overline{X}_i - \overline{X})^2$$

称为**组间平方和**(Treatment sum of squares).

因为$\overline{X}_i - \overline{X} = \alpha_i + \dfrac{1}{n_i} \sum_{j=1}^{n_i} \varepsilon_{ij} - \dfrac{1}{n} \sum_{i=1}^{a} \sum_{j=1}^{n_i} \varepsilon_{ij}$,可见$SS_A$大小与因素$A$的不同水平效应$\alpha_i$有关,反映了各组样本数据之间的差异程度.

定义 11-7 样本中各个X_{ij}对本组样本均值$\overline{X}_i$的离差平方和

$$SS_E = \sum_{i=1}^{a} \sum_{j=1}^{n_i} (X_{ij} - \overline{X}_i)^2$$

称为**误差平方和**(或**组内平方和**)(Error sum of squares).

由于$X_{ij} - \overline{X}_i = \mu + \alpha_i + \varepsilon_{ij} - \left(\mu + \alpha_i + \dfrac{1}{n_i} \sum_{j=1}^{n_i} \varepsilon_{ij}\right) = \varepsilon_{ij} - \dfrac{1}{n_i} \sum_{j=1}^{n_i} \varepsilon_{ij}$,可见$SS_E$的大小只与试验过程中各种随机误差有关,反映了各组组内样本数据之间的差异程度.

定理 11-1 $\qquad\qquad\qquad SS_T = SS_A + SS_E.$

证明 把总离差平方和SS_T分解如下:

$$SS_T = \sum_{i=1}^{a} \sum_{j=1}^{n_i} (X_{ij} - \overline{X})^2 = \sum_{i=1}^{a} \sum_{j=1}^{n_i} (X_{ij} - \overline{X}_i + \overline{X}_i - \overline{X})^2$$

$$= \sum_{i=1}^{a} n_i (\overline{X}_i - \overline{X})^2 + \sum_{i=1}^{a} \sum_{j=1}^{n_i} (X_{ij} - \overline{X}_i)^2 + 2\sum_{i=1}^{a} \sum_{j=1}^{n_i} (\overline{X}_i - \overline{X})(X_{ij} - \overline{X}_i).$$

因为

$$\sum_{i=1}^{a} \sum_{j=1}^{n_i} (\overline{X}_i - \overline{X})(X_{ij} - \overline{X}_i) = \sum_{i=1}^{a} (\overline{X}_i - \overline{X}) \sum_{j=1}^{n_i} (X_{ij} - \overline{X}_i)$$

$$= \sum_{i=1}^{a} (\overline{X}_i - \overline{X})(n_i \overline{X}_i - n_i \overline{X}_i) = 0,$$

因此有

$$SS_T = \sum_{i=1}^{a} n_i (\overline{X}_i - \overline{X})^2 + \sum_{i=1}^{a} \sum_{j=1}^{n_i} (X_{ij} - \overline{X}_i)^2 = SS_A + SS_E.$$

§11.1.4 方差分析

定理 11-2 若原假设$H_0 : \alpha_1 = \alpha_2 = \cdots = \alpha_a = 0$成立,则

(1) $\dfrac{SS_E}{\sigma^2} \sim \chi^2(n-a)$;

(2) $\dfrac{SS_A}{\sigma^2} \sim \chi^2(a-1)$;

（3）SS_A 与 SS_E 相互独立；

（4）$F = \dfrac{\dfrac{SS_A}{a-1}}{\dfrac{SS_E}{n-a}} \sim F(a-1, n-a)$.

证明　如果原假设 H_0 是正确的，则样本中所有 X_{ij} 可以看作来自同一正态总体 $N(\mu, \sigma^2)$，并且相互独立，于是有

$$SS_T = \sum_{i=1}^{a} \sum_{j=1}^{n_i} (X_{ij} - \overline{X})^2 = (n-1)S^2,$$

其中 n 与 S^2 分别是所有 X_{ij} 构成的样本的样本容量及样本方差.

$$\frac{SS_T}{\sigma^2} = \frac{(n-1)S^2}{\sigma^2} \sim \chi^2(n-1).$$

而对每一组 $X_{i1}, X_{i2}, \cdots, X_{in_i}$ 构成的样本来说，有

$$\sum_{j=1}^{n_i} (X_{ij} - \overline{X}_i)^2 = (n_i - 1)S_i^2,$$

其中 n_i 与 S_i^2 分别是第 i 组 $X_{i1}, X_{i2}, \cdots, X_{in_i}$ 构成的样本的样本容量及样本方差，同理可知

$$\frac{(n_i - 1)S_i^2}{\sigma^2} \sim \chi^2(n_i - 1) \quad (i = 1, 2, \cdots, a).$$

因为各组的样本方差 $S_1^2, S_2^2, \cdots, S_a^2$ 之间相互独立，所以由 χ^2 分布的可加性，并注意到 $\sum\limits_{i=1}^{a}(n_i - 1) = n - a$，便得

$$\frac{SS_E}{\sigma^2} = \sum_{i=1}^{a} \frac{(n_i - 1)S_i^2}{\sigma^2} \sim \chi^2(n-a).$$

又因为 $\dfrac{SS_T}{\sigma^2} = \dfrac{SS_A}{\sigma^2} + \dfrac{SS_E}{\sigma^2}$，且 $f_T = n-1, f_E = n-a, f_A = a-1$，所以由柯赫伦分解定理可知，$SS_A$ 与 SS_E 相互独立，并且

$$\frac{SS_A}{\sigma^2} \sim \chi^2(a-1).$$

于是有

$$F = \frac{\dfrac{\dfrac{SS_A}{\sigma^2}}{a-1}}{\dfrac{\dfrac{SS_E}{\sigma^2}}{n-a}} = \frac{\dfrac{SS_A}{a-1}}{\dfrac{SS_E}{n-a}} \sim F(a-1, n-a).$$

如果因素 A 的各水平 $A_1, A_2, \cdots, A_a$ 对总体 X 的影响不显著，则组间平方和 SS_A 应较小，因而统计量 F 的观测值也应较小. 相反，如果因素 A 的各水平 $A_1, A_2, \cdots, A_a$ 对总体 X 的影响显著不同，则组间平方和 SS_A 应较大，因而统计量 F 的观测值也应较大. 由此可见，我们可以根据统计量 F 的观测值的大小来检验原假设 H_0.

对于给定的显著性水平 α，由附表可查得临界值 $F_\alpha(a-1, n-a)$，如果由样本观测值计算得到统计量 F 的观测值大于 $F_\alpha(a-1, n-a)$，则在显著性水平 α 下拒绝原假设 H_0，即认为因素 A 的不同水平对总体有显著影响；如果 F 的观测值不大于 $F_\alpha(a-1, n-a)$，则认为因素 A 的不同水平对总体无显著影响.

通常取 $\alpha = 0.05$ 或 $\alpha = 0.01$. 当 $F \leqslant F_{0.05}(a-1, n-a)$ 时，认为影响不显著；当

$F_{0.05}(a-1,n-a) < F \leqslant F_{0.01}(a-1,n-a)$ 时,认为影响显著;当 $F > F_{0.01}(a-1,n-a)$ 时,认为影响极显著.

若在单因素试验中,得到样本观测值 x_{ij},记

$$T_{A_i} = \sum_{j=1}^{n_i} x_{ij} \quad (i=1,2,\cdots,a),$$

$$T = \sum_{i=1}^{a} \sum_{j=1}^{n_i} x_{ij} = \sum_{i=1}^{a} T_{A_i}.$$

将其列入如表 11-2 所示的计算表中.

表 11-2 单因素方差分析计算表

因素水平	样本观测值				行和
A_1	x_{11}	x_{12}	$\cdots$	x_{1n_1}	T_{A_1}
A_2	x_{21}	x_{22}	$\cdots$	x_{2n_2}	T_{A_2}
$\vdots$	$\vdots$	$\vdots$	$\cdots$	$\vdots$	$\vdots$
A_a	x_{a1}	x_{a2}	$\cdots$	x_{an_a}	T_{A_a}
总和					T

不难证明 SS_T, SS_A, SS_E 有如下的计算公式:

$$C = \frac{T^2}{n},$$

$$SS_T = \sum_{i=1}^{a} \sum_{j=1}^{n_i} x_{ij}^2 - C,$$

$$SS_A = \sum_{i=1}^{a} \frac{T_{A_i}^2}{n_i} - C,$$

$$SS_E = SS_T - SS_A.$$

作方差分析时,一般要求列出方差分析表(ANOVA table),表 11-3 是单因素方差分析表.

表 11-3 单因素方差分析表

方差来源 (Source of variation)	平方和 (Sum of squares)	自由度 (df)	均方 MS (Mean square)	F 值	临界值
因素 A (Treatments)	SS_A	$a-1$	$MSA = \dfrac{SS_A}{a-1}$	$F = \dfrac{MSA}{MSE}$	$F_{0.05}(a-1,n-a)$ $F_{0.01}(a-1,n-a)$
误差(Error)	SS_E	$n-a$	$MSE = \dfrac{SS_E}{n-a}$		
总和(Total)	SS_T	$n-1$			

有时,为了简化计算,可以将所有样本观测值 x_{ij} 都减去同一常数 k,然后进行计算. 显然,这样做不会改变 SS_T, SS_A 和 SS_E 的值;也不会改变 F 的值.

例 11-1 某食品公司为一种食品设计了 4 种不同的新包装,选取了 10 个销售量相近的商店做试验,其中两种包装各指定两个商店销售,另两种包装各指定三个商店销售. 在试验期间,各商店的货架排放位置、空间都尽量一致,营业员也采用相同的促销方式. 一段时间后的销售量记录如表 11-4 所示. 试检验不同的包装对食品销售量是否有显著影响?

表 11 - 4 销售量数据

包装类型	样本观测值		
A_1	12	18	
A_2	14	12	13
A_3	19	17	21
A_4	24	30	

解 本题中 $a = 4, n_1 = 2, n_2 = 3, n_3 = 3, n_4 = 2, n = 10$. 首先由样本直接计算有关值,如表 11 - 5 所示.

表 11 - 5 例 11 - 1 计算表

包装类型	样本观测值			T_{A_i}
A_1	12	18		30
A_2	14	12	13	39
A_3	19	17	21	57
A_4	24	30		54
$T = \sum\limits_{i=1}^{4} \sum\limits_{j=1}^{n_i} x_{ij}$				180

$$C = \frac{T^2}{n} = 3240,$$

$$SS_T = \sum_{i=1}^{4} \sum_{j=1}^{n_i} x_{ij}^2 - C = 3544 - 3240 = 304,$$

$$SS_A = \sum_{i=1}^{4} \frac{T_{A_i}^2}{n_i} - C = \frac{30^2}{2} + \frac{39^2}{3} + \frac{57^2}{3} + \frac{54^2}{2} - 3240 = 258,$$

$$SS_E = SS_T - SS_A = 304 - 258 = 46.$$

列出相应的方差分析表如表 11 - 6 所示.

表 11 - 6 方差分析表

方差来源	平方和	自由度	均方(MS)	F 值	临界值
因素 A	258	3	86		$F_{0.05}(3,6) = 4.76$
误差	46	6	7.67	11.21	$F_{0.01}(3,6) = 9.78$
总和	304	9			

由于 $F_A = 11.21 > F_{0.01}(3,6)$,认为包装类型对销售量有极显著影响.

§11.2 无交互作用双因素方差分析

上节我们讨论了单因素试验的方差分析,即只考察一个因素对所研究的试验指标(即随机变量 X)是否有显著影响. 如果要同时考察两个因素对所研究的试验指标是否有显著影响,则应讨论双因素试验的方差分析.

§11.2.1 无交互作用双因素方差分析模型

设因素 A 有 a 个水平,$A_1, A_2, \cdots, A_a$;因素 B 有 b 个水平,$B_1, B_2, \cdots, B_b$. 在因素 A 与因素 B 的各个水平的每一种搭配 $A_i B_j$ 下的总体 Y_{ij} 服从正态分布 $N(\mu_{ij}, \sigma^2)$ $(i = 1, 2, \cdots, a; j = 1, 2, \cdots, b)$. 这里我们假定所有的总体 Y_{ij} 的方差都等于 σ^2(虽然是未知的),但总体均值 μ_{ij} 可能不相等.

为了讨论方便起见,我们把总体 Y_{ij} 的均值 μ_{ij} 改写为另一种形式.

定义 11 - 8 设 $Y_{ij} \sim N(\mu_{ij}, \sigma^2)$ $(i = 1, 2, \cdots, a; j = 1, 2, \cdots, b)$. 则

(1) $\mu = \dfrac{1}{ab} \displaystyle\sum_{i=1}^{a} \sum_{j=1}^{b} \mu_{ij}$ 称为总平均；

(2) $\mu_{i.} = \dfrac{1}{b} \displaystyle\sum_{j=1}^{b} \mu_{ij}$ 称为在因素 A 的水平 A_i 下的均值；

(3) $\alpha_i = \mu_{i.} - \mu$ 称为因素 A 的水平 A_i 的效应　$(i = 1, 2, \cdots, a)$；

(4) $\mu_{.j} = \dfrac{1}{a} \displaystyle\sum_{i=1}^{a} \mu_{ij}$ 称为在因素 B 的水平 B_j 下的均值；

(5) $\beta_j = \mu_{.j} - \mu$ 称为因素 B 的水平 B_j 的效应　$(j = 1, 2, \cdots, b)$.

于是有

$$\sum_{i=1}^{a} \alpha_i = \sum_{i=1}^{a} (\mu_{i.} - \mu) = a\mu - a\mu = 0,$$

$$\sum_{j=1}^{b} \beta_i = \sum_{j=1}^{b} (\mu_{.j} - \mu) = b\mu - b\mu = 0.$$

定义 11-9　若 $\mu_{ij} = \mu + \alpha_i + \beta_j$，则此种情况下双因素试验的方差分析，称为**无交互作用双因素方差分析**.

对于无交互作用双因素方差分析，在因素 A 与因素 B 的各个水平的每一种搭配 A_iB_j　$(i = 1, 2, \cdots, a; j = 1, 2, \cdots, b)$ 下只需做一次试验，并假定所有的试验是相互独立的，设得到的样本如表 11-7 所示.

因为在水平搭配 A_iB_j 下的样本 X_{ij} 与总体 Y_{ij} 服从相同的分布，所以有 $X_{ij} \sim N(\mu_{ij}, \sigma^2)$　$(i = 1, 2, \cdots, a; j = 1, 2, \cdots, b)$. 因此，无交互作用双因素方差分析的基本模型为

$$\begin{cases} X_{ij} = \mu + \alpha_i + \beta_j + \varepsilon_{ij} \\ \displaystyle\sum_{i=1}^{a} \alpha_i = 0, \quad \sum_{j=1}^{b} \beta_j = 0. \\ \varepsilon_{ij} \sim N(0, \sigma^2), \text{且相互独立} \end{cases}$$

表 11-7　无交互作用双因素方差分析

因素 B 因素 A	B_1	B_2	$\cdots$	B_b
A_1	X_{11}	X_{12}	$\cdots$	X_{1b}
A_2	X_{21}	X_{22}	$\cdots$	X_{2b}
$\vdots$	$\vdots$	$\vdots$	$\vdots$	$\vdots$
A_a	X_{a1}	X_{a2}	$\cdots$	X_{ab}

现在的任务就是要根据这些样本的观测值来检验 A 或 B 对试验结果的影响是否显著.

如果因素 A 的影响不显著，则因素 A 的各水平效应都应该等于零，因此，要检验的原假设是

$$H_{01}: \alpha_1 = \alpha_2 = \cdots = \alpha_a = 0;$$

同样，如果因素 B 的影响不显著，则因素 B 的各水平的效应都应该等于零，因此，要检验的原假设是

$$H_{02}: \beta_1 = \beta_2 = \cdots = \beta_b = 0.$$

§11.2.2　平方和分解

为了检验上述两个原假设，需要选取适当的统计量，设表 11-7 中第 i 行样本的样本均值为 $\overline{X}_{i.}$，

$$\overline{X}_{i.} = \frac{1}{b} \sum_{j=1}^{b} X_{ij} \quad (i = 1, 2, \cdots, a).$$

类似地,设表 11-7 中第 j 列样本的样本均值为$\overline{X}_{.j}$,即

$$\overline{X}_{.j} = \frac{1}{a}\sum_{i=1}^{a} X_{ij} \quad (j=1,2,\cdots,b).$$

于是总的样本均值

$$\overline{X} = \frac{1}{ab}\sum_{i=1}^{a}\sum_{j=1}^{b} X_{ij} = \frac{1}{a}\sum_{i=1}^{a}\overline{X}_{i.} = \frac{1}{b}\sum_{j=1}^{b}\overline{X}_{.j}.$$

定义 11-10　全体样本 X_{ij} 对总的样本均值$\overline{X}$ 的离差平方和

$$SS_T = \sum_{i=1}^{a}\sum_{j=1}^{b}(X_{ij}-\overline{X})^2,$$

称为**总离差平方和**.

定义 11-11　因素 A 各组的样本均值$\overline{X}_{i.}$ 对总的样本均值$\overline{X}$ 的离差平方和

$$SS_A = \sum_{i=1}^{a}\sum_{j=1}^{b}(\overline{X}_{i.}-\overline{X})^2 = b\sum_{i=1}^{a}(\overline{X}_{i.}-\overline{X})^2,$$

称为**因素 A 的离差平方和**.它反映了因素 A 的不同水平所引起的系统误差.

定义 11-12　因素 B 各组的样本均值$\overline{X}_{.j}$ 对总的样本均值$\overline{X}$ 的离差平方和

$$SS_B = \sum_{i=1}^{a}\sum_{j=1}^{b}(\overline{X}_{.j}-\overline{X})^2 = a\sum_{j=1}^{b}(\overline{X}_{.j}-\overline{X})^2,$$

称为**因素 B 的离差平方和**.它反映了因素 B 的不同水平所引起的系统误差.

定义 11-13　$$SS_E = \sum_{i=1}^{a}\sum_{j=1}^{b}(X_{ij}-\overline{X}_{i.}-\overline{X}_{.j}+\overline{X})^2$$

称为**误差平方和**,它反映了试验过程中各种随机因素所引起的随机误差.

定理 11-3　$$SS_T = SS_A + SS_B + SS_E.$$

证明　我们把 SS_T 分解如下:

$$SS_T = \sum_{i=1}^{a}\sum_{j=1}^{b}\left[(\overline{X}_{i.}-\overline{X}) + (\overline{X}_{.j}-\overline{X}) + (X_{ij}-\overline{X}_{i.}-\overline{X}_{.j}+\overline{X})\right]^2$$

$$= \sum_{i=1}^{a}\sum_{j=1}^{b}(\overline{X}_{i.}-\overline{X})^2 + \sum_{i=1}^{a}\sum_{j=1}^{b}(\overline{X}_{.j}-\overline{X})^2 + \sum_{i=1}^{a}\sum_{j=1}^{b}(X_{ij}-\overline{X}_{i.}-\overline{X}_{.j}+\overline{X})^2$$

$$+ 2\sum_{i=1}^{a}\sum_{j=1}^{b}(\overline{X}_{i.}-\overline{X})(\overline{X}_{.j}-\overline{X}) + 2\sum_{i=1}^{a}\sum_{j=1}^{b}(\overline{X}_{i.}-\overline{X})(X_{ij}-\overline{X}_{i.}-\overline{X}_{.j}+\overline{X})$$

$$+ 2\sum_{i=1}^{a}\sum_{j=1}^{b}(\overline{X}_{.j}-\overline{X})(X_{ij}-\overline{X}_{i.}-\overline{X}_{.j}+\overline{X}).$$

容易证明上式最后三项都等于零,所以我们有

$$SS_T = \sum_{i=1}^{a}\sum_{j=1}^{b}(\overline{X}_{i.}-\overline{X})^2 + \sum_{i=1}^{a}\sum_{j=1}^{b}(\overline{X}_{.j}-\overline{X})^2 + \sum_{i=1}^{a}\sum_{j=1}^{b}(X_{ij}-\overline{X}_{i.}-\overline{X}_{.j}+\overline{X})^2,$$

$$SS_T = SS_A + SS_B + SS_E.$$

§11.2.3　方差分析

定理 11-4　若假设 H_{01} 及 H_{02} 都成立,则

(1) $\dfrac{SS_A}{\sigma^2} \sim \chi^2(a-1)$;

(2) $\dfrac{SS_B}{\sigma^2} \sim \chi^2(b-1)$;

(3) $\dfrac{SS_E}{\sigma^2} \sim \chi^2((a-1)(b-1))$;

(4) SS_A, SS_B, SS_E 是相互独立的;

(5) $F_A = \dfrac{\dfrac{SS_A}{a-1}}{\dfrac{SS_E}{(a-1)(b-1)}} \sim F(a-1,(a-1)(b-1))$,

$$F_B = \dfrac{\dfrac{SS_B}{b-1}}{\dfrac{SS_E}{(a-1)(b-1)}} \sim F(b-1,(a-1)(b-1)).$$

证明 如果原假设 H_{01} 及 H_{02} 都成立,则所有的 X_{ij} 可以看作来自同一个总体 $N(\mu,\sigma^2)$. 于是,我们有

$$SS_T = \sum_{i=1}^{a}\sum_{j=1}^{b}(X_{ij}-\overline{X})^2 = (ab-1)S^2,$$

其中 S^2 是 ab 个 X_{ij} 的样本方差,由此可知

$$\dfrac{SS_T}{\sigma^2} = \dfrac{(ab-1)S^2}{\sigma^2} \sim \chi^2(ab-1).$$

如果原假设 H_{01} 及 H_{02} 都成立,则 $\overline{X}_{i\cdot} \sim N\left(\mu,\dfrac{\sigma^2}{b}\right)$;注意到 $\overline{X} = \dfrac{1}{a}\sum_{i=1}^{a}\overline{X}_{i\cdot}$,从而有

$$\sum_{i=1}^{a}(\overline{X}_{i\cdot}-\overline{X})^2 = (a-1)S_A^2.$$

其中 S_A^2 是 a 个数据 $\overline{X}_{i\cdot}, \overline{X}_2\cdot, \cdots, \overline{X}_{a\cdot}$ 的样本方差,由此可知

$$\dfrac{SS_A}{\sigma^2} = \dfrac{b(a-1)S_A^2}{\sigma^2} = \dfrac{(a-1)S_A^2}{\dfrac{\sigma^2}{b}} \sim \chi^2(a-1).$$

如果原假设 H_{01} 及 H_{02} 都成立,则 $\overline{X}_{\cdot j} \sim N\left(\mu,\dfrac{\sigma^2}{a}\right)$;注意到 $\overline{X} = \dfrac{1}{b}\sum_{j=1}^{b}\overline{X}_{\cdot j}$,从而有

$$\sum_{j=1}^{b}(\overline{X}_{\cdot j}-\overline{X})^2 = (b-1)S_B^2,$$

其中 S_B^2 是 b 个数据 $\overline{X}_{i\cdot}, \overline{X}_{\cdot 2}, \cdots, \overline{X}_{\cdot b}$ 的样本方差,由此可知

$$\dfrac{SS_B}{\sigma^2} = \dfrac{a(b-1)S_B^2}{\sigma^2} = \dfrac{(b-1)S_B^2}{\dfrac{\sigma^2}{a}} \sim \chi^2(b-1).$$

又因为 $\dfrac{SS_T}{\sigma^2} = \dfrac{SS_A}{\sigma^2} + \dfrac{SS_B}{\sigma^2} + \dfrac{SS_E}{\sigma^2}$,且 $f_T = n-1, f_A = a-1, f_B = b-1, f_E = (a-1)(b-1)$,所以由柯赫伦分解定理可知,$SS_A, SS_B, SS_E$ 是相互独立的,且

$$\dfrac{SS_E}{\sigma^2} \sim \chi^2((a-1)(b-1)).$$

于是有

$$F_A = \dfrac{\dfrac{\dfrac{SS_A}{\sigma^2}}{a-1}}{\dfrac{\dfrac{SS_E}{\sigma^2}}{(a-1)(b-1)}} = \dfrac{\dfrac{SS_A}{a-1}}{\dfrac{SS_E}{(a-1)(b-1)}} \sim F(a-1,(a-1)(b-1)),$$

$$F_B = \frac{\dfrac{\dfrac{SS_B}{\sigma^2}}{b-1}}{\dfrac{\dfrac{SS_E}{\sigma^2}}{(a-1)(b-1)}} = \frac{\dfrac{SS_B}{b-1}}{\dfrac{SS_E}{(a-1)(b-1)}} \sim F(b-1,(a-1)(b-1)).$$

不加证明地给出更进一步的结论.

定理 11-5　(1) 若假设 H_{01} 成立, 则 $F_A = \dfrac{\dfrac{SS_A}{a-1}}{\dfrac{SS_E}{(a-1)(b-1)}} \sim F(a-1,(a-1)(b-1))$;

(2) 若假设 H_{02} 成立, 则 $F_B = \dfrac{\dfrac{SS_B}{b-1}}{\dfrac{SS_E}{(a-1)(b-1)}} \sim F(b-1,(a-1)(b-1))$.

如果因素 A 的各水平 $A_1, A_2, \cdots, A_a$ 对总体 X 的影响不显著, 则组间平方和 SS_A 应较小, 因而统计量 F_A 的观测值也应较小. 相反, 如果因素 A 的各水平 $A_1, A_2, \cdots, A_a$ 对总体 X 的影响显著不同, 则组间平方和 SS_A 应较大, 因而统计量 F_A 的观测值也应较大. 由此可见, 我们可以根据统计量 F_A 的观测值的大小来检验原假设 H_{01}. 若 $F_A > F_{Aa} = F_a(a-1,(a-1)(b-1))$, 则因素 A 对试验结果有显著影响; 否则, 因素 A 对试验结果无显著影响.

类似地, 可以根据统计量 F_B 的观测值的大小来检验原假设 H_{02}. 若 $F_B > F_{Ba} = F_a(b-1,(a-1)(b-1))$, 则因素 B 对试验结果有显著影响; 否则, 因素 B 对试验结果无显著影响.

若在无交互作用双因素试验中, 得到样本观测值 x_{ij}, 记

$$T_{i\cdot} = \sum_{j=1}^{b} x_{ij} \quad (i=1,2,\cdots,a),$$

$$T_{\cdot j} = \sum_{i=1}^{a} x_{ij} \quad (j=1,2,\cdots,b),$$

$$T = \sum_{i=1}^{a} \sum_{j=1}^{b} x_{ij}.$$

将其列入如表 11-8 所示的计算表中.

表 11-8　双因素试验样本数据计算表

因素 A ＼ 因素 B	B_1	B_2	$\cdots$	B_b	行和
A_1	x_{11}	x_{12}	$\cdots$	x_{1b}	$T_{1\cdot}$
A_2	x_{21}	x_{22}	$\cdots$	x_{2b}	$T_{2\cdot}$
$\vdots$	$\vdots$	$\vdots$	$\vdots$	$\vdots$	
A_a	x_{a1}	x_{a2}	$\cdots$	x_{ab}	$T_{a\cdot}$
列和	$T_{\cdot 1}$	$T_{\cdot 2}$		$T_{\cdot b}$	T

记 $C = \dfrac{T^2}{n} = \dfrac{T^2}{ab}$, 从定义出发, 不难证明 SS_T, SS_A, SS_B, SS_E 有如下的计算公式:

$$SS_T = \sum_{i=1}^{a} \sum_{j=1}^{n_i} x_{ij}^2 - C,$$

$$SS_A = \sum_{i=1}^{a} \frac{T_{i\cdot}^2}{b} - C,$$

$$SS_B = \sum_{j=1}^{b} \frac{T_{\cdot j}^2}{a} - C,$$

$$SS_E = SS_T - SS_A - SS_B.$$

最后,根据计算结果,列出无交互作用双因素方差分析表,见表 11-9.

表 11-9　无交互作用双因素方差分析

方差来源	平方和	自由度	均方 MS	F 值	临界值
因素 A	SS_A	$a-1$	$MSA = \dfrac{SS_A}{a-1}$	$F_A = \dfrac{MSA}{MSE}$	$F_{A0.05}$,$F_{A0.01}$
因素 B	SS_B	$b-1$	$MSB = \dfrac{SS_B}{b-1}$	$F_B = \dfrac{MSB}{MSE}$	$F_{B0.05}$,$F_{B0.01}$
误差	SS_E	$(a-1)(b-1)$	$MSE = \dfrac{SS_E}{(a-1)(b-1)}$		
总和	SS_T	$ab-1$			

例 11-2　四个工人分别操作三台机器生产某产品各一天,产品日产量见表 11-10.

表 11-10　日产量

工人 A ＼ 机器 B	B_1	B_2	B_3
A_1	50	60	55
A_2	47	55	42
A_3	48	52	44
A_4	53	57	49

解　为计算各平方和,列出如表 11-11 所示的计算表.

表 11-11　计算表

工人 A ＼ 机器 B	B_1	B_2	B_3	$T_{i\cdot}$
A_1	50	60	55	165
A_2	47	55	42	144
A_3	48	52	44	144
A_4	53	57	49	159
$T_{\cdot j}$	198	224	190	$T = 612$

本题中

$$a = 4, b = 3, n = ab = 12,$$

$$C = \frac{T^2}{n} = \frac{612^2}{12} = 31212,$$

$$SS_T = \sum_{i=1}^{4} \sum_{j=1}^{3} x_{ij}^2 - C = 31526 - 312312 = 314,$$

$$SS_A = \sum_{i=1}^{4} \frac{T_{i\cdot}^2}{3} - C = \frac{1}{3}(165^2 + 144^2 + 144^2 + 159^2) - 31212 = 114,$$

$$SS_B = \sum_{j=1}^{3} \frac{T_{\cdot j}^2}{4} - C = \frac{1}{4}(198^2 + 224^2 + 190^2) - 31212 = 158,$$

$$SS_E = SS_T - SS_A - SS_B = 314 - 114 - 158 = 42.$$

得到相应的无交互作用双因素方差分析表,见表 11-12.

表 11-12 无交互作用双因素方差分析表

方差来源	平方和	自由度	均方 MS	F 值	临界值
因素 A（工人）	114	3	38	5.43	$F_{0.05}(3,6) = 4.76$ $F_{0.01}(3,6) = 9.78$
因素 B（机器）	158	2	79	11.29	$F_{0.05}(2,6) = 5.14$ $F_{0.01}(2,6) = 10.92$
误差 E	42	6	7		
总和	314	11			

因为 $F_A = 5.43 > F_{0.05}(3,6)$,认为工人对产量有显著影响;$F_B = 11.29 > F_{0.01}(2,6)$,认为机器对产量有极显著影响.

由方差分析表可知,工人的操作技术对产量有显著影响,而机器对产量有极显著的影响.

§11.3 有交互作用双因素方差分析

设因素 A 有 a 个水平 $A_1, A_2, \cdots, A_a$,因素 B 有 b 个水平 $B_1, B_2, \cdots, B_b$,在因素 A 与因素 B 的各个水平的每一种搭配 A_iB_j 下的总体 Y_{ij} 服从正态分布 $N(\mu_{ij}, \sigma^2)$ $(i = 1,2,\cdots,a; j = 1,2,\cdots, b)$. 在实际问题中,有时候,除了两因素的效应外,还反映水平搭配 A_iB_j 本身的效应,我们称之为**交互效应**.

定义 11-14 若 $\mu_{ij} \neq \mu + \alpha_i + \beta_j$,则此种情况下的双因素试验的方差分析,称为**有交互作用双因素方差分析**. $\gamma_{ij} = \mu_{ij} - \mu - \alpha_i - \beta_j$ 称为因素 A 的第 i 水平与因素 B 的第 j 水平的**交互效应**.

γ_{ij} 满足如下关系式:

$$\sum_{i=1}^{a} \gamma_{ij} = 0 \quad (j = 1,2,\cdots,b),$$
$$\sum_{j=1}^{b} \gamma_{ij} = 0 \quad (i = 1,2,\cdots,a).$$

由此可见,总体 $Y_{ij} \sim N(\mu + \alpha_i + \beta_j + \gamma_{ij}, \sigma^2)$ $(i = 1,2,\cdots,a; j = 1,2,\cdots,b)$,这样一来,上式中增加了未知参数 γ_{ij},如果仍用上一节所述的方法去做试验,在方差分析时就会遇到困难. 解决的办法是,每一种水平搭配均做 t $(t \geq 2)$ 次的重复试验.

设因素 A 有 a 个水平,因素 B 有 b 个水平,每一种水平搭配下均做 t 次重复试验,设因素 A 第 i 个水平与因素 B 第 j 个水平组合的第 k 个试验结果为 X_{ijk},得到样本如表 11-13 所示. 则有交互作用双因素方差分析模型为

$$\begin{cases} X_{ijk} = \mu + \alpha_i + \beta_j + \gamma_{ij} + \varepsilon_{ijk} \\ \varepsilon_{ijk} \sim N(0, \sigma^2), \quad \text{对所有的 } i,j,k \text{ 互相独立} \\ \sum_{i=1}^{a} \alpha_i = \sum_{j=1}^{b} \beta_j = 0 \\ \sum_{j=1}^{b} \gamma_{ij} = 0 \quad (i = 1,2,\cdots,a) \\ \sum_{i=1}^{a} \gamma_{ij} = 0 \quad (j = 1,2,\cdots,b) \\ k = 1,2,\cdots,t \end{cases}$$

表 11 - 13　有交互作用双因素样本

因素 A ＼ 因素 B	B_1	B_2	$\cdots$	B_b
A_1	$X_{111},\cdots,X_{11t}$	$X_{121},\cdots,X_{12t}$	$\cdots$	$X_{1b1},\cdots,X_{1bt}$
A_2	$X_{211},\cdots,X_{21t}$	$X_{221},\cdots,X_{22t}$	$\cdots$	$X_{2b1},\cdots,X_{2bt}$
$\vdots$	$\vdots$	$\vdots$	$\vdots$	$\vdots$
A_a	$X_{a11},\cdots,X_{a1t}$	$X_{a21},\cdots,X_{a2t}$	$\cdots$	$X_{ab1},\cdots,X_{abt}$

这里要检验统计假设

$$H_{01}:\gamma_{ij} = 0 \quad (i = 1,2,\cdots,a;j = 1,2,\cdots,b),$$
$$H_{02}:\alpha_1 = \alpha_2 = \cdots = \alpha_a = 0,$$
$$H_{03}:\beta_1 = \beta_2 = \cdots = \beta_b = 0,$$

为此对总的离差平方和进行分解,引入记号

$$\overline{X}_{ij\cdot} = \frac{1}{t}\sum_{k=1}^{t}X_{ijk} \quad (i = 1,2,\cdots,a;j = 1,2,\cdots,b),$$

$$\overline{X}_{i\cdot\cdot} = \frac{1}{bt}\sum_{j=1}^{b}\sum_{k=1}^{t}X_{ijk} \quad (i = 1,2,\cdots,a),$$

$$\overline{X}_{\cdot j\cdot} = \frac{1}{at}\sum_{i=1}^{a}\sum_{k=1}^{t}X_{ijk} \quad (j = 1,2,\cdots,b),$$

$$\overline{X} = \frac{1}{abt}\sum_{i=1}^{a}\sum_{j=1}^{b}\sum_{k=1}^{t}X_{ijk}.$$

可以证明,总的离差平方和可分解为

$$SS_T = \sum_{i=1}^{a}\sum_{j=1}^{b}\sum_{k=1}^{t}(X_{ijk} - \overline{X})^2 = SS_A + SS_B + SS_{A\times B} + SS_E.$$

式中 $SS_A = bt\sum_{i=1}^{a}(\overline{X}_{i\cdot\cdot} - \overline{X})^2$ 称为因素 A 的平方和,它的大小反映了因素 A 各水平间的差异的大小;$SS_B = at\sum_{j=1}^{b}(\overline{X}_{\cdot j\cdot} - \overline{X})^2$ 称为因素 B 的平方和,它的大小反映了因素 B 各水平间的差异的大小;$SS_{A\times B} = t\sum_{i=1}^{a}\sum_{j=1}^{b}(\overline{X}_{ij\cdot} - \overline{X}_{i\cdot\cdot} - \overline{X}_{\cdot j\cdot} + \overline{X})^2$ 称为交互效应平方和,它的大小反映了不同水平组合交互效应的差异的大小.

$$SS_E = \sum_{i=1}^{a}\sum_{j=1}^{b}\sum_{k=1}^{t}(X_{ijk} - \overline{X}_{ij\cdot})^2$$ 称为误差平方和,它的大小反映了试验误差的大小.

表 11 - 14　有交互作用双因素方差分析数据结构

因素 A ＼ 因素 B	B_1	B_2	$\cdots$	B_b
A_1	$x_{111},\cdots,x_{11t}$	$x_{121},\cdots,x_{12t}$	$\cdots$	$x_{1b1},\cdots,x_{1bt}$
A_2	$x_{211},\cdots,x_{21t}$	$x_{221},\cdots,x_{22t}$	$\cdots$	$x_{2b1},\cdots,x_{2bt}$
$\vdots$	$\vdots$	$\vdots$		$\vdots$
A_a	$x_{a11},\cdots,x_{a1t}$	$x_{a21},\cdots,x_{a2t}$	$\cdots$	$x_{ab1},\cdots,x_{abt}$

如果得到如表 11 - 14 所示的试验结果,与无交互作用双因素方差分析相似,可按如下公式

和步骤计算：

$$\begin{cases} SS_T = \sum_{i=1}^{a}\sum_{j=1}^{b}\sum_{k=1}^{t} x_{ijk}^2 - n\overline{x}^2, & f_T = abt-1 \\ SS_A = \frac{1}{bt}\sum_{i=1}^{a} x_{i\cdot\cdot}^2 - n\overline{x}^2, & f_A = a-1 \\ SS_B = \frac{1}{at}\sum_{j=1}^{b} x_{\cdot j\cdot}^2 - n\overline{x}^2, & f_B = b-1 \\ SS_{A\times B} = \frac{1}{t}\sum_{i=1}^{a}\sum_{j=1}^{b} x_{ij\cdot}^2 - n\overline{x}^2 - SS_A - SS_B, & f_{A\times B} = (a-1)(b-1) \\ SS_E = SS_T - SS_A - SS_B - SS_{A\times B}, & f_E = ab(t-1) \end{cases}$$

$$F_{A\times B} = \frac{\frac{SS_{A\times B}}{(a-1)(b-1)}}{\frac{SS_E}{ab(t-1)}},$$ 如果 $F_{A\times B} > F_\alpha((a-1)(b-1), ab(t-1))$，则拒绝 $H_{01}:\gamma_{ij}=0$

$(i=1,2,\cdots,a; j=1,2,\cdots,b)$；

$$F_A = \frac{\frac{SS_A}{a-1}}{\frac{SS_E}{ab(t-1)}},$$ 如果 $F_A > F_\alpha(a-1, ab(t-1))$，则拒绝 $H_{02}:\alpha_1=\alpha_2=\cdots=\alpha_a=0$；

$$F_B = \frac{\frac{SS_B}{b-1}}{\frac{SS_E}{ab(t-1)}},$$ 如果 $F_B > F_\alpha(b-1, ab(t-1))$，则拒绝 $H_{03}:\beta_1=\beta_2=\cdots=\beta_b=0$.

双因素有交互效应的方差分析表如表 11-15 所示.

表 11-15　有交互作用双因素方差分析表

差异来源	平方和	自由度	均方和	F 值
因素 A	SS_A	$a-1$	$MSA = \frac{SS_A}{a-1}$	$F_A = \frac{MSA}{MSE}$
因素 B	SS_B	$b-1$	$MSB = \frac{SS_B}{b-1}$	$F_B = \frac{MSB}{MSE}$
交互效应 $A\times B$	$SS_{A\times B}$	$(a-1)(b-1)$	$MS(A\times B) = \frac{SS_{A\times B}}{(a-1)(b-1)}$	$F_{A\times B} = \frac{MS(A\times B)}{MSE}$
误差	SS_E	$ab(t-1)$	$MSE = \frac{SS_E}{ab(t-1)}$	
总和	SS_T	$abt-1$		

例 11-3　在某化工生产中,为提高收率选了三种不同浓度、四种不同温度做试验.在同一浓度与同一温度组合下各做两次试验,其收率数据如表 11-16 所列(数据均已减去 75).试检验不同浓度、不同温度以及它们间的交互作用对收率有无显著影响.(取 $\alpha=0.05$)

表 11-16　收率

浓度＼温度	B_1	B_2	B_3	B_4
A_1	14,10	11,11	13,9	10,12
A_2	9,7	10,8	7,11	6,10
A_3	5,11	13,14	12,13	14,10

解 本题中 $a=3,b=4,t=2,n=abt=24$. 计算过程如表 11 - 17 所示.

表 11 - 17 收率计算表

浓度＼温度	B_1	B_2	B_3	B_4	$x_{i..}$	$x_{i..}^2$
A_1	14,10 (24)	11,11 (22)	13,9 (22)	10,12 (22)	90	8100
A_2	9,7 (16)	10,8 (18)	7,11 (18)	6,10 (16)	68	4624
A_3	5,11 (16)	13,14 (27)	12,13 (25)	14,10 (24)	92	8464
$x_{.j.}$	56	67	65	62	250	21188
$x_{.j.}^2$	3136	4489	4225	3844	15694	

$$\sum_{i=1}^{3}\sum_{j=1}^{4}\sum_{k=1}^{2}x_{ijk}^2=2752,$$

$$\frac{1}{24}\left(\sum_{i=1}^{3}\sum_{j=1}^{4}\sum_{k=1}^{2}x_{ijk}\right)^2=2604.1667,$$

$$\sum_{i=1}^{3}\sum_{j=1}^{4}x_{ij.}^2=5374,$$

$$SS_T=2752-2604.1667=147.8333,$$

$$SS_A=\frac{1}{8}\times 21188-2604.1667=44.3333,$$

$$SS_B=\frac{1}{6}\times 15694-2604.1667=11.5000,$$

$$SS_{A\times B}=\frac{1}{2}\times 5374-2604.1667-44.3333-11.5000=27.0000,$$

$$SS_E=SS_T-SS_A-SS_B-SS_{A\times B}=65.0000.$$

得如表 11 - 18 所示的方差分析表.

表 11 - 18 有交互作用双因素方差分析表

差异来源	平方和	自由度	均方和	F 值
浓度 A	44.333	2	22.1667	4.09
温度 B	11.5000	3	3.8333	<1
交互效应 $A\times B$	27.0000	6	4.5000	<1
误差	65.0000	12	5.4167	
总和	147.8333	23		

查表得 $F_{0.05}(2,12)=3.89,F_{0.05}(3,12)=3.49,F_{0.05}(6,12)=3.00$,比较方差分析表中的 F 值,得在 0.05 的显著性水平下,浓度不同将对收率产生显著影响;而温度和交互作用的影响都不显著.

在生产和生活实践中,影响某一指标的因素往往是很多的. 每一因素的改变都可能引起这个指标的改变,有些因素影响大一些,有些因素影响小一些,有些因素可能根本没有影响. 方差分析的目的就是要找出对指标影响大的因素,以便求得最佳生产条件或最佳的水平组合. 本章介绍的单因素模型和双因素模型方差分析方法,是最常见也是最基本的方差分析模型和方法. 在实际中,由于问题的目的、条件、要求不同,试验的方法也就不同;试验设计不同,方差分析的方法也不一样,具体的方法要参考有关文献资料.

§11.4　多重比较

在方差分析中,若检验结果显著,可进一步求出参数的估计.在下面仅讨论单因素方差分析的情况,设其模型为

$$\begin{cases} X_{ij} = \mu + \alpha_i + \varepsilon_{ij}, & i = 1,2,\cdots,a; j = 1,2,\cdots,n_i \\ \sum_{i=1}^{a} n_i \alpha_i = 0 \\ \varepsilon_{ij} \sim N(0,\sigma^2),\text{且相互独立} \end{cases},$$

即 $X_{ij} \sim N(\mu + \alpha_i,\sigma^2)$ 且相互独立.

§11.4.1　参数的点估计

用最大似然法求出一般平均 μ、各因子效应 α_i 和误差方差 σ^2 的估计.

似然函数为

$$L(\mu,\alpha_1,\cdots,\alpha_a,\sigma^2) = \prod_{i=1}^{a} \prod_{j=1}^{n_i} \left\{ \frac{1}{\sqrt{2\pi\sigma^2}} \exp\left\{ -\frac{(X_{ij} - \mu - \alpha_i)^2}{2\sigma^2} \right\} \right\},$$

对数似然函数为

$$\ln L(\mu,\alpha_1,\cdots,\alpha_a,\sigma^2) = l(\mu,\alpha_1,\cdots,\alpha_a,\sigma^2)$$

$$= -\frac{n}{2}\ln(2\pi\sigma^2) - \frac{1}{2\sigma^2}\sum_{i=1}^{a}\sum_{j=1}^{n_i}(X_{ij} - \mu - \alpha_i)^2,$$

似然方程组为

$$\begin{cases} \dfrac{\partial l}{\partial \mu} = \dfrac{1}{\sigma^2}\sum_{i=1}^{a}\sum_{j=1}^{n_i}(X_{ij} - \mu - \alpha_i) = 0 \\ \dfrac{\partial l}{\partial \alpha_i} = \dfrac{1}{\sigma^2}\sum_{j=1}^{n_i}(X_{ij} - \mu - \alpha_i) = 0 \quad (i = 1,\cdots,a), \\ \dfrac{\partial l}{\partial \sigma^2} = -\dfrac{n}{2\sigma^2} + \dfrac{1}{2\sigma^4}\sum_{i=1}^{a}\sum_{j=1}^{n_i}(X_{ij} - \mu - \alpha_i)^2 = 0 \end{cases}$$

解方程组得一般平均 μ,因子各水平效应 α_i 和误差方差 σ^2 的最大似然估计分别为

$$\hat{\mu} = \overline{X},$$

$$\hat{\alpha}_i = \overline{X_i} - \overline{X} \quad (i = 1,\cdots,a),$$

$$\hat{\sigma}_M^2 = \frac{1}{n}\sum_{i=1}^{a}\sum_{j=1}^{n_i}(X_{ij} - \overline{X})^2 = \frac{SS_E}{n}.$$

从而可得到如下的结论.

定理 11-6　设 $X_{ij} \sim N(\mu + \alpha_i,\sigma^2)$,且相互独立,则

(1) $\hat{\mu}_i = \overline{X}_i$ 是因子水平 A_i 均值 μ_i 的无偏估计;

(2) $\hat{\sigma}^2 = MSE = \dfrac{SSE}{f_E}$ 是误差方差 σ^2 的无偏估计;

其中自由度 $f_E = n - a$.

§11.4.2　参数的区间估计

定理 11-7　设 $X_{ij} \sim N(\mu + \alpha_i, \sigma^2)$，且相互独立，则

(1) A_i 的水平均值 μ_i 的 $1-\alpha$ 的置信区间为

$$\left(\overline{x}_i - t_{\frac{\alpha}{2}}(f_E) \cdot \frac{\hat{\sigma}}{\sqrt{n_i}}, \overline{x}_i + t_{\frac{\alpha}{2}}(f_E) \cdot \frac{\hat{\sigma}}{\sqrt{n_i}}\right);$$

(2) σ^2 的 $1-\alpha$ 的置信区间为

$$\left(\frac{SS_E}{\chi_{\frac{\alpha}{2}}^2(n-a)}, \frac{SS_E}{\chi_{1-\frac{\alpha}{2}}^2(n-a)}\right).$$

证明　(1) 因为 $\overline{X}_i \sim N\left(\mu_i, \frac{\sigma^2}{n_i}\right)$ 与 $\frac{SS_E}{\sigma^2} \sim \chi^2(f_E)$ 相互独立，所以

$$\frac{\sqrt{n_i}(\overline{X}_i - \mu_i)}{\sqrt{\dfrac{SS_E}{f_E}}} \sim t(f_E),$$

由此可给出 A_i 的水平均值 μ_i 的 $1-\alpha$ 的置信区间

$$\left(\overline{x}_i - t_{\frac{\alpha}{2}}(f_E) \cdot \frac{\hat{\sigma}}{\sqrt{n_i}}, \overline{x}_i + t_{\frac{\alpha}{2}}(f_E) \cdot \frac{\hat{\sigma}}{\sqrt{n_i}}\right).$$

其中 $\hat{\sigma}^2 = MSE = \dfrac{SS_E}{f_E}$ 为 σ^2 的无偏估计.

(2) 因为 $\dfrac{SS_E}{\sigma^2} \sim \chi^2(f_E)$，所以 σ^2 的 $1-\alpha$ 的置信区间为

$$\left(\frac{SS_E}{\chi_{\frac{\alpha}{2}}^2(n-a)}, \frac{SS_E}{\chi_{1-\frac{\alpha}{2}}^2(n-a)}\right).$$

§11.4.3　效应差的置信区间

如果方差分析的结果表明因子 A 显著，则等于说有充分理由认为因子 A 各水平的效应不全相同，但这并不是说它们中一定没有相同的. 就指定的一对水平 A_i 与 A_j，我们可通过求 $\mu_i - \mu_j$ 的区间估计来进行比较.

定理 11-8　设 $X_{ij} \sim N(\mu + \alpha_i, \sigma^2)$，且相互独立，则 $\mu_i - \mu_j$ 的 $1-\alpha$ 的置信区间为

$$\left(\overline{X}_i - \overline{X}_j - \sqrt{\left(\frac{1}{n_i} + \frac{1}{n_j}\right)} \cdot \frac{\hat{\sigma}}{t_{\frac{\alpha}{2}}(f_E)}, \overline{X}_i - \overline{X}_j + \sqrt{\left(\frac{1}{n_i} + \frac{1}{n_j}\right)} \cdot \frac{\hat{\sigma}}{t_{\frac{\alpha}{2}}(f_E)}\right).$$

证明　因为 $\overline{X}_i - \overline{X}_j \sim N\left(\mu_i - \mu_j, \left(\frac{1}{n_i} + \frac{1}{n_j}\right)\sigma^2\right)$ 与 $\frac{SS_E}{\sigma^2} \sim \chi^2(f_E)$ 相互独立，所以

$$\frac{(\overline{X}_i - \overline{X}_j) - (\mu_i - \mu_j)}{\sqrt{\left(\frac{1}{n_i} + \frac{1}{n_j}\right) \cdot \dfrac{SS_E}{f_E}}} \sim t(f_E),$$

由此给出 $\mu_i - \mu_j$ 的 $1-\alpha$ 的置信区间为

$$\left(\overline{X}_i - \overline{X}_j - \sqrt{\left(\frac{1}{n_i} + \frac{1}{n_j}\right)} \cdot \frac{\hat{\sigma}}{t_{\frac{\alpha}{2}}(f_E)}, \overline{X}_i - \overline{X}_j + \sqrt{\left(\frac{1}{n_i} + \frac{1}{n_j}\right)} \cdot \frac{\hat{\sigma}}{t_{\frac{\alpha}{2}}(f_E)}\right).$$

§11.4.4　多重比较问题

对每一组 (i,j)，前面给出 $\mu_i - \mu_j$ 的区间估计的置信水平都是 $1-\alpha$，但对多个这样的区间，

要求其同时成立,其联合置信水平就不再是 $1-\alpha$ 了.譬如,设 $E_1, E_2, \cdots, E_k$ 是 k 个随机事件,且有 $P(E_i) = 1-\alpha$ $(i=1,2,\cdots,k)$,则其同时发生的概率为

$$P(\bigcap_{i=1}^{k} E_i) = 1 - P(\bigcup_{i=1}^{k} \overline{E_i}) \geqslant 1 - \sum_{i=1}^{k} P(\overline{E_i}) = 1 - k\alpha.$$

这说明它们同时发生的概率可能比 $1-\alpha$ 小很多.为了使它们同时发生的概率不低于 $1-\alpha$,一个办法是把每个事件发生的概率提高到 $\dfrac{1-\alpha}{k}$.这将导致每个置信区间过长,联合置信区间的精度很差,人们一般不采用这种方法.

定义 **11 - 15**　同时比较任意两个水平均值间有无明显差异的问题称为**多重比较**(Multiple comparisons procedure).

多重比较即要以显著性水平 α 同时检验如下 $\dfrac{a(a-1)}{2}$ 个假设:

$H_0^{ij}: \mu_i = \mu_j$ $(1 \leqslant i < j \leqslant a)$.

直观地看,当 H_0^{ij} 成立时,$|\overline{X}_i - \overline{X}_j|$ 不应过大,因此,关于假设 H_0^{ij} 的拒绝域应有如下形式:

$$W = \bigcup_{1 \leqslant i < j \leqslant a} \{ |\overline{X}_i - \overline{X}_j| \geqslant c_{ij} \}.$$

诸临界值 c_{ij} 应在 H_0^{ij} 成立时由 $P(W) = \alpha$ 确定.

§11.4.5　重复数相等场合的 T 法

定义 **11 - 16**　设 $X_{ij} \sim N(\mu + \alpha_i, \sigma^2)$,且相互独立,则

$$q(a, f_E) \stackrel{\Delta}{=} \max_i \frac{(\overline{X}_i - \mu)}{\dfrac{\hat{\sigma}}{\sqrt{m}}} - \min_j \frac{(\overline{X}_j - \mu)}{\dfrac{\hat{\sigma}}{\sqrt{m}}}$$

称为 **t 化极差统计量**.若 $P(q(a, f_E) > q_\alpha(a, f_E)) = \alpha$,则称 $q_\alpha(a, f_E)$ 为 $q(a, f_E)$ 的上 α 分位数.t 化极差统计量的分布可由随机模拟方法得到.

在重复数相等时,由对称性自然可以要求诸 c_{ij} 相等,记为 $c_{ij} \stackrel{\Delta}{=} c$,即拒绝域的形式为 $W = \bigcup\limits_{1 \leqslant i < j \leqslant a} \{ |\overline{X}_i - \overline{X}_j| \geqslant c \}$.设在每个水平 A_i 下的试验次数均为 m,则由给定条件有

$$t_i = \frac{\overline{X}_i - \mu_i}{\dfrac{\hat{\sigma}}{\sqrt{m}}} \sim t(f_E).$$

当所有 $H_0^{ij}: \mu_i = \mu_j$ $(1 \leqslant i < j \leqslant a)$ 成立时,有

$$P(W) = P(\bigcup_{1 \leqslant i < j \leqslant a} \{ |\overline{X}_i - \overline{X}_j| \geqslant c \}) = 1 - P(\bigcap_{1 \leqslant i < j \leqslant a} \{ |\overline{X}_i - \overline{X}_j| < c \})$$

$$= 1 - P(\max_{1 \leqslant i < j \leqslant a} |\overline{X}_i - \overline{X}_j| < c) = P(\max_{1 \leqslant i < j \leqslant a} |\overline{X}_i - \overline{X}_j| \geqslant c)$$

$$= P\left(\max_{1 \leqslant i < j \leqslant a} \frac{|(\overline{X}_i - \mu) - (\overline{X}_j - \mu)|}{\dfrac{\hat{\sigma}}{\sqrt{m}}} \geqslant \frac{c}{\dfrac{\hat{\sigma}}{\sqrt{m}}} \right)$$

$$= P\left(\max_i \frac{(\overline{X}_i - \mu)}{\dfrac{\hat{\sigma}}{\sqrt{m}}} - \min_j \frac{(\overline{X}_j - \mu)}{\dfrac{\hat{\sigma}}{\sqrt{m}}} \geqslant \frac{c}{\dfrac{\hat{\sigma}}{\sqrt{m}}} \right)$$

$$= P\left(q(a, f_E) \geqslant c \cdot \frac{\sqrt{m}}{\hat{\sigma}} \right) = \alpha,$$

于是 $c = q_a(a, f_E) \cdot \dfrac{\hat{\sigma}}{\sqrt{m}}$.

例 11－4 在饲料养鸡增肥的研究中,某研究所提出三种饲料配方:A_1 是以鱼粉为主的饲料,A_2 是以槐树粉为主的饲料,A_3 是以苜蓿粉为主的饲料. 为比较三种饲料的效果,特选 24 只相似的雏鸡随机均分为三组,每组各喂一种饲料,60 天后观察它们的重量,试验结果如表 11－19 所示.

表 11－19　鸡饲料试验数据

饲料	鸡重量(单位:g)							
A_1	1073	1009	1060	1001	1002	1012	1009	1028
A_2	1107	1092	990	1109	1090	1074	1122	1001
A_3	1093	1029	1080	1021	1022	1032	1029	1048

(1) 列出方差分析表,在 $\alpha = 0.05$ 下,三种饲料对鸡的增肥作用是否有显著差异;

(2) 估计三种饲料喂养 60 天后,鸡的平均重量各是多少;

(3) 给出三种饲料喂养 60 天后,鸡的平均重量 0.95 置信区间;

(4) 给出三种饲料喂养 60 天后,鸡的平均重量之差 0.95 置信区间;

(5) 进行多重比较,在 $\alpha = 0.05$ 下,是否有显著差异.

解 为方便计算分析,列表计算结果如表 11－20 所示.

表 11－20　试验问题计算表

饲料	原始数据－1000								和 T_i	T_i^2	$\sum_{j=1}^{n_i} x_{ij}^2$
A_1	73	9	60	1	2	12	9	28	194	37636	10024
A_2	107	92	－10	109	90	74	122	1	585	342225	60355
A_3	93	29	80	21	22	32	29	48	354	125316	20984
和									1133	505177	91363

$$SS_T = 91363 - \frac{1133^2}{24} = 37876.0417,$$

$$SS_A = \frac{505177}{8} - \frac{1133^2}{24} = 9660.0833,$$

$$SS_E = SS_T - SS_A = 37876.0417 - 9660.0833 = 28215.9584.$$

(1) 由问题所给条件及以上计算可得方差分析表,如表 11－21 所示.

表 11－21　方差分析表

方差来源	平方和	自由度	均方 MS	F 值	临界值
因素 A	9660.08	2	4830.04		$F_{0.05}(2,21) = 3.47$
误差	28215.96	21	1343.62	3.59	
总和	37876.04	23			$F_{0.01}(2,21) = 5.85$

由于 $F_{0.05}(2,21) < F_A = 3.59 < F_{0.01}(2,21)$,故认为因子 A(饲料)是显著的,即三种饲料对鸡的增肥作用有明显的差别,但差别不特别明显.

(2) 由计算表中的数据,可得因子 A 的三个水平均值的估计分别为

$$\hat{\mu}_1 = 1000 + \frac{194}{8} = 1024.25, \quad \hat{\mu}_2 = 1000 + \frac{585}{8} = 1073.125,$$

$$\hat{\mu}_3 = 1000 + \frac{354}{8} = 1044.25,$$

从点估计来看,水平 2(以槐树粉为主的饲料)是最优的.

(3) 误差方差的无偏估计为

$$\hat{\sigma}^2 = MSE = 1343.62, \quad \hat{\sigma} = \sqrt{1343.6171} = 36.6554,$$

$$t_{0.025}(21) = 2.0796, \quad t_{\frac{\alpha}{2}}(f_E) \cdot \frac{\hat{\sigma}}{\sqrt{n_i}} = 2.0796 \times \frac{36.6554}{\sqrt{8}} = 26.9509.$$

于是三个水平均值的 0.95 置信区间分别为

$$\mu_1 : 1024.25 \pm 26.9509 = (997.2991, 1051.2009);$$
$$\mu_2 : 1073.125 \pm 26.9509 = (1046.1741, 1100.0759);$$
$$\mu_3 : 1044.25 \pm 26.9509 = (1017.2991, 1071.2009).$$

(4) 因为 $\sqrt{\frac{1}{8} + \frac{1}{8}} \hat{\sigma} t_{0.025}(21) = 38.1143$,于是可算出各个均值差 0.95 置信区间为

$$\mu_1 - \mu_2 : -48.8750 \pm 38.1143 = (-86.9893, -10.7607);$$
$$\mu_1 - \mu_3 : -20 \pm 38.1143 = (-58.11433, 18.1143);$$
$$\mu_2 - \mu_3 : 28.8750 \pm 38.1143 = (-9.2393, 66.9893).$$

可见第一个区间在 0 的左边,所以我们可以概率 95% 断言 μ_1 小于 μ_2,其他两个区间包含 0 点,虽然从点估计角度看水平均值估计有差别,但这种差异在 0.05 水平上是不显著的.

(5) 取 $\alpha = 0.05$,则查表知 $q_{0.05}(3, 21) = 3.57$,

$$c = q_{\alpha}(a, f_E) \cdot \frac{\hat{\sigma}}{\sqrt{m}} = 3.57 \times \frac{36.6554}{\sqrt{8}} = 46.2659.$$

$|\bar{x}_1 - \bar{x}_2| = 48.875 > 46.2659$,认为 μ_1 与 μ_2 有显著差别;

$|\bar{x}_1 - \bar{x}_3| = 20 < 46.2659$,认为 μ_1 与 μ_3 无显著差别;

$|\bar{x}_2 - \bar{x}_3| = 46.875 > 46.2659$,认为 μ_2 与 μ_3 有显著差别.

这说明: μ_1 与 μ_3 之间无显著差别,而它们与 μ_2 之间都有显著差异.

§11.4.6　重复数不相等场合的 S 法

设 $X_{ij} \sim N(\mu + \alpha_i, \sigma^2)$,且相互独立.若假设 $H_0^{ij} : \mu_i = \mu_j$ 成立时,则

$$t_{ij} = \frac{(\bar{X}_i - \bar{X}_j)}{\sqrt{\frac{1}{n_i} + \frac{1}{n_j}} \hat{\sigma}} \sim t(f_E),$$

从而

$$F_{ij} = \frac{(\bar{X}_i - \bar{X}_j)^2}{\left(\frac{1}{n_i} + \frac{1}{n_j}\right) \hat{\sigma}^2} \sim F(1, f_E),$$

可以证明

$$\frac{\max\limits_{1 \leqslant i < j \leqslant a} F_{ij}}{a - 1} \sim F(a-1, f_E),$$

在重复数不等时,可要求 $c_{ij} = c \sqrt{\frac{1}{n_i} + \frac{1}{n_j}}$,由

$$P(W) = P\left(\max\limits_{1 \leqslant i < j \leqslant a} F_{ij} \geqslant \left(\frac{c}{\hat{\sigma}}\right)^2\right) = \alpha,$$

得到

$$\left(\frac{c}{\hat{\sigma}}\right)^2 = \frac{F_{\alpha}(a-1, f_E)}{a-1},$$

亦即

$$c_{ij} = \sqrt{(a-1)F_\alpha(a-1,f_E)\left(\frac{1}{n_i}+\frac{1}{n_j}\right)\hat{\sigma}^2}.$$

例 11-5　某食品公司为一种食品设计了四种新包装.为考察哪种包装最受顾客欢迎,选了 10 个地段繁华程度相似、规模相近的商店做试验.其中两种包装各指定两个商店销售,另两个包装各指定三个商店销售.在试验期内各店货架排放的位置、空间都相同,营业员的促销方法也基本相同,经过一段时间,记录其销售量数据,列于表 11-22 的左侧,其相应的计算结果列于表 11-22 的右侧.

(1) 列出方差分析表,在 $\alpha = 0.05$ 下,不同包装的销售量是否有显著差异;

(2) 估计不同包装的平均销售量;

(3) 给出两种销量较好包装的平均销售量 0.95 置信区间;

(4) 进行多重比较,在 $\alpha = 0.05$ 下,是否有显著差异.

解　为方便计算分析,列表计算结果如表 11-22 所示.

表 11-22　销售问题数据及计算表

包装类型	销售量数据			n_i	和 T_i	T_i^2/n_i	$\sum_{j=1}^{n_i} x_{ij}^2$
A_1	12	18		2	30	450	468
A_2	14	12	13	3	39	507	509
A_3	19	17	21	3	57	1083	1091
A_4	24	30		2	54	1458	1476
和				10	180	3498	3544

由此可求得各类偏差平方和如下:

$$\frac{T^2}{n} = \frac{180^2}{10} = 3240, \quad SS_T = 3544 - 3240 = 304,$$

$$SS_A = 3498 - 3240 = 258, \quad SS_E = 304 - 258 = 46.$$

(1) 由问题所给条件及以上计算可得方差分析表,如表 11-23 所示.

表 11-23　方差分析表

方差来源	平方和	自由度	均方 MS	F 值	临界值
因素 A	258	3	86		$F_{0.05}(3,6) = 4.76$
误差	46	6	7.67	11.22	$F_{0.01}(3,6) = 9.78$
总和	304	9			

由于 $F_A = 11.22 > F_{0.01}(3,6)$,故认为因子 A 各水平间差异特别显著.

(2) 由计算表中的数据,可得因子 A 的四个水平均值的估计分别为:

$$\hat{\mu}_1 = \frac{30}{2} = 15, \quad \hat{\mu}_2 = \frac{39}{3} = 13,$$

$$\hat{\mu}_3 = \frac{57}{3} = 19, \quad \hat{\mu}_4 = \frac{54}{2} = 27.$$

由此可见,第四种包装方式效果最好.

(3) 误差方差的无偏估计为

$$\hat{\sigma}^2 = MSE = 7.67, \quad \hat{\sigma} = \sqrt{7.67} = 2.7695,$$

$$t_{0.025}(6) = 2.4469, \quad t_{\frac{\alpha}{2}}(f_E) \cdot \hat{\sigma} = 2.4469 \times 2.7695 = 6.7767.$$

于是效果较好的第三和第四个水平均值的 0.95 置信区间分别为

$$\mu_3 : 19 \pm 6.7767/\sqrt{3} = (15.0875, 22.9125);$$

$$\mu_4 : 27 \pm 6.7767/\sqrt{2} = (22.2081, 31.7919).$$

(4) 查表得 $F_{0.05}(3,6) = 4.76$. 由 $c_{ij} = \sqrt{(a-1)F_a(a-1,f_E)\left(\dfrac{1}{n_i}+\dfrac{1}{n_j}\right)\hat{\sigma}^2}$ 计算得,

$$c_{12} = c_{13} = c_{24} = c_{34} = \sqrt{3 \times 4.76 \times \left(\frac{1}{2}+\frac{1}{3}\right) \times 7.67} = 9.6,$$

$$c_{14} = \sqrt{3 \times 4.76 \times \left(\frac{1}{2}+\frac{1}{2}\right) \times 7.67} = 10.5,$$

$$c_{23} = \sqrt{3 \times 4.76 \times \left(\frac{1}{3}+\frac{1}{3}\right) \times 7.67} = 8.5.$$

$|\bar{x}_1 - \bar{x}_2| = 2 < c_{12}$,说明 A_1 与 A_2 间无显著差异;

$|\bar{x}_1 - \bar{x}_2| = 4 < c_{13}$,说明 A_1 与 A_3 间无显著差异;

$|\bar{x}_1 - \bar{x}_4| = 12 > c_{14}$,说明 A_1 与 A_4 间有显著差异;

$|\bar{x}_2 - \bar{x}_3| = 6 < c_{23}$,说明 A_2 与 A_3 间无显著差异;

$|\bar{x}_2 - \bar{x}_4| = 14 > c_{24}$,说明 A_2 与 A_4 间有显著差异;

$|\bar{x}_3 - \bar{x}_4| = 8 < c_{34}$,说明 A_3 与 A_4 间无显著差异.

综合上述,包装 A_4 销售量最佳.

§11.5 方差齐性检验

在进行方差分析时,要求因素各水平的方差相等,这称为**方差齐性**. 理论研究表明,当正态性假定不满足时对 F 检验影响较小,即 F 检验对正态性的偏离具有一定的稳健性,而 F 检验对方差齐性的偏离较为敏感. 所以方差的齐性检验就显得十分必要.

对于单因素方差分析,设因素 A 有 a 个水平 $A_1, A_2, \cdots, A_a$,假定在水平 A_i 下的总体 X_i 服从正态分布 $N(\mu_i, \sigma_i^2)$ $(i=1,2,\cdots,a)$,且相互独立. 所谓**方差齐性检验**是对如下一对假设作出检验:

$$H_0 : \sigma_1^2 = \sigma_2^2 = \cdots = \sigma_a^2, \quad H_1 : 诸\ \sigma_i^2\ 不全相等.$$

很多统计学家提出了很好的检验方法,如下介绍几个最常用的检验:

(1) Hartley 检验,仅适用于样本量相等的场合;

(2) Bartlett 检验,可用于样本量相等或不等的场合,但是每个样本量不得低于 5;

(3) 修正的 Bartlett 检验,在样本量较小或较大、相等或不等场合均可使用.

§11.5.1 Hartley 检验

定义 11-17 设因素 A 有 a 个水平 $A_1, A_2, \cdots, A_a$,假定在水平 A_i 下的总体 X_i 服从正态分布 $N(\mu_i, \sigma_i^2)$ $(i=1,2,\cdots,a)$,且相互独立,来自总体 X_i 的样本方差为 S_i^2. 当各水平下试验重复次数均为 m 时,统计量

$$H = \frac{\max\{S_1^2, S_2^2, \cdots, S_a^2\}}{\min\{S_1^2, S_2^2, \cdots, S_a^2\}}$$

的分布称为 $H(a, m-1)$ 分布;若 $P(H > H_a(a, m-1)) = \alpha$,则 $H_a(a, m-1)$ 称为 $H(a, m-1)$ 分布的上 α 分位数.

$H(a, m-1)$ 分布依赖于水平数 a 和各水平下样本方差的自由度 $f = m-1$,其分布没有明显的表达式,其分位数通过随机模拟方法获得.

由于 S_i^2 是 σ_i^2 的优良估计量,当 $H_0: \sigma_1^2 = \sigma_2^2 = \cdots = \sigma_a^2$ 成立时,H 的值应接近于 1,当 H 的值较大时,诸方差间的差异就大,H 越大,诸方差间的差异就越大,这时应拒绝 $H_0: \sigma_1^2 = \sigma_2^2 = \cdots = \sigma_a^2$.因此,Hartley 提出用 $H(a, m-1)$ 分布检验方差是否相等:对给定的显著性水平 α,若 H_0 成立,则有 $P(H > H_\alpha(a, m-1)) = \alpha$,从而 $H_0: \sigma_1^2 = \sigma_2^2 = \cdots = \sigma_a^2$ 的拒绝域为

$$H > H_\alpha(a, m-1).$$

例 11-6 有四种不同牌号的铁锈防护剂(简称防锈剂),现要比较其防锈能力.数据见表 11-24.

表 11-24 防锈能力数据及计算表

因子 A(防锈剂)	A_1	A_2	A_3	A_4
1	43.9	89.8	68.4	36.2
2	39.0	87.1	69.3	45.2
3	46.7	92.7	68.5	40.7
4	43.8	90.6	66.4	40.5
5	44.2	87.7	70.0	39.3
6	47.7	92.4	68.1	40.3
7	43.6	86.1	70.6	43.2
8	38.9	88.1	65.2	38.7
9	43.6	90.8	63.8	40.9
10	40.0	89.1	69.2	39.7
和	431.4	894.4	679.5	404.7
组内平方和	81.00	44.28	42.33	53.42

(1) 在 $\alpha = 0.05$ 下,检验不同牌号防锈剂的防锈能力的方差是否有显著差异;

(2) 在 $\alpha = 0.05$ 下,检验不同牌号防锈剂的防锈能力是否有显著差异;

(3) 估计不同牌号的防锈剂的防锈能力的均值;

(4) 给出最好牌号防锈剂的防锈能力的 0.95 置信区间.

解 (1) 基础计算见表 11-24,由此得到四个样本方差分别为

$$s_1^2 = \frac{81.00}{9} = 9.00, \quad s_2^2 = \frac{44.28}{9} = 4.92, \quad s_3^2 = \frac{42.33}{9} = 4.70, \quad s_4^2 = \frac{53.42}{9} = 5.94.$$

由此可得统计量 H 的值

$$H = \frac{9.00}{4.70} = 1.9149.$$

查表得 $H_{0.05}(4, 9) = 6.31$,由于 $H = 1.9149 < H_{0.05}(4, 9) = 6.31$,所以应该保留原假设 $H_0: \sigma_1^2 = \sigma_2^2 = \sigma_3^2 = \sigma_4^2$,即认为四个总体方差间无显著差异.

(2) 计算得

$$T = 2410,$$

$$SS_T = 43.9^2 + \cdots + 39.7^2 - \frac{2410^2}{40} = 16174.50,$$

$$SS_A = \frac{1}{10}(431.4^2 + \cdots + 404.7^2) - \frac{2410^2}{40} = 15953.47,$$

$$SS_E = SS_T - SS_A = 221.03.$$

由此可得防锈能力的方差分析见表 11-25.

表 11 - 25 防锈能力的方差分析表

方差来源	平方和	自由度	均方 MS	F 值	临界值
因素 A	15953.47	3	5317.82		$F_{0.05}(3,36) = 2.87$
误差	221.03	36	6.14	866.09	$F_{0.01}(3,36) = 4.50$
总和	16174.50	39			

由于 $F = 866.09 > F_{0.05}(3,36)$,所以不同牌号的防锈剂的防锈能力有显著差异.

（3）不同牌号的防锈剂的防锈能力均值分别为

$$\hat{\mu}_1 = 43.14, \quad \hat{\mu}_2 = 89.44, \quad \hat{\mu}_3 = 67.95, \quad \hat{\mu}_4 = 40.47.$$

（4）由于 $\hat{\sigma}^2 = 6.14$,查表知 $t_{0.025}(36) = 2.028$,防锈能力最强的第二种牌号的防锈剂的防锈能力均值 μ_2 的 0.95 置信区间为

$$\overline{x}_2 \pm t_{0.025}(36) \cdot \frac{\hat{\sigma}}{\sqrt{n_2}} = (87.71, 91.17).$$

§11.5.2 Bartlett 检验

设因素 A 有 a 个水平 $A_1, A_2, \cdots, A_a$,假定在水平 A_i 下的总体 X_i 服从正态分布 $N(\mu_i, \sigma_i^2)$ $(i = 1, 2, \cdots, a)$,且相互独立,来自总体 X_i 的样本为 $(X_{i1}, X_{i2}, \cdots, X_{in_i})$,记 $Q_i = \sum_{j=1}^{n_i} (X_{ij} - \overline{X}_i)^2$,则其样本方差为 $S_i^2 = \dfrac{Q_i}{n_i - 1} = \dfrac{Q_i}{f_i}$. 样本方差 $S_1^2, S_2^2, \cdots, S_a^2$ 的算术平均数为

$$MSE = \frac{1}{f_E} \sum_{i=1}^{a} Q_i = \sum_{i=1}^{a} \frac{f_i}{f_E} S_i^2.$$

样本方差 $S_1^2, S_2^2, \cdots, S_a^2$ 的几何平均数为

$$GMSE = \left[(S_1^2)^{f_1} (S_2^2)^{f_2} \cdots (S_a^2)^{f_a} \right]^{1/f_E}.$$

由于几何平均数总不会超过算术平均数,故有

$$GMSE \leqslant MSE.$$

且 $GMSE = MSE$ 的充要条件为 $S_1^2 = S_2^2 = \cdots = S_a^2$, $S_1^2, S_2^2, \cdots, S_a^2$ 差异越大,$\dfrac{MSE}{GMSE}$ 越大,记

$$C = 1 + \frac{1}{3(a-1)} \left[\sum_{i=1}^{a} \frac{1}{f_i} - f_E \right],$$

$$B = \frac{f_E}{C} \ln \frac{MSE}{GMSE} = \frac{f_E}{C} (\ln MSE - \ln GMSE) = \frac{1}{C} \left(f_E \ln MSE - \sum_{i=1}^{a} f_i \ln S_i^2 \right).$$

在大样本场合,Bartlett 证明了

$$B \sim \chi^2(a-1).$$

因此,对给定的显著性水平 α,若 H_0 成立,则有 $P(B > \chi_\alpha^2(a-1)) \approx \alpha$,从而 $H_0 : \sigma_1^2 = \sigma_2^2 = \cdots = \sigma_a^2$ 的拒绝域为

$$B > \chi_\alpha^2(a-1).$$

§11.5.3 修正的 Bartlett 检验

针对样本量低于 5 时不能使用 Bartlett 检验的缺点,Box 提出修正的 Bartlett 检验统计量.

记 $C = 1 + \dfrac{1}{3(a-1)} \left[\sum_{i=1}^{a} \dfrac{1}{f_i} - f_E \right]$, $B = \dfrac{1}{C} \left(f_E \ln MSE - \sum_{i=1}^{a} f_i \ln S_i^2 \right)$,

$$m_1 = a - 1, m_2 = \frac{a+1}{(C-1)^2},$$

$$A = \frac{m_2}{2 - C + 2/m_2}, B' = \frac{m_2 BC}{m_1(A - BC)},$$

当 $H_0 : \sigma_1^2 = \sigma_2^2 = \cdots = \sigma_a^2$ 成立时,Box 证明了

$$B' \sim F(m_1, m_2).$$

因此,对给定的显著性水平 α,若 H_0 成立,则有 $P(B' > F_\alpha(m_1, m_2)) \approx \alpha$,从而 $H_0 : \sigma_1^2 = \sigma_2^2 = \cdots = \sigma_a^2$ 的拒绝域为

$$B' > F_\alpha(m_1, m_2).$$

其中 m_2 的值可能不是整数,这时可通过对 F 分布的分位数表施行内插法得到分位数.

例 11 - 7 为研究各产地的绿茶的叶酸含量是否有显著差异,特选四个产地绿茶,其中 A_1 制作了 7 个样品, A_2 制作了 5 个样品, A_3 与 A_4 各制作了 6 个样品,共有 24 个样品,按随机次序测试其叶酸含量,测试结果如表 11 - 26 所示.

表 11 - 26 绿茶叶酸含量数据及计算表

产地	绿茶叶酸含量数据							n_i	和 T_i	组内平方和 Q_i
A_1	7.9	6.2	6.6	8.6	8.9	10.1	9.6	7	57.9	12.83
A_2	5.7	7.5	9.8	6.1	8.4			5	37.5	11.30
A_3	6.4	7.1	7.9	4.5	5.0	4.0		6	34.9	12.03
A_4	6.8	7.5	5.0	5.3	6.1	7.4		6	38.1	5.61
和								24	168.4	41.77

(1) 在 $\alpha = 0.05$ 下,检验四个产地绿茶叶酸含量是否有显著差异;

(2) 在 $\alpha = 0.05$ 下,用 Bartlett 法检验四个产地绿茶叶酸含量的方差是否有显著差异;

(3) 在 $\alpha = 0.05$ 下,用修正的 Bartlett 法检验四个产地绿茶叶酸含量的方差是否有显著差异.

解 为方便计算分析,列表计算结果如表 11 - 26 所示.

(1) 计算得

$$SS_T = 7.9^2 + \cdots + 7.4^2 - \frac{168.4^2}{24} = 65.27,$$

$$SS_A = \frac{57.9^2}{7} + \frac{37.5^2}{5} + \frac{34.9^2}{6} + \frac{38.1^2}{6} - \frac{168.4^2}{24} = 23.50,$$

$$SS_E = SS_T - SS_A = 41.77.$$

由此可得绿茶叶酸含量的方差分析如表 11 - 27 所示.

表 11 - 27 绿茶叶酸含量的方差分析表

方差来源	平方和	自由度	均方 MS	F 值	临界值
因素 A	23.50	3	7.83		
误差	41.77	20	2.09	3.75	$F_{0.05}(3, 20) = 3.10$
总和	65.27	23			

由于 $F = 3.75 > F_{0.05}(3, 20)$,所以四个产地绿茶叶酸含量有显著差异.

(2) 由 $S_i^2 = \dfrac{Q_i}{f_i}$ 算得

$$S_1^2 = \frac{Q_1}{f_1} = \frac{12.8}{6} = 2.14, \quad S_2^2 = \frac{Q_2}{f_2} = \frac{11.3}{4} = 2.83,$$

$$S_3^2 = \frac{Q_3}{f_3} = \frac{12.03}{5} = 2.41, \quad S_4^2 = \frac{Q_4}{f_4} = \frac{5.61}{5} = 1.12.$$

再从方差分析表上查得 $MSE = 2.09$,由此可求得

$$C = 1 + \frac{1}{3(4-1)}\left[\left(\frac{1}{6} + \frac{1}{4} + \frac{1}{5} + \frac{1}{5}\right) - \frac{1}{20}\right] = 1.0856.$$

进而求得 Bartlett 检验统计量的值

$$B = \frac{1}{1.0856}[20 \times \ln 2.09 - (6 \times \ln 2.14 + 4 \times \ln 2.83 + 5 \times \ln 2.41 + 5 \times \ln 1.12)] = 0.970.$$

对给定的显著性水平 $\alpha = 0.05$,查表知 $\chi_{0.05}^2(3) = 7.815$. 由于 $B = 0.970 < \chi_{0.05}^2(3) = 7.815$,所以在显著性水平 $\alpha = 0.05$ 下,接受原假设 $H_0: \sigma_1^2 = \sigma_2^2 = \sigma_3^2 = \sigma_4^2$,即可认为诸水平下的方差间无显著差异.

（3）还可求得

$$m_1 = 4 - 1 = 3, \quad m_2 = \frac{4+1}{(1.0856C - 1)^2} = 682.4,$$

$$A = \frac{682.4}{2 - 1.0856 + 2/682.4} = 743.9,$$

从而得

$$B' = \frac{682.4 \times 0.970 \times 1.0856}{3 \times (743.9 - 0.970 \times 1.0856)} = 0.322.$$

查表得 $F_{0.05}(3, 682.4) = F_{0.05}(3, +\infty) = 2.60$,由于 $B' = 0.322 < F_{0.05}(3, 682.4) = 2.60$,所以在显著性水平 $\alpha = 0.05$ 下,接受原假设 $H_0: \sigma_1^2 = \sigma_2^2 = \sigma_3^2 = \sigma_4^2$,即认为四个水平下的方差间无显著差异.

习题十一

1. 比较四种肥料 A_1, A_2, A_3, A_4 对作物产量的影响,每一种肥料做5次试验,得产量(千克/试验小区)如下表,试在 0.05 的显著性水平下,检验四种肥料对产量的影响有无显著差异?

肥料	A_1	A_2	A_3	A_4
样	5.5	6.5	8.0	5.5
本	5.0	6.0	6.5	6.5
观	6.0	7.0	7.5	6.0
测	4.5	6.5	7.0	5.0
值	7.0	5.5	6.0	5.5

2. 粮食加工厂用四种不同的方法贮藏粮食,贮藏一段时间后,分别抽样化验,得到粮食含水率如下.

贮藏方法	A_1	A_2	A_3	A_4
样	7.3	5.8	8.1	7.9
本	8.3	7.4	6.4	9.0
观	7.6	7.1	7.0	
测	8.4			
值	8.3			

试检验这四种不同的贮藏方法对粮食的含水率是否有显著影响?(取 $\alpha = 0.05$)

3. 取四个种系未成年雌性大白鼠各三只,每只按一种剂量注射雌激素,1 个月后,解剖称其子宫重量,结果如下表,试在 0.05 的显著性水平下,检验不同剂量和不同白鼠种系对子宫重量有无显著影响?

剂量\种系	0.2	0.4	0.8
A_1	106	116	145
A_2	42	68	115
A_3	70	111	133
A_4	42	63	87

4. 进行农业试验,选择四个不同品种的小麦及四块试验田,每块试验田分成四块面积相等的小块,各种植一个品种的小麦,收获量如下表.

试验田\小麦品种	B_1	B_2	B_3	B_4
A_1	26	25	24	21
A_2	30	23	25	21
A_3	22	21	20	17
A_4	20	21	19	16

试检验小麦品种及试验田对收获量是否有显著影响?(取 $\alpha = 0.05$)

5. Horton 等人对三个不同高度:高地(60cm 高度以上)、斜坡(30 ~ 60cm)和洼地(30cm 以下)的四个不同深度的土壤随机取样,各取 2 个样本,考察其传导性质,下表为其中传导性指标的数据(在 25℃ 下的 mmhos/cm).试在 0.05 的显著性水平下,检验高度、深度及它们的交互作用对传导性质是否有显著影响?

高度 B\深度 A	高地	斜坡	洼地
0 ~ 10cm	1.09 1.35	2.61 1.98	0.75 2.20
10 ~ 30cm	1.85 3.18	3.24 4.63	5.08 6.37
30 ~ 60cm	5.73 6.45	7.72 9.78	10.14 9.74
60 ~ 90cm	10.64 10.07	11.57 11.42	12.26 11.29

6. 某粮食加工厂试验三种储藏方法对粮食含水率有无显著影响,试验的原始数据和初步整理的数据如下表.

储藏方法	含水率 x_{ij}					$x_{i.}$	$x_{i.}^2$	$\sum_j x_{ij}^2$
A_1	7.3	8.3	7.6	8.4	8.3	39.9	1592.01	319.39
A_2	5.4	7.4	7.1	6.8	5.3	32	1024	208.66
A_3	7.9	9.5	10.0	9.8	8.4	45.6	2079.36	419.26
和						117.5	4695.37	947.31

假定各种储藏方法含水率服从正态分布.

(1) 在显著性水平 $\alpha = 0.05$ 下,检验三种储藏方法粮食含水率是否显著不同;

(2) 求误差方差的无偏估计;

（3）求第三种储藏方法 A_3 粮食含水率 0.95 的置信区间；

（4）在显著性水平 $\alpha = 0.05$ 下，做多重比较.

7. 一批由同样原料织成的布，用五种不同的染整工艺处理，然后进行缩水试验，设每种工艺处理 4 块布样，测得缩水率的结果和初步整理的数据如下表.

工艺	缩水率 x_{ij}				$\sum\limits_{j=1}^{m} x_{ij}$	$\left(\sum\limits_{j=1}^{m} x_{ij}\right)^2$	$\sum\limits_{j} x_{ij}^2$
A_1	4.3	7.8	3.2	6.5	21.8	475.24	131.82
A_2	6.1	7.3	4.2	4.1	21.7	470.89	112.24
A_3	6.5	8.3	8.6	8.2	31.6	998.56	252.34
A_4	9.3	8.7	7.2	10.1	35.3	1246.09	316.03
A_5	9.5	8.8	11.4	7.8	37.5	1406.25	358.49
和					147.9	4597.03	1170.92

假定每种工艺处理的布的缩水率服从正态分布.

（1）在显著性水平 $\alpha = 0.01$ 下，用 Hartley 检验五种工艺总体方差是否相等；

（2）在显著性水平 $\alpha = 0.05$ 下，检验五种工艺处理的布的缩水率是否显著不同；

（3）求误差方差的无偏估计；

（4）求第五种工艺 A_5 处理的布的缩水率 0.95 的置信区间；

（5）在显著性水平 $\alpha = 0.05$ 下，做多重比较.

第十二章 回归分析

回归分析是研究变量间函数关系的最常用的统计方法. 这一统计方法几乎被用于所有的研究领域,包括社会科学、物理、生物、人文科学. 本章主要介绍了线性回归方程参数的估计、显著性检验和应用,并且介绍可线性化的一元非线性回归.

§12.1 一元线性回归方程

§12.1.1 相关分析与回归分析

无论是自然现象之间还是社会经济现象之间,大多存在着不同程度的联系.

数理统计研究的问题之一就是要探寻各种变量之间的相互联系方式、联系程度及其变化规律. 各种变量之间的关系可分为两类:一类是确定的函数关系;另一类是不确定的统计相关关系.

确定性现象间的关系常常表现为函数关系. 例如,圆面积 S 与圆半径 r 间的关系,只要半径值 r 给定,与之对应的圆面积 S 也就随之确定:$S = \pi r^2$.

非确定现象间的关系常常表现为统计相关关系. 例如,农作物产量 Y 与施肥量 X 间的关系,其特点是:农作物产量 Y 随着施肥量 X 的变化呈现某种规律性的变化,在适当的范围内,随着 X 的增加,Y 也增加. 但与上述函数关系不同的是,给定施肥量 X,与之对应的农作物产量 Y 并不能完全确定. 其主要原因在于,除施肥量外,还有诸如阳光、气温等其他许多因素都在影响着农作物的产量. 这时,我们无法确定农作物产量与施肥量间确定的函数关系,但能通过统计推断的方法研究它们间的统计相关关系.

当然,变量间的函数关系与相关关系并不是绝对的,在一定条件下两者可以相互转化. 例如,在对确定性现象的观测中,往往存在测量误差,这时函数关系常会通过相关关系表现出来;反之,如果对非确定性现象的影响因素能够一一辨认出来,并全部纳入到变量间的依存关系式中,则变量间的相关关系就会向函数关系转化. 相关分析与回归分析主要研究非确定性现象间的统计相关关系.

变量间的统计相关关系可以通过相关分析与回归分析来研究. 相关分析主要研究随机变量间的相关形式和相关程度.

从变量间相关的表现形式看,有线性相关与非线性相关之分. 前者往往表现为变量的散点图接近于一条直线. 变量间线性相关程度的大小可通过相关系数来度量,即两个变量 X 与 Y 的相关系数 ρ_{XY}. 具有相关关系的变量间如果存在因果关系,我们可以通过回归分析来研究他们间具体依存关系.

回归分析是研究一个变量关于另一个(些)变量的依赖关系的分析方法和理论. 其主要作用在于通过后者的已知或设定值,去估计或预测前者的均值,即 $E(Y \mid X)$. 前一个变量称为被解释变量或因变量,后一个变量称为解释变量或自变量.

相关分析与回归分析既有联系又有区别. 首先,两者都是研究非确定性变量间的统计依赖关系,并能测度线性依赖程度的大小.其次,两者间又有明显的区别,相关分析仅仅是从统计数据上测度变量间的相关程度,而无需考察两者间是否有因果关系,因此,变量的地位在相关关系中是对称的,而且都是随机变量;回归分析则更关注具有统计相关关系的变量间的因果关系分析,变量的地位是不对称的,有解释变量和被解释变量之分,而且解释变量也往往被假设为非随机变量.再次,相关分析只关注变量间的依赖程度,不关注具体的依赖关系;而回归分析则更加关注变量间的具体依赖关系,因此可以进一步通过解释变量的变化来估计或预测被解释变量的变化,深入分析变量间依存关系,掌握被解释变量的变化规律.

§12.1.2　总体回归函数

由于统计相关的随机性,回归分析关心的是:当解释变量的值已知或给定时,考察被解释变量的总体均值,即当解释变量取某个确定值时,与之统计相关的被解释变量所有可能出现的对应值的平均值,即 $E(Y \mid X = x_0)$.

例 12-1　一个社区由 100 户家庭组成,研究该社区每月家庭消费支出 Y 与每月家庭可支配收入 X 的关系,即根据家庭的每月可支配收入,考察该社区家庭每月消费支出的平均水平.为研究方便,将该 100 户家庭组成的总体按可支配收入水平划分为 10 组,并分别分析每一组的家庭消费支出(如表 12-1 所示).

表 12-1　某社区家庭每月可支配收入与消费支出统计表(单位:元)

X	800	1100	1400	1700	2000	2300	2600	2900	3200	3500
Y	561	638	869	1023	1254	1408	1650	1969	2090	2299
	594	748	913	1100	1309	1452	1738	1991	2134	2321
	627	814	924	1144	1364	1551	1749	2046	2178	2530
	638	847	979	1155	1397	1595	1804	2068	2266	2629
		935	1012	1210	1408	1650	1848	2101	2354	2860
		968	1045	1243	1474	1672	1881	2189	2486	2871
			1078	1254	1496	1683	1925	2233	2552	
			1122	1298	1496	1712	1969	2244	2585	
			1155	1331	1562	1749	2013	2299	2640	
			1188	1364	1573	1771	2035	2310		
			1210	1408	1606	1804	2101			
				1430	1650	1870	2112			
				1485	1716	1947	2200			
						2002				
平均	605	825	1045	1265	1485	1705	1925	2145	2365	2585

由于不确定因素的影响,对同一可支配收入水平 X,不同家庭的消费支出不完全相同.但由于调查的完备性,给定可支配收入水平 X 的消费支出 Y 的分布是确定的,如 $P(Y = 594 \mid X = 800) = \frac{1}{4}$.因此,给定收入 X 的值,可得消费支出 Y 的条件均值,如 $E(Y \mid X = 800) = 605$.

由表 12-1 中的数据绘出可支配收入 X 与家庭消费支出 Y 的散点图(如图 12-1 所示).从该散点图可以看出,虽然不同的家庭消费支出存在差异,但

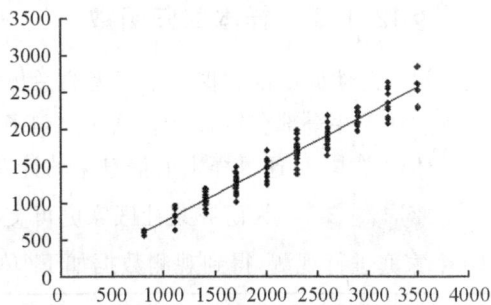

图 12-1　不同可支配收入水平组家庭消费支出的条件分布图

平均来说,随着可支配收入的增加,家庭消费支出也在增加.而这个例子中 Y 的条件均值恰好落在一根正斜率的直线上,这条直线称为总体回归线.

定义 12-1 在给定解释变量 $X = x$ 的条件下,被解释变量 Y 的期望轨迹称为总体回归曲线. 相应的函数

$$E(Y \mid X = x) = f(x)$$

称为**总体回归函数**(Population regression function).

总体回归函数表明被解释变量 Y 的平均状态(总体条件期望)随解释变量 X 变化的规律. 至于具体的函数形式,则是由所考察总体所固有的特征来决定的. 由于实践中总体往往无法全部考察到,因此总体回归函数形式的选择就是一个经验问题,这时相关学科的理论就显得很重要.

定义 12-2 在总体回归函数中,当 $f(x)$ 为线性函数时,称为**线性回归**(Linear regression);当 $f(x)$ 为非线性函数时,称为**非线性回归**(Nonlinear regression);当 $f(x)$ 中的自变量只有一个时,称为**一元回归**;当 $f(x)$ 中的自变量多于一个时,称为**多元回归**.

定义 12-3 若一元线性回归函数为

$$E(Y \mid X = x) = \beta_0 + \beta_1 x,$$

则未知参数 β_0 与 β_1 称为**回归系数**.

线性函数形式最为简单,其中参数的估计与检验也相对容易,而且很多非线性函数可转换为线性形式,因此为了研究方便,总体回归函数常设定成线性形式.

总体回归函数描述了被解释变量平均值随解释变量变化的规律,但对于某个样本,被解释变量 Y_i 不一定恰好就是给定解释变量 x_i 下的平均值 $E(Y \mid X = x_i)$,对于每一个样本,Y_i 聚集在给定解释变量 x_i 下的平均值 $E(Y \mid X = x_i)$ 的周围.

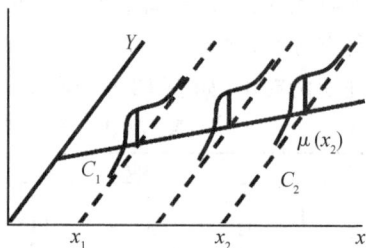

图 12-2 Y 与 x 之间关系示意图

定义 12-4 $\varepsilon_i = Y_i - E(Y \mid X = x_i)$,称为观测值 Y_i 与它的期望值 $E(Y \mid X = x_i)$ 的离差,也称为**随机干扰项**或**随机误差项**(Random error term).

随机误差项是一个不可观测的随机变量. 为了研究方便,假定 $\varepsilon_i \sim N(0, \sigma^2)$ $(i = 1, 2, \cdots, n)$. 因此总体一元线回归函数的随机设定形式为:

$$\begin{cases} Y_i = E(Y \mid X = x_i) + \varepsilon_i = \beta_0 + \beta_1 x_i + \varepsilon_i \\ \varepsilon_i \sim N(0, \sigma^2) \end{cases}$$

§12.1.3 样本回归函数

尽管总体回归函数揭示了所考察总体被解释变量与解释变量间的平均变化规律,但总体的信息往往无法全部获得,因此,总体回归函数实际上是未知的. 现实的情况往往是,通过抽样得到总体的样本,再通过样本的信息来估计总体回归函数.

例 12-2 为研究某社区家庭可支配收入与消费支出的关系,从该社区家庭中随机抽取 10 个家庭进行观测,得到观测数据如下(单位:元).

x	800	1100	1400	1700	2000	2300	2600	2900	3200	3500
Y	594	638	1122	1155	1408	1595	1969	2078	2585	2530

该样本的散点图如图 12-3 所示,可以看出,该样本散点图近似于一条直线. 画一条直线尽可能地拟合该散点图. 由于样本取自总体,可用该线近似地代表总体回归线. 该线称为**样本回归线**,样本回归函数形式为

$$\hat{y} = f(x) = \hat{\beta}_0 + \hat{\beta}_1 x.$$

$\hat{y} = f(x) = \hat{\beta}_0 + \hat{\beta}_1 x$ 可以看成是 $E(Y \mid X = x)$
$= \beta_0 + \beta_1 x$ 式的近似代替,则 $\hat{y}$ 就为 $E(Y \mid X = x)$ 的
估计量,$\hat{\beta}_0$ 为 β_0 的估计量,$\hat{\beta}_1$ 为 β_1 的估计量.同样地,
样本回归函数也有如下随机形式:

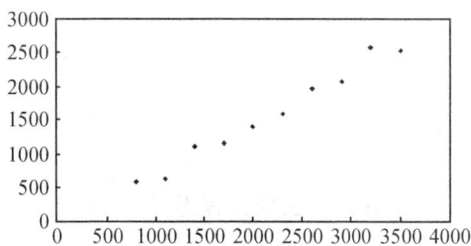

图 12-3 家庭可支配收入与消费支出的样本散点图

$$\hat{y}_i + \hat{\varepsilon}_i = \hat{\beta}_0 + \hat{\beta}_1 x_i + e_i.$$

其中 e_i 称为残差项,代表了其他影响 Y_i 的随机因素
的集合,可看成是 ε_i 的估计量 $\hat{\varepsilon}_i$.

回归分析的主要目的就是根据样本回归函数估计总体回归函数,也就是根据

$$\hat{y}_i + \hat{\varepsilon}_i = \hat{\beta}_0 + \hat{\beta}_1 x_i + e_i.$$

估计

$$Y_i = E(Y \mid X = x_i) + \varepsilon_i = \beta_0 + \beta_1 x_i + \varepsilon_i.$$

即设计一种"方法"构造样本回归线,使样本回归线尽可能"接近"总体回归线.图 12-4 给出了总体回归线与样本回归线的基本关系.

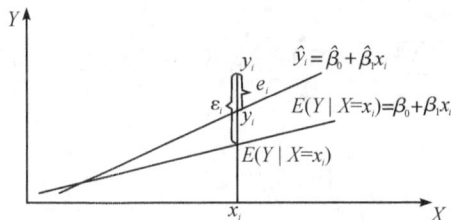

图 12-4 总体回归线与样本回归线的基本关系

§12.1.4 回归系数的最小二乘估计(Least squares estimates)

已知一组样本观测值 (x_i, y_i) $(i = 1, 2, \cdots n)$,要求样本回归函数尽可能好地拟合这组值,即样本回归线上的点 $\hat{y}_i$ 与真实观测点 y_i 的"总体误差"尽可能地小.最小二乘法给出的评判标准是:对给定样本观测值,选择出 $\hat{\beta}_0$,$\hat{\beta}_1$ 使 y_i 与 $\hat{y}_i$ 之差的平方和最小,即

$$Q(\hat{\beta}_0, \hat{\beta}_1) = \sum_{i=1}^{n} (y_i - \hat{y}_i)^2 = \sum_{i=1}^{n} (y_i - \hat{\beta}_0 - \hat{\beta}_1 x_i)^2$$

最小.

根据微积分知识,当 Q 对 $\hat{\beta}_0$,$\hat{\beta}_1$ 的一阶偏导数为 0 时,Q 达到最小,即上式对 $\hat{\beta}_0$,$\hat{\beta}_1$ 求偏导数,并令其为零,即

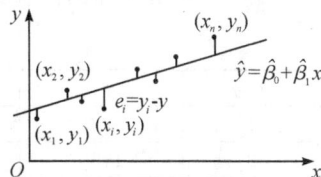

图 12-5 观测值与回归值的关系

$$\begin{cases} \dfrac{\partial Q}{\partial \hat{\beta}_0} = -2 \sum_{i=1}^{n} (y_i - \hat{\beta}_0 - \hat{\beta}_1 x_i) = 0 \\ \dfrac{\partial Q}{\partial \hat{\beta}_1} = -2 \sum_{i=1}^{n} (y_i - \hat{\beta}_0 - \hat{\beta}_1 x_i) x_i = 0 \end{cases},$$

整理得

$$
\begin{cases}
n\hat{\beta}_0 + n\hat{\beta}_1\,\overline{x} = n\,\overline{y} \\
n\hat{\beta}_0\,\overline{x} + \hat{\beta}_1\sum_{i=1}^{n}x_i^2 = \sum_{i=1}^{n}x_iy_i,
\end{cases}
$$

该方程组称为**正规方程组**（Normal equations）. 其中，$\overline{x} = \dfrac{1}{n}\sum_{i=1}^{n}x_i,\ \overline{y} = \dfrac{1}{n}\sum_{i=1}^{n}y_i$. 解得

$$
\begin{cases}
\hat{\beta}_1 = \dfrac{\sum_{i=1}^{n}x_iy_i - n\,\overline{x}\cdot\overline{y}}{\sum_{i=1}^{n}x_i^2 - n\,\overline{x}^2} \\[2mm]
\hat{\beta}_0 = \overline{y} - \hat{\beta}_1\,\overline{x}
\end{cases}
$$

为了计算上的方便，我们引入下述记号：

$$
S_{xx} = \sum_{i=1}^{n}(x_i - \overline{x})^2 = \sum_{i=1}^{n}x_i^2 - n\,\overline{x}^2,
$$

$$
S_{yy} = \sum_{i=1}^{n}(y_i - \overline{y})^2 = \sum_{i=1}^{n}y_i^2 - n\,\overline{y}^2,
$$

$$
S_{xy} = \sum_{i=1}^{n}(x_i - \overline{x})(y_i - \overline{y}) = \sum_{i=1}^{n}x_iy_i - n\,\overline{x}\,\overline{y}.
$$

这样

$$
\begin{cases}
\hat{\beta}_1 = \dfrac{S_{xy}}{S_{xx}} \\[2mm]
\hat{\beta}_0 = \overline{y} - \hat{\beta}_1\,\overline{x}
\end{cases}
$$

例 12 - 3　为研究某社区家庭可支配收入与消费支出的关系，从该社区家庭中随机抽取 10 个家庭进行观测，得到观测数据如下（单位：元）.

x	800	1100	1400	1700	2000	2300	2600	2900	3200	3500
Y	594	638	1122	1155	1408	1595	1969	2078	2585	2530

求该社区家庭消费支出 Y 关于可支配收入 x 的线性回归方程.

解　参数估计的计算可通过表 12 - 2 进行.

表 12 - 2　参数估计的计算表

序号	x_i	y_i	x_i^2	y_i^2	x_iy_i
1	800	594	640000	352836	475200
2	1100	638	1210000	407044	701800
3	1400	1122	1960000	1258884	1570800
4	1700	1155	2890000	1334025	1963500
5	2000	1408	4000000	1982464	2816000
6	2300	1595	5290000	2544025	3668500
7	2600	1969	6760000	3876961	5119400
8	2900	2078	8410000	4318084	6026200
9	3200	2585	10240000	6682225	8272000
10	3500	2530	12250000	6400900	8855000
列和	21500	15674	53650000	29157448	39468400

计算可得

$$S_{yy} = \sum y_i^2 - n\,\overline{y}^2 = 4590020,$$

$$S_{xx} = \sum x_i^2 - n\,\overline{x}^2 = 7425000,$$

$$S_{xy} = \sum x_i y_i - n\,\overline{x}\,\overline{y} = 5769300.$$

由此计算得

$$\hat{\beta}_1 = \frac{S_{xy}}{S_{xx}} = 0.777, \quad \hat{\beta}_0 = \overline{y} - \hat{\beta}_1\,\overline{x} = -103.172.$$

因此,由该样本估计的回归方程为 $\hat{y} = -103.172 + 0.777x$.

§12.2 一元线性回归方程的显著性检验

当我们得到一个实际问题的回归方程 $\hat{y} = \hat{\beta}_0 + \hat{\beta}_1 x$ 后,还不能马上就用它去作分析和预测,因为只有当变量 Y 与 x 存在线性关系时 $\hat{y} = \hat{\beta}_0 + \hat{\beta}_1 x$ 才有意义. 因此需要运用统计方法对回归方程进行检验,检验变量 Y 与 x 是否存在线性关系.

关于回归方程的显著性检验,下面介绍三种检验方法,即 F 检验、t 检验和相关系数 r 检验.

§12.2.1 平方和分解

定理 12 - 1 设 $\hat{y}_i = \hat{\beta}_0 + \hat{\beta}_1 x_i$,则

(1) $\dfrac{1}{n}\sum\limits_{i=1}^{n}\hat{y}_i = \overline{y}$;

(2) $\sum\limits_{i=1}^{n}(\hat{y}_i - \overline{y})^2 = \hat{\beta}_1^2 \sum\limits_{i=1}^{n}(x_i - \overline{x})^2$.

证明 (1) $\dfrac{1}{n}\sum\limits_{i=1}^{n}\hat{y}_i = \dfrac{1}{n}\sum\limits_{i=1}^{n}(\hat{\beta}_0 + \hat{\beta}_1 x_i) = \hat{\beta}_0 + \hat{\beta}_1\dfrac{1}{n}\sum\limits_{i=1}^{n}x_i = \hat{\beta}_0 + \hat{\beta}_1\,\overline{x} = \overline{y}.$

(2) $\sum\limits_{i=1}^{n}(\hat{y}_i - \overline{y})^2 = \sum\limits_{i=1}^{n}[(\hat{\beta}_0 + \hat{\beta}_1 x_i) - (\hat{\beta}_0 + \hat{\beta}_1\,\overline{x})]^2.$

$$= \sum\limits_{i=1}^{n}\hat{\beta}_1^2(x_i - \overline{x})^2 = \hat{\beta}_1^2 \sum\limits_{i=1}^{n}(x_i - \overline{x})^2.$$

定义 12 - 5 $SS_T = \sum\limits_{i=1}^{n}(y_i - \overline{y})^2$ 称为**总偏差平方和**;$SS_E = \sum\limits_{i=1}^{n}(y_i - \hat{y}_i)^2$ 称为**残差平方和或剩余平方和**;$SS_R = \sum\limits_{i=1}^{n}(\hat{y}_i - \overline{y})^2$ 称为**回归平方和**.

$SS_T = \sum\limits_{i=1}^{n}(y_i - \overline{y})^2$ 反映了数据 $y_1, y_2, \cdots, y_n$ 波动性的大小;$SS_E = \sum\limits_{i=1}^{n}(y_i - \hat{y}_i)^2$ 反映了除去 Y 与 x 之间的线性关系以外的因素引起的数据 $y_1, y_2, \cdots, y_n$ 的波动. 若 $SS_E = 0$,则每个观测值可由线性关系精确拟合,SS_E 越大,观测值和线性拟合值间的偏差也越大;因为 $SS_R = \sum\limits_{i=1}^{n}(\hat{y}_i - \overline{y})^2$ 就是 $\hat{y}_1, \hat{y}_2, \cdots, \hat{y}_n$ 的偏差平方和,且 $\sum\limits_{i=1}^{n}(\hat{y}_i - \overline{y})^2 = \hat{\beta}_1^2 \sum\limits_{i=1}^{n}(x_i - \overline{x})^2$,由此可见,$\hat{y}_1, \hat{y}_2, \cdots, \hat{y}_n$ 的分散性来源于 $x_1, x_2, \cdots, x_n$ 的分散性,且是通过 x 对 Y 的线性关系引起的,特别地,若 $SS_R = 0$,则每个拟合值均相等,即 $\hat{y}$ 不随 x 的变化而变化,这实质上反映了 Y 与 x 不存在线性关系.

定理 12 - 2 $SS_T = SS_R + SS_E.$

证明 $$SS_T = \sum_{i=1}^{n}(y_i - \overline{y})^2 = \sum_{i=1}^{n}(y_i - \hat{y}_i + \hat{y}_i - \overline{y})^2$$

$$= \sum_{i=1}^{n}(y_i - \hat{y}_i)^2 + \sum_{i=1}^{n}(\hat{y}_i - \overline{y})^2 + 2\sum_{i=1}^{n}(y_i - \hat{y}_i)(\hat{y}_i - \overline{y}),$$

又因为

$$\sum_{i=1}^{n}(y_i - \hat{y}_i)(\hat{y}_i - \overline{y}) = \sum_{i=1}^{n}(y_i - \hat{y}_i)[\hat{\beta}_0 + \hat{\beta}_1 x_i - \overline{y}] \xlongequal{\hat{\beta}_0 = \overline{y} - \hat{\beta}_1 \overline{x}} \sum_{i=1}^{n}(y_i - \hat{y}_i)[\hat{\beta}_1(x_i - \overline{x})]$$

$$= \hat{\beta}_1 \left[\sum_{i=1}^{n}(y_i - \overline{y})x_i - \sum_{i=1}^{n}(y_i - \overline{y})\overline{X}) \right] = 0,$$

所以

$$SS_T = \sum_{i=1}^{n}(y_i - \overline{y})^2 = \sum_{i=1}^{n}(y_i - \hat{y}_i)^2 + \sum_{i=1}^{n}(\hat{y}_i - \overline{y})^2 = SS_E + SS_R.$$

§12.2.2 F 检验

因为当 $\beta_1 = 0$ 时,意味着被解释变量 Y 与解释变量 x 之间不存在线性关系. 所以为了检验被解释变量 Y 与解释变量 x 之间的线性关系的显著性,应当检验假设 $H_0: \beta_1 = 0$,$H_1: \beta_1 \neq 0$ 是否成立.

为此,需要构造适当的检验统计量. 我们知道观测值 $y_1, y_2, \cdots, y_n$ 有差异,是由下述两个原因引起的:一是当 Y 与 x 之间有显著的线性关系时,由于 x 取值不同,而引起 y_i 值的变化;另一方面是除去 Y 与 x 的线性关系以外的因素.

不加证明地给出以下结论.

定理 12 - 3 设 $Y_i \sim N(\beta_0 + \beta_1 x_i, \sigma^2)$ $(i = 1, 2, \cdots, n)$,且相互独立,如果原假设 $H_0: \beta_1 = 0$ 成立,则有

(1) $\dfrac{SS_E}{\sigma^2} \sim \chi^2(n-2)$;

(2) $\dfrac{SS_R}{\sigma^2} \sim \chi^2(1)$;

(3) SS_R 与 SS_E 相互独立;

(4) $F = \dfrac{SS_R}{\dfrac{SS_E}{n-2}} \sim F(1, n-2).$

由此可知,为了检验 $H_0: \beta_1 = 0$,可构造检验统计量

$$F = \dfrac{SS_R}{\dfrac{SS_E}{n-2}} \sim F(1, n-2).$$

如果变量 Y 与 x 的线性关系显著,则 SS_R 较大,SS_E 较小,因而统计量 F 的观测值也较大;相反,如果变量 Y 与 x 的线性关系不显著,则 F 的观测值较小. 因此对于给定的显著性水平 α,当 $F > F_\alpha(1, n-2)$ 时,拒绝 H_0,说明回归方程显著,即 Y 与 x 有显著的线性关系;如果 $F \leqslant F_\alpha(1, n-2)$,接受 H_0,即 Y 与 x 之间的线性关系不显著.

在具体检验过程中,可以利用下面的计算公式:

$$SS_T = \sum_{i=1}^{n}(y_i - \overline{y})^2 = \sum_{i=1}^{n}y_i^2 - n\overline{y}^2 = S_{yy},$$

$$SS_R = \sum_{i=1}^{n} (\hat{y}_i - \overline{y})^2 = \hat{\beta}_1^2 \sum_{i=1}^{n} (x_i - \overline{x})^2 = \frac{S_{xy}^2}{S_{xx}},$$

$$SS_E = SS_T - SS_R = S_{yy} - \frac{S_{xy}^2}{S_{xx}}.$$

将相关的计算结果放在方差分析表中,如表 12-3 所示.

表 12-3 方差分析表

方差来源	平方和	自由度	F 值	临界值
回归	SS_R	1	$F = \dfrac{SS_R}{\frac{SS_E}{n-2}}$	$F_{0.05}(1, n-2)$
残差	SS_E	$n-2$		$F_{0.01}(1, n-2)$
总计	SS_T	$n-1$		

一般地,给定两个显著性水平 $\alpha = 0.05$ 和 $\alpha = 0.01$,如果

(1) 当 $F \leqslant F_{0.05}(1, n-2)$ 时,则认为 Y 与 x 之间的线性关系不显著或不存在线性关系;

(2) 当 $F_{0.05}(1, n-2) \leqslant F \leqslant F_{0.01}(1, n-2)$ 时,则认为 Y 与 x 之间的线性关系显著;

(3) 当 $F \geqslant F_{0.01}(1, n-2)$ 时,则认为 Y 与 x 之间的线性关系特别显著.

例 12-4 为研究某社区家庭可支配收入与消费支出的关系,从该社区家庭中随机抽取 10 个家庭进行观测,得到观测数据如下(单位:元).

x	800	1100	1400	1700	2000	2300	2600	2900	3200	3500
Y	594	638	1122	1155	1408	1595	1969	2078	2585	2530

检验每月消费支出 Y 关于每月可支配收入 x 线性关系是否显著.

解 $H_0: \beta_1 = 0, H_1: \beta_1 \neq 0$.

计算可得
$$SS_T = S_{yy} = 4590020,$$
$$SS_R = \frac{S_{xy}^2}{S_{xx}} = 4482804,$$
$$SS_E = SS_T - SS_R = 107216.$$

其中 $n = 10$,查表可知临界值 $F_{0.05}(1,8) = 5.32$ 和 $F_{0.01}(1,8) = 11.26$.

因此得方差分析表如 12-4 所示.

表 12-4 方差分析表

方差来源	平方和	自由度	F 值	临界值
回归	4482804	1	334.49	$F_{0.05}(1,8) = 5.32$
残差	107216	8		$F_{0.01}(1,8) = 11.26$
总计	4590020	9		

由表 12-4 可知 $F = 334.49 > F_{0.01}(1,8) = 11.26$,拒绝 H_0.可认为每月消费支出 Y 与每月可支配收入 x 线性相关关系非常显著.

§12.2.3 t 检验

不加证明地给出以下结论.

定理 12-4 设 $Y_i \sim N(\beta_0 + \beta_1 x_i, \sigma^2)$ $(i = 1, 2, \cdots, n)$,且相互独立,如果原假设 $H_0: \beta_1 = 0$ 成立,则有

(1) $\dfrac{SS_E}{\sigma^2} \sim \chi^2(n-2)$;

(2) $\hat{\beta_1} \sim N\left(\beta_1, \dfrac{\sigma^2}{S_{xx}}\right)$;

(3) $\hat{\beta_1}$ 与 SS_E 相互独立;

(4) $T = \dfrac{\hat{\beta_1}}{\dfrac{\hat{\sigma}}{\sqrt{S_{xx}}}} \sim t(n-2)$.

其中 $\hat{\sigma} = \sqrt{\dfrac{SS_E}{n-2}}, S_{xx} = \displaystyle\sum_{i=1}^{n}(x_i - \overline{x})^2$.

由此可知,为了检验 $H_0: \beta_1 = 0$,可构造检验统计量

$$T = \dfrac{\hat{\beta_1}}{\dfrac{\hat{\sigma}}{\sqrt{S_{xx}}}} \sim t(n-2).$$

对于给定的显著性水平 α,当 $|t| > t_{\frac{\alpha}{2}}(n-2)$ 时,拒绝 H_0,说明回归方程显著,即 Y 与 x 有显著的线性关系;如果 $|t| \leqslant t_{\frac{\alpha}{2}}(n-2)$,接受 H_0,即 Y 与 x 之间的线性关系不显著.

注意到 $T^2 = F$,因此,t 检验与 F 检验是等同的.

§12.2.4　相关系数检验

由于一元线性回归方程讨论的是变量 X 与 Y 之间的线性关系,所以我们可以用变量 X 与 Y 之间的相关系数来检验回归方程的显著性.

定义 12-6　设 (x_i, y_i) $(i=1,2,\cdots,n)$ 是 (X,Y) 的一个容量为 n 的样本观测值,则

$$r = \dfrac{\displaystyle\sum_{i=1}^{n}(x_i-\overline{x})(y_i-\overline{y})}{\sqrt{\displaystyle\sum_{i=1}^{n}(x_i-\overline{x})^2 \sum_{i=1}^{n}(y_i-\overline{y})^2}} = \dfrac{S_{xy}}{\sqrt{S_{xx}S_{yy}}}$$

称为**样本相关系数**.

样本相关系数作为变量 X 与 Y 之间相关系数 ρ_{XY} 的估计值,所以样本相关系数的取值范围为 $|r| \leqslant 1$,当 $r > 0$ 时,称变量 X 与 Y 为正相关;当 $r < 0$ 时,称变量 X 与 Y 为负相关.r 的绝对值越接近 1 时,变量 X 与 Y 之间的线性关系越显著.r 的绝对值越接近 0 时,变量 X 与 Y 之间的线性关系越不显著.

然而,样本相关系数 r 的绝对值究竟应当多大,才能认为变量 X 与 Y 之间的线性关系显著呢?这个问题可以根据上述 F 检验的结果得到解决.我们有

$$F = \dfrac{SS_R}{\dfrac{SS_E}{n-2}} = \dfrac{(n-2)\dfrac{S_{xy}^2}{S_{xx}}}{S_{yy} - \dfrac{S_{xy}^2}{S_{xx}}} = \dfrac{(n-2)\dfrac{S_{xy}^2}{S_{xx}S_{yy}}}{1 - \dfrac{S_{xy}^2}{S_{xx}S_{yy}}} = \dfrac{(n-2)r^2}{1-r^2}.$$

由此得 $|r| = \sqrt{\dfrac{F}{F+n-2}}$,可知用样本相关系数 r 和统计量 F 来检验变量 X 与 Y 之间的线性关系是否显著是完全一致的.

因此,当变量 X 与 Y 之间的线性关系显著时,有

$$P\{F \geqslant F_\alpha(1, n-2)\} = P\{|r| \geqslant r_\alpha\} = \alpha.$$

其中 r_α 为样本相关系数 r 的临界值.

对于给定的显著性水平 α, 由 F 的临界值 $F_\alpha(1,n-2)$ 可以计算得到样本相关系数 r 的临界值 $r_\alpha = \sqrt{\dfrac{F_\alpha(1,n-2)}{F_\alpha(1,n-2)+n-2}}$. 因为 F 分布的第一自由度恒为 1, F 的临界值 $F_\alpha(1,n-2)$ 即由第二自由度 $n-2$ 来确定, 所以样本相关系数 r 的临界值 r_α 依赖于自由度 $n-2$, 记作 $r_\alpha(n-2)$.

一般地, 给定两个显著性水平 $\alpha = 0.05$ 和 $\alpha = 0.01$. 于是:

(1) 当 $|r| \leqslant r_{0.05}(n-2)$ 时, 则认为变量 X 与 Y 之间的线性关系不显著或不存在线性关系;

(2) 当 $r_{0.05}(n-2) \leqslant |r| \leqslant r_{0.01}(n-2)$ 时, 则认为变量 X 与 Y 之间的线性关系显著;

(3) 当 $|r| \geqslant r_{0.01}(n-2)$ 时, 则认为变量 X 与 Y 之间的线性关系非常显著.

例 12 - 5 为研究某社区家庭可支配收入与消费支出的关系, 从该社区家庭中随机抽取 10 个家庭进行观测, 得到观测数据如下(单位:元).

x	800	1100	1400	1700	2000	2300	2600	2900	3200	3500
Y	594	638	1122	1155	1408	1595	1969	2078	2585	2530

利用相关系数 r 检验每月消费支出 Y 与每月可支配收入 x 线性关系是否显著.

解 可算得

$$r = \frac{S_{xy}}{\sqrt{S_{xx}S_{yy}}} = 0.988,$$

并且 $n=10$, 查表可得临界值 $r_{0.05}(8) = 0.632$, $r_{0.01}(8) = 0.765$. 所以

$$r_{0.01}(8) = 0.765 < 0.988,$$

因此每月消费支出 Y 与每月可支配收入 x 线性关系非常显著.

在一元线性回归场合, 三种检验方法是等价的: 在相同的显著性水平下, 要么都拒绝原假设, 要么都接受原假设, 不会产生矛盾.

F 检验可以很容易推广到多元回归分析场合, 而其他两个则不能, 所以 F 检验是最常用的关于回归方程显著性检验的检验方法.

§12.3 估计与预测

当回归方程 $\hat{y}_i = \hat{\beta}_0 + \hat{\beta}_1 x_i$ 经过检验是显著的后, 可用来做估计和预测.

所谓预测, 就是对给定的自变量的值, 预测对应的因变量所可能取的值. 这是回归分析最重要的应用之一, 因为在线性回归模型中, 自变量往往代表一组试验条件、生产条件或社会经济条件, 由于试验或生产等方面的费用或花费时间长等原因, 我们在有了回归模型之后, 希望对一些感兴趣的试验、生产条件不真正去做试验, 就能够对相应的因变量的取值做出预测和分析, 因此, 预测常常显得十分必要.

§12.3.1 均值 $E(Y_0)$ 的点估计

因为 β_0, β_1 未知, 从而当取定 $x = x_0$ 时, $E(Y_0) = \beta_0 + \beta_1 x_0$ 未知, 因此可将 $E(Y_0)$ 看作未知参数处理, 寻求 $E(Y_0)$ 的点估计和区间估计.

如果 Y 关于 x 的线性关系显著, 根据样本观测值 (x_i, y_i) $(i = 1, 2, \cdots, n)$ 建立回归方程

$$\hat{y} = \hat{\beta}_0 + \hat{\beta}_1 x.$$

当取定 $x = x_0$ 时, 直观地得到 $E(Y_0)$ 的一个估计 $\hat{E}(Y_0) = \hat{\beta}_0 + \hat{\beta}_1 x_0$, 可以证明 $\hat{E}(Y_0) = \hat{\beta}_0 + \hat{\beta}_1 x_0$

是 $E(Y_0) = \beta_0 + \beta_1 x_0$ 的一个无偏估计. 这个估计常简记为

$$\hat{y}_0 = \hat{\beta}_0 + \hat{\beta}_1 x_0.$$

§12.3.2 均值 $E(Y_0)$ 的区间估计

不加证明地给出以下结论.

定理 12-5 设 Y 关于 x 的线性回归方程式 $\hat{y} = \hat{\beta}_0 + \hat{\beta}_1 x$ 显著,则

(1) $\hat{y}_0 = \hat{\beta}_0 + \hat{\beta}_1 x_0 \sim N\left(\beta_0 + \beta_1 x_0, \left[\dfrac{1}{n} + \dfrac{(x_0 - \overline{x})^2}{S_{xx}}\right]\sigma^2\right)$;

(2) SS_E 与 $\hat{Y}_0$ 相互独立;

(3) $\dfrac{\dfrac{(\hat{Y}_0 - E(Y_0))}{\sqrt{\dfrac{1}{n} + \dfrac{(x_0 - \overline{x})^2}{S_{xx}}}\sigma}}{\sqrt{\dfrac{SS_E}{\sigma^2}}{(n-2)}} = \dfrac{\hat{Y}_0 - E(Y_0)}{\hat{\sigma}\sqrt{\dfrac{1}{n} + \dfrac{(x_0 - \overline{x})^2}{S_{xx}}}} \sim t(n-2).$

记 $\delta_0 = t_{\frac{\alpha}{2}}(n-2)\hat{\sigma}\sqrt{\dfrac{1}{n} + \dfrac{(x_0 - \overline{x})^2}{S_{xx}}}$,则由此定理可知 $E(Y_0)$ 的 $1-\alpha$ 置信区间为 $(\hat{y}_0 - \delta_0, \hat{y}_0 + \delta_0)$.

可以证明:当 n 充分大时,对于 x 的任一值 x_0,

$$\hat{Y}_0 = \hat{\beta}_0 + \hat{\beta}_1 x_0 \sim AN(\beta_0 + \beta_1 x_0, \sigma'^2)$$

其中 $\sigma'^2 = \dfrac{SS_E}{n-2}$. 于是,对于 x 的任一值 x_0,$E(Y_0)$ 的 $1-\alpha$ 近似置信区间为

$$(\hat{y}_0 - z_{\frac{\alpha}{2}}\sigma', \hat{y}_0 + z_{\frac{\alpha}{2}}\sigma').$$

例 12-6 为研究某社区家庭可支配收入与消费支出的关系,从该社区家庭中随机抽取 10 个家庭进行观测,得到观测数据如下(单位:元).

x	800	1100	1400	1700	2000	2300	2600	2900	3200	3500
Y	594	638	1122	1155	1408	1595	1969	2078	2585	2530

如果每月可支配收入为 3000 元,求每月消费支出的置信水平为 0.95 的置信区间.

解 在前面已经求得了每月消费支出 Y 关于每月可支配收入 x 的线性回归方程为

$$\hat{y} = -103.172 + 0.777x.$$

当 $x_0 = 3000$ 时,有 $\hat{y}_0 = -103.172 + 0.777 \times 3000 = 2227.8.$

又 $SS_E = 107216$,可得 $\sigma' = \sqrt{\dfrac{107216}{10-2}} = 115.77.$

因此,所求置信水平为 0.95 的置信区间是

$$(2227.8 - 1.96 \times 115.77, 227.8 - 1.96 \times 115.77),$$

即 $(2000.89, 2454.71)$.

§12.3.3 随机变量 Y_0 的预测区间

因为

$$Y_0 = E(Y_0) + \varepsilon = \beta_0 + \beta_1 x_0 + \varepsilon \sim N(\beta_0 + \beta_1 x_0, \sigma^2),$$

$$\hat{y}_0 = \hat{\beta}_0 + \hat{\beta}_1 x_0 \sim N\left(\beta_0 + \beta_1 x_0, \left[\frac{1}{n} + \frac{(x_0 - \overline{x})^2}{S_{xx}}\right]\sigma^2\right),$$

所以

$$Y_0 - \hat{y}_0 \sim N\left(0, \left[1 + \frac{1}{n} + \frac{(x_0 - \overline{x})^2}{S_{xx}}\right]\sigma^2\right),$$

因此有

$$\frac{Y_0 - \hat{Y}_0}{\hat{\sigma}\sqrt{1 + \frac{1}{n} + \frac{(x_0 - \overline{x})^2}{S_{xx}}}} \sim t(n-2),$$

记 $\delta = t_{\frac{a}{2}}(n-2)\hat{\sigma}\sqrt{1 + \frac{1}{n} + \frac{(x_0 - \overline{x})^2}{S_{xx}}}$，从而得到随机变量 Y_0 的 $1-\alpha$ 预测区间为 $(\hat{y}_0 - \delta,$ $\hat{y}_0 + \delta)$.

例 12-7　合金的强度 $Y(\times 10^7 \text{Pa})$ 与合金中碳的含量 $x(\%)$ 有关. 为研究两个变量间的关系，将收集到的 12 组数据 (x_i, y_i) 列于表 12-5 中.

表 12-5　合金强度 y 与碳含量 x 的数据

序号	x_i	y_i	序号	x_i	y_i
1	0.10	42.0	7	0.16	49.0
2	0.11	43.0	8	0.17	53.0
3	0.12	45.0	9	0.18	50.0
4	0.13	45.0	10	0.20	55.0
5	0.14	45.0	11	0.21	55.0
6	0.15	47.5	12	0.23	60.0

(1) 作散点图，发现其规律；

(2) 求合金的强度 Y 关于碳含量 x 的线性回归方程；

(3) 计算 F 值、t 值和相关系数 r，进而检验合金的强度 Y 关于碳含量 x 的线性关系是否显著；

(4) 当 $x_0 = 0.16$ 时，求相应的 $E(Y_0)$ 的点估计；

(5) 当 $x_0 = 0.16$ 时，求相应的 $E(Y_0)$ 的 0.95 的置信区间；

(6) 当 $x_0 = 0.16$ 时，求相应的 Y_0 的 0.95 的预测区间.

解　(1) 作散点图，如图 12-6 所示，从散点图我们发现 12 个点基本在一条直线附近，这说明两个变量之间有一个线性关系.

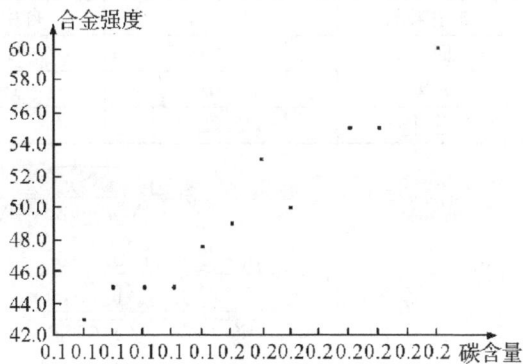

图 12-6　散点图

为了方便后续计算,先做以下内容的计算,如表 12-6 所示.

表 12-6　回归分析计算表

序号	x_i	y_i	x_i^2	y_i^2	$x_i y_i$
1	0.10	42.0	0.01	1764	4.20
2	0.11	43.0	0.0121	1849	4.73
3	0.12	45.0	0.0144	2025	5.40
4	0.13	45.0	0.0169	2025	5.85
5	0.14	45.0	0.0196	2025	6.30
6	0.15	47.5	0.0225	2256.25	7.125
7	0.16	49.0	0.0256	2401	7.84
8	0.17	53.0	0.0289	2809	9.01
9	0.18	50.0	0.0324	2500	9.00
10	0.20	55.0	0.04	3025	11.00
11	0.21	55.0	0.0441	3025	11.55
12	0.23	60.0	0.0529	3600	13.80
和	1.90	590.5	0.3194	29392.75	95.925

$$S_{xx} = \sum_{i=1}^{12} x_i^2 - \frac{1}{12}\Big(\sum_{i=1}^{12} x_i\Big)^2 = 0.3192 - \frac{1}{12} \times 1.90^2 = 0.0186,$$

$$S_{yy} = \sum_{i=1}^{12} y_i^2 - \frac{1}{12}\Big(\sum_{i=1}^{12} y_i\Big)^2 = 29392.75 - \frac{1}{12} \times 590.5^2 = 335.2292,$$

$$S_{xy} = \sum_{i=1}^{12} x_i y_i - \frac{1}{12}\Big(\sum_{i=1}^{12} x_i\Big)\Big(\sum_{i=1}^{12} y_i\Big) = 95.925 - \frac{1}{12} \times 1.90 \times 590.5 = 2.4292.$$

(2) $\hat{\beta}_1 = \dfrac{S_{xy}}{S_{xx}} = 130.6022, \hat{\beta}_0 = \bar{y} - \bar{x}\hat{\beta}_1 = 28.5340$,由此给出回归方程为 $\hat{y} = 28.5340 + 130.6022x$.

(3) $SS_T = S_{yy} = 335.2292$,

$$SS_R = \hat{\beta}_1^2 S_{xx} = 130.6022^2 \times 0.0186 = 317.2589,$$

$$SS_E = SS_T - SS_R = 335.2292 - 317.2589 = 17.9703.$$

方差分析表如表 12-7 所示.

表 12-7　方差分析表

方差来源	平方和	自由度	F 值	临界值
回归	317.2589	1	176.55	$F_{0.01}(1,10) = 10.04$
残差	17.9703	10		
总计	335.2292	11		

$$\hat{\sigma} = \sqrt{\frac{SS_E}{n-2}} = \sqrt{\frac{17.9703}{12-2}} = 1.3405,$$

因为

$$t = \frac{\hat{\beta}_1}{\dfrac{\hat{\sigma}}{\sqrt{S_{xx}}}} = \frac{130.6022}{\dfrac{\sqrt{1.7970}}{\sqrt{0.0186}}} = 13.2872 > 3.1693 = t_{0.005}(10),$$

$$r = \frac{S_{xy}}{\sqrt{S_{xx}S_{yy}}} = \frac{2.4292}{\sqrt{0.0186 \times 335.2292}} = 0.9728 > 0.708 = r_{0.01}(10),$$

$$F = 176.55 > F_{0.01}(1,10) = 10.04,$$

因此在显著性水平 0.01 下回归方程是显著的.

(4) 当 $x_0 = 0.16$ 时, $\hat{y}_0 = 28.5364 + 130.6022 \times 0.16 = 49.4328$.

$$(5)\ \delta_0 = t_{\frac{\alpha}{2}}(n-2)\hat{\sigma}\sqrt{\frac{1}{n} + \frac{(x_0 - \overline{x})^2}{S_{xx}}}$$

$$= 1.3405 \times 2.2281 \times \sqrt{\frac{1}{12} + \frac{(0.16 - 0.19)^2}{0.0186}} = 1.0840.$$

故 $x_0 = 0.16$ 对应的均值 $E(Y_0)$ 的 0.95 置信区间为

$$(49.4328 - 1.0480, 49.4328 + 1.0480) = (48.3488, 50.5168).$$

$$(6)\ \delta = t_{\frac{\alpha}{2}}(n-2)\hat{\sigma}\sqrt{1 + \frac{1}{n} + \frac{(x_0 - \overline{x})^2}{S_{xx}}}$$

$$= 1.3405 \times 2.2281 \times \sqrt{1 + \frac{1}{12} + \frac{(0.16 - 0.19)^2}{0.0186}} = 3.1774,$$

从而 $x_0 = 0.16$ 对应的 Y_0 的概率为 0.95 的预测区间为

$$(49.4328 - 3.1774,\ 49.4328 + 3.1774) = (46.2554,\ 52.6102).$$

$E(Y_0)$ 的 0.95 置信区间比 Y_0 的概率为 0.95 的预测区间窄很多,这是因为随机变量的均值相对于随机变量本身而言要更容易估计出来.

§12.4 可线性化的一元非线性回归

§12.4.1 模型的确定

在许多实际问题中,变量之间的关系并不一定是线性的,通常会碰到被解释变量与解释变量之间呈现某种曲线关系的情况.对于曲线形式的回归问题,显然不能照搬前面线性回归的统计方法.如果还用线性回归分析方法来处理,往往会发现回归关系不显著.那么如何确定变量 Y 与 x 之间的曲线关系呢?直观而又简便的办法是用 n 组样本数据 (x_i, y_i) $(i = 1, 2, \cdots, n)$,在平面上标出 n 个点,根据这 n 个点所呈现出的形状,与常见的已知函数图形作比较,选择一条曲线拟合这 n 个点.下面给出一些常见的可以通过变量作变换而化成线性回归方程的函数图形及其数学表达式.在化成线性回归方程之后,就可按最小二乘法估计其参数,从而给出原曲线方程中参数的估计.

下面给出几种常用的曲线回归方程及其图形.

1. 双曲线方程: $\dfrac{1}{y} = a + \dfrac{b}{x}$. 图形如图 $12-7$ 和图 $12-8$ 所示.

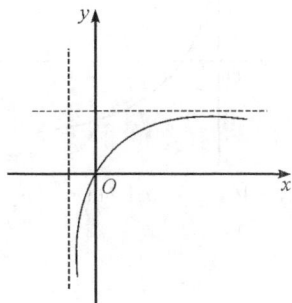

图 $12-7$ $\dfrac{1}{y} = a + \dfrac{b}{x}$, $b > 0$ 图形

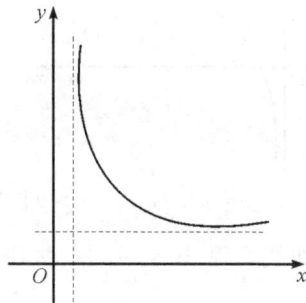

图 $12-8$ $\dfrac{1}{y} = a + \dfrac{b}{x}$, $b < 0$ 图形

2. 幂函数方程：$y = ax^b$ $(a > 0)$. 图形如图 12 - 9 和图 12 - 10 所示.

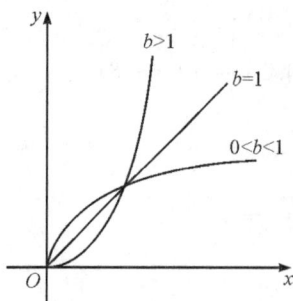

图 12 - 9　$y = ax^b$，$b > 0$ 图形

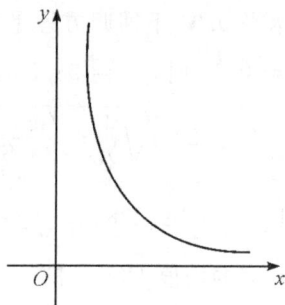

图 12 - 10　$y = ax^b$，$b < 0$ 图形

3. 指数曲线方程：$y = a\mathrm{e}^{bx}$ $(a > 0)$. 图形如图 12 - 11 和图 12 - 12 所示.

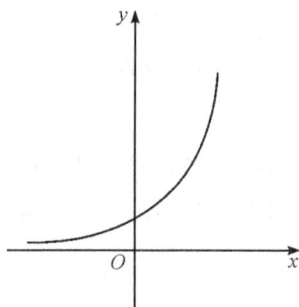

图 12 - 11　$y = a\mathrm{e}^{bx}$，$b > 0$ 图形

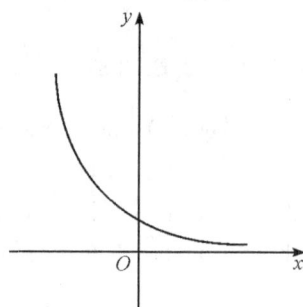

图 12 - 12　$y = a\mathrm{e}^{bx}$，$b < 0$ 图形

4. 指数曲线方程：$y = a\mathrm{e}^{\frac{b}{x}}$ $(a > 0)$. 图形如图 12 - 13 和图 12 - 14 所示.

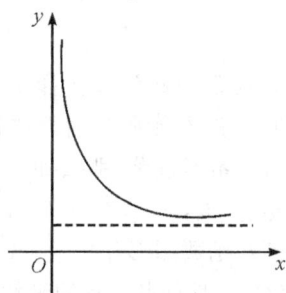

图 12 - 13　$y = a\mathrm{e}^{b/x}$，$b > 0$ 图形

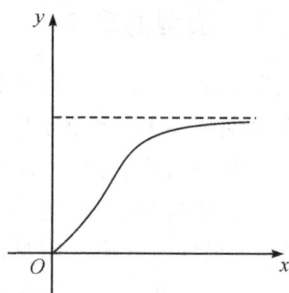

图 12 - 14　$y = a\mathrm{e}^{b/x}$，$b < 0$ 图形

5. 对数曲线方程：$y = a + b\ln x$. 图形如图 12 - 15 和图 12 - 16 所示.

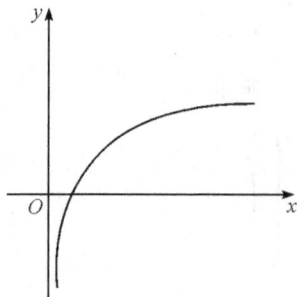

图 12 - 15　$y = a + b\ln x$，$b > 0$ 图形

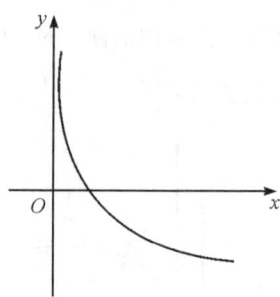

图 12 - 16　$y = a + b\ln x$，$b < 0$ 图形

6. S 型曲线方程：$y = \dfrac{1}{a + b\mathrm{e}^{-x}}$. 图形如图 12 - 17 所示.

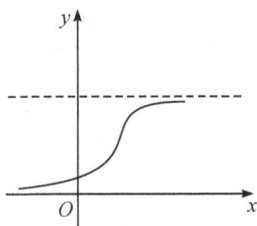

图 12 - 17　$y = \dfrac{1}{a + b\mathrm{e}^{-x}}$ 图形

§12.4.2　系数的估计

常用的曲线方程及其相应的化为线性方程的变量置换公式如表 12 - 8 所示.

表 12 - 8　曲线方程变量置换

曲线方程	变换公式	变换后的线性方程
$\dfrac{1}{y} = a + \dfrac{b}{x}$	$u = \dfrac{1}{x}, v = \dfrac{1}{y}$	$v = a + bu$
$y = ax^b \quad (a > 0)$	$u = \ln x, v = \ln y$	$v = a_1 + bu \quad (a_1 = \ln a)$
$y = a + b\ln x$	$u = \ln x, v = y$	$v = a + bu$
$y = a\mathrm{e}^{bx} \quad (a > 0)$	$u = x, v = \ln y$	$v = a_1 + bu \quad (a_1 = \ln a)$
$y = a\mathrm{e}^{b/x} \quad (a > 0)$	$u = \dfrac{1}{x}, v = \ln y$	$v = a_1 + bu \quad (a_1 = \ln a)$
$y = \dfrac{1}{a + b\mathrm{e}^{-x}}$	$u = \mathrm{e}^{-x}, v = \dfrac{1}{y}$	$v = a + bu$

例 12 - 8　电容器充电后,电压达到 100V,然后开始放电,测得时刻 $t_i(\mathrm{s})$ 时的电压 $u_i(\mathrm{V})$ 如表 12 - 9 所示,求电压 u 关于时间 t 的回归方程.

表 12 - 9　数据表

t	u	t	u	t	u
0	100	4	30	8	10
1	75	5	20	9	5
2	55	6	15	10	5
3	40	7	10		

解　画出散点图,如图 12 - 18 所示.根据图形拟合回归方程 $\hat{u} = \hat{A}\mathrm{e}^{\hat{b}t}$.

两边取自然对数,得

$$\ln \hat{u} = \ln \hat{A} + \hat{b}t,$$

置换变量,设 $T = t, U = \ln u$,并设 $a = \ln A$,得

$$\hat{U} = \hat{a} + \hat{b}T.$$

为了检验 U 与 T 的线性关系的显著性,并确定系数 a 及 b,利用已给的数据 (t, u) 写出对应的数据 (T, U),如表 12 - 10 所示.

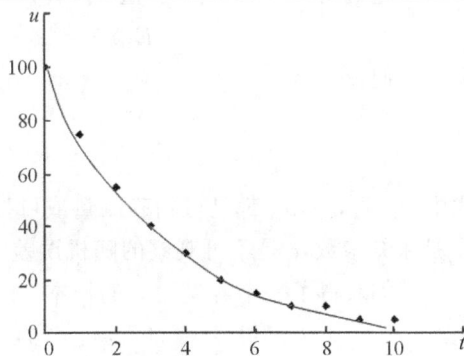

图 12 - 18　散点图

表 12 - 10　变换后数据

T	U	T	U	T	U
0	4.605	4	3.401	8	2.303
1	4.317	5	2.996	9	1.609
2	4.007	6	2.708	10	1.609
3	3.689	7	2.303		

于是计算可得 $\overline{T} = 5, \overline{U} = 3.0497, \sum T_i^2 = 385, \sum U_i^2 = 113.1687, \sum T_i U_i = 25333,$ 且 $S_{TT} = 110, S_{UU} = 10.86, S_{TU} = -34.389.$

又可得 $SS_T = 10.86, SS_R = \dfrac{S_{TU}^2}{S_{TT}} = 10.751, SS_E = SS_T - SS_R = 0.108.$

因此可得方差分析表如表 12 - 11 所示.

表 12 - 11　方差分析表

方差来源	平方和	自由度	F 值	临界值
回归	10.751	1	890.92	$F_{0.05}(1,9) = 5.12$
残差	0.108	9		$F_{0.01}(1,9) = 10.56$
总计	10.859	10		

所以 U 与 T 之间的线性关系特别显著. 计算可得

$$\hat{b} = -0.313, \quad \hat{a} = 4.613.$$

U 关于 T 的线性回归方程为

$$\hat{U} = 4.613 - 0.313T,$$

再换回原变量得

$$\ln \hat{u} = 4.613 - 0.313t,$$

即

$$\hat{u} = \mathrm{e}^{4.613 - 0.313t} = 100.988\mathrm{e}^{-0.313t},$$

这就是所求的曲线回归方程.

§12.5　多元线性回归分析

设随机变量 Y 与 p 个变量 $x_1, x_2, \cdots, x_p$ 之间满足关系:
$$E(Y) = \beta_0 + \beta_1 x_1 + \beta_2 x_2 + \cdots + \beta_p x_p.$$
进一步假设
$$\begin{cases} Y = \beta_0 + \beta_1 x_1 + \beta_2 x_2 + \cdots + \beta_p x_p + \varepsilon, \\ \varepsilon \sim N(0, \sigma^2) \end{cases},$$
式中 $x_1, x_2, \cdots, x_p$ 都是可精确测量或可控制的一般变量, Y 是可观察的随机变量, $\beta_0, \beta_1, \beta_2, \cdots,$ β_p 是未知参数, ε 是不可观察的随机误差.

假如获得了一个容量为 n 的样本
$$(Y_i, x_{1i}, x_{2i}, \cdots, x_{pi}) \quad (i = 1, 2, \cdots, n),$$
则得到了多元线性回归模型:
$$\begin{cases} Y_i = \beta_0 + \beta_1 x_{1i} + \beta_2 x_{2i} + \cdots + \beta_p x_{pi} + \varepsilon_i \\ \varepsilon_i \sim N(0, \sigma^2), i = 1, 2, \cdots, n; 且相互独立. \end{cases}$$

§12.5.1 参数估计

若已给出样本观察值$(y_i, x_{1i}, x_{2i}, \cdots, x_{pi})$ $(i = 1, 2, \cdots, n)$，我们希望对参数$\beta_0, \beta_1, \beta_2, \cdots, \beta_p$ 及σ^2 作出估计.

定义 12-7 设$\beta_0, \beta_1, \beta_2, \cdots, \beta_p$ 的估计分别为$\hat{\beta}_0, \hat{\beta}_1, \hat{\beta}_2, \cdots, \hat{\beta}_p$，则可得一个$p$ 元线性方程

$$\hat{y} = \hat{\beta}_0 + \hat{\beta}_1 x_1 + \hat{\beta}_2 x_2 + \cdots + \hat{\beta}_p x_p,$$

称为p 元线性**回归方程**. 对每一点$(x_{1i}, x_{2i}, \cdots, x_{pi})$ 相应的值

$$\hat{y}_i = \hat{\beta}_0 + \hat{\beta}_1 x_{1i} + \hat{\beta}_2 x_{2i} + \cdots + \hat{\beta}_p x_{pi},$$

称为**回归值**（也称为**拟合值**等）.

我们希望观测值y_i 与回归值$\hat{y}_i$ 的偏差最小，即希望下式在估计值$\hat{\beta}_0, \hat{\beta}_1, \hat{\beta}_2, \cdots, \hat{\beta}_p$ 处取得最小值

$$Q(\beta_0, \beta_1, \cdots, \beta_p) = \sum_{i=1}^{n} (y_i - \beta_0 - \beta_1 x_{1i} - \cdots - \beta_p x_{pi})^2,$$

即$\hat{\beta}_0, \hat{\beta}_1, \hat{\beta}_2, \cdots, \hat{\beta}_p$ 满足

$$\min_{\beta_0, \beta_1, \cdots, \beta_p} Q(\beta_0, \beta_1, \cdots, \beta_p) = Q(\hat{\beta}_0, \hat{\beta}_1, \cdots, \hat{\beta}_p).$$

为了得到$\hat{\beta}_0, \hat{\beta}_1, \hat{\beta}_2, \cdots, \hat{\beta}_p$，根据微积分的理论，只需求解下列方程组：

$$\begin{cases} \dfrac{\partial Q}{\partial \beta_0} = -2 \sum_{i=1}^{n} (y_i - \beta_0 - \beta_1 x_{1i} - \cdots - \beta_p x_{pi}) = 0 \\ \dfrac{\partial Q}{\partial \beta_1} = -2 \sum_{i=1}^{n} (y_i - \beta_0 - \beta_1 x_{1i} - \cdots - \beta_p x_{pi}) x_{1i} = 0 \\ \qquad\qquad \cdots \\ \dfrac{\partial Q}{\partial \beta_p} = -2 \sum_{i=1}^{n} (y_i - \beta_0 - \beta_1 x_{1i} - \cdots - \beta_p x_{pi}) x_{pi} = 0 \end{cases}.$$

经过整理得关于$\beta_0, \beta_1, \cdots, \beta_p$ 的一个线性方程组：

$$\begin{cases} n\beta_0 + \sum_{i=1}^{n} x_{1i}\beta_1 + \cdots + \sum_{i=1}^{n} x_{pi}\beta_p = \sum_{i=1}^{n} y_i \\ \sum_{i=1}^{n} x_{1i}\beta_0 + \sum_{i=1}^{n} x_{1i}^2\beta_1 + \cdots + \sum_{i=1}^{n} x_{1i} x_{pi}\beta_p = \sum_{i=1}^{n} x_{1i} y_i \\ \qquad\qquad \cdots \\ \sum_{i=1}^{n} x_{pi}\beta_0 + \sum_{i=1}^{n} x_{pi} x_{1i}\beta_1 + \cdots + \sum_{i=1}^{n} x_{pi}^2\beta_p = \sum_{i=1}^{n} x_{pi} y_i \end{cases},$$

称为**正规方程组**，其解称为$\beta_0, \beta_1, \cdots, \beta_p$ 的最小二乘估计.

为了使多元回归分析的讨论简洁明了，需用矩阵工具，为此引入以下记号：

$$X = \begin{bmatrix} 1 & x_{11} & \cdots & x_{p1} \\ 1 & x_{12} & \cdots & x_{p2} \\ \cdots & \cdots & \cdots & \cdots \\ 1 & x_{1n} & \cdots & x_{pn} \end{bmatrix}, \quad Y = \begin{bmatrix} y_1 \\ y_2 \\ \cdots \\ y_n \end{bmatrix}, \quad \beta = \begin{bmatrix} \beta_0 \\ \beta_1 \\ \cdots \\ \beta_p \end{bmatrix}.$$

由于

$$X'X = \begin{pmatrix} 1 & 1 & \cdots & 1 \\ x_{11} & x_{12} & \cdots & x_{1n} \\ \cdots & \cdots & \cdots & \cdots \\ x_{p1} & x_{p2} & \cdots & x_{pn} \end{pmatrix} \begin{pmatrix} 1 & x_{11} & \cdots & x_{p1} \\ 1 & x_{12} & \cdots & x_{p2} \\ \cdots & \cdots & \cdots & \cdots \\ 1 & x_{1n} & \cdots & x_{pn} \end{pmatrix}$$

$$= \begin{pmatrix} n & \sum_{i=1}^{n} x_{1i} & \cdots & \sum_{i=1}^{n} x_{pi} \\ \sum_{i=1}^{n} x_{1i} & \sum_{i=1}^{n} x_{1i}^2 & \cdots & \sum_{i=1}^{n} x_{1i}x_{pi} \\ \cdots & \cdots & \cdots & \cdots \\ \sum_{i=1}^{n} x_{pi} & \sum_{i=1}^{n} x_{pi}x_{1i} & \cdots & \sum_{i=1}^{n} x_{pi}^2 \end{pmatrix},$$

$$X'Y = \begin{pmatrix} 1 & 1 & \cdots & 1 \\ x_{11} & x_{12} & \cdots & x_{1n} \\ \cdots & \cdots & \cdots & \cdots \\ x_{p1} & x_{p2} & \cdots & x_{pn} \end{pmatrix} \begin{pmatrix} y_1 \\ y_2 \\ \cdots \\ y_n \end{pmatrix} = \begin{pmatrix} \sum_{i=1}^{n} y_i \\ \sum_{i=1}^{n} x_{1i}y_i \\ \cdots \\ \sum_{i=1}^{n} x_{pi}y_i \end{pmatrix}.$$

所以正规方程可表示为矩阵形式

$$X'X\beta = X'Y.$$

定义 12-8 X 称为**结构矩阵**,$(X^T X)^{-1}$ 称为**相关矩阵**,$A = X^T X$ 称为正规方程组的**系数矩阵**,$B = X^T Y$ 称为正规方程组的**常数项矩阵**.

在回归分析中,A^{-1} 通常存在,此时 β 的最小二乘估计可表示为

$$\hat{\beta} = (X'X)^{-1}X'Y.$$

由 β 的最小二乘估计 $\hat{\beta}$ 可得回归方程:

$$\hat{y} = (1, x_1, \cdots, x_p)\hat{\beta} = \hat{\beta}_0 + \hat{\beta}_1 x_1 + \cdots + \hat{\beta}_p x_p.$$

定义 12-9 设 y_i 为 Y 的实测值,$\hat{y}_i = \hat{\beta}_0 + \hat{\beta}_1 x_{1i} + \cdots + \hat{\beta}_p x_{pi}$,则

(1) 实测值 y_i 与回归值 $\hat{y}_i$ 之差 $y_i - \hat{y}_i$ 称为**残差**;

(2) $\tilde{Y} = Y - \hat{Y} = Y - X\hat{\beta} = [I_n - X(X'X)^{-1}X']Y$ 称为**残差向量**;

(3) $SS_E = \sum_{i=1}^{n}(y_i - \hat{y}_i)^2 = \tilde{Y}'\tilde{Y} = (Y - X\hat{\beta})'(Y - X\hat{\beta})$ 称为**残差平方和**(或**剩余平方和**).

不加证明地给出以下结论.

定理 12-6 $E(SS_E) = (n - p - 1)\sigma^2.$

由此可知 $\hat{\sigma}^2 = \dfrac{S_E}{n - p - 1}$ 是 σ^2 的无偏估计.

定理 12-7 若 $\hat{\beta}$ 是 β 的最小二乘估计,则 $\hat{\beta}$ 是 β 的线性无偏估计,即 $E(\hat{\beta}) = \beta$;且其协方差矩阵为 $D(\hat{\beta}) = (X^T X)^{-1}\sigma^2.$

由 $D(\hat{\beta}) = (X^T X)^{-1} \sigma^2$ 可知 $\hat{\beta}_0, \hat{\beta}_1, \hat{\beta}_2, \cdots, \hat{\beta}_p$ 一般不相互独立.

定理 12-8 $Cov(\widetilde{Y}, \hat{\beta}) = 0$.

定理 12-9 当 $Y \sim N_n(X\beta, \sigma^2 I_n)$ 时,则

(1) $\hat{\beta}$ 与 SS_E 相互独立;

(2) $\hat{\beta} \sim N(\beta, \sigma^2 (X^T X)^{-1})$;

(3) $\dfrac{SS_E}{\sigma^2} \sim \chi^2(n-q)$.

其中 q 为结构矩阵 X 的秩.

§12.5.2 平方和分解与假设检验

定义 12-10 $SS_T = \sum\limits_{i=1}^{n} (y_i - \overline{y})^2$ 称为**总偏差平方和**,$SS_R = \sum\limits_{i=1}^{n} (\hat{y}_i - \overline{y})^2$ 称为**回归平方和**.

与一元线性回归分析一样,给出下面的平方和分解定理.

定理 12-10 $SS_T = SS_E + SS_R$.

对多元线性回归模型,若用最小二乘法得到了参数 β 的估计 $\hat{\beta}_0, \hat{\beta}_1, \hat{\beta}_2, \cdots, \hat{\beta}_p$,从而得到回归方程 $\hat{y} = (1, x_1, \cdots, x_p)\hat{\beta} = \hat{\beta}_0 + \hat{\beta}_1 x_1 + \cdots + \hat{\beta}_p x_p$,还需对回归方程的显著性进行检验. 检验 y 与 $x_1, \cdots, x_p$ 是否确实存在线性关系,此时相当于检验问题:
$$H_0 : \beta_1 = \beta_2 = \cdots = \beta_p = 0.$$

若经检验知 y 与 $x_1, \cdots, x_p$ 确实存在线性关系,则需检验 x_j 对 y 的作用是否显著,这相当于检验问题:
$$H_{0j} : \beta_j = 0 \quad (j = 1, 2, \cdots, p).$$

定理 12-11 若 $H_0 : \beta_1 = \beta_2 = \cdots = \beta_p = 0$ 成立,则
$$F = \frac{\dfrac{SS_R}{p}}{\dfrac{SS_E}{n-p-1}} \sim F(p, n-p-1).$$

证明 当 $H_0 : \beta_1 = \beta_2 = \cdots = \beta_p = 0$ 为真时,$y_i \sim N(\beta_0, \sigma^2)$ $(i = 1, 2, \cdots, n)$,且相互独立,因此有
$$\frac{1}{\sigma^2} SS_T \sim \chi^2(n-1).$$

又因为
$$\frac{1}{\sigma^2} SS_E \sim \chi^2(n-p-1),$$

SS_R 是正态随机变量的平方和,其自由度为 p,且 $(n-p-1) + p = n-1$. 因此由柯赫伦分解定理可知 SS_R 与 SS_E 相互独立,且
$$\frac{1}{\sigma^2} SS_R \sim \chi^2(p).$$

因此,当 $H_0 : \beta_1 = \beta_2 = \cdots = \beta_p = 0$ 为真时,$F = \dfrac{\dfrac{SS_R}{p}}{\dfrac{SS_E}{n-p-1}} \sim F(p, n-p-1).$

在给定的显著性水平 α 下,当 $F > F_\alpha(p, n-p-1)$ 时,拒绝原假设 H_0,认为 y 与 $x_1, x_2, \cdots, x_p$ 确实存在线性关系.

为方便计算,引入以下记号:

$$l_{yy} = \sum_{i=1}^n (y_i - \overline{y})^2 = \sum_{i=1}^n y_i^2 - \frac{1}{n} \left(\sum_{i=1}^n y_i \right)^2,$$

$$l_{uv} = \sum_{i=1}^n (x_{ui} - \overline{x}_u)(x_{vi} - \overline{x}_v) = \sum_{i=1}^n x_{ui} x_{vi} - \frac{1}{n} \left(\sum_{i=1}^n x_{ui} \right) \left(\sum_{i=1}^n x_{vi} \right),$$

$$l_{uy} = \sum_{i=1}^n (x_{ui} - \overline{x}_u)(y_i - \overline{y}) = \sum_{i=1}^n x_{ui} y_i - \frac{1}{n} \left(\sum_{i=1}^n x_{ui} \right) \left(\sum_{i=1}^n y_i \right).$$

在检验 $H_0 : \beta_1 = \beta_2 = \cdots = \beta_p = 0$ 时,按以下步骤进行:

(1) 计算 $SS_T = l_{yy}$;

(2) 计算 $SS_R = \hat{\beta}_1 l_{1y} + \hat{\beta}_2 l_{2y} + \cdots + \hat{\beta}_p l_{py}$;

(3) 计算 $SS_E = SS_T - SS_E$;

(4) 计算 $F = \dfrac{\dfrac{SS_R}{p}}{\dfrac{SS_E}{n-p-1}}$;

(5) 查表得 $F_\alpha(p, n-p-1)$;

(6) 若 $F > F_\alpha(p, n-p-1)$,则拒绝原假设 H_0;否则接受原假设 H_0.

不加证明地给出下面的结论.

定理 12-12 若 $H_{0j} : \beta_j = 0$ 成立,则

$$T_j = \frac{\hat{\beta}_j}{\sqrt{c_{jj}}\,\hat{\sigma}} \sim t(n-p-1),$$

其中 c_{jj} 是 $(X^T X)^{-1}$ 中第 $j+1$ 个对角元素.

在给定的显著性水平 α 下,当 $|t_j| > t_{\frac{\alpha}{2}}(n-p-1)$ 时,拒绝原假设 H_{0j},认为 x_j 对 y 的影响是显著的.

例 12-9 在平炉炼钢中,由于矿石与炉的简化作用,铁水的总含碳量不断降低.一炉钢在冶炼初期,总的去碳量 y 与所加的两种矿石量 x_1, x_2 及熔化时间有关,现实测得某平炉的 49 组数据如表 12-12 所示.

(1) 试求线性回归方程;

(2) 估计 σ^2;

(3) 检验 y 对 x_1, x_2, x_3 线性关系;

(4) 分别检验 x_1, x_2, x_3 对 y 的影响是否显著.

表 12-12 数据表

编号	x_1	x_2	x_3	y	编号	x_1	x_2	x_3	y
1	2	18	50	4.3302	26	9	6	39	2.7066
2	7	9	40	3.6485	27	12	5	51	5.6314
3	5	14	46	4.4830	28	6	13	41	5.8152
4	12	3	43	5.5468	29	12	7	47	5.1302
5	1	20	64	5.4970	30	0	24	61	5.3910
6	3	12	40	3.1125	31	5	12	37	4.4533

编号	x_1	x_2	x_3	y	编号	x_1	x_2	x_3	y
7	3	17	64	5.1182	32	4	15	49	4.6569
8	6	5	39	3.8759	33	0	20	45	4.5212
9	7	8	37	4.6700	34	6	16	42	4.8650
10	0	23	55	4.9536	35	4	17	48	5.3566
11	3	16	60	5.0060	36	10	4	48	4.6098
12	0	18	49	5.2701	37	4	14	36	2.3815
13	8	4	50	5.3772	38	5	13	36	3.8746
14	6	14	51	5.4849	39	9	8	51	4.5919
15	0	21	51	4.5960	40	6	13	54	5.1588
16	3	14	51	5.6645	41	5	8	100	5.4373
17	7	12	56	6.0795	42	5	11	44	3.9960
18	16	0	48	3.2194	43	8	6	63	4.3970
19	6	16	45	5.8076	44	2	13	55	4.0622
20	0	15	52	4.7306	45	7	8	50	2.2905
21	9	0	40	4.6805	46	4	10	45	4.7115
22	4	6	32	3.1272	47	10	5	40	4.5310
23	0	17	47	2.6104	48	3	17	64	5.3637
24	9	0	44	3.7174	49	4	15	72	6.0771
25	2	16	39	3.8946					

解　首先进行数据整理得

$$\overline{x}_1 = \frac{1}{49}\sum_{i=1}^{49} x_{1i} = 5.286, \quad \overline{x}_2 = \frac{1}{49}\sum_{i=1}^{49} x_{2i} = 11.796,$$

$$\overline{x}_3 = \frac{1}{49}\sum_{i=1}^{49} x_{3i} = 49.204, \quad \overline{y} = \sum_{i=1}^{49} y_i = 4.582,$$

$$\sum_{i=1}^{49} x_{1i}^2 = 2031, \quad l_{11} = \sum_{i=1}^{49} x_{1i}^2 - 49\,\overline{x}_1^{\,2} = 662.00,$$

$$\sum_{i=1}^{49} x_{2i}^2 = 8572, \quad l_{22} = \sum_{i=1}^{49} x_{2i}^2 - 49\,\overline{x}_2^{\,2} = 1753.959,$$

$$\sum_{i=1}^{49} x_{3i}^2 = 2124879, \quad l_{33} = \sum_{i=1}^{49} x_{3i}^2 - 49\,\overline{x}_3^{\,2} = 6247.959,$$

$$\sum_{i=1}^{49} y_i^2 = 1073.592, \quad l_{yy} = \sum_{i=1}^{49} y_i^2 - 49\,\overline{y}^{\,2} = 44.905,$$

$$\sum_{i=1}^{49} x_{1i}x_{2i} = 2137, \quad l_{12} = l_{21} = \sum_{i=1}^{49} x_{1i}x_{2i} - 49\,\overline{x}_1\,\overline{x}_2 = -918.143,$$

$$\sum_{i=1}^{49} x_{1i}x_{3i} = 12355, \quad l_{13} = l_{31} = \sum_{i=1}^{49} x_{1i}x_{3i} - 49\,\overline{x}_1\,\overline{x}_3 = -388.857,$$

$$\sum_{i=1}^{49} x_{2i}x_{3i} = 29216, \quad l_{23} = l_{32} = \sum_{i=1}^{49} x_{2i}x_{3i} - 49\,\overline{x}_2\,\overline{x}_3 = 776.041,$$

$$\sum_{i=1}^{49} x_{1i}y_i = 1180.30, \quad l_{1y} = \sum_{i=1}^{49} x_{1i}y_i - 49\,\overline{x}_1\,\overline{y} = -6.433,$$

$$\sum_{i=1}^{49} x_{2i}y_i = 2717.51, \quad l_{2y} = \sum_{i=1}^{49} x_{2i}y_i - 49\,\overline{x}_2\,\overline{y} = 69.130,$$

$$\sum_{i=1}^{49} x_{3i}y_i = 11292.72, \quad l_{3y} = \sum_{i=1}^{49} x_{3i}y_i - 49\,\overline{x}_3\,\overline{y} = 245.571.$$

(1) 由正规方程

$$\begin{cases} 662.000\beta_1 - 918.143\beta_2 - 388.857\beta_3 = -6.433 \\ -918.143\beta_1 + 1753.959\beta_2 + 776.041\beta_3 = 69.130 \\ -388.857\beta_1 + 776.041\beta_2 + 6247.959\beta_3 = 245.571 \end{cases},$$

解得 $\hat{\beta}_1 = 0.1604, \hat{\beta}_2 = 0.1076, \hat{\beta}_3 = 0.0359, \hat{\beta}_0 = \overline{y} - \hat{\beta}_1\overline{x}_1 - \hat{\beta}_2\overline{x}_2 - \hat{\beta}_3\overline{x}_3 = 0.7014.$
所求线性回归方程为

$$\hat{y} = 0.7014 + 0.1604x_1 + 0.1076x_2 + 0.0359x_3.$$

(2) $\hat{\sigma}^2 = \dfrac{SS_E}{n-p-1} = \dfrac{29.684}{49-3-1} = 0.660.$

(3) $H_0: \beta_1 = \beta_2 = \beta_3 = 0.$

$$F = \frac{\dfrac{SS_R}{p}}{\dfrac{SS_E}{n-p-1}} = 7.69 > F_{0.01}(3,45) = 7.24.$$

拒绝 H_0，认为 y 与 x_1, x_2, x_3 存在线性关系.

(4) $H_{0j}: \beta_j = 0 \quad (j = 1,2,3).$

由 $(X^TX)^{-1}$ 得 $c_{11} = 0.005515, c_{22} = 0.002122, c_{33} = 0.0001694, \hat{\sigma} = \sqrt{\hat{\sigma}^2} = 0.81$，由此得

$$t_1 = \frac{\hat{\beta}_1}{\sqrt{c_{11}}\,\hat{\sigma}} = 2.84, \quad t_2 = \frac{\hat{\beta}_2}{\sqrt{c_{22}}\,\hat{\sigma}} = 2.88, \quad t_3 = \frac{\hat{\beta}_3}{\sqrt{c_{33}}\,\hat{\sigma}} = 3.42,$$

因此，

$$|t_j| > t_{0.005}(45) = 2.70 \quad (j = 1,2,3),$$

拒绝 $H_{0j} \quad (j = 1,2,3)$，认为 x_1, x_2, x_3 对 y 的影响都是显著的.

习题十二

1. 在动物学研究中，有时需要找出某种动物的体积与重量的关系，因为重量相对容易测量，而测量体积比较困难. 我们可以利用重量预测体积的值. 某种动物的 18 个随机样本的体重 $x(\text{kg})$ 与体积 $Y(10^{-3}\text{m}^3)$ 的数据如下.

x	17.1	10.5	13.8	15.7	11.9	10.4	15.0	16.0	17.8	15.8
Y	16.7	10.4	13.5	15.7	11.6	10.2	14.5	15.8	17.6	15.2
x	15.1	12.1	18.4	17.1	16.7	16.5	15.1	15.1		
Y	14.8	11.9	18.3	16.7	16.6	15.9	15.1	14.5		

(1) 求回归直线方程 $\hat{y} = \hat{\beta}_0 + \hat{\beta}_1 x$；

(2) 检验体重 x 与体积 Y 之间的线性关系是否显著；

(3) 求相关系数；

(4) 对体重 $x = 15.3$ 的这种动物，试预测它的体积 y_0.

2. 一新树种,栽种 6 年,每年七月测量树干的平均直径,记录如下.

x(年)	1	2	3	4	5	6
平均直径 Y(cm)	1.3	2.5	3.7	5.3	6.4	7.2

(1) 求平均直径 Y 与年龄 x 的线性回归方程;

(2) 检验平均直径 Y 与年龄 x 之间的线性关系是否显著;

(3) 估计树龄为 3.5 年时的平均树干直径.

3. 某大洲圈养了 9 种哺乳动物的怀孕期 x(天) 与平均寿命 Y(年) 的实验数据如下所示.

x(天)	225	122	284	250	52	201	330	240	154
Y(年)	25	5	15	15	7	8	20	12	12

(1) 求回归直线方程 $\hat{y} = \hat{\beta_0} + \hat{\beta_1}x$;

(2) 检验怀孕期 x 与平均寿命 Y 之间的线性关系是否显著;

(3) 求相关系数.

4. 某种合金钢的抗拉强度 Y(N/mm^2) 与钢中含碳量 x(%) 有关,测得试验数据如下.

x	Y	x	Y
0.05	408	0.13	456
0.07	417	0.14	451
0.08	419	0.16	489
0.09	428	0.18	500
0.10	420	0.20	550
0.11	436	0.22	558
0.12	448	0.24	600

(1) 检验合金钢的抗拉强度 Y 与钢中含碳量 x 之间是否存在显著的线性关系;如果存在,求 Y 与 x 的线性回归方程;

(2) 设含碳量 $x = 0.15\%$,求抗拉强度 Y 的置信度为 0.95 的预测区间.

5. 已知变量 x 与 Y 的样本数据如下,画出散点图,拟合合适的回归模型.

序号	x	Y	序号	x	Y
1	4.20	0.086	9	2.60	0.220
2	4.06	0.090	10	2.40	0.240
3	3.80	0.100	11	2.20	0.350
4	3.60	0.120	12	2.00	0.440
5	3.40	0.130	13	1.80	0.620
6	3.20	0.150	14	1.60	0.940
7	3.00	0.170	15	1.40	1.620
8	2.80	0.190			

基于 Excel 的概率统计实验

实验一 Excel 中的统计分析工具

一、实验目的

1. 了解 Excel 提供的统计【图表】工具；
2. 了解 Excel 提供的【统计函数】工具；
3. 了解 Excel 提供的统计【数据分析】工具.

二、【数据分析】工具安装方法

如果正在使用的 Excel 中未安装【数据分析】工具，则可按以下步骤安装【数据分析】工具：

第 1 步：打开 Excel；

第 2 步：点击【工具(T)】；

第 3 步：在下拉菜单中选择【加载宏(I)】；

第 4 步：在【加载宏】对话框的【可用加载宏(A)】框中，选择【分析工具库】，如图实验 1-1 所示；

第 5 步：点击【确定】按钮，即可完成【数据分析】工具的安装.

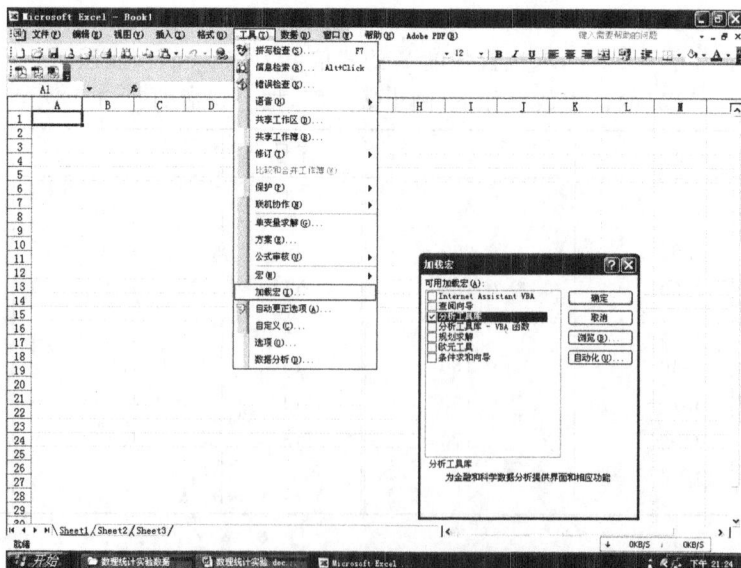

图实验 1-1 【数据分析】的安装过程

三、进入【图表】的过程

在 Excel 中,进入【图表】的步骤如下:

第 1 步:打开 Excel;

第 2 步:点击【插入(I)】;

第 3 步:在下拉菜单中选择【图表(H)】;

第 4 步:在【图表向导】对话框中,根据需要在【图表类型(C)】框及【子图表类型(T)】中进行选择,如图实验 1-2 所示;

第 5 步:根据具体情况按向导提示进行操作.

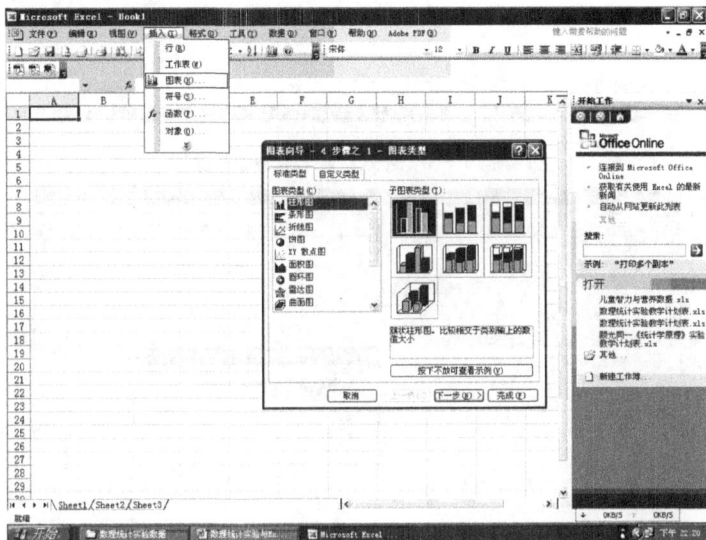

图实验 1-2　进入【图表】过程

四、进入【统计函数】的过程

在 Excel 中,进入【统计函数】的步骤如下:

第 1 步:打开 Excel;

第 2 步:点击【插入(I)】;

第 3 步:在下拉菜单中选择【函数(F)】;

第 4 步:在【插入函数】对话框中选择【统计】,如图实验 1-3 所示;

第 5 步:根据需要在【选择函数(N)】框中选择具体的函数.

五、进入【数据分析】的过程

在 Excel 中,进入【数据分析】的步骤如下:

第 1 步:打开 Excel;

第 2 步:点击【工具(T)】;

第 3 步:在下拉菜单中选择【数据分析(D)】;

第 4 步:在【数据分析】对话框中,根据需要在【分析工具(A)】框中,选择具体的分析工具,如图实验 1-4 所示.

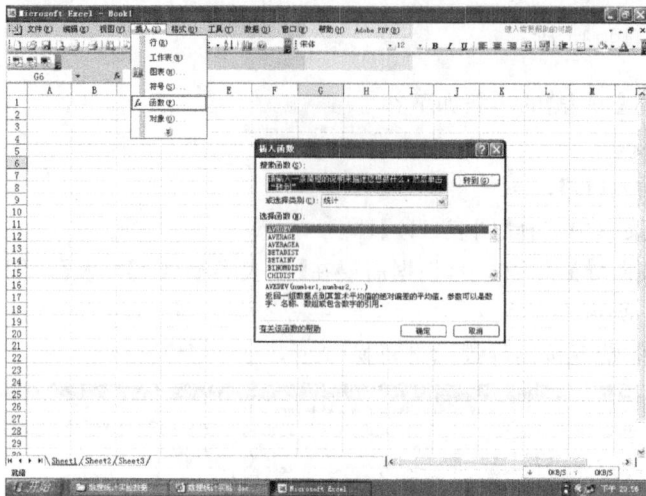

图实验 1-3 进入【统计函数】的过程

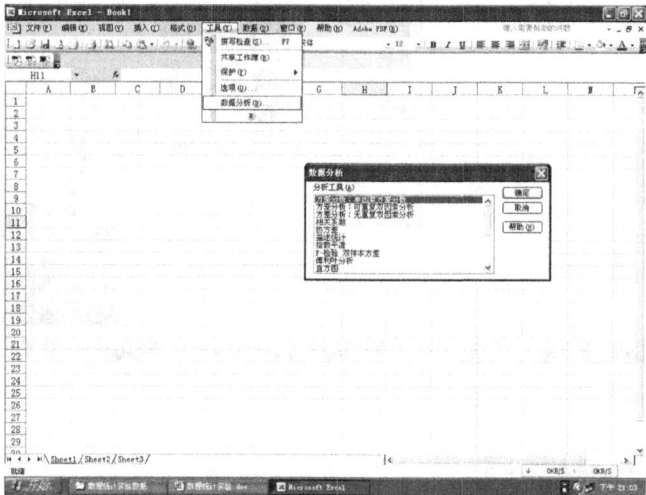

图实验 1-4 进入【数据分析】的过程

练习题

1. 给出在 Excel 中画柱形图的操作步骤.

2. 在 Excel 中,利用统计函数【AVERAGE】计算以下数字的平均值:

$$2.5,\quad 3.2,\quad 1.8,\quad -2.6,\quad 5.1,\quad -8.4,\quad -2.3,\quad 4.0,\quad 1.8.$$

3. 在 Excel 中,利用【随机数发生器】产生 10 个服从均匀分布 $U(1,8)$ 的随机数.

4. 在 Excel 中,利用【随机数发生器】产生 10 个服从正态分布 $N(4,36)$ 的随机数.

实验二 几个常用分布

一、实验目的

1. 理解并学会使用 Excel 提供的与二项分布有关的统计函数【BINOMDIST】.

2. 理解并学会使用 Excel 提供的与泊松分布有关的统计函数【POISSON】.

3. 理解并学会使用 Excel 提供的与指数分布有关的统计函数【EXPONDIST】.

二、二项分布函数 BINOMDIST

打开【Excel】→点击【插入(I)】→选择【函数(F)】→在【选择类别(C)】中选择【统计】→在【选择函数(N)】中选择【BINOMDIST】→点击【确定】按钮. 出现如图实验 2-1 的对话框.

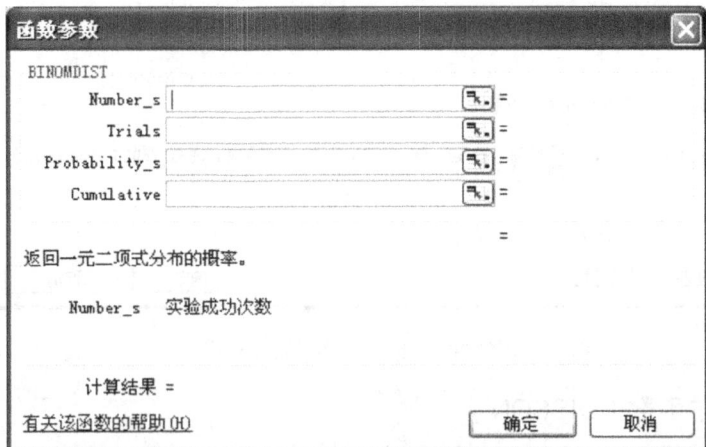

图实验 2-1 【BINOMDIST】函数对话框

关于【BINOMDIST】函数对话框:

◆ Number_s :试验成功的次数;

◆ Trials:独立试验的次数;

◆ Probability_s :每次试验中成功的概率;

◆ Cumulative :一逻辑值,用于确定函数的形式;

◆ 返回二项分布的概率值. 如果 cumulative 为 TRUE,返回分布函数,即至多 number_s 次成功的概率;如果为 FALSE,返回概率密度函数,即 number_s 次成功的概率.

例实验 2-1 设 $X \sim B(8, 0.6)$,求 $P\{X=3\}$ 和 $P\{X \leqslant 2\}$.

解 打开【Excel】→点击【插入(I)】→选择【函数(F)】→在【选择类别(C)】中选择【统计】→在【选择函数(N)】中选择【BINOMDIST】→点击【确定】按钮. 如图实验 2-2 输入相关数据,得到 $P\{X=3\}=0.12386304$.

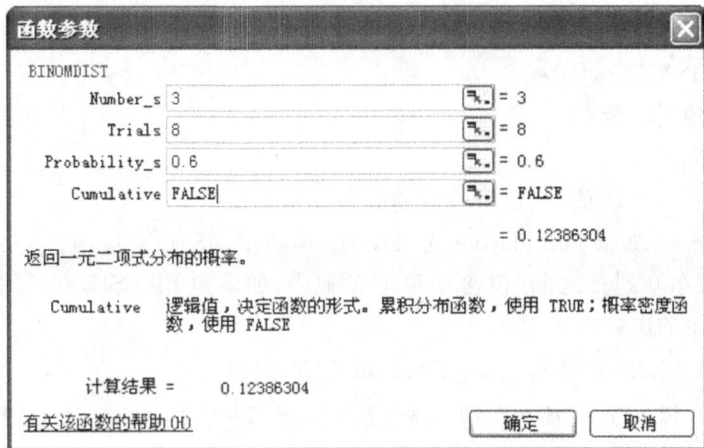

图实验 2-2 求 $P\{X=3\}$ 对话

如图实验 2-3 输入相关数据,得到 $P\{X\leqslant 2\}=0.04980736$.

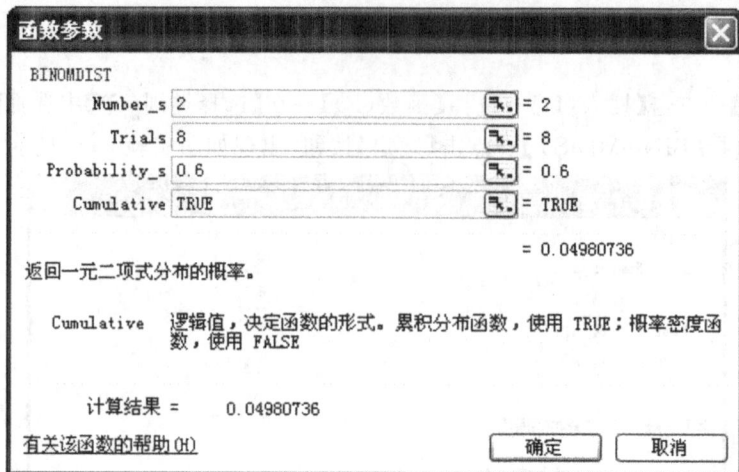

图实验 2-3　求 $P\{X\leqslant 2\}$对话

三、泊松分布函数 POISSON

打开【Excel】→点击【插入(I)】→选择【函数(F)】→在【选择类别(C)】中选择【统计】→在【选择函数(N)】中选择【POISSON】→点击【确定】按钮.出现如图实验 2-4 的对话框.

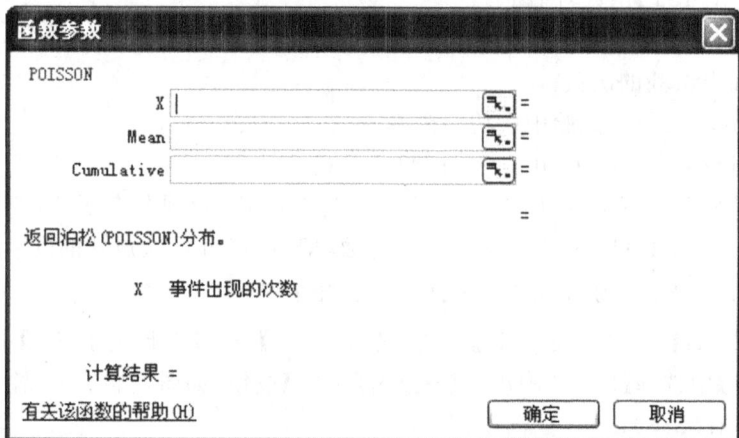

图实验 2-4　【POISSON】函数对话框

关于【POISSON】函数对话框:

◆ X:事件出现的次数;

◆ Mean:期望值 λ;

◆ Cumulative:一逻辑值,确定所返回的概率分布形式;

◆ 返回泊松分布.如果 cumulative 为 TRUE,函数 POISSON 返回泊松分布函数值,即随机事件发生的次数在 0 到 x 之间(包含 0 和 1)的概率;如果为 FALSE,则返回泊松概率密度函数,即随机事件发生的次数恰好为 x.

例实验 2-2　设 $X\sim P(5)$,求 $P\{X=3\}$和 $P\{X\leqslant 10\}$.

解　打开【Excel】→点击【插入(I)】→选择【函数(F)】→在【选择类别(C)】中选择【统计】→在【选择函数(N)】中选择【POISSON】→点击【确定】按钮.如图实验 2-5 输入相关数据,得到 $P\{X=3\}=0.140373896$.

图实验 2-5　求 $P\{X=3\}$ 对话

如图实验 2-6 输入相关数据,得到 $P\{X\leqslant10\}=0.986304731$.

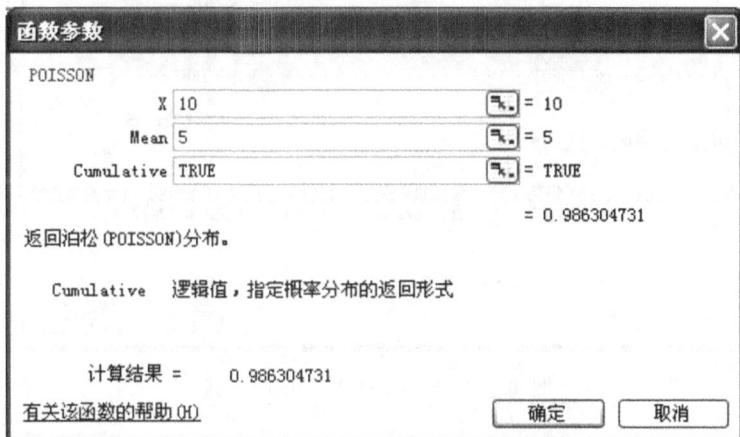

图实验 2-6　求 $P\{X\leqslant10\}$ 对话

四、指数分布函数 EXPONDIST

打开【Excel】→点击【插入(I)】→选择【函数(F)】→在【选择类别(C)】中选择【统计】→在【选择函数(N)】中选择【EXPONDIST】→点击【确定】按钮. 出现如图实验 2-7 的对话框.

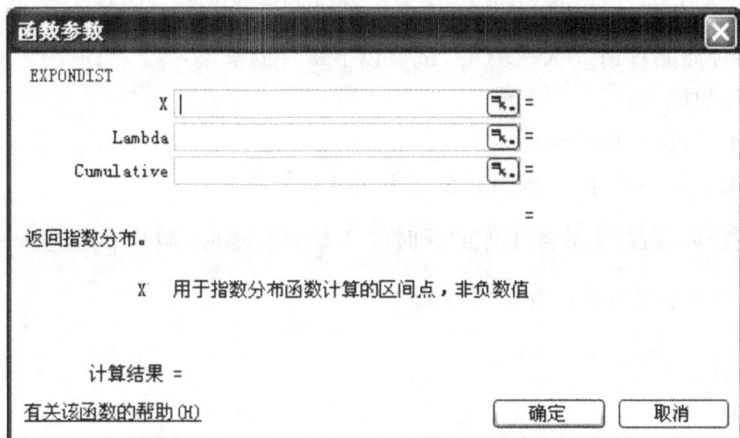

图实验 2-7　【EXPONDIST】函数对话框

关于【EXPONDIST】函数对话框：

◆ X：函数的数值；

◆ Lambda：参数值 λ；

◆ Cumulative：一逻辑值，指定指数函数的形式.

◆ 返回指数分布. 如果 cumulative 为 TRUE，函数 EXPONDIST 返回分布函数值；如果 cumulative 为 FALSE，返回概率密度函数.

例实验 2-3 设 $X \sim E\left(\dfrac{1}{1000}\right)$，求 $P\{X > 1000\}$.

解 打开【Excel】→点击【插入(I)】→选择【函数(F)】→在【选择类别(C)】中选择【统计】→在【选择函数(N)】中选择【EXPONDIST】→点击【确定】按钮. 如图实验 2-8 输入相关数据，得到 $P\{X \leqslant 1000\} = 0.632120559$，从而 $P\{X > 1000\} = 1 - 0.632120559 = 0.367879441$.

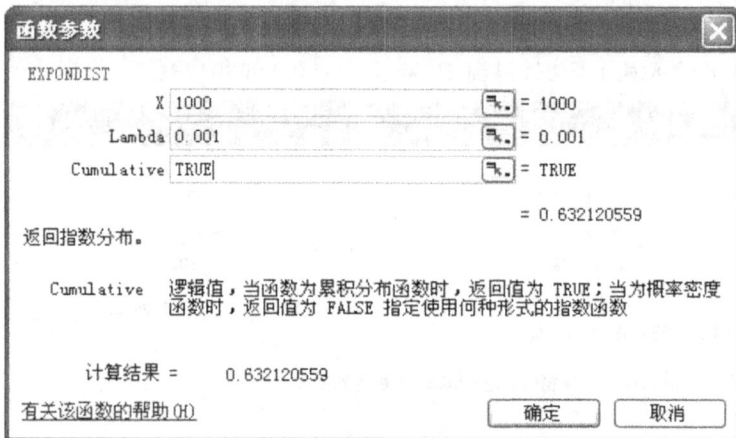

图实验 2-8 求 $P\{X > 1000\}$ 对话

练习题

1. 一办公室内有 8 台计算机，在任一时刻每台计算机被使用的概率为 0.6，计算机是否被使用相互独立，问在同一时刻：

(1) 恰有 3 台计算机被使用的概率是多少？

(2) 至多有 2 台计算机被使用的概率是多少？

(3) 至少有 2 台计算机被使用的概率是多少？

2. 某商店某种商品日销量 $X \sim P(5)$，试求以下事件的概率：

(1) 日销 3 件的概率；

(2) 日销量不超过 10 件的概率；

(3) 在已售出 1 件的条件下，求当日至少售出 3 件的概率.

3. 某型号电子计数器，无故障工作的总时间 X（单位：小时）服从参数为 $\lambda = \dfrac{1}{1000}$ 的指数分布，求元件使用 1000 小时后都没有损坏的概率.

实验三 正态分布

一、实验目的

1. 理解并学会使用 Excel 提供的与标准正态分布有关的统计函数【NORMSDIST】和【NORMSINV】；

2. 理解并学会使用 Excel 提供的与正态分布有关的统计函数【NORMDIST】和【NORMINV】.

二、标准正态分布的分布函数

打开【Excel】→点击【插入(I)】→选择【函数(F)】→在【选择类别(C)】中选择【统计】→在【选择函数(N)】中选择【NORMSDIST】→点击【确定】按钮.出现如图实验 3-1 的对话框.

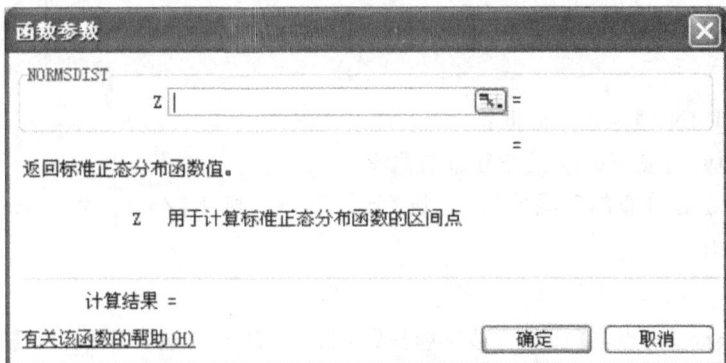

图实验 3-1 【NORMSDIST】函数对话框

关于【NORMSDIST】函数对话框：

◆ Z：为需要计算其分布的数值 z_p.

◆ 返回标准正态分布函数值 p. 设 $Z \sim N(0,1)$，则 $P\{Z \leqslant z_p\} = p$.

例实验 3-1 设 $Z \sim N(0,1)$，求 $P\{Z \leqslant -0.12\}$.

解 打开【Excel】→点击【插入(I)】→选择【函数(F)】→在【选择类别(C)】中选择【统计】→在【选择函数(N)】中选择【NORMSDIST】→点击【确定】按钮.如图实验 3-2 输入相关数据,由此得 $P\{Z \leqslant -0.12\} = 0.452241574$.

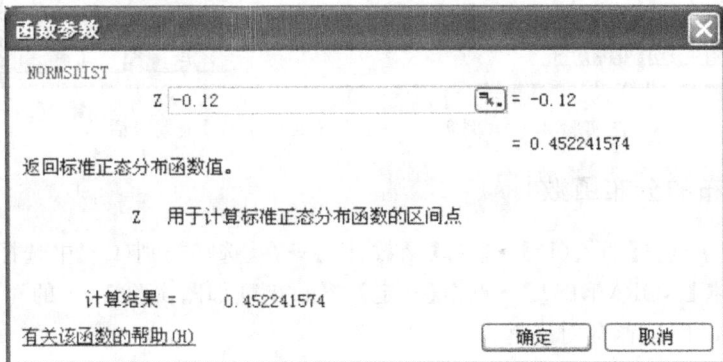

图实验 3-2 例实验 3-1【NORMSDIST】函数对话

三、标准正态分布的分位数

打开【Excel】→点击【插入(I)】→选择【函数(F)】→在【选择类别(C)】中选择【统计】→在【选择函数(N)】中选择【NORMSINV】→点击【确定】按钮. 出现如图实验 3-3 的对话框.

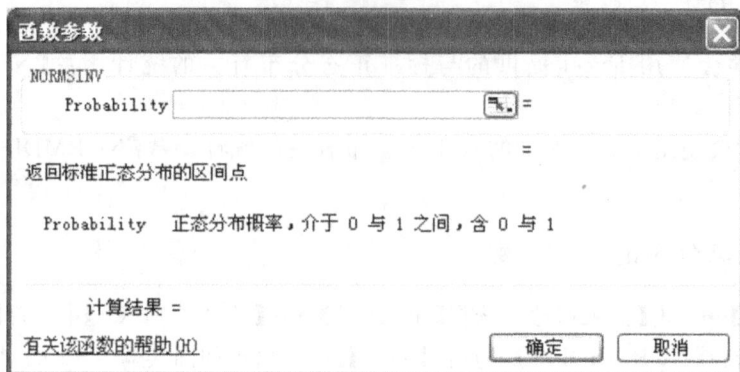

图实验 3-3 【NORMSINV】函数对话框

关于【NORMSINV】函数对话框：

◆ Probability：对应于标准正态分布的概率.

◆ 返回标准正态分布的反函数值 z_p. 设 $Z \sim N(0,1)$，则 $P\{Z \leqslant z_p\} = p$，其中 p 为框【Probability】中输入的值.

例实验 3-2 设 $Z \sim N(0,1)$，$P\{Z \leqslant z_{0.95}\} = 0.95$，求 $z_{0.95}$.

解 打开【Excel】→点击【插入(I)】→选择【函数(F)】→在【选择类别(C)】中选择【统计】→在【选择函数(N)】中选择【NORMSINV】→点击【确定】按钮. 如图实验 3-4 输入相关数据，由此得 $z_{0.95} = 1.644853627$.

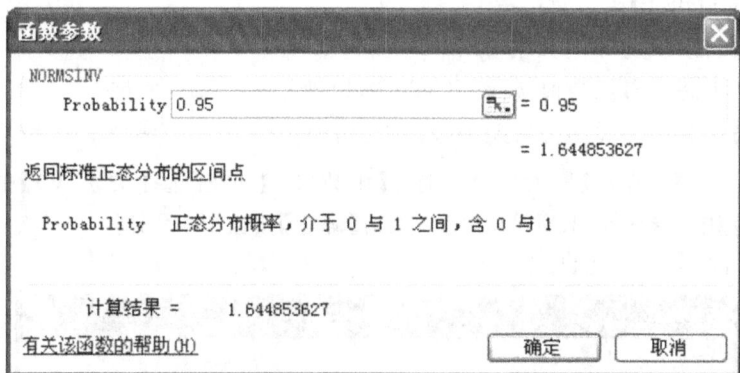

图实验 3-4 例实验 3-2【NORMSINV】函数对话

四、正态分布的分布函数

打开【Excel】→点击【插入(I)】→选择【函数(F)】→在【选择类别(C)】中选择【统计】→在【选择函数(N)】中选择【NORMDIST】→点击【确定】按钮. 出现如图实验 3-5 的对话框.

关于【NORMDIST】函数对话框：

◆ X：需要计算其分布的数值；

◆ Mean：正态分布的算术平均值；

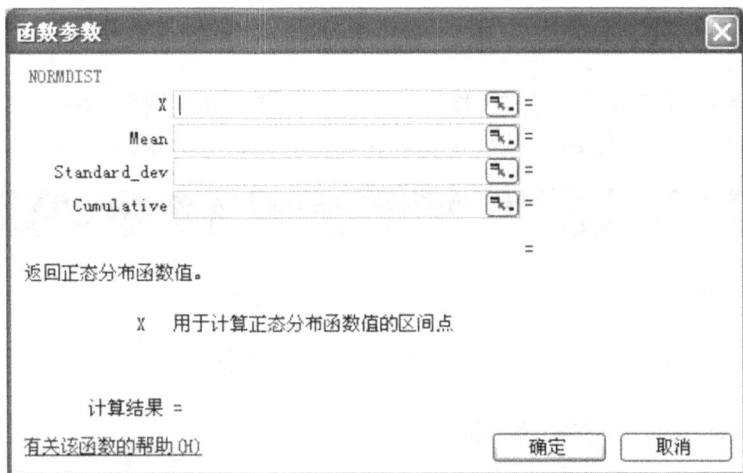

图实验 3-5 【NORMDIST】函数对话框

◆ Standard_dev：正态分布的标准差；

◆ Cumulative：一逻辑值，指明函数的形式.

◆ 返回正态分布函数值. 如果 cumulative 为 TRUE，函数 NORMDIST 返回分布函数；如果为 FALSE，返回概率密度函数.

• 如果 cumulative＝FALSE，则返回概率密度函数值

$$\text{NORMDIST}(x,\mu,\sigma,\text{FALSE}) = \frac{1}{\sqrt{2\pi}\sigma}e^{-\frac{1}{2\sigma^2}(x-\mu)^2};$$

• 如果 cumulative＝TRUE，则返回分布函数值

$$\text{NORMDIST}(x,\mu,\sigma,\text{TRUE}) = \int_{-\infty}^{x}\frac{1}{\sqrt{2\pi}\sigma}e^{-\frac{1}{2\sigma^2}(x-\mu)^2}\,\mathrm{d}x.$$

例实验 3-3 设 $X \sim N(90, 0.5^2)$，求 $P\{X<89\}$.

解 打开【Excel】→点击【插入(I)】→选择【函数(F)】→在【选择类别(C)】中选择【统计】→在【选择函数(N)】中选择【NORMDIST】→点击【确定】按钮. 如图实验 3-6 输入相关数据，得到 $P\{X<89\}=0.022750132$.

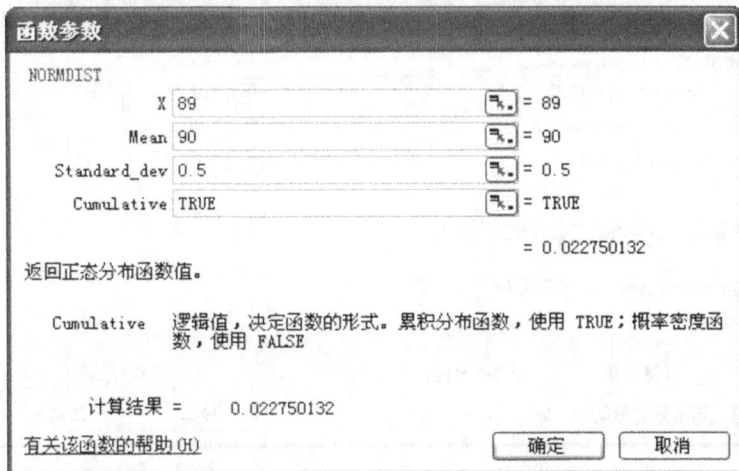

图实验 3-6 例实验 3-3【NORMDIST】函数对话

五、正态分布的分位数

打开【Excel】→点击【插入(I)】→选择【函数(F)】→在【选择类别(C)】中选择【统计】→在【选择函数(N)】中选择【NORMINV】→点击【确定】按钮.出现如图实验 3-7 的对话框.

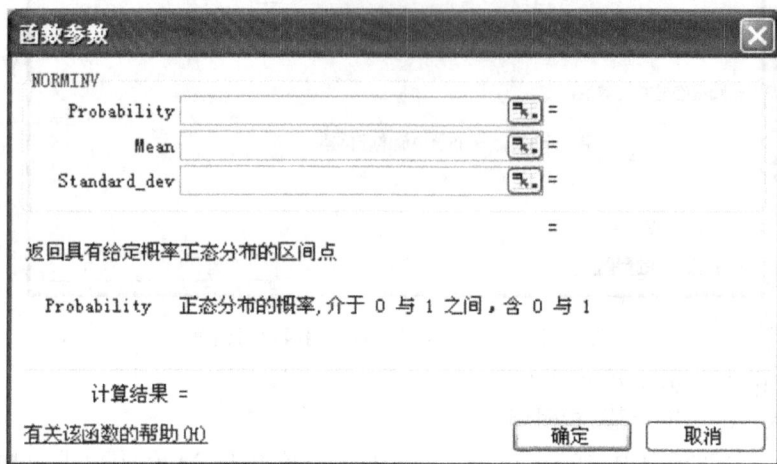

图实验 3-7 【NORMINV】函数对话框

关于【NORMINV】函数对话框:

◆ Probability:正态分布的概率值;

◆ Mean:正态分布的算术平均值;

◆ Standard_dev:正态分布的标准偏差;

◆ 返回指定平均值和标准偏差的正态分布函数的反函数.

例实验 3-4 设 $X \sim N(40,36)$，$P\{X < x\} = 0.45$，求 x.

解 打开【Excel】→点击【插入(I)】→选择【函数(F)】→在【选择类别(C)】中选择【统计】→在【选择函数(N)】中选择【NORMINV】→点击【确定】按钮.如图实验 3-8 输入相关数据,得到 $x = 39.24603192$.

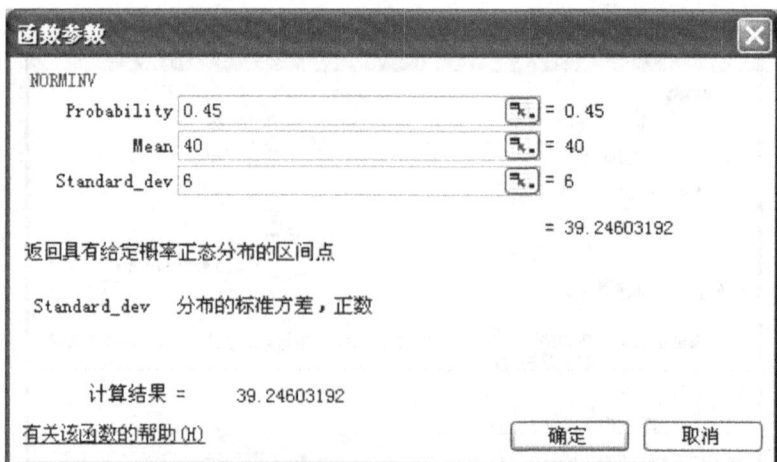

图实验 3-8 例实验 3-4【NORMINV】函数对话框

练习题

1. 设 $X \sim N(0,1)$，求 $P\{X > 0.82\}$.

2. 设 $X \sim N(0,1)$，$P\{X \leqslant x\} = 0.36$，求 x.

3. 设 $X \sim N(3,5)$，求 $P\{X \leqslant 3.8\}$.

4. 设 $X \sim N(2,8)$，$P\{X > x\} = 0.05$，求 x.

实验四　数理统计中常用的三大分布

一、实验目的

1. 理解并学会使用 Excel 提供的与 χ^2 分布有关的统计函数【CHIDIST】和【CHIINV】；

2. 理解并学会使用 Excel 提供的与 t 分布有关的统计函数【TDIST】和【TINV】；

3. 理解并学会使用 Excel 提供的与 F 分布有关的统计函数【FDIST】和【FINV】.

二、卡方分布

1. 卡方分布的分布函数

打开【Excel】→点击【插入(I)】→选择【函数(F)】→在【选择类别(C)】中选择【统计】→在【选择函数(N)】中选择【CHIDIST】→点击【确定】按钮. 出现如图实验 4-1 的对话框.

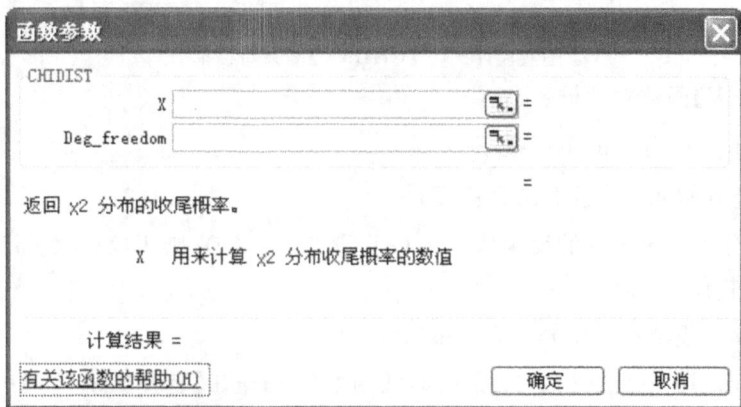

图实验 4-1　【CHIDIST】函数对话框

关于【CHIDIST】函数对话框：

◆ X：为用来计算分布的数值；

◆ Degrees_freedom：χ^2 分布的自由度；

◆ 返回 χ^2 分布的单尾概率 α.

例实验 4-1　设 $X \sim \chi^2(9)$，求 $P\{X > 10.23\}$.

解　打开【Excel】→点击【插入(I)】→选择【函数(F)】→在【选择类别(C)】中选择【统计】→在【选择函数(N)】中选择【CHIDIST】→点击【确定】按钮. 如图实验 4-2 输入相关数据，得到 $P\{X > 10.23\} = 0.332188436$.

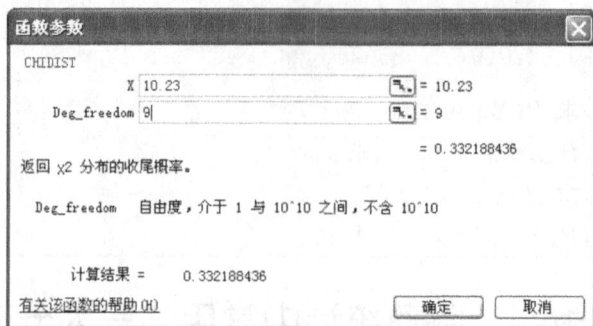

图实验 4-2 例实验 4-1【CHIDIST】函数对话框

2. 卡方分布的分位数

打开【Excel】→点击【插入(I)】→选择【函数(F)】→在【选择类别(C)】中选择【统计】→在【选择函数(N)】中选择【CHIINV】→点击【确定】按钮. 出现如图实验 4-3 的对话框.

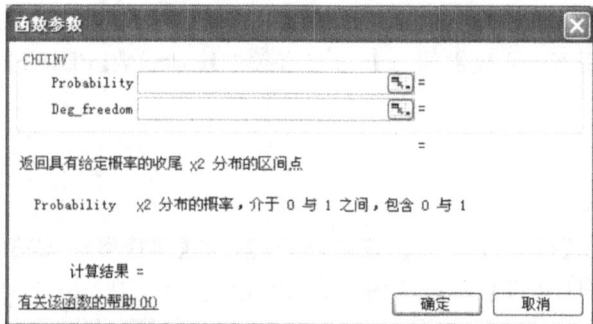

图实验 4-3 【CHIINV】函数对话框

关于【CHIINV】函数对话框:

◆ Probability: χ^2 分布的单尾概率;

◆ Degrees_freedom: χ^2 分布的自由度;

◆ 返回 χ^2 分布单尾概率的反函数值 $\chi_a^2(n)$. 设 $\chi^2 \sim \chi^2(n)$,则 $P\{\chi^2 > \chi_a^2(n)\} = \alpha$,其中 α 为【Probability】框中输入的值.

例实验 4-2 设 $X \sim \chi^2(9)$, $P\{X > x\} = 0.05$,求 x.

解 打开【Excel】→点击【插入(I)】→选择【函数(F)】→在【选择类别(C)】中选择【统计】→在【选择函数(N)】中选择【CHIINV】→点击【确定】按钮. 如图实验 4-4 输入相关数据,得到 $x = 16.91897762$.

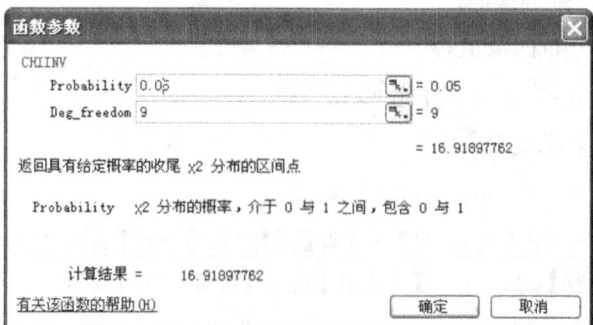

图实验 4-4 例实验 4-2【CHIINV】函数对话框

三、t 分布

1. t 分布的分布函数

打开【Excel】→点击【插入(I)】→选择【函数(F)】→在【选择类别(C)】中选择【统计】→在【选择函数(N)】中选择【TDIST】→点击【确定】按钮. 出现如图实验 4-5 的对话框.

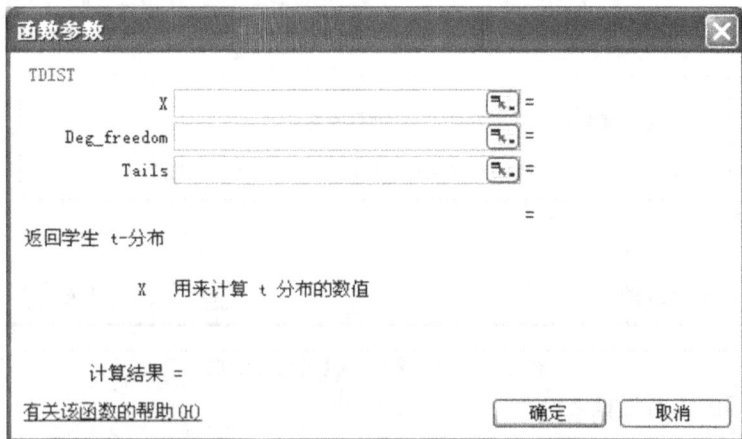

图实验 4-5 【TDIST】函数对话框

关于【TDIST】函数对话框:

◆ X：为需要计算分布的数字；

◆ Degrees_freedom：t 分布的自由度；

◆ Tails：指明返回的分布函数是单尾分布还是双尾分布.

◆ 返回学生 t 分布的概率. 如果 tails＝1,函数 TDIST 返回单尾分布;如果 tails＝2,函数 TDIST 返回双尾分布.

例实验 4-3 设 $T \sim t(10)$,求 $P\{T>1.8125\}$.

解 打开【Excel】→点击【插入(I)】→选择【函数(F)】→在【选择类别(C)】中选择【统计】→在【选择函数(N)】中选择【TDIST】→点击【确定】按钮. 如图实验 4-6 输入相关数据,得到 $P\{T>1.8125\}=0.049996827$.

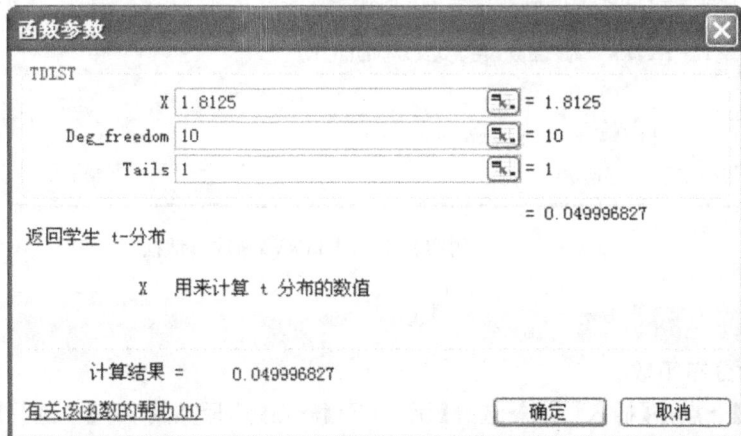

图实验 4-6 例实验 4-3【TDIST】函数对话框

2. t 分布的分位数

打开【Excel】→点击【插入(I)】→选择【函数(F)】→在【选择类别(C)】中选择【统计】→在【选择函数(N)】中选择【TINV】→点击【确定】按钮.出现如图实验 4-7 的对话框.

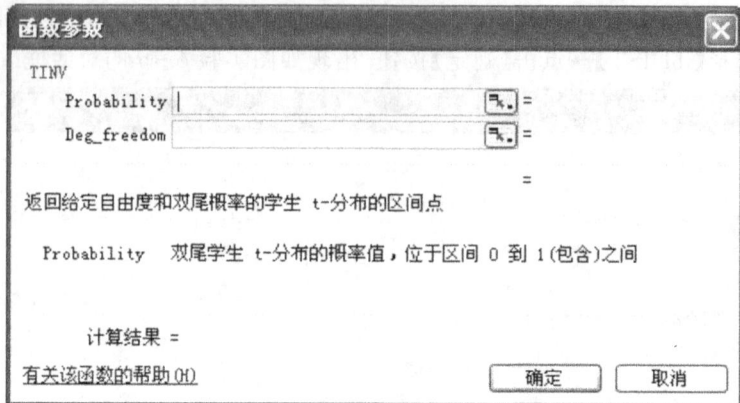

图实验 4-7 【TINV】函数对话框

关于【TINV】函数对话框：

◆ Probability：对应于双尾学生 t 分布的概率.

◆ Deg_freedom：t 分布的自由度.

◆ 返回 t 分布的双尾反函数值 $t_{\frac{\alpha}{2}}(n)$.设 $T \sim t(n)$,则 $P\{|T|>t_{\frac{\alpha}{2}}(n)\}=\alpha$.

例实验 4-4 设 $T \sim t(10)$,$P\{T>t\}=0.01$,求 t.

解 打开【Excel】→点击【插入(I)】→选择【函数(F)】→在【选择类别(C)】中选择【统计】→在【选择函数(N)】中选择【TINV】→点击【确定】按钮.如图实验 4-8 输入相关数据,得到 $t=2.763769458$.

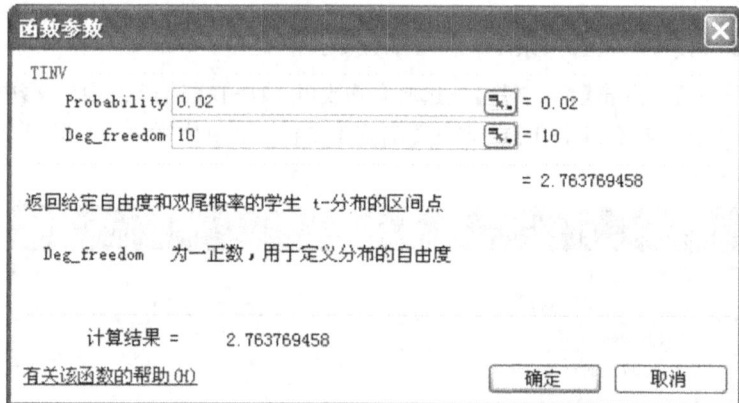

图实验 4-8 例实验 4-4【TINV】函数对话框

四、F 分布

1. F 分布的分布函数

打开【Excel】→点击【插入(I)】→选择【函数(F)】→在【选择类别(C)】中选择【统计】→在【选择函数(N)】中选择【FDIST】→点击【确定】按钮.出现如图实验 4-9 的对话框.

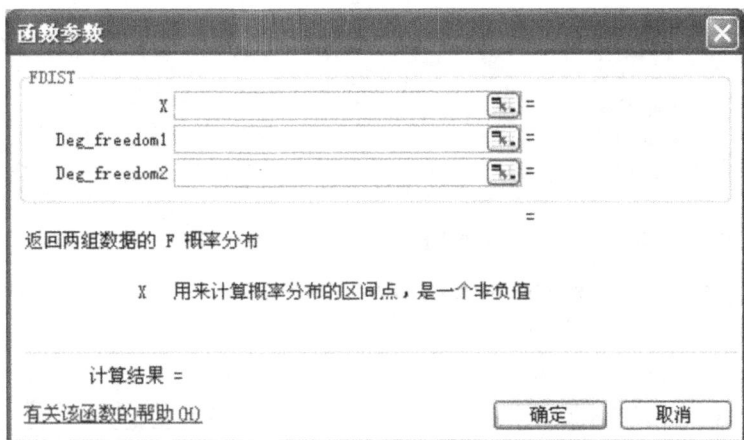

图实验 4-9 【FDIST】函数对话框

关于【FDIST】函数对话框：

◆ X：参数值；

◆ Degrees_freedom1：F 分布的分子自由度；

◆ Degrees_freedom2：F 分布的分母自由度；

◆ 返回 F 分布单尾概率值.

例实验 4-5 设 $F \sim F(3,4)$，求 $P\{F > 6.59\}$.

解 打开【Excel】→点击【插入(I)】→选择【函数(F)】→在【选择类别(C)】中选择【统计】→在【选择函数(N)】中选择【FDIST】→点击【确定】按钮. 如图实验 4-10 输入相关数据，得到 $P\{F > 6.59\} = 0.050016889$.

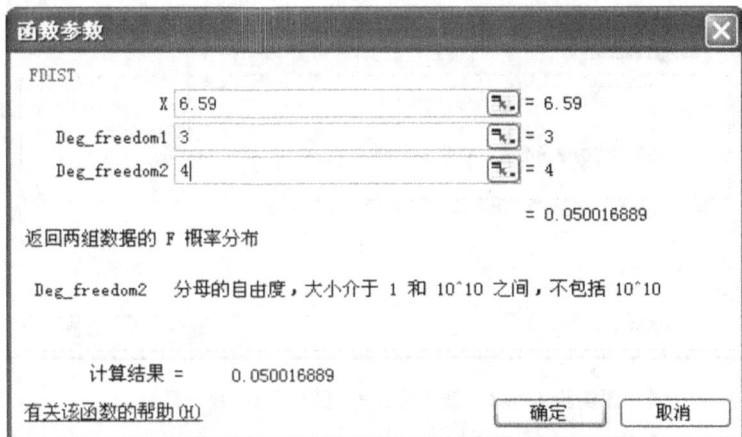

图实验 4-10 例实验 4-5【FDIST】函数对话框

2. F 分布的分布函数

打开【Excel】→点击【插入(I)】→选择【函数(F)】→在【选择类别(C)】中选择【统计】→在【选择函数(N)】中选择【FINV】→点击【确定】按钮. 出现如图实验 4-11 的对话框.

关于【FINV】函数对话框：

◆ Probability：与 F 累积分布相关的概率值；

◆ Deg_freedom1：F 分布的第一(分子)自由度；

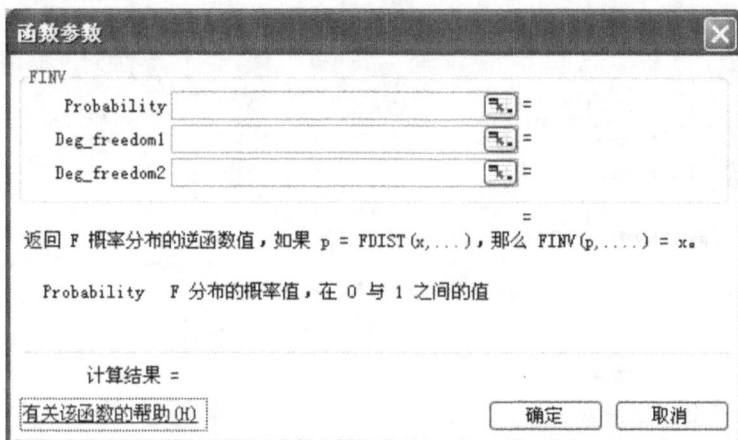

图实验 4-11　【FINV】函数对话框

◆ Deg_freedom2:F 分布第二(分母)自由度;

◆ 返回 F 分布函数的单尾反函数值 $F_a(m,n)$. 如果 $F\sim F(m,n)$, $P\{F>F_a(m,n)\}=\alpha$, 则 FINV 的返回值为 $F_a(m,n)$.

例实验 4-6　设 $F\sim F(4,3)$, $P\{F>f\}=0.05$, 求 f.

解　打开【Excel】→点击【插入(I)】→选择【函数(F)】→在【选择类别(C)】中选择【统计】→在【选择函数(N)】中选择【FINV】→点击【确定】按钮. 如图实验 4-12 输入相关数据,得到 $f=9.117182253$.

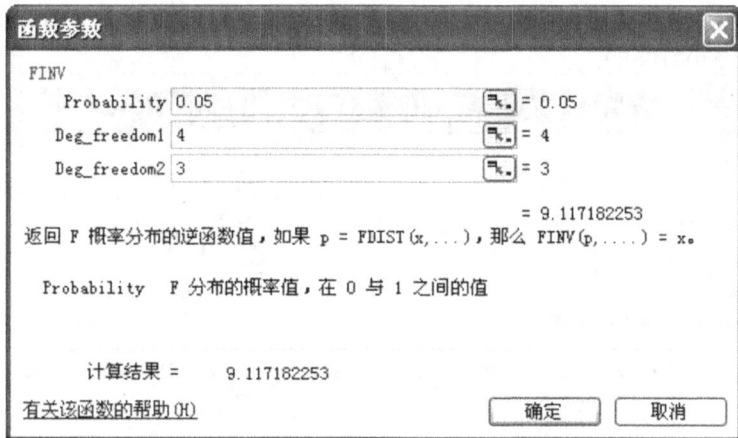

图实验 4-12　例实验 4-6【FINV】函数对话框

练习题

1. 设 $X\sim\chi^2(5)$, 求 $P\{X\leqslant10.2\}$.

2. 设 $X\sim\chi^2(5)$, $P\{X>x\}=0.01$, 求 x.

3. 设 $X\sim t(8)$, 求 $P\{X>1.23\}$.

4. 设 $X\sim t(8)$, $P\{X\leqslant x\}=0.975$, 求 x.

5. 设 $X\sim F(3,6)$, 求 $P\{X>8.10\}$.

6. 设 $X\sim F(3,6)$, $P\{X>x\}=0.025$, 求 x.

实验五　描述性统计

一、实验目的

1. 学会使用 Excel 提供的【描述统计】工具，理解各项统计指标的意义；
2. 学会使用 Excel 提供的【直方图】工具；
3. 学会使用 Excel 提供的统计函数【QUARTILE】，掌握利用【QUARTILE】求四分位数的方法.

二、描述统计

1. 描述性统计指标解释

设从总体 X 中抽取容量为 n 的样本，其观测值为 $(x_1, x_2, \cdots, x_n)$，令 $b_k = \dfrac{1}{n}\sum_{i=1}^{n}(x_i - \overline{x})^k$，且设 $x_{(1)} \leqslant x_{(2)} \leqslant \cdots \leqslant x_{(n)}$，则

◆ 总个数就是样本容量 n；

◆ 样本平均值 $\overline{x} = \dfrac{1}{n}\sum_{i=1}^{n} x_i$；

◆ 中位数 $M_e = \begin{cases} x_{\left(\frac{n+1}{2}\right)}, & n\text{ 为奇数} \\ \dfrac{1}{2}\left(x_{\left(\frac{n}{2}\right)} + x_{\left(\frac{n}{2}+1\right)}\right), & n\text{ 为偶数} \end{cases}$；

◆ 众数 M_0：在 $(x_1, x_2, \cdots, x_n)$ 出现次数最多的数；

◆ 样本方差 $s^2 = \dfrac{1}{n-1}\sum_{i=1}^{n}(x_i - \overline{x})^2$；

◆ 样本标准差 $s = \sqrt{\dfrac{1}{n-1}\sum_{i=1}^{n}(x_i - \overline{x})^2}$；

◆ 标准误差 $\sigma_{\overline{x}} = \dfrac{s}{\sqrt{n}}$；

◆ 峰度 $K = \dfrac{b_4}{b_2^2} - 3$；

◆ 偏度 $SK = \dfrac{b_3}{b_2^{\frac{3}{2}}}$；

◆ 样本最小值 $= x_{(1)}$；

◆ 第 K 小值 $= x_{(k)}$；

◆ 样本最大值 $= x_{(n)}$；

◆ 第 K 大值 $= x_{(n-k+1)}$；

◆ 样本区域 $= x_{(n)} - x_{(1)}$；

◆ 显著性水平为 α 的样本平均值置信度 $= t_{\frac{\alpha}{2}}(n-1) \cdot \dfrac{s}{\sqrt{n}}$；

◆ 总和 $\sum_{i=1}^{n} x_i$.

2.【描述统计】实验

打开【Excel】→点击【工具（T）】→选择【数据分析（D）】→选择【描述统计】→点击【确定】按钮,即可进入【描述统计】对话框,如图实验 5-1 所示.

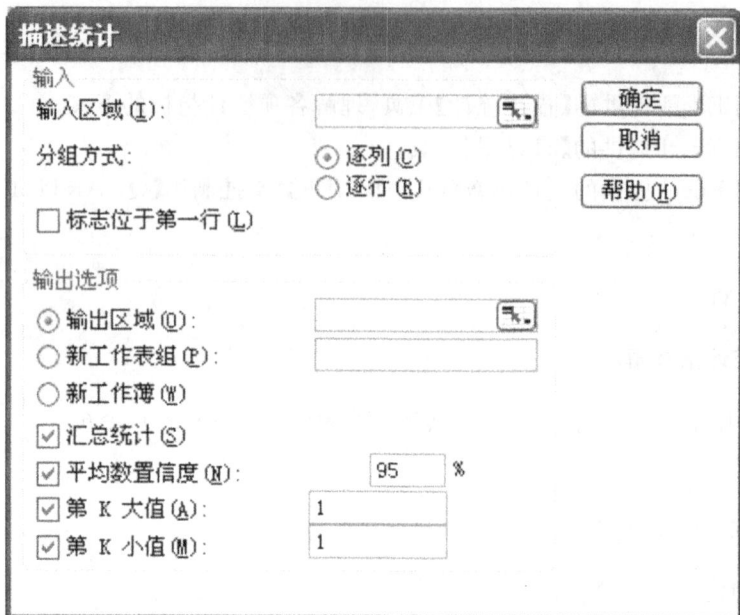

图实验 5-1 【描述统计】对话框

关于【描述统计】对话框:

◆ 输入区域:在此输入待分析数据区域的单元格引用.该引用必须由两个或两个以上按列或行排列的相邻数据区域组成.

◆ 分组方式:依据数据输入的方式,指明输入区域中的数据是按行还是按列排列,请单击"逐行"或"逐列".

◆ 标志位于第一行/标志位于第一列:

· 如果输入区域的第一行中包含标志项,请选中"标志位于第一行"复选框.

· 如果输入区域的第一列中包含标志项,请选中"标志位于第一列"复选框.

· 如果输入区域没有标志项,该复选框将被清除,Microsoft Excel 将在输出表中生成适宜的数据标志.

◆ 平均数置信度:如果需要在输出表的某一行中包含平均值的置信度,请选中此复选框.在右侧的框中,输入所要使用的置信度.例如,数值 95% 可用来计算在显著性水平为 5% 时的平均值置信度.

◆ 第 K 大值:如果需要在输出表的某一行中包含每个数据区域中的第 k 个最大值,请选中此复选框.在右侧的框中,输入 k 的数字.如果输入 1,则该行将包含数据集中的最大值.

◆ 第 K 小值:如果需要在输出表的某一行中包含每个数据区域的第 k 个最小值,请选中此复选框.在右侧的框中,输入 k 的数字.如果输入 1,则该行将包含数据集中的最小值.

◆ 输出选项

· 输出区域:在此输入对输出表左上角单元格的引用.此工具将为每个数据集产生两列信息,左边一列包含统计标志,右边一列包含统计值.根据所选择的"分组方式"选项,Microsoft Excel 将为输入区域中的每一行或每一列生成一个两列的统计表.

• 新工作表组:单击此选项可在当前工作簿中插入新工作表,并由新工作表的 A1 单元格开始粘贴计算结果.若要为新工作表命名,请在右侧的框中键入名称.

• 新工作簿:单击此选项可创建一新工作簿,并在新工作簿的新工作表中粘贴计算结果.

◆ 汇总统计:如果需要 Microsoft Excel 在输出表中为下列每个统计结果生成一个字段,请选中此复选框.这些统计结果有:平均值、标准误差(相对于平均值)、中位数、众数、标准差、方差、峰度、偏度、区域(=极差=全距)、最小值、最大值、总和、总个数、最大值(k)、最小值(k)和置信度.

三、直方图

1. 直方图基础

样本数据的整理是统计研究的基础,数据整理的最常用方法之一是给出其频数分布表或频率分布表,画出直方图.对数据(样本)进行整理,具体步骤如下.

(1)对样本进行分组:作为一般性的原则,组数 k 通常在 $5\sim20$ 个,对容量较小的样本,通常取 $5\sim6$ 组.

(2)确定每组组距:近似公式为组距 $d=$(最大观测值-最小观测值)/组数.

(3)确定每组组限:各组区间端点为

$$a_0,a_1=a_0+d,a_2=a_0+2d,\cdots,a_k=a_0+kd,$$

形成如下的分组区间

$$(a_0,a_1],(a_1,a_2],\cdots,(a_{k-1},a_k],$$

其中 a_0 略小于最小观测值,a_k 略大于最大观测值.

(4)统计样本数据落入每个区间的个数——频数,并列出其频数频率分布表.

(5)直方图是频数分布的图形表示,它的横坐标表示所关心变量的取值区间,纵坐标有三种表示方法:频数,频率和频率/组距.其中最准确的是频率/组距,它可使诸长条矩形面积和为 1.凡此三种直方图的差别仅在于纵轴刻度的选择,直方图本身并无变化.

2.【直方图】实验

打开【Excel】→点击【工具(T)】→选择【数据分析(D)】→选择【直方图】→点击【确定】按钮,即可进入【直方图】对话框,如图实验 5-2 所示.

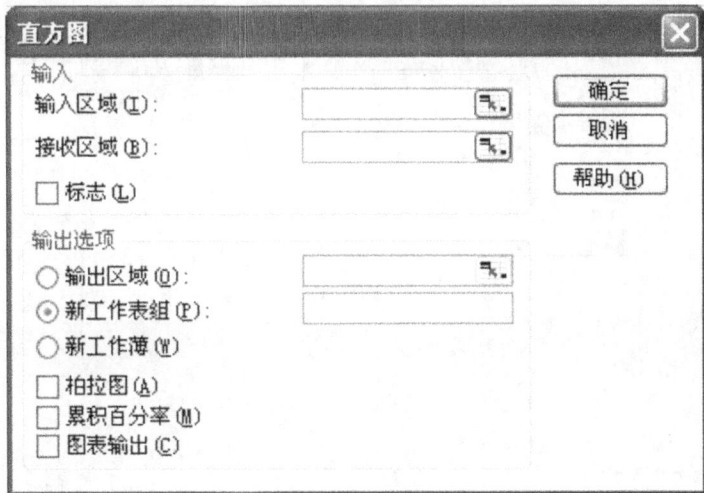

图实验 5-2 【直方图】对话框

关于【直方图】对话框：

在【直方图】对话框中，某些与【描述统计】对话框一样的内容在此不重复介绍，只介绍【直方图】对话框中新出现的内容．

◆ 接收区域（可选）：在此输入接收区域的单元格引用，该区域包含一组可选的用来定义接收区域的边界值，这些值应当按升序排列．Microsoft Excel 将统计在当前边界值和相邻的较高边界值之间的数据点个数（如果存在）．如果数值等于或小于边界值，则该值将被归到以该边界值为上限的区域中进行计数．所有小于第一个边界值的数值将一同计数，同样所有大于最后一个边界值的数值也将一同计数．

如果省略此处的接收区域，Microsoft Excel 将在数据的最小值和最大值之间创建一组均匀分布的接收区间．

◆ 柏拉图：选中此复选框可在输出表中按降序来显示数据．如果此复选框被清除，Microsoft Excel 将只按升序来显示数据，并省略最右边包含排序数据的三列数据．

◆ 累积百分率：选中此复选框可在输出表中生成一列累积百分比值，并在直方图中包含一条累积百分比线．如果清除此选项，则会省略累积百分比．

◆ 图表输出：选中此复选框可在输出表中生成一个嵌入直方图．

例实验 5 - 1 为研究某工厂工人生产某种产品的能力，随机调查了 20 名工人某天生产该种产品的数量，如表实验 5 - 1 所示，试求这 20 名工人一天生产该种产品的平均数量、最大数量、最小数量和标准差，取组距为 10，对数据进行分组并做直方图．

表实验 5 - 1　20 名工人一天生产的产品数量

产品	160	175	161	156	196	178	168	170	164	166
数量	166	157	148	181	162	162	170	162	172	154

解　第 1 步：打开【Excel】→如图实验 5 - 3 输入产品数量数据→点击【工具（T）】→选择【数据分析（D）】→选择【描述统计】→点击【确定】按钮．

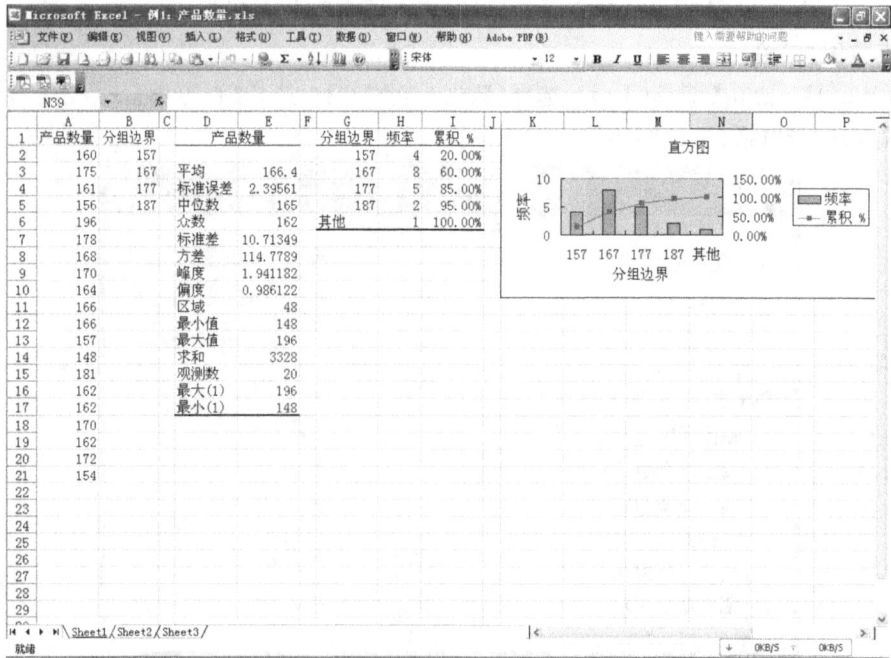

图实验 5 - 3　例实验 5 - 1 统计分析

第 2 步:在【描述统计】对话框如图实验 5 - 4 选择→点击【确定】按钮,得到如图实验 5 - 3 中第 D 与 E 列所示结果.

由此可知这 20 名工人一天生产该种产品的平均数量为 166.4,最大数量为 196,最小数量为 148,标准差 10.71349.

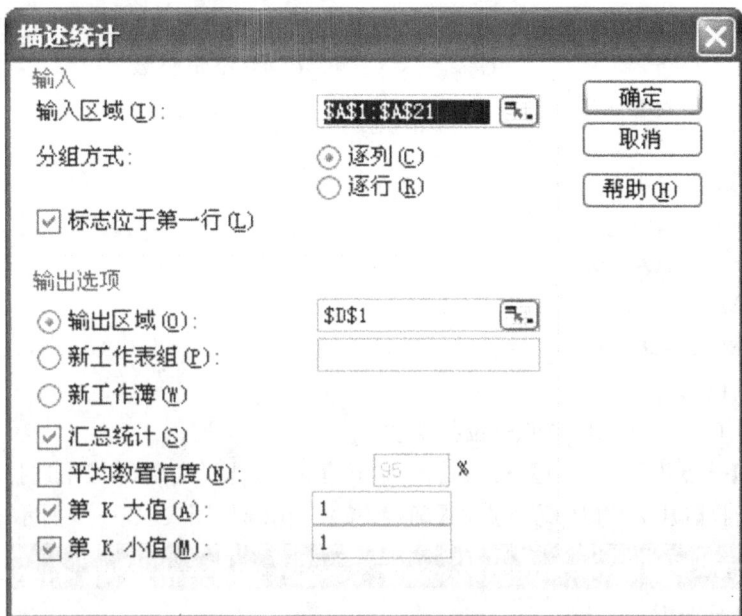

图实验 5 - 4　例实验 5 - 1【描述统计】对话框

第 3 步:由于最小数量为 148,最大数量为 196,且要求组距为 10,所以如图实验 5 - 3 中 B 列选择分组边界:157,167,177,187.

点击【工具(T)】→选择【数据分析(D)】→选择【直方图】→点击【确定】按钮,得到【直方图】对话框.

第 4 步:在【直方图】对话框如图实验 5 - 5 选择→点击【确定】按钮,得到如图实验 5 - 3 中第 G～I 列所示结果和 K～P 列显示的直方图.

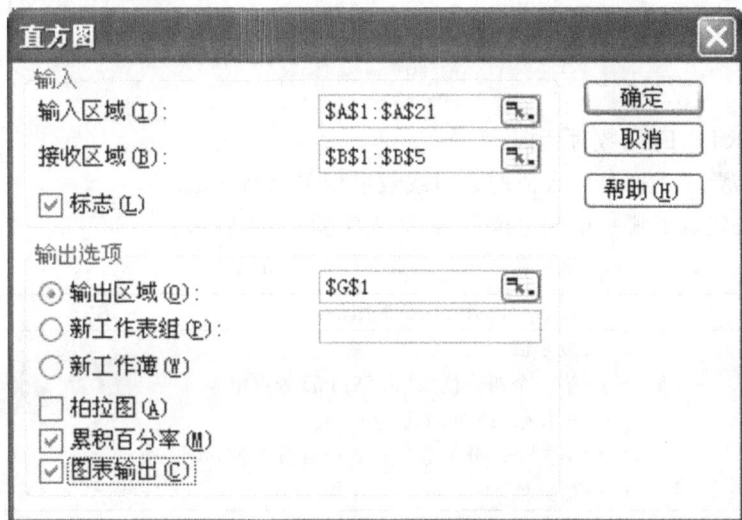

图实验 5 - 5　例实验 5 - 1【直方图】对话框

四、四分位数

1. 四分位数的概念

设从总体 X 中抽取容量为 n 的样本,其观测值为 $(x_1,x_2,\cdots,x_n)$,令 $x_{(1)}\leqslant x_{(2)}\leqslant\cdots\leqslant x_{(n)}$,则样本 p 分位数定义为:

$$m_p=\begin{cases} x_{([np+1])}, & \text{若 } np \text{ 不是整数} \\ \dfrac{1}{2}(x_{(np)}+x_{(np+1)}), & \text{若 } np \text{ 是整数} \end{cases}.$$

所谓四分位数是指如下五数.

- 最小观测值:$x_{\min}=x_{(1)}$;
- 第一四分位数:$Q_1=m_{0.25}$;
- 中位数:$M_e=m_{0.5}$;
- 第三四分位数:$Q_3=m_{0.75}$;
- 最大观测值:$x_{\max}=x_{(n)}$.

2. 统计函数 QUARTILE 与四分位数实验

打开【Excel】→点击【插入(I)】→选择【函数(F)】→在【选择类别(C)】中选择【统计】→在【选择函数(N)】中选择【QUARTILE】→点击【确定】按钮.出现如图实验 5-6 所示的对话框.

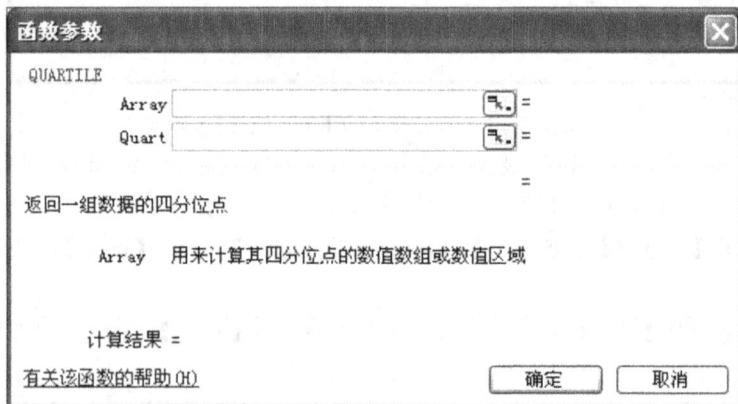

图实验 5-6 【QUARTILE】函数对话框

关于【QUARTILE】函数对话框:

◆ Array:需要求得四分位数值的数组或数字型单元格区域.

◆ Quart:决定返回哪一个四分位数值,如表实验 5-2 所示.

表实验 5-2 函数 QUARTILE 返回值

qurart	函数 QUARTILE 返回值
0	最小值
1	第一个四分位数(第 25 个百分点值)
2	中位数(第 50 个百分点值)
3	第三个四分位数(第 75 个百分点值)
4	最大值

例实验 5-2 某商店 6 月份各天的销售额如表实验 5-3 所示.计算该商店 6 月份销售额的四分位数.

表实验 5-3　某商店 6 月份各天的销售额

日期	1	2	3	4	5	6	7	8	9	10
销售额	257	276	297	252	238	310	240	236	265	278
日期	11	12	13	14	15	16	17	18	19	20
销售额	271	292	261	281	301	274	267	280	291	258
日期	21	22	23	24	25	26	27	28	29	30
销售额	272	284	268	303	273	263	322	249	269	295

解　第 1 步：在 Excel 中按列输入日期和销售额,如图实验 5-7 所示.

第 2 步：在输入原始数据的 Excel 中,点击【插入(I)】→选择【函数(F)】→在【选择类别(C)】中选择【统计】→在【选择函数(N)】中选择【QUARTILE】→点击【确定】按钮.出现如图实验 5-6 所示的对话框.

第 3 步：将存有销售额数据的区域输入【Array】框中,在【Quart】框中输入 0,则返回最小值 236,如图实验 5-8 所示.

第 4 步：类似地得到第一个四分位数 261.5,中位数 272.5,第三个四分位数 289.25,最大值 322,结果如图实验 5-7 所示.

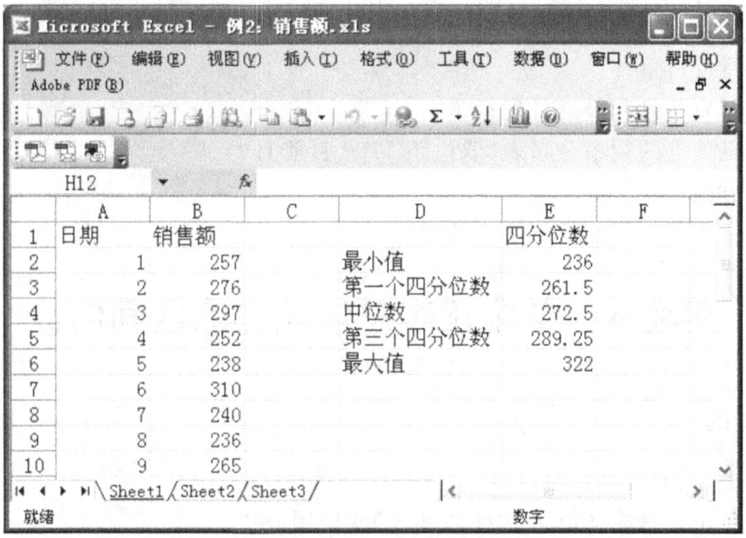

图实验 5-7　例实验 5-2 统计分析

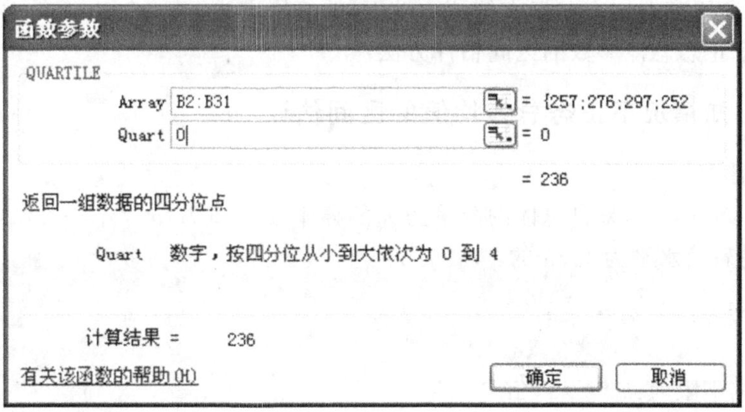

图实验 5-8　例实验 5-2【QUARTILE】函数对话及计算结果

练习题

1. 假若某地 30 名 2000 年某专业毕业生实习期满后的月薪数据如下(单元:元).

909	1086	1120	999	1320	1091	1071	1081	1130	1336
967	1572	825	914	992	1232	950	775	1203	1025
1096	808	1224	1044	871	1164	971	950	866	738

(1) 求平均月薪;

(2) 求最低月薪和最高月薪;

(3) 构造该批数据的频率分布表(分 6 组);

(4) 画出直方图;

(5) 求出处于中间 50% 的月薪范围.

2. 40 种月刊的月发行量如下(单位:百册).

5954	5022	14667	6582	6870	1840	2662	4508	1208	3852
618	3008	1268	1978	7963	2048	3077	993	353	14263
1714	11127	6926	2047	714	5923	6006	14267	1697	13876
4001	2280	1223	12579	13588	7315	4538	13304	1615	8612

(1) 求平均月发行量;

(2) 求最低月发行量和最高月发行量;

(3) 构造该批数据的频率分布表(取组距 1700 百册);

(4) 画出直方图;

(5) 求出处于中间 50% 的月发行量范围.

实验六 单个正态总体参数的区间估计

一、实验目的

1. 了解【活动表】的编制方法;

2. 掌握【单个正态总体均值 Z 估计活动表】的使用方法;

3. 掌握【单个正态总体均值 t 估计活动表】的使用方法;

4. 掌握【单个正态总体方差卡方估计活动表】的使用方法;

5. 掌握单个正态总体参数的区间估计方法.

二、方差已知情况下正态总体均值的区间估计

1. 理论基础

设总体 $X \sim N(\mu, \sigma^2)$,来自总体的容量为 n 的样本观测值为 $(x_1, x_2, \cdots, x_n)$,若 σ^2 已知,则关于总体均值的置信水平为 $1-\alpha$ 的:

- 区间估计为:$\bar{x} \pm z_{\frac{\alpha}{2}} \cdot \dfrac{\sigma}{\sqrt{n}}$;

- 单侧置信下限为:$\bar{x} - z_\alpha \cdot \dfrac{\sigma}{\sqrt{n}}$;

- 单侧置信上限为:$\bar{x} + z_\alpha \cdot \dfrac{\sigma}{\sqrt{n}}$.

2.【单个正态总体均值 Z 估计活动表】

利用【Excel】中提供的统计函数【NORMSINV】和平方根函数【SQRT】,编制【单个正态总体均值 Z 估计活动表】,如图实验 6-1 所示,在【单个正态总体均值 Z 估计活动表】中,只要分别引用或输入【置信水平】、【样本容量】、【样本均值】和【总体标准差】的具体值,就可得到相应的统计分析结果.

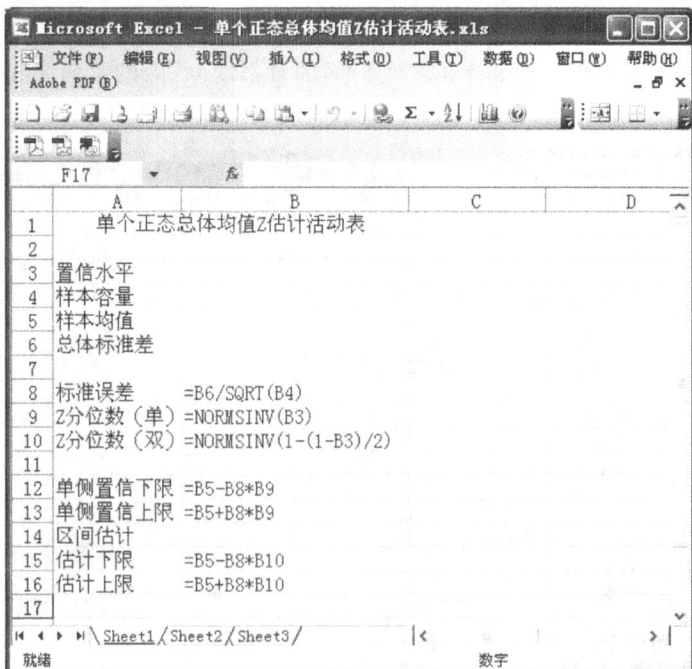

图实验 6-1 【单个正态总体均值 Z 估计活动表】

注意:在引用或输入【置信水平】、【样本容量】、【样本均值】和【总体标准差】具体值前,【单个正态总体均值 Z 估计活动表】显示的并不是图实验 6-1 的样式,而是图实验 6-2 的样式,显示出错信息. 其他活动表类似,不再说明.

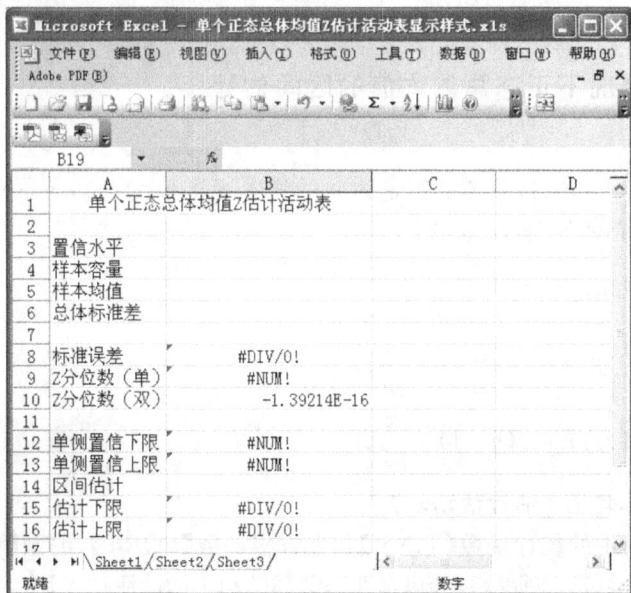

图实验 6-2 【单个正态总体均值 Z 估计活动表显示样式】

例实验 6 - 1 假设样本取自 50 名乘车上班的旅客,他们花在路上的平均时间为 $\overline{x}=30$ 分钟,总体标准差为 $\sigma=2.5$ 分钟.试求旅客乘车上班花在路上的平均时间的置信度 0.95 的置信区间.

解 第 1 步:打开【单个正态总体均值 Z 估计活动表】;

第 2 步:在单元格【B3】中输入 0.95,在单元格【B4】中输入 50,在单元格【B5】中输入 30,在单元格【B6】中输入 2.5,则返回如图实验 6 - 3 所示的统计分析结果.

由此可知,旅客乘车上班花在路上的平均时间的置信度 0.95 的置信区间为(29.30704809,30.69295191).

图实验 6-3 例实验 6-1【单个正态总体均值 Z 估计活动表】统计分析结果

三、方差未知情况下正态总体均值的区间估计

1. 理论基础

设总体 $X \sim N(\mu, \sigma^2)$,来自总体的容量为 n 的样本观测值为 $(x_1, x_2, \cdots, x_n)$,若 σ^2 未知,则关于总体均值 μ 的置信水平为 $1-\alpha$ 的:

- 区间估计为:$\overline{x} \pm t_{\frac{\alpha}{2}}(n-1) \cdot \dfrac{s}{\sqrt{n}}$;

- 单侧置信下限为:$\overline{x} - t_\alpha(n-1) \cdot \dfrac{s}{\sqrt{n}}$;

- 单侧置信上限为:$\overline{x} + t_\alpha(n-1) \cdot \dfrac{S}{\sqrt{n}}$.

2.【单个正态总体均值 t 估计活动表】

利用【Excel】中提供的统计函数【TINV】和平方根函数【SQRT】,编制【单个正态总体均值 t 估计活动表】,如图实验 6-4 所示,在【单个正态总体均值 t 估计活动表】中,只要分别引用或输入【置信水平】、【样本容量】、【样本均值】和【总体标准差】的具体值,就可得到相应的统计分析结果.

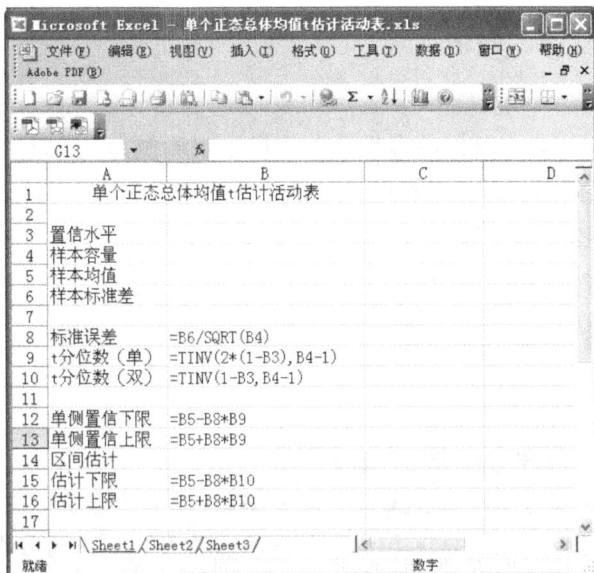

图实验 6-4 【单个正态总体均值 t 估计活动表】

例实验 6-2 假设轮胎的寿命 $X \sim N(\mu, \sigma^2)$. 为估计某种轮胎的平均寿命, 现随机地抽取 12 只轮胎试用, 测得它们的寿命(单位:万公里)如下:

4.68　4.85　4.32　4.85　4.61　5.02　5.20　4.60　4.58　4.72　4.38　4.70.

试求平均寿命的 0.95 置信区间.

解 第 1 步:打开【单个正态总体均值 t 估计活动表】;

第 2 步:如图实验 6-8 在 D 列输入原始数据;

第 3 步:点击【工具(T)】→选择【数据分析(D)】→选择【描述统计】→点击【确定】按钮→在【描述统计】对话框中输入相关内容→点击【确定】按钮,得到如图实验 6-5 中第 F 与 G 列所示结果;

第 4 步:在单元格【B3】中输入 0.95,在单元格【B4】中输入 12,在单元格【B5】中引用 G3,在单元格【B6】中引用 G7,则返回如图实验 6-5 所示的统计分析结果.

由此可知,轮胎的平均寿命的 0.95 置信区间为(4.551601079,4.866732255).

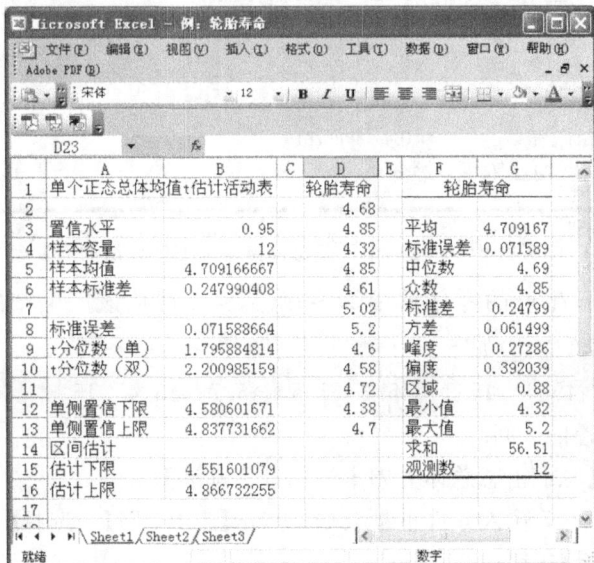

图实验 6-5　例实验 6-2【单个正态总体均值 t 估计活动表】统计分析结果

四、正态总体方差的区间估计

1. 理论基础

设总体 $X \sim N(\mu,\sigma^2)$，来自总体的容量为 n 的样本观测值为 $(x_1,x_2,\cdots,x_n)$，若 σ^2 未知，则关于总体均值 σ^2 的置信水平为 $1-\alpha$ 的：

- 区间估计为：$\left(\dfrac{(n-1)s^2}{\chi^2_{1-\frac{\alpha}{2}}},\dfrac{(n-1)s^2}{\chi^2_{\frac{\alpha}{2}}}\right)$；
- 单侧置信下限为：$\dfrac{(n-1)s^2}{\chi^2_{1-\alpha}}$；
- 单侧置信上限为：$\dfrac{(n-1)s^2}{\chi^2_{\alpha}}$.

2.【单个正态总体方差卡方估计活动表】

可利用【Excel】中提供的统计函数【CHIINV】，编制【单个正态总体方差卡方估计活动表】，如图实验 6-6 所示，在【单个正态总体方差卡方估计活动表】中，只要分别引用或输入【置信水平】、【样本容量】、【样本均值】和【样本方差】的具体值，就可得到相应的统计分析结果.

	A	B	C
1	单个正态总体方差卡方估计活动表		
2			
3	置信水平		
4	样本容量		
5	样本均值		
6	样本方差		
7			
8	卡方下分位数（单）	=CHIINV(B3,B4-1)	
9	卡方上分位数（单）	=CHIINV(1-B3,B4-1)	
10	卡方下分位数（双）	=CHIINV(1-(1-B3)/2,B4-1)	
11	卡方上分位数（双）	=CHIINV((1-B3)/2,B4-1)	
12			
13	单侧置信下限	=(B4-1)*B6/B9	
14	单侧置信上限	=(B4-1)*B6/B8	
15	区间估计		
16	估计下限	=(B4-1)*B6/B11	
17	估计上限	=(B4-1)*B6/B10	

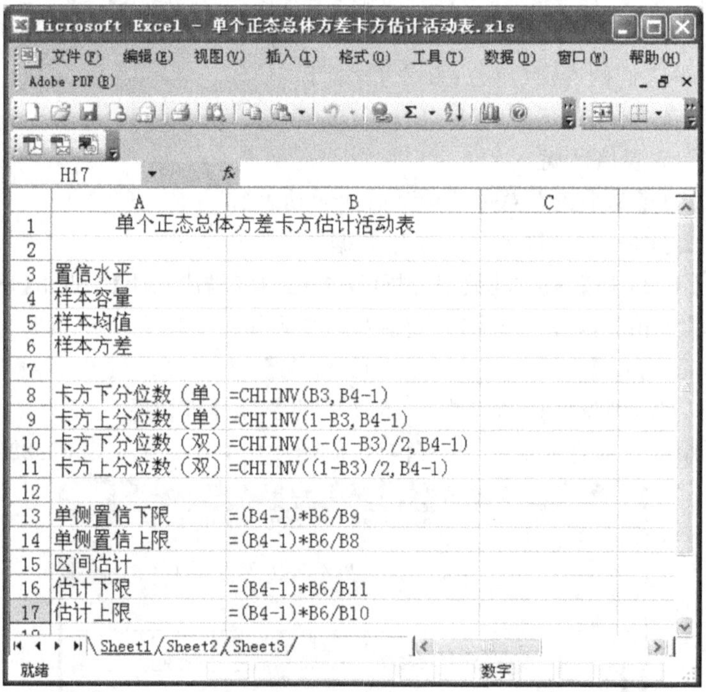

图实验 6-6 【单个正态总体方差卡方估计活动表】

例实验 6-3 某厂生产的零件重量 $X \sim N(\mu,\sigma^2)$. 现从该厂生产的零件中随机地抽取 9 个，测得它们的重量(单位：g)如下：

45.3　45.4　45.1　45.3　5.5　45.7　45.4　45.3　45.6.

试求总体方差的 0.95 置信区间.

解 第 1 步：打开【单个正态总体方差卡方估计活动表】.

第 2 步：如图实验 6-7 输入零件重量数据→点击【工具(T)】→选择【数据分析(D)】→选择【描述统计】→点击【确定】按钮.

第 3 步：在【描述统计】对话框中输入相关内容→点击【确定】按钮. 得到如图实验 6-7 中第

F 与 G 列所示结果.

第 4 步:在单元格【B3】中输入 0.95,在单元格【B4】中输入 9,在单元格【B5】中引用 G3,在单元格【B6】中引用 G8,则返回如图实验 6-7 所示的统计分析结果.

由此可知 σ^2 的置信区间为(0.014827872,0.119280787).

图实验 6-7　例实验 6-3【单个正态总体方差卡方估计活动表】统计分析结果

练习题

1. 某厂生产的化纤强度 $X \sim N(\mu, 0.85^2)$,现抽取一个容量为 $n=25$ 的样本,测定其强度,得样本均值 $\bar{x}=2.25$,试求这批化纤平均强度的置信水平为 0.95 的置信区间.

2. 已知某种材料的抗压强度 $X \sim N(\mu, \sigma^2)$,现随机抽取 10 个试件进行抗压试验,测得数据如下:

$$482 \quad 493 \quad 457 \quad 471 \quad 510 \quad 446 \quad 435 \quad 418 \quad 394 \quad 469.$$

(1)求平均抗压强度 μ 的置信水平为 0.95 的置信区间;

(2)求 σ^2 的置信水平为 0.95 的置信区间.

3. 用一个仪表测量某一物理量 9 次,得样本均值 $\bar{x}=56.32$,样本标准差 $s=0.22$.

(1)测量标准差 σ 的大小反映了仪表的精度,试求 σ 的置信水平为 0.95 的置信区间;

(2)求该物理量真值的置信水平为 0.99 的置信区间.

实验七　两个正态总体参数的区间估计

一、实验目的

1. 掌握【两个正态总体均值 Z 估计活动表】的使用方法;

2. 掌握【两个正态总体均值 t 估计活动表】的使用方法;

3. 掌握【两个正态总体方差卡方估计活动表】的使用方法；

4. 掌握两个正态总体参数的区间估计方法.

二、方差已知情况下两个正态总体均值差区间估计

1. 理论基础

设总体 $X \sim N(\mu_1, \sigma_1^2)$，$\sigma_1^2$ 已知，来自总体 X 的容量为 n_1 的样本观测值为 $(x_1, x_2, \cdots, x_{n_1})$；总体 $Y \sim N(\mu_2, \sigma_2^2)$，$\sigma_2^2$ 已知，来自总体 Y 的容量为 n_2 的样本观测值为 $(y_1, y_2, \cdots, y_{n_2})$，则关于总体均值差 $\mu_1 - \mu_2$ 的置信水平为 $1-\alpha$ 的：

- 区间估计为：$(\overline{x} - \overline{y}) \pm z_{\frac{\alpha}{2}} \cdot \sqrt{\dfrac{\sigma_1^2}{n_1} + \dfrac{\sigma_2^2}{n_2}}$；

- 单侧置信下限为：$(\overline{x} - \overline{y}) - z_\alpha \cdot \sqrt{\dfrac{\sigma_1^2}{n_1} + \dfrac{\sigma_2^2}{n_2}}$；

- 单侧置信上限为：$(\overline{x} - \overline{y}) + z_\alpha \cdot \sqrt{\dfrac{\sigma_1^2}{n_1} + \dfrac{\sigma_2^2}{n_2}}$.

2.【两个正态总体均值差 Z 估计活动表】

可利用【Excel】中提供的统计函数【NORMSINV】和平方根函数【SQRT】，编制【两个正态总体均值差 Z 估计活动表】，如图实验 7-1 所示，在【两个正态总体均值差 Z 估计活动表】中，只要分别引用或输入【置信水平】、【样本容量 1】、【样本均值 1】和【总体方差 1】的具体值以及【样本容量 2】、【样本均值 2】和【总体方差 2】的具体值，就可得到相应的统计分析结果.

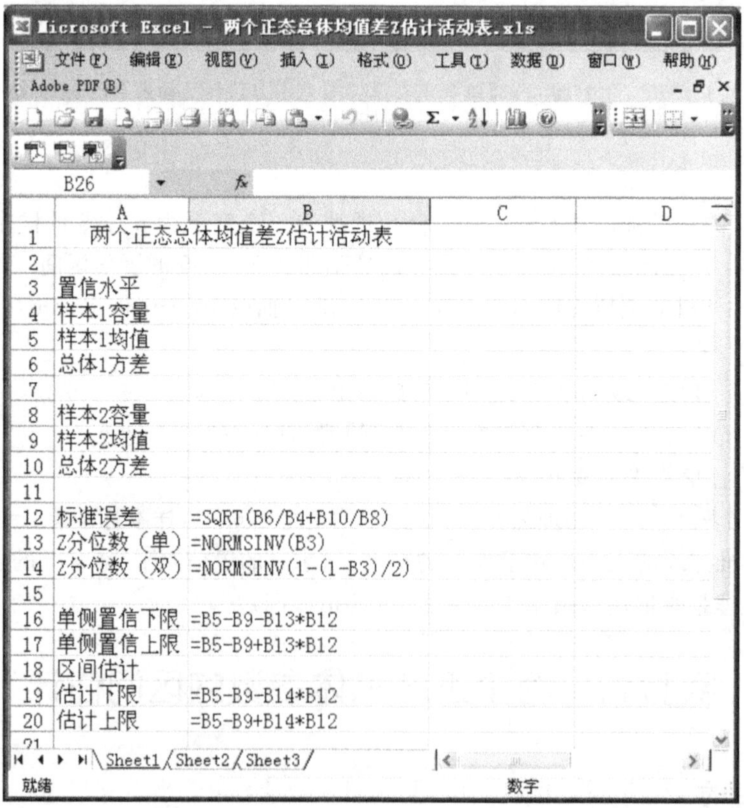

图实验 7-1 【两个正态总体均值差 Z 估计活动表】

例实验 7-1 某地区想估计两所中学学生高考时的英语平均成绩之差，若已知两校英语

成绩的标准差分别为 5.8 和 7.2,现抽取两校 46 名和 33 名学生的高考英语成绩,其平均分数分别为 86 和 78 分,试确定两所中学高考英语平均分数之差的 0.95 置信区间.

解 第 1 步:打开【两个正态总体均值差 Z 估计活动表】.

第 2 步:如图实验 7 - 2 在【B3】输入 0.95,在【B4】输入 46,在【B5】输入 86,在【B6】输入 33.64(=5.8²);在【B8】输入 33,在【B9】输入 78,在【B10】输入 51.84(=7.2²).

由图实验 7 - 2 可知,两所中学高考英语平均分数之差的 0.95 的置信区间为 (5.026137508,10.97386249).

图实验 7 - 2　例实验 7 - 1 统计分析结果

三、等方差情况下两个正态总体均值差的区间估计

1. 理论基础

设总体 $X \sim N(\mu_1, \sigma_1^2)$,来自总体 X 的容量为 n_1 的样本观测值为 $(x_1, x_2, \cdots, x_{n_1})$;总体 $Y \sim N(\mu_2, \sigma_2^2)$,来自总体 Y 的容量为 n_2 的样本观测值为 $(y_1, y_2, \cdots, y_{n_2})$. 当 $\sigma_1^2 = \sigma_2^2$ 未知时,且记总方差 $s_w^2 = \dfrac{(n_1-1)s_1^2 + (n_1-1)s_2^2}{n_1 + n_2 - 2}$,则关于总体均值差 $\mu_1 - \mu_2$ 的置信水平为 $1-\alpha$ 的:

- 区间估计为:$(\overline{x} - \overline{y}) \pm t_{\frac{\alpha}{2}}(n_1 + n_2 - 2) \cdot s_w \cdot \sqrt{\dfrac{n_1 + n_2}{n_1 n_2}}$;

- 单侧置信下限为:$(\overline{x} - \overline{y}) - t_\alpha(n_1 + n_2 - 2) \cdot s_w \cdot \sqrt{\dfrac{n_1 + n_2}{n_1 n_2}}$;

- 单侧置信上限为:$(\overline{x} - \overline{y}) + t_\alpha(n_1 + n_2 - 2) \cdot s_w \cdot \sqrt{\dfrac{n_1 + n_2}{n_1 n_2}}$.

2.【两个正态总体均值差 t 估计活动表】

可利用【Excel】中提供的统计函数【TINV】和平方根函数【SQRT】,编制【两个正态总体均值差 t 估计活动表】,如图实验 7 - 3 所示,在【两个正态总体均值差 t 估计活动表】中,只要分别

引用或输入【置信水平】、【样本 1 容量】、【样本 1 均值】和【样本 1 方差】的具体值以及【样本 2 容量】、【样本 2 均值】和【样本 2 方差】的具体值,就可得到相应的统计分析结果.

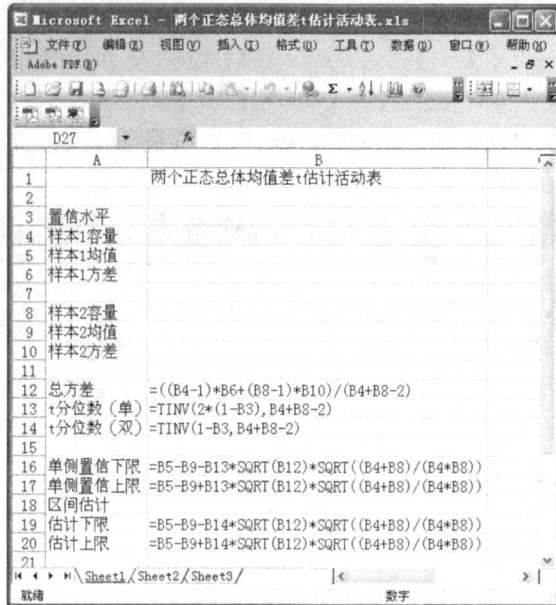

图实验 7-3 【两个正态总体均值差 t 估计活动表】

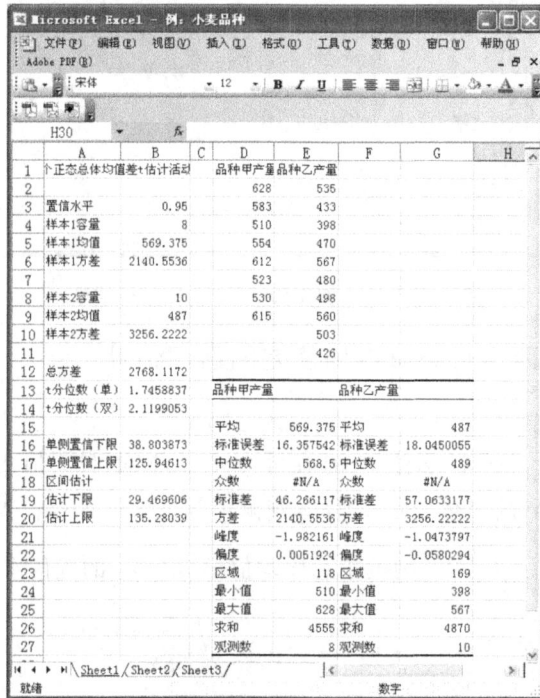

图实验 7-4 例实验 7-2 统计分析结果

例实验 7-2 为了比较两个小麦品种的产量,选择 18 块条件相似的试验田,采用相同的耕作方法做试验,结果播种品种甲的 8 块试验田的单位面积产量和播种品种乙的 10 块试验田的单位面积产量(单位:kg)分别为:

品种甲:628 583 510 554 612 523 530 615;

品种乙:535 433 398 470 567 480 498 560 503 426.

假定每个品种的单位面积产量服从正态分布,方差相同,试确定两个品种平均单位面积产量之差的 0.95 的置信区间.

解 第 1 步:打开【两个正态总体均值差 t 估计活动表】.

第 2 步:如图实验 7-4 输入原始数据→做【描述统计】→得到描述性统计结果.

第 3 步:在【B3】输入 0.95,在【B4】输入 8,在【B5】引用 E15,在【B6】引用 E20;在【B8】输入 10,在【B9】引用 G15,在【B10】引用 G20.

由图实验 7-4 可知,两个品种平均单位面积产量之差的 0.95 的置信区间为(29.469606,135.28039).

四、两个正态总体方差比的区间估计

1. 理论基础

设总体 $X \sim N(\mu_1, \sigma_1^2)$,来自总体 X 的容量为 n_1 的样本观测值为 $(x_1, x_2, \cdots, x_{n_1})$;总体 $Y \sim N(\mu_2, \sigma_2^2)$,来自总体 Y 的容量为 n_2 的样本观测值为 $(y_1, y_2, \cdots, y_{n_2})$,则关于两总体方差比 σ_1^2/σ_2^2 的置信水平为 $1-\alpha$ 的:

- 区间估计为:$\left(\dfrac{\frac{s_1^2}{s_2^2}}{F_{1-\frac{\alpha}{2}}(n_1, n_2)}, \dfrac{\frac{s_1^2}{s_2^2}}{F_{\frac{\alpha}{2}}(n_1, n_2)} \right)$;

- 单侧置信下限为:$\dfrac{\frac{s_1^2}{s_2^2}}{F_{1-\alpha}(n_1, n_2)}$;

- 单侧置信上限为:$\dfrac{\frac{s_1^2}{s_2^2}}{F_{\alpha}(n_1, n_2)}$.

2.【两个正态总体方差比 F 估计活动表】

图实验 7-5 【两个正态总体方差比 F 估计活动表】

可利用【Excel】中提供的统计函数【FINV】,编制【两个正态总体方差比 F 估计活动表】,如图实验 7-5 所示,在【两个正态总体方差比 F 估计活动表】中,只要分别引用或输入【置信水

平】、【样本 1 容量】和【样本 1 方差】的具体值以及【样本 2 容量】和【样本 2 方差】的具体值,就可得到相应的统计分析结果.

例实验 7 - 3 某车间有两台自动车床加工一类套筒,假设套筒直径服从正态分布,现从两个班次的产品中分别检查了 5 个和 6 个套筒,得其直径(单位:cm)数据如下:

甲班:5.05　5.08　5.03　5.00　5.07;

乙班:4.98　5.03　4.97　4.99　5.02　4.95.

试求两班加工套筒直径的方差比的 0.95 的置信区间.

解 第 1 步:打开【两个正态总体均方差比 F 估计活动表】.

第 2 步:如图实验 7 - 6 输入原始数据→做【描述统计】→得到描述性统计结果.

第 3 步:在【B3】输入 0.95,在【B4】输入 5,在【B5】引用 E17;在【B7】输入 6,在【B8】引用 G17.

由图实验 7 - 6 可知,两班加工套筒直径的方差比的 0.95 的置信区间为(0.157425753, 10.89128671).

图实验 7 - 6　例实验 7 - 3 统计分析结果

练习题

1. 设从总体 $X \sim N(\mu_1, \sigma_1^2)$ 和总体 $Y \sim N(\mu_2, \sigma_2^2)$ 中分别抽取容量为 $n_1 = 10, n_2 = 15$ 的独立样本,经计算得 $\bar{x} = 82, s_x^2 = 56.5, \bar{y} = 76, s_y^2 = 52.4$.

(1) 若已知 $\sigma_1^2 = 64, \sigma_2^2 = 49$,求 $\mu_1 - \mu_2$ 的置信水平为 0.95 的置信区间;

(2) 若已知 $\sigma_1^2 = \sigma_2^2$,求 $\mu_1 - \mu_2$ 的置信水平为 0.95 的置信区间;

(3) 求 $\dfrac{\sigma_1^2}{\sigma_2^2}$ 的置信水平为 0.95 的置信区间.

2. 设滚珠直径服从正态分布,现从甲、乙两台机床生产的同一型号滚珠中,分别抽取 8 个和 9 个样品,测得其直径(单位:mm)如下:

| 甲 | 15.0 | 14.5 | 15.2 | 15.5 | 14.8 | 15.1 | 15.2 | 14.8 | |
| 乙 | 15.2 | 15.0 | 14.8 | 15.2 | 15.0 | 15.0 | 14.8 | 15.1 | 14.8 |

（1）求 $\dfrac{\sigma_1^2}{\sigma_2^2}$ 的置信水平为 0.95 的置信区间；

（2）若已知 $\sigma_1^2=\sigma_2^2$，求 $\mu_1-\mu_2$ 的置信水平为 0.95 的置信区间.

实验八　单个正态总体参数的假设检验

一、实验目的

1. 掌握【正态总体均值的 Z 检验活动表】的使用方法；
2. 掌握【正态总体均值的 t 检验活动表】的使用方法；
3. 掌握【正态总体方差的卡方检验活动表】的使用方法；
4. 掌握正态总体参数的检验方法，并能对统计结果进行正确的分析.

二、方差已知情况下正态总体均值的假设检验

1. 理论基础

设总体 $X\sim N(\mu,\sigma^2)$，从总体 X 中抽取一个容量为 n 的样本 $(x_1,x_2,\cdots,x_n)$，若 σ^2 已知，记 $\overline{x}=\sum\limits_{i=1}^n x_i$，$z=\dfrac{\overline{x}-\mu_0}{\dfrac{\sigma}{\sqrt{n}}}$，又设 $Z\sim N(0,1)$，则

◆ $H_0:\mu=\mu_0,H_1:\mu\neq\mu_0$，检验的 P 值 $=P\{Z>|z|\}$；

◆ $H_0:\mu\leqslant\mu_0,H_1:\mu>\mu_0$，检验的 P 值 $=P\{Z>z\}$；

◆ $H_0:\mu\geqslant\mu_0,H_1:\mu<\mu_0$，检验的 P 值 $=P\{Z<z\}$.

对于给定的显著性水平 α，

• 若 P 值 $<\alpha$，则拒绝原假设 H_0；

• 若 P 值 $\geqslant\alpha$，则接受原假设 H_0.

2.【正态总体均值的 Z 检验活动表】

设总体 $X\sim N(\mu,\sigma^2)$，来自总体的容量为 n 的样本观测值为 $(x_1,x_2,\cdots,x_n)$，若 σ^2 已知，记 $z=\dfrac{\overline{x}-\mu_0}{\dfrac{\sigma}{\sqrt{n}}}$，则关于总体均值 μ 的检验有三种情形：

◆ $H_0:\mu=\mu_0,H_1:\mu\neq\mu_0$，则 P 值 $=2(1-\text{NORMSDIST}(|z|))$；

◆ $H_0:\mu\leqslant\mu_0,H_1:\mu>\mu_0$，则 P 值 $=1-\text{NORMSDIST}(z)$；

◆ $H_0:\mu\geqslant\mu_0,H_1:\mu<\mu_0$，则 P 值 $=\text{NORMSDIST}(z)$.

利用【Excel】中提供的统计函数【NORMDIST】和平方根函数【SQRT】，编制【正态总体均值的 Z 检验活动表】，如图实验 8-1 所示，在【正态总体均值的 Z 检验活动表】中，只要分别引用或输入【期望均值】、【总体标准差】、【样本容量】和【样本均值】，就可得到相应的统计分析结果.

例实验 8-1　从甲地发送一个信号到乙地，设乙地接收到的信号值是一个服从正态分布 $N(\mu,0.2^2)$ 的随机变量，其中 μ 为甲地发送的真实信号值. 现甲地重复发送同一信号 5 次，乙地接收到的信号值为：

$$8.05 \quad 8.15 \quad 8.20 \quad 8.10 \quad 8.25.$$

设接受方有理由猜测甲地发送的信号值为 8, 问能否接受这样的猜测?($\alpha = 0.05$)

解 需检验的问题为

$$H_0 : \mu = 8, \quad H_1 : \mu \neq 8.$$

用【正态总体均值的 Z 检验活动表】进行实验的步骤如下.

第 1 步: 打开【正态总体均值的 Z 检验活动表】;

第 2 步: 如图实验 8-2 在 D 列输入原始数据;

第 3 步: 进行描述性统计分析, 如图实验 8-2 所示;

第 4 步: 在单元格【B3】输入【期望均值】= 8, 在单元格【B4】输入【总体标准差】= 0.2, 在单元格【B5】输入【样本容量】= 5, 在单元格【B6】引用单元格【E10】得到【样本均值】;

第 5 步: 由图实验 8-2 知检验问题的 P 值 = 0.093532513 > 0.05, 所以接受原假设, 认为能接受这样的猜测.

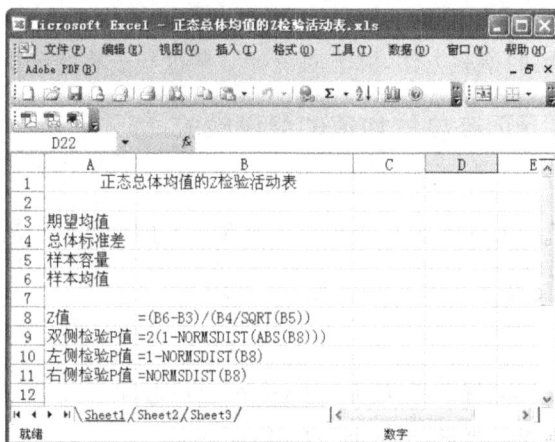

图实验 8-1 【正态总体均值的 Z 检验活动表】

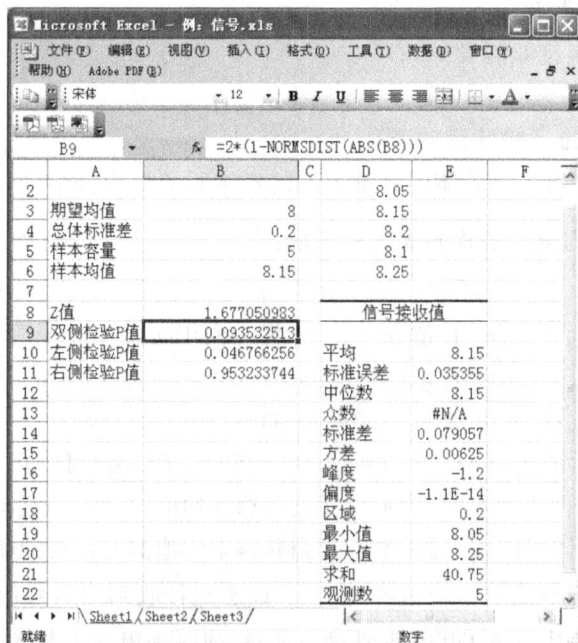

图实验 8-2 例实验 8-1 统计分析结果

三、方差未知情况下正态总体均值的假设检验

1. 理论基础

设总体 $X \sim N(\mu, \sigma^2)$，来自总体的容量为 n 的样本观测值为 $(x_1, x_2, \cdots, x_n)$，若 σ^2 未知，记

$$\overline{x} = \sum_{i=1}^{n} x_i, \quad s^2 = \frac{1}{n-1} \sum_{i=1}^{n} (x_i - \overline{x})^2, \quad t = \frac{\overline{x} - \mu_0}{\frac{s}{\sqrt{n}}}, \quad \text{又设 } T \sim t(n-1), \text{则}$$

◆ $H_0 : \mu = \mu_0$，$H_1 : \mu \neq \mu_0$，检验的 P 值 $= P\{T > |t|\}$；

◆ $H_0 : \mu \leq \mu_0$，$H_1 : \mu > \mu_0$，检验的 P 值 $= P\{T > t\}$；

◆ $H_0 : \mu \geq \mu_0$，$H_1 : \mu < \mu_0$，检验的 P 值 $= P\{T < t\}$.

对于给定的显著性水平 α，

• 若 P 值 $< \alpha$，则拒绝原假设 H_0；

• 若 P 值 $\geq \alpha$，则接受原假设 H_0.

2.【正态总体均值的 t 检验活动表】

设总体 $X \sim N(\mu, \sigma^2)$，来自总体的容量为 n 的样本观测值为 $(x_1, x_2, \cdots, x_n)$，若 σ^2 未知，记

$t = \dfrac{\overline{x} - \mu_0}{\frac{s}{\sqrt{n}}}$，则关于总体均值 μ 的检验有三种情形：

◆ $H_0 : \mu = \mu_0 \quad H_1 : \mu \neq \mu_0$，则 P 值 $= \text{TDIST}(|t|, n-1, 2)$；

◆ $H_0 : \mu \geq \mu_0 \quad H_1 : \mu < \mu_0$，则 P 值 $= \begin{cases} 1 - \text{TDIST}(t, n-1, 1), & t > 0 \\ \text{TDIST}(|t|, n-1, 1), & t < 0 \end{cases}$；

◆ $H_0 : \mu \leq \mu_0 \quad H_1 : \mu > \mu_0$，则 P 值 $= \begin{cases} \text{TDIST}(t, n-1, 1), & t > 0 \\ 1 - \text{TDIST}(|t|, n-1, 1), & t < 0 \end{cases}$.

利用【Excel】中提供的统计函数【TDIST】和平方根函数【SQRT】，编制【正态总体均值的 t 检验活动表】，如图实验 8-3 所示，在【正态总体均值的 t 检验活动表】中，只要分别引用或输入【期望均值】、【样本容量】、【样本均值】和【样本标准差】，就可得到相应的统计分析结果.

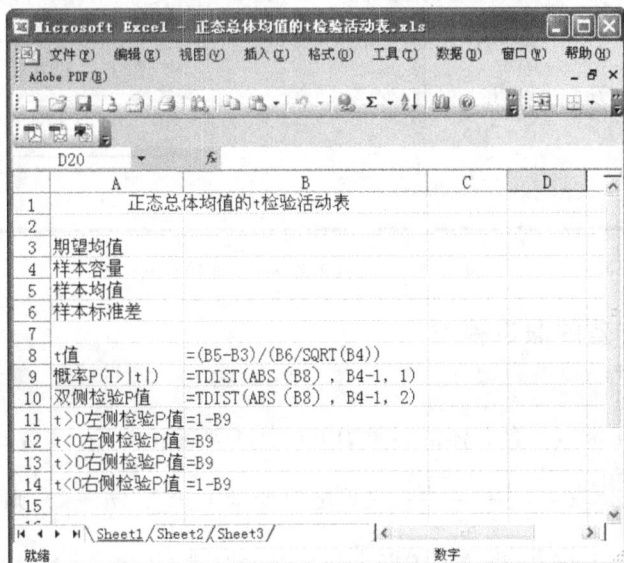

图实验 8-3 【正态总体均值的 t 检验活动表】

例实验 8-2 一种汽车配件的标准长度为 12cm,高于或低于该标准均被认为不合格.现对一个汽车配件提供商提供的 10 个样品进行了检验,结果如下:

　　12.2　10.8　12.0　11.8　11.9　12.4　11.3　12.2　12.0　12.3.

假定供货商生产的配件长度服从正态分布,在 $\alpha=0.05$ 的显著性水平下,检验该供货商提供的配件是否符合要求.

解 需检验的问题为

$$H_0:\mu=12,\quad H_1:\mu\neq 12.$$

在 Excel 表中计算检验的 P 值,其操作步骤如下.

第 1 步:打开【正态总体均值的 t 检验活动表】;

第 2 步:在表中 D 列如图实验 8-4 输入原始数据;

第 3 步:进行描述统计分析,其结果如图实验 8-4;

第 4 步:在【B3】输入【期望均值】=12,在【B4】输入【样本容量】=10,在【B5】引用【G3】得【样本均值】,在【B6】引用【G7】得【样本标准差】;

第 5 步:由图实验 8-4 可知,问题的 P 值=0.498453244>0.05,不拒绝原假设,认为该供货商提供的配件符合要求.

图实验 8-4　例实验 8-2 统计分析

四、正态总体方差的假设检验

1. 理论基础

设总体 $X\sim N(\mu,\sigma^2)$,来自总体的容量为 n 的样本观测值为 $(x_1,x_2,\cdots,x_n)$,若 σ^2 未知,记

$$s^2=\frac{1}{n-1}\sum_{i=1}^{n}(x_i-\overline{x})^2,\ \chi^2=\frac{(n-1)s^2}{\sigma_0^2},$$

又设随机变量 $Y\sim\chi^2(n-1)$,则

◆ $H_0:\sigma^2=\sigma_0^2,H_1:\sigma^2\neq\sigma_0^2$,检验的 P 值 $=2P\{Y>\chi^2\}$ 或 $=2P\{Y<\chi^2\}$;

◆ $H_0:\sigma^2\leqslant\sigma_0^2,H_1:\sigma^2>\sigma_0^2$,检验的 P 值 $=P\{Y>\chi^2\}$;

◆ $H_0 : \sigma^2 \geqslant \sigma_0^2, H_1 : \sigma^2 < \sigma_0^2$,检验的 P 值 $= P\{Y < \chi^2\}$.

对于给定的显著性水平 α,

- 若 P 值 $< \alpha$,则拒绝原假设 H_0;
- 若 P 值 $\geqslant \alpha$,则接受原假设 H_0.

2.【正态总体方差的卡方检验活动表】

设总体 $X \sim N(\mu, \sigma^2)$,来自总体 X 容量为 n 的样本观测值为 $(x_1, x_2, \cdots, x_n)$,记 $\chi^2 = \dfrac{(n-1)s^2}{\sigma^2}$,关于总体方差 σ^2 的检验有如下三种情形.

◆ $H_0 : \sigma^2 = \sigma_0^2, H_1 : \sigma^2 \neq \sigma_0^2$,则 P 值 $= 2(1 - \mathrm{CHIDIST}(\chi^2, n-1))$ 或 P 值 $= 2\mathrm{CHIDIST}(x, n-1)$;

◆ $H_0 : \sigma^2 \geqslant \sigma_0^2, H_1 : \sigma^2 < \sigma_0^2$,则 P 值 $= 1 - \mathrm{CHIDIST}(\chi^2, n-1)$;

◆ $H_0 : \sigma^2 \leqslant \sigma_0^2, H_1 : \sigma^2 > \sigma_0^2$,则 P 值 $= \mathrm{CHIDIST}(\chi^2, n-1)$.

利用【Excel】中提供的统计函数【CHIDIST】,编制【正态总体方差的卡方检验活动表】,如图实验 8-5 所示,在【正态总体方差的卡方检验活动表】中,只要分别引用或输入【期望方差】、【样本容量】和【样本方差】,就可得到相应的统计分析结果.

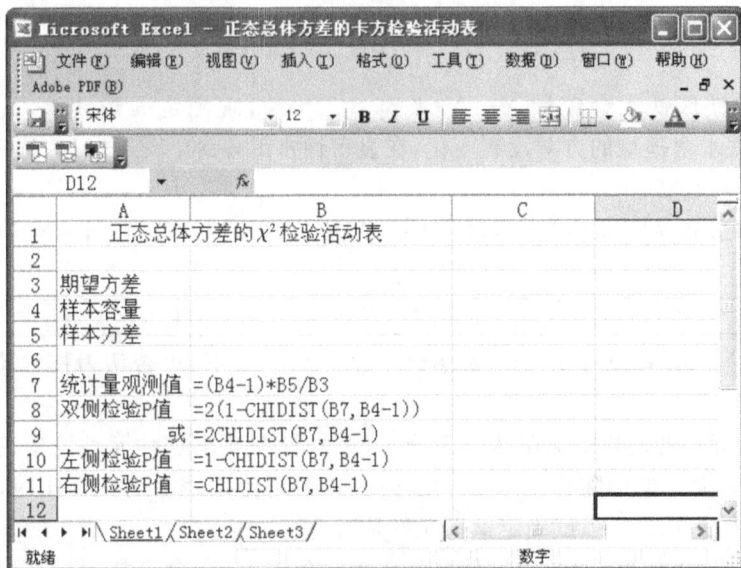

图实验 8-5 【正态总体方差的卡方检验活动表】

例实验 8-3 某啤酒生产企业采用自动生产线灌装啤酒,假定生产标准规定每瓶装填量的标准差不超过 4mL. 企业质检部门抽取 10 瓶进行检验,得到样本标准差为 $s = 3.8$mL,试以 0.01 的显著性水平检验装填量的标准差是否符合要求.

解 需检验的问题为

$$H_0 : \sigma^2 \leqslant 4^2, \quad H_1 : \sigma^2 > 4^2.$$

在 Excel 表中计算检验的 P 值,其操作步骤如下.

第 1 步:打开【正态总体方差的卡方检验活动表】;

第 2 步:在【B3】输入【期望方差】$= 16$,在【B4】输入【样本容量】$= 10$,在【B5】输入【样本方差】$= 3.8 * 3.8$.

第 3 步:由图实验 8-6 可知,则问题的 P 值 $= 0.521849971 > 0.01$,接受原假设,认为啤酒装填量的标准差符合要求.

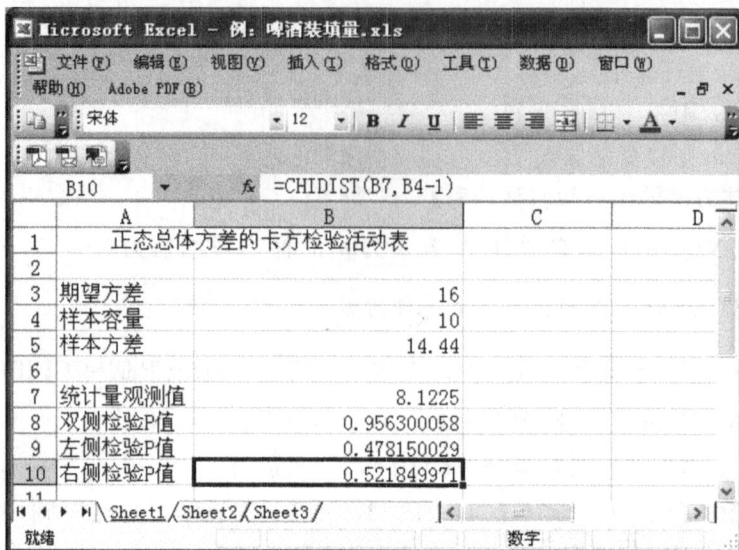

图实验 8-6　例实验 8-3 统计分析结果

练习题

1. 已知某炼铁厂铁水含碳量 $X \sim N(4.55, 0.108^2)$，现测定 9 炉铁水，其平均含碳量为 $\bar{x}=4.484$，如果铁水含碳量的方差没有变化，在显著性水平 $\alpha=0.05$ 下，可否认为现在生产的铁水平均含碳量仍为 4.55？

2. 由经验知道某零件质量 $X \sim N(15, 0.05^2)$（单位:g），技术革新后，抽出 6 个零件，测得质量如下.

14.7	15.1	14.8	15.0	15.2	14.6

如果零件质量的方差没有变化，在显著性水平 $\alpha=0.05$ 下，可否认为技术革新后零件的平均质量仍为 15g？

3. 已知某种元件的使用寿命服从正态分布，技术标准要求这种元件的使用寿命不得低于 1000 小时，今从一批元件中随机抽取 25 件，测得其平均使用寿命为 950 小时，样本标准差为 65，在显著性水平 $\alpha=0.05$ 下，试确定这批元件是否合格.

4. 已知用自动装罐机装罐的食品重量服从正态分布，某种食品技术标准要求每罐标准重量为 500g，标准差为 15g. 某厂现抽取用自动装罐机装罐的这种食品 9 罐，测得其重量如下（单位:g）.

497	506	518	511	524	510	488	515	512

在显著性水平 $\alpha=0.05$ 下，试问机器是否正常工作？

实验九　两个正态总体参数的假设检验

一、实验目的

1. 掌握【z-检验:双样本平均差检验】的使用方法；

2. 掌握【F-检验:双样本方差】的使用方法；

3. 掌握【t-检验:双样本等方差假设】的使用方法；

4. 掌握【t -检验:平均值的成对二样本分析】的使用方法;

5. 掌握【t -检验:双样本异方差假设】的使用方法;

6. 掌握两个正态总体参数的假设检验方法,并能对统计结果进行正确的分析.

二、方差已知情况下两个正态总体均值的假设检验

1. 理论基础

设总体 $X \sim N(\mu_1, \sigma_1^2)$,来自总体 X 的容量为 n_1 的样本观测值为 $(x_1, x_2, \cdots, x_{n_1})$;总体 $Y \sim N(\mu_2, \sigma_2^2)$,来自总体 Y 的容量为 n_2 的样本观测值为 $(y_1, y_2, \cdots, y_{n_2})$. 若 σ_1^2 与 σ_2^2 均已知,记 $z = \dfrac{\overline{x} - \overline{y}}{\sqrt{\dfrac{\sigma_1^2}{n_1} + \dfrac{\sigma_2^2}{n_2}}}$,又设 $Z \sim N(0, 1)$,则

◆ $H_0: \mu_1 = \mu_2$,$H_1: \mu_1 \neq \mu_2$,检验的 P 值 $= 2P\{Z > |z|\}$;

◆ $H_0: \mu_1 \leqslant \mu_2$,$H_1: \mu_1 > \mu_2$,检验的 P 值 $= P\{Z > z\}$;

◆ $H_0: \mu_1 \geqslant \mu_2$,$H_1: \mu_1 < \mu_2$,检验的 P 值 $= P\{Z < z\}$.

对于给定的显著性水平 α,

• 若 P 值 $< \alpha$,则拒绝原假设 H_0;

• 若 P 值 $\geqslant \alpha$,则接受原假设 H_0.

2. z -检验:双样本平均差检验

打开【Excel】→点击【工具(T)】→选择【数据分析(D)】→选择【z -检验:双样本平均差检验】,即可进入【z -检验:双样本平均差检验】对话框→点击【确定】按钮. 出现如图实验 9 - 1 的【z -检验:双样本平均差检验】对话框.

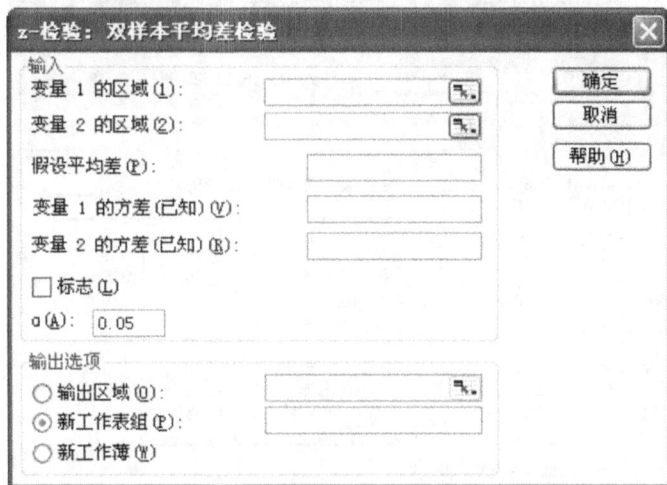

图实验 9 - 1 【z -检验:双样本平均差检验】对话框

关于【z -检验:双样本平均差检验】对话框:

◆ 变量 1 的区域:在此输入需要分析的第一个数据区域的单元格引用.该区域必须由单列或单行的数据组成.

◆ 变量 2 的区域:在此输入需要分析的第二个数据区域的单元格引用.该区域必须由单列或单行的数据组成.

◆ 假设平均差:在此输入样本平均值的差值.0(零)值表示假设样本平均值相同.

◆ 变量 1 的方差(已知):在此输入已知的变量 1 输入区域的总体方差.

◆ 变量 2 的方差(已知):在此输入已知的变量 2 输入区域的总体方差.

◆ 标志:如果输入区域的第一行或第一列中包含标志,请选中此复选框.如果输入区域没有标志,请清除此复选框,Microsoft Excel 将在输出表中生成适当的数据标志.

◆ α:在此输入检验的显著性水平 $0<\alpha<1$.

◆ 输出选项:

• 输出区域:在此输入对输出表左上角单元格的引用.如果输出表将覆盖已有的数据,Microsoft Excel 会自动确定输出区域的大小并显示一则消息.

• 新工作表组:单击此选项可在当前工作簿中插入新工作表,并由新工作表的 A1 单元格开始粘贴计算结果.若要为新工作表命名,请在右侧的框中键入名称.

• 新工作簿:单击此选项可创建一新工作簿,并在新工作簿的新工作表中粘贴计算结果.

例实验 9 - 1 随机地从甲、乙两厂生产的蓄电池中抽取一些样本,测得蓄电池的电容量(A·h)如下:

> 甲厂:144　141　138　142　141　143　138　137；
>
> 乙厂:142　143　139　140　138　141　140　138　142　136.

设两厂生产的蓄电池电容量分别服从正态总体 $N(\mu_1, 2.45)$,$N(\mu_2, 2.25)$,两样本独立.在 0.05 的显著性水平,检验甲、乙两厂蓄电池的电容量是否有显著差异.

解 需检验的问题为

$$H_0: \mu_1 = \mu_2, \quad H_1: \mu_1 \neq \mu_2.$$

在 Excel 表中检验的步骤如下.

第 1 步:进入 Excel 表→将原始数据输入 Excel 表中,如图实验 9 - 2 所示;

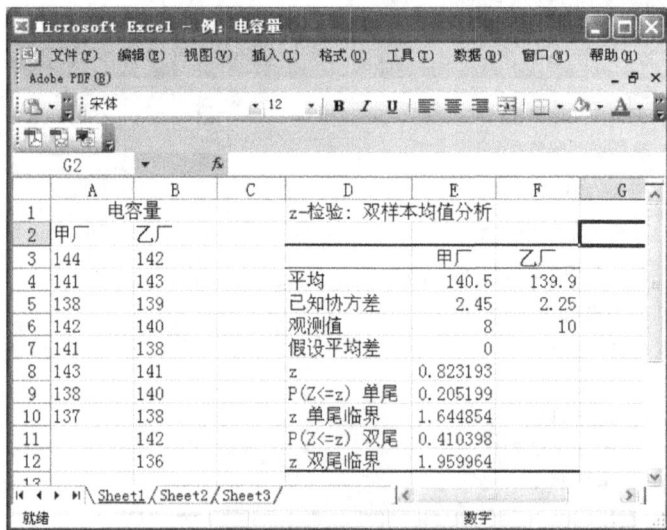

图实验 9 - 2　例实验 9 - 1 统计分析

第 2 步:选择【工具(T)】,在下拉菜单中选择【数据分析(D)】→在【数据分析】对话框中选择【z -检验:双样本平均差检验】→点击【确定】按钮;

第 3 步:在出现的对话框中,如图实验 9 - 3,在【变量 1 的区域】输入甲厂样本的数据区域,在【变量 2 的区域】输入乙厂样本的数据区域,在【α】中输入显著性水平(本例为 0.05),在【变量 1 的方差(已知)】输入甲厂总体方差 2.45,在【变量 2 的方差(已知)】输入乙厂总体方差 2.25,在【输出选项】中选择计算结果的输出位置→单击【确定】,输出结果如图实验 9 - 2 所示.

由图可知,本问题的 P 值=【$P(F \leqslant t)$ 双尾】=0.410398＞0.05,接受原假设,认为甲、乙两厂蓄电池的电容量无显著差异.

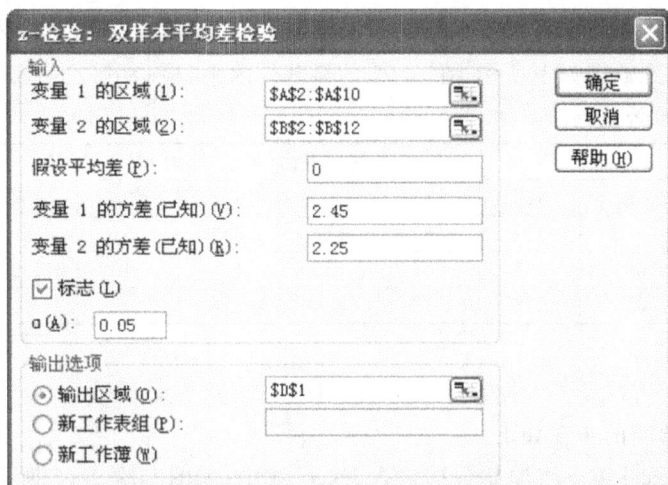

图实验 9-3　例实验 9-1【z-检验:双样本平均差检验】对话框

三、两个正态总体方差比的假设检验

1. 理论基础

设总体 $X \sim N(\mu_1, \sigma_1^2)$,来自总体 X 的容量为 n_1 的样本观测值为$(x_1, x_2, \cdots, x_{n_1})$;总体 $Y \sim N(\mu_2, \sigma_2^2)$,来自总体 Y 的容量为 n_2 的样本观测值为$(y_1, y_2, \cdots, y_{n_2})$. 记 $f = \dfrac{s_1^2}{s_2^2}$,又设 $F \sim F(n_1, n_2)$,则

◆ $H_0: \sigma_1^2 = \sigma_2^2$, $H_1: \sigma_1^2 \neq \sigma_2^2$,检验的 P 值=$2P\{F > f\}$ 或 $= 2P\{F < f\}$;

◆ $H_0: \sigma_1^2 \geqslant \sigma_2^2$, $H_1: \sigma_1^2 < \sigma_2^2$,检验的 P 值=$P\{F < f\}$;

◆ $H_0: \sigma_1^2 \leqslant \sigma_2^2$, $H_1: \sigma_1^2 > \sigma_2^2$,检验的 P 值=$P\{F > f\}$.

对于给定的显著性水平 α,

• 若 P 值＜α,则拒绝原假设 H_0;

• 若 P 值≥α,则接受原假设 H_0.

2. F-检验双样本方差

打开【Excel】→点击【工具(T)】→选择【数据分析(D)】→选择【F-检验双样本方差】→点击【确定】按钮,即可进入【F-检验　双样本方差】对话框,如图实验 9-4 所示.

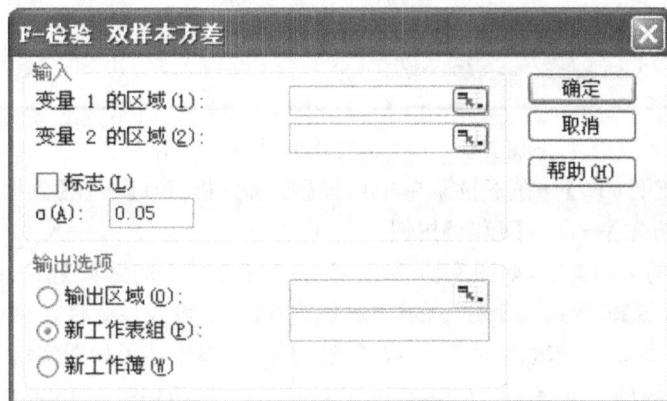

图实验 9-4　【F-检验 双样本方差】对话框

【F-检验 双样本方差】对话框内容与【z-检验:双样本平均差检验】对话框类似,在此不重新介绍.

例实验 9-2 一家房地产开发公司准备购进一批灯泡,公司管理人员对两家供货商提供的样品进行检测,得到数据如下所示.在 0.05 的显著性水平,检验甲、乙两家供货商的灯泡使用寿命的方差是否有显著差异.

供货商	灯泡使用寿命(单位:小时)									
甲	650	569	622	630	596	637	628	706	617	624
	563	580	711	480	688	723	651	569	709	632
乙	568	681	636	607	555	496	540	539	529	562
	589	646	596	617	584					

解 需检验的问题为

$$H_0:\sigma_1^2=\sigma_2^2, \quad H_1:\sigma_1^2\neq\sigma_2^2.$$

在 Excel 表中检验的步骤如下.

第 1 步:进入 Excel 表→将原始数据输入 Excel 表中,如图实验 9-5 所示;

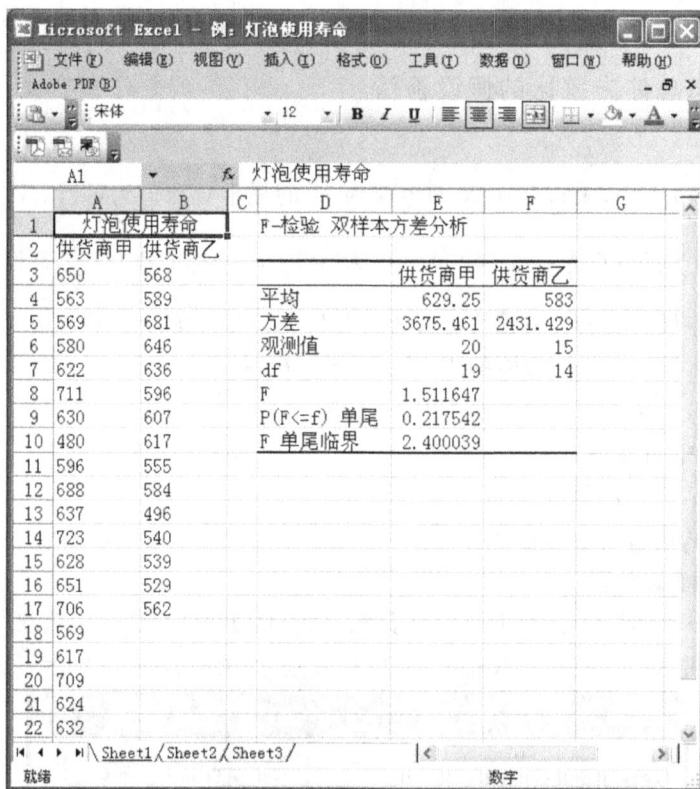

图实验 9-5 例实验 9-2 统计分析

第 2 步:选择【工具(T)】→在下拉菜单中选择【数据分析(D)】→在【数据分析】对话框中选择【F-检验 双样本方差】→点击【确定】按钮;

第 3 步:在出现的对话框中,如图实验 9-6 所示,在【变量 1 的区域】输入第一个样本的数据区域,在【变量 2 的区域】输入第二个样本的数据区域,在【α】中输入显著性水平(本例为 0.025),在【输出选项】中选择计算结果的输出位置→点击【确定】按钮,输出结果如图实验 9-5 所示.

由图可知,本问题的 P 值 $=2$【$P(F\leqslant t)$ 单尾】$=2\times0.217542=0.435084>0.05$,接受原假设,认为甲、乙两家供货商的灯泡使用寿命的方差无显著差异.

图实验 9-6　例实验 9-2【F-检验 双样本方差】对话框

四、等方差情况下两个正态总体均值的假设检验

1. 理论基础

设总体 $X \sim N(\mu_1, \sigma_1^2)$，来自总体 X 的容量为 n_1 的样本观测值为 $(x_1, x_2, \cdots, x_{n_1})$；总体 $Y \sim N(\mu_2, \sigma_2^2)$，来自总体 Y 的容量为 n_2 的样本观测值为 $(y_1, y_2, \cdots, y_{n_2})$，记总方差 $s_w^2 = \dfrac{(n_1-1)s_1^2 + (n_1-1)s_2^2}{n_1 + n_2 - 2}$，又记 $t = \dfrac{\overline{x} - \overline{y}}{s_w \cdot \sqrt{\dfrac{n_1 + n_2}{n_1 n_2}}}$，且设 $T \sim t(n_1 + n_2 - 2)$，若 $\sigma_1^2 = \sigma_2^2$ 未知，则：

◆ $H_0: \mu_1 = \mu_2$，$H_1: \mu_1 \neq \mu_2$，检验的 P 值 $= 2P\{T > |t|\}$；

◆ $H_0: \mu_1 \leqslant \mu_2$，$H_1: \mu_1 > \mu_2$，检验的 P 值 $= P\{T > t\}$；

◆ $H_0: \mu_1 \geqslant \mu_2$，$H_1: \mu_1 < \mu_2$，检验的 P 值 $= P\{T < t\}$.

对于给定的显著性水平 α，

· 若 P 值 $< \alpha$，则拒绝原假设 H_0；

· 若 P 值 $\geqslant \alpha$，则接受原假设 H_0.

2. 假设 t-检验：双样本等方差假设

打开【Excel】→点击【工具（T）】→选择【数据分析（D）】→选择【t-检验：双样本等方差假设】→点击【确定】按钮，即可进入【t-检验：双样本等方差假设】对话框，如图实验 9-7 所示.

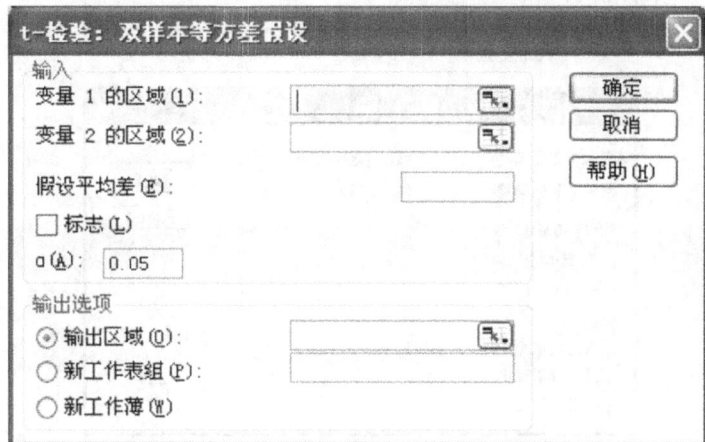

图实验 9-7　【t-检验：双样本等方差假设】对话框

【t-检验:双样本等方差假设】对话框内容与【z-检验:双样本平均差检验】对话框类似,在此不重新介绍.

例实验 9-3 已知甲、乙两台车床加工的某种类型零件的直径服从正态分布,且方差相同,现独立地从甲、乙两台车床加工的零件各取 8 个和 7 个,测得的数据如下所示.在 0.05 的显著性水平,检验甲、乙两台车床加工的零件直径是否一致.

车床	零件的直径(单位:cm)							
甲	20.5	19.8	19.7	20.4	20.1	20.0	19.0	19.9
乙	20.7	19.8	19.5	20.8	20.4	19.6	20.2	

解 需检验的问题为

$$H_0: \mu_1 = \mu_2, \quad H_1: \mu_1 \neq \mu_2.$$

在 Excel 表中检验的步骤如下:

第 1 步:进入 Excel 表→将原始数据输入 Excel 表中,如图实验 9-8 所示;

第 2 步:选择【工具(T)】→在下拉菜单中选择【数据分析(D)】→在【数据分析】对话框中选择【t-检验:双样本等方差假设】→点击【确定】按钮;

第 3 步:在出现的对话框中,如图实验 9-9 所示,在【变量 1 的区域】输入第一个样本的数据区域,在【变量 2 的区域】输入第二个样本的数据区域,在【假设平均差】中输入两个总体均值之差的假定值(本例为 0),在【α】中输入显著性水平(本例为 0.05),在【输出选项】中选择计算结果的输出位置→点击【确定】按钮,输出结果如图实验 9-8 所示.

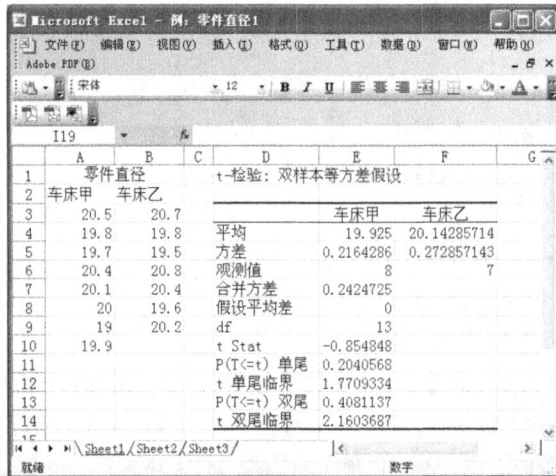

图实验 9-8 例实验 9-3 统计分析

图实验 9-9 例实验 9-3【t-检验:双样本等方差假设】对话框

由图可知,本问题的 P 值=【$P(T \leqslant t)$双尾】=0.4081137>0.05,接受原假设,认为甲、乙两台车床加工的零件直径一致.

五、成对二样本两个正态总体均值的假设检验

1. 理论基础

设总体 $X \sim N(\mu_1, \sigma_1^2)$,来自总体 X 的容量为 n 的样本观测值为$(x_1, x_2, \cdots, x_n)$;总体 $Y \sim N(\mu_2, \sigma_2^2)$,来自总体 Y 的容量为 n 的样本观测值为$(y_1, y_2, \cdots, y_n)$,σ_1^2, σ_2^2 未知,记 $d_i = x_i - y_i$,

$$\overline{d} = \frac{1}{n}\sum_{i=1}^{n} d_i, s_d^2 = \frac{1}{n-1}\sum_{i=1}^{n}(d_i - \overline{d})^2, t = \frac{\overline{d}}{s_d/\sqrt{n}},$$又设 $T \sim t(n-1)$,则

◆ $H_0: \mu_1 = \mu_2, H_1: \mu_1 \neq \mu_2$,检验的 P 值=$2P\{T > |t|\}$;

◆ $H_0: \mu_1 \leqslant \mu_2, H_1: \mu_1 > \mu_2$,检验的 P 值=$P\{T > t\}$;

◆ $H_0: \mu_1 \geqslant \mu_2, H_1: \mu_1 < \mu_2$,检验的 P 值=$P\{T < t\}$.

对于给定的显著性水平 α,

· 若 P 值<α,则拒绝原假设 H_0;

· 若 P 值$\geqslant \alpha$,则接受原假设 H_0.

2. t-检验:平均值的成对二样本分析

打开【Excel】→点击【工具(T)】→选择【数据分析(D)】→选择【t-检验:平均值的成对二样本分析】→点击【确定】按钮,即可进入【t-检验:平均值的成对二样本分析】对话框,如图实验 9-10 所示.

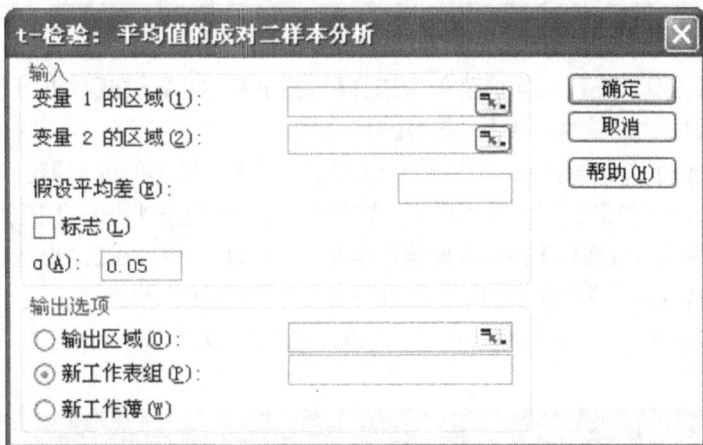

图实验 9-10 【t-检验:平均值的成对二样本分析】对话框

【t-检验:平均值的成对二样本分析】对话框内容与【z-检验:双样本平均差检验】对话框类似,在此不重新介绍.

例实验 9-4 某饮料公司开发研制出一种新产品,为比较消费者对新老产品口感的满意程度,该公司随机抽选 8 名消费者,每人先品尝一种饮料,然后再品尝另一种饮料,两种饮料的品尝次序是随机的,每个消费者对两种饮料评分(0~10 分)结果如下. 在 0.05 的显著性水平下,该公司能否认为消费者对两种饮料的评分存在显著差异.

消费者		1	2	3	4	5	6	7	8
评价等级	旧款饮料	5	4	7	3	5	8	5	6
	新款饮料	6	6	7	4	3	9	7	6

解 需检验的问题为

$$H_0:\mu_1=\mu_2, \quad H_1:\mu_1\neq\mu_2.$$

在 Excel 表中检验的步骤如下.

第 1 步:进入 Excel 表→将原始数据输入 Excel 表中,如图实验 9-11 所示;

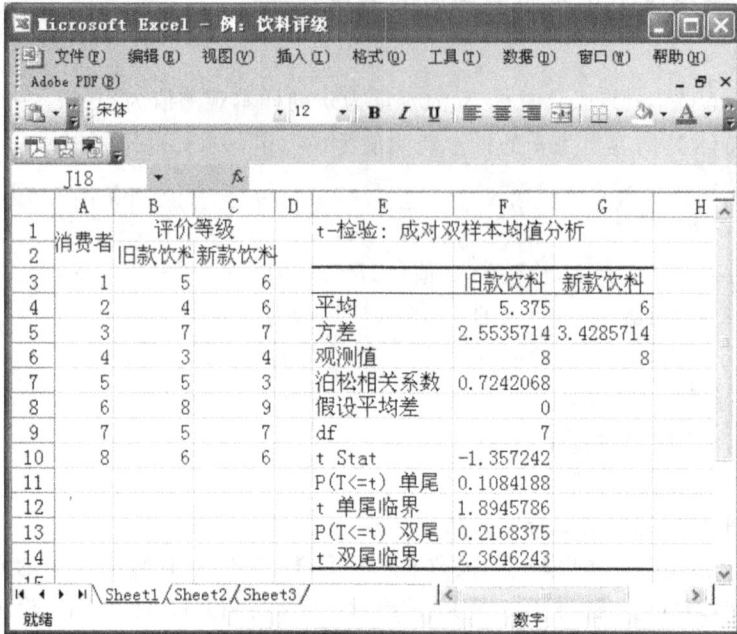

图实验 9-11　例实验 9-4 统计分析

第 2 步:选择【工具(T)】,在下拉菜单中选择【数据分析(D)】→在【数据分析】对话框中选择【t-检验:平均值的成对二样本分析】→点击【确定】按钮;

第 3 步:在出现的对话框中,如图实验 9-12 所示,在【变量 1 的区域】输入第一个样本的数据区域,在【变量 2 的区域】输入第二个样本的数据区域,在【假设平均差】中输入两个总体均值之差的假定值(本例为 0),在【α】中输入显著性水平(本例为 0.05),在【输出选项】中选择计算结果的输出位置→点击【确定】按钮,输出结果如图实验 9-11 所示.

由于 $P(T\leqslant t)$ 双尾＝0.2168375＞0.05,所以不拒绝原假设,认为消费者对两种饮料的评分无显著差异.

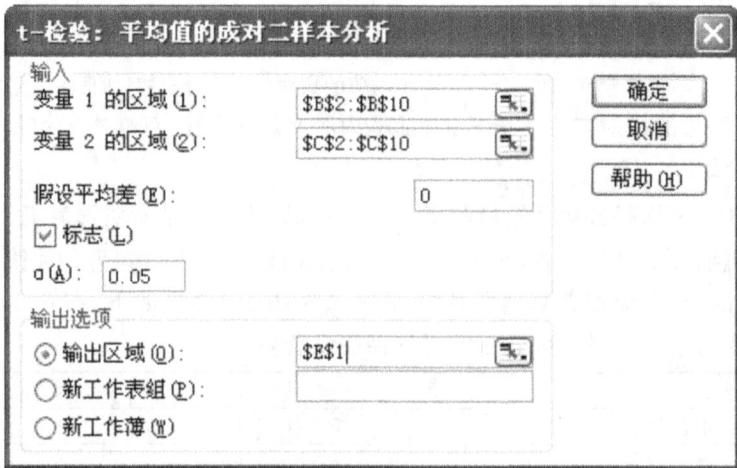

图实验 9-12　例实验 9-4【t-检验:平均值的成对二样本分析】对话框

六、异方差情况下两个正态总体均值的假设检验

1. 理论基础

设总体 $X \sim N(\mu_1, \sigma_1^2)$，$\sigma_1^2$ 未知，来自总体 X 的容量为 n_1 的样本观测值为 $(x_1, x_2, \cdots, x_{n_1})$；总体 $Y \sim N(\mu_2, \sigma_2^2)$，$\sigma_2^2$ 未知，来自总体 Y 的容量为 n_2 的样本观测值为 $(y_1, y_2, \cdots, y_{n_2})$，记总方差 $s_0^2 = \dfrac{s_1^2}{n_1} + \dfrac{s_2^2}{n_2}$，又记 $t = \dfrac{\overline{x} - \overline{y}}{s_0}$，$l' = \dfrac{s_0^4}{\dfrac{s_1^4}{n_1^2(n_1-1)} + \dfrac{s_2^4}{n_2^2(n_2-1)}}$，设与 l' 最接近的整数为 l，又

$T \sim t(l)$，则：

◆ $H_0 : \mu_1 = \mu_2$，$H_1 : \mu_1 \neq \mu_2$，检验的 P 值 $\approx 2P\{T > |t|\}$；

◆ $H_0 : \mu_1 \leqslant \mu_2$，$H_1 : \mu_1 > \mu_2$，检验的 P 值 $\approx P\{T > t\}$；

◆ $H_0 : \mu_1 \geqslant \mu_2$，$H_1 : \mu_1 < \mu_2$，检验的 P 值 $\approx P\{T < t\}$.

对于给定的显著性水平 α，

• 若 P 值 $< \alpha$，则拒绝原假设 H_0；

• 若 P 值 $\geqslant \alpha$，则接受原假设 H_0.

2. t-检验：双样本异方差假设

打开【Excel】→点击【工具(T)】→选择【数据分析(D)】→选择【t-检验：双样本异方差假设】→点击【确定】按钮，即可进入【t-检验：双样本异方差假设】对话框，如图实验 9-13 所示.

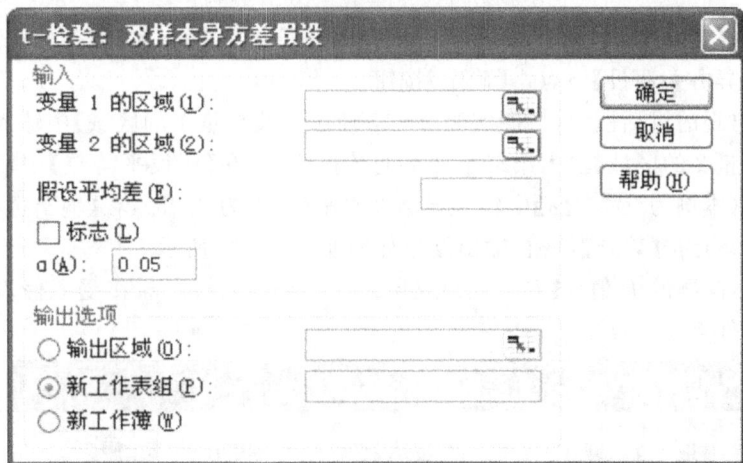

图实验 9-13　【t-检验：双样本异方差假设】对话框

【t-检验：双样本异方差假设】对话框内容与【z-检验：双样本平均差检验】对话框类似，在此不重新介绍.

例实验 9-5　已知甲、乙两台车床加工的某种类型零件的直径服从正态分布，现独立地从甲、乙两台车床加工的零件各取 8 个和 7 个，测得的数据如下所示. 在 0.05 的显著性水平下，检验甲、乙两台车床加工的零件直径是否一致.

车床	零件的直径(单位：cm)							
甲	20.5	19.8	19.7	20.4	20.1	20.0	19.0	19.9
乙	20.7	19.8	19.5	20.8	20.4	19.6	20.2	

解　需检验的问题为

$$H_0 : \mu_1 = \mu_2, \quad H_1 : \mu_1 \neq \mu_2.$$

在 Excel 表中检验的步骤如下.

第 1 步:进入 Excel 表→将原始数据输入 Excel 表中,如图实验 9-14 所示;

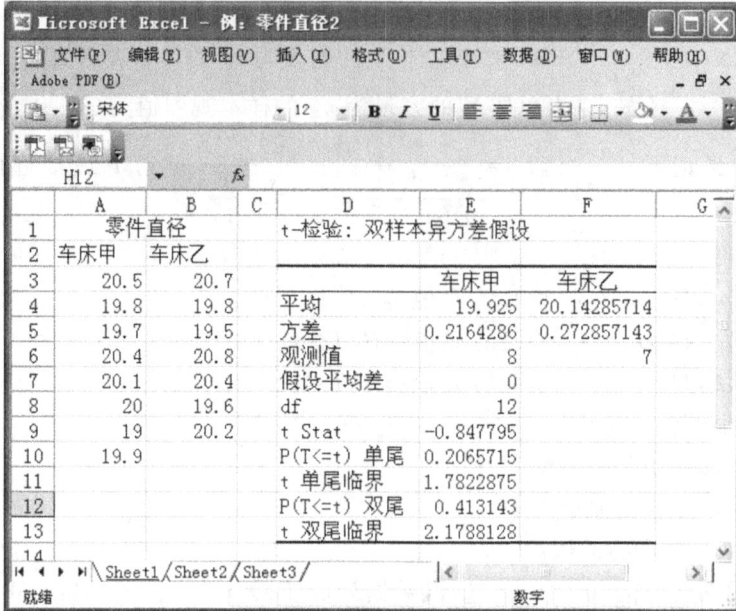

图实验 9-14　例实验 9-5 统计分析

第 2 步:选择【工具(T)】,在下拉菜单中选择【数据分析(D)】→在【数据分析】对话框中选择【t-检验:双样本异方差假设】→点击【确定】按钮;

第 3 步:在出现的对话框中,如图实验 9-15 所示,在【变量 1 的区域】中输入第一个样本的数据区域,在【变量 2 的区域】输入第二个样本的数据区域,在【假设平均差】中输入两个总体均值之差的假定值(本例为 0),在【α】中输入显著性水平(本例为 0.05),在【输出选项】中选择计算结果的输出位置→点击【确定】按钮,输出结果如图实验 9-14 所示.

由图可知,本问题的 P 值=【$P(T\leqslant t)$双尾】=0.413143>0.05,接受原假设,认为甲、乙两台车床加工的零件直径一致.

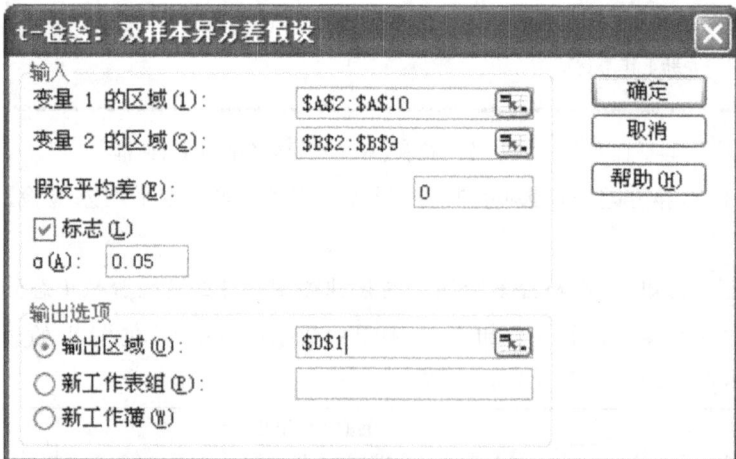

图实验 9-15　例实验 9-5【t-检验:双样本异方差假设】对话框

练习题

1. 已知玉米亩产量服从正态分布,现对甲、乙两种玉米进行品种试验,得到如下数据(单位:kg/亩).

甲	951	966	1008	1082	983
乙	730	864	742	774	990

已知两个品种的玉米产量方差相同,在显著性水平 $\alpha = 0.05$ 下,检验两个品种的玉米产量是否有明显差异.

2. 设机床加工的轴直径服从正态分布,现从甲、乙两台机床加工的轴中分别抽取若干个测其直径,结果如下.

甲	20.5	19.8	19.7	20.4	20.1	20.0	19.0	19.9
乙	20.7	19.8	19.5	20.8	20.4	19.6	20.2	

在显著性水平 $\alpha = 0.05$ 下,检验两台机床加工的轴直径的精度是否有明显差异.

3. 为了研究真丝绸与仿真丝绸在性能上的差异,从两类丝绸中各抽取 8 个样品进行拉伸实验,测得每单位面积上的拉伸能量数据如下.

真丝绸	4.165	11.675	7.650	4.920	10.550	5.305	7.510	5.665
仿真丝绸	9.750	6.125	6.800	4.475	5.950	7.025	6.425	8.700

设拉伸能量服从正态分布,在显著性水平 $\alpha = 0.05$ 下,检验真丝绸与仿真丝绸在平均拉伸能量上是否有明显差异.

实验十 非参数检验

一、实验目的

1. 理解统计函数【CHITEST】的意义;

2. 掌握二维列联表独立性的检验方法,并能对统计结果进行正确的分析;

3. 掌握分布拟合检验方法,并能对统计结果进行正确的分析.

二、二维列联表独立性检验

1. 理论基础

若总体中的个体可按两个属性 A 与 B 分类. A 有 r 个类 $A_1, A_2, \cdots, A_r$; B 有 s 个类 $B_1, B_2, \cdots, B_s$. 从总体中抽取大小为 n 的样本,其中有 n_{ij} 个个体既属于类 A_i 又属于类 B_j,如表实验 10-1 所示.

表实验 10-1 r×s 列联表

属性	B_1	$\cdots$	B_j	$\cdots$	B_s	行和
A_1	n_{11}	$\cdots$	n_{1j}	$\cdots$	n_{1s}	$n_1.$
$\vdots$	$\vdots$		$\vdots$		$\vdots$	$\vdots$
A_i	n_{i1}	$\cdots$	n_{ij}	$\cdots$	n_{is}	$n_i.$
$\vdots$	$\vdots$		$\vdots$		$\vdots$	$\vdots$
A_r	n_{r1}	$\cdots$	n_{rj}	$\cdots$	n_{rs}	$n_r.$
列和	$n._1$	$\cdots$	$n._j$	$\cdots$	$n._s$	n

若以 $p_i.$ 表示总体中的个体仅属于 A_i 的概率, $p._j$ 表示总体中的个体仅属于 B_j 的概率, p_{ij} 表示总体中的个体同时属于 A_i 与 B_j 的概率,则可得一个如表实验 10-2 所示的二维离散分布表.

表实验 10-2 二维离散分布表

属性	B_1	$\cdots$	B_j	$\cdots$	B_s	行和
A_1	p_{11}	$\cdots$	p_{1j}	$\cdots$	p_{1s}	$p_1.$
$\vdots$	$\vdots$		$\vdots$		$\vdots$	$\vdots$
A_i	p_{i1}	$\cdots$	p_{ij}	$\cdots$	p_{is}	$p_i.$
$\vdots$	$\vdots$		$\vdots$		$\vdots$	$\vdots$
A_r	p_{r1}	$\cdots$	p_{rj}	$\cdots$	p_{rs}	$p_r.$
列和	$p._1$	$\cdots$	$p._j$	$\cdots$	$p._s$	1

列联表分析的基本问题是:判别 A,B 两属性是否独立. 即检验假设:

$$H_0: p_{ij} = p_i. \cdot p._j \quad (i=1,2,\cdots,r; j=1,2,\cdots,s).$$

设在 H_0 成立时,p_{ij} 的最大似然估计为 $\hat{p}_{ij} = \hat{p}_i. \cdot \hat{p}._j = \frac{n_i.}{n} \cdot \frac{n._j}{n}$,记

$$\chi^2 = \sum_{i=1}^{r} \sum_{j=1}^{s} \frac{(n_{ij} - n\hat{p}_{ij})^2}{n\hat{p}_{ij}},$$

又设随机变量 $X \sim \chi^2((r-1)(s-1))$,则检验问题的 P 值 $= P\{X > \chi^2\}$.

对于给定的显著性水平 α,

- 若 P 值 $< \alpha$,则拒绝原假设 H_0;
- 若 P 值 $\geq \alpha$,则接受原假设 H_0.

2. 统计函数 CHITEST 与实验方法

打开【Excel】→点击【插入(I)】→选择【函数(F)】→在【选择类别(C)】中选择【统计】→在【选择函数(N)】中选择【CHITEST】→点击【确定】按钮,出现如图实验 10-1 的对话框.

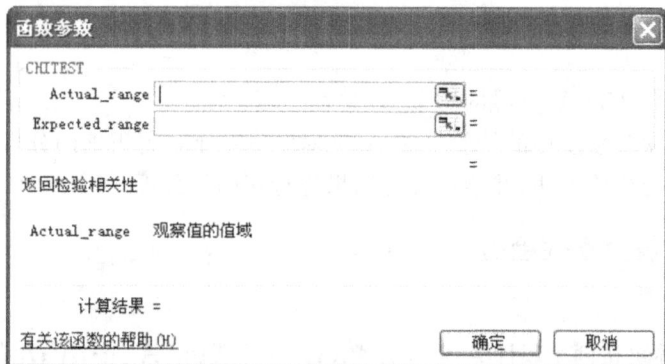

图实验 10-1 【CHITEST】函数对话框

关于【CHITEST】函数对话框:

◆ Actual_range:观察的实际频率数据区域;

◆ Expected_range:理论频率数据区域;

◆ 设随机变量 $X \sim \chi^2((r-1)(s-1))$,则返回值为 $P(X > \chi^2)$,其中

$$\chi^2 = \sum_{i=1}^{r} \sum_{j=1}^{s} \frac{(A_{ij} - E_{ij})^2}{E_{ij}}.$$

- $A_{ij} =$ 第 i 行、第 j 列的实际频率;
- $E_{ij} =$ 第 i 行、第 j 列的理论频率;

- r＝行数;
- s＝列数.

例实验 10-1 为了研究儿童智力发展与营养的关系,某研究机构调查了 1436 名儿童,得到的数据如下表,在 0.05 的显著性水平下,判断智力发展与营养有无关系.

表实验 10-3 儿童智力发展与营养的调查数据

	儿童智力与营养的调查数据				儿童智力与营养的理论数据			
	智商				智商			
	<80	80~89	90~99	≥100	<80	80~89	90~99	≥100
营养良好	367	342	266	329	384.1677	346.8724	259.7631	313.3588
营养不良	56	40	20	16	38.8779	35.1036	26.2881	31.712

解 需检验的问题为

$$H_0: p_{ij} = p_{i.} \cdot p_{.j} \quad (i=1,2; j=1,2,3,4).$$

第 1 步:打开 Excel 表→将原始数据输入 Excel 表中,如图实验 10-2 所示;

第 2 步:进入 Excel 表→点击【插入(I)】→【f_x 函数(F)】→在【选择类(C)】中选择【统计】→在【选择函数(N)】中选择【CHITEST】→点击【确定】按钮;

第 3 步:在出现的对话框中,如图实验 10-3 所示,在【Actual_range】框中输入智商的实际频率数据区域,在【Expected_range】框中输入智商的理论频率数据区域→点击【确定】按钮.

由图实验 10-3 知 P 值＝0.000239＜0.05,拒绝原假设,认为智力发展与营养有关系.

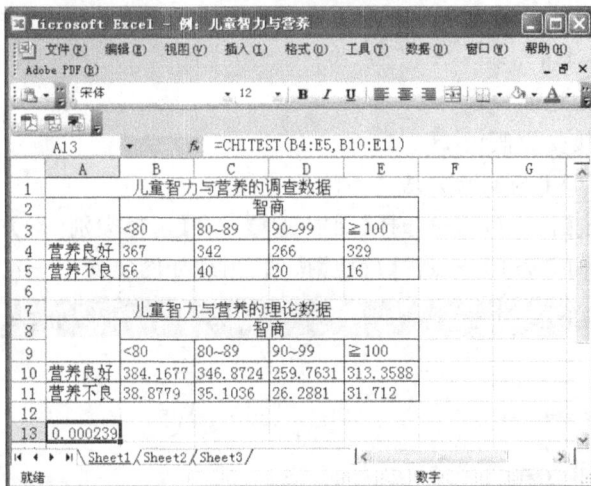

图实验 10-2 例实验 10-1 统计分析

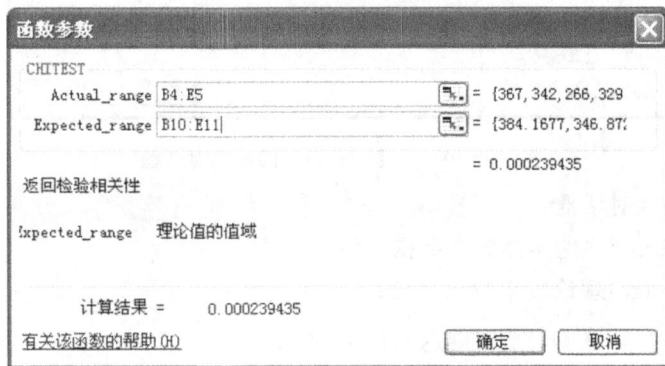

图实验 10-3 例实验 10-1【CHITEST】函数对话

三、分布拟合检验

1. 理论基础

若总体 X 可以分成 k 类 $A_1, A_2, \cdots, A_k$，现对总体进行了 n 次观测，k 个类出现的频率分别是 $n_1, n_2, \cdots, n_k$，且 $n = n_1 + n_2 + \cdots + n_k$，要检验的问题是：

$$H_0 : P(A_i) = p_i \quad (i = 1, 2, \cdots, k).$$

类别	A_1	$\cdots$	A_i	$\cdots$	A_k
频率	n_1	$\cdots$	n_i	$\cdots$	n_k
概率	p_1	$\cdots$	p_i	$\cdots$	p_k

记 $\chi^2 = \sum\limits_{i=1}^{k} \dfrac{(n_i - np_i)^2}{np_i}$，

• 若 p_i 已知，记 $\chi^2 = \sum\limits_{i=1}^{k} \dfrac{(n_i - np_i)^2}{np_i}$，设随机变量 $X \sim \chi^2(k-1)$，则检验问题的 P 值 $= P\{X > \chi^2\}$.

• 若 p_i 可由 r $(r < k)$ 个未知参数 $\theta_1, \theta_2, \cdots, \theta_r$ 确定，$p_i = p_i(\theta_1, \theta_2, \cdots, \theta_r)$ $(i = 1, 2, \cdots, k)$，$\theta_1, \theta_2, \cdots, \theta_r$ 的最大似然估计为 $\hat{\theta}_1, \hat{\theta}_2, \cdots, \hat{\theta}_r$，记 $\chi^2 = \sum\limits_{i=1}^{k} \dfrac{(n_i - n\hat{p}_i)^2}{n\hat{p}_i}$，设随机变量 $X \sim \chi^2(k-r-1)$，则检验问题的 P 值 $= P\{X > \chi^2\}$.

对于给定的显著性水平 α，

• 若 P 值 $< \alpha$，则拒绝原假设 H_0；

• 若 P 值 $\geq \alpha$，则接受原假设 H_0.

2. 统计函数 CHITEST 与实验方法

打开【Excel】→点击【插入(I)】→选择【函数(F)】→在【选择类别(C)】中选择【统计】→在【选择函数(N)】中选择【CHITEST】→点击【确定】按钮，出现如图实验 10 - 4 的对话框.

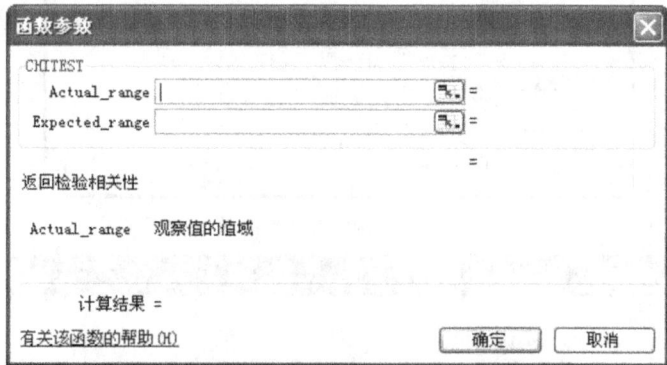

图实验 10 - 4 【CHITEST】函数对话框

关于【CHITEST】函数对话框：

◆ Actual_range：观察的实际频率数据区域；

◆ Expected_range：理论频率数据区域；

◆ 设随机变量 $X \sim \chi^2(r-1)$，则返回值为 $P\{X > \chi^2\}$，其中

$$\chi^2 = \sum\limits_{i=1}^{r} \dfrac{(n_i - np_i)^2}{np_i}.$$

- $n_i=$第 i 项的实际频率；
- $np_i=$第 i 项的理论频率；
- $r=$项数.

例实验 10-2 为募集社会福利基金,某地方政府发行福利彩票,中彩者用摇大转盘的方法确定最后的中奖金额.大转盘均分为 20 份,其金额与份数如下表,现有 20 人参加摇奖,摇奖情况如表所示.由于无人摇到 100 万,于是有人怀疑大转盘不是均匀的,在 0.05 的显著性水平下,验证该怀疑是否成立.

表实验 10-4 大转盘份数与摇得人数

金额	5 万	10 万	20 万	30 万	50 万	100 万
大转盘份数	2	4	6	4	2	2
摇得人数	2	6	6	3	3	0

解 设摇得的奖金额为 X,则需检验的问题为

H_0:	X	5	10	20	30	50	100
	P	0.1	0.2	0.3	0.2	0.1	0.1

第 1 步:打开 Excel 表→将原始数据输入 Excel 表中,如图实验 10-5 所示;

第 2 步:进入 Excel 表→点击【插入(I)】→【f_x 函数(F)】→在【选择类(C)】中选择【统计】→在【选择函数(N)】中选择【CHITEST】→点击【确定】按钮;

第 3 步:在出现的对话框中,在【Actual_range】框中输入摇得人数数据区域,在【Expected_range】框中输入大转盘份数数据区域→点击【确定】按钮.

由图实验 10-6 知 P 值 $=0.58594112>0.05$,接受原假设,认为大转盘是均匀的.

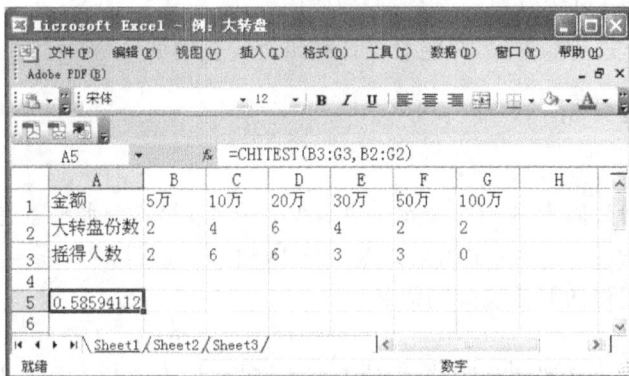

图实验 10-5 例实验 10-2 统计分析

图实验 10-6 例实验 10-2【CHITEST】函数对话及计算结果

练习题

1. 对 1000 名高中生做性别与色盲的调查,获得如下二维列联表:

性别	视觉	
	正常	色盲
男	535	65
女	382	18

试在显著性水平 $\alpha = 0.05$ 下,考察性别与色盲是否相互独立?

2. 有人对 $\pi = 3.1415926\cdots$ 的小数点后 800 位数字中数字 $0,1,2,\cdots,9$ 出现的次数进行统计,结果如下:

数字	0	1	2	3	4	5	6	7	8	9
次数	74	92	83	79	80	73	77	75	76	91

试问在显著性水平 $\alpha = 0.05$ 下,能否认为每个数字出现的概率相同?

实验十一　方差分析

一、实验目的

1. 掌握【方差分析:单因素方差分析】的使用方法;
2. 掌握【方差分析:无重复双因素分析】的使用方法;
3. 掌握【方差分析:可重复双因素分析】的使用方法;
4. 掌握方差分析的基本方法,并能对统计结果进行正确的分析.

二、单因素方差分析

1. 理论基础

在单因素试验中,设因素 A 有 r 个水平 $A_1, A_2, \cdots, A_r$,第 i 个水平下考察的指标可以看成一个正态总体 $Y_i \sim N(\mu_i, \sigma_i^2)$,在单因素方差分析中,进一步假设 $\sigma_1^2 = \sigma_2^2 = \cdots = \sigma_r^2 = \sigma^2$,各个总体是相互独立的,要做的假设检验问题是:

$$H_0: \mu_1 = \mu_2 = \cdots = \mu_r, \qquad H_1: \mu_1, \mu_2, \cdots, \mu_r \text{ 不全相等}.$$

为此,需要从每个水平下的总体 Y_i 中抽取样本,得到如表实验 $11 - 1$ 中的样本数据.

表实验 11 - 1　单因素方差分析表试验数据

因素水平	A_1	A_2	$\cdots$	A_r
试验数据	y_{11}	y_{21}		y_{r1}
	y_{12}	y_{22}	$\cdots$	y_{r2}
	$\cdots$	$\cdots$		$\cdots$
	y_{1n_1}	y_{2n_2}		y_{rn_r}

引进以下记号:

- 总的试验次数: $n = n_1 + n_2 + \cdots + n_r$;

- 因素 A 的第 i 个水平下样本均值: $\overline{y}_{i\cdot} = \dfrac{1}{n_i} \sum\limits_{j=1}^{n_i} y_{ij}$;

- 总的样本平均值: $\overline{y} = \dfrac{1}{n} \sum\limits_{i=1}^{r} \sum\limits_{j=1}^{n_i} y_{ij}$;

- 总偏差平方和：$S_T = \sum_{i=1}^{r} \sum_{j=1}^{n_i} (y_{ij} - \overline{y})^2$；

- 组间偏差平方和：$S_A = \sum_{i=1}^{r} n_i (\overline{y}_{i.} - \overline{y})^2$；

- 误差平方和：$S_E = \sum_{i=1}^{r} \sum_{j=1}^{n_i} (y_{ij} - \overline{y}_{i.})^2 = S_T - S_A$.

则可得到如表实验 11-2 所示的单因素方差分析表.

表实验 11-2　单因素方差分析表

方差来源（差异源）	平方和（SS）	自由度（df）	均方和（MS）	F 值
因素（组间）	S_A	$f_A = r-1$	$MSA = \dfrac{S_A}{f_A}$	$F = \dfrac{MSA}{MSE}$
误差（组内）	S_E	$f_E = n-r$	$MSE = \dfrac{S_E}{f_E}$	
总和（总计）	S_T	$f_T = n-1$		

若设 $Y \sim F(f_A, f_E)$，则检验的 P 值为 $p = P(Y \geqslant F)$，对于给定的显著性水平 α，可作如下判断：

- 如果 $p < \alpha$，则认为因子 A 显著；
- 如果 $p \geqslant \alpha$，则认为因子 A 不显著.

2. 方差分析：单因素方差分析

打开【Excel】→点击【工具（T）】→选择【数据分析（D）】→选择【方差分析：单因素方差分析】→点击【确定】按钮，即可进入【方差分析：单因素方差分析】对话框，如图实验 11-1 所示.

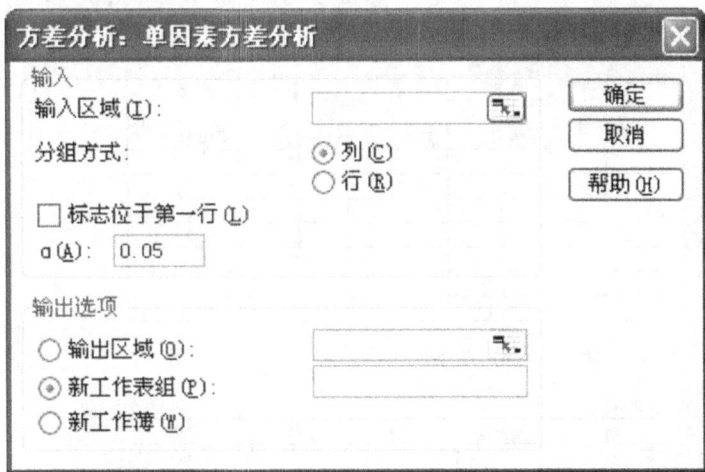

图实验 11-1　【方差分析：单因素方差分析】对话框

关于【方差分析：单因素方差分析】对话框：

◆ 输入区域：在此输入待分析数据区域的单元格引用. 该引用必须由两个或两个以上按列或行排列的相邻数据区域组成.

◆ 分组方式：若要指示输入区域中的数据是按行还是按列排列，请单击"行"或"列".

◆ 标志位于第一行/标志位于第一列：如果输入区域的第一行中包含标志项，请选中"标志位于第一行"复选框. 如果输入区域的第一列中包含标志项，请选中"标志位于第一列"复选框. 如果输入区域没有标志项，该复选框将被清除，Microsoft Excel 将在输出表中生成适宜的数据标志.

◆ α:在此输入检验的显著性水平 $0<\alpha<1$.

◆ 输出选项与前相同,不再介绍.

例实验 11-1 为了对几个行业的服务质量进行评价,消费者协会分别抽取了四个行业不同企业作为样本,统计出最近一年消费者对企业投诉的次数,如表实验 11-3 所示,试分析这几个服务行业的服务质量是否有显著差异.($\alpha=0.05$)

表实验 11-3　消费者对四个行业的投诉次数

观测值	行业			
	零售业	旅游业	航空公司	家电制造业
1	57	68	31	44
2	66	39	49	51
3	49	29	21	65
4	40	45	34	77
5	34	56	40	58
6	53	51		
7	44			

解　在 Excel 表中进行方差分析的步骤如下:

第 1 步:进入 Excel 表→将原始数据输入 Excel 表中,如图实验 11-2 所示;

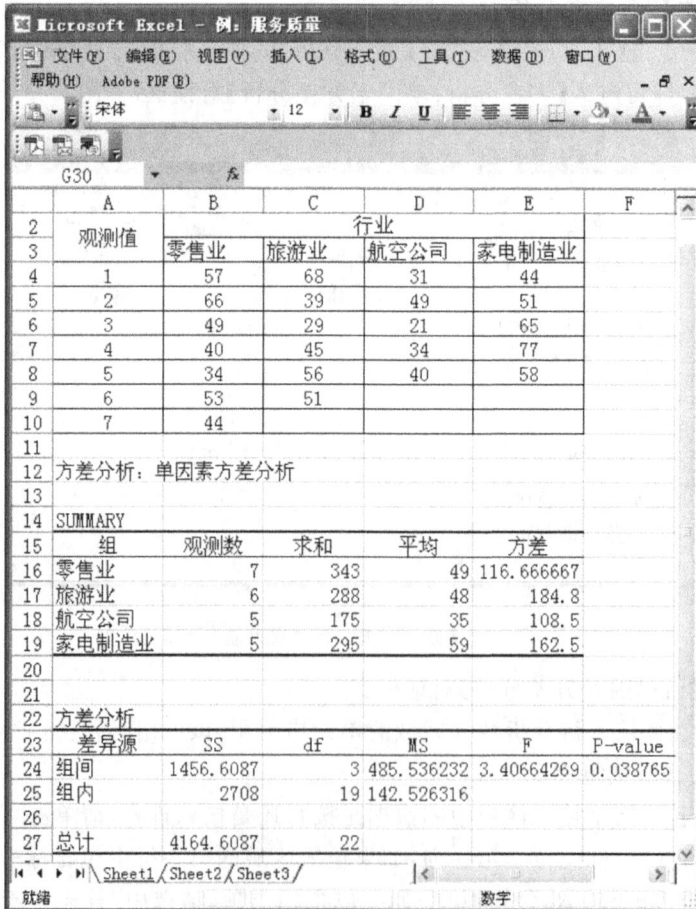

图实验 11-2　例实验 11-1 方差分析结果

第 2 步:选择【工具(T)】,在下拉菜单中选择【数据分析(D)】→在【数据分析】对话框中选择【方差分析:单因素方差分析】→点击【确定】按钮;

第 3 步:在出现的对话框中,如图实验 11 - 3 输入相关内容→点击【确定】按钮.

得到如图实验 11 - 2 的方差分析结果.由图实验 11 - 2 可知 P 值＝0.038765＜0.05,所以认为这几个服务行业的服务质量有显著差异.

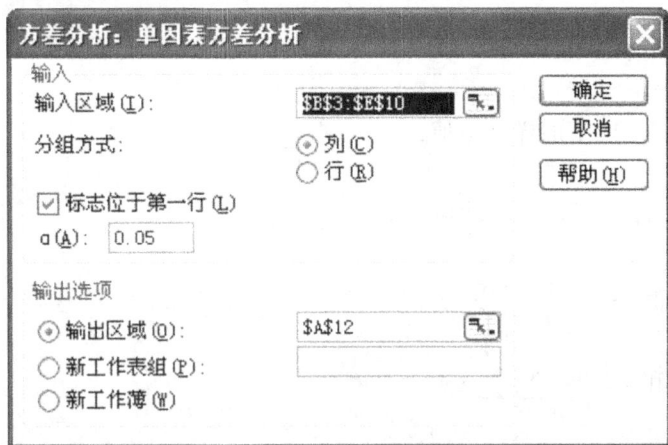

图实验 11 - 3   例实验 11 - 1【方差分析:单因素方差分析】对话框

三、无重复双因素方差分析

1. 理论基础

在无重复双因素试验中,设因素 A 有 r 个水平 $A_1, A_2, \cdots, A_r$,因素 B 有 s 个水平 B_1, $B_2, \cdots, B_s$,因素 A 的第 i 个水平与因素 B 的第 j 个水平组合下考察的指标可以看成一个正态总体 $Y_{ij} \sim N(\mu_{ij}, \sigma^2)$,假设各个总体是相互独立的,引进记号:

- 总均值:$\mu = \dfrac{1}{rs} \sum\limits_{i=1}^{r} \sum\limits_{j=1}^{s} \mu_{ij}$;

- 因素 A 在水平 A_i 下的均值:$\mu_{i \cdot} = \dfrac{1}{s} \sum\limits_{j=1}^{s} \mu_{ij}$;

- 因素 A 在水平 A_i 下的效应:$\alpha_i = \mu_{i \cdot} - \mu$;

- 因素 B 在水平 B_j 下的均值:$\mu_{\cdot j} = \dfrac{1}{r} \sum\limits_{i=1}^{r} \mu_{ij}$;

- 因素 B 在水平 B_j 下的效应 $\beta_j = \mu_{\cdot j} - \mu$.

则有 $\mu_{ij} = \mu + \alpha_i + \beta_j$. 如果因素 A 的影响不显著,则因素 A 的各个水平下的效应都应等于零,因此要做的假设检验问题是:

$$H_{01} : \alpha_1 = \alpha_2 = \cdots = \alpha_r = 0, \quad H_{11} : \alpha_1, \alpha_2, \cdots, \alpha_r \text{ 不全等于零.}$$

同样,如果因素 B 的影响不显著,则因素 B 的各个水平下的效应都应等于零,因此要做的假设检验问题是:

$$H_{02} : \beta_1 = \beta_2 = \cdots = \beta_s = 0, \quad H_{12} : \beta_1, \beta_2, \cdots, \beta_s \text{ 不全等于零.}$$

为此,需要在因素 A 与因素 B 的各个水平搭配下进行一次试验,得到如表实验 11 - 4 中的样本数据.

表实验 11-4 无重复双因素方差分析试验数据

因素水平	A_1	A_2	⋯	A_r
B_1	y_{11}	y_{21}	⋯	y_{r1}
B_2	y_{12}	y_{22}	⋯	y_{r2}
⋯	⋯	⋯	⋯	⋯
B_s	y_{1s}	y_{2s}	⋯	y_{rs}

引进记号：

- 因素 A 在水平 A_i 下的样本均值：$\bar{y}_{i.} = \dfrac{1}{s}\sum\limits_{j=1}^{s} y_{ij}$；

- 因素 B 在水平 B_j 下的样本均值：$\bar{y}_{.j} = \dfrac{1}{r}\sum\limits_{i=1}^{r} y_{ij}$；

- 总的样本均值：$\bar{y} = \dfrac{1}{n}\sum\limits_{i=1}^{r}\sum\limits_{j=1}^{n_i} y_{ij}$；

- 总偏差平方和：$S_T = \sum\limits_{i=1}^{r}\sum\limits_{j=1}^{s}(y_{ij} - \bar{y})^2$；

- 因素 A 的偏差平方和：$S_A = s\sum\limits_{i=1}^{r}(\bar{y}_{i.} - \bar{y})^2$；

- 因素 B 的偏差平方和：$S_B = r\sum\limits_{j=1}^{s}(\bar{y}_{.j} - \bar{y})^2$；

- 误差平方和：$S_E = \sum\limits_{i=1}^{r}\sum\limits_{j=1}^{s}(y_{ij} - \bar{y}_{i.} - \bar{y}_{.j} + \bar{y})^2 = S_T - S_A - S_B$.

则可得到如表实验 11-5 的无重复双因素方差分析表.

表实验 11-5 无重复双因素方差分析表

方差来源(差异源)	平方和(SS)	自由度(df)	均方和(MS)	F 值
因素 A	S_A	$f_A = r-1$	$MSA = \dfrac{S_A}{f_A}$	$F_A = \dfrac{MSA}{MSE}$
因素 B	S_B	$f_A = s-1$	$MSB = \dfrac{S_B}{f_B}$	$F_B = \dfrac{MSB}{MSE}$
误差	S_E	$f_E = (r-1)(s-1)$	$MSE = \dfrac{S_E}{f_E}$	
总和	S_T	$f_T = rs-1$		

若设 $Y_A \sim F(f_A, f_E)$，则对因素 A 的检验的 P 值为 $p_A = P(Y_A \geqslant F_A)$；若设 $Y_B \sim F(f_B, f_E)$，则对因素 B 的检验的 P 值为 $p_B = P(Y_B \geqslant F_B)$. 对于给定的显著性水平 α，可作如下判断：

- 如果 $p_A < \alpha$，则认为因子 A 显著；
- 如果 $p_A \geqslant \alpha$，则认为因子 A 不显著；
- 如果 $p_B < \alpha$，则认为因子 B 显著；
- 如果 $p_B \geqslant \alpha$，则认为因子 B 不显著.

2. 方差分析:无重复双因素分析

打开【Excel】→点击【工具(T)】→选择【数据分析(D)】→选择【方差分析:无重复双因素分析】→点击【确定】按钮,即可进入【方差分析:无重复双因素分析】对话框,如图实验 11-4 所示.

【方差分析:无重复双因素分析】对话框与【方差分析:单因素方差分析】对话框的相关内容相似,不再重复介绍.

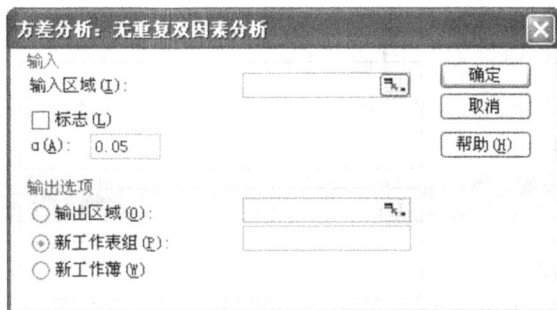

图实验 11-4　【方差分析:无重复双因素分析】对话框

例实验 11-2　有四个品牌的彩色电视机在五个地区销售量数据如表实验 11-6 所示,试分析品牌和销售地区对彩色电视机的销售量是否有显著影响.($\alpha=0.05$)

表实验 11-6　不同品牌彩色电视机在各地区销售数据

		地区因素				
		地区 1	地区 2	地区 3	地区 4	地区 5
品牌因素	品牌 1	365	350	343	340	323
	品牌 2	345	368	363	330	333
	品牌 3	358	323	353	343	308
	品牌 4	288	280	298	260	298

解　在 Excel 表中进行方差分析的步骤如下:

第 1 步:进入 Excel 表→将原始数据输入 Excel 表中,如图实验 11-5 所示;

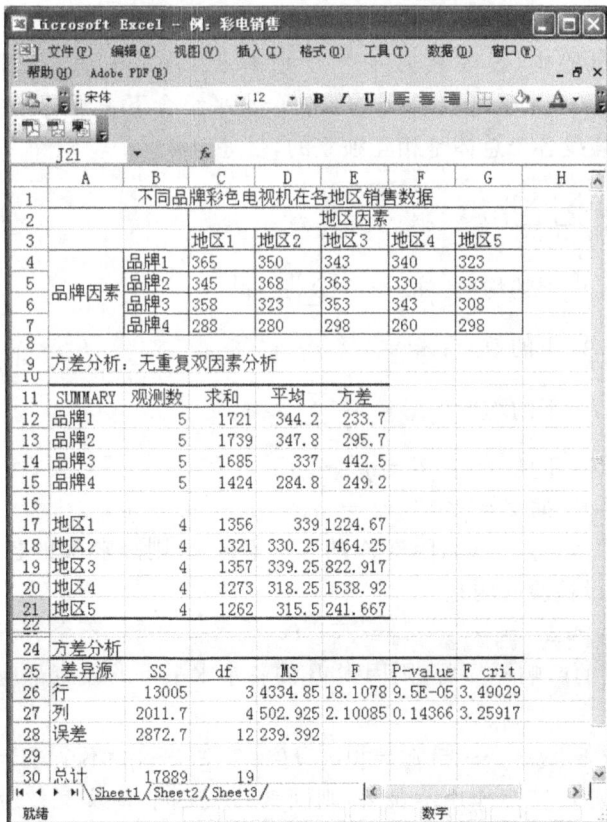

图实验 11-5　例实验 11-2 方差分析结果

343

第 2 步：选择【工具(T)】，在下拉菜单中选择【数据分析(D)】→在【数据分析】对话框中选择【方差分析：无重复双因素分析】→点击【确定】按钮；

第 3 步：在出现的对话框中，如图实验 11-6 输入相关内容→点击【确定】按钮，得到如图实验 11-5 的方差分析结果.

图实验 11-6　例实验 11-2【方差分析：无重复双因素分析】对话

由图实验 11-5 可知品牌因素的 P 值 $=0.0000095<0.05$，地区因素的 P 值 $=0.14366>0.05$，所以认为不同的品牌彩色电视机的销售量有显著影响，但彩色电视机在不同地区的销售量无显著差异.

四、可重复双因素方差分析

1. 理论基础

在可重复双因素试验中，设因素 A 有 r 个水平 $A_1, A_2, \cdots, A_r$；因素 B 有 s 个水平 $B_1, B_2, \cdots, B_s$. 因素 A 的第 i 个水平与因素 B 的第 j 个水平组合下考察的指标可以看成一个正态总体 $Y_{ij} \sim N(\mu_{ij}, \sigma^2)$，假设各个总体是相互独立的，引进记号：

- 总均值：$\mu = \dfrac{1}{rs} \displaystyle\sum_{i=1}^{r} \sum_{j=1}^{s} \mu_{ij}$；

- 因素 A 在水平 A_i 下的均值：$\mu_{i\cdot} = \dfrac{1}{s} \displaystyle\sum_{j=1}^{s} \mu_{ij}$；

- 因素 A 在水平 A_i 下的效应：$\alpha_i = \mu_{i\cdot} - \mu$；

- 因素 B 在水平 B_j 下的均值：$\mu_{\cdot j} = \dfrac{1}{r} \displaystyle\sum_{i=1}^{r} \mu_{ij}$；

- 因素 B 在水平 B_j 下的效应：$\beta_j = \mu_{\cdot j} - \mu$；

- 水平 A_i 与水平 B_j 的交互效应：$\gamma_{ij} = \mu_{ij} - \mu_{i\cdot} - \mu_{\cdot j} + \mu$.

则有 $\mu_{ij} = \mu + \alpha_i + \beta_j + \gamma_{ij}$. 如果因素 A 的影响不显著，则因素 A 的各个水平下的效应都应等于零，因此要做的假设检验问题是：

$$H_{01}: \alpha_1 = \alpha_2 = \cdots = \alpha_r = 0, \quad H_{11}: \alpha_1, \alpha_2, \cdots, \alpha_r \text{ 不全等于零}.$$

同样，如果因素 B 的影响不显著，则因素 B 的各个水平下的效应都应等于零，因此要做的假设检验问题是：

$$H_{02}: \beta_1 = \beta_2 = \cdots = \beta_s = 0, \quad H_{12}: \beta_1, \beta_2, \cdots, \beta_s \text{ 不全等于零}.$$

如果因素 A 与因素 B 交互作用不显著，则因素 A 与因素 B 交互效应都应等于零，因此要做的假设检验问题是：

$$H_{03}: \gamma_{11} = \gamma_{12} = \cdots = \gamma_{rs} = 0, \quad H_{12}: \gamma_{11}, \gamma_{12}, \cdots, \gamma_{rs} \text{ 不全等于零}.$$

为此，需要在因素 A 与因素 B 的各个水平搭配下进行 t 次试验（$t \geq 2$），得到如表实验 11-7 中的样本数据.

表实验 11-7　可重复双因素方差分析试验数据

因素水平	A_1	A_2	$\cdots$	A_r
B_1	$y_{111}, y_{112}, \cdots, y_{11t}$	$y_{211}, y_{212}, \cdots, y_{21t}$	$\cdots$	$y_{r11}, y_{r12}, \cdots, y_{r1t}$
B_2	$y_{121}, y_{122}, \cdots, y_{12t}$	$y_{221}, y_{222}, \cdots, y_{22t}$	$\cdots$	$y_{r21}, y_{r22}, \cdots, y_{r2t}$
$\cdots$	$\cdots$	$\cdots$	$\cdots$	$\cdots$
B_s	$y_{1s1}, y_{1s2}, \cdots, y_{1st}$	$y_{2s1}, y_{2s2}, \cdots, y_{2st}$	$\cdots$	$y_{rs1}, y_{rs2}, \cdots, y_{rst}$

引进记号：

- 水平 A_i 与水平 B_j 搭配下的样本均值：$\bar{y}_{ij.} = \dfrac{1}{t} \sum\limits_{k=1}^{t} y_{ijk}$；

- 因素 A 在水平 A_i 下的样本均值：$\bar{y}_{i..} = \dfrac{1}{st} \sum\limits_{j=1}^{s} \sum\limits_{k=1}^{t} y_{ijk}$；

- 因素 B 在水平 B_j 下的样本均值：$\bar{y}_{.j.} = \dfrac{1}{rt} \sum\limits_{i=1}^{r} \sum\limits_{k=1}^{t} y_{ijk}$；

- 总的样本均值：$\bar{y} = \dfrac{1}{rst} \sum\limits_{i=1}^{r} \sum\limits_{j=1}^{s} \sum\limits_{k=1}^{t} y_{ijk}$；

- 总偏差平方和：$S_T = \sum\limits_{i=1}^{r} \sum\limits_{j=1}^{s} \sum\limits_{k=1}^{t} (y_{ijk} - \bar{y})^2$；

- 因素 A 的偏差平方和：$S_A = st \sum\limits_{i=1}^{r} (\bar{y}_{i..} - \bar{y})^2$；

- 因素 B 的偏差平方和：$S_B = rt \sum\limits_{j=1}^{s} (\bar{y}_{.j.} - \bar{y})^{2}$；

- 因素 A 与因素 B 交互效应平方和：$S_{A \times B} = t \sum\limits_{i=1}^{r} \sum\limits_{j=1}^{s} (y_{ij.} - \bar{y}_{i..} - \bar{y}_{.j.} + \bar{y})^2$；

- 误差平方和：$S_E = \sum\limits_{i=1}^{r} \sum\limits_{j=1}^{s} \sum\limits_{k=1}^{t} (y_{ijk} - \bar{y}_{ij.})^2 = S_T - S_A - S_B - S_{A \times B}$.

则可得到如表实验 11-8 的可重复双因素方差分析表.

表实验 11-8　可重复双因素方差分析表

方差来源（差异源）	平方和（SS）	自由度（df）	均方和（MS）	F 值
因素 A	S_A	$f_A = r-1$	$MSA = \dfrac{S_A}{f_A}$	$F_A = \dfrac{MSA}{MSE}$
因素 B	S_B	$f_A = s-1$	$MSB = \dfrac{S_B}{f_B}$	$F_B = \dfrac{MSB}{MSE}$
交互作用	$S_{A \times B}$	$f_{A \times B} = (r-1)(s-1)$	$MSA \times B = \dfrac{S_{A \times B}}{f_B}$	$F_{A \times B} = \dfrac{MSA \times B}{MSE}$
误差	S_E	$f_E = rs(t-1)$	$MSE = \dfrac{S_E}{f_E}$	
总和	S_T	$f_T = rst-1$		

若设 $Y_A \sim F(f_A, f_E)$，则对因素 A 的检验的 P 值为 $p_A = P(Y_A \geq F_A)$；若设 $Y_B \sim F(f_B, f_E)$，则对因素 B 的检验的 P 值为 $p_B = P(Y_B \geq F_B)$；若设 $Y_{A \times B} \sim F(f_{A \times B}, f_E)$，则对因素 A 与因素 B 交互作用的检验的 P 值为 $p_{A \times B} = P(Y_{A \times B} \geq F_{A \times B})$. 对于给定的显著性水平 α，可作如下判断：

- 如果 $p_A < \alpha$，则认为因子 A 显著；
- 如果 $p_A \geq \alpha$，则认为因子 A 不显著；
- 如果 $p_B < \alpha$，则认为因子 B 显著；

- 如果 $p_B \geqslant \alpha$，则认为因子 B 不显著；
- 如果 $p_{A \times B} < \alpha$，则认为因素 A 与因素 B 的交互作用显著；
- 如果 $p_{A \times B} \geqslant \alpha$，则认为因素 A 与因素 B 的交互作用不显著.

2. 方差分析：可重复双因素分析

打开【Excel】→点击【工具(T)】→选择【数据分析(D)】→选择【方差分析：可重复双因素分析】→点击【确定】按钮，即可进入【方差分析：可重复双因素分析】对话框，如图实验 11-7 所示.

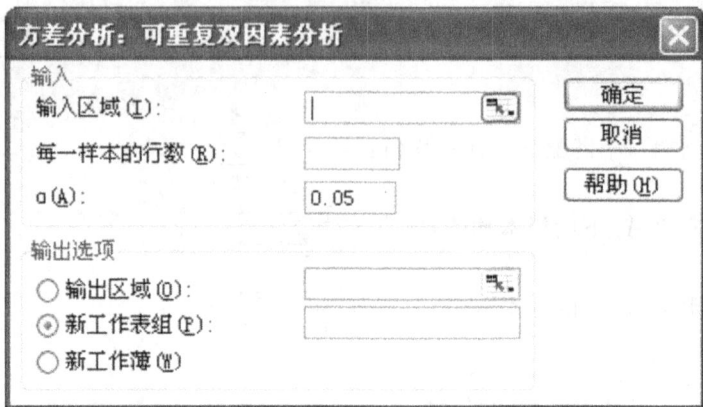

图实验 11-7 【方差分析：可重复双因素分析】对话框

关于【方差分析：可重复双因素分析】对话框：

◆ 每一样本的行数：在此输入包含在每个样本中的行数. 每个样本必须包含同样的行数，因为每一行代表数据的一个副本.

【方差分析：可重复双因素分析】对话框中其他内容与【方差分析：单因素方差分析】对话框与相关内容相似，不再重复介绍.

例实验 11-3 某市一名交通警察分别在两个路段和高峰期与非高峰期驾车试验，共获得 20 个行车时间数据，如图实验 11-8 所示. 试分析路段、时段以及路段与时段的交互作用对行车时间的影响.($\alpha = 0.05$)

图实验 11-8 例实验 11-3 数据

解 在 Excel 表中进行方差分析的步骤如下：

第 1 步：打开【例实验 11-3：行车时间】Excel 表→选择【工具(T)】→在下拉菜单中选择【数据分析(D)】→在【数据分析】对话框中选择【方差分析：可重复双因素分析】→点击【确定】按钮；

第 2 步：在出现的对话框中，如图实验 11-9 输入相关内容→点击【确定】按钮.

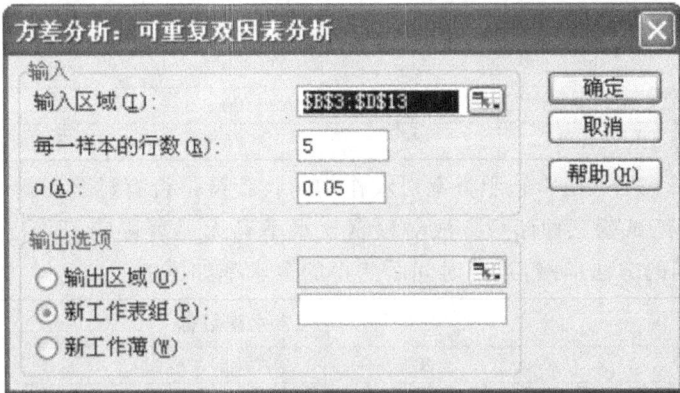

图实验 11-9 例实验 11-3【方差分析：可重复双因素分析】对话框

得到如图实验 11-10 的方差分析结果. 由图实验 11-10 可知路段因素的 P 值=0.000182 <0.05，时段因素的 P 值=0.0000057<0.05，交互作用的 P 值=0.911819>0.05，所以认为路段与时段因素对行车时间有显著影响，但无交互作用.

图实验 11-10 例实验 11-3 方差分析结果

练习题

1. 用 5 种不同的施肥方案分别得到某种农作物的收获量(单位:kg)如下.

施肥方案	1	2	3	4	5
收获量	67	98	60	79	90
	67	96	69	64	70
	55	91	50	81	79
	42	66	35	70	88

在显著性水平 $\alpha=0.05$ 下,检验施肥方案对农作物的收获量是否有显著影响.

2. 某粮食加工产试验三种储藏方法对粮食含水率有无显著影响,现取一批粮食分成若干份,分别用三种不同的方法储藏,过段时间后测得的含水率如下表.

储藏方法	含水率数据				
A_1	7.3	8.3	7.6	8.4	8.3
A_2	5.4	7.4	7.1	6.8	5.3
A_3	7.9	9.5	10	9.8	8.4

在显著性水平 $\alpha=0.05$ 下,检验储藏方法对含水率有无显著的影响.

3. 进行农业实验,选择四个不同品种的小麦共三块试验田,每块试验田分成四块面积相等的小块,各种植一个品种的小麦,收获(单位:kg)如下.

品种	试验田		
	B_1	B_2	B_3
A_1	26	25	24
A_2	30	23	25
A_3	22	21	20
A_4	20	21	19

在显著性水平 $\alpha=0.05$ 下,检验小麦品种及实验田对收获量是否有显著影响.

4. 考察合成纤维中对纤维弹性有影响的两个因素:收缩率及总的拉伸倍数.各取四个水平,重复试验两次,得到如下的试验结果.

收缩率	拉伸倍数			
	B_1	B_2	B_3	B_4
A_1	71	72	73	75
	73	73	75	77
A_1	73	74	77	74
	75	76	78	74
A_1	73	77	74	73
	76	79	75	74
A_1	73	72	70	69
	75	73	71	69

在显著性水平 $\alpha=0.05$ 下,检验收缩率、总的拉伸倍数以及它们的交互作用对纤维弹性是否有显著影响.

实验十二　回归分析

一、实验目的

1. 掌握统计工具【回归】的使用方法；
2. 掌握线性回归分析的方法，并能对统计结果进行正确的分析；
3. 学会非线性回归方程的构建方法，并能进行相关分析.

二、理论基础

为了探讨随机变量 Y 与普通变量 $x_1, x_2, \cdots, x_p$（$p \geqslant 1$）之间是否存在线性关系，一般先假设它们之间存在如下的关系：

$$Y = \beta_0 + \beta_1 x_1 + \cdots + \beta_p x_p + \varepsilon, \quad \varepsilon \sim N(0, \sigma^2),$$

其中 $\beta_0, \beta_1, \cdots, \beta_p, \sigma^2$ 都是未知参数.

为了估计未知参数 $\beta_0, \beta_1, \cdots, \beta_p, \sigma^2$，以及探索随机变量 Y 与普通变量 $x_1, x_2, \cdots, x_p$（$p \geqslant 1$）之间的线性关系是否显著，需要对给定的 $(x_1, x_2, \cdots, x_p)$ 的 n 组值，观测 Y 的取值情况，从而得到如下的样本观测值.

x_1 的观测值	x_2 的观测值	$\cdots$	x_p 的观测值	Y 的观测值
x_{11}	x_{12}	$\cdots$	x_{1p}	y_1
x_{21}	x_{22}	$\cdots$	x_{2p}	y_2
$\cdots$	$\cdots$	$\cdots$	$\cdots$	$\cdots$
x_{n1}	x_{n2}	$\cdots$	x_{np}	y_n

$$\text{记 } X = \begin{bmatrix} 1 & x_{11} & x_{12} & \cdots & x_{1p} \\ 1 & x_{21} & x_{22} & \cdots & x_{2p} \\ \vdots & \vdots & \vdots & \vdots & \vdots \\ 1 & x_{n1} & x_{n2} & \cdots & x_{np} \end{bmatrix}, \quad Y = \begin{bmatrix} y_1 \\ y_2 \\ \vdots \\ y_n \end{bmatrix}, \quad \beta = \begin{bmatrix} \beta_0 \\ \beta_1 \\ \vdots \\ \beta_p \end{bmatrix},$$

则可由最小二乘法（最大似然法）得到 $b_0, b_1, \cdots, b_p$ 的估计值

$$\hat{\beta} = \begin{bmatrix} \hat{\beta}_0 \\ \hat{\beta}_1 \\ \vdots \\ \hat{\beta}_p \end{bmatrix} = (X^T X)^{-1} X^T Y,$$

从而得到 Y 关于 $x_1, x_2, \cdots, x_p$ 的经验线性回归方程

$$\hat{y} = \hat{\beta}_0 + \hat{\beta}_1 x_1 + \cdots + \hat{\beta}_p x_p.$$

进而可得到 Y 的拟合值：$\hat{Y} = X\hat{\beta}$，第 i 个拟合值为 $\hat{y}_i = \hat{\beta}_0 + \hat{\beta}_1 x_{i1} + \cdots + \hat{\beta}_p x_{ip}$；残差 $\hat{e} = Y - \hat{Y}$，第 i 个残差为 $\hat{e}_i = y_i - \hat{y}_i = y_i - (\hat{\beta}_0 + \hat{\beta}_1 x_{i1} + \cdots + \hat{\beta}_p x_{ip})$.

- 总平方和：$SS_T = \sum\limits_{i=1}^{n} (y_i - \overline{y})^2$；

- 回归平方和：$SS_R = \sum\limits_{i=1}^{n} (\hat{y}_i - \overline{y})^2$；

- 残差平方和：$SS_E = \sum\limits_{i=1}^{n} (y_i - \hat{y}_i)^2$；

- 样本决定系数: $R^2 = \dfrac{SS_R}{SS_T} = 1 - \dfrac{SS_E}{SS_T}$;

- Y 关于 $x_1, x_2, \cdots, x_p$ 的复相关系数: $R = \sqrt{R^2}$.

得到 σ^2 的一个无偏估计 $\hat{\sigma}^2 = \dfrac{SS_E}{n - (p+1)}$, 看自变量 $x_1, x_2, \cdots, x_p$ 从整体上对随机变量 Y 是否有显著影响, 就是要检验假设:

$$H_0 : \beta_1 = \beta_2 = \cdots = \beta_p = 0, \quad H_1 : \beta_1, \beta_2, \cdots, \beta_p \text{ 不全为 } 0.$$

检验问题的方差分析表如表实验 $12-1$ 所示.

表实验 12 – 1　方差分析表

方差来源(差异源)	平方和(SS)	自由度(df)	均方和(MS)	F 值
回归	SS_R	$f_R = p - 1$	$MSSR = \dfrac{SS_R}{f_R}$	$F_R = \dfrac{MSSR}{MSSE}$
残差	SS_E	$f_E = n - p - 1$	$MSSE = \dfrac{SS_E}{f_E}$	
总和	SS_T	$f_T = n - 1$		

若设 $Y_R \sim F(f_R, f_E)$, 则对回归的检验的 P 值为 $p_R = P(Y_R \geqslant F_R)$. 对于给定的显著性水平 α, 可作如下判断:

- 如果 $p_R < \alpha$, 则认为随机变量 Y 对自变量 $x_1, x_2, \cdots, x_p$ 有显著的线性关系;
- 如果 $p_R \geqslant \alpha$, 则认为随机变量 Y 对自变量 $x_1, x_2, \cdots, x_p$ 的线性关系不显著.

如果某个自变量 x_j 对随机变量 Y 的作用不显著, 则在回归模型中, x_j 的系数就取值为零. 因此, 检验自变量 x_j 是否显著, 等价于检验假设:

$$H_{0j} : \beta_j = 0, \quad H_{1j} : \beta_j \neq 0.$$

设 $(X^T X)^{-1} = (c_{ij})$, $t_j = \dfrac{\hat{\beta}_j}{\sqrt{c_{jj}}\hat{\sigma}}$, 且设 $T \sim t(n - p - 1)$, 则检验问题的 P 值为 $p_j = P\{|T| \geqslant t_j\}$. 对于给定的显著性水平 α, 可作如下判断:

- 如果 $p_j < \alpha$, 则认为自变量 x_j 对随机变量 Y 的线性关系显著;
- 如果 $p_j \geqslant \alpha$, 则认为自变量 x_j 对随机变量 Y 的线性关系不显著.

三、【回归】与实验方法

打开【Excel】→点击【工具(T)】→选择【数据分析(D)】→选择【回归】→点击【确定】按钮, 即可进入【回归】对话框, 如图实验 $12-1$ 所示.

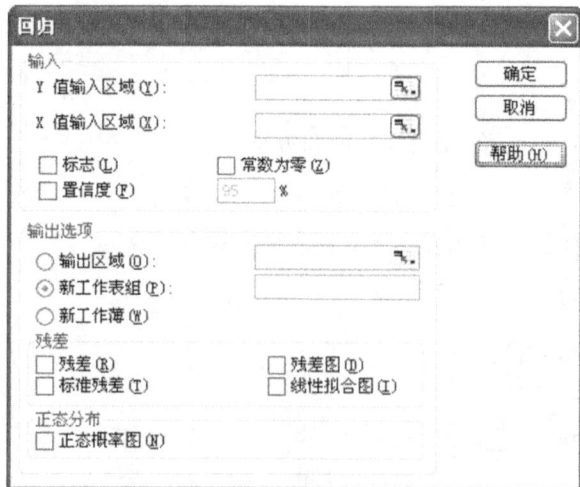

图实验 12 – 1　【回归】对话框

关于【回归】对话框：

◆ Y 值输入区域：在此输入对因变量数据区域的引用. 该区域必须由单列数据组成.

◆ X 值输入区域：在此输入对自变量数据区域的引用. Microsoft Excel 将对此区域中的自变量从左到右进行升序排列. 自变量的个数最多为 16.

◆ 标志：如果输入区域的第一行或第一列包含标志，请选中此复选框. 如果在输入区域中没有标志，请清除此复选框，Microsoft Excel 将在输出表中生成适宜的数据标志.

◆ 置信度：如果需要在汇总输出表中包含附加的置信度信息，请选中此复选框. 在右侧的框中，输入所要使用的置信度，默认值为 95%.

◆ 常数为零：如果要强制回归线经过原点，请选中此复选框.

◆ 残差：如果需要在残差输出表中包含残差，请选中此复选框.

◆ 标准残差：如果需要在残差输出表中包含标准残差，请选中此复选框.

◆ 残差图：如果需要为每个自变量及其残差生成一张图表，请选中此复选框.

◆ 线性拟合图：如果需要为预测值和观察值生成一张图表，请选中此复选框.

◆ 正态概率图：如果需要生成一张图表来绘制正态概率，请选中此复选框.

例实验 12－1 16 只公益股票某年的每股账面价值和当年红利如图实验 12－2 所示.

(1) 建立当年红利和每股账面价值的回归方程；

(2) 解释回归系数的经济意义；

(3) 若序号为 6 的公司的股票每股账面价值增加 1 元，估计当年红利可能为多少.

公司序号	帐面价值/元	红利/元
1	22.44	2.4
2	20.89	2.98
3	22.09	2.06
4	14.48	1.09
5	20.73	1.96
6	19.25	1.55
7	20.37	2.16
8	26.43	1.6
9	12.14	0.8
10	23.31	1.94
11	16.23	3
12	0.56	0.28
13	0.84	0.84
14	18.05	1.8
15	12.45	1.21
16	11.33	1.07

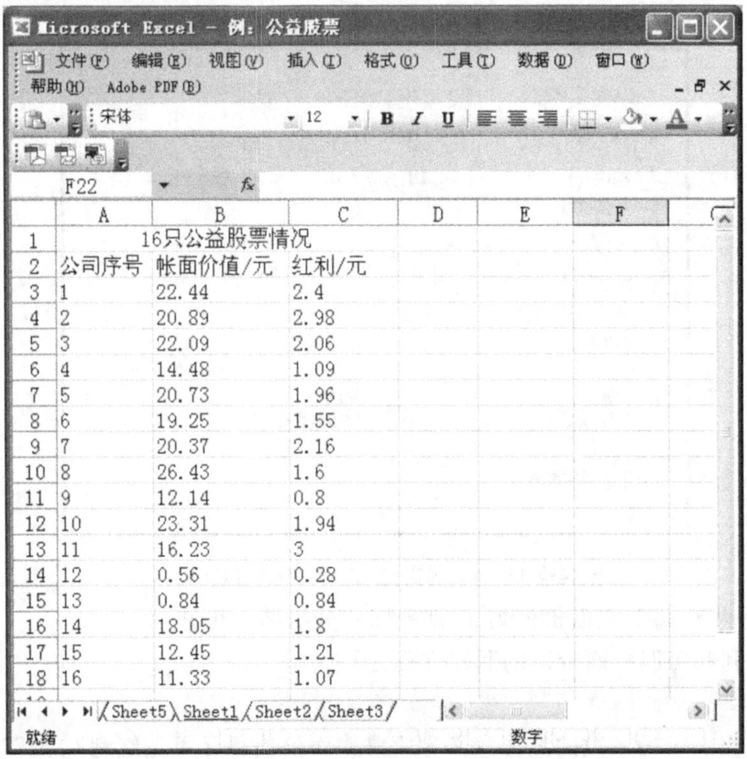

图实验 12－2　例实验 12－1 数据

解　在 Excel 表中进行方差分析的步骤如下.

第 1 步：打开【例：公益股票】Excel 表→选择【工具(T)】→在下拉菜单中选择【数据分析(D)】→在【数据分析】对话框中选择【回归】→点击【确定】按钮，如图实验 12－2 所示；

第 2 步:在出现的对话框中,如图实验 12-3 输入相关内容→点击【确定】按钮.

从得到的回归分析结果可知常数项 P 值=0.188962>0.05,所以可认为常数项为零.

第 3 步:重新分析,在【回归】对话框中输入如图实验 12-4 内容→点击【确定】按钮,得到如图实验 12-5 的回归分析结果.

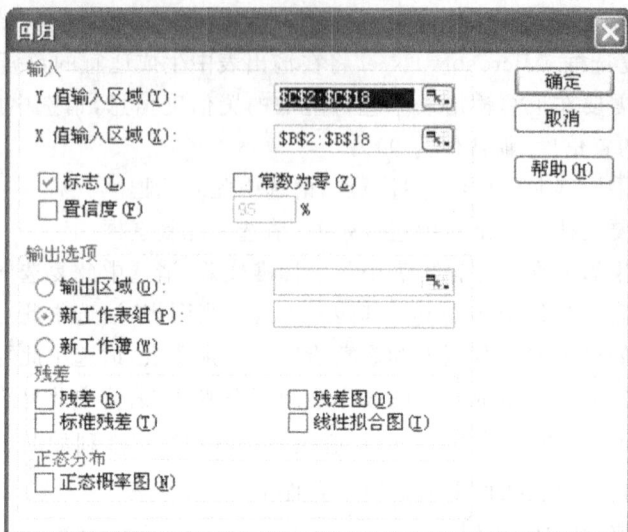

图实验 12-3 例实验 12-1【回归】对话框 1

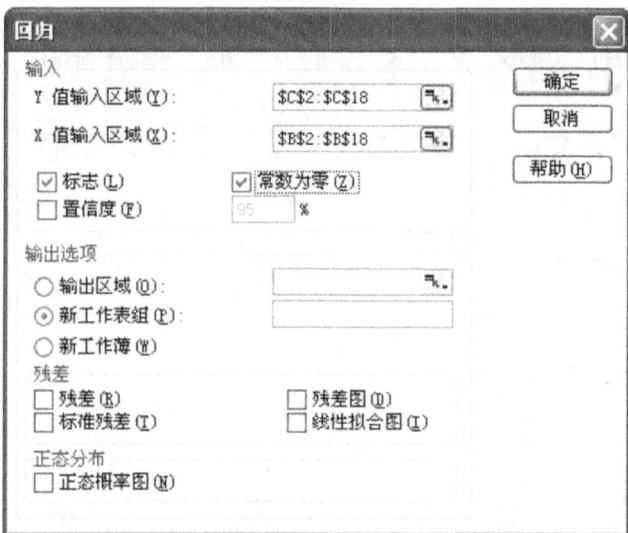

图实验 12-4 例实验 12-1【回归】对话框 2

设当年红利为 y,每股账面价值为 x,则由回归分析结果可知:

(1) 当年红利和每股账面价值的回归方程为:

$$y = 0.097409x \, ;$$

(2) 回归方程中 x 的系数的经济意义为股票账面价值每元可获红利 0.097409 元;

(3) 若序号为 6 的公司的股票每股账面价值增加 1 元,估计当年每股红利可能为:

$$y = 0.097409 \times 20.25 = 1.97253225 \, 元.$$

例实验 12-2 图实验 12-6 是 1992 年亚洲各国和地区平均寿命、按购买力平价计算的人均 GDP、成人识字率、一岁儿童疫苗接种率的数据.

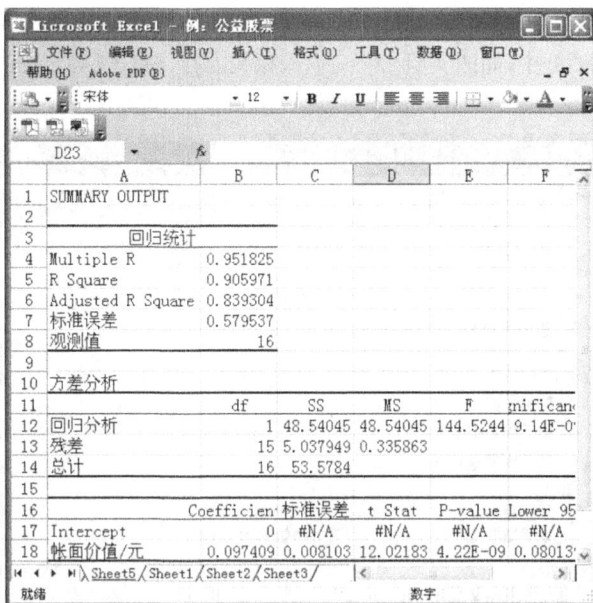

图实验 12-5　例实验 12-1 统计分析

（1）用多元回归的方法分析亚洲各国和地区平均寿命与按购买力平价计算的人均 GDP、成人识字率、一岁儿童疫苗接种率的关系；

（2）对所建立的回归方程进行检验.

图实验 12-6　例实验 12-2 数据

解　在 Excel 表中进行方差分析的步骤如下.

第 1 步：打开【例：亚洲人口现状】Excel 表→选择【工具（T）】→在下拉菜单中选择【数据分

析(D)】→在【数据分析】对话框中选择【回归】→点击【确定】按钮,如图实验 12-6 所示;

第 2 步:在出现的对话框中,如图实验 12-7 输入相关内容→点击【确定】按钮,得到如图实验 12-8 所示的回归分析结果.

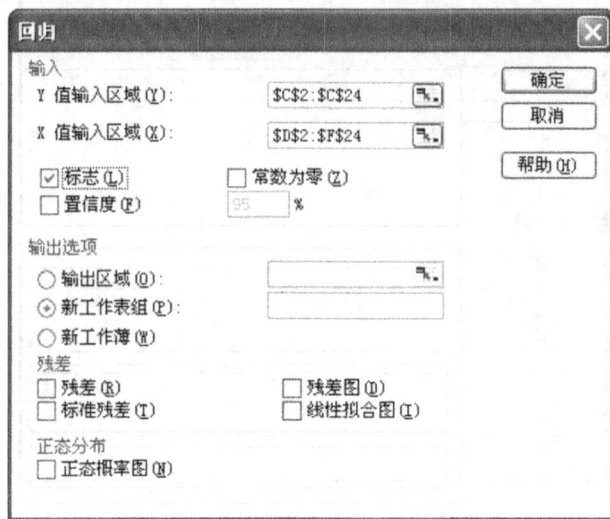

图实验 12-7 例实验 12-2【回归】对话框

设平均寿命为 y,人均 GDP 为 x_1,成人识字率为 x_2,一岁儿童疫苗接种率为 x_3,则由回归分析结果可知:

(1) 亚洲各国和地区平均寿命与按购买力平价计算的人均 GDP、成人识字率、一岁儿童疫苗接种率的回归方程为:

$$y = 32.9931 + 0.0716x_1 + 0.1687x_2 + 0.1790x_3;$$

(2) 由于各项检验的 P 值均小于 0.05,所以所得回归方程是显著的.

图实验 12-8 例实验 12-2 统计分析

例实验 12-3 图实验 12-9 是某市 1980—1996 年国内生产总值(GDP/亿元)与资金(固

定资产原值和定额流动资金平均余额/亿元)及从业人员(人数/万人)的统计资料,试运用柯柏-道格拉斯生产函数建立理论回归方程:

$$Y = AK^{\alpha}L^{\beta}.$$

式中:Y 是产出量(GDP);K 是资金投入量(取固定资产原值和定额流动资金平均余额之和);L 是从业人员人数.

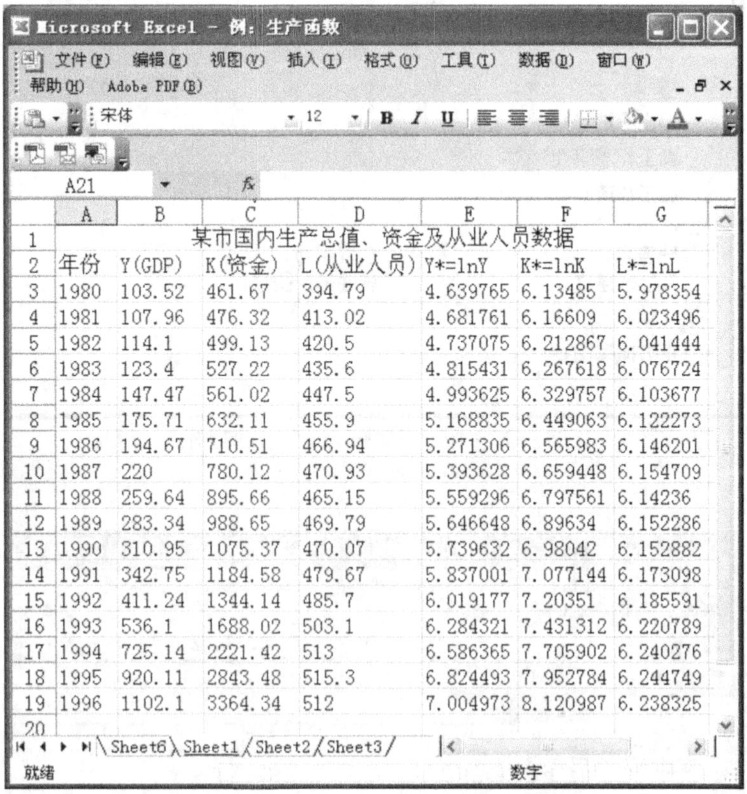

	A	B	C	D	E	F	G
1	某市国内生产总值、资金及从业人员数据						
2	年份	Y(GDP)	K(资金)	L(从业人员)	Y*=lnY	K*=lnK	L*=lnL
3	1980	103.52	461.67	394.79	4.639765	6.13485	5.978354
4	1981	107.96	476.32	413.02	4.681761	6.16609	6.023496
5	1982	114.1	499.13	420.5	4.737075	6.212867	6.041444
6	1983	123.4	527.22	435.6	4.815431	6.267618	6.076724
7	1984	147.47	561.02	447.5	4.993625	6.329757	6.103677
8	1985	175.71	632.11	455.9	5.168835	6.449063	6.122273
9	1986	194.67	710.51	466.94	5.271306	6.565983	6.146201
10	1987	220	780.12	470.93	5.393628	6.659448	6.154709
11	1988	259.64	895.66	465.15	5.559296	6.797561	6.14236
12	1989	283.34	988.65	469.79	5.646648	6.89634	6.152286
13	1990	310.95	1075.37	470.07	5.739632	6.98042	6.152882
14	1991	342.75	1184.58	479.67	5.837001	7.077144	6.173098
15	1992	411.24	1344.14	485.7	6.019177	7.20351	6.185591
16	1993	536.1	1688.02	503.1	6.284321	7.431312	6.220789
17	1994	725.14	2221.42	513	6.586365	7.705902	6.240276
18	1995	920.11	2843.48	515.3	6.824493	7.952784	6.244749
19	1996	1102.1	3364.34	512	7.004973	8.120987	6.238325
20							

图实验 12-9　例实验 12-3 数据

解　在 Excel 表中进行方差分析的步骤如下.

第 1 步:打开【例:生产函数】Excel 表,如图实验 12-9 所示;

第 2 步:由 Y 产生 $Y*=\ln Y$,由 K 产生 $K*=\ln K$,由 L 产生 $L*=\ln L$;

第 3 步:选择【工具(T)】→在下拉菜单中选择【数据分析(D)】→在【数据分析】对话框中选择【回归】→点击【确定】按钮;

第 4 步:在出现的对话框中,如图实验 12-10 输入相关内容→点击【确定】按钮,得到如图实验 12-11 的回归分析结果.

由回归分析结果可知,得到的 $Y*$ 关于 $K*$ 和 $L*$ 的回归方程是显著的,进而计算得 $A = \mathrm{Exp}(-10.4639) = 2.85487\times10^{-5}$,所以得到柯柏-道格拉斯生产函数回归方程为:

$$Y = 2.85487\times10^{-5}K^{1.021124}L^{1.471943}.$$

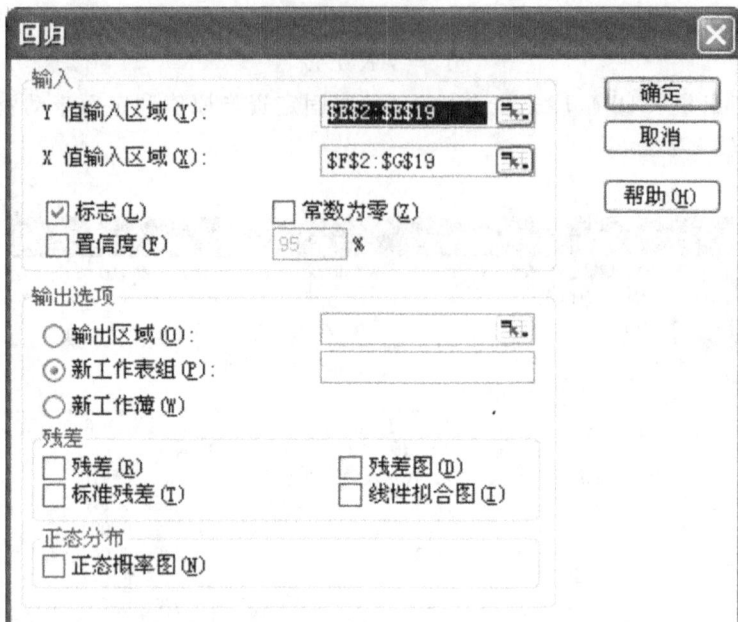

图实验 12 - 10　例实验 12 - 3【回归】对话

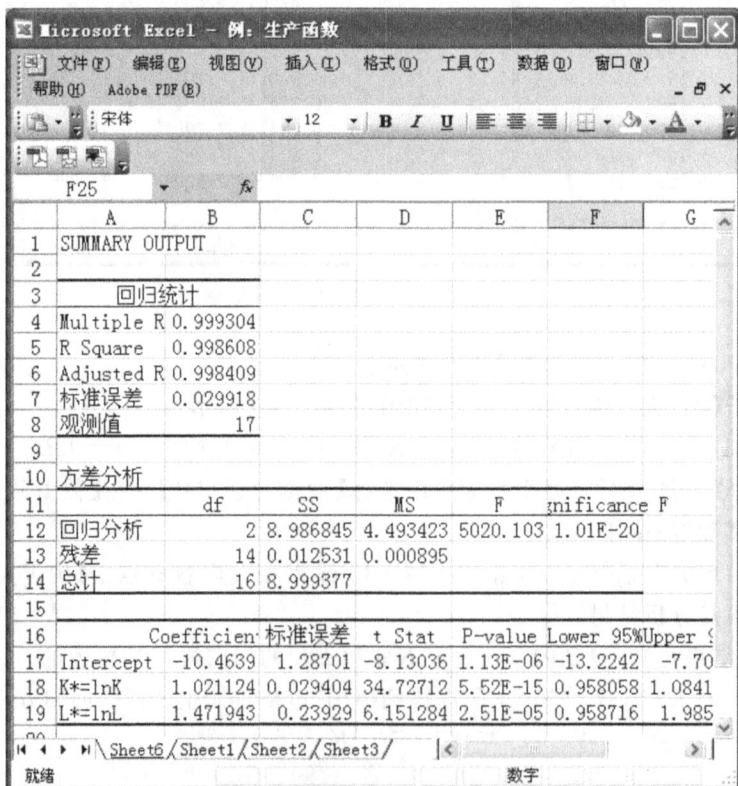

图实验 12 - 11　例实验 12 - 3 统计分析

练习题

1. 为了研究某商品的需求量 Y 与价格 x 之间的关系,收集到下列 10 对数据:

价格 x_i	1	1.5	2	2.5	3	3.5	4	4	4.5	5
需求量 y_i	10	8	7.5	8	7	6	4.5	4	2	1

(1) 求需求量 Y 与价格 x 之间的线性回归方程;

(2) 计算样本相关系数;

(3) 在显著性水平 $\alpha = 0.05$ 下,检验线性回归关系是否显著.

2. 随机调查 10 个城市居民的家庭平均收入 x 与电器用电支出 y 情况的数据(单位:千元)如下.

收入 x_i	18	20	22	24	26	28	30	30	34	38
支出 y_i	0.9	1.1	1.1	1.4	1.7	2.0	2.3	2.5	2.9	3.1

(1) 求电器用电支出 y 与家庭平均收入 x 之间的线性回归方程;

(2) 计算样本相关系数;

(3) 在显著性水平 $\alpha = 0.05$ 下,作线性回归关系显著性检验;

(4) 若线性回归关系显著,求 $x = 25$ 时,电器用电支出的点估计值.

3. 某种合金钢的抗拉强度 y_1(N/mm^2) 和延伸率 y_2(%) 与钢中含碳量 x 有一定关系,下表是这种合金钢 92 炉钢样记录数据合并后的数据:

序号	1	2	3	4	5	6	7
x%	0.05	0.07	0.08	0.09	0.10	0.11	0.12
y_1	40.8	41.7	41.9	42.8	42.0	43.6	44.8
y_2	39.9	38.5	37.8	39.1	39.6	36.1	40.1
序号	8	9	10	11	12	13	14
x%	0.13	0.14	0.16	0.18	0.20	0.21	0.23
y_1	45.6	45.1	48.9	50.0	55.0	54.8	60.0
y_2	38.5	40.6	35.3	37	32.3	34.2	32.4

分别建立指标 y_1,y_2 关于含碳量 x 的回归直线方程,并在显著性水平 $\alpha = 0.05$ 下,检验线性回归效果是否显著.

4. 某化工产品的得率 Y 与反应温度 x_1,反应时间 x_2 以及某反应物浓度 x_3 有关.今得试验结果如下表所示,其中 x_1, x_2, x_3 均为等水平且以编码形式表达.

x_1	−1	−1	−1	−1	1	1	1	1
x_2	−1	−1	1	1	−1	−1	1	1
x_3	−1	1	−1	1	−1	1	−1	1
得率	7.6	10.3	9.2	10.2	8.4	11.1	9.8	12.6

(1) 求得率 Y 关于反应温度 x_1,反应时间 x_2 以及某反应物浓度 x_3 的多元线性回归方程;

(2) 在显著性水平 $\alpha = 0.05$ 下,对回归系数进行显著性检验;

(3) 在显著性水平 $\alpha = 0.05$ 下,找出显著的多元线性回归方程.

附　表

1　泊松分布表

$$P\{X \leqslant x\} = \sum_{k=0}^{x} \frac{\lambda^k}{k!} \mathrm{e}^{\lambda}$$

λ \ x	0	1	2	3	4	5	6	7	8	9
0.02	0.980	1.000								
0.04	0.961	0.999	1.000							
0.06	0.942	0.998	1.000							
0.08	0.923	0.997	1.000							
0.10	0.905	0.995	1.000							
0.15	0.861	0.99	0.999	1.000						
0.20	0.819	0.982	0.999	1.000						
0.25	0.779	0.974	0.998	1.000						
0.30	0.741	0.963	0.996	1.000						
0.35	0.705	0.951	0.994	1.000						
0.40	0.670	0.938	0.992	0.999	1.000					
0.45	0.638	0.925	0.989	0.999	1.000					
0.50	0.607	0.910	0.986	0.998	1.000					
0.55	0.577	0.894	0.982	0.998	1.000					
0.60	0.549	0.878	0.977	0.997	1.000					
0.65	0.522	0.861	0.972	0.996	0.999	1.000				
0.70	0.497	0.844	0.966	0.994	0.999	1.000				
0.75	0.472	0.827	0.959	0.993	0.999	1.000				
0.80	0.449	0.809	0.953	0.991	0.999	1.000				
0.85	0.427	0.791	0.945	0.989	0.998	1.000				
0.90	0.407	0.772	0.937	0.987	0.998	1.000				
0.95	0.387	0.754	0.929	0.984	0.997	1.000				
1.00	0.368	0.736	0.920	0.981	0.996	0.999	1.000			
1.1	0.333	0.699	0.900	0.974	0.995	0.999	1.000			
1.2	0.301	0.663	0.879	0.966	0.992	0.998	1.000			
1.3	0.273	0.627	0.857	0.957	0.989	0.998	1.000			
1.4	0.247	0.592	0.833	0.946	0.986	0.997	0.999	1.000		
1.5	0.223	0.558	0.809	0.934	0.981	0.996	0.999	1.000		

λ \ x	0	1	2	3	4	5	6	7	8	9
1.6	0.202	0.525	0.783	0.921	0.976	0.994	0.999	1.000		
1.7	0.183	0.493	0.757	0.907	0.970	0.992	0.998	1.000		
1.8	0.165	0.463	0.731	0.891	0.964	0.990	0.997	0.999	1.000	
1.9	0.150	0.434	0.704	0.875	0.956	0.987	0.997	0.999	1.000	
2.0	0.135	0.406	0.677	0.857	0.947	0.983	0.995	0.999	1.000	
2.2	0.111	0.355	0.623	0.819	0.928	0.975	0.993	0.998	1.000	
2.4	0.091	0.308	0.570	0.779	0.904	0.964	0.989	0.997	0.999	1.000
2.6	0.074	0.267	0.518	0.736	0.877	0.951	0.983	0.995	0.999	1.000
2.8	0.061	0.231	0.469	0.692	0.848	0.935	0.976	0.992	0.998	0.999
3.0	0.050	0.199	0.423	0.647	0.815	0.916	0.966	0.988	0.996	0.999
3.2	0.041	0.171	0.380	0.603	0.781	0.895	0.955	0.983	0.994	0.998
3.4	0.033	0.147	0.340	0.558	0.744	0.871	0.942	0.977	0.992	0.997
3.6	0.027	0.126	0.303	0.515	0.706	0.844	0.927	0.969	0.988	0.996
3.8	0.022	0.107	0.269	0.473	0.668	0.816	0.909	0.960	0.984	0.994
4.0	0.018	0.092	0.238	0.433	0.629	0.785	0.889	0.949	0.979	0.992
4.2	0.015	0.078	0.210	0.395	0.590	0.753	0.867	0.936	0.972	0.989
4.4	0.012	0.066	0.185	0.359	0.551	0.720	0.844	0.921	0.964	0.985
4.6	0.010	0.056	0.163	0.326	0.513	0.686	0.818	0.905	0.955	0.980
4.8	0.008	0.048	0.143	0.294	0.476	0.651	0.791	0.887	0.944	0.975
5.0	0.007	0.040	0.125	0.265	0.440	0.616	0.762	0.867	0.932	0.968
5.2	0.006	0.034	0.109	0.238	0.406	0.581	0.732	0.845	0.918	0.960
5.4	0.005	0.029	0.095	0.213	0.373	0.546	0.702	0.822	0.903	0.951
5.6	0.004	0.024	0.082	0.191	0.342	0.512	0.670	0.797	0.886	0.941
5.8	0.003	0.021	0.072	0.170	0.313	0.478	0.638	0.771	0.867	0.929
6.0	0.002	0.017	0.062	0.151	0.285	0.446	0.606	0.744	0.847	0.916
6.2	0.002	0.015	0.054	0.134	0.259	0.414	0.574	0.716	0.826	0.902
6.4	0.002	0.012	0.046	0.119	0.235	0.384	0.542	0.687	0.803	0.886
6.6	0.001	0.010	0.040	0.105	0.213	0.355	0.511	0.758	0.780	0.869
6.8	0.001	0.009	0.034	0.093	0.192	0.327	0.480	0.628	0.755	0.850
7.0	0.001	0.007	0.030	0.082	0.173	0.301	0.450	0.599	0.729	0.830
7.2	0.001	0.006	0.025	0.072	0.156	0.276	0.420	0.569	0.703	0.810
7.4	0.001	0.005	0.022	0.063	0.140	0.253	0.392	0.539	0.676	0.788
7.6	0.001	0.004	0.019	0.055	0.125	0.231	0.365	0.510	0.648	0.765
7.8	0.000	0.004	0.016	0.048	0.112	0.210	0.338	0.481	0.620	0.741
8.0	0.000	0.003	0.014	0.042	0.100	0.191	0.313	0.453	0.593	0.717

λ \ x	0	1	2	3	4	5	6	7	8	9
8.5	0.000	0.002	0.009	0.030	0.074	0.150	0.256	0.386	0.523	0.653
9.0	0.000	0.001	0.006	0.021	0.055	0.116	0.207	0.324	0.456	0.587
9.5	0.000	0.001	0.004	0.015	0.040	0.089	0.165	0.269	0.392	0.522
10.0	0.000	0.000	0.003	0.010	0.029	0.067	0.130	0.220	0.333	0.458
10.5	0.000	0.000	0.002	0.007	0.021	0.050	0.102	0.179	0.279	0.397
11.0	0.000	0.000	0.001	0.005	0.015	0.038	0.079	0.143	0.232	0.341
11.5	0.000	0.000	0.001	0.003	0.011	0.028	0.060	0.114	0.191	0.289
12.0	0.000	0.000	0.001	0.002	0.008	0.020	0.046	0.090	0.155	0.242
12.5	0.000	0.000	0.000	0.002	0.005	0.105	0.035	0.070	0.125	0.201
13.0	0.000	0.000	0.000	0.001	0.004	0.011	0.026	0.054	0.100	0.166
13.5	0.000	0.000	0.000	0.001	0.003	0.008	0.019	0.041	0.079	0.135
14.0	0.000	0.000	0.000	0.000	0.002	0.006	0.014	0.032	0.062	0.109
14.5	0.000	0.000	0.000	0.000	0.001	0.004	0.010	0.024	0.048	0.088
15.0	0.000	0.000	0.000	0.000	0.001	0.003	0.008	0.018	0.037	0.070
16	0.000	0.001	0.004	0.010	0.022	0.043	0.077	0.127	0.193	0.275
17	0.000	0.001	0.002	0.005	0.013	0.026	0.049	0.085	0.135	0.201
18	0.000	0.000	0.001	0.003	0.007	0.015	0.030	0.055	0.092	0.143
19	0.000	0.000	0.001	0.002	0.004	0.009	0.018	0.035	0.061	0.098
20	0.000	0.000	0.000	0.001	0.002	0.005	0.011	0.021	0.039	0.066
21	0.000	0.000	0.000	0.000	0.001	0.003	0.006	0.013	0.025	0.043
22	0.000	0.000	0.000	0.000	0.001	0.002	0.004	0.008	0.015	0.028
23	0.000	0.000	0.000	0.000	0.000	0.001	0.002	0.004	0.009	0.017
24	0.000	0.000	0.000	0.000	0.000	0.000	0.001	0.003	0.005	0.011
25	0.000	0.000	0.000	0.000	0.000	0.000	0.001	0.001	0.003	0.006

λ \ x	10	11	12	13	14	15	16	17	18	19
2.8	1.000									
3.0	1.000									
3.2	1.000									
3.4	0.999	1.000								
3.6	0.999	1.000								
3.8	0.998	0.999	1.000							
4.0	0.997	0.999	1.000							
4.2	0.996	0.999	1.000							
4.4	0.994	0.998	0.999	1.000						
4.6	0.992	0.997	0.999	1.000						
4.8	0.990	0.996	0.999	1.000						
5.0	0.986	0.995	0.998	0.999	1.000					

λ \ x	10	11	12	13	14	15	16	17	18	19
5.2	0.982	0.993	0.997	0.999	1.000					
5.4	0.977	0.990	0.996	0.999	1.000					
5.6	0.972	0.988	0.995	0.998	0.999	1.000				
5.8	0.965	0.984	0.993	0.997	0.999	1.000				
6.0	0.957	0.980	0.991	0.996	0.999	0.999	1.000			
6.2	0.949	0.975	0.989	0.995	0.998	0.999	1.000			
6.4	0.939	0.969	0.986	0.994	0.997	0.999	1.000			
6.6	0.927	0.963	0.982	0.992	0.997	0.999	0.999	1.000		
6.8	0.915	0.955	0.978	0.990	0.996	0.998	0.999	1.000		
7.0	0.901	0.947	0.973	0.987	0.994	0.998	0.999	1.000		
7.2	0.887	0.937	0.967	0.984	0.993	0.997	0.999	0.999	1.000	
7.4	0.871	0.926	0.961	0.980	0.991	0.996	0.998	0.999	1.000	
7.6	0.854	0.915	0.954	0.976	0.989	0.995	0.998	0.999	1.000	
7.8	0.835	0.902	0.945	0.971	0.986	0.993	0.997	0.999	1.000	
8.0	0.816	0.888	0.936	0.966	0.983	0.992	0.996	0.998	0.999	1.000
8.5	0.763	0.849	0.909	0.949	0.973	0.986	0.993	0.997	0.999	0.999
9.0	0.706	0.803	0.876	0.926	0.959	0.978	0.989	0.995	0.998	0.999
9.5	0.645	0.752	0.836	0.898	0.940	0.967	0.982	0.991	0.996	0.998
10.0	0.583	0.697	0.792	0.864	0.917	0.951	0.973	0.986	0.993	0.997
10.5	0.521	0.639	0.742	0.825	0.888	0.932	0.960	0.978	0.988	0.994
11.0	0.460	0.579	0.689	0.781	0.854	0.907	0.944	0.968	0.982	0.991
11.5	0.402	0.520	0.633	0.733	0.815	0.878	0.924	0.954	0.974	0.986
12.0	0.347	0.462	0.576	0.682	0.772	0.844	0.899	0.937	0.963	0.979
12.5	0.297	0.406	0.519	0.628	0.725	0.806	0.869	0.916	0.948	0.969
13.0	0.252	0.353	0.463	0.573	0.675	0.764	0.835	0.890	0.930	0.957
13.5	0.211	0.304	0.409	0.518	0.623	0.718	0.798	0.861	0.908	0.942
14.0	0.176	0.260	0.358	0.464	0.570	0.669	0.756	0.827	0.883	0.923
14.5	0.145	0.220	0.311	0.413	0.518	0.619	0.711	0.790	0.853	0.901
15.0	0.118	0.185	0.268	0.363	0.466	0.568	0.664	0.749	0.819	0.875
16					0.368	0.467	0.566	0.659	0.742	0.812
17					0.281	0.371	0.468	0.564	0.655	0.736
18					0.208	0.287	0.375	0.496	0.562	0.651
19					0.150	0.215	0.292	0.378	0.469	0.561
20					0.105	0.157	0.221	0.297	0.381	0.470
21					0.072	0.111	0.163	0.227	0.302	0.384
22					0.048	0.077	0.117	0.169	0.232	0.306
23					0.031	0.052	0.082	0.123	0.175	0.238
24					0.020	0.034	0.056	0.087	0.128	0.180
25					0.012	0.022	0.038	0.060	0.092	0.134

λ \ x	20	21	22	23	24	25	26	27	28	29
8.5	1.000									
9.0	1.000									
9.5	0.999	1.000								
10.0	0.998	0.999	1.000							
10.5	0.997	0.999	0.999	1.000						
11.0	0.995	0.998	0.999	1.000						
11.5	0.992	0.996	0.998	0.999	1.000					
12.0	0.988	0.994	0.997	0.999	0.999	1.000				
12.5	0.983	0.991	0.995	0.998	0.999	0.999	1.000			
13.0	0.975	0.986	0.992	0.996	0.998	0.999	1.000			
13.5	0.965	0.980	0.989	0.994	0.997	0.998	0.999	1.000		
14.0	0.952	0.971	0.983	0.991	0.995	0.997	0.999	0.999	1.000	
14.5	0.936	0.960	0.976	0.986	0.992	0.996	0.998	0.999	0.999	1.000
15.0	0.917	0.947	0.967	0.981	0.989	0.994	0.997	0.998	0.999	1.000
16	0.868	0.911	0.942	0.963	0.987	0.987	0.993	0.996	0.998	0.999
17	0.805	0.861	0.905	0.937	0.959	0.975	0.985	0.991	0.995	0.997
18	0.731	0.799	0.855	0.899	0.932	0.955	0.972	0.983	0.990	0.994
19	0.647	0.725	0.793	0.849	0.893	0.927	0.951	0.969	0.980	0.988
20	0.559	0.644	0.721	0.787	0.843	0.888	0.922	0.948	0.966	0.978
21	0.471	0.558	0.640	0.716	0.782	0.838	0.883	0.917	0.944	0.963
22	0.387	0.472	0.556	0.637	0.712	0.777	0.832	0.877	0.913	0.940
23	0.310	0.389	0.472	0.555	0.635	0.708	0.772	0.827	0.873	0.908
24	0.243	0.314	0.392	0.473	0.554	0.632	0.704	0.768	0.823	0.868
25	0.185	0.247	0.318	0.394	0.473	0.553	0.629	0.700	0.763	0.818

λ \ x	30	31	32	33	34	35	36	37	38	39
16	0.999	1.000								
17	0.999	0.999	1.000							
18	0.997	0.998	0.999	1.000						
19	0.993	0.996	0.998	0.999	0.999	1.000				
20	0.987	0.992	0.995	0.997	0.999	0.999	1.000			
21	0.976	0.985	0.991	0.994	0.997	0.998	0.999	0.999	1.000	
22	0.959	0.973	0.983	0.989	0.994	0.996	0.998	0.999	0.999	1.000
23	0.936	0.956	0.971	0.981	0.989	0.993	0.996	0.997	0.999	0.999
24	0.904	0.932	0.953	0.969	0.979	0.987	0.992	0.995	0.997	0.998
25	0.863	0.900	0.929	0.950	0.966	0.978	0.985	0.991	0.994	0.997

λ \ x	40	41	42
23	1.000		
24	0.999	0.999	1.000
25	0.998	0.999	1.000

2 标准正态分布函数表

$$\Phi(x) = \int_{-\infty}^{x} \frac{1}{\sqrt{2\pi}} e^{\frac{-t^2}{2}} dt$$

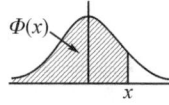

x	0.00	0.01	0.02	0.03	0.04	0.05	0.06	0.07	0.08	0.09
0.0	0.5000	0.5040	0.5080	0.5120	0.5160	0.5199	0.5239	0.5279	0.5319	0.5359
0.1	0.5398	0.5438	0.5478	0.5517	0.5557	0.5596	0.5636	0.5675	0.5714	0.5753
0.2	0.5793	0.5832	0.5871	0.5910	0.5948	0.5987	0.6026	0.6064	0.6103	0.6141
0.3	0.6179	0.6217	0.6255	0.6293	0.6331	0.6368	0.6406	0.6443	0.6480	0.6517
0.4	0.6554	0.6591	0.6628	0.6664	0.6700	0.6736	0.6772	0.6808	0.6844	0.6879
0.5	0.6915	0.6950	0.6985	0.7019	0.7054	0.7088	0.7123	0.7157	0.7190	0.7224
0.6	0.7257	0.7291	0.7324	0.7357	0.7389	0.7422	0.7454	0.7486	0.7517	0.7549
0.7	0.7580	0.7611	0.7642	0.7673	0.7703	0.7734	0.7764	0.7794	0.7823	0.7853
0.8	0.7881	0.7910	0.7939	0.7967	0.7995	0.8023	0.8051	0.8078	0.8106	0.8133
0.9	0.8159	0.8186	0.8212	0.8238	0.8264	0.8289	0.8315	0.8340	0.8365	0.8389
1.0	0.8413	0.8438	0.8461	0.8485	0.8508	0.8531	0.8554	0.8577	0.8599	0.8621
1.1	0.8643	0.8665	0.8686	0.8708	0.8729	0.8749	0.8770	0.8790	0.8810	0.8830
1.2	0.8849	0.8869	0.8888	0.8907	0.8925	0.8944	0.8962	0.8980	0.8997	0.9015
1.3	0.9032	0.9049	0.9066	0.9082	0.9099	0.9115	0.9131	0.9147	0.9162	0.9177
1.4	0.9192	0.9207	0.9222	0.9236	0.9251	0.9265	0.9279	0.9292	0.9306	0.9319
1.5	0.9332	0.9345	0.9357	0.9370	0.9382	0.9394	0.9406	0.9418	0.9429	0.9441
1.6	0.9452	0.9463	0.9474	0.9484	0.9495	0.9505	0.9515	0.9525	0.9535	0.9545
1.7	0.9554	0.9564	0.9573	0.9582	0.9591	0.9599	0.9608	0.9616	0.9625	0.9633
1.8	0.9641	0.9649	0.9656	0.9664	0.9671	0.9678	0.9686	0.9693	0.9699	0.9706
1.9	0.9713	0.9719	0.9726	0.9732	0.9738	0.9744	0.9750	0.9756	0.9761	0.9767
2.0	0.9772	0.9778	0.9783	0.9788	0.9793	0.9798	0.9803	0.9808	0.9812	0.9817
2.1	0.9821	0.9826	0.9830	0.9834	0.9838	0.9842	0.9846	0.9850	0.9854	0.9857
2.2	0.9861	0.9864	0.9868	0.9871	0.9875	0.9878	0.9881	0.9884	0.9887	0.9890
2.3	0.9893	0.9896	0.9898	0.9901	0.9904	0.9906	0.9909	0.9911	0.9913	0.9916
2.4	0.9918	0.9920	0.9922	0.9925	0.9927	0.9929	0.9931	0.9932	0.9934	0.9936
2.5	0.9938	0.9940	0.9941	0.9943	0.9945	0.9946	0.9948	0.9949	0.9951	0.9952
2.6	0.9953	0.9955	0.9956	0.9957	0.9959	0.9960	0.9961	0.9962	0.9963	0.9964
2.7	0.9965	0.9966	0.9967	0.9968	0.9969	0.9970	0.9971	0.9972	0.9973	0.9974
2.8	0.9974	0.9975	0.9976	0.9977	0.9977	0.9978	0.9979	0.9979	0.9980	0.9981
2.9	0.9981	0.9982	0.9982	0.9983	0.9984	0.9984	0.9985	0.9985	0.9986	0.9986

x	0.0	0.1	0.2	0.3	0.4	0.5	0.6	0.7	0.8	0.9
3	0.9987	0.9990	0.9993	0.9995	0.9997	0.9998	0.9998	0.9999	0.9999	1.0000

3 T 分布表

$$P\{t(n) > t_\alpha(n)\} = \alpha$$

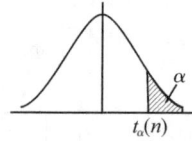

n	α						n	α					
	0.25	0.10	0.05	0.025	0.01	0.005		0.25	0.10	0.05	0.025	0.01	0.005
1	1.0000	3.0777	6.3138	12.7062	31.8207	63.6574	24	0.6848	1.3178	1.7109	2.0639	2.4922	2.7969
2	0.8165	1.8866	2.9200	4.3027	6.9646	9.9248	25	0.6844	1.3163	1.7081	2.0595	2.4851	2.7874
3	0.7649	1.6377	2.3534	3.1824	4.5407	5.8409							
4	0.7407	1.5332	2.1318	2.7764	3.7469	4.6041	26	0.6840	1.3150	1.7056	2.0555	2.4786	2.7787
5	0.7267	1.4759	2.0150	2.5706	3.3649	4.0322	27	0.6837	1.3137	1.7033	2.0518	2.4727	2.7707
							28	0.6834	1.3125	1.7011	2.0484	2.4671	2.7633
6	0.7176	1.4398	1.9432	2.4469	3.1427	3.7074	29	0.6830	1.3114	1.6991	2.0452	2.4620	2.7564
7	0.7111	1.4149	1.8946	2.3646	2.9980	3.4495	30	0.6828	1.3104	1.6973	2.0423	2.4573	2.7500
8	0.7064	1.3968	1.8595	2.3060	2.8965	3.3554							
9	0.7027	1.3830	1.8331	2.2622	2.8214	3.2498	31	0.6825	1.3095	1.6955	2.0395	2.4528	2.7440
10	0.6998	1.3722	1.8125	2.2281	2.7638	3.1698	32	0.6822	1.3086	1.6939	2.0369	2.4487	2.7385
							33	0.6820	1.3077	1.6924	2.0345	2.4448	2.7333
11	0.6974	1.3634	1.7959	2.2010	2.7181	3.1058	34	0.6818	1.3070	1.6909	2.0322	2.4411	2.7284
12	0.6955	1.3562	1.7823	2.1788	2.6810	3.0545	35	0.6818	1.3062	1.6896	2.0301	2.4377	2.7238
13	0.6938	1.3502	1.7709	2.1604	2.6503	3.0123							
14	0.6924	1.3450	1.7613	2.1448	2.6245	2.9768	36	0.6814	1.3055	1.6883	2.0281	2.4345	2.7195
15	0.6912	1.3406	1.7531	2.1315	2.6025	2.9467	37	0.6812	1.3049	1.6871	2.0262	2.4314	2.7154
							38	0.6810	1.3042	1.6860	2.0244	2.4286	2.7116
16	0.6901	1.3368	1.7459	2.1199	2.5835	2.9208	39	0.6808	1.3036	1.6849	2.0227	2.4258	2.7079
17	0.6892	1.3334	1.7396	2.1098	2.5669	2.8982	40	0.6807	1.3031	1.6839	2.0211	2.4233	2.7045
18	0.6884	1.3304	1.7341	2.1009	2.5524	2.8784							
19	0.6876	1.3277	1.7291	2.0930	2.5395	2.8609	41	0.6805	1.3025	1.6829	2.0195	2.4208	2.7012
20	0.6870	1.3253	1.7247	2.0360	2.5280	2.8453	42	0.6804	1.3020	1.6820	2.0181	2.4185	2.6981
							43	0.6802	1.3016	1.6811	2.0167	2.4163	2.6951
21	0.6864	1.3232	1.7207	2.0796	2.5177	2.8314	44	0.6801	1.3011	1.6802	2.0154	2.4141	2.6923
22	0.6858	1.3212	1.7171	2.0739	2.5083	2.3188	45	0.6800	1.3006	1.6794	2.0141	2.4121	2.6896
23	0.6853	1.3195	1.7139	2.0687	2.4999	2.8073							

4　χ^2 分布表

$$P\{\chi^2(n) > \chi_0^2(n)\} = \alpha$$

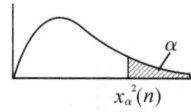

n	$\alpha = 0.995$	0.99	0.975	0.95	0.90	0.75
1	—	—	0.001	0.004	0.016	0.102
2	0.010	0.020	0.051	0.103	0.211	0.575
3	0.072	0.115	0.216	0.352	0.584	1.213
4	0.207	0.297	0.484	0.711	1.064	1.923
5	0.412	0.554	0.831	1.145	1.610	2.675
6	0.676	0.872	1.237	1.635	2.204	3.455
7	0.989	1.239	1.690	2.167	2.833	4.255
8	1.344	1.646	2.180	2.733	3.490	5.071
9	1.735	2.088	2.700	3.325	4.168	5.899
10	2.156	2.558	3.247	3.940	4.865	6.737
11	2.603	3.053	3.816	4.575	5.578	7.584
12	3.074	3.571	4.404	5.226	6.304	8.438
13	3.565	4.107	5.009	5.892	7.042	9.299
14	4.075	4.660	5.629	6.571	7.790	10.165
15	4.601	5.229	6.262	7.261	8.547	11.037
16	5.142	5.812	6.908	7.962	9.312	11.912
17	5.697	6.408	7.564	8.672	10.085	12.792
18	6.265	7.015	8.231	9.390	10.865	13.675
19	6.844	7.633	8.907	10.117	11.651	14.562
20	7.434	8.260	9.591	10.851	12.443	15.452
21	8.034	8.897	10.283	11.591	13.240	16.344
22	8.643	9.542	10.982	12.338	14.042	17.240
23	9.260	10.196	11.689	13.091	14.848	18.137
24	9.886	10.856	12.401	13.848	15.659	19.037
25	10.520	11.524	13.120	14.611	16.473	19.939
26	11.160	12.198	13.844	15.379	17.292	20.843
27	11.308	12.879	14.573	16.151	18.114	21.749
28	12.461	13.565	15.308	16.928	18.939	22.657
29	13.121	14.257	16.047	17.708	19.768	23.367
30	13.787	14.954	16.791	18.493	20.599	24.478
31	14.458	15.655	17.539	19.281	21.434	25.390
32	15.134	16.362	18.291	20.072	22.271	26.304
33	15.815	17.074	19.047	20.807	23.110	27.219
34	16.501	17.789	19.806	21.664	23.952	28.136
35	17.192	18.509	20.569	22.465	24.797	29.054
36	17.887	19.233	21.336	23.269	25.613	29.973
37	18.586	19.960	22.106	24.075	26.492	30.893
38	19.289	20.691	22.878	24.884	27.343	31.815
39	19.996	21.426	23.654	25.695	28.196	32.737
40	20.707	22.164	24.433	26.509	29.051	33.660
41	21.421	22.906	25.215	27.326	29.907	34.585
42	22.138	23.650	25.999	28.144	30.765	35.510
43	22.859	24.398	26.785	28.965	31.625	36.430
44	23.584	25.143	27.575	29.787	32.487	37.363
45	24.311	25.901	28.366	30.612	33.350	38.291

n	$\alpha=0.25$	0.10	0.05	0.025	0.01	0.005
1	1.323	2.706	3.841	5.024	6.635	7.879
2	2.773	4.605	5.991	7.378	9.210	10.597
3	4.108	6.251	7.815	9.348	11.345	12.838
4	5.385	7.779	9.488	11.143	13.277	14.860
5	6.626	9.236	11.071	12.833	15.086	16.750
6	7.841	10.645	12.592	14.449	16.812	18.548
7	9.037	12.017	14.067	16.013	18.475	20.278
8	10.219	13.362	15.507	17.535	20.090	21.955
9	11.389	14.684	16.919	19.023	21.666	23.589
10	12.549	15.987	18.307	20.483	23.209	25.188
11	13.701	17.275	19.675	21.920	24.725	26.757
12	14.845	18.549	21.026	23.337	26.217	28.299
13	15.984	19.812	22.262	24.736	27.688	29.819
14	17.117	21.064	23.685	26.119	29.141	21.319
15	18.245	22.307	24.996	27.488	30.578	32.801
16	19.369	23.542	26.296	28.845	32.000	34.267
17	20.489	24.769	27.587	30.191	33.409	35.718
18	21.605	25.989	28.869	31.526	34.805	37.156
19	22.718	27.204	30.144	32.852	36.191	38.582
20	23.828	28.412	31.410	34.170	37.566	39.997
21	24.935	29.615	32.671	35.479	38.932	41.401
22	26.039	30.813	33.924	36.781	40.289	42.796
23	27.141	32.007	35.172	38.076	41.638	44.181
24	28.241	33.196	36.415	39.364	42.980	45.559
25	29.339	34.382	37.652	40.646	44.314	46.928
26	30.435	35.563	38.885	41.923	45.642	48.290
27	31.528	36.741	40.113	43.194	46.963	49.645
28	32.620	37.916	41.337	44.461	48.278	50.993
29	33.711	39.087	42.557	45.722	49.588	52.336
30	34.800	40.256	43.773	46.979	50.892	53.672
31	35.887	41.422	44.985	48.232	52.191	55.003
32	36.973	42.585	46.194	49.480	53.486	56.328
33	38.053	43.745	47.400	50.725	54.776	57.648
34	39.141	44.903	48.602	51.966	56.061	58.964
35	40.223	46.059	49.802	53.203	57.342	60.275
36	41.304	47.212	50.998	54.437	58.619	61.581
37	42.383	48.363	52.192	55.668	59.892	62.883
38	43.462	49.513	53.384	56.896	61.162	64.181
39	44.539	50.660	54.572	58.120	62.428	65.476
40	45.616	51.805	55.758	59.342	63.691	66.766
41	46.692	52.949	53.942	60.561	64.950	68.053
42	47.766	54.090	58.124	61.777	66.206	69.336
43	18.840	55.230	59.304	62.990	67.459	70.606
44	49.913	56.369	60.481	64.201	68.710	71.893
45	50.985	57.505	61.656	65.410	69.957	73.166

5　F 分布表

$$P\{F > F_\alpha(n_1, n_2)\} = \alpha$$

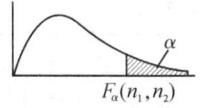

$F_\alpha(n_1, n_2)$

$\alpha = 0.10$

n_2 \ n_1	1	2	3	4	5	6	7	8	9	10	12	15	20	24	30	40	60	120	∞
1	39.86	49.50	53.59	55.83	57.24	58.20	58.91	59.44	59.86	60.19	60.71	61.22	61.74	62.00	62.26	62.53	62.79	63.06	63.33
2	8.53	9.00	9.16	9.24	9.29	9.33	9.35	9.37	9.38	9.39	9.41	9.42	9.44	9.45	9.46	9.47	9.47	9.48	9.49
3	5.54	5.46	5.39	5.34	5.31	5.28	5.27	5.25	5.24	5.23	5.22	5.20	5.18	5.18	5.17	5.16	5.15	5.14	5.13
4	4.54	4.32	4.19	4.11	4.05	4.01	3.98	3.95	3.94	3.92	3.90	3.87	3.84	3.83	3.82	3.80	3.79	3.78	4.76
5	4.06	3.78	3.62	3.52	3.45	3.40	3.37	3.34	3.32	3.30	3.27	3.24	3.21	3.19	3.17	3.16	3.14	3.12	3.10
6	3.78	3.46	3.29	3.18	3.11	3.05	3.01	2.98	2.96	2.94	2.90	2.87	2.84	2.82	2.80	2.78	2.76	2.74	2.72
7	3.59	3.26	3.07	2.96	3.88	2.83	2.78	2.75	2.72	2.70	2.67	2.63	2.59	2.58	2.56	2.54	2.51	2.49	2.47
8	3.46	3.11	2.92	2.81	2.73	2.67	2.62	2.59	2.56	2.54	2.50	2.46	2.42	2.40	2.38	2.36	2.34	2.32	2.29
9	3.36	3.01	2.81	2.69	2.61	2.55	2.51	2.47	2.44	2.42	2.38	2.34	2.30	2.28	2.25	2.23	2.21	2.18	2.16
10	3.29	2.92	2.73	2.61	2.52	2.46	2.41	2.38	2.35	2.32	2.28	2.24	2.20	2.18	2.16	2.13	2.11	2.08	2.06
11	3.23	2.86	2.66	2.54	2.45	2.39	2.34	2.30	2.27	2.25	2.21	2.17	2.12	2.10	2.08	2.05	2.03	2.00	1.97
12	3.18	2.81	2.61	2.48	2.39	2.33	2.28	2.24	2.21	2.19	2.15	2.10	2.06	2.04	2.01	1.99	1.96	1.93	1.90
13	3.14	2.76	2.56	2.43	2.35	2.28	2.23	2.20	2.16	2.14	2.10	2.05	2.01	1.98	1.96	1.93	1.90	1.88	1.85
14	3.10	2.73	2.52	2.39	2.31	2.24	2.19	2.15	2.12	2.10	2.05	2.01	1.96	1.94	1.91	1.89	1.86	1.83	1.80
15	3.07	2.70	2.49	2.36	2.27	2.21	2.16	2.12	2.09	2.06	2.02	1.97	1.92	1.90	1.87	1.85	1.82	1.79	1.76
16	3.05	2.67	2.46	2.33	2.24	2.18	2.13	2.09	2.06	2.03	1.99	1.94	1.89	1.87	1.84	1.81	1.78	1.75	1.72
17	3.03	2.64	2.44	2.31	2.22	2.15	2.10	2.06	2.03	2.00	1.96	1.91	1.86	1.84	1.81	1.78	1.75	1.72	1.69
18	3.01	2.62	2.42	2.29	2.20	2.13	2.08	2.04	2.00	1.98	1.93	1.89	1.84	1.81	1.78	1.75	1.72	1.69	1.66
19	2.99	2.61	2.40	2.27	2.18	2.11	2.06	2.02	1.98	1.96	1.91	1.86	1.81	1.79	1.76	1.73	1.70	1.67	1.63
20	2.97	2.59	2.38	2.25	2.16	2.09	2.04	2.00	1.96	1.94	1.89	1.84	1.79	1.77	1.74	1.71	1.68	1.64	1.61
21	2.96	2.57	2.36	2.23	2.14	2.08	2.02	1.98	1.95	1.92	1.87	1.83	1.78	1.75	1.72	1.69	1.66	1.62	1.59
22	2.95	2.56	2.35	2.22	2.13	2.06	2.01	1.97	1.93	1.90	1.86	1.81	1.76	1.73	1.70	1.67	1.64	1.60	1.57
23	2.94	2.55	2.34	2.21	2.11	2.05	1.99	1.95	1.92	1.89	1.84	1.80	1.74	1.72	1.69	1.66	1.62	1.59	1.55
24	2.93	2.54	2.33	2.19	2.10	2.04	2.98	1.94	1.91	1.88	1.83	1.78	1.73	1.70	1.67	1.64	1.61	1.57	1.53
25	2.92	2.53	2.32	2.18	2.09	2.02	1.97	1.93	1.89	1.87	1.82	1.77	1.72	1.69	1.66	1.63	1.59	1.56	1.52
26	2.91	2.52	2.31	2.17	2.08	2.01	1.96	1.92	1.88	1.86	1.81	1.76	1.71	1.68	1.65	1.61	1.58	1.54	1.50
27	2.90	2.51	2.30	2.17	2.07	2.00	1.95	1.91	1.87	1.85	1.80	1.75	1.70	1.67	1.64	1.60	1.57	1.53	1.49
28	2.89	2.50	2.29	2.16	2.06	2.00	1.94	1.90	1.87	1.84	1.79	1.74	1.69	1.66	1.63	1.59	1.56	1.52	1.48
29	2.89	2.50	2.28	2.15	2.06	1.99	1.93	1.89	1.86	1.83	1.78	1.73	1.68	1.65	1.62	1.58	1.55	1.51	1.47
30	2.88	2.49	2.28	2.14	2.05	1.98	1.93	1.88	1.85	1.82	1.77	1.72	1.67	1.64	1.61	1.57	1.54	1.50	1.46
40	2.84	2.44	2.23	2.09	2.00	1.93	1.87	1.83	1.79	1.76	1.71	1.66	1.61	1.57	1.54	1.51	1.47	1.42	1.38
60	2.79	2.39	2.18	2.04	1.95	1.87	1.82	1.77	1.74	1.71	1.66	1.60	1.54	1.51	1.48	1.44	1.40	1.35	1.29
120	2.75	2.35	2.13	1.99	1.90	1.82	1.77	1.72	1.68	1.65	1.60	1.55	1.48	1.45	1.41	1.37	1.32	1.26	1.19
∞	2.71	2.30	2.08	1.94	1.85	1.77	1.72	1.67	1.63	1.60	1.55	1.49	1.42	1.38	1.34	1.30	1.24	1.17	1.00

$\alpha=0.05$

n_2 \ n_1	1	2	3	4	5	6	7	8	9	10	12	15	20	24	30	40	60	120	∞
1	161.4	199.5	215.7	224.6	230.2	234.0	236.8	238.9	240.5	241.9	243.9	245.9	248.0	249.1	250.1	251.1	252.2	253.3	254.3
2	18.51	19.00	19.16	19.25	19.30	19.33	19.35	19.37	19.38	19.40	19.41	19.43	19.45	19.45	19.46	19.47	19.48	19.49	19.50
3	10.13	9.55	9.28	9.12	9.01	8.94	8.89	8.85	8.81	8.79	8.74	8.70	8.66	8.64	8.62	8.59	8.57	8.55	8.53
4	7.71	6.94	6.59	6.39	6.26	6.16	6.09	6.04	6.00	5.96	5.91	5.86	5.80	5.77	5.75	5.72	5.69	5.66	5.63
5	6.61	5.79	5.41	5.19	5.05	4.95	4.88	4.82	4.77	4.74	4.68	4.62	4.56	4.53	4.50	4.46	4.43	4.40	4.36
6	5.99	5.14	4.76	4.53	4.39	4.28	4.21	4.15	4.10	4.06	4.00	3.94	3.87	3.84	3.81	3.77	3.74	3.70	3.67
7	5.59	4.74	4.35	4.12	3.97	3.87	3.79	3.73	3.68	3.64	3.57	3.51	3.44	3.41	3.38	3.34	3.30	3.27	3.23
8	5.32	4.46	4.07	3.84	3.69	3.58	3.50	3.44	3.39	3.35	3.28	3.22	3.15	3.12	3.08	3.04	3.01	2.97	2.93
9	5.12	4.26	3.86	3.63	3.48	3.37	3.29	3.23	3.18	3.14	3.07	3.01	2.94	2.90	2.86	2.83	2.79	2.75	2.71
10	4.96	4.10	3.71	3.48	3.33	3.22	3.14	3.07	3.02	2.98	2.91	2.85	2.77	2.74	2.70	2.66	2.62	2.58	2.54
11	4.84	3.98	3.59	3.36	3.20	3.09	3.01	2.95	2.90	2.85	2.79	2.72	2.65	2.61	2.57	2.53	2.49	2.45	2.40
12	4.75	3.89	3.49	3.26	3.11	3.00	2.91	2.85	2.80	2.75	2.69	2.62	2.54	2.51	2.47	2.43	2.38	2.34	2.30
13	4.67	3.81	3.41	3.18	3.03	2.92	2.83	2.77	2.71	2.67	2.60	2.53	2.46	2.42	2.38	2.34	2.30	2.25	2.21
14	4.60	3.74	3.34	3.11	2.96	2.85	2.76	2.70	2.65	2.60	2.53	2.46	2.39	2.35	2.31	2.27	2.22	2.18	2.13
15	4.54	3.68	3.29	3.06	2.90	2.79	2.71	2.64	2.59	2.54	2.48	2.40	2.33	2.29	2.25	2.20	2.16	2.11	2.07
16	4.49	3.63	3.24	3.01	2.85	2.74	2.66	2.59	2.54	2.49	2.42	2.35	2.28	2.24	2.19	2.15	2.11	2.06	2.01
17	4.45	3.59	3.20	2.96	2.81	2.70	2.61	2.55	2.49	2.45	2.38	2.31	2.23	2.19	2.15	2.10	2.06	2.01	1.96
18	4.41	3.55	3.16	2.93	2.77	2.66	2.58	2.51	2.46	2.41	2.34	2.27	2.19	2.15	2.11	2.06	2.02	1.97	1.92
19	4.38	3.52	3.13	2.90	2.74	2.63	2.54	2.48	2.42	2.38	2.31	2.23	2.16	2.11	2.07	2.03	1.98	1.93	1.88
20	4.35	3.49	3.10	2.87	2.71	2.60	2.51	2.45	2.39	2.35	2.28	2.20	2.12	2.08	2.04	1.99	1.95	1.90	1.84
21	4.32	3.47	3.07	2.84	2.68	2.57	2.49	2.42	2.37	2.32	2.25	2.18	2.10	2.05	2.01	1.96	1.92	1.87	1.81
22	4.30	3.44	3.05	2.82	2.66	2.55	2.46	2.40	2.34	2.30	2.23	2.15	2.07	2.03	1.98	1.94	1.89	1.84	1.78
23	4.28	3.42	3.03	2.80	2.64	2.53	2.44	2.37	2.32	2.27	2.20	2.13	2.05	2.01	1.96	1.91	1.86	1.81	1.76
24	4.26	3.40	3.01	2.78	2.62	2.51	2.42	2.36	2.30	2.25	2.18	2.11	2.03	1.98	1.94	1.89	1.84	1.79	1.73
25	4.24	3.39	2.99	2.76	2.60	2.49	2.40	2.34	2.28	2.24	2.16	2.09	2.01	1.96	1.92	1.87	1.82	1.77	1.71
26	4.23	3.37	2.98	2.74	2.59	2.47	2.39	2.32	2.27	2.22	2.15	2.07	1.99	1.95	1.90	1.85	1.80	1.75	1.69
27	4.21	3.35	2.96	2.73	2.57	2.46	2.37	2.31	2.25	2.20	2.13	2.06	1.97	1.93	1.88	1.84	1.79	1.73	1.67
28	4.20	3.34	2.95	2.71	2.56	2.45	2.36	2.29	2.24	2.19	2.12	2.04	1.96	1.91	1.87	1.82	1.77	1.71	1.65
29	4.18	3.33	2.93	2.70	2.55	2.43	2.35	2.28	2.22	2.18	2.10	2.03	1.94	1.90	1.85	1.81	1.75	1.70	1.64
30	4.17	3.32	2.92	2.69	2.53	2.42	2.33	2.27	2.21	2.16	2.09	2.01	1.93	1.89	1.84	1.79	1.74	1.68	1.62
40	4.08	3.23	2.84	2.61	2.45	2.34	2.25	2.18	2.12	2.08	2.00	1.92	1.84	1.79	1.74	1.69	1.64	1.58	1.51
60	4.00	3.15	2.76	2.53	2.37	2.25	2.17	2.10	2.04	1.99	1.92	1.84	1.75	1.70	1.65	1.59	1.53	1.47	1.39
120	3.92	3.07	2.68	2.45	2.29	2.17	2.09	2.02	1.96	1.91	1.83	1.75	1.66	1.61	1.55	1.50	1.43	1.35	1.25
∞	3.84	3.00	2.60	2.37	2.21	2.10	2.01	1.94	1.88	1.83	1.75	1.67	1.57	1.52	1.46	1.39	1.32	1.22	1.00

$\alpha=0.025$

n_1 / n_2	1	2	3	4	5	6	7	8	9	10	12	15	20	24	30	40	60	120	∞
1	647.8	799.5	864.2	899.6	921.8	937.1	948.2	956.7	963.3	368.6	976.7	984.9	993.1	997.2	1001	1006	1010	1014	1018
2	38.51	39.00	39.17	39.25	39.30	39.33	39.36	39.37	39.39	39.40	39.41	39.43	39.45	39.46	39.46	39.47	39.48	39.49	39.50
3	17.44	16.04	15.44	15.10	14.88	14.73	14.62	14.54	14.47	14.42	14.34	14.25	14.17	14.12	14.08	14.04	13.99	13.95	13.90
4	12.22	10.65	9.98	9.60	9.36	9.20	9.07	8.98	8.90	8.84	8.75	8.66	8.56	8.51	8.46	8.41	8.36	8.31	8.26
5	10.01	8.43	7.76	7.39	7.15	6.98	6.85	6.76	6.68	6.62	6.52	6.43	6.33	6.28	6.23	6.18	6.12	6.07	6.02
6	8.81	7.26	6.60	6.23	5.99	5.82	5.70	5.60	5.52	5.46	5.37	5.27	5.17	5.12	5.07	5.01	4.96	4.90	4.85
7	8.07	6.54	5.89	5.52	5.29	5.12	4.99	4.90	4.82	4.76	4.57	4.57	4.47	4.42	4.36	4.31	4.25	4.20	4.14
8	7.57	6.06	5.42	5.05	4.82	4.65	4.53	4.43	4.36	4.30	4.20	4.10	4.00	3.95	3.89	3.84	3.78	3.73	3.67
9	7.21	5.71	5.08	4.72	4.48	4.23	4.20	4.10	4.03	3.96	3.87	3.77	3.67	3.61	3.56	3.51	3.45	3.39	3.33
10	6.94	5.46	4.83	4.47	4.24	4.07	3.95	3.85	3.78	3.72	3.62	3.52	3.42	3.37	3.31	3.26	3.20	3.14	3.08
11	6.72	5.26	4.63	4.28	4.04	3.88	3.76	3.66	3.59	3.53	3.43	3.33	3.23	3.17	3.12	3.06	3.00	2.94	2.88
12	6.55	5.10	4.47	4.12	3.89	3.73	3.61	3.51	3.44	3.37	3.28	3.18	3.07	3.02	2.96	2.91	2.85	2.79	2.72
13	6.41	4.97	4.35	4.00	3.77	3.60	3.48	3.39	3.31	3.25	3.15	3.05	2.95	2.89	2.84	2.78	2.72	2.66	2.60
14	6.30	4.86	4.24	3.89	3.66	3.50	3.38	3.29	3.21	3.15	3.05	2.95	2.84	2.79	2.73	2.67	2.61	2.55	2.49
15	6.20	4.77	4.15	3.80	3.58	3.41	3.29	3.20	3.12	3.06	2.96	2.86	2.76	2.70	2.64	2.59	2.52	2.46	2.40
16	6.12	4.69	4.08	3.73	3.50	3.34	3.22	3.12	3.05	2.99	2.89	2.79	2.68	2.63	2.57	2.51	2.45	2.38	2.32
17	6.04	4.62	4.01	3.66	3.44	3.28	3.16	3.06	2.98	2.92	2.82	2.72	2.62	2.56	2.50	2.44	2.38	2.32	2.25
18	5.98	4.56	3.95	3.61	3.38	3.22	3.10	3.01	2.93	2.87	2.77	2.67	2.56	2.50	2.44	2.38	2.32	2.26	2.19
19	5.92	4.51	3.90	3.56	3.33	3.17	3.05	2.96	2.88	2.82	2.72	2.62	2.51	2.45	2.39	2.33	2.27	2.20	2.13
20	5.87	4.46	3.86	3.51	3.29	3.13	3.01	2.91	2.84	2.77	2.68	2.57	2.46	2.41	2.35	2.29	2.22	2.16	2.09
21	5.83	4.42	3.82	3.48	3.25	3.09	2.97	2.87	2.80	2.73	2.64	2.53	2.42	2.37	2.31	2.25	2.18	2.11	2.04
22	5.79	4.38	3.78	3.44	3.22	3.05	2.93	2.84	2.76	2.70	2.60	2.50	2.39	2.33	2.27	2.21	2.14	2.08	2.00
23	5.75	4.35	3.75	3.41	3.18	3.02	2.90	2.81	2.73	2.67	2.57	2.47	2.36	2.30	2.24	2.18	2.11	2.04	1.97
24	5.72	4.32	3.72	3.38	3.15	2.99	2.87	2.78	2.70	2.64	2.54	2.44	2.33	2.27	2.21	2.15	2.08	2.01	1.94
25	5.69	4.29	3.69	3.35	3.13	2.97	2.85	2.75	2.68	2.61	2.51	2.41	2.30	2.24	2.18	2.12	2.05	1.98	1.91
26	5.66	4.27	3.67	3.33	3.10	2.94	2.82	2.73	2.65	2.59	2.49	2.39	2.28	2.22	2.16	2.09	2.03	1.95	1.88
27	5.63	4.24	3.65	3.31	3.08	2.92	2.80	2.71	2.63	2.57	2.47	2.36	2.25	2.19	2.13	2.07	2.00	1.93	1.85
28	5.61	4.22	3.63	3.29	3.06	2.90	2.78	2.69	2.61	2.55	2.45	2.34	2.23	2.17	2.11	2.05	1.98	1.91	1.83
29	5.59	4.20	3.61	3.27	3.04	2.88	2.76	2.67	2.59	2.53	2.43	2.32	2.21	2.15	2.09	2.03	1.96	1.89	1.81
30	5.57	4.18	3.59	3.25	3.03	2.87	2.75	2.65	2.57	2.51	2.41	2.31	2.20	2.14	2.07	2.01	1.94	1.87	1.79
40	5.42	4.05	3.46	3.13	2.90	2.74	2.62	2.53	2.45	2.39	2.29	2.18	2.07	2.01	1.94	1.88	1.80	1.72	1.64
60	5.29	3.93	3.34	3.01	2.79	2.63	2.51	2.41	2.33	2.27	2.17	2.06	1.94	1.88	1.82	1.74	1.67	1.58	1.48
120	5.15	3.80	3.23	2.89	2.67	2.52	2.39	2.30	2.22	2.16	2.05	1.94	1.82	1.76	1.69	1.61	1.53	1.43	1.31
∞	5.02	3.69	3.12	2.79	2.57	2.41	2.29	2.19	2.11	2.05	1.94	1.83	1.71	1.64	1.57	1.48	1.39	1.27	1.00

续表

$\alpha=0.01$

n_2 \ n_1	1	2	3	4	5	6	7	8	9	10	12	15	20	24	30	40	60	120	∞
1	4052	4999.5	5403	5625	5764	5859	5928	5982	6022	6056	6106	6157	6209	6235	6261	6287	6313	6339	6366
2	98.50	99.00	99.17	99.25	99.30	99.33	99.36	99.37	99.39	99.40	99.42	99.43	99.45	99.46	99.47	99.47	99.48	99.49	99.50
3	34.12	30.82	29.46	28.71	28.24	27.91	27.67	27.49	27.35	27.23	27.05	26.87	26.69	26.60	26.50	26.41	26.32	26.22	26.13
4	21.20	18.00	16.69	15.98	15.52	15.21	14.98	14.80	14.66	14.55	14.37	14.20	14.02	13.93	13.84	13.75	13.65	13.56	13.46
5	16.26	13.27	12.06	11.39	10.97	10.67	10.46	10.29	10.16	10.05	9.89	9.72	9.55	9.47	9.38	9.29	9.20	9.11	9.02
6	13.75	10.92	9.78	9.15	8.75	8.47	8.26	8.10	7.98	7.87	7.72	7.56	7.40	7.31	7.23	7.14	7.06	6.97	6.88
7	12.25	9.55	8.45	7.85	7.46	7.19	6.99	6.84	6.72	6.62	6.47	6.31	6.16	6.07	5.99	5.91	5.82	5.74	5.65
8	11.26	8.65	7.59	7.01	6.63	6.37	6.18	6.03	5.91	5.81	5.67	5.52	5.36	5.28	5.20	5.12	5.03	4.95	4.86
9	10.56	8.02	6.99	6.42	6.06	5.80	5.61	5.47	5.35	5.26	5.11	4.96	4.81	4.73	4.65	4.57	4.48	4.40	4.31
10	10.04	7.56	6.55	5.99	5.64	5.39	5.20	5.06	4.94	4.85	4.71	4.56	4.41	4.33	4.25	4.17	4.08	4.00	3.91
11	9.65	7.21	6.22	5.67	5.32	5.07	4.89	4.74	4.63	4.54	4.40	4.25	4.10	4.02	3.94	3.86	3.78	3.69	3.60
12	9.33	6.93	5.95	5.41	5.06	4.82	4.64	4.50	4.39	4.30	4.16	4.01	3.86	3.78	3.70	3.62	3.54	3.45	3.36
13	9.07	6.70	5.74	5.21	4.86	4.62	4.44	4.30	4.19	4.10	3.96	3.82	3.66	3.59	3.51	3.43	3.34	3.25	3.17
14	8.86	6.51	5.56	5.04	4.69	4.46	4.28	4.14	4.03	3.94	3.80	3.66	3.51	3.43	3.35	3.27	3.18	3.09	3.00
15	8.68	6.36	5.42	4.89	4.56	4.32	4.14	4.00	3.89	3.80	3.67	3.52	3.37	3.29	3.21	3.13	3.05	2.96	2.87
16	8.53	6.23	5.29	4.77	4.44	4.20	4.03	3.89	3.78	3.69	3.55	3.41	3.26	3.18	3.10	3.02	2.93	2.84	2.75
17	8.40	6.11	5.18	4.67	4.34	4.10	3.93	3.79	3.68	3.59	3.46	3.31	3.16	3.08	3.00	2.92	2.83	2.75	2.65
18	8.29	6.01	5.09	4.58	4.25	4.01	3.84	3.71	3.60	3.51	3.37	3.23	3.08	3.00	2.92	2.84	2.75	2.66	2.57
19	8.18	5.93	5.01	4.50	4.17	3.94	3.77	3.63	3.52	3.43	3.30	3.15	3.00	2.92	2.84	2.76	2.67	2.58	2.49
20	8.10	5.85	4.94	4.43	4.10	3.87	3.70	3.56	3.46	3.37	3.23	3.09	2.94	2.86	2.78	2.69	2.61	2.52	2.42
21	8.02	5.78	4.87	4.37	4.04	3.81	3.64	3.51	3.40	3.31	3.17	3.03	2.88	2.80	2.72	2.64	2.55	2.46	2.36
22	7.95	5.72	4.82	4.31	3.99	3.76	3.59	3.45	3.35	3.26	3.12	2.98	2.83	2.75	2.67	2.58	2.50	2.40	2.31
23	7.88	5.66	4.76	4.26	3.94	3.71	3.54	3.41	3.30	3.21	3.07	2.93	2.78	2.70	2.62	2.54	2.45	2.35	2.26
24	7.82	5.61	4.72	4.22	3.90	3.67	3.50	3.36	3.26	3.17	3.03	2.89	2.74	2.66	2.58	2.49	2.40	2.31	2.21
25	7.77	5.57	4.68	4.18	3.85	3.63	3.46	3.32	3.22	3.13	2.99	2.85	2.70	2.62	2.54	2.45	2.36	2.27	2.17
26	7.72	5.53	4.64	4.14	3.82	3.59	3.42	3.29	3.18	3.09	2.96	2.81	2.66	2.58	2.50	2.42	2.33	2.23	2.13
27	7.68	5.49	4.60	4.11	3.78	3.56	3.39	3.26	3.15	3.06	2.93	2.78	2.63	2.55	2.47	2.38	2.29	2.20	2.10
28	7.64	5.45	4.57	4.07	3.75	3.53	3.36	3.23	3.12	3.03	2.90	2.75	2.60	2.52	2.44	2.35	2.26	2.17	2.06
29	7.60	5.42	4.54	4.04	3.73	3.50	3.33	3.20	3.09	3.00	2.87	2.73	2.57	2.49	2.41	2.33	2.23	2.14	2.03
30	7.56	5.39	4.51	4.02	3.70	3.47	3.30	3.17	3.07	2.98	2.84	2.70	2.55	2.47	2.39	2.30	2.21	2.11	2.01
40	7.31	5.18	4.31	3.83	3.51	3.29	3.12	2.99	2.89	2.80	2.66	2.52	2.37	2.29	2.20	2.11	2.02	1.92	1.80
60	7.08	4.98	4.13	3.65	3.34	3.12	2.95	2.82	2.72	2.63	2.50	2.35	2.20	2.12	2.03	1.94	1.84	1.73	1.60
120	6.85	4.79	3.95	3.48	3.17	2.96	2.79	2.66	2.56	2.47	2.34	2.19	2.03	1.95	1.86	1.76	1.66	1.53	1.38
∞	6.63	4.61	3.78	3.32	3.02	2.80	2.64	2.51	2.41	2.32	2.18	2.04	1.88	1.79	1.70	1.59	1.47	1.32	1.00

续表

α＝0.005

n_1 / n_2	1	2	3	4	5	6	7	8	9	10	12	15	20	24	30	40	60	120	∞
1	16211	20000	21615	22500	23056	23437	23715	23925	24091	24224	24426	24630	24836	24940	25044	25148	25253	25359	25465
2	198.5	199.0	199.2	199.2	199.3	199.3	199.4	199.4	199.4	199.4	199.4	199.4	199.4	199.5	199.5	199.5	199.5	199.5	199.5
3	55.55	49.80	47.47	46.19	45.39	44.84	44.43	44.13	43.88	43.69	43.39	43.08	42.78	42.62	42.47	42.31	42.15	41.99	41.83
4	31.33	26.28	24.26	23.15	22.46	21.97	21.62	21.35	21.14	20.97	20.70	20.44	20.17	20.03	19.89	19.75	19.61	19.47	19.32
5	22.78	18.31	16.53	15.56	14.94	14.51	14.20	13.96	13.77	13.62	13.38	13.15	12.90	12.78	12.66	12.53	12.40	12.27	12.14
6	18.63	14.54	12.92	12.03	11.46	11.07	10.79	10.57	10.39	10.25	10.03	9.81	9.59	9.47	9.36	9.24	9.12	9.00	8.88
7	16.24	12.40	10.88	10.05	9.52	9.16	8.89	8.68	8.51	8.38	8.18	7.97	7.75	7.65	7.53	7.42	7.31	7.19	7.08
8	14.69	11.04	9.60	8.81	8.30	7.95	7.69	7.50	7.34	7.21	7.01	6.81	6.61	6.50	6.40	6.29	6.18	6.06	5.95
9	13.61	10.11	8.72	7.96	7.47	7.13	6.88	5.69	6.54	6.42	6.23	6.03	5.83	5.73	5.62	5.52	5.41	5.30	5.19
10	12.83	9.43	8.08	7.34	6.87	6.54	6.30	6.12	5.97	5.85	5.66	5.47	5.27	5.17	5.07	4.97	4.86	4.75	4.64
11	12.23	8.91	7.60	6.88	6.42	6.10	5.86	5.68	5.54	5.42	5.24	5.05	4.86	4.76	4.65	4.55	4.44	4.34	4.23
12	11.75	8.51	7.23	6.52	6.07	5.76	5.52	5.35	5.20	5.09	4.91	4.72	4.53	4.43	4.33	4.23	4.12	4.01	3.90
13	11.37	8.19	6.93	6.23	5.79	5.48	5.25	5.08	4.94	4.82	4.64	4.46	4.27	4.17	4.07	3.97	3.87	3.76	3.65
14	11.06	7.92	6.68	6.00	5.56	5.26	5.03	4.86	4.72	4.60	4.43	4.25	4.06	3.96	3.86	3.76	3.66	3.55	3.44
15	10.80	7.70	6.48	5.80	5.37	5.07	4.85	4.67	4.54	4.42	4.25	4.07	3.88	3.79	3.69	3.58	3.48	3.37	3.26
16	10.58	7.51	6.30	5.64	5.21	4.91	4.69	4.52	4.38	4.27	4.10	3.92	3.73	3.64	3.54	3.44	3.33	3.22	3.11
17	10.38	7.35	6.16	5.50	5.07	4.78	4.56	4.39	4.25	4.14	3.97	3.79	3.61	3.51	3.41	3.31	3.21	3.10	2.98
18	10.22	7.21	6.03	5.37	4.96	4.66	4.44	4.28	4.14	4.03	3.86	3.68	3.50	3.40	3.30	3.20	3.10	2.99	2.87
19	10.07	7.09	5.92	5.27	4.85	4.56	4.34	4.18	4.04	3.93	3.76	3.59	3.40	3.31	3.21	3.11	3.00	2.89	2.78
20	9.94	6.99	5.82	5.17	4.76	4.47	4.26	4.09	3.96	3.85	3.68	3.50	3.32	3.22	3.12	3.02	2.92	2.81	2.69
21	9.83	6.89	5.73	5.09	4.68	4.39	4.18	4.01	3.88	3.77	3.60	3.43	3.24	3.15	3.05	2.95	2.84	2.73	2.61
22	9.73	6.81	5.65	5.02	4.61	4.32	4.11	3.94	3.81	3.70	3.54	3.36	3.18	3.08	2.98	2.88	2.77	2.66	2.55
23	9.63	6.73	5.58	4.95	4.54	4.26	4.05	3.88	3.75	3.64	3.47	3.30	3.12	3.02	2.92	2.82	2.71	2.60	2.48
24	9.55	6.66	5.52	4.89	4.49	4.20	3.99	3.83	3.69	3.59	3.42	3.25	3.06	2.97	2.87	2.77	2.66	2.55	2.43
25	9.48	6.60	5.46	4.84	4.43	4.15	3.94	3.78	3.64	3.54	3.37	3.20	3.01	2.92	2.82	2.72	2.61	2.50	2.38
26	9.41	6.54	5.41	4.79	4.38	4.10	3.89	3.73	3.60	3.49	3.33	3.15	2.97	2.87	2.77	2.67	2.56	2.45	2.33
27	9.34	6.49	5.36	4.74	4.34	4.06	3.85	3.69	3.56	3.45	3.28	3.11	2.93	2.83	2.73	2.63	2.52	2.41	2.29
28	9.28	6.44	5.32	4.70	4.30	4.02	3.81	3.65	3.52	3.41	3.25	3.07	2.89	2.79	2.69	2.59	2.48	2.37	2.25
29	9.23	6.40	5.28	4.66	4.26	3.98	3.77	3.61	3.48	3.38	3.21	3.04	2.86	2.76	2.66	2.56	2.45	2.33	2.21
30	9.18	6.35	5.24	4.62	4.23	3.95	3.74	3.58	3.45	3.34	3.18	3.01	2.82	2.73	2.63	2.52	2.42	2.30	2.18
40	8.83	6.07	4.98	4.37	3.99	3.71	3.51	3.35	3.22	3.12	2.95	2.78	2.60	2.50	2.40	2.30	2.18	2.06	1.93
60	8.49	5.79	4.73	4.14	3.76	3.49	3.29	3.13	3.01	2.90	2.74	2.57	2.39	2.29	2.19	2.08	1.96	1.83	1.69
120	8.18	5.54	4.50	3.92	3.55	3.28	3.09	2.93	2.81	2.71	2.54	2.37	2.19	2.09	1.98	1.87	1.75	1.61	1.43
∞	7.88	5.30	4.28	3.72	3.35	3.09	2.90	2.74	2.62	2.52	2.36	2.19	2.00	1.90	1.79	1.67	1.53	1.36	1.00

6 相关系数检验表

$$P\{|r| \geqslant r_a\} = \alpha$$

$n-2$	$\alpha=5\%$	$\alpha=1\%$	$n-2$	$\alpha=5\%$	$\alpha=1\%$	$n-2$	$\alpha=5\%$	$\alpha=1\%$
1	0.997	1.000	16	0.468	0.590	35	0.325	0.418
2	0.950	0.990	17	0.456	0.575	40	0.304	0.393
3	0.878	0.959	18	0.444	0.561	45	0.288	0.372
4	0.811	0.917	19	0.443	0.549	50	0.273	0.354
5	0.754	0.874	20	0.423	0.537	60	0.250	0.325
6	0.707	0.834	21	0.413	0.526	70	0.232	0.302
7	0.666	0.798	22	0.404	0.515	80	0.217	0.283
8	0.632	0.765	23	0.396	0.505	90	0.205	0.267
9	0.602	0.735	24	0.388	0.496	100	0.195	0.254
10	0.576	0.708	25	0.381	0.487	125	0.174	0.228
11	0.553	0.684	26	0.374	0.478	150	0.159	0.208
12	0.532	0.661	27	0.367	0.470	200	0.138	0.181
13	0.514	0.641	28	0.361	0.463	300	0.113	0.143
14	0.497	0.623	29	0.355	0.456	400	0.098	0.123
15	0.482	0.606	30	0.349	0.449	1000	0.062	0.081

7 T化极差分布表

$$P(q(r,f) > q_\alpha(r,f)) = \alpha$$

$\alpha = 0.10$

f \ r	2	3	4	5	6	7	8	9	10	15	20
1	8.93	13.4	16.4	18.5	20.2	21.5	22.6	23.6	24.5	27.6	29.7
2	4.13	5.73	6.77	7.54	8.14	8.63	9.05	9.41	9.72	10.9	11.7
3	3.33	4.47	5.20	5.74	6.16	6.51	6.81	7.06	7.29	8.12	8.68
4	3.01	3.98	4.59	5.03	5.39	5.68	5.93	6.14	6.33	7.02	7.50
5	2.85	3.72	4.26	4.66	4.98	5.24	5.46	5.65	5.82	6.44	6.86
6	2.75	3.56	4.07	4.44	4.73	4.97	5.17	5.34	5.50	6.07	6.47
7	2.68	3.45	3.93	4.28	4.55	4.78	4.97	5.14	5.28	5.83	6.19
8	2.63	3.37	3.83	4.17	4.43	4.65	4.83	4.99	5.13	5.64	6.00
9	2.59	3.32	3.76	4.08	4.34	4.54	4.72	4.87	5.01	5.51	5.85
10	2.56	3.27	3.70	4.02	4.26	4.47	4.64	4.78	4.91	5.40	5.73
11	2.54	3.23	3.66	3.96	4.20	4.40	4.57	4.71	4.84	5.31	5.63
12	2.52	3.20	3.62	3.92	4.16	4.35	4.51	4.65	4.78	5.24	5.55
13	2.50	3.18	3.59	3.88	4.12	4.30	4.46	4.60	4.72	5.18	5.48
14	2.49	3.16	3.56	3.85	4.08	4.27	4.42	4.56	4.68	5.12	5.43
15	2.48	3.14	3.54	3.83	4.05	4.23	4.39	4.52	4.64	5.08	5.38
16	2.47	3.12	3.52	3.80	4.03	4.21	4.36	4.49	4.61	5.04	5.33
17	2.46	3.11	3.50	3.78	4.00	4.18	4.33	4.46	4.58	5.01	5.30
18	2.45	3.10	3.49	3.77	3.98	4.16	4.31	4.44	4.55	4.98	5.26
19	2.45	3.09	3.47	3.75	3.97	4.14	2.29	4.42	4.53	4.95	5.23
20	2.44	3.08	3.46	3.74	3.95	4.12	4.27	4.40	4.51	4.92	5.20
24	2.42	3.05	3.42	3.69	3.90	4.07	4.21	4.34	4.44	4.85	5.12
30	2.40	3.02	3.39	3.65	3.85	4.02	4.16	4.28	4.38	4.77	5.03
40	2.38	2.99	3.35	3.60	3.80	3.96	4.10	4.21	4.32	4.69	4.95
60	2.36	2.96	3.31	3.56	3.75	3.91	4.04	4.16	4.25	4.62	4.86
120	2.34	2.93	3.28	3.52	3.71	3.86	3.99	4.10	4.19	4.54	4.78
$+\infty$	2.33	2.90	3.24	3.48	3.66	3.81	3.93	4.04	4.13	4.47	4.69

续表

$\alpha=0.05$

f \ r	2	3	4	5	6	7	8	9	10	15	20
1	18.0	27.0	32.8	37.1	40.4	43.1	45.4	47.4	49.1	55.4	59.6
2	6.08	8.33	9.80	10.9	11.7	12.4	13.0	13.5	14.0	15.7	16.8
3	4.50	5.91	6.82	7.50	8.04	8.48	8.85	9.18	9.46	10.5	11.2
4	3.93	5.04	5.76	6.29	6.71	7.05	7.35	7.60	7.83	8.66	9.23
5	3.64	4.60	5.22	5.67	6.03	6.33	6.58	6.80	6.99	7.72	8.21
6	3.46	4.34	4.90	5.30	5.63	5.90	6.12	6.32	6.49	7.14	7.59
7	3.34	4.16	4.68	5.06	5.36	5.61	5.82	6.00	6.16	6.76	7.17
8	3.26	4.04	4.53	4.89	5.17	5.40	5.60	5.77	5.92	6.48	6.87
9	3.20	3.95	4.41	4.76	5.02	5.24	5.43	5.59	5.74	6.28	6.64
10	3.15	3.88	4.33	4.65	4.91	5.12	5.30	5.46	5.60	6.11	6.47
11	3.11	3.82	4.26	4.57	4.82	5.03	5.20	5.35	5.49	5.98	6.33
12	3.08	3.77	4.20	4.51	4.75	4.95	5.12	5.27	5.39	5.88	6.21
13	3.06	3.73	4.15	4.45	4.69	4.88	5.05	5.19	5.32	5.79	6.11
14	3.03	3.70	4.11	4.41	4.64	4.83	4.99	5.13	5.25	5.71	6.03
15	3.01	3.67	4.08	4.37	4.59	4.78	4.94	5.08	5.20	5.65	5.96
16	3.00	3.65	4.05	4.33	4.56	4.74	4.90	5.03	5.15	5.59	5.90
17	2.98	3.63	4.02	4.30	4.52	4.70	4.86	4.99	5.11	5.54	5.84
18	2.97	3.61	4.00	4.28	4.49	4.67	4.82	4.96	5.07	5.50	5.79
19	2.96	3.59	3.98	4.25	4.47	4.65	4.79	4.92	5.04	5.46	5.75
20	2.95	3.58	3.96	4.23	4.45	4.62	4.77	4.90	5.01	5.43	5.71
24	2.92	3.53	3.90	4.17	4.37	4.54	4.68	4.81	4.92	5.32	5.59
30	2.89	3.49	3.85	4.10	4.30	4.46	4.60	4.72	4.82	5.21	5.47
40	2.86	3.44	3.79	4.04	4.23	4.39	4.52	4.63	4.73	5.11	5.36
60	2.83	3.40	3.74	3.98	4.16	4.31	4.44	4.55	4.65	5.00	5.24
120	2.80	3.36	3.68	3.92	4.10	4.24	4.36	4.47	4.56	4.90	5.13
$+\infty$	2.77	3.31	3.63	3.86	4.03	4.17	4.29	4.39	4.47	4.80	5.01

$\alpha=0.01$

f \ r	2	3	4	5	6	7	8	9	10	15	20
1	90.0	135	164	186	202	216	227	237	246	277	298
2	14.0	19.0	22.3	24.7	26.6	28.2	29.5	30.7	31.7	35.4	37.9
3	8.26	10.6	12.2	13.3	14.2	15.0	15.6	16.2	16.7	18.5	19.8
4	6.51	8.12	9.17	9.96	10.6	11.1	11.5	11.9	12.3	13.5	14.4
5	5.70	6.98	7.80	8.42	8.91	9.32	9.67	9.97	10.2	11.2	11.9
6	5.24	6.33	7.03	7.56	7.97	8.32	8.61	8.87	9.10	9.95	10.5
7	4.95	5.92	6.54	7.01	7.37	7.68	7.94	8.17	8.37	9.12	9.65
8	4.75	5.64	6.20	6.62	6.96	7.24	7.47	7.68	7.86	8.55	9.03
9	4.60	5.43	5.96	6.35	6.66	6.91	7.13	7.33	7.49	8.13	8.57
10	4.48	5.27	5.77	6.14	6.43	6.67	6.87	7.05	7.21	7.81	8.22
11	4.39	5.14	5.62	5.97	6.25	6.48	6.67	6.84	6.99	7.56	7.95
12	4.32	5.04	5.50	5.84	6.10	6.32	6.51	6.67	6.81	7.36	7.73
13	4.26	4.96	5.40	5.73	5.98	6.19	6.37	6.53	6.67	7.19	7.55
14	4.21	4.89	5.32	5.63	5.88	6.08	6.62	6.41	6.54	7.05	7.39
15	4.17	4.84	5.25	5.56	5.80	5.99	6.16	6.31	6.44	6.93	7.26
16	4.13	4.79	5.19	5.49	5.72	5.92	6.08	6.22	6.35	6.82	7.15
17	4.10	4.74	5.14	5.43	5.66	5.85	6.01	6.15	6.27	6.73	7.05
18	4.07	4.70	5.09	5.38	5.60	5.79	5.94	6.08	6.20	6.65	6.97
19	4.05	4.67	5.05	5.33	5.55	5.73	5.89	6.02	6.14	6.58	6.89
20	4.02	4.64	5.02	5.29	5.51	5.69	5.84	5.97	6.09	6.52	6.82
24	3.96	4.54	4.91	5.17	5.37	5.54	5.69	5.81	5.92	6.33	6.61
30	3.89	4.45	4.80	5.05	5.24	5.40	5.54	5.65	5.76	6.14	6.41
40	3.82	4.37	4.70	4.93	5.11	5.26	5.39	5.50	5.60	5.96	6.21
60	3.76	4.28	4.60	4.82	4.99	5.13	5.25	5.36	5.45	5.78	6.01
120	3.70	4.20	4.50	4.71	4.87	5.01	5.12	5.21	5.30	5.61	5.83
$+\infty$	3.64	4.12	4.40	4.60	4.76	4.88	4.99	5.08	5.16	5.45	5.65

8 *H* 分布表

$$P(H>H_a(r,f))=\alpha$$

$\alpha=0.05$

f \ r	2	3	4	5	6	7	8	9	10	11	12
2	39.0	87.5	142	202	266	333	403	475	550	526	704
3	15.4	27.8	39.2	50.7	62.0	72.9	83.5	93.9	104	114	124
4	9.60	15.5	20.6	25.2	29.5	33.6	37.5	41.1	44.6	48.0	51.4
5	7.15	10.8	13.7	16.3	18.7	20.8	22.9	24.7	26.5	28.2	29.9
6	5.82	8.38	10.4	12.1	13.7	15.0	16.3	17.5	18.6	19.7	20.7
7	4.99	6.94	8.44	9.70	10.8	11.8	12.7	13.5	14.3	15.1	15.8
8	4.43	6.00	7.18	8.12	9.03	9.78	10.5	11.1	11.7	12.2	12.7
9	4.03	5.34	6.31	7.11	7.80	8.41	8.95	9.45	9.91	10.3	10.7
10	3.72	4.85	5.67	6.34	6.92	7.42	7.87	8.28	8.66	9.01	9.34
12	3.28	4.16	4.79	5.30	5.72	6.09	6.42	6.72	7.00	7.25	7.48
15	2.86	3.54	4.01	4.37	4.68	4.95	5.19	5.40	5.59	5.77	5.93
20	2.46	2.95	3.29	3.54	3.76	3.94	4.10	4.24	4.37	4.49	4.59
30	2.07	2.40	2.61	2.78	2.91	3.02	3.12	3.21	3.29	3.36	3.39
60	1.67	1.85	1.96	2.04	2.11	2.17	2.22	2.26	2.30	2.33	2.36
$+\infty$	1.00	1.00	1.00	1.00	1.00	1.00	1.00	1.00	1.00	1.00	1.00

$\alpha=0.01$

f \ r	2	3	4	5	6	7	8	9	10	11	12
2	199	448	729	1036	1362	1705	2063	2432	2813	3204	3605
3	47.5	85	120	151	184	216	249	281	310	337	361
4	23.2	37	49	59	69	79	89	97	106	113	120
5	14.9	22	28	33	38	42	46	50	54	57	60
6	11.1	15.5	19.1	22	25	27	30	32	34	36	37
7	8.89	12.1	14.5	16.5	18.4	20	22	23	24	26	27
8	7.50	9.9	11.7	13.2	14.5	15.8	16.9	17.9	18.9	19.8	21
9	6.54	8.5	9.9	11.1	12.1	13.1	13.9	14.7	15.3	16.0	16.6
10	5.85	7.4	8.6	9.6	10.4	11.1	11.8	12.4	12.9	13.4	13.9
12	4.91	6.1	6.9	7.6	8.2	8.7	9.1	9.5	9.9	10.2	10.6
15	4.07	4.9	5.5	6.0	6.4	6.7	7.1	7.3	7.5	7.8	8.0
20	3.32	3.8	4.3	4.6	4.9	5.1	5.3	5.5	5.6	5.8	5.9
30	2.63	3.0	3.3	3.4	3.6	3.7	3.8	3.9	4.0	4.1	4.2
60	1.96	2.2	2.3	2.4	2.4	2.5	2.5	2.6	2.6	2.7	2.7
$+\infty$	1.00	1.0	1.0	1.0	1.0	1.0	1.0	1.0	1.0	1.0	1.0

参考文献

［1］ 李炜,吴志松. 概率论与数理统计. 北京:中国农业出版社,2011

［2］ 茆诗松,程依明,濮晓龙. 概率论与数理统计教程. 北京:高等教育出版社,2004

［3］ 苏德矿,张继昌. 概率论与数理统计. 北京:高等教育出版社,2006

［4］ 贾俊平,何晓群,金勇进. 统计学. 第四版. 北京:中国人民大学出版社,2010

［5］ 苏德矿,章迪平. 概率论与数理统计学习释疑解难. 杭州:浙江大学出版社,2007

［6］ 张德培,罗蕴玲. 应用概率统计. 北京:高等教育出版社,2000

［7］ 沈恒范. 概率论与数理统计. 北京:高等教育出版社,2004

［8］ 李子奈,潘文卿. 计量经济学. 北京:高等教育出版社,2008

［9］ 何晓群,刘文卿. 应用回归分析. 北京:中国人民大学出版社,2007

［10］ 梁之舜,邓集贤等. 概率论与数理统计. 北京:高等教育出版社,1998

［11］ Bernstein S, Bernstein R. Elements of Statistics II: Inferential Statistics. New York: McGraw Hill Companies,1999

［12］ Jay L. Devore. Probability and Statistics. 北京:高等教育出版社,2004